Max Wagner

Gruppentheoretische Methoden in der Physik

Max Wagner

Gruppentheoretische Methoden in der Physik

Ein Lehr- und Nachschlagewerk

vieweg

Die Deutsche Bibliothek – CIP-Einheitsaufnahme

Wagner, Max:
Gruppentheoretische Methoden in der Physik:
ein Lehr- und Nachschlagewerk / Max Wagner. –
Braunschweig; Wiesbaden: Vieweg, 1998
ISBN 3-528-06943-0

Der Verlag Vieweg ist ein Unternehmen der Bertelsmann Fachinformation GmbH.

http://www.vieweg.de

Umschlaggestaltung: Klaus Birk, Wiesbaden
Satz: Thomas Frank und Matthias Rapp, Stuttgart
Druck und buchbinderische Verarbeitung: Lengericher Handelsdruckerei, Lengerich
Gedruckt auf säurefreiem Papier
Printed in Germany

ISBN 3-528-06943-0

Also daß es einer auß meinen Gedanken ist | ob nicht die gantze Natur und alle himmlische Zierligkeit | in der Geometrie symbolisirt sey.

J. Kepler (aus einem Brief)

Symmetrie, ob man ihre Bedeutung weit oder eng faßt, ist eine *Idee, vermöge derer der Mensch durch die Jahrtausende seiner Geschichte versucht hat, Ordnung, Schönheit und Vollkommenheit zu begreifen und zu schaffen.*

H. Weyl [47]

Vorwort

Dieses Buch hat sich aus Vorlesungen entwickelt, die von Zeit zu Zeit an der Universität Stuttgart gehalten wurden. Herausgewachsen sind diese Vorlesungen aus einem Kompaktkurs, den ich vor vielen Jahren in Heidelberg für Experimentalphysiker durchgeführt habe. Damals kam es hauptsächlich darauf an, die Gruppentheorie als schnell zugängliches, griffiges „Handwerkszeug" zu präsentieren, das für Diplomanden und Doktoranden der Physik im alltäglichen Forschungsbetrieb von Nutzen ist. Dies ist dann später auch die Hauptintention geblieben, als der Rahmen der Vorlesung etwas erweitert wurde.
Im Sinne dieser Intention wurde deshalb bei der Präsentation des mathematischen Satzgerüstes auf jegliche Beweisführung verzichtet, so daß möglichst viel Raum bleibt zur Behandlung wichtiger archetypischer Anwendungen. Der Rahmen entspricht dem einer je zweistündigen zweisemestrigen Vorlesung, und vorausgesetzt werden mathematisch-physikalische Kenntnisse im Umfang des Vordiplomwissens eines Physikers, aber ich könnte mir vorstellen, daß das Buch auch für Chemiker nützlich ist.
Es gibt gegenwärtig auf dem Markt eine ganze Reihe von guten Büchern über die Anwendungen der Gruppentheorie in der Physik. Diese sind im Literaturverzeichnis aufgeführt, und, soweit ich sie näher kenne, mit Kommentaren versehen. Auch die etwas älteren Standardlehrbücher sind meist noch ganz gut zugänglich. All diese Lehrbücher sind den Stoffgebieten nach teilweise umfangreicher, teilweise bezüglich der Vertiefung einzelner Anwendungsbereiche auch methodisch fortgeschrittener. Im vorliegenden Buch wird versucht, dem Leser einen schnellen Zugang zur Anwendung dadurch zu erleichtern, daß eine Präsentation gewählt wird, die man als eine Art Zwischenform zwischen Buch und Vorlesungsmanuskript ansehen könnte. D.h. der Text ist partienweise sehr knapp gehalten, manchmal eher stichwortartig, so daß die wesentlichen methodischen Aussagen in kompakter Form greifbar sind, fast wie bei einer Formelsammlung. Die Aussagen werden dann im weitest möglichen Umfang durch Beispiele illustriert.

Die gewählten Anwendungsgebiete bieten ein Spektrum, das mir einigermaßen repräsentativ erscheint. Einige Gebiete habe ich besonders ungern weggelassen, wie z.B. das Gebiet der Doppelgruppen (Spindarstellungen), die Behandlung der Lorentzgruppe, das Gebiet der Elektron-Phonon-Wechselwirkung und andere. Ihre Behandlung hätte den gewählten Rahmen gesprengt. Hauptabsicht war, dem Leser eine Basis zu vermitteln, die es ihm leicht macht, sich einerseits bei den hauptsächlichen Standardproblemen der Gruppentheorie zu bedienen und sich andererseits ohne große Mühe in fortgeschrittenere Methoden einzuarbeiten.
Das Buch enthält eine Folge von Übungsaufgaben, deren Lösung im Detail dargelegt wird. Außerdem werden im ziemlich ausgedehnten Anhang die für die Anwendung notwendigen Tabellen in einem Umfang zusammengestellt, wie sie in den mir bekannten Lehrbüchern nicht zu finden sind. Dieser leichte Zugang zu den Tabellen, die man sonst bei der Anwendung meist mühsam zusammensuchen muß, war ein bewußtes Anliegen bei der Entstehung des Werks. Bei der Vorbereitung dieses Buches habe ich das berühmte alte Buch von WIGNER [50] wieder in die Hand genommen. Es ist eine wahre Fundgrube von physikalisch brauchbaren Sätzen, von denen viele in anderen Lehrbüchern gar nicht zu finden sind. Einige dieser Sätze habe ich reaktiviert und ihre Nützlichkeit in der Anwendung dargelegt.

Bei der Entstehung dieses Manuskripts haben sich meine Mitarbeiter, die Herren Dipl.-Phys. Thomas Frank und Dipl.-Phys. Matthias Rapp in außergewöhnlichem Maße eingesetzt. Dies betrifft insbesondere die Realisierung der vielen Figuren und Tabellen, die Durcharbeitung der Übungsaufgaben und in ganz besonderem Maße die Zusammenstellung der reichhaltigen Tabellen in den Anhängen, die ich für die praktische Benutzbarkeit des Buches für außerordentlich wichtig halte. Hierfür gilt ihnen mein großer Dank.
Daneben gilt mein Dank Herrn Dipl.-Phys. Giuseppe Roccasalvo, sowie auch Frau Dipl.-Mineralogin Sybille Frank und Dipl.-Phys. Markus Grimm, die sich bei der Textumsetzung und der Zusammenstellung des Materials mit hoher Aktivität beteiligt haben, und weiterhin auch den Herren Dr. Dietmar Klemm, Dr. Roberto Dusi, Dipl.-Phys. Ulrich Herfort und Dipl.-Phys. Achim Sauerzapf. Schließlich möchte ich nicht versäumen, an dieser Stelle auch auf die durchweg erfreuliche und konstruktive Zusammenarbeit mit Herrn Dipl.-Phys. Dipl.-Math. Wolfgang Schwarz vom Verlag Vieweg dankend hinzuweisen.

Stuttgart, November 1997 Max Wagner

Inhaltsverzeichnis

1 Einführung

Die Gruppentheorie ist, per se, eine rein mathematische Disziplin ziemlich abstrakter Art. Ihre große Bedeutung für die Physik erhält sie erst, wenn man mit ihr den Begriff der Symmetrie verbindet. Das kann eine Symmetrie im ganz anschaulichen Sinn sein, aber auch eine Symmetrie etwas indirekter Art.

Das Ziel dieses Buches wird sein, die physikalischen Konsequenzen der Symmetrien zu untersuchen. Wir werden sehen, daß die Beachtung von Symmetrieeigenschaften eines physikalischen Systems dazu führt, die theoretische Beschreibung sehr stark zu vereinfachen, ja oftmals im analytischen Sinne geradezu erst zu ermöglichen. Weiter unten werden wir ein einfaches Beispiel hierzu kennenlernen. Wie der Leser sicher weiß, ist es ein uralter Drang der Menschheit, der Na-

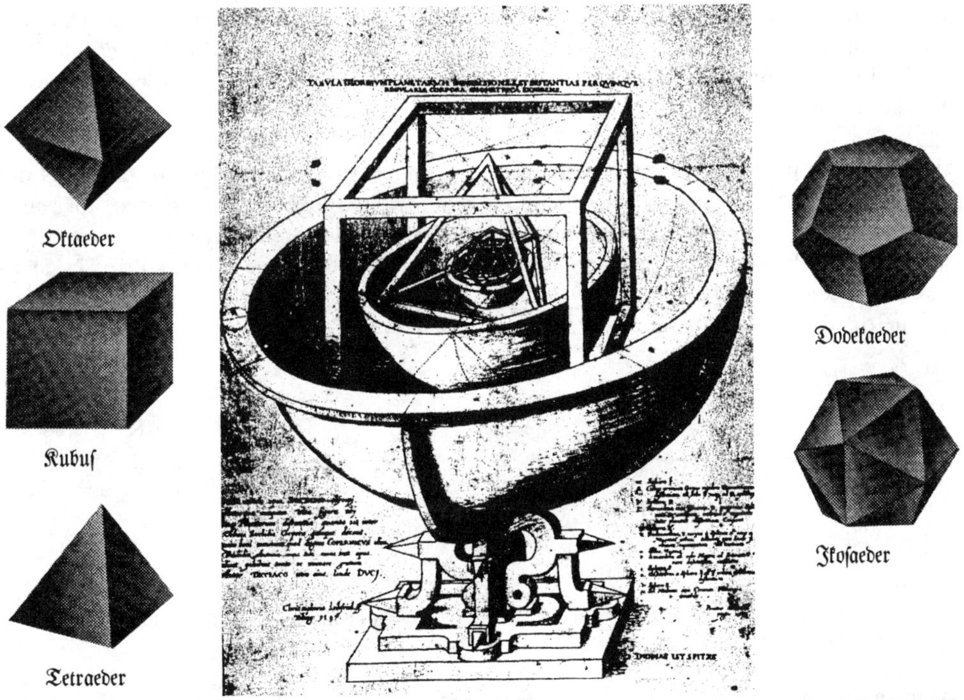

Bild 1.1 KEPLERS Modell der Planetenbahnen mit den fünf platonischen Körpern (nach: [19], S. 36)

tur bzw. dem Naturgeschehen gewisse Symmetrien zuzuschreiben. Erwähnen möchte ich hier nur die Weltharmonievorstellungen von PYTHAGORAS und die von PLATO. Vielleicht erinnert man sich auch an die mythische Bedeutung, welche die Symmetrie im ganzen Mittelalter besaß. Der letzte große Mystiker dieser Art war JOHANNES KEPLER, der die Weltharmonievorstellungen von PYTHAGORAS und PLATO nochmals aufgriff, und mit dieser Motivation zu einer wunderbaren, wenn auch falschen Erklärung der Planetenbahnen mittels der fünf platonischen Körper (Tetraeder, Kubus, Oktaeder, Dodekaeder und Ikosaeder) kam. Dies wird in seinem Frühwerk

„Mysterium Cosmographicum“ beschrieben. Ein Modell zur Illustration, wie man auf diese Weise die Bahnen der damals bekannten sechs Planeten zu „verstehen“ vermag, kann man z.B. im Keplermuseum in Weil der Stadt betrachten. KEPLERs spätere theoretische Beschreibung der Planetenbahnen in seinen drei berühmten Gesetzen hat auch viel mit Symmetrie zu tun, allerdings in einem sehr viel rationaleren Sinne. Das Faszinierende an KEPLER ist jedoch, daß er Zeit seines Lebens ein Nachtwandler auf dem Grat zwischen Rationalität und Mystik geblieben ist, und das ist für einen Naturwissenschaftler vielleicht gar nicht so schlecht. Wenn man das Buch des vor kurzem verstorbenen Kulturphilosophen PAUL FEYERABEND mit dem Titel „Wider den Methodenzwang“ [11] liest, so erfährt man, daß der Fortschritt der Naturwissenschaft meistenteils auf nicht sehr rationale Weise zustande kommt.
In diesem Buch hier, allerdings, wollen wir die Symmetrie in rationaler Weise zu erfassen versuchen, und das geschieht durch Einbettung in einen mathematischen Formalismus, der in der Physik immer mehr an Bedeutung gewinnt. Dies gilt für alle Bereiche der Physik, insbesondere aber für die moderne *Theorie der Elementarteilchen*, wo man mit Hilfe von Symmetrieargumenten versucht, möglichst viele Eigenschaften elementarster Partikel zu erklären, ohne die beherrschende Fundamentalgleichung zu kennen. Es besteht sogar einige Hoffnung, daß die Elementarteilchen selbst eine Konsequenz der Symmetrie sind. Der erste große Erfolg in dieser Richtung war die aus gruppentheoretischen Argumenten deduzierte Voraussage des Omega-Teilchens durch MURRAY GELL-MANN, die auf der Konzeption dreier Elementarteilchen (Quarks) beruhte (Nobelpreis für Physik 1969). Darüber werden wir aber erst im fortgeschrittenen Teil des Buches zu sprechen kommen.

Die Untersuchung physikalischer Konsequenzen der Symmetrie mittels des Formalismus der Gruppentheorie hat also einerseits prinzipielle Aspekte, wie die soeben geschilderten, aber auch sehr praktische. Um Ihnen eine gewisse erste Vorstellung zu vermitteln, wie man Symmetrieeigenschaften in der Physik ausnützen kann um Probleme zu lösen, möchte ich Ihnen ein einfaches Beispiel der klassischen Physik vorführen, das mit einer Standardtechnik, i.e. ohne Ausnützung der Symmetrie, analytisch nur schwer lösbar wäre. Betrachten wir eine eingespannte Kette aus

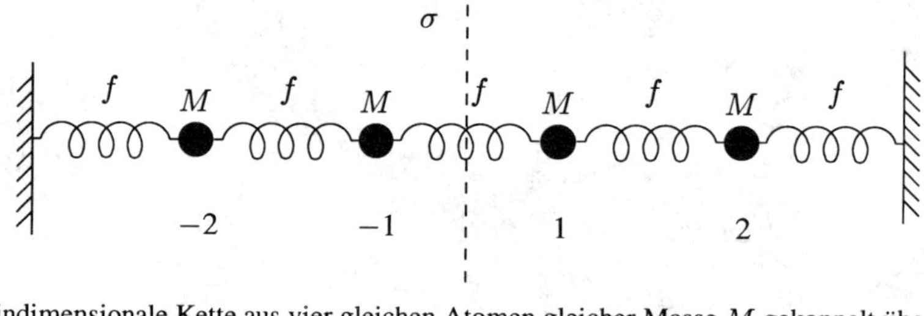

Bild 1.2 Eindimensionale Kette aus vier gleichen Atomen gleicher Masse M gekoppelt über Federn mit gleicher Federkonstante f.

vier Atomen gleicher Masse M und fünf Federn mit gleicher Federkonstante f in der Anordnung wie in Figur 1.2 dargestellt. Die Newtonschen Bewegungsgleichungen für longitudinale Auslenkungen, d.h. Auslenkungen in Kettenrichtung, lauten dann:

$$\left(\frac{d}{dt}\right)^2 x_{\pm 1} = \frac{f}{M}(-2x_{\pm 1} + x_{\pm 2} + x_{\mp 1}) \quad (1.1)$$

$$\left(\frac{d}{dt}\right)^2 x_{\pm 2} = \frac{f}{M}(-2x_{\pm 2} + x_{\pm 1}) \quad (1.2)$$

wobei x_m die longitudinalen Auslenkungen aus den jeweiligen Gleichgewichtslagen an den Orten $m = \pm 1, \pm 2$ bedeuten.
Der Ansatz

$$x_m(t) = \eta_m \cdot \cos \Omega t \quad , \quad m = \pm 1, \pm 2 \tag{1.3}$$

führt dann zu der Säkulargleichung

$$\det \begin{vmatrix} \Omega_0^2 - \Omega^2 & -\frac{1}{2}\Omega_0^2 & 0 & 0 \\ -\frac{1}{2}\Omega_0^2 & \Omega_0^2 - \Omega^2 & -\frac{1}{2}\Omega_0^2 & 0 \\ 0 & -\frac{1}{2}\Omega_0^2 & \Omega_0^2 - \Omega^2 & -\frac{1}{2}\Omega_0^2 \\ 0 & 0 & -\frac{1}{2}\Omega_0^2 & \Omega_0^2 - \Omega^2 \end{vmatrix} \stackrel{!}{=} 0 \tag{1.4}$$

mit der Abkürzung $\Omega_0^2 = 2f/M$. Gleichung (1.4) ist vierten Grades und analytisch schon recht schwer zu lösen. Da die dynamische Matrix positiv definit ist, hat sie vier (nicht-entartete) Lösungen für Ω^2. Die Betrachtung einer möglichen, hier allerdings nicht auftretenden Entartung, wollen wir außer acht lassen.
Nun hat das System eine Spiegelebene σ zwischen den Punkten $m = 1$ und $m = -1$. Denken wir uns also eine „Eigenlösung" der Form (1.3) gefunden, so muß auch die gespiegelte Lösung

$$x'_m(t) = -x_{-m}(t) = -\eta_{-m} \cdot \cos(\Omega t) \quad , \quad m = \pm 1, \pm 2 \tag{1.5}$$

eine Lösung zur selben Frequenz Ω sein. Dies ist nur möglich, wenn gilt:

$$x'_m = x_m \quad : \quad \eta_{-m} = -\eta_m \qquad (\text{„gerade"}) \tag{1.6}$$

oder

$$x'_m = -x_m \quad : \quad \eta_{-m} = \eta_m \qquad (\text{„ungerade"}) \tag{1.7}$$

d.h. die longitudinal bewegten Massepunkte $\pm m$, $m = 1,2$, schwingen jeweils in Antiphase (gerade Parität) oder in Phase (ungerade Parität). Dies legt es nahe, symmetriegeordnete Koordinaten einzuführen:

$$x_{mg} = \frac{1}{\sqrt{2}}(x_m - x_{-m}) \, , \quad m = 1,2 \tag{1.8}$$

$$x_{mu} = \frac{1}{\sqrt{2}}(x_m + x_{-m}) \, , \quad m = 1,2 \tag{1.9}$$

Dann zerfallen die vier Newtongleichungen in zwei entkoppelte Paare:

$$\left(\frac{d}{dt}\right)^2 x_{1g} = \frac{f}{M}[-3x_{1g} + x_{2g}] \tag{1.10}$$

$$\left(\frac{d}{dt}\right)^2 x_{2g} = \frac{f}{M}[-2x_{2g} + x_{1g}] \tag{1.11}$$

und

$$\left(\frac{d}{dt}\right)^2 x_{1u} = \frac{f}{M}[-x_{1u} + x_{2u}] \tag{1.12}$$

$$\left(\frac{d}{dt}\right)^2 x_{2u} = \frac{f}{M}[-2x_{2u} + x_{1u}] \tag{1.13}$$

mit jeweiliger Säkulardeterminante des Grades 2, d.h. mit analytisch lösbaren Säkulargleichungen:

$$(1g,2g): \qquad \det \begin{vmatrix} \frac{3}{2}\Omega_0^2 - \Omega^2 & -\frac{1}{2}\Omega_0^2 \\ -\frac{1}{2}\Omega_0^2 & \Omega_0^2 - \Omega^2 \end{vmatrix} = 0 \tag{1.14}$$

und

$$(1u,2u): \qquad \det \begin{vmatrix} \frac{1}{2}\Omega_0^2 - \Omega^2 & -\frac{1}{2}\Omega_0^2 \\ -\frac{1}{2}\Omega_0^2 & \Omega_0^2 - \Omega^2 \end{vmatrix} = 0 \tag{1.15}$$

Die Lösungen lauten:

$$(\Omega_g^2)_{1/2} = \frac{5 \pm \sqrt{5}}{4} \cdot \Omega_0^2 \tag{1.16}$$

$$(\Omega_u^2)_{1/2} = \frac{3 \pm \sqrt{5}}{4} \cdot \Omega_0^2 \tag{1.17}$$

Dies ist natürlich ein sehr einfaches Beispiel, das nur eine kleine Vorahnung gruppentheoretischer Techniken geben soll. Man kann mit Hilfe der Gruppentheorie viele physikalische Probleme, die sonst analytisch unbewältigbar sind, sehr stark vereinfachen, so daß die analytische Lösung oftmals möglich, manchmal sogar trivial wird. Letzteres trifft sehr häufig für archetypische Probleme zu, die dem Theoretiker, aber insbesondere auch dem Experimentalphysiker alltäglich begegnen. Nun ist angesichts der Allgegenwart der Computer die analytische Lösbarkeit kein großes „technisches“ Bedürfnis mehr. Gleichwohl behält die gruppentheoretische Reduktion ihre volle Bedeutung für den physikalischen Durchblick bei strukturellen und dynamischen Eigenschaften.

Dieses Buch legt das Hauptgewicht auf die *Anwendung der Gruppentheorie*, weniger dagegen auf deren mathematische Fundierung. Sie hat das Ziel, die Anwendungsweise der gruppentheoretischen Technik in möglichst vielen Teilgebieten der Physik an prototypischen Beispielen darzulegen, so daß sie als *natürliches, alltägliches Handwerkszeug* für physikalische Untersuchungen zur Verfügung steht.
Im Sinne dieser Schwerpunktsetzung werden konsequent alle Beweise der eingeführten Sätze weggelassen. Die Beweise können in den Standardlehrbüchern nachgelesen werden. Empfehlenswerte Bücher sind u.a. die von HAMERMESH [14], LUDWIG und FALTER [37], INUI, YANABE und ONODERA [22] und natürlich das immer noch sehr anregende Buch von WIGNER [50]. Es ist eine wahre Fundgrube von physikalisch brauchbaren Sätzen, von denen viele in anderen Lehrbüchern gar nicht zu finden sind. Einige dieser Sätze habe ich reaktiviert und ihre Nützlichkeit in der Anwendung dargelegt. Etwas mehr mathematisch ausgerichtet sind die klassischen Standardwerke von WEYL [47, 48] und von VAN DER WAERDEN [45], die aber für den Physiker durchaus noch lesbar sind. Sehr kompakt und empfehlenswert ist das leider nicht leicht erhältliche Büchlein von FALICOV [10].

Teil I

Mathematische Grundlagen

2 Elemente der Gruppentheorie

2.1 Gruppenpostulate

Definition:
Eine Gruppe G besteht aus einem Satz von g Elementen $A,B,C,\ldots$, die vier grundlegende Postulate erfüllen:

I. Durch eine *Verknüpfung*

$$C = AB \tag{2.1}$$

ist jedem Paar A,B *eindeutig* ein Element C der Gruppe G zugeordnet. Man nennt die Verknüpfung eine „*Multiplikation*" zweier Elemente, und AB das *Produkt* von A und B. Im allgemeinen ist

$$AB \neq BA \tag{2.2}$$

d.h. die Reihenfolge der Faktoren A und B ist wesentlich.

II. Die Multiplikation ist *assoziativ*:

$$A(BC) = (AB)C \tag{2.3}$$

III. Es existiert ein Gruppenelement E mit der Eigenschaft

$$RE = ER = R \tag{2.4}$$

für alle Elemente R aus G. Man nennt E das „*Einselement*" oder die „*Identität*". Aus den Postulaten folgt, daß jede Gruppe nur ein einziges Einselement hat.

IV. Für das Element $R \in G$ existiert das „*inverse*" oder „*reziproke*" *Element* R^{-1}, so daß

$$RR^{-1} = R^{-1}R = E \tag{2.5}$$

Auch R^{-1} ist ein Element der Gruppe G ($R^{-1} \in G$).

(B)

Symmetriegruppe des gleichseitigen Dreiecks $G = C_{3v}$

Die eigentliche Symmetriegruppe des gleichseitigen Dreiecks ist D_{3h}. Läßt man jedoch die aus der Dreiecksebene herausführenden Symmetrieelemente weg (C_2' : π-Drehungen um Achsen in der Dreiecksebene, σ_h: Spiegelung an der Dreiecksebene), so verbleibt die Gruppe C_{3v}. Als Symmetrieelemente treten dann beim gleichseitigen Dreieck eine dreizählige Achse (Untergruppe C_3) sowie drei Symmetrieebenen durch die Achsen (v = „vertikal") auf. Somit sind die Gruppenelemente der Gruppe $G = C_{3v}$: $R \in \{E, C_3, C_3^2, \sigma_v^{(1)}, \sigma_v^{(2)}, \sigma_v^{(3)}\}$

Abbildung 2.2 enthält Beispiele für Operationen; es läßt sich leicht erkennen, daß $C_3\sigma_v^{(1)} \neq \sigma_v^{(1)}C_3$.
◊

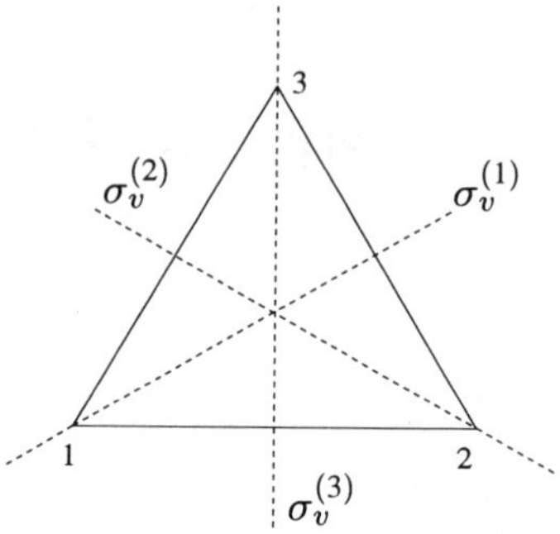

Bild 2.1
Symmetrien des gleichseitigen Dreiecks (Gruppe C_{3v})

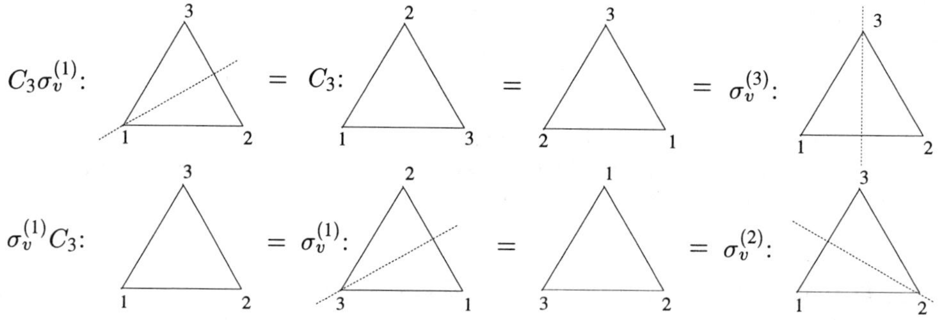

Bild 2.2 Symmetrieoperationen der Gruppe C_{3v}: Realisierung von $C_3\sigma_v^{(1)} = \sigma_v^{(3)}$ und $\sigma_v^{(1)}C_3 = \sigma_v^{(2)}$

2.2 Gruppentafel

Es ist nützlich, für jede Gruppe eine sogenannte *Gruppentafel* wie in Tabelle 2.1 zu erstellen.

Satz:
In jeder Reihe und jeder Spalte der Gruppentafel muß jeweils jedes Element der Gruppe genau einmal auftreten.

Die Gruppentafel ist eine Veranschaulichung der Gruppenpostulate.

Tabelle 2.1
Allgemeine Gruppentafel

G	E	R_2	R_3	$\dots$	R_b	$\dots$
E	E	R_2	R_3	$\dots$	R_b	$\dots$
R_2	R_2	R_2^2	R_2R_3	$\dots$	R_2R_b	$\dots$
R_3	R_3	R_3R_2	R_3^2	$\dots$	R_3R_b	$\dots$
$\vdots$	$\vdots$	$\vdots$	$\vdots$		$\vdots$	
R_a	R_a	R_aR_2	R_aR_3	$\dots$	R_aR_b	$\dots$
$\vdots$	$\vdots$	$\vdots$	$\vdots$		$\vdots$	$\ddots$

Gruppentafel von C_{3v}

Durch eine Betrachtung wie im Bild 2.2 kann man die Gruppentafel aufstellen:

C_{3v}	E	C_3	C_3^2	$\sigma_v^{(1)}$	$\sigma_v^{(2)}$	$\sigma_v^{(3)}$
E	$\boldsymbol{E}$	$\boldsymbol{C_3}$	$\boldsymbol{C_3^2}$	$\sigma_v^{(1)}$	$\sigma_v^{(2)}$	$\sigma_v^{(3)}$
C_3	$\boldsymbol{C_3}$	$\boldsymbol{C_3^2}$	$\boldsymbol{E}$	$\sigma_v^{(3)}$	$\sigma_v^{(1)}$	$\sigma_v^{(2)}$
C_3^2	$\boldsymbol{C_3^2}$	$\boldsymbol{E}$	$\boldsymbol{C_3}$	$\sigma_v^{(2)}$	$\sigma_v^{(3)}$	$\sigma_v^{(1)}$
$\sigma_v^{(1)}$	$\sigma_v^{(1)}$	$\sigma_v^{(2)}$	$\sigma_v^{(3)}$	E	C_3	C_3^2
$\sigma_v^{(2)}$	$\sigma_v^{(2)}$	$\sigma_v^{(3)}$	$\sigma_v^{(1)}$	C_3^2	E	C_3
$\sigma_v^{(3)}$	$\sigma_v^{(3)}$	$\sigma_v^{(1)}$	$\sigma_v^{(2)}$	C_3	C_3^2	E

(2.6)

Man beachte, daß in der linken oberen Ecke der Tafel (2.6) die Gruppentafel der Untergruppe $G = C_3 = \{E, C_3, C_3^2\}$ steht. Ferner beachte man, daß hier (nach gängiger Konvention) C_3 einerseits eines der Gruppenelemente, aber auch den „Namen“ der Gruppe selbst bezeichnet. ◊

2.3 Ordnung der Gruppe

Definition:
Die Zahl der Elemente von G (einschließlich E) heißt Ordnung g der Gruppe.

- g endlich: „endliche Gruppen“ (z.B. alle diskreten Punktgruppen)
- g abzählbar unendlich: „unendliche Gruppen“ (z.B. diskrete Raumgruppen)
- g nicht abzählbar unendlich: „kontinuierliche Gruppen“ (z.B. Rotationsgruppe R, Liesche Gruppen, nicht-diskrete Raumgruppen (Kontinuum)).

Zur Beachtung:
Die in den Kapiteln zwei bis vier formulierten Aussagen beziehen sich durchweg auf *endliche Gruppen*, sind aber großen Teils auf unendliche und kontinuierliche Gruppen übertragbar.

Ordnung der Gruppe $G = C_{3v}$

Die Ordnung von C_{3v} ist $g = 6$. ◊

2.4 Periode eines Elements

Definition:
Die *Periode* p eines Elements R der Gruppe G ist die kleinste ganze Zahl, für die gilt

$$R^p = E \quad , \quad p \in \mathbb{N} \tag{2.7}$$

Die Folge

$$\{E, R, R^2, R^3, \ldots, R^{p-1}\} \tag{2.8}$$

ist eine Untergruppe von G, eine sogenannte *zyklische Gruppe*.

Periode der Gruppenelemente von $G = C_{3v}$

Für die Elemente von C_{3v} findet man:

Periode von C_3: $\{E, C_3, C_3^2\}$, $p = 3$
Periode von $\sigma_v^{(i)}$: $\{E, \sigma_v^{(i)}\}$, $p = 2$, $i = 1,2,3$
Periode von E : $\{E\}$, $p = 1$ ◊

2.5 Abelsche Gruppen

Definition:
Abelsche Gruppen sind Gruppen, deren Elemente vertauschen („kommutieren“):

$$AB = BA \,, \quad \text{für alle } A,B \in G \tag{2.9}$$

Satz:
Alle Gruppen, für die g eine Primzahl ist, sind abelsch. Auch alle zyklischen Gruppen sind abelsch. (Aber nicht alle abelschen Gruppen sind zyklisch!)

Abelsche Untergruppen von $G = C_{3v}$

Die Untergruppe $C_3 = \{E, C_3, C_3^2\}$ sowie die Untergruppen $C_v^{(i)} = \left\{E, \sigma_v^{(i)}\right\}$, $i = 1,2,3$, sind abelsche Gruppen. ◊

2.6 Konjugierte Elemente

Definition:
Zwei Elemente R und S aus G heißen zueinander konjugiert, wenn es ein $X \in G$ mit $X \neq R$ gibt, so daß

$$X^{-1}RX = S \,, \quad R,S,X \in G \tag{2.10}$$

Sätze:

a) Alle R sind zu sich selbst konjugiert: $E^{-1}RE = R$.

b) Wenn R zu S konjugiert ist, dann ist auch S zu R konjugiert.

c) Wenn R zu S und S zu T konjugiert ist, dann ist auch R zu T konjugiert.

d) Wegen a), b) und c) ist jede Gruppe *eindeutig* zerlegbar in Sequenzen je zueinander konjugierter Elemente.

Konjugierte Elemente von $G = C_{3v}$

Folgende Elemente von C_{3v} sind jeweils zueinander konjugiert:
$\{E\}$, $\{C_3, C_3^2\}$, $\{\sigma_v^{(1)}, \sigma_v^{(2)}, \sigma_v^{(3)}\}$. ◊

Definition:
„Selbstkonjugiert“ nennt man ein Element R, wenn $X^{-1}RX = R$ für alle $X \in G$, also wenn R mit allen Gruppenelementen vertauschbar ist ($XR = RX$).

Selbstkonjugierte Elemente von $G = C_3$

Alle Elemente vertauschen miteinander. Daher sind alle Elemente $\{E, C_3, C_3^2\}$ selbstkonjugiert. ◊

2.7 Klassen

Definition:
Die Sequenz aller zueinander konjugierter Elemente $R^{(i)}$ nennt man eine Klasse K_i:

$$X^{-1}R^{(i)}X = S^{(i)}\,, \qquad X \in G\,,\ R^{(i)}, S^{(i)} \in K_i \tag{2.11}$$

Dies kann man abgekürzt schreiben als

$$X^{-1}K_i X = K_i \tag{2.12}$$

wobei K_i hier jeweils eines der Elemente $R^{(i)} \in K_i$ repräsentiert. Die Zahl der Elemente in einer Klasse K_i wird g_i genannt.

Sätze:

a) Ein *selbstkonjugiertes* Element bildet immer eine Klasse für sich.

b) Das Einselement bildet immer eine Klasse für sich:

$$K_1 = \{E\} \tag{2.13}$$

c) Eine Gruppe G kann stets vollständig und eindeutig in Klassen zerlegt werden.

d) Demgemäß gilt:

$$\sum_i g_i = g \tag{2.14}$$

e) Die Zahl der Elemente g_i einer Klasse K_i ist ein Teiler der Anzahl g der Gruppenelemente:

$$\frac{g}{g_i} \in \mathbb{N} \tag{2.15}$$

Wenn g Primzahl ist, bildet jedes Element eine Klasse für sich.

Klassen der Symmetriegruppe $G = C_{3v}$

Bei der Gruppe C_{3v} findet man 3 Klassen:

1.Klasse: $K_1 = \{E\}$, $g_1 = 1$
2.Klasse: $K_2 = \{C_3, C_3^2\}$, $g_2 = 2$
3.Klasse: $K_3 = \{\sigma_v^{(1)}, \sigma_v^{(2)}, \sigma_v^{(3)}\}$, $g_3 = 3$ ◊

2.8 Multiplikation von Klassen

Theorem:
Die $g_i \cdot g_j$ Elemente des Produktes $K_i \times K_j = \{R^{(i)}\} \times \{R^{(j)}\}$, i.e. des Produktes aller Elemente einer Klasse K_i mit denen von K_j, lassen sich in eine Folge ganzer (vollständiger) Klassen zerlegen:

$$K_i \times K_j = \sum_k c_{ijk} K_k \tag{2.16}$$

Die Koeffizienten c_{ijk} („Klassenmultiplikatoren") sind ganze positive Zahlen oder Null.

Klassenmultiplikation der Gruppe C_{3v}

Für das Produkt der Klassen K_2 und K_3 von C_{3v} gilt:

$$\begin{aligned} K_2 \times K_3 &= \{C_3, C_3^2\} \times \{\sigma_v^{(1)}, \sigma_v^{(2)}, \sigma_v^{(3)}\} = \{\sigma_v^{(3)}, \sigma_v^{(1)}, \sigma_v^{(2)}, \sigma_v^{(2)}, \sigma_v^{(3)}, \sigma_v^{(1)}\} \\ &= 2 \cdot K_3 \qquad \Longrightarrow \quad c_{231} = 0\,,\; c_{232} = 0\,,\; c_{233} = 2 \end{aligned} \tag{2.17}$$

◊

2.9 Untergruppe

Definition:
Eine Untergruppe H ist eine Teilfolge von G, deren Elemente für sich eine Gruppe bilden.

Triviale Untergruppen sind $H = E$ und $H = G$.

Untergruppen der Gruppe $G = C_{3v}$

C_{3v} besitzt folgende Untergruppen: $\{E, C_3, C_3^2\}$, $\{E, \sigma_v^{(1)}\}$, $\{E, \sigma_v^{(2)}\}$, $\{E, \sigma_v^{(3)}\}$. ◊

2.10 Lagrange-Theorem

Satz:
Die Ordnung h der Untergruppe $H \subseteq G$ ist *Divisor* der Ordnung g der Originalgruppe G:

$$\frac{g}{h} \in \mathbb{N} \tag{2.18}$$

Daraus folgt unmittelbar:

Satz:
Wenn g eine Primzahl ist, gibt es nur triviale Untergruppen.

Ordnungen der Untergruppen von $G = C_{3v}$

Für C_{3v} ist $g = 6$, also $h = 6,3,2,1$. ◊

2.11 Isomorphie

Definition:
Zwei Gruppen G und G' sind *isomorph*, wenn ihre Elemente *eindeutig* einander zugeordnet werden können, derart, daß aus der Zuordnung $R \Longleftrightarrow R'$ und $S \Longleftrightarrow S'$ folgt, daß auch unter dem jeweiligen Multiplikationsgesetz $RS \Longleftrightarrow R'S'$ gilt.

Isomorphe Gruppen sind *identisch* in dem Sinne, daß jeder für G aufgestellte Satz *automatisch* auch für G' gilt.

Isomorphe Gruppe zu $G = C_{3v}$

C_{3v} ist isomorph zur Permutationsgruppe P_3 der Ordnung $g = n! = 6$ (vergleiche Aufgabe 5).

$\Diamond$

Ein wichtiger Satz in diesem Zusammenhang ist das

Theorem von Cayley:
Jede Gruppe G der Ordnung $g = n$ ist isomorph zu einer Untergruppe der Permutationsgruppe P_n (d.h. $g \leq n!$).

2.12 Homomorphie

Definition:
G ist *homomorph* zu G', wenn *mehrere Elemente* aus G *einem* Element aus G' zugeordnet sind:

$$\{R_1^{(a)}, R_2^{(a)}, R_3^{(a)}\} \Longleftrightarrow R'_a \quad , \quad \{R_1^{(b)}, R_2^{(b)}, R_3^{(b)}\} \Longleftrightarrow R'_b \tag{2.19}$$

derart, daß auch die Zuordnung gilt:

$$R_i^{(a)} R_j^{(b)} \quad \Longleftrightarrow \quad R'_a R'_b \tag{2.20}$$

d.h. alle Produkte $R_i^{(a)} R_j^{(b)}$ sind dem einen Element $R'_a R'_b$ zugeordnet.

Homomorphe Gruppe zu $G = C_{3v}$

C_{3v} ist homomorph zur Zahlengruppe $\{1, -1\}$:

$$\{E, C_3, C_3^2\} \Longleftrightarrow 1 \quad , \quad \{\sigma_v^{(1)}, \sigma_v^{(2)}, \sigma_v^{(3)}\} \Longleftrightarrow -1 \tag{2.21}$$

Denn es ist beispielsweise:

$$C_3 \sigma_v^{(1)} = \sigma_v^{(3)} \quad \Longleftrightarrow \quad 1 \cdot (-1) = -1 \tag{2.22}$$

$\Diamond$

2.13 Aufgaben zu Kapitel 2

Aufgabe 1: Die Gruppen C_{2v} und C_{2h}

Ein Prisma mit Rautenbasis ($\alpha \neq 90°$) ($\rightleftharpoons$ Einheitszelle des monoklinen Kristallgitters) hat eine zweizählige Achse C_2 und eine Spiegelebene σ_h senkrecht zur Achse.

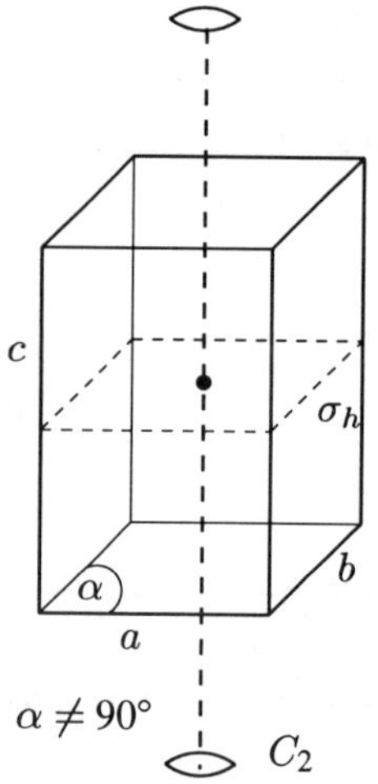

a) Wie lauten die Elemente der zugehörigen Symmetriegruppe ($G = C_{2h}$)?

b) Stellen Sie die zugehörige Gruppentafel auf.
Hinweis: Die Gruppentafel hat die Form

G	E	A	B	C
E	E	A	B	C
A	A	A^2	AB	AC
B	B	BA	B^2	BC
C	C	CA	CB	C^2

mit

$$
\begin{aligned}
A^2 = B^2 = C^2 &= E \\
AB &= C \\
AC &= B \\
BC &= A
\end{aligned}
$$

Ein Kegelstumpf mit einer Basisfläche in Form einer Ellipse soll betrachtet werden.

c) Welche Symmetrien hat er?

d) Wie lautet die Gruppentafel der zugehörigen Symmetriegruppe $G = C_{2v}$? Vergleichen Sie diese mit der in b) gefundenen.

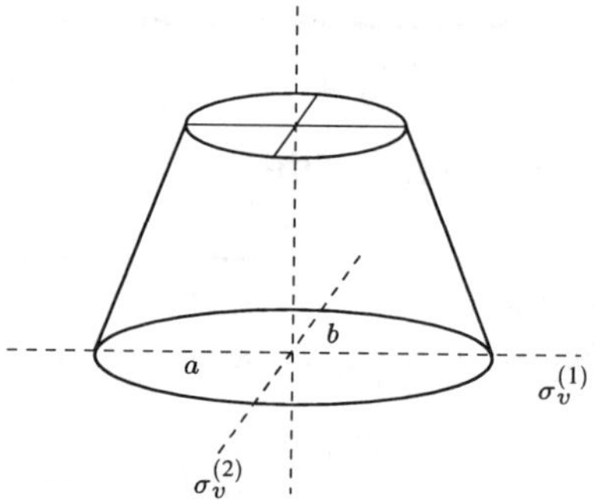

Aufgabe 2: Beweis zur Gruppentafel

Beweisen Sie unter Verwendung der Gruppenpostulate:
In jeder Zeile und in jeder Spalte der Gruppentafel erscheinen jeweils alle Elemente der Gruppe genau einmal.

Aufgabe 3: Realisierung einer Gruppe der Ordnung $g=3$

a) Zeigen Sie unter Verwendung der Gruppenpostulate, daß es nur eine einzige (abstrakte) Realisierung einer Gruppe der Ordnung $g = 3$ gibt.

b) Wie lautet die Gruppentafel?

c) Weisen Sie nach, daß die Gruppe abelsch ist.

Aufgabe 4: Realisierung einer Gruppe der Ordnung $g=4$

a) Zeigen Sie direkt durch Benutzung der Gruppenpostulate, daß es nur zwei (abstrakte) Realisierungen einer Gruppe der Ordnung $g = 4$ gibt.

b) Stellen Sie die jeweiligen Gruppentafeln auf.

c) Verifizieren Sie, daß beide Gruppen abelsch sind.

d) Können Sie je eine anschauliche Realisierung der beiden Gruppen finden?

Aufgabe 5: Permutationsgruppe der Ordnung $g=6$

Man betrachte die Permutationsgruppe der Ordnung $n! = 6$ („P_3"). Das ist eine Gruppe, bei der drei „unterscheidbare" Objekte 1, 2 und 3 auf drei Plätzen verteilt werden.
Man definiert die Gruppenoperationen:

$$E = \begin{pmatrix} 1 & 2 & 3 \\ 1 & 2 & 3 \end{pmatrix}, \quad A = \begin{pmatrix} 1 & 2 & 3 \\ 2 & 1 & 3 \end{pmatrix}, \quad B = \begin{pmatrix} 1 & 2 & 3 \\ 1 & 3 & 2 \end{pmatrix}, \tag{2.23}$$

$$C = \begin{pmatrix} 1 & 2 & 3 \\ 3 & 2 & 1 \end{pmatrix}, \quad D = \begin{pmatrix} 1 & 2 & 3 \\ 3 & 1 & 2 \end{pmatrix}, \quad F = \begin{pmatrix} 1 & 2 & 3 \\ 2 & 3 & 1 \end{pmatrix} \tag{2.24}$$

Es bedeutet dabei z.B. die Operation A:

Objekt 2 auf Platz 1
Objekt 1 auf Platz 2
Objekt 3 auf Platz 3

Die Definition der Multiplikation folgt z.B. aus:

$$AB = \begin{pmatrix} 1 & 2 & 3 \\ 2 & 1 & 3 \end{pmatrix} \cdot \begin{pmatrix} 1 & 2 & 3 \\ 1 & 3 & 2 \end{pmatrix} = \begin{pmatrix} 1 & 2 & 3 \\ 3 & 1 & 2 \end{pmatrix} = D \tag{2.25}$$

a) Stellen Sie die Gruppentafel auf.

b) Verifizieren Sie exemplarisch, daß „P_3" isomorph zu C_{3v} ist.

Aufgabe 6: Die Klassen der Symmetriegruppe $G=C_{3v}$

Zeigen Sie , daß die Symmetriegruppe C_{3v} die drei Klassen

$$E, \quad (C_3, C_3^2), \quad (\sigma_v^{(1)}, \sigma_v^{(2)}, \sigma_v^{(3)})$$

besitzt.

3 Darstellungstheorie

3.1 Darstellung einer Gruppe

Als Darstellung Γ einer Gruppe bezeichnet man die *isomorphe* oder *homomorphe Abbildung* einer Gruppe G auf eine Matrixgruppe Γ. Die Gruppenelemente R werden durch quadratische Matrizen $\Gamma(R)$ und die Produktoperationen RS durch die Matrixprodukte $\Gamma(R)\Gamma(S)$ dargestellt.

Definitionen:

a.) Als *Dimension* einer Darstellung bezeichnet man die Dimension d der Darstellungsmatrizen $\Gamma(R)$.

b.) Von einer *getreuen* Darstellung spricht man, wenn G *isomorph* zu Γ ist.

c.) Eine *triviale* Darstellung ist die homomorphe Abbildung von G auf die Zahl 1. Man nennt diese Darstellung die „*Einsdarstellung*“ oder die „Einheitsdarstellung“.

Darstellungen von C_{3v}

In der folgenden Tabelle sind verschiedene Darstellungen der Gruppe C_{3v} zu finden:

C_{3v}	E	C_3	C_3^2	$\sigma_v^{(1)}$	$\sigma_v^{(2)}$	$\sigma_v^{(3)}$
$\Gamma_1 = A_1$	1	1	1	1	1	1
$\Gamma_2 = A_2$	1	1	1	-1	-1	-1
$\Gamma_3 = E$	$\begin{pmatrix} 1 & 0 \\ 0 & 1 \end{pmatrix}$	$\frac{1}{2}\begin{pmatrix} -1 & -\sqrt{3} \\ \sqrt{3} & -1 \end{pmatrix}$	$\frac{1}{2}\begin{pmatrix} -1 & \sqrt{3} \\ -\sqrt{3} & -1 \end{pmatrix}$	$\frac{1}{2}\begin{pmatrix} 1 & \sqrt{3} \\ \sqrt{3} & -1 \end{pmatrix}$	$\frac{1}{2}\begin{pmatrix} 1 & -\sqrt{3} \\ -\sqrt{3} & -1 \end{pmatrix}$	$\begin{pmatrix} -1 & 0 \\ 0 & 1 \end{pmatrix}$
Γ_3'	$\begin{pmatrix} 1 & 0 \\ 0 & 1 \end{pmatrix}$	$\begin{pmatrix} -1 & -1 \\ 1 & 0 \end{pmatrix}$	$\begin{pmatrix} 0 & 1 \\ -1 & -1 \end{pmatrix}$	$\begin{pmatrix} 0 & 1 \\ 1 & 0 \end{pmatrix}$	$\begin{pmatrix} -1 & -1 \\ 0 & 1 \end{pmatrix}$	$\begin{pmatrix} 1 & 0 \\ -1 & -1 \end{pmatrix}$

Tabelle 3.1 Darstellungen von C_{3v}

Γ_1 (A_1-Darstellung): triviale Darstellung, eindimensional ($d = 1$)
Γ_2 (A_2-Darstellung): eindimensional ($d = 1$)
Γ_3 (E-Darstellung): zweidimensional ($d = 2$) ◊

3.2 Äquivalente Darstellungen

Definition:
Zwei Darstellungen Γ und Γ' sind äquivalent, wenn eine Matrix M existiert, so daß gilt

$$\Gamma'(R) = M^{-1}\,\Gamma(R)\,M \qquad \text{für alle Elemente } R \in G \tag{3.1}$$

Wichtig: Die Matrix M hat mit den Darstellungsmatrizen $\Gamma(R)$ nichts zu tun!

Beachtenswert:

a.) Es gibt *unbegrenzt* viele äquivalente Darstellungen.

b.) Die *Verwandtschaft* äquivalenter Darstellungen ist so *nahe*, daß meist eine Unterscheidung nicht notwendig ist.

$\mathcal{B}$ **Äquivalente Darstellungen der Gruppe C_{3v}**

In der Tabelle 3.1 sind Γ_3 und Γ_3' äquivalent:

$$\Gamma_3' = M^{-1}\,\Gamma_3\,M, M = \frac{1}{2\sqrt{3}}\begin{pmatrix} 1 & 2 \\ \sqrt{3} & 0 \end{pmatrix} \quad , \quad M^{-1} = \begin{pmatrix} 0 & 2 \\ \sqrt{3} & -1 \end{pmatrix} \tag{3.2}$$

◊

Satz:
Wenn M (beliebig, aber M^{-1} existent) vorgegeben ist, dann ist

$$\Gamma'(R) \quad = \quad M^{-1}\Gamma(R)M \tag{3.3}$$

eine Darstellung von G, wenn $\Gamma(R)$ eine Darstellung von G ist.

3.3 Unitäre Darstellung

Definition:
Man spricht von einer *unitären Darstellung*, wenn die Darstellungsmatrizen $\Gamma(R)$ *alle unitär* sind:

$$(\Gamma(R))^+ = \left(\widetilde{\Gamma}(R)\right)^* = (\Gamma(R))^{-1} \tag{3.4}$$

bzw.

$$\sum_k \Gamma_{ik}(R)\,\Gamma_{jk}^*(R) \quad = \quad \delta_{ij} \tag{3.5}$$

oder:

$$\left((\Gamma(R))^+\right)_{ik} = \left((\Gamma(R))^*\right)_{ki} \quad \equiv \quad \left((\Gamma(R))^{-1}\right)_{ik} \tag{3.6}$$

$\widetilde{\Gamma}(R)$ bezeichnet die transponierte Matrix von $\Gamma(R)$.

Sätze:

1. *Jede* Folge äquivalenter Darstellungen hat *mindestens eine* unitäre Darstellung.
2. Jede Darstellung einer Gruppe G ist äquivalent zu einer unitären Darstellung der Gruppe G.

Es wird sich zeigen, daß es bei der Anwendung der Gruppentheorie in der Physik möglich ist, sich auf unitäre Darstellungen zu beschränken.

Unitäre Darstellung der Gruppe C_{3v} (B)

In Tabelle 3.1 ist Γ_3 unitär, dagegen Γ_3' nicht. Ebenso sind Γ_1 und Γ_2 unitär. ◊

3.4 Reduzibilität einer Darstellung

Definition:
Eine Darstellung $\Gamma(R)$ ist *reduzibel*, wenn eine Transformation der Art

$$\Gamma'(R) = M^{-1}\Gamma(R)M \tag{3.7}$$

existiert, so daß *für jedes* Element $R \in G$ eine gleichartige Blockdiagonalisierung

$$\Gamma'(R) = \begin{pmatrix} \Gamma^{(1)}(R) & 0 & 0 & \cdots \\ 0 & \Gamma^{(2)}(R) & 0 & \\ 0 & 0 & \Gamma^{(3)}(R) & \\ \vdots & & & \ddots \end{pmatrix} \tag{3.8}$$

erfolgt, mit Matrizen $\Gamma^{(i)}(R)$ niedrigerer Dimension entlang der Diagonale.

Es gilt:

a.) Die reduzierten Matrizen $\Gamma^{(i)}(R)$ bilden jeweils ebenfalls eine Darstellung von G.

b.) Man sagt, daß Γ in die Bestandteile $\Gamma^{(i)}$ *zerfällt*:

$$\Gamma = \Gamma^{(1)} + \Gamma^{(2)} + \Gamma^{(3)} + \ldots \tag{3.9}$$

c.) Eine *vollständige Reduktion* ist erreicht, wenn jeder Einzelbestandteil $\Gamma^{(\mu)}$ selbst *nicht mehr* reduzierbar ist.

d.) Von einer **irreduziblen Darstellung** $\Gamma^{(\mu)}$ spricht man, wenn sie nicht mehr reduzierbar ist.

e.) Dieselben irreduziblen Bestandteile $\Gamma^{(\mu)}$ können *mehrfach* in einer reduziblen Darstellung $\Gamma(R)$ enthalten sein:

$$\Gamma = \sum_{\mu} a_\mu \Gamma^{(\mu)} \tag{3.10}$$

Definition:
a_μ nennt man die *Multiplizität* von $\Gamma^{(\mu)}$ in Γ ($a_\mu \in \mathbb{N}_0$). Sie gibt an, wie oft die irreduzible Darstellung $\Gamma^{(\mu)}$ in Γ enthalten ist.

Irreduzible Darstellungen der Gruppe C_{3v}

In der Tabelle 3.1 sind alle Darstellungen irreduzibel. ◊

3.5 Das Große Orthogonalitätstheorem

Theorem:
Irreduzible Darstellungen $\Gamma^{(\alpha)}$ und $\Gamma^{(\beta)}$ erfüllen das folgende Theorem:

$$\sum_R \Gamma_{ij}^{(\alpha)}(R)\Gamma_{rs}^{(\beta)}(R^{-1}) = \frac{g}{d_\alpha} \cdot \delta_{\alpha\beta}\delta_{is}\delta_{jr} \tag{3.11}$$

wobei d_α die Dimension der Darstellungsmatrizen $\Gamma_{ij}^{(\alpha)}(R)$ ist, δ_{is} und δ_{jr} konventionelle Kronecker-Symbole bedeuten, und $\delta_{\alpha\beta}$ ein „Kronecker“-Symbol im folgenden Sinne ist:

$$\delta_{\alpha\beta} = \begin{cases} 0 & \text{wenn } \Gamma^{(\alpha)} \text{ und } \Gamma^{(\beta)} \text{ nicht-äquivalente Darstellungen sind (siehe Kapitel 3.2)} \\ 1 & \text{wenn } \Gamma^{(\alpha)} \text{ und } \Gamma^{(\beta)} \text{ identisch sind} \\ \text{unbestimmt} & \text{wenn } \Gamma^{(\alpha)} \text{ und } \Gamma^{(\beta)} \text{ äquivalente, aber nicht identische Darstellungen sind} \end{cases} \tag{3.12}$$

Satz:
Wenn $\Gamma^{(\alpha)}$ und $\Gamma^{(\beta)}$ unitäre Darstellungen sind, gilt die speziellere Relation:

$$\sum_R \Gamma_{ij}^{(\alpha)}(R)\left(\Gamma_{rs}^{(\beta)}(R)\right)^* = \frac{g}{d_\alpha} \cdot \delta_{\alpha\beta}\delta_{ir}\delta_{js} \tag{3.13}$$

Das „Große Orthogonalitätstheorem“ ist das wichtigste Theorem für die Anwendung der Gruppentheorie in der Physik. Der Beweis desselben gründet sich auf zwei grundlegende Sätze, die wegen ihrer fundamentalen Bedeutung hier angeführt werden:

Erstes Lemma von Schur:
Eine Darstellung $\Gamma^{(\alpha)}$ ist genau dann irreduzibel, wenn die einzigen Matrizen, die mit $\Gamma^{(\alpha)}(R)$ für alle R kommutieren, die *Skalarmatrizen* M (= Konstante × Einsmatrix) sind.

Zweites Lemma von Schur:
Seien $\Gamma^{(\alpha)}$ und $\Gamma^{(\beta)}$ zwei irreduzible Darstellungen einer Gruppe, und sei M eine Matrix, so daß gilt:

$$M\,\Gamma^{(\alpha)}(R) = \Gamma^{(\beta)}(R)\,M \tag{3.14}$$

für alle R in der Gruppe (M ist nicht notwendigerweise quadratisch). Dann folgt

a.) wenn $d_\alpha \neq d_\beta$ (M nicht quadratisch): $M = 0$

b.) wenn $d_\alpha = d_\beta$: entweder $M = 0$ oder M nichtsingulär, in welchem Falle $\Gamma^{(\alpha)}$ und $\Gamma^{(\beta)}$ äquivalente Darstellungen sind.

3.6 Charaktere

Für die physikalischen Anwendungen noch wichtiger als die Darstellungsmatrizen $\Gamma(R)$ selbst sind deren „*Charaktere*“ $\chi(R)$.

Definition:
Der Charakter des Elements R ist

$$\chi(R) = \sum_{i=1}^{d} \Gamma_{ii}(R) = \mathrm{Sp}\{\Gamma(R)\} \tag{3.15}$$

mit d = Dimension der Darstellung Γ.

Sätze:

i) Alle Elemente einer *Klasse* haben denselben Charakter:

$$\chi(R^{(K)}) = \chi(K) \tag{3.16}$$

ii) Gleiche Elemente R *äquivalenter Darstellungen* haben denselben Charakter:

$$\Gamma' = M^{-1}\,\Gamma(R)\,M \quad : \qquad \chi^{(\Gamma')}(R) = \chi^{(\Gamma)}(R) \tag{3.17}$$

Insbesondere gilt:
Der Charakter eines Elements R (einer Klasse K) einer *nichtunitären* Darstellung ist identisch mit einer dazu äquivalenten *unitären* Darstellung. Die gesamte Mannigfaltigkeit verschiedener äquivalenter Darstellungen wird demgemäß durch dieselben Charaktere repräsentiert.

Insbesondere gilt der

Satz:
Zwei Darstellungen sind dann und nur dann äquivalent, wenn sie

1. isomorph sind und
2. dieselben Charaktere haben.

Es ist nützlich, eine sogenannte *Charaktertafel* einzuführen:

G	E	$g_{K_2}K_2$	$g_{K_3}K_3$	$\dots$	$g_{K_n}K_n$
$\Gamma^{(1)}$	1	1	1	$\dots$	1
$\Gamma^{(2)}$	d_2	$\chi^{(2)}(K_2)$	$\chi^{(2)}(K_3)$	$\dots$	$\chi^{(2)}(K_n)$
$\vdots$	$\vdots$				$\vdots$
$\Gamma^{(\mu)}$	d_μ	$\chi^{(\mu)}(K_2)$	$\chi^{(\mu)}(K_3)$	$\dots$	$\chi^{(\mu)}(K_n)$

K_i: typisches Element der Klasse
g_{K_i}: Zahl der Elemente in der Klasse K_i
$\Gamma^{(1)},\dots,\Gamma^{(\mu)}$: irreduzible Darstellungen

Tabelle 3.2 Allgemeine Charaktertafel

In der ersten Zeile der Charaktertafel stehen immer die Charaktere der „Einsdarstellung“:

$$\chi^{(1)}(K_i) = 1 \tag{3.18}$$

In der ersten Spalte der Charaktertafel stehen immer die Dimensionen der irreduziblen Darstellungen:

$$\chi^{(\mu)}(E) = d_\mu \tag{3.19}$$

Charaktertafel von C_{3v}

Die Charaktertafel der Gruppe C_{3v} hat folgende Gestalt:

C_{3v}	E	$2C_3$	$3\sigma_v$
A_1	1	1	1
A_2	1	1	-1
E	2	-1	0

◊

Satz:
Gilt für das Produkt zweier Klassen K_i, K_j die Zerlegung

$$K_i \times K_j = \sum_k c_{ijk} K_k \tag{3.20}$$

(siehe Kapitel 2.8), wobei c_{ijk} eine ganze positive Zahl oder Null ist, so folgt

$$g_{K_i} g_{K_j} \cdot \chi^{(\mu)}(K_i) \cdot \chi^{(\mu)}(K_j) = d_\mu \cdot \sum_k c_{ijk} \cdot g_{K_k} \cdot \chi^{(\mu)}(K_k) \tag{3.21}$$

Klassenmultiplikation in der Gruppe C_{3v}

In (2.17) wurde gefunden:

$$
\begin{aligned}
K_2 \times K_3 = 2K_3 \quad &, \quad c_{231} = 0 \,, c_{232} = 0 \,, c_{233} = 2 \\
g_{K_1} = 1 \quad &, \quad \chi^{(E)}(K_1) = 2 \\
g_{K_2} = 2 \quad &, \quad \chi^{(E)}(K_2) = -1 \\
g_{K_3} = 3 \quad &, \quad \chi^{(E)}(K_3) = 0 \\
d_E \quad &= \quad 2
\end{aligned}
$$

Die Gleichung (3.21) ist erfüllt: $2 \cdot 3 \cdot (-1) \cdot 0 = 2 \cdot (0 \cdot 1 \cdot 2 + 0 \cdot 2 \cdot (-1) + 2 \cdot 3 \cdot 0)$

◊

3.7 Reduktion einer Darstellung

Die Charaktere einer reduziblen Darstellung Γ lassen sich in einfacher Weise in ihre irreduziblen Bestandteile zerlegen.

Satz:
Wenn

$$\Gamma = \sum_{\mu} a_{\mu} \cdot \Gamma^{(\mu)} \tag{3.22}$$

ist, dann gilt

$$\chi(R) \quad = \quad a_1 \cdot \chi^{(1)}(R) + a_2 \cdot \chi^{(2)}(R) + \ldots = \sum_{\mu} a_{\mu} \cdot \chi^{(\mu)}(R) \tag{3.23}$$

wobei $\chi^{(\mu)}(R)$ die Charaktere der irreduziblen Darstellungen $\Gamma^{(\mu)}$ bedeuten. Dabei gibt a_{μ} an, wie oft die irreduzible Darstellung $\Gamma^{(\mu)}$ in Γ enthalten ist (siehe auch (3.10)).

Die Zerlegungsgleichung (3.23) kann man als Bestimmungsgleichung der Zahlen a_{μ} verwenden, wenn die Charaktere aller (nichtäquivalenten) irreduziblen Darstellungen $\Gamma^{(\mu)}$ bekannt sind.

Reduktion einer reduziblen Darstellung der Gruppe C_{3v}

Sei für eine reduzible Darstellung $\chi(E) = 2$, $\chi(C_3) = 2$ und $\chi(\sigma_v) = 0$, dann gilt unter Benutzung der Charaktertafel von C_{3v}:

$$\chi(E): \quad 2 = a_{A_1} + a_{A_2} + 2 \cdot a_E \tag{3.24}$$

$$\chi(C_3): \quad 2 = a_{A_1} + a_{A_2} - a_E \tag{3.25}$$

$$\chi(\sigma_v): \quad 0 = a_{A_1} - a_{A_2} + 0 \cdot a_E \tag{3.26}$$

Daraus: $a_{A_1} = a_{A_2} = 1$, $a_E = 0$, also: $\Gamma = A_1 + A_2$. ◊

3.8 Orthogonalitäts- und Vollständigkeitsrelation der Charaktere

Aus dem Großen Orthogonalitätstheorem (3.11) folgen drei für die Anwendung der Gruppentheorie zentral wichtige *Schlüsseltheoreme*. Zur Herleitung verweisen wir insbesondere auf die Lehrbücher von HAMERMESH [14] und von LUDWIG und FALTER [37].

3.8.1 1. Satz von Burnside

1. Satz von Burnside:
Die Zahl der irreduziblen Darstellungen n_{ID} ist gleich der Zahl der Klassen n_{Kl}:

$$n_{Kl} \quad = \quad n_{ID}\,(:= n) \in \mathbb{N} \tag{3.27}$$

Der 1. Satz von Burnside wird manchmal auch „das Schlüsseltheorem“ der Darstellungstheorie genannt.

Zahl der irreduziblen Darstellungen der Gruppe C_{3v}

Die Gruppe C_{3v} besitzt drei Klassen und drei irreduzible Darstellungen. ◊

3.8.2 Orthogonalitätsrelation der Charaktere

Theorem:

$$\sum_{R(\in G)} \chi^{(\mu)}(R)\,\chi^{(\nu)}(R^{-1}) \quad = \quad g \cdot \delta_{\mu\nu} \tag{3.28}$$

mit μ, ν: Indizes der irreduziblen Darstellungen

Da jede Darstellung $\Gamma^{(\mu)}$ äquivalent ist zu einer unitären Darstellung, gilt dementsprechend der

Satz:

$$\sum_{K=1}^{n} g_K\,\chi^{(\mu)}(K)\,(\chi^{(\nu)}(K))^* \quad = \quad g \cdot \delta_{\mu\nu} \tag{3.29}$$

mit g_K: Zahl der Elemente in der Klasse K
n: Zahl der Klassen in G = Zahl der irreduziblen Darstellungen
μ, ν: Indizes der irreduziblen Darstellungen

3.8.3 Vollständigkeitsrelation der Charaktere (2. Orthogonalitätsrelation)

Theorem:

$$\sum_{\mu=1}^{n} g_K\,\chi^{(\mu)}(K)\,(\chi^{(\mu)}(K'))^* \quad = \quad g \cdot \delta_{KK'} \tag{3.30}$$

mit g_K: Zahl der Elemente in der Klasse K
n: Zahl der irreduziblen Darstellungen
μ: Index der irreduziblen Darstellung

3.8.4 Folgerungen

Man kann die beiden Orthogonalitätsrelationen (3.29) und (3.30) nützlicherweise auch in einer symmetrisierten Form schreiben, wenn man folgende n-dimensionale „Vektoren“ einführt:

$$u_K(\mu) = \left(\frac{g_K}{g}\right)^{1/2} \cdot \chi^{(\mu)}(K) \tag{3.31}$$

mit $\mu = 1, \ldots, n$ und $K = 1, \ldots, n$. Dann lesen sie sich wie folgt:

$$\sum_{K=1}^{n} u_K(\mu)\,(u_K(\nu))^* = \delta_{\mu\nu} \tag{3.32}$$

$$\sum_{\mu=1}^{n} u_K(\mu)\,(u_{K'}(\mu))^* = \delta_{KK'} \tag{3.33}$$

Aus dem Großen Orthogonalitätstheorem (3.11) folgt überdies das

Reduzibilitätskriterium:
Eine Darstellung ist dann und nur dann irreduzibel, wenn die Beziehung

$$\sum_{K=1}^{n} g_K \cdot \left|\chi^{(\mu)}(K)\right|^2 = g \tag{3.34}$$

gilt.

Irreduzibilität der A_2-Darstellung in der Gruppe C_{3v}

Für die A_2-Darstellung der Gruppe C_{3v} findet man:

$$\begin{array}{lll} K_1 = \{E\}: & g_{K_1} = 1 & \chi^{(A_2)}(K_1) = 1 \\ K_2 = \{C_3, C_3^2\}: & g_{K_2} = 2 & \chi^{(A_2)}(K_2) = 1 \\ K_3 = \{\sigma_v^{(1)}, \sigma_v^{(2)}, \sigma_v^{(3)}\}: & g_{K_3} = 3 & \chi^{(A_2)}(K_3) = -1 \end{array} \tag{3.35}$$

Mit Gleichung (3.34) folgt dann

$$1 \cdot 1^2 + 2 \cdot 1^2 + 3 \cdot (-1)^2 = 6 = g \tag{3.36}$$

Diese Darstellung ist also irreduzibel. ◊

3.8.5 2. Satz von Burnside

Aus der Vollständigkeitsrelation (3.30) findet man insbesondere für die Klasse des Einselements ($K = \{E\}$, $g_E = 1$, $\chi^{(\mu)}(E) = d_\mu$) den wichtigen

2. Satz von Burnside:

$$\sum_{\mu=1}^{n} d_\mu^2 = g \tag{3.37}$$

Der 2. Satz von Burnside für die Gruppe C_{3v}

Zahl der Klassen: $n_{Kl} = 3 = n$
Zahl der irreduziblen Darstellungen: $n_{ID} = 3 = n$ (1. Satz von Burnside)
Also: $d_1^2 + d_2^2 + d_3^2 = 6$ (2. Satz von Burnside)
Daraus eindeutige Lösung: $d_1 = d_2 = 1$, $d_3 = 2$ ◊

3.8.6 Durchführung einer Reduktion

Da sich die Charaktere von zueinander äquivalenten Darstellungen nicht unterscheiden, und jede Folge äquivalenter Darstellungen mindestens eine unitäre Darstellung enthält (siehe Kapitel 3.3), werden *künftig nur unitäre Darstellungen betrachtet.* Für eine reduzible Darstellung gilt (siehe Gleichung (3.23) aus Kapitel 3.7):

$$\chi(R) = \sum_{\mu=1}^{n} a_\mu \cdot \chi^{(\mu)}(R) \tag{3.38}$$

Durch Multiplikation dieser Gleichung mit $(\chi^{(\mu)}(R))^*$ und Summation über R findet man gemäß Gleichung (3.30) die wichtige, von WIGNER [50] eingeführte

Schlüsselformel für die Ausreduktion:

$$a_\mu = \frac{1}{g} \cdot \sum_{R=1}^{g} (\chi^{(\mu)}(R))^* \cdot \chi(R) \tag{3.39}$$

$$= \frac{1}{g} \cdot \sum_{K=1}^{n} g_K \cdot (\chi^{(\mu)}(K))^* \cdot \chi(K) \tag{3.40}$$

Manchmal nennt man diese Formel auch das „Korrelationstheorem“ (siehe bei WILSON et al. [51], Seite 121).

Reduktion einer reduziblen Darstellung der Gruppe C_{3v}

Die in der Literatur übliche Form der Charaktertafel ist

$\mathbf{C_{3v}}$	$(3m)$		E	$2C_3$	$3\sigma_v$
x^2+y^2, z^2	z	A_1	1	1	1
	R_z	A_2	1	1	−1
(x^2-y^2, xy), (zx, yz)	(x, y), (R_x, R_y)	E	2	−1	0

Sei $\chi(E) = 2$, $\chi(C_3) = 2$, $\chi(\sigma_v) = 0$ für eine reduzible Darstellung $\Gamma^{(\text{red})}$:

$$\Gamma^{(\text{red})} = a_{A_1} A_1 + a_{A_2} A_2 + a_E E$$

Es ist $g_{K_1} = 1$, $g_{K_2} = 2$, $g_{K_3} = 3$ und $g = g_{K_1} + g_{K_2} + g_{K_3} = 6$.

Damit:

$$a_{A_1} = \frac{1}{6}\cdot(1\cdot 1\cdot 2+2\cdot 1\cdot 2+3\cdot 1\cdot 0)=1$$
$$a_{A_2} = \frac{1}{6}\cdot(1\cdot 1\cdot 2+2\cdot 1\cdot 2+3\cdot(-1)\cdot 0)=1$$
$$a_E = \frac{1}{6}\cdot(1\cdot 2\cdot 2+2\cdot(-1)\cdot 2+3\cdot 0\cdot 0)=0$$

und somit, wie in Beispiel zu Kapitel 3.7:

$$\Gamma^{(\mathrm{red})} = A_1 + A_2$$

◊

3.9 Die reguläre Darstellung

Definition:
Die reguläre Darstellung ist definiert durch die Matrizen

$$\Gamma_{ij}^{(\mathrm{reg})}(R) = \delta(R_i^{-1}\,R\,R_j) \tag{3.41}$$

wobei

$$\delta(R) = \begin{cases} 1 & \text{wenn } R=E \\ 0 & \text{sonst} \end{cases} \tag{3.42}$$

G	$R_1^{-1}=E$	R_2^{-1}	R_3^{-1}	...	R_b^{-1}	...	R_g^{-1}
$R_1=E$	E	...					
R_2	...	E					
R_3			E				
⋮							
R_a					$R_aR_b^{-1}$		
⋮							
R_g							E

(3.43)

Tabelle 3.3 Rearrangierte Gruppentafel zur Konstruktion der regulären Darstellung

Die Konstruktionsvorschrift via anders geordneter Gruppentafel zur Konstruktion der Matrix $\Gamma^{(\mathrm{reg})}(R)$ lautet:

a) Man schreibe die Zahl 1 an alle Plätzen der rearrangierten Gruppentafel, an denen R auftritt, an alle sonstigen Plätze die Null.

b) Das verbleibende Gerüst repräsentiert die Matrixelemente $\Gamma_{ij}^{(\mathrm{reg})}(R)$.

Siehe Tafel 3.3.

Die reguläre Darstellung der Gruppe C_{3v}

Die rearrangierte Gruppentafel der Gruppe C_{3v} lautet

C_{3v}	$E^{-1}=E$	$C_3^{-1}=C_3^2$	$C_3^{-2}=C_3$	$(\sigma_v^{(1)})^{-1}=\sigma_v^{(1)}$	$(\sigma_v^{(2)})^{-1}=\sigma_v^{(2)}$	$(\sigma_v^{(3)})^{-1}=\sigma_v^{(3)}$
E	E	C_3^2	C_3	$\sigma_v^{(1)}$	$\sigma_v^{(2)}$	$\sigma_v^{(3)}$
C_3	C_3	E	C_3^2	$\sigma_v^{(3)}$	$\sigma_v^{(1)}$	$\sigma_v^{(2)}$
C_3^2	C_3^2	C_3	E	$\sigma_v^{(2)}$	$\sigma_v^{(3)}$	$\sigma_v^{(1)}$
$\sigma_v^{(1)}$	$\sigma_v^{(1)}$	$\sigma_v^{(3)}$	$\sigma_v^{(2)}$	E	C_3	C_3^2
$\sigma_v^{(2)}$	$\sigma_v^{(2)}$	$\sigma_v^{(1)}$	$\sigma_v^{(3)}$	C_3^2	E	C_3
$\sigma_v^{(3)}$	$\sigma_v^{(3)}$	$\sigma_v^{(2)}$	$\sigma_v^{(1)}$	C_3	C_3^2	E

Dann ist z.B.

$$\Gamma^{(\text{reg})}(C_3) = \begin{pmatrix} 0&0&1&0&0&0 \\ 1&0&0&0&0&0 \\ 0&1&0&0&0&0 \\ 0&0&0&0&1&0 \\ 0&0&0&0&0&1 \\ 0&0&0&1&0&0 \end{pmatrix} \tag{3.44}$$

◊

Charaktere von $\Gamma^{(\text{reg})}$:

$$\chi^{(\text{reg})}(R) = \sum_{i=1}^{g} \delta(R_i^{-1} R R_i) = \begin{cases} g & \text{wenn } R = E \\ 0 & \text{sonst} \end{cases} \tag{3.45}$$

Da die reguläre Darstellung reduzibel ist,

$$\Gamma^{(\text{reg})} = \sum_{\nu=1}^{n} a_\nu \cdot \Gamma^{(\nu)} \tag{3.46}$$

kann man sie gemäß Gleichung (3.39) ausreduzieren:

$$a_\mu = \frac{1}{g} \cdot \sum_{R=1}^{g} (\chi^{(\mu)}(R))^* \cdot \chi^{(\text{reg})}(R) \tag{3.47}$$

Wegen Gleichung (3.45) folgt daraus das

„Celebrated theorem“:
Die Multiplizität a_μ der in der regulären Darstellung $\Gamma^{(\text{reg})}$ enthaltenen irreduziblen Darstellung $\Gamma^{(\mu)}$ ist gleich der Dimension d_μ von $\Gamma^{(\mu)}$:

$$a_\mu = \chi^{(\mu)}(E) = d_\mu \tag{3.48}$$

Nebenbemerkung:
Dieses Theorem läßt sich unabhängig vom Satz von Burnside (siehe Gleichung (3.27)) herleiten, und kann seinerseits dazu benützt werden, um (3.27) zu beweisen. Dazu siehe z.B. TINKHAM [44].

Charaktere und Reduktion der regulären Darstellung in C_{3v}

Für die reguläre Darstellung der Gruppe C_{3v} gilt:

$$\chi^{(\mathrm{reg})}(E) = 6 \tag{3.49}$$

$$\chi^{(\mathrm{reg})}(R) = 0 \text{ für } R = C_3, C_3^2, \sigma_v^{(1)}, \sigma_v^{(2)}, \sigma_v^{(3)} \tag{3.50}$$

und

$$\Gamma^{(\mathrm{reg})} = 1 \cdot A_1 + 1 \cdot A_1 + 2 \cdot E \tag{3.51}$$

◊

3.10 Konstruktion einer Charaktertafel

Die Charaktertafeln der weitaus meisten Symmetriegruppen, die in der Physik eine Rolle spielen, sind in allgemein zugänglichen Tafeln erfaßt. Sie sind in diesem Buch im Anhang B zu finden. Diese Tafeln stellen demgemäß ein allgemein zur Verfügung stehendes Handwerkszeug dar, so daß der die Gruppentheorie anwendende Wissenschaftler dieselben in den allermeisten Fällen nicht selbst berechnen muß. Trotzdem scheint es angemessen, an dieser Stelle die wesentlichen Hilfsmittel zusammenzustellen, um eine Charaktertafel zu erstellen. In den vorangegangenen Abschnitten haben wir diese Hilfsmittel bereits kennengelernt. Es sind die folgenden:

1. Die *Zahl* n_{ID} der irreduziblen Darstellungen einer Gruppe ist gleich der Zahl n_{Kl} der Klassen (1. Satz von Burnside):

$$n_{ID} = n_{Kl} = n \tag{3.52}$$

   Die letztere (n_{Kl}) findet man leicht, indem man mittels der Gruppentafel alle zueinander konjugierten Elemente $S = X^{-1}RX$ berechnet.

2. Die Dimensionalitäten d_μ der irreduziblen Darstellungen $\Gamma^{(\mu)}$ werden sodann bestimmt durch die Formel (2. Satz von Burnside)

$$\sum_{\mu=1}^{n} d_\mu^2 = g = \sum_{K=1}^{n} g_K \tag{3.53}$$

   In den meisten Fällen hat diese Gleichung eine eindeutige Lösung.

3. Da das Einselement E durch eine Einheitsmatrix dargestellt werden muß, gilt

$$\chi^{(\mu)}(E) = d_\mu \tag{3.54}$$

   Dies legt die *1. Spalte der Charaktertafel* fest.

4. Da die *„Einsdarstellung"* *immer* als irreduzible Darstellung *existiert*, ist die *1. Zeile* der Charaktertafel immer eine Folge der Zahlen Eins:

$$\chi^{(1)}(K) = 1 \tag{3.55}$$

5. Die *Zeilen* der Tafel müssen *orthogonal* und *auf g normiert* sein mit den Gewichtsfaktoren g_K (Orthogonalität der Charaktere (3.29)):

$$\sum_{K=1}^{n} g_K\, \chi^{(\mu)}(K) \left(\chi^{(\nu)}(K)\right)^* = g \cdot \delta_{\mu\nu} \tag{3.56}$$

6. Die *Spalten* müssen *orthogonale, auf g/g_K normierte* Vektoren sein (Vollständigkeit der Charaktere (3.30)):

$$\sum_{\mu=1}^{n} \chi^{(\mu)}(K) \left(\chi^{(\mu)}(K')\right)^* = \frac{g}{g_K} \cdot \delta_{KK'} \tag{3.57}$$

7. Die Elemente der *μ-ten Zeile* sind verknüpft durch (3.21)

$$g_i g_j \cdot \chi^{(\mu)}(K_i) \cdot \chi^{(\mu)}(K_j) \;=\; d_\mu \cdot \sum_k c_{ijk} \cdot g_k \cdot \chi^{(\mu)}(K_k) \tag{3.58}$$

wobei die Koeffizienten c_{ijk} ganze positive Zahlen (oder Null) sind und durch die Klassenmultiplikation $K_i \times K_j = \sum_k c_{ijk} K_k$ definiert werden (siehe Kapitel 2.8).

Konstruktion der Charaktertafel von C_{3v}

1. Zahl der Klassen:
   $n_{Kl} = 3 = n_{ID} = n$
   Es handelt sich dabei um:
   $K_1 = \{E\} \quad (g_{K_1} = 1)$
   $K_2 = \{C_3, C_3^2\} \quad (g_{K_2} = 2)$
   $K_3 = \{\sigma_v^{(1)}, \sigma_v^{(2)}, \sigma_v^{(3)}\} \quad (g_{K_3} = 3)$
2. Dimension d_μ der Klassen:
   $d_1^2 + d_2^2 + d_3^2 = 6$
   $\Rightarrow d_1 = d_2 = 1,\, d_3 = 2$

C_{3v}	E	$2C_3$	$3\sigma_v^{(1)}$
A_1	1	1	1
A_2	1	x	y
E	2	x'	y'

3. 1. Spalte (Dimension der Darstellung): 1 1 2
4. 1. Zeile (Einsdarstellung): 1 1 1
5. $\sum_{K=1}^{n} g_K\, \chi^{(\mu)}(K)\, (\chi^{(\nu)}(K))^* = g \cdot \delta_{\mu\nu}$
   Ansatz für 2. Zeile: 1 x y
   $\mu = 1, \nu = 2 \rightarrow 1 + 2x + 3y = 0$
   $\mu = 2, \nu = 2 \rightarrow 1 + 2x^2 + 3y^2 = 6$
   $\Rightarrow x = 1, y = -1 \quad \text{oder} \quad x = -7/5, y = 3/5$
   Ansatz für 3. Zeile: 2 x' y'
   $\mu = 1, \nu = 3 \rightarrow 2 + 2x' + 3y' = 0$
   $\mu = 3, \nu = 3 \rightarrow 4 + 2x'^2 + 3y'^2 = 6$
   $\Rightarrow x' = -1, y' = 0 \quad \text{oder} \quad x' = 1/5, y' = -4/5$
6. $\sum_{\mu=1}^{n} \chi^{(\mu)}(K)\, (\chi^{(\mu)}(K'))^* = \frac{g}{g_K} \cdot \delta_{KK'}$
   2. Spalte: 1 x x'
   $K = 1, K' = 2 \rightarrow 1 + x + 2x' = 0$
   $K = 2, K' = 2 \rightarrow 1 + x^2 + x'^2 = 6/2 = 3$
   $\Rightarrow x = 1, x' = -1$ oder $x = -7/5, x' = 3/5$
   Damit eindeutige Lösung: $x = 1$, $y = -1$, $x' = -1$ und $y' = 0$
   Kontrolle mit 3. Spalte: 1 y y'
   $K = 1, K' = 3 \rightarrow 1 + y + 2y' = 0$
   $K = 3, K' = 3 \rightarrow 1 + y^2 + y'^2 = 6/3 = 2$
   $\Rightarrow y = -1, y' = 0$ oder $x = 0, x' = -1$
   Damit eindeutige Lösung: $x = 1$, $y = -1$, $x' = -1$ und $y' = 0$
7. Die Vorschrift (3.21) dient hier nur zur nochmaligen Konsistenzprüfung.

◊

3.11 Aufgaben zu Kapitel 3

Aufgabe 7: Vektorobjekte am gleichseitigen Dreieck I

An den Ecken des gleichseitigen Dreiecks definieren wir die „Vektorobjekte" η_1, η_2 und η_3:

$\eta_1 =$ 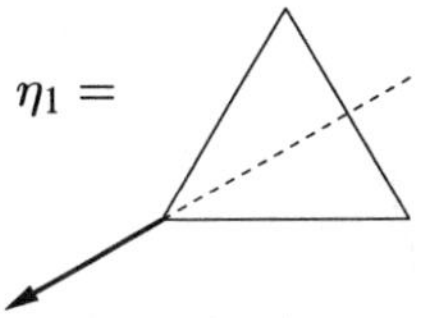 , $\eta_2 =$ 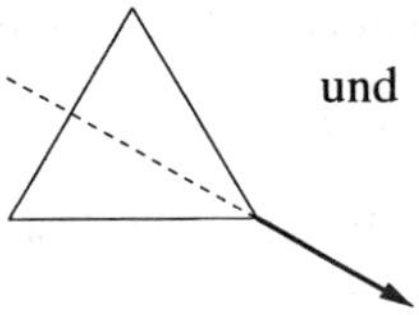 und $\eta_3 =$ 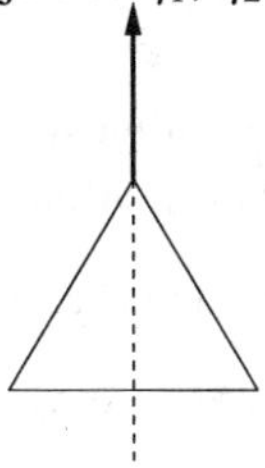 (3.59)

Sie gehen bei Symmetrietransformationen ineinander über:

$C_3 : \eta_1 =$ 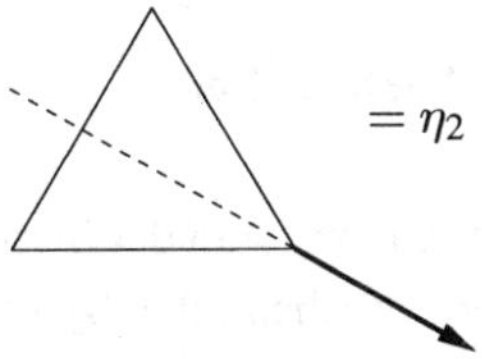 $= \eta_2$, $C_3^2 : \eta_1 =$ 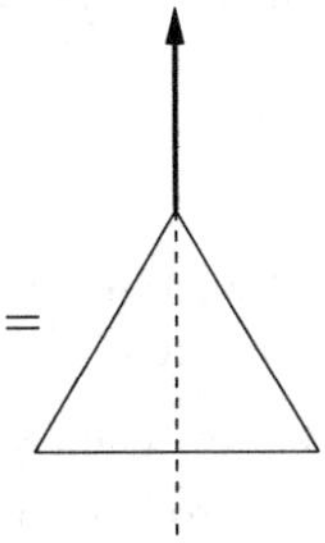 $= \eta_3$ usw. (3.60)

Die Transformationsmatrizen $\Gamma_{ij}(R)$, definiert durch Formel (4.41)

$$R : \eta_i = \sum_{j=1}^{d} \eta_j \Gamma_{ji}(R) \tag{3.61}$$

bilden eine unitäre Darstellung der Gruppe C_{3v}.

a) Wie lauten die Charaktere dieser Darstellung?

b) Wie zerfällt die Darstellung in irreduzible Bestandteile?

Aufgabe 8: Vektorobjekte am gleichseitigen Dreieck II

An den Ecken des gleichseitigen Dreiecks seien tangentiale Vektorobjekte η_1, η_2 und η_3 definiert,

$\eta_1 =$ 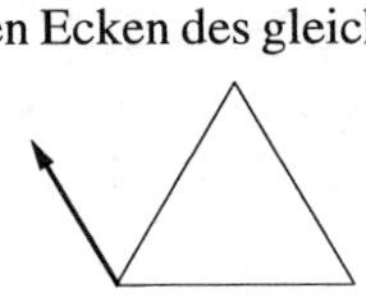 , $\eta_2 =$ 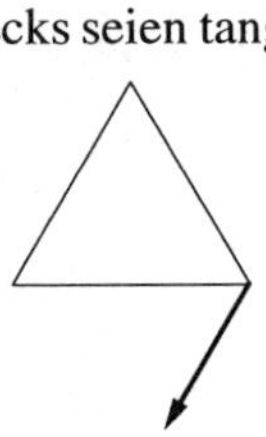 und $\eta_3 =$ 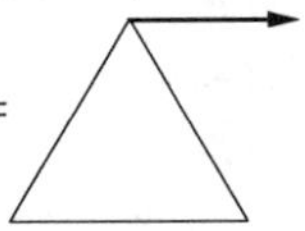 (3.62)

die bei den Symmetrietransformationen ineinander übergehen, z. B.

$C_3 : \eta_1 =$ 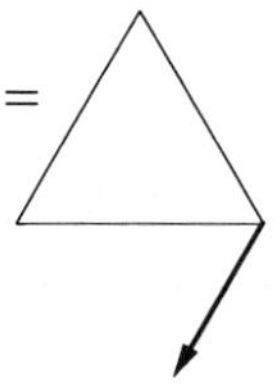 $= \eta_2$, aber: $\sigma_v^{(1)} : \eta_1 =$ 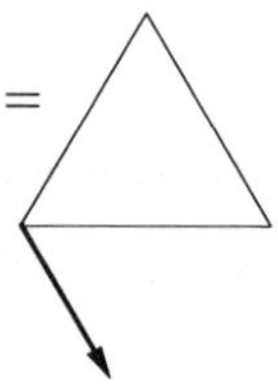 $= -\eta_1$ usw. (3.63)

Die Transformationsmatrizen bilden wieder eine unitäre Darstellung der Gruppe C_{3v}. Zerlegen Sie die Transformationsmatrizen in irreduzible Bestandteile.

a) Bestimmen Sie die Charaktere der Darstellung.

b) Geben Sie die Multiplizitäten der irreduziblen Bestandteile an.

c) Kombiniert man die hier gefundenen Transformationsmatrizen mit denen aus Aufgabe 7, so erhält man eine 6-dimensionale Darstellung von C_{3v}. Zeigen Sie, daß diese Darstellung isomorph zur „regulären" Darstellung ist.

Aufgabe 9: C_{3v}-Transformationen im zweidimensionalen kartesischen Koordinatensystem

In einem zweidimensionalen kartesischen Koordinatensystem (Ursprung in der Symmetrieachse und x_2-Achse in der $\sigma_v^{(3)}$-Ebene) soll sich der Ortsvektor $\vec{r}$ entsprechend den Symmetrieoperatoren von C_{3v} transformieren (siehe Gleichungen (4.7) und 4.8)).

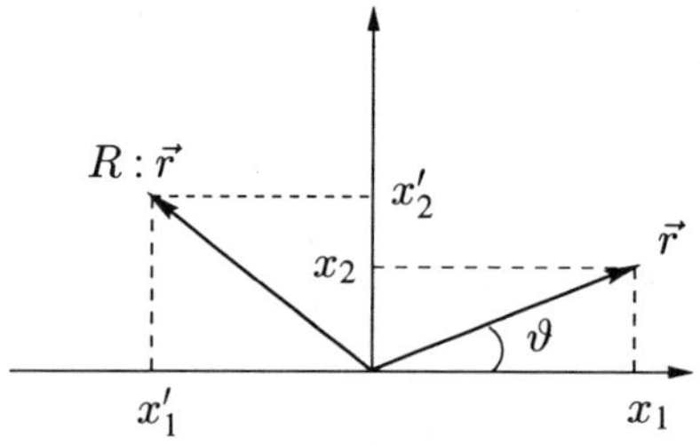

Die zugehörigen Transformationsmatrizen $\Gamma_{ij}(R)$ (siehe (4.41))

$$R : \vec{e}_j = \sum_{j=1}^{2} \vec{e}_i \Gamma_{ij}(R) \qquad (3.64)$$

bilden eine unitäre Darstellung der Gruppe.

a) Schreiben Sie die Transformationsmatrizen $\Gamma_{ij}(R)$ an.

b) Ist die Darstellung unitär? (Verifizierung)

c) Wie zerfällt die gefundene Darstellung in irreduzible Bestandteile?

Aufgabe 10: Gleichseitiges Fünfeck

Das gleichseitige Fünfeck besitzt die Symmetrie der Gruppe C_{5v}. Dieser Symmetrie sind zehn Gruppenelemente zugeordnet.

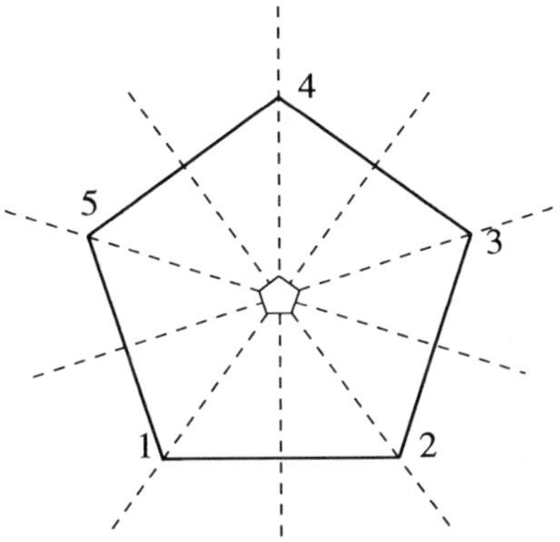

a) Identifizieren Sie die Gruppenelemente (Analogie zu C_{3v}!).

b) Welche Klassen hat die Gruppe und wieviele Elemente sind jeweils in einer Klasse?

c) Wieviele irreduzible Darstellungen gibt es?

d) Stellen Sie die Charaktertafel auf.

Aufgabe 11: C_{5v}-Transformationen im zweidimensionalen kartesischen Koordinatensystem

Der Ortsvektor $\vec{r}$ in einem zweidimensionalen kartesischen Koordinatensystem soll nun gemäß den Symmetrieoperationen von C_{5v} (siehe Aufgabe 10) analog zu Aufgabe 10 transformiert werden. Die Transformationsmatrizen bilden dabei eine zweidimensionale unitäre Darstellung der Gruppe C_{5v}.

a) Stellen Sie für diese Darstellung die Charaktertafel auf:

C_{5v}	$g_{K_1}K_1$	$g_{K_2}K_2$	$g_{K_3}K_3$	$g_{K_4}K_4$
Γ	$\chi(K_1)$	$\chi(K_2)$	$\chi(K_3)$	$\chi(K_4)$

b) Zeigen Sie, daß die gefundene Darstellung irreduzibel ist.

4 Basisvektoren (Basisfunktionen)

4.1 Invarianter Vektorraum

Definition:
Als invarianten Vektorraum („invarianter Satz“) wollen wir einen Raum definieren, der durch einen geschlossenen Satz von linear unabhängigen Vektorobjekten $\{\eta_j\}$, $j = 1,2,\ldots,d$, aufgespannt wird. Für diese Vektorobjekte soll gelten:

1. Es ist eine Veränderung (Transformation) von η_j durch die Symmetrieoperationen R einer Gruppe G definiert:
$$\eta_j' \quad = \quad R : \eta_j \quad , R \in G \tag{4.1}$$

2. Die Veränderung von jedem η_j durch die Symmetrieoperationen läßt sich jeweils als lineare Superposition der Vektoren des invarianten Satzes darstellen:
$$R : \eta_i \quad = \quad \sum_{j=1}^{d} \eta_j \Gamma_{ji} \quad , i = 1,\ldots,d \tag{4.2}$$

3. Die Einzelvektoren des invarianten Satzes sind voneinander linear unabhängig:
$$\eta_j \quad \neq \quad \sum_{k(\neq j)} a_k \eta_k \tag{4.3}$$

4. Die Zahl der Vektoren des invarianten Satzes kann größer, kleiner oder gleich der Ordnung g der Gruppe sein:
$$d \quad \lesseqgtr \quad g \tag{4.4}$$

Die Möglichkeiten, solche Vektorobjekte zu definieren, sind mannigfaltiger Art. Es kann sich dabei um Vektoren oder Funktionen im kartesischen Raum handeln, aber auch um Vektoren oder Funktionen, die verschiedenen Punkten einer geometrischen Struktur zugeordnet sind, oder auch um geometrische Gebilde, etc.. Sie brauchen nicht notwendig Vektoreigenschaften im konventionellen Sinne aufzuweisen. Beispielsweise können es auch quadrupolare Objekte sein. Wegen der grundlegenden praktischen Bedeutung solcher Vektorobjekte für die Anwendung der Gruppentheorie in Physik, Chemie und anderen Naturwissenschaften geben wir einige kontrastierende Beispiele an.

4.1.1 Kartesische Einheitsvektoren und Ortsvektor

Seien $\{\vec{e}_i\}$ die kartesischen Einheitsvektoren eines Koordinatensystems in einer Umgebung eines Punktes, die durch eine Symmetriegruppe (Punktgruppe) charakterisiert wird. Dann bilden sie einen Satz im obigen Sinne:

$$R : \vec{e}_i \quad = \sum_j \vec{e}_j \Gamma_{ji} \quad , i,j = x,y,z \tag{4.5}$$

Invarianter Vektorsatz der Gruppe C_{3v}

Invarianter Vektorsatz: $\{$ 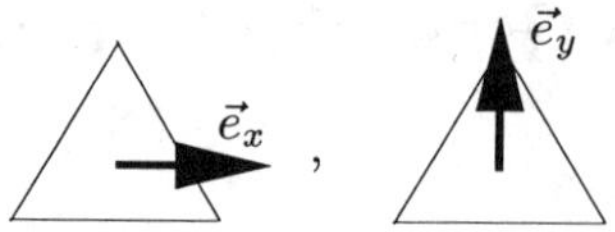 $\}$

$C_3 : \vec{e}_x =$  $= \vec{e}_x \cos\left[\frac{2\pi}{3}\right] + \vec{e}_y \sin\left[\frac{2\pi}{3}\right]$

$C_3 : \vec{e}_y =$ 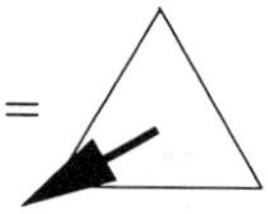 $= \vec{e}_y \cos\left[\frac{2\pi}{3}\right] - \vec{e}_x \sin\left[\frac{2\pi}{3}\right]$

◊

Transformation des Ortsvektors

Wir fassen den *Ortsvektor*

$$\vec{r} = \sum_j \vec{e}_j x_j \tag{4.6}$$

als ein „Objekt“ auf, das bei einer Symmetrieoperation im Raum im selben Sinne „gedreht“ wird wie oben die Einheitsvektoren.

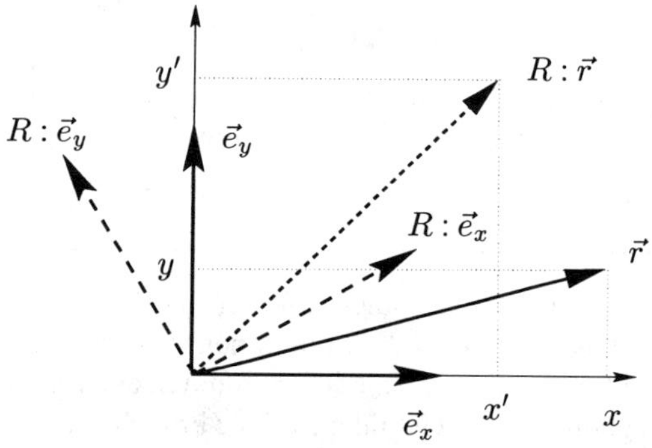

Bild 4.1
Zur Wigner-Konvention:
$R:\vec{r} = x(R:\vec{e}_x) + y(R:\vec{e}_y) = x'\vec{e}_x + y'\vec{e}_y$

Diese Auffassung entspricht der sogenannten

Wigner-Konvention:

$$R:\vec{r} \overset{\text{def}}{=} \sum_j (R:\vec{e}_j) x_j = \sum_{jk} \vec{e}_k \Gamma_{kj}(R) x_j \tag{4.7}$$

Diese Konvention für die kartesischen Einheitsvektoren $\{\vec{e}_j\}$ und für den Ortsvektor $\vec{r}$ hat WIGNER in seinem bahnbrechenden Werk „Gruppentheorie und ihre Anwendung auf die Quantenmechanik der Atomspektren“ [50] eingeführt.

Die Wigner-Konvention in C_{3v}

$$
\begin{aligned}
C_3 : \vec{r} &= (C_3 : \vec{e}_x)\, x + (C_3 : \vec{e}_y)\, y && (4.8)\\
&= \left(\vec{e}_x \cos\left[\frac{2\pi}{3}\right] + \vec{e}_y' \sin\left[\frac{2\pi}{3}\right]\right) x + \left(\vec{e}_y \cos\left[\frac{2\pi}{3}\right] - \vec{e}_x \sin\left[\frac{2\pi}{3}\right]\right) y && (4.9)\\
&= \left(x \cos\left[\frac{2\pi}{3}\right] - y \sin\left[\frac{2\pi}{3}\right]\right) \vec{e}_x + \left(x \sin\left[\frac{2\pi}{3}\right] + y \cos\left[\frac{2\pi}{3}\right]\right) \vec{e}_y && (4.10)
\end{aligned}
$$

◊

4.1.2 Funktionen im Ortsraum

Wir wollen eine Funktion im Ortsraum, analog zum Ortsvektor $\vec{r}$, als ein Objekt auffassen, das bei einer Symmetrieoperation im Raum im selben Sinne *„mitgeführt"* wird, also z.B. in folgender Weise:

$\phi(\vec{r}) =$ 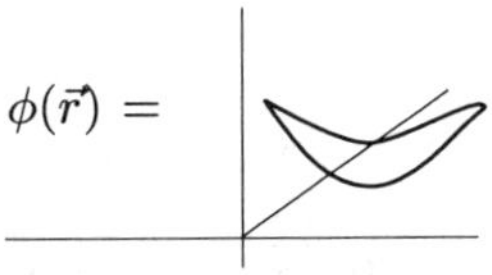

$R_\varphi : \phi(\vec{r}) =$ 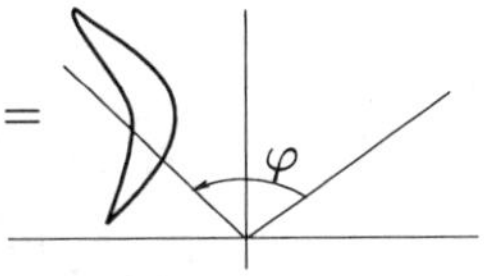

wenn wir die Funktion durch ihre „Potentialflächen" (im Bild als Höhenlinie dargestellt) charakterisieren, und wenn R_φ eine Drehung um den Winkel φ (als erlaubter Symmetrieoperation) bedeutet. Die gemachten Festlegungen dessen, was wir bei $\vec{r}$ und $\phi(\vec{r})$ als Symmetrieoperationen verstehen wollen, führt zur

weiteren Konvention von Wigner:

$$R : \phi(\vec{r}) \stackrel{\text{def}}{=} \phi(R^{-1} : \vec{r}) \quad (4.11)$$

Sie wurde in WIGNERS Werk [50] zusammen mit Definition (4.7) eingeführt. Erfahrungsgemäß besitzt das Auftreten der inversen Operation bezüglich des Ortsvektors auf der rechten Seite von (4.11) Rezeptionsschwierigkeiten, insbesondere die daraus resultierende Folgerung

$$(SR) : \phi(\vec{r}) = \phi((SR)^{-1} : \vec{r}) \quad \stackrel{\text{def}}{=} \quad \phi(R^{-1}S^{-1} : \vec{r}) \quad (4.12)$$

Es ist deshalb empfehlenswert, sich die Bedeutung von (4.11) und (4.12) an einem Beispiel anschaulich klar zu machen, wie etwa in dem folgenden.

Invarianter Funktionensatz für $d < g$

Vektorobjekte η_1 und η_2: $\Rightarrow d = 2$

$$
\begin{aligned}
\eta_1(\vec{r}) &= xe^{-\alpha r} = (\vec{r}\vec{e}_x)e^{-\alpha r} \\
\eta_2(\vec{r}) &= ye^{-\alpha r} = (\vec{r}\vec{e}_y)e^{-\alpha r} \quad , r = \sqrt{x^2+y^2}
\end{aligned} \quad (4.13)
$$

Statt durch eine Äquipotentiallinie wollen wir hier die Funktionen durch eine Polardarstellung charakterisieren, wie sie in der Quantenmechanik üblich ist:

$\eta_1(\vec{r}) =$ 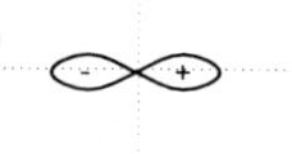

$\eta_2(\vec{r}) =$ 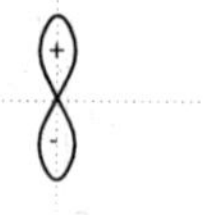

(4.14)

Für eine C_{3v}-Umgebung ($g = 6$) folgt anschaulich unmittelbar

$C_3 : \eta_1(\vec{r}) =$ 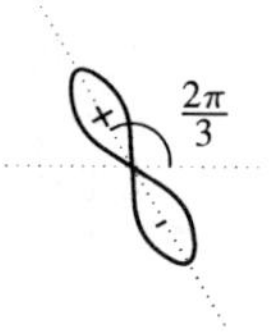

$= \eta_1 \cos\left[\frac{2\pi}{3}\right] + \eta_2 \sin\left[\frac{2\pi}{3}\right]$ (4.15)

Andererseits ist (analog zu (4.10))

$$(C_3)^{-1} : \vec{r} \;=\; \vec{e}_x \left(x\cos\left[\frac{2\pi}{3}\right] + y\sin\left[\frac{2\pi}{3}\right]\right) + \vec{e}_y \left(-x\sin\left[\frac{2\pi}{3}\right] + y\cos\left[\frac{2\pi}{3}\right]\right) \tag{4.16}$$

also gemäß (4.11)

$$\begin{aligned} C_3 : \eta_1(\vec{r}) &= \eta_1((C_3)^{-1} : \vec{r}) = \left[((C_3)^{-1} : \vec{r})\,\vec{e}_x\right] e^{-\alpha r} \qquad (4.17)\\ &= \left(x\cos\left[\frac{2\pi}{3}\right] + y\sin\left[\frac{2\pi}{3}\right]\right) e^{-\alpha r} = \eta_1 \cos\left[\frac{2\pi}{3}\right] + \eta_2 \sin\left[\frac{2\pi}{3}\right] \end{aligned}$$

wie in (4.15).

Produktbildung:
Zunächst wieder anschaulich:

$\sigma_v^{(1)} C_3 : \eta_1(\vec{r}) =$ 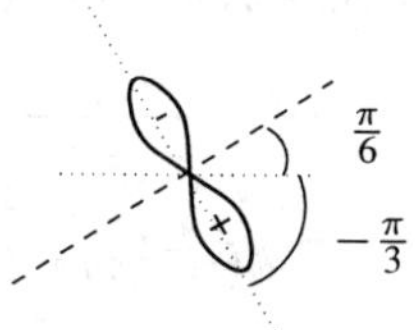

$= \eta_1 \cos\left[\frac{\pi}{3}\right] - \eta_2 \sin\left[\frac{\pi}{3}\right]$ (4.18)

Andererseits ist

$$\begin{aligned} (\sigma_v^{(1)} C_3)^{-1} : \vec{r} &\equiv (C_3)^{-1}(\sigma_v^{(1)})^{-1} : \vec{r} \qquad (4.19)\\ &= \vec{e}_x \left(x\cos\left[\frac{\pi}{3}\right] - y\sin\left[\frac{\pi}{3}\right]\right) - \vec{e}_y \left(x\sin\left[\frac{\pi}{3}\right] + y\cos\left[\frac{\pi}{3}\right]\right) \end{aligned}$$

Demgemäß nach (4.12)

$$\begin{aligned} \sigma_v^{(1)} C_3 : \eta_1(\vec{r}) &= \eta_1((\sigma_v^{(1)} C_3)^{-1} : \vec{r}) = ((\sigma_v^{(1)} C_3)^{-1} : \vec{r})\vec{e}_x e^{-\alpha r} \qquad (4.20)\\ &= \left(x\cos\left[\frac{\pi}{3}\right] - y\sin\left[\frac{\pi}{3}\right]\right) e^{-\alpha r} = \eta_1 \cos\left[\frac{\pi}{3}\right] - \eta_2 \sin\left[\frac{\pi}{3}\right] \end{aligned}$$

wie in (4.18). ◊

Anderes Beispiel für einen invarianten Funktionensatz mit $d < g$

Die Vektorobjekte sind nun intrinsisch vollsymmetrische Funktionen $\eta_j(\vec{r})$, die verschiedenen speziellen Symmetriepunkten $\vec{a}_j$ zugeordnet sind.

$$\eta_j(\vec{r}) = e^{-\alpha(\vec{r}-\vec{a}_j)^2} \quad , \quad \vec{a}_j = R_j : \vec{a} \tag{4.21}$$

In C_{3v} $(g = 6)$:

$$\vec{a}_j = a(\vec{e}_x \cos\varphi_j + \vec{e}_y \sin\varphi_j) \tag{4.22}$$

$$\varphi_j = \frac{\pi}{2} + \frac{2\pi}{3}, \frac{\pi}{2} + \frac{4\pi}{3}, \frac{\pi}{2} \quad \Rightarrow \quad d = 3 \tag{4.23}$$

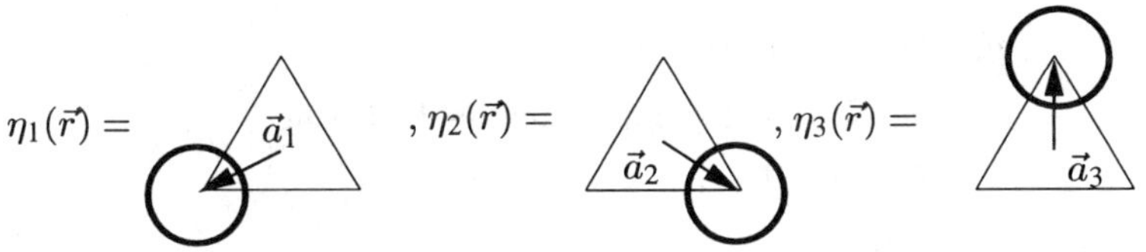

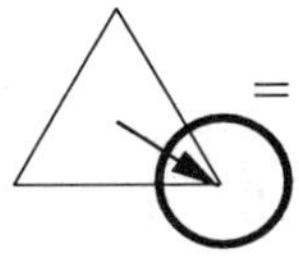

Die Kreise sollen eine typische Äquipotentiallinie der betrachteten Funktion bedeuten.

Beachtenswert: Die Operation

$$R : \eta_j(\vec{r}) \equiv \eta_j(R^{-1} : \vec{r}) = e^{-\alpha(R^{-1}:\vec{r}-\vec{a}_j)^2} \tag{4.24}$$

ist hier gleichbedeutend mit

$$R : \eta_j(\vec{r}) = e^{-\alpha(\vec{r}-R\vec{a}_j)^2} \tag{4.25}$$

Läßt man die lokal vollsymmetrische Funktion zu einer δ-Funktion zusammenschrumpfen, so erhält man die Punkte $\vec{a}_j$ selbst als eine invariante Folge. ◊

Invarianter Funktionensatz für $d = g$

Wir betrachten intrinsisch vollsymmetrische Funktionen, die verschiedenen allgemeinen symmetriekonformen Punkten zugeordnet sind („Regulärer Vektorraum"), z.B.

$$\eta_0 = e^{-\alpha(\vec{r}-\vec{a})} \quad , \vec{a} \stackrel{\text{def}}{=} \text{allgemeiner Punkt} \tag{4.26}$$

Dann sind die Funktionen $\{R_j : \eta_0\}$, $j = 1, \ldots, g$, linear unabhängig und bilden einen invarianten Satz.
In C_{3v} $(g = d = 6)$:

$\eta_0 =$ 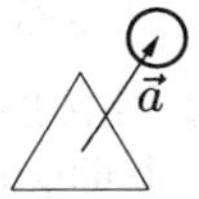 $= \eta_1 \quad (R_1 = E)$ (4.27)

$\eta_2 = C_3 : \eta_1 =$ 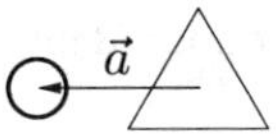 etc. (4.28)

◊

Invarianter Funktionensatz für $d > g$

Wir betrachten jetzt intrinsisch nicht-vollsymmetrische Funktionen, die verschiedenen allgemeinen symmetriekonformen Punkten zugeordnet sind.
Zunächst gehen wir von einem Satz $\{\eta^{(i)}(\vec{r})\}$ $(i = 1,...,\delta)$ „unverschobener", d.h. dem Zentrum ($\vec{a} = 0$) zugeordneter Funktionen aus:

$$R : \eta^{(i)}(\vec{r}) = \sum_{j=1}^{\delta} \eta^{(j)}(\vec{r})\Gamma_{ij}(R) \tag{4.29}$$

Daraus bilden wir die „verschobenen" Funktionen $\{\eta_j^{(i)}\}$:

$$\eta_j^{(i)}(\vec{r}) \overset{\text{def}}{=} \eta^{(i)}(\vec{r} - \vec{a}_j) \tag{4.30}$$

$$\vec{a} \overset{\text{def}}{=} \text{allgemeiner Punkt in der Ebene} \tag{4.31}$$

$$\vec{a}_j \overset{\text{def}}{=} R_j : \vec{a} \quad , j = 1,\ldots,g \tag{4.32}$$

Dann bilden die Funktionen $\{\eta_j^{(i)}(\vec{r})\}, i = 1,\ldots,\delta \ , j = 1,\ldots,g \ , d = \delta \cdot g$, einen invarianten Satz.

Beispiel mit $\delta = 2$:

$$\left.\begin{array}{rcl} \eta_0^{(1)}(\vec{r}) & = & xe^{-\alpha r} \\ \eta_0^{(2)}(\vec{r}) & = & ye^{-\alpha r} \end{array}\right\}, \delta = 2 \tag{4.33}$$

Invarianter Basissatz:

$$\{\eta_j^{(i)}(\vec{r}) = \eta_0^{(i)}(\vec{r} - \vec{a}_j)\} \ , i = 1,2 \ , j = 1,\ldots,g \tag{4.34}$$

$$\vec{a}_j \overset{\text{def}}{=} R_j : \vec{a} \quad , j = 1,\ldots,g \tag{4.35}$$

$$\vec{a} = a(\vec{e}_x \cos\varphi_a + \vec{e}_y \sin\varphi_a) \tag{4.36}$$

In C_{3v}: $g = 6$, $d = 12$ ◊

4.2 Symmetriekonformen Punkten zugeordnete Vektoren und Koordinatensysteme

Wir betrachten eine Folge $r = 1,2,...$ von lokalen Koordinatenystemen, die allgemeinen oder speziellen symmetriekonformen Punkten $\vec{a}_r$ zugeordnet sind, so daß

$$R : \vec{a}_s = \vec{a}_r \quad , R \in G \tag{4.37}$$

wobei $\vec{a}_s \neq \vec{a}_r$ oder auch $\vec{a}_s = \vec{a}_r$ sein kann, und im Falle, daß in der Folge neben dem Punkt $\vec{a}_r$ auch der Punkt $\vec{a}_s = -\vec{a}_r$ auftritt, dieser als unabhängig von $\vec{a}_r$ betrachtet wird. Die lokalen kartesischen Einheitsvektoren $\vec{e}_i^{(r)}$ bilden dann einen invarianten Satz im eingangs erläuterten Sinne,

$$R : \vec{e}_i^{(r)} = \sum_j \vec{e}_j^{(s)} \Gamma_{ji}^{(sr)} \tag{4.38}$$

Den lokalen kartesischen Koordinatensystemen können wir Koordinaten $\{x^{(r)},y^{(r)},z^{(r)}\} \equiv \{x_i^{(r)}\}$ zuordnen, die wir als unabhängig betrachten. Der verallgemeinerte Ortsvektor läßt sich dann als

$$\vec{r} = \sum_{s,i} \vec{e}_i^{(s)} x_i^{(s)} \tag{4.39}$$

schreiben. Gemäß der Transformationsvereinbarung gilt:

$$R : \vec{r} = \sum_{s,i} (R : \vec{e}_i^{(s)}) x_i^{(s)} \tag{4.40}$$

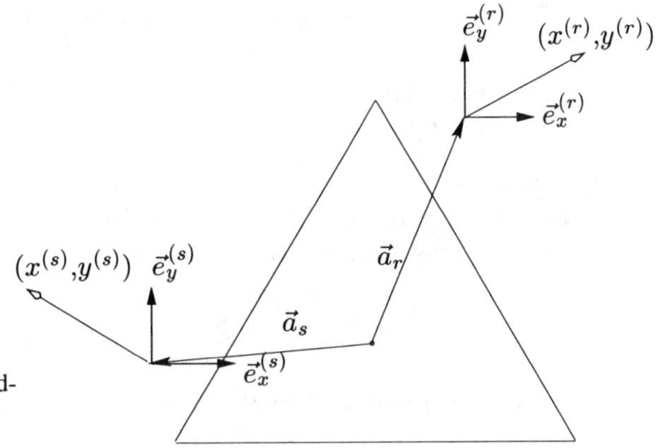

Bild 4.2
Beispiel für allgemeinen Punkten zugeordnete Koordinatensysteme

Hinweis:
Die lokalen Einheitsvektoren $\vec{e}_i^{(r)}$ müssen nicht in jedem Punkte $\vec{a}_r$ in gleicher Weise ausgerichtet sein. Vielmehr ist es von Vorteil, die lokalen kartesischen Achsen symmetrieadaptiert zu wählen (vergleiche z.B. Abbildung 7.2).

Symmetriekonforme Vektoren in C_{3v}

Mit der Basis (vergleiche (7.45))

Basis: { $\vec{e}_x^{(1)} =$ 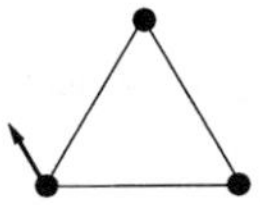 , $\vec{e}_x^{(2)} =$ 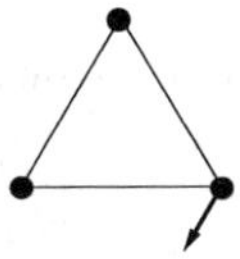 , $\vec{e}_x^{(3)} =$ 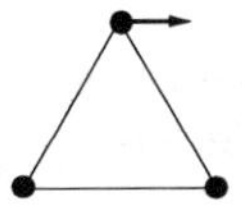

$\vec{e}_y^{(1)} =$ 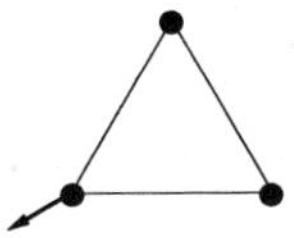 , $\vec{e}_y^{(2)} =$ 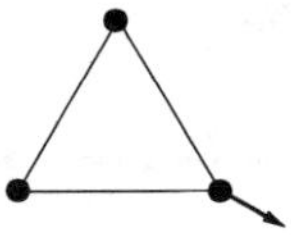 , $\vec{e}_y^{(3)} =$  }

hat man die Symmetrietransformationen:

$C_3 : \vec{e}_x^{(1)} =$ 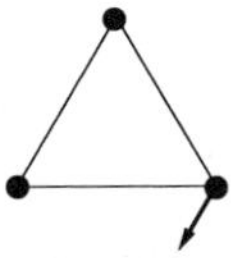 $= \vec{e}_x^{(2)}$, etc.

◇

4.3 Basis einer Darstellung

Für invariante Vektorräume, wie im vorangegangenen Abschnitt definiert, gelten die folgenden

Sätze:

i) Die Transformationsmatrizen $\Gamma_{ji}(R)$ (siehe Definition (4.2)) der linear unabhängigen Vektoren $\{\eta_j\}, j = 1,\ldots,d$, eines Vektorraumes, der unter den Symmetrieoperationen $\{R\}$ der Gruppe G invariant ist, bilden eine Darstellung der Gruppe:

$$R : \eta_i \stackrel{!}{=} \sum_{j=1}^{d} \eta_j \Gamma_{ji}(R) = \sum_{j=1}^{d} \widetilde{\Gamma}_{ij}(R)\eta_j \quad , \widetilde{\Gamma} \equiv \Gamma^T \tag{4.41}$$

Man sagt deshalb: Die Vektoren $\{\eta_j\}$ bilden die *Basis* einer d-dimensionalen Darstellung der Gruppe ($d \lesseqgtr g$).

ii) Sei $M = \{M_{ij}\}, i,j = 1,\ldots,d$, eine beliebige, invertierbare, nicht notwendig symmetriekonforme Transformationsmatrix des invarianten Vektorraumes. Dann entspricht die „Drehung" der Basis, definiert durch

$$\eta'_i = \sum_{j=1}^{d} \eta_j M_{ji} , \quad \eta_j = \sum_{i=1}^{d} \eta'_i (M^{-1})_{ij} \tag{4.42}$$

einer Äquivalenztransformation der Darstellung $\Gamma(R)$:

$$R : \eta'_i = \sum_{j,k,l=1}^{d} \eta'_l (M^{-1})_{lk} \Gamma_{kj}(R) M_{ji} \tag{4.43}$$

d.h. der Vektorsatz $\{\eta'_j\}$, $j = 1,\ldots,d$ bildet die Basis zu einer zu Γ äquivalenten Darstellung Γ', so daß

$$\Gamma'(R) = M^{-1}\Gamma(R)M \tag{4.44}$$

iii) Wenn ein *Skalarprodukt* zwischen den *Basisvektoren* $\{\eta'_j\}, j = 1,\ldots,d$, definiert ist,

$$(\eta'_i,\eta'_j) = J'_{ij} , \tag{4.45}$$

dann ist es immer möglich, den (linear unabhängigen) Basissatz $\{\eta'_j\}$ zu *orthonormalisieren*,

$$\eta_j = \sum_{k=1}^{d} \eta'_k (M^{-1})_{kj} , \tag{4.46}$$

so daß gilt:

$$(\eta_i,\eta_j) = \delta_{ij} , \tag{4.47}$$

Wird ein Skalarprodukt im Rahmen der Darstellungstheorie definiert, so fordern wir immer das

Postulat der Invarianz des Skalarproduktes:

$$(R : \eta_i, R : \eta_j) = (\eta_i,\eta_j) \tag{4.48}$$

Dies soll auch für nichtorthogonale Basisvektoren gelten.

Weitere Sätze:

iv) Sind die Basisvektoren *orthogonal* und ist das Skalarprodukt so definiert, daß gilt

$$(a\eta_i, b\eta_j) = a^* b(\eta_i, \eta_j) \tag{4.49}$$

(a,b : komplexe Zahlen), dann ist $\{\eta_j\}$ die Basis zu einer *unitären* Darstellung

$$(\eta_i, \eta_j) = \delta_{ij} \quad \Longrightarrow \quad (\Gamma(R))^\dagger = (\Gamma(R))^{-1} \tag{4.50}$$

$$\text{bzw.} \quad (\Gamma^*(R))_{ji} = (\Gamma^{-1}(R))_{ij} = (\Gamma(R^{-1}))_{ij} \tag{4.51}$$

(Folgt aus dem obigen Invarianz-Postulat.)

v) Wenn der invariante Unterraum durch eine Transformation M,

$$\eta'_i = \sum_{j=1}^{d} \eta_j M_{ji}, \quad i = 1, \ldots, d \tag{4.52}$$

in kleinere invariante Unterräume zerlegt werden kann: $\{\eta'_i\} \equiv \{\{\zeta_l\}, \{\xi_m\}, \ldots\}$, so daß $l = 1, \ldots, d_\zeta$, $m = 1, \ldots, d_\xi$, etc., und $d_\zeta + d_\xi + \ldots = d$, und wenn jede der Teilfolgen $\{\zeta_l\}$, $\{\xi_m\}$, etc. wieder einen invarianten Raum aufspannt, nennt man die Basis $\{\eta_j\}$ *reduzibel*. Wenn nicht, ist sie *irreduzibel*.
Es gilt:
Eine irreduzible Basis $\{\eta_j^{(\mu)}\}$, $j = 1, \ldots, d_\mu$, eines invarianten Vektorraumes definiert eine irreduzible Darstellung $\{\Gamma_{ij}^{(\mu)}(R)\}$ der betreffenden Gruppe G.

vi) Wenn $\{\eta_i^{(\mu)}\}$ und $\{\zeta_j^{(\nu)}\}$ zwei irreduzible Basissätze sind, also jeweils irreduzible Darstellungen definieren ($\Gamma^{(\mu)}$ bzw. $\Gamma^{(\nu)}$), so sind alle Vektoren des einen Satzes zu denen des anderen *orthogonal*, wenn die irreduziblen Darstellungen nicht äquivalent sind:

$$(\eta_i^{(\mu)}, \zeta_j^{(\nu)}) = 0\,, \quad \text{wenn } \mu \neq \nu \tag{4.53}$$

vii) Führt man *standardisierte irreduzible, unitäre Darstellungen* ein, so daß sich zwei zur selben irreduziblen Darstellung $\Gamma^{(\mu)}$ gehörigen Basissätze $\{\eta_i^{(\mu)}\}$ und $\{\zeta_i^{(\mu)}\}$ in identischer Weise transformieren:

$$R : \eta_j^{(\mu)} = \sum_{k=1}^{d_\mu} \eta_k^{(\mu)} \Gamma_{kj}^{(\mu)}(R) \tag{4.54}$$

$$R : \zeta_j^{(\mu)} = \sum_{k=1}^{d_\mu} \zeta_k^{(\mu)} \Gamma_{kj}^{(\mu)}(R) \tag{4.55}$$

dann gilt die *Orthogonalitätsbeziehung*

$$(\eta_j^{(\mu)}, \zeta_k^{(\mu)}) = K_\mu \delta_{jk} \tag{4.56}$$

wobei die Zahl K_μ nicht von den Indizes j,k abhängig ist.

„Vektorobjekte“ in C_{3v} als Basis einer reduziblen Darstellung

Die Basis

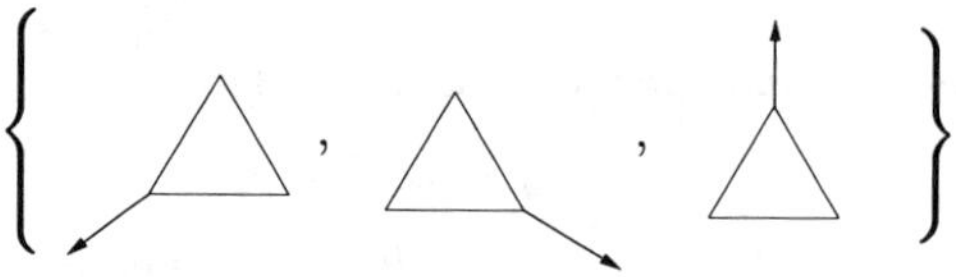

$$\{\eta_1 = \{100\}\,,\quad \eta_2 = \{010\},\quad \eta_1 = \{001\}\} \tag{4.57}$$

erzeugt eine dreidimensionale Darstellung, z.B.

$$C_3 : \begin{pmatrix} \eta_1 \\ \eta_2 \\ \eta_3 \end{pmatrix} = \begin{pmatrix} 0 & 1 & 0 \\ 0 & 0 & 1 \\ 1 & 0 & 0 \end{pmatrix} \begin{pmatrix} \eta_1 \\ \eta_2 \\ \eta_3 \end{pmatrix} \Longrightarrow \Gamma(C_3) = \begin{pmatrix} 0 & 0 & 1 \\ 1 & 0 & 0 \\ 0 & 1 & 0 \end{pmatrix} \tag{4.58}$$

◊

Anderes Beispiel

Mit den Basisfunktionen in C_{3v},

$$\{\eta_1 = xe^{-\alpha r}\quad , \eta_2 = ye^{-\alpha r}\} \tag{4.59}$$

und nach (4.17)

$$\begin{aligned} C_3 : \eta_1(\vec{r}) &= -\tfrac{1}{2}\eta_1 + \tfrac{\sqrt{3}}{2}\eta_2 \\ C_3 : \eta_2(\vec{r}) &= -\tfrac{1}{2}\eta_2 - \tfrac{\sqrt{3}}{2}\eta_1 \end{aligned} \tag{4.60}$$

erhält man

$$\Gamma(C_3) = \begin{pmatrix} -\frac{1}{2} & -\frac{\sqrt{3}}{2} \\ \frac{\sqrt{3}}{2} & -\frac{1}{2} \end{pmatrix} \tag{4.61}$$

Dies ist die Darstellung Γ_3 in der Tabelle 3.1 zur Gruppe C_{3v}. ◊

4.4 Die Wigner-Formel

Satz:
Ist ϕ ein beliebiges „Vektorobjekt“, dessen Transformationen $R : \phi$ durch die Symmetrieelemente der Gruppe G definiert sind, dann definieren die g Vektoren $\{R : \phi\}$, $R \in G$, einen invarianten Raum.
Allerdings sind die so definierten Vektoren (Funktionen) *nicht notwendig linear unabhängig*, d.h. die Dimension d des definierten Raumes ist eventuell kleiner als die Ordnung g der Gruppe ($d \leq g$).

Folgerungen und Bedeutung

Denkt man sich aus der Folge $\{R : \phi\}$ den vollen Satz linear unabhängiger Vektoren herausgefiltert, dann definieren dieselben die Basis $\{\eta_j\}$ einer reduziblen Darstellung Γ der Dimension d. Die Reduktion dieser Darstellung entspricht einer Transformation der Ausgangsbasis auf eine Basis, die aus irreduziblen Basisvektoren $\{\eta_{j_\mu}^{(\mu,r_\mu)}\}$ aufgebaut ist:

$$\{\eta_j\} \quad \Longrightarrow \quad \{\eta_{j_\mu}^{(\mu,r_\mu)}\} \tag{4.62}$$

Hierbei sind die folgenden Indizes sorgfältig auseinanderzuhalten:

μ : Bezeichnung („Name") der irreduziblen Darstellung $\Gamma^{(\mu)}$

j_μ : Entartungsindex von $\Gamma^{(\mu)}$; $j_\mu = 1,\dots,d_\mu$

d_μ : Entartungsgrad von $\Gamma^{(\mu)}$

r_μ : Multiplizitätsindex; $r_\mu = 1,\dots,a_\mu$

a_μ : Multiplizität von $\Gamma^{(\mu)}$ in Γ; $\Gamma = \sum\limits_\mu a_\mu \Gamma^{(\mu)}$

wobei sich die irreduziblen Basisvektoren nach standardisierten, unitären Darstellungen transformieren sollen (Konvention), und bei multiplem Auftreten ($a_\mu > 1$) einer irreduziblen Darstellung wechselseitig orthogonal gewählt werden können:

$$R : \eta_{j_\mu}^{(\mu,r_\mu)} = \sum_{j_\mu} \eta_{k_\mu}^{(\mu,r_\mu)} \Gamma_{k_\mu j_\mu}^{(\mu)}(R) \tag{4.63}$$

$$(\Gamma^{(\mu)})^\dagger = (\Gamma^{(\mu)}(R))^{-1} = \Gamma^{(\mu)}(R^{-1}) \tag{4.64}$$

$$(\eta_{j_\mu}^{(\mu,r_\mu)}, \eta_{k_\nu}^{(\nu,r_\nu)}) = \delta_{\mu\nu}\delta_{j_\mu k_\nu}\delta_{r_\mu r_\nu} \tag{4.65}$$

Dann können wir den Ausgangsvektor ϕ auf die so ausreduzierte Basis projizieren:

$$\phi = \sum_{\mu=1}^{n} \sum_{r_\mu=1}^{a_\mu} \sum_{j_\mu=1}^{d_\mu} c_{j_\mu}^{(\mu,r_\mu)} \eta_{j_\mu}^{(\mu,r_\mu)} \tag{4.66}$$

Daraus folgt, nach Anwendung des Großen Orthogonalitätstheorems (3.11),

$$\sum_R (\Gamma^{(\mu)}(R))_{i_\mu j_\mu}^* (R : \phi) = \frac{g}{d_\mu} \sum_{r_\mu=1}^{a_\mu} c_{j_\mu}^{(\mu,r_\mu)} \eta_{i_\mu}^{(\mu,r_\mu)} \tag{4.67}$$

Bezeichnet man die rechte Seite dieser Gleichung als

$$\zeta_{i_\mu}^{(\mu,j_\mu)} \stackrel{\text{def}}{=} \frac{g}{d_\mu} \sum_{r_\mu=1}^{a_\mu} c_{j_\mu}^{(\mu,r_\mu)} \eta_{i_\mu}^{(\mu,r_\mu)} \tag{4.68}$$

so sieht man, daß sich dieser Vektor als Basisvektor der gewählten standardisierten, unitären irreduziblen Darstellung $\Gamma^{(\mu)}$ verhält:

$$R : \zeta_{i_\mu}^{(\mu,j_\mu)} = \sum_{k_\mu=1}^{d_\mu} \zeta_{k_\mu}^{(\mu,j_\mu)} \Gamma_{k_\mu i_\mu}^{(\mu)}(R)\ , \quad j_\mu \text{ beliebig, aber fest} \tag{4.69}$$

Wir erhalten so das wichtige

„Große" Reduktionstheorem:
Ist ϕ ein allgemeiner Vektor, dessen Symmetrietransformationen $R : \phi$ definiert sind, so ist die Projektion

$$\zeta_j^{(\mu,i)} = \sum_R (\Gamma_{ji}^{(\mu)}(R))^* \, (R : \phi) \quad , \; j = 1,\dots,d_\mu \tag{4.70}$$

(bei beliebigem, aber festem i, mit $i = 1,\dots,d_\mu$) ein Basisvektor zur unitären irreduziblen Darstellung $\Gamma^{(\mu)}$ oder Null. Ist sie für alle Kombinationen (i,j) Null, so ist die Darstellung $\Gamma^{(\mu)}$ in dem durch $\{R : \phi\}$ aufgespannten invarianten Raum nicht enthalten. Andernfalls transformiert sich $\zeta_j^{(\mu,i)}$ gemäß (4.69):

$$R : \zeta_j^{(\mu,i)} = \sum_{k=1}^{d_\mu} \zeta_k^{(\mu,i)} \Gamma_{kj}^{(\mu)}(R) \tag{4.71}$$

Das Große Reduktionstheorem in C_{3v}

Nimmt man als Ausgangsobjekt

$\phi =$ 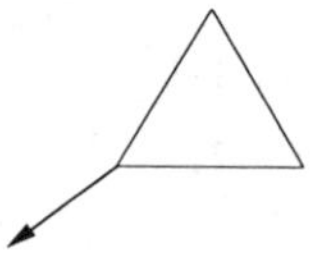 (4.72)

und wählt man nun die Darstellungsmatrizen für $\Gamma_3 = E$, wie in der Tabelle 3.1 angegeben, so findet man bildlich dargestellt:

für $j = 1$, $i = 2$: $\zeta_1^{(E,2)} =$ 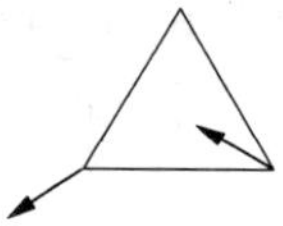 (orthogonal zu $\zeta_2^{(E,2)}$)

für $j = 2$, $i = 2$: $\zeta_2^{(E,2)} =$ 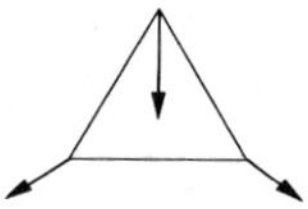 (4.73)

◊

Unbefriedigend an dem soeben gebildeten Verfahren zur Generation einer irreduziblen Basisfunktion ist die Voraussetzung, die Elemente $(\Gamma^{(\mu)}(R))_{ij}$ selbst für alle Gruppenoperationen kennen zu müssen. Glücklicherweise gibt es auch hier die Möglichkeit, ein Verfahren allein auf der Kenntnis der Charaktere aufzubauen. Für die Anwendungen in der Physik ist diesen Weg zum ersten Male WIGNER in seinem grundlegenden Werk gegangen [50]. Deshalb nennt man die pertinente Formel nach ihm. Wählt man in (4.67) $i_\mu = j_\mu = i$ und summiert über i, so folgt mit (4.68)

$$\sum_i^{d_\mu} \zeta_i^{(\mu,i)} = \sum_R \chi^{(\mu)}(R)^*(R:\phi) \tag{4.74}$$

Nun ist aber jeder Vektor der Folge $\{\zeta_i^{(\mu,i)}\}$ ein Basisvektor zur irreduziblen Darstellung $\Gamma^{(\mu)}$, also ist die Summe ebenfalls ein Basisvektor zu dieser Darstellung. Es folgt damit die für die praktische Anwendung *äußerst nützliche*

Wigner-Formel:
Ist ϕ ein allgemeiner Vektor, dessen Symmetrietransformationen $R:\phi$ definiert sind, so ist die Projektion

$$\phi^{(\mu)} = \sum_R \left[\chi^{(\mu)}(R)\right]^* (R:\phi) \tag{4.75}$$

eine Basisfunktion zur irreduziblen, unitären Darstellung $\Gamma^{(\mu)}$ oder Null.
Zu beachten: $\phi^{(\mu)}$ ist im allgemeinen nicht normiert.

Wichtiger Hinweis:
Wenn $\Gamma^{(\mu)}$ mehrdimensional ist ($d_\mu > 1$), und wenn man den vollen Satz der entarteten Basisvektoren benötigt, so kann man weitere zu $\Gamma^{(\mu)}$ gehörige Basisvektoren finden, indem man eine der Gruppenoperationen R auf (4.75) anwendet, für die gilt $R:\phi^{(\mu)} \neq \text{const.}\cdot\phi^{(\mu)}$. $R:\phi^{(\mu)}$ ist

dann ebenfalls eine Basisfunktion zu $\Gamma^{(\mu)}$. Allerdings ist $R : \phi^{(\mu)}$ nicht notwendig orthogonal zu $\phi^{(\mu)}$. Durch geeignete Superposition von $\phi^{(\mu)}$ und $R : \phi^{(\mu)}$ kann man jedoch einen zu $\phi^{(\mu)}$ orthogonalen Basisvektor aufbauen (Schmidtsches Orthonormalisierungsverfahren). Ist $d_\mu > 2$, kann man das Verfahren fortsetzen und erhält so schließlich eine Basis zur unitären Darstellung $\Gamma^{(\mu)}$

Anwendung der Wigner-Formel in C_{3v}

Mit dem Ausgangsobjekt

$$\phi =$$ 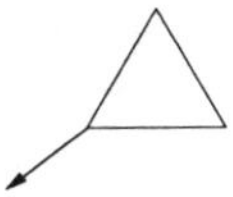 (4.76)

erhält man für die Darstellung $\Gamma = E$:

$$\chi^{(E)}(E) = 2\,, \quad \chi^{(E)}(C_3) = -1\,, \quad \chi^{(E)}(\sigma_v) = 0 \tag{4.77}$$

einen irreduziblen Basisvektor:

$$\phi^{(E)} = 2\cdot$$ 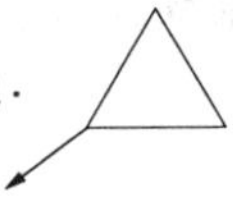 $-1\cdot$ 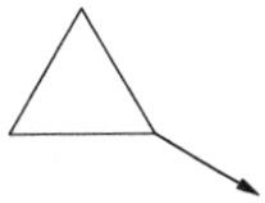 $-1\cdot$  $=$ 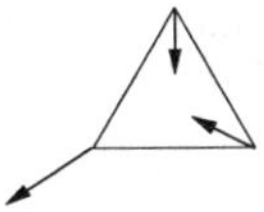 (4.78)

Dieser Basisvektor ist äquivalent zu dem in Gleichung (4.73) gefundenen:

$$\phi^{(E)} = (-1)\cdot C_3 : \zeta_2^{(E,2)} \tag{4.79}$$

◊

Ergänzungen

Bei nichtentarteten irreduziblen Darstellungen (d_μ=1) ist die Wigner-Formel (4.75) immer von großem Nutzen. Bei entarteten irreduziblen Darstellungen ($d_\mu > 1$) erhält man jedoch mit (4.75) immer nur einen einzigen Vektor des entarteten Basissatzes und nicht die Entartungspartner. Hier hat nun WIGNER [50] eine Reihe weiterer Beziehungen gefunden, die von einer irreduziblen Darstellung $\Gamma^{(\mu)}$ zwar mehr Information erfordern als deren Charaktere, aber doch nicht immer alle Matrixelemente.
Seien $\Gamma^{(\mu)}_{ij}(R)$ die Matrizen der unitären irreduziblen Darstellung μ und ϕ wiederum ein allgemeines Vektorobjekt, dessen Transformationen $R : \phi$ definiert sind. Dann gilt das

Wignersche Reduktionstheorem:

$$\phi_j^{(\mu)} = N^{-\frac{1}{2}} \sum_R \left[\Gamma^{(\mu)}_{jj}(R)\right]^* (R : \phi) \tag{4.80}$$

wobei $\phi_j^{(\mu)}$ sich als Basisvektor zur Zeile j der gegebenen Darstellung $\Gamma^{(\mu)}(R)$ transformiert:

$$(\phi_j^{(\mu)}, (R : \phi_j^{(\mu)})) = \Gamma^{(\mu)}_{jj}(R) \tag{4.81}$$

N : Normierungsfaktor

Bemerkung: Die Herleitung des erstaunlichen Theorems (4.80) ist etwas umständlich, wenn auch ohne Schwierigkeit. Sie ist in Kapitel 12 des Buchs von Wigner [50] durchgeführt.

Anwendung des Wignerschen Reduktionstheorems in C_{3v}

Mit dem Ausgangsobjekt

$$\phi =$$ 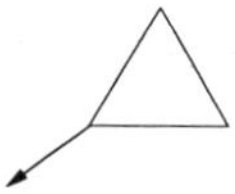 (4.82)

ermittelt man aus (4.80) mittels Zeile 3 von Tabelle 3.1 für $j = 1$

$$\phi_1^{(E)} = \frac{1}{\sqrt{2}}$$ 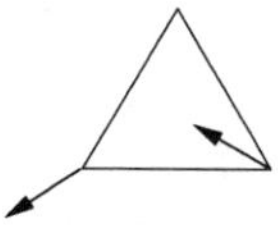 (4.83)

und für $j = 2$

$$\hat{\phi}_2^{(E)} = \frac{1}{\sqrt{6}}$$ 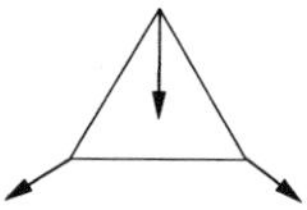 (4.84)

Zur Kontrolle kann man mit (4.81) die Diagonalelemente der Darstellungsmatrizen ermitteln, z.B. für $j = 1$, $R = C_3$:

$$\phi_1^{(E)} \cdot (C_3 : \phi_1^{(E)}) = \frac{1}{\sqrt{2}}$$ 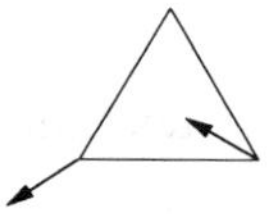 $$\cdot \frac{1}{\sqrt{2}}$$ 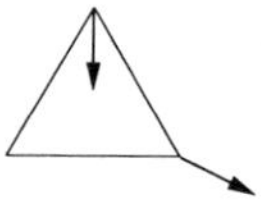 (4.85)

$$= \frac{1}{2}[1 \cdot 0 + (-1) \cdot 1 + 0 \cdot (-1)] = -\frac{1}{2} = \Gamma_{11}(C_3) \tag{4.86}$$

oder für $j = 2$, $R = \sigma_v^{(2)}$:

$$\hat{\phi}_2^{(E)} \cdot (\sigma_v^{(2)} : \hat{\phi}_2^{(E)}) = \frac{1}{\sqrt{6}}$$ 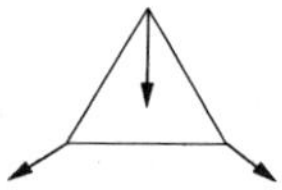 $$\cdot \frac{1}{\sqrt{6}}$$ 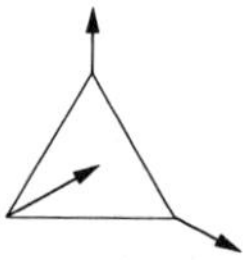 (4.87)

$$= \frac{1}{6}[1 \cdot (-2) + 1 \cdot 1 + (-2) \cdot 1] = -\frac{1}{2} = \Gamma_{22}(\sigma_v^{(2)}) \tag{4.88}$$

◊

Allerdings: Hat man mittels (4.80) zwei Funktionen $\phi_j^{(\mu)}, \hat{\phi}_k^{(\mu)}, k \neq j$, gefunden, so ist $\hat{\phi}_k^{(\mu)}$ nicht notwendig der „richtige“ Partner zu $\phi_j^{(\mu)}$ im Sinne der vorgegebenen Darstellung. Vielmehr gilt das

Partnertheorem (Wigner):
Wenn $\phi_j^{(\mu)}$ (normiert)für ein festes j mittels (4.80) gefunden ist, so sind seine Entartungspartner ($k \neq j$) für die vorgegebene irreduzible Darstellung $\Gamma_{ij}^{(\mu)}(R)$ gegeben durch

$$\phi_k^{(\mu)} = \frac{d_\mu}{g} \sum_R \left[\Gamma_{kj}^{(\mu)}(R)\right]^* (R : \phi_j^{(\mu)}) \tag{4.89}$$

Anwendung des Partnertheorems in C_{3v}

Mit der Formel (4.80) war zum Ausgangsobjekt

$$\phi = \quad (4.90)$$

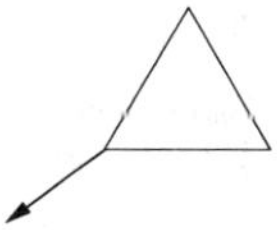

als irreduzibler Basisvektor

$$\phi_1^{(E)} = \frac{1}{\sqrt{2}} \quad (4.91)$$

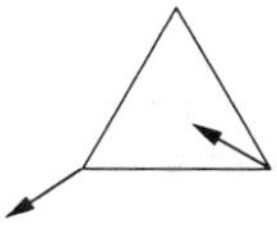

gefunden worden. Als Partner dazu findet man

$$\phi_2^{(E)} = \frac{2}{6}\sum_R \Gamma_{21}^{(E)}(R : \phi_1^{(E)}) = \frac{1}{\sqrt{6}} \quad [\text{Bild}] \quad = \hat{\phi}_2^{(E)} \quad (4.92)$$

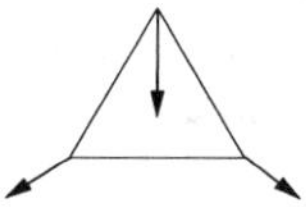

◊

D. h. hier sind die mittels des Reduktionstheorems und demselben Ausgangsvektor (4.82) gefundenen Zeilenvektoren (4.83) und (4.84) schon die richtigen Partner.

Anmerkung: Wie man aus den vorangegangenen Beispielen ersehen kann sind die Basisvektoren, die man mittels Großem Reduktionstheorem, Wigner-Formel, Wignerschem Reduktionstheorem und Partnertheorem aus einem Ausgangsobjekt ϕ deduziert, zwar äquivalent, jedoch nicht unbedingt identisch.

4.5 Erzeugender Operator einer irreduziblen Basis

Wir betrachten die Eigenwertgleichung eines Operators $\mathcal{L}$ (nicht notwendig hermitesch!)

$$\mathcal{L}\psi^{(\Lambda)} = \Lambda \cdot \psi^{(\Lambda)} \quad (4.93)$$

Der Operator $\mathcal{L}$ sei *invariant* gegenüber allen Operationen R der Gruppe G:

$$R : (\mathcal{L}f) = \mathcal{L}(R : f) \quad (4.94)$$

Dann sieht man unmittelbar:
Wenn ψ eine Eigenfunktion zum Eigenwert Λ ist, dann muß auch $R : \psi$ eine Eigenfunktion *zum selben* Eigenwert Λ sein:

$$R : \mathcal{L}\psi^{(\Lambda)} = \mathcal{L}(R : \psi^{(\Lambda)}) = \Lambda(R : \psi^{(\Lambda)}) \quad (4.95)$$

Man sagt: „$\mathcal{L}$ ist invariant gegenüber den Symmetrieoperationen R der Gruppe G."

Entartete Eigenfunktionen als Basis einer Darstellung:
Ist $\psi^{(\Lambda)}$ eine Eigenfunktion zum Eigenwert Λ der Eigenwertgleichung eines Operators $\mathcal{L}$, der invariant ist gegenüber allen Operationen R der Gruppe G, dann ist auch $R : \psi^{(\Lambda)}$ eine Eigenfunktion zum selben Eigenwert.

(Fortsetzung)
Betrachtet man also den vollständigen Satz von linear unabhängigen Eigenfunktionen $\{\psi_j^{(\Lambda)}\}$, $j = 1, \ldots, d_\Lambda$, eines d_Λ-fach entarteten Eigenwertes Λ, so bilden diese einen invarianten Vektorraum im Sinne von Kapitel 4.1, d.h. sie bilden die Basis zu einer d_Λ-dimensionalen Darstellung $\Gamma^{(\Lambda)}$ der Gruppe G von $\mathcal{L}$.

Postulat der Irreduzibilität (WIGNER):
Die von den Eigenfunktionen $\psi_j^{(\Lambda)}$, $j = 1, \ldots, d_\Lambda$, eines entarteten Eigenwertes Λ des Operators $\mathcal{L}$ erzeugte Darstellung $\Gamma^{(\Lambda)}$ der *höchsten* Symmetriegruppe G, die $\mathcal{L}$ invariant läßt, ist *irreduzibel*, abgesehen von zufälliger Entartung.

Anmerkung:
Ist G nicht die höchste Symmetrie von $\mathcal{L}$, so kann es sein, daß der durch $\{R : \psi^{(\Lambda)}\}$ aufgebaute Satz eine geringere Zahl linear unabhängiger Funktionen enthält als dies dem Entartungsgrad d_Λ des Eigenwertes entspricht, denn in der höheren Symmetriegruppe von $\mathcal{L}$ treten zusätzliche Symmetrieoperationen auf.

Wasserstoffproblem

Sei $\mathcal{L}(= H)$ der Hamiltonoperator des Wasserstoffproblems, und betrachten wir die zum Eigenwert E_2 (i.e. $n = 2$) gehörige Eigenfunktion ψ_{200} (i.e. $n = 2, l = 0, m = 0$), also die $2s$-Funktion. Nehmen wir nun an, daß die beherrschende Symmetriegruppe die der Kugel im 3-dimensionalen kartesischen Raum sei, die sogenannte *„Drehspiegelgruppe"* $\mathrm{R}\times C_i$ (C_i ist die Inversionsgruppe mit den Elementen E und i). Dann stellen wir fest, daß für alle Symmetrieoperationen dieser Gruppe gilt:

$$R : \psi_{200} = \psi_{200} \quad \text{, also } d = 1 \tag{4.96}$$

Tatsächlich ist aber der Entartungsgrad $d_{(n=2)} = 4$. Später werden wir sehen, daß die Symmetriegruppe des Wasserstoffproblems eine höhere ist als die Drehspiegelsymmetrie. ◊

4.6 Drehspiegelgruppe $SO(3) = \mathrm{R}\times C_i$: Muttergruppe aller lokalen physikalischen Probleme

Die *Drehspiegelgruppe* ist die Gruppe aller Operationen, die das Quadrat des Ortsvektors $\vec{r}$, also $\vec{r}^2 = r^2 = x^2 + y^2 + z^2$, invariant lassen:

$$R : (x^2 + y^2 + z^2) = x^2 + y^2 + z^2 \quad , \forall R \in G \equiv SO(3) \tag{4.97}$$

Sie enthält die Rotation um alle möglichen Achsenrichtungen des kartesischen Raumes sowie die Inversionsoperation. Man nennt sie auch die *„spezielle, orthogonale Gruppe"* mit der Bezeichnung $SO(3)$. Es ist eine kontinuierliche Gruppe mit nicht-abzählbar unendlich vielen Elementen, eine sogenannte *„Lie-Gruppe"*. Wir werden diese Art von Gruppen später (siehe Kapitel 16) etwas systematischer betrachten. Wegen der Sonderrolle der Drehspiegelgruppe im kartesischen Raum behandeln wir diese hier vorneweg und gesondert.

4.6.1 Rotationsgruppe R

Gruppenelemente

Alle Drehungen um den Winkel α um alle Achsen $C_\alpha(\vartheta_0,\varphi_0)$ (vergleiche Abbildung 4.3).

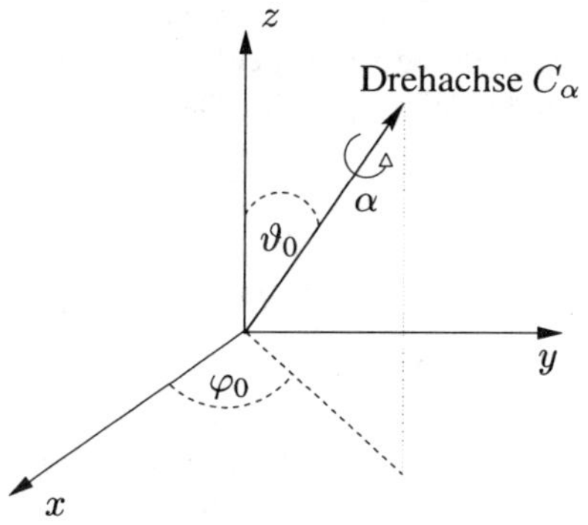

Bild 4.3
Drehungen um den Winkel α um eine Achse $C_\alpha(\vartheta_0,\varphi_0)$

Klassen

Alle Drehungen um denselben Winkel α für beliebige Achsen ϑ_0,φ_0 gehören zur selben Klasse: $K = \{C_\alpha\}$. Es gibt nicht-abzählbar unendlich viele Klassen, also auch nicht-abzählbar unendlich viele irreduzible Darstellungen (1. Satz von Burnside). Jede Klasse hat auch unendlich viele Elemente außer E, das wiederum eine Klasse für sich bildet.

Irreduzible Darstellungen

Die *Erzeugung irreduzibler Darstellungen* geschieht am bequemsten durch einen Operator im (ϑ,φ)-Raum, der die Radialkoordinate r von vorneherein invariant läßt. Dies ist zum Beispiel - um etwas Konkretes zu präsentieren - der Operator

$$\mathcal{L}(\vartheta,\varphi) \equiv \frac{L^2}{\hbar^2} = \left[\frac{1}{\sin\vartheta}\frac{\partial}{\partial\vartheta}\left(\sin\vartheta\frac{\partial}{\partial\vartheta}\right) + \frac{1}{\sin^2\vartheta}\frac{\partial^2}{\partial\varphi^2}\right] \tag{4.98}$$

Dieser Operator hat in der Quantenmechanik eine immense physikalische Bedeutung als Operator des Drehimpulsquadrates L^2 eines Teilchens. Hier interessiert er uns vorläufig nur als ein konkret gefundener Operator, der gegenüber den Drehoperationen $C_\alpha(\vartheta_0,\varphi_0)$ invariant ist.

Skeptische Anmerkungen

a) L^2 hat tatsächlich eine höhere Symmetrie als die Rotationssymmetrie R, nämlich die Drehspiegelsymmetrie $\mathrm{R}\times C_i$. Also könnte die von den Eigenlösungen eines Eigenwertes von $\mathcal{L}$ aufgespannte Basis eine reduzible Basis bezüglich der niedrigeren Symmetrie R darstellen. Tatsächlich ergibt die Überprüfung, daß sie nicht reduzibel ist.

b) Hat man einen konkreten erzeugenden Operator gefunden, dann findet man zwar irreduzible Basisvektoren (als die entarteten Eigenfunktionen zu einem Eigenwert), aber *möglicherweise nicht alle* Spezies. Dies ist auch hier der Fall wegen der zu kleinen Zahl der freien Variablen (ϑ,φ). Es fehlen einerseits die halbzahligen l-Werte, die man nur bei Einführung eines Spinraumes erhält, und andererseits bei jedem l-Wert jeweils eine der Paritäten, nämlich $p = -(-1)^l$. Die fehlenden irreduziblen Basen kann man z.B. mit Zweiteilchenfunktionen aufbauen.

Immerhin: Es ist von unschätzbarem praktischen Vorteil, einen konkreten (einfachen) Operator zu kennen, dessen Eigenfunktionen irreduzible Basisvektoren etablieren. Die damit noch nicht gefundenen irreduziblen Darstellungen kann man dann durch supplementäre Betrachtungen gewinnen.

Eigenlösungen (= irreduzible Basisfunktionen)

Die Eigenwertgleichung

$$\mathcal{L}(\vartheta,\varphi)Y_{l,m}(\vartheta,\varphi) \equiv \frac{L^2}{\hbar^2}(\vartheta,\varphi)Y_{l,m}(\vartheta,\varphi) = \Lambda_l \cdot Y_{l,m}(\vartheta,\varphi) \tag{4.99}$$

hat als Eigenlösungen die sogenannten *„Kugelflächenfunktionen"* $Y_{l,m}(\vartheta,\varphi)$, die mit den *Legendre-Funktionen* $\Theta_l^m(\vartheta)$ verknüpft sind:

$$Y_{l,m}(\vartheta,\varphi) = \Theta_l^m(\vartheta) \cdot \frac{1}{\sqrt{2\pi}} e^{im\varphi} \tag{4.100}$$

$$= (-1)^{\frac{(m-|m|)}{2}} \cdot \sqrt{\frac{(2l+1)}{2} \frac{(l-|m|)!}{(l+|m|)!}} \cdot P_l^{|m|}(\cos\vartheta) \cdot \frac{1}{\sqrt{2\pi}} e^{im\varphi}$$

$$Y_{l,-m}(\vartheta,\varphi) = (-1)^m Y_{l,m}^*(\vartheta,\varphi) \tag{4.101}$$

mit $l = 0,1,2,\ldots$ und $m = 0,\pm 1,\pm 2,\ldots,\pm l$.

$$P_l^{|m|}(z) = (-1)^m (1-z^2)^{|\frac{m}{2}|} \frac{d^{|m|}}{dz^{|m|}} P_l(z) \quad \text{assoziierte Legendre-Polynome} \tag{4.102}$$

$$P_l(z) = \frac{1}{2^l l!} \frac{d^l}{dz^l} (z^2-1)^l \quad \text{Legendre-Polynome} \tag{4.103}$$

mit

$$\Lambda_l = l(l+1) \tag{4.104}$$

d.h. der Eigenwert Λ_l ist $(2l+1)$-fach entartet, bzw. die pertinente irreduzible Darstellung ist $(2l+1)$-dimensional:

$$d_l = 2l+1 \tag{4.105}$$

Die irreduzible Basis ist somit:

$$\{Y_{l,m}(\vartheta,\varphi)\} \quad , \quad l \text{ fest}, \ \ m = 0,\pm 1,\ldots,\pm l, \ \ d_l = 2l+1 \tag{4.106}$$

Ausblick

Die hier gefundenen irreduziblen Darstellungen, die man in der Literatur meistens mit D_l bezeichnet,

$$\Gamma^{(l)} \equiv D_l \tag{4.107}$$

herrührend von D für *„Darstellung“* in der Nachfolge des Wignerschen Buches [50], sind unvollständig. Es fehlen noch die halbzahligen Darstellungen, $l = \frac{1}{2}, \frac{3}{2}, \ldots$, die sogenannten *„Spindarstellungen“*, die ebenfalls in der Physik eine große Rolle spielen. Vorläufig wollen wir diese Darstellungen ausklammern.

l	m	$Y_{l,m}(\vartheta,\varphi)$	$Y_{l,m}(x,y,z)$
0	0	$\sqrt{\frac{1}{2\pi}}\sqrt{\frac{1}{2}}$	$\sqrt{\frac{1}{4\pi}}$
1	0	$\sqrt{\frac{1}{2\pi}}\sqrt{\frac{3}{2}}\cos\vartheta$	$\sqrt{\frac{3}{4\pi}}\frac{z}{r}$
1	±1	$\mp\sqrt{\frac{1}{2\pi}}\sqrt{\frac{3}{4}}\sin\vartheta e^{\pm i\varphi}$	$\mp\sqrt{\frac{3}{8\pi}}\frac{x\pm iy}{r}$
2	0	$\sqrt{\frac{1}{2\pi}}\sqrt{\frac{5}{8}}(2\cos^2\vartheta - \sin^2\vartheta)$	$\sqrt{\frac{5}{4\pi}}\sqrt{\frac{1}{4}}\frac{3z^2-r^2}{r^2}$
2	±1	$\mp\sqrt{\frac{1}{2\pi}}\sqrt{\frac{15}{4}}\sin\vartheta\cos\vartheta e^{\pm i\varphi}$	$\mp\sqrt{\frac{5}{4\pi}}\sqrt{\frac{3}{2}}\frac{z(x\pm iy)}{r^2}$
2	±2	$\sqrt{\frac{1}{2\pi}}\sqrt{\frac{15}{16}}\sin^2\vartheta e^{\pm 2i\varphi}$	$\sqrt{\frac{5}{4\pi}}\sqrt{\frac{3}{8}}\frac{(x\pm iy)^2}{r^2}$
3	0	$\sqrt{\frac{1}{2\pi}}\sqrt{\frac{7}{8}}(2\cos^3\vartheta - 3\cos\vartheta\sin^2\vartheta)$	$\sqrt{\frac{7}{4\pi}}\sqrt{\frac{1}{4}}\frac{z(5z^2-3r^2)}{r^3}$
3	±1	$\mp\sqrt{\frac{1}{2\pi}}\sqrt{\frac{21}{32}}(4\cos^2\vartheta\sin\vartheta - \sin^3\vartheta)e^{\pm i\varphi}$	$\mp\sqrt{\frac{7}{4\pi}}\sqrt{\frac{3}{16}}(x \pm iy)\frac{(5z^2-r^2)}{r^3}$
3	±2	$\sqrt{\frac{1}{2\pi}}\sqrt{\frac{105}{16}}\cos\vartheta\sin^2\vartheta e^{\pm 2i\varphi}$	$\sqrt{\frac{7}{4\pi}}\sqrt{\frac{15}{8}}\frac{z(x\pm iy)^2}{r^3}$
3	±3	$\mp\sqrt{\frac{1}{2\pi}}\sqrt{\frac{35}{32}}\sin^3\vartheta e^{\pm 3i\varphi}$	$\mp\sqrt{\frac{7}{4\pi}}\sqrt{\frac{5}{16}}\frac{(x\pm iy)^3}{r^3}$
4	0	$\sqrt{\frac{1}{2\pi}}\sqrt{\frac{9}{128}}(35\cos^4\vartheta - 30\cos^2\vartheta + 3)$	$\sqrt{\frac{9}{4\pi}}\sqrt{\frac{1}{64}}\frac{(35z^4-30z^2r^2+3r^4)}{r^4}$
4	±1	$\mp\sqrt{\frac{1}{2\pi}}\sqrt{\frac{45}{32}}\sin\vartheta(7\cos^3\vartheta - 3\cos\vartheta)e^{\pm i\varphi}$	$\mp\sqrt{\frac{9}{4\pi}}\sqrt{\frac{5}{16}}(x \pm iy)\frac{(7z^3-3zr^2)}{r^4}$
4	±2	$\sqrt{\frac{1}{2\pi}}\sqrt{\frac{45}{64}}\sin^2\vartheta(7\cos^2\vartheta - 1)e^{\pm 2i\varphi}$	$\sqrt{\frac{9}{4\pi}}\sqrt{\frac{5}{32}}(x \pm iy)^2\frac{(7z^2-r^2)}{r^4}$
4	±3	$\mp\sqrt{\frac{1}{2\pi}}\sqrt{\frac{315}{32}}\sin^3\vartheta\cos\vartheta e^{\pm 3i\varphi}$	$\mp\sqrt{\frac{9}{4\pi}}\sqrt{\frac{35}{16}}\frac{z(x\pm iy)^3}{r^4}$
4	±4	$\sqrt{\frac{1}{2\pi}}\sqrt{\frac{315}{256}}\sin^4\vartheta e^{\pm 4i\varphi}$	$\sqrt{\frac{9}{4\pi}}\sqrt{\frac{35}{128}}\frac{(x\pm iy)^4}{r^4}$

Tabelle 4.1 Die Kugelflächenfunktionen

Tabellen

Für Anwendungszwecke sind hier, wegen der immensen praktischen Bedeutung, die niedersten Kugelflächenfunktionen $Y_{l,m}(\vartheta,\varphi)$ in den Tabellen 4.1 und 4.2 angeschrieben.

Charaktere der irreduziblen Darstellungen

Zur Bestimmung der Charaktere der irreduziblen Darstellungen betrachtet man ein Element der Klasse C_α, z.B. die Drehung um den Winkel α um die z-Achse ($\vartheta_0 = 0, \varphi_0 = 0$)

$$C_\alpha(\vartheta_0 = 0, \varphi_0 = 0) : Y_{l,m}(\vartheta,\varphi) = P_l(\vartheta)e^{im(\varphi+\alpha)} = e^{im\alpha}Y_{l,m}(\vartheta,\varphi) \tag{4.108}$$

also

$$\Gamma^{(l)}(\alpha, z - \text{Achse}) \equiv D_l(\alpha, z - \text{Achse}) = \begin{pmatrix} e^{il\alpha} & 0 & \cdots & 0 \\ 0 & e^{i(l-1)\alpha} & \ddots & \vdots \\ \vdots & \ddots & \ddots & 0 \\ 0 & \cdots & 0 & e^{-il\alpha} \end{pmatrix} \tag{4.109}$$

und demgemäß

$$\chi^{(l)}(\alpha) = \sum_{m=-l}^{l} e^{im\alpha} = 1 + 2\delta_{l>0} \cdot \sum_{m=1}^{l} \cos(m\alpha) = \frac{\sin\left(l + \frac{1}{2}\right)\alpha}{\sin\frac{\alpha}{2}} \tag{4.110}$$

l	Linearkombination	Symbol
0	$\sqrt{\frac{1}{2\pi}}\sqrt{\frac{1}{2}}$	s
1	$\sqrt{\frac{1}{2\pi}}\sqrt{\frac{3}{2}}\cos\vartheta = \sqrt{\frac{1}{2\pi}}\sqrt{\frac{3}{2}}\frac{z}{r}$	p_z
1	$\sqrt{\frac{1}{\pi}}\sqrt{\frac{3}{4}}\sin\vartheta\cos\varphi = \sqrt{\frac{1}{\pi}}\sqrt{\frac{3}{4}}\frac{x}{r}$	p_x
1	$\sqrt{\frac{1}{\pi}}\sqrt{\frac{3}{4}}\sin\vartheta\sin\varphi = \sqrt{\frac{1}{\pi}}\sqrt{\frac{3}{4}}\frac{y}{r}$	p_y
2	$\sqrt{\frac{1}{2\pi}}\sqrt{\frac{5}{8}}(2\cos^2\vartheta - \sin^2\vartheta) = \sqrt{\frac{1}{2\pi}}\sqrt{\frac{5}{8}}\frac{3z^2-r^2}{r^2}$	d_{z^2}
2	$\sqrt{\frac{1}{\pi}}\sqrt{\frac{15}{4}}\sin\vartheta\cos\vartheta\cos\varphi = \sqrt{\frac{1}{\pi}}\sqrt{\frac{15}{4}}\frac{xz}{r^2}$	d_{xz}
2	$\sqrt{\frac{1}{\pi}}\sqrt{\frac{15}{4}}\sin\vartheta\cos\vartheta\sin\varphi = \sqrt{\frac{1}{\pi}}\sqrt{\frac{15}{4}}\frac{yz}{r^2}$	d_{yz}
2	$\sqrt{\frac{1}{\pi}}\sqrt{\frac{15}{16}}\sin^2\vartheta\cos 2\varphi = \sqrt{\frac{1}{\pi}}\sqrt{\frac{15}{16}}\frac{(x^2-y^2)}{r^2}$	$d_{x^2-y^2}$
2	$\sqrt{\frac{1}{\pi}}\sqrt{\frac{15}{16}}\sin^2\vartheta\sin 2\varphi = \sqrt{\frac{1}{\pi}}\sqrt{\frac{15}{4}}\frac{xy}{r^2}$	d_{xy}

Tabelle 4.2 Reelle orthonormalisierte Kombinationen der Kugelflächenfunktionen

Charaktertafel der Rotationsgruppe R

Die Charaktertafel der Rotationsgruppe findet man in Tabelle 4.3.

R	E	$2C_\alpha$	Symbol
$l = 0 : D_0$	1	1	s
$l = 1 : D_1$	3	$\frac{\sin\frac{3\alpha}{2}}{\sin\frac{\alpha}{2}}$	p
$l = 2 : D_2$	5	$\frac{\sin\frac{5\alpha}{2}}{\sin\frac{\alpha}{2}}$	d
$l = 3 : D_3$	7	$\frac{\sin\frac{7\alpha}{2}}{\sin\frac{\alpha}{2}}$	f
$l = 4 : D_4$	9	$\frac{\sin\frac{9\alpha}{2}}{\sin\frac{\alpha}{2}}$	g

Tabelle 4.3 Charaktertafel der Rotationsgruppe R

4.6.2 Drehspiegelgruppe $SO(3) = \mathrm{R} \times C_i$

Elemente

Die Drehspiegelgruppe $\mathrm{R} \times C_i$ besitzt die Elemente $C_\alpha(\vartheta,\varphi)$ und $C_\alpha(\vartheta,\varphi) \times i$, wobei $C_{\alpha=0} \equiv E$ und $i =$ Inversionsoperation. (In der Literatur wird oft die Inversionsoperation auch durch die Notation C_i dargestellt. Wir verwenden die Notation i dann, wenn eine Verwechslungsgefahr auftritt.)

Klassen

Man findet die Klassen $\{C_\alpha\}$ und $\{C_\alpha \times i\}$.
Somit ergibt sich eine Verdopplung der Elemente, der Klassen und der Darstellungen von R durch die zwei Werte der *Parität* p:

$$D_l \text{ in R} \Longrightarrow \begin{cases} D_l^{(g)} \\ D_l^{(u)} \end{cases} \text{in } SO(3) = \mathrm{R} \times C_i \tag{4.111}$$

Parität p: $p = 1$ oder g (=gerade) sowie $p = -1$ oder u (=ungerade)

Divertissement:
Allgemeines über Produktgruppen $G \times C_i$

Satz:
Jeder Darstellung $\Gamma^{(\mu)}$ einer Punktsymmetriegruppe G entsprechen genau zwei Darstellungen $\Gamma^{(\mu,g)}$ und $\Gamma^{(\mu,u)}$ der Produktgruppe $G \times C_i$ (wenn C_i in G noch nicht enthalten ist), die den beiden Eigenwerten $p = g,u = +1, -1$ des *Paritätsoperators* i zugehören. Es gilt:

$$i : \psi_{lm}^{(p)} = p\psi_{lm}^{(p)} \quad , p = \pm 1 \quad , m = 0, \pm 1, \ldots, \pm l \tag{4.112}$$

In diesem Zusammenhang sind die beiden folgenden Sätze von großer praktischer Bedeutung:

Sätze:

i) Wenn der Charakter der Klasse K in G zur irreduziblen Darstellung $\Gamma^{(\mu)}$ gleich $\chi^{(\mu)}(K)$ ist, dann sind die Charaktere in $G \times C_i$ zu den Darstellungen $\Gamma^{(\mu,p)}$ gleich

$$\chi^{(\mu,p)}(K) = \chi^{(\mu)}(K) \tag{4.113}$$
$$\chi^{(\mu,p)}(K \times i) = p \cdot \chi^{(\mu)}(K) \tag{4.114}$$

ii) Kennt man eine irreduzible Basis $\phi_j^{(\mu)}$ von G, so ist im allgemeinen je eine irreduzible Basis der entsprechenden beiden Paritäten von $G \times C_i$ durch

$$\phi_j^{(\mu,p)} = \phi_j^{(\mu)} + p \cdot (i : \phi_j^{(\mu)}) \tag{4.115}$$

gegeben. (In speziellen Fällen kann jedoch Ausdruck (4.115) für jeweils eine der beiden Paritäten verschwinden.)

Irreduzible Basisfunktionen von $SO(3) = \mathbf{R} \times C_i$

Diese lassen sich ebenfalls durch den Operator (4.98) erzeugen. Es zeigt sich, daß die als irreduzible Basis von R gefundenen Kugelflächenfunktionen (siehe Tabelle 4.1) eine wohldefinierte Parität besitzen:

$$Y_{l,m}(\vartheta,\varphi) : \quad p = (-1)^l \, , \quad p = \pm 1 \tag{4.116}$$

Man hat also bei ansteigendem l abwechselnde Parität. Deshalb repräsentiert $Y_{l,m}(\vartheta,\varphi)$ *nur die Hälfte* der Darstellungen D_l mit ganzzahligem l. Die fehlende Hälfte hat *keine Einteilchenbasisfunktionen*, muß also z. B. aus *Zweiteilchenbasisfunktionen* aufgebaut werden.

Charaktere von $D_l^{(p)}$

Die Charaktere für die Klassen lauten (siehe Kapitel 4.6.1 und Gleichungen (4.113) und (4.114)):

$$\chi^{(l,p)}(E) = 2l+1 \tag{4.117}$$

$$\chi^{(l,p)}(i) = \chi^{(l,p)}(E \times i) = p \cdot \chi^{(l,p)}(E) = p \cdot (2l+1) \tag{4.118}$$

$$\chi^{(l,p)}(C_\alpha) = \frac{\sin\left(l+\frac{1}{2}\right)\alpha}{\sin\frac{\alpha}{2}} \tag{4.119}$$

$$\chi^{(l,p)}(C_\alpha \times i) \equiv \chi^{(l,p)}(S_\alpha) = p\chi^{(l,p)}(\alpha) \quad , p = \pm 1 \tag{4.120}$$

Insbesondere ist zu beachten: Die Drehspiegelgruppe R $\times$ C_i enthält auch alle Spiegelungen σ_v, z.B. die Spiegelung an der zx-Ebene:

$$\sigma_v^{(zx)} = C^{(y)}(\pi) \cdot i = i \cdot C^{(y)}(\pi) \tag{4.121}$$

Nun ist bei Einteilchenfunktionen

$$\sigma_v^{(zx)} \psi_{(n,l,m)} = \psi_{(n,l,-m)} \tag{4.122}$$

und folglich

$$\chi^{(l,p)}(\sigma_v^{(zx)}) = 1 \tag{4.123}$$

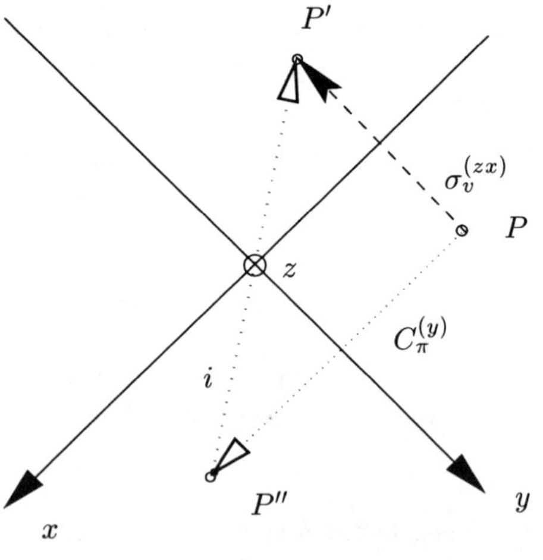

Bild 4.4
Veranschaulichung von $\sigma_v^{(zx)} = C_i \times C^{(y)}(\pi)$

Erläuterung:

$$\sigma_v^{(zx)} Y_{l,m}(\vartheta,\varphi) = Y_{l,m}(\vartheta, -\varphi) = (-1)^m Y_{l,-m}(\vartheta,\varphi) \quad (4.124)$$

$$\sigma_v^{(zx)} \begin{pmatrix} Y_{l,l} \\ \vdots \\ Y_{l,m} \\ \vdots \\ Y_{l,-l} \end{pmatrix} = \begin{pmatrix} 0 & \cdots & \cdots & 0 & (-1)^l \\ \vdots & 0 & 0 & \iddots & 0 \\ \vdots & 0 & (-1)^m & 0 & \vdots \\ 0 & \iddots & 0 & 0 & \vdots \\ (-1)^l & 0 & \cdots & 0 & 0 \end{pmatrix} \begin{pmatrix} Y_{l,l} \\ \vdots \\ Y_{l,m} \\ \vdots \\ Y_{l,-l} \end{pmatrix} \quad (4.125)$$

$$= \begin{pmatrix} (-1)^l Y_{l,-l} \\ \vdots \\ (-1)^m Y_{l,-m} \\ \vdots \\ (-1)^l Y_{l,l} \end{pmatrix} \quad (4.126)$$

Also steht in der Darstellungsmatrix $\Gamma^{(l)}_{mm'}$ nur bei $m = m' = 0$ ein Eintrag (nämlich 1). Deshalb ist $\chi^{(l,p)}(\sigma_v) = 1$ (Charakter gleich Spur). Und damit ist auch:

$$\chi^{(l,p)}(\sigma_v \cdot i) \;=\; \chi^{(l,p)}(C^{(y)}(\pi)) = p \cdot \chi^{(l,p)}(\sigma_v) = p \quad (4.127)$$

Erweiterte Charaktertafel der Drehspiegelgruppe $SO(3) = \mathbf{R} \times C_i$

In dieser Charaktertafel von $SO(3)$ werden nur die wichtigsten, insbesondere für die Festkörperphysik relevanten Gruppenoperationen angegeben:

$\mathbf{R} \times C_i$	E	C_6	C_4	C_3	C_2	i	S_3	S_4	S_6	σ
$D_0^\pm$	1	1	1	1	1	±1	±1	±1	±1	±1
$D_1^\pm$	3	2	1	0	-1	±3	±2	±1	0	∓1
$D_2^\pm$	5	1	-1	-1	1	±5	±1	∓1	∓1	±1
$D_3^\pm$	7	-1	-1	1	-1	±7	∓1	∓1	±1	∓1
$D_4^\pm$	9	-2	1	0	1	±9	∓2	±1	0	±1
$D_5^\pm$	11	-1	1	-1	-1	±11	∓1	±1	∓1	∓1
$D_6^\pm$	13	1	-1	1	1	±13	±1	∓1	±1	±1

wobei

$$S_3 \;=\; \sigma_h \cdot C_3 = i \cdot C_{-6} \quad (4.128)$$

$$S_4 \;=\; \sigma_h \cdot C_4 = i \cdot C_{-4} \quad (4.129)$$

$$S_6 \;=\; \sigma_h \cdot C_6 = i \cdot C_{-3} \quad (4.130)$$

und $S_{\pm n}$ in derselben Klasse sind (siehe Anhang A).

4.7 Aufgaben zu Kapitel 4

Aufgabe 12: Gruppe *O*

Die Gruppe O hat die folgenden Klassen:

$$\{E\},\{8C_3\},\{3C_2 = 3C_4^2\},\{6C_2\},\{6C_4\}$$

Die Funktionen $\{x,y,z,x^2,y^2,z^2\}$ etablieren einen reduziblen invarianten Vektorraum und transformieren sich gemäß dreier irreduzibler Darstellungen der Gruppe O.

a) Veranschaulichen Sie die Symmetrieelemente von O an einem geeigneten symmetrischen Objekt.

b) Finden Sie die irreduziblen Basisfunktionen der oben angegebenen reduziblen Basis. Berechnen Sie die Charaktere dieser Darstellungen für die angegebenen Klassen.

c) Verifizieren Sie die Orthogonalitätsbeziehungen der Charaktere an diesem Beispiel.

Aufgabe 13: Gruppe C_{4v}

Die Gruppe C_{4v} (Quadrat) hat fünf irreduzible Darstellungen.

a) Bestätigen Sie explizit die Zahl der irreduziblen Darstellungen. Welche Dimensionen haben diese?

b) Man bestimme die Charaktertafel, indem man für die einzelnen irreduziblen Darstellungen die folgenden Basen wählt:

$$\begin{aligned} A_1 &: z \\ A_2 &: xy(x^2-y^2) \\ B_1 &: x^2-y^2 \qquad (4.131) \\ B_2 &: xy \\ E &: x,y \end{aligned}$$

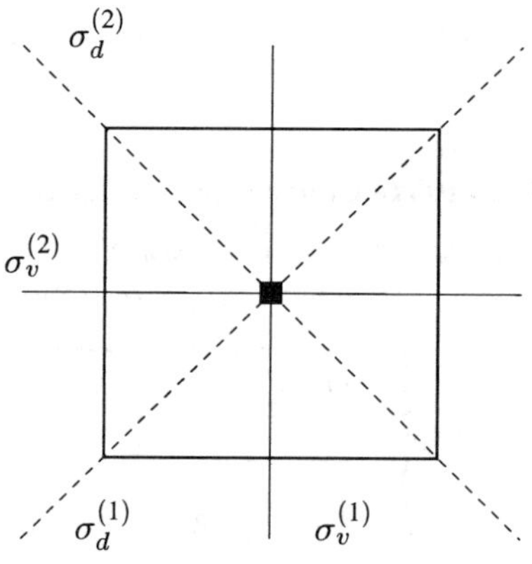

c) Man reduziere die durch die Basis $\{x^3,y^3,x^2y,y^2x\}$ definierte Darstellung von C_{4v} aus. Dann berechne man die Basisfunktionen der gefundenen irreduziblen Darstellungen.

Aufgabe 14: Vektorobjekte

Man nehme für die angegebenen Symmetrien die folgenden „Vektoren" als jeweils einen der Basisvektoren einer reduziblen Darstellung.

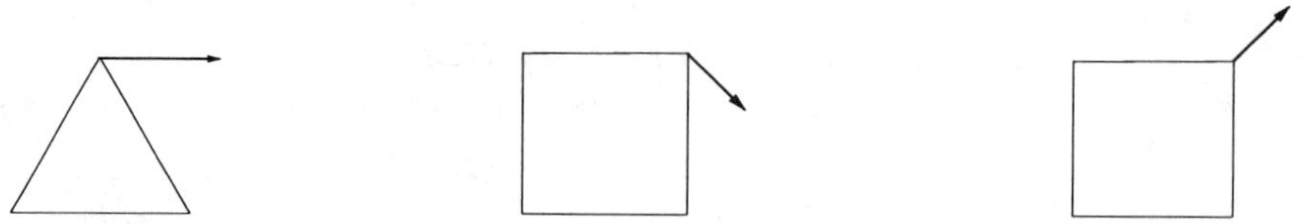

Die übrigen Basisvektoren erhält man durch Anwendung der Symmetrieoperationen. Innerhalb der einzelnen invarianten Unterräume läßt sich in einfacher Weise ein Vektorprodukt definieren.

a) Welche irreduziblen Bestandteile enthalten die so definierten reduziblen Darstellungen?

b) Man benütze die Wignersche Formel (4.75), um die irreduziblen Basisvektoren aufzuzeichnen. Bestimmen Sie den Basissatz so, daß er auch innerhalb einer mehrdimensionalen irreduziblen Darstellung orthogonal ist.

Aufgabe 15: Pentagon I

Die „Vektoren“

$\eta_0 =$ 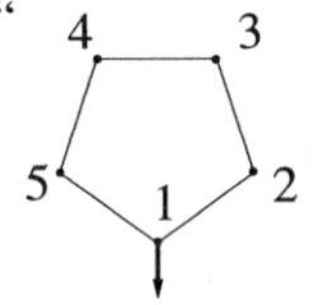

$\equiv \eta_1 = E\eta_0 \quad , \qquad \eta_i = R_i\eta_0, \quad i = 1,\dots,g \qquad (4.132)$

konstituieren einen fünfdimensionalen invarianten Vektorraum bezüglich der Symmetriegruppe C_{5v}.

a) Berechnen Sie die Charaktere der von $\{\eta_i\}$ gebildeten reduziblen Darstellung Γ.

b) Wie zerfällt die Darstellung in irreduzible Bestandteile?

c) Finden Sie die irreduziblen Basisvektoren, wobei auf eine Orthogonalisierung entarteter Partner verzichtet werden kann.

Aufgabe 16: Pentagon II

Betrachten Sie die Symmetriegruppe C_{5v} des gleichseitigen Pentagons.
Intuitiv findet man folgende irreduzible Vektoren:

„Atmungsbewegung“ „Rotation“

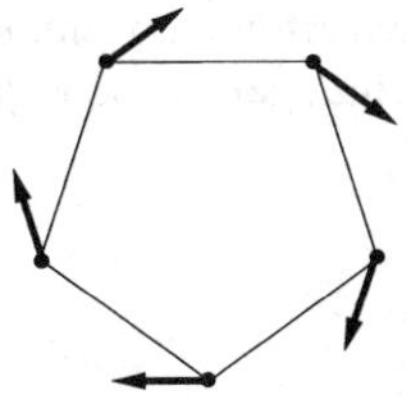

a) Mit diesen irreduziblen Vektoren lassen sich zwei Zeilen der Charaktertafel überprüfen. Zu welchen irreduziblen Darstellungen bilden sie demgemäß die Basis?

Es ist fast immer vorteilhaft (und ökonomisch), vor dem Einstieg in eine mehr oder weniger aufwendige Rechnung aus der Anschauung gewisse Vermutungen „auszuprobieren". So könnte man vermuten, daß auch die „Translation" eine irreduzible Darstellung aufbaut:

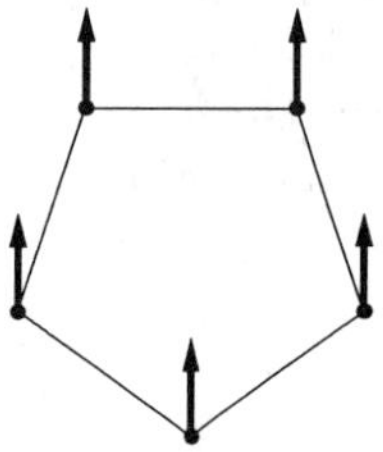

b) Zeigen Sie durch Wahl eines geeigneten „Partners" und ohne Benützung der Charaktertafeln, daß die „Translation" eine irreduzible Darstellung aufbaut. Welche?

Aufgabe 17: Irreduzible Basisvektoren(„Großes Reduktionstheorem")

Es soll die Symmetriegruppe C_{3v} betrachtet werden, und es sei

$\phi =$ 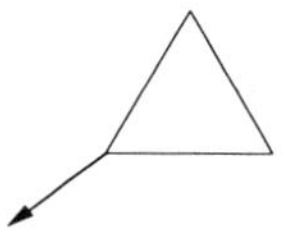 (4.133)

das Ausgangsobjekt ϕ in Formel (4.70) („Großes Reduktionstheorem"). Die Matrizen der irreduziblen Darstellung $\Gamma^{(E)}$ (also $\mu = E$) befinden sich in der Tafel 3.1.

a) Welcher Basisvektor zu $\mu = E$ folgt aus der Wahl $j = 2, i = 2$?

b) Welcher folgt für $j = 1, i = 1$?

c) Welcher folgt für $j = 2, i = 1$?

d) Welcher folgt für $j = 1, i = 2$?

Aufgabe 18: Molekülorbitale I

Die angenäherten Einelektroneneigenfunktionen eines Moleküls werden als Linearkombinationen „atomarer Orbitale" (atomarer Einelektronenfunktionen) aufgebaut.

a) Wie lauten die molekularen Einelektronenfunktionen bei einem gleichseitigen triangularen Molekül aus gleichen Atomen, wenn die „atomaren Orbitale" s-Funktionen sind?

b) Wie lauten die molekularen Einelektronenfunktionen bei einem gleichseitigen triangularen Molekül aus gleichen Atomen, wenn die „atomaren Orbitale" p_z-Funktionen (bezüglich der triangulären Richtungen, siehe Figuren) sind?

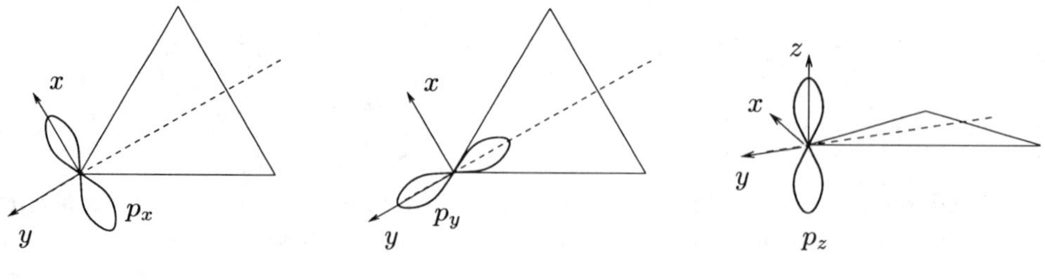

c) Wie, wenn die „atomaren Orbitale“ p_x- und p_y-Funktionen sind?

d) Wie lauten die molekularen Orbitale beim CH_4-Molekül, wenn man nur die Elektronen der H-Atome betrachtet und die lokalen Orbitale s-Funktionen sind?

Stellen Sie alle Losungen figürlich dar!

Aufgabe 19: Molekülorbitale II

Wie in Aufgabe 18 werden die angenäherten Einelektroneneigenfunktionen eines Moleküls als Linearkombinationen „atomarer Orbitale“ (atomarer Einelektronenfunktionen) aufgebaut.

a) Wie lauten die molekularen Einelektronenfunktionen für ein 2-atomiges Molekül aus gleichen Atomen, wenn die „atomaren Orbitale“ s-Funktionen sind?

b) Wie, wenn es p-Funktionen sind?

c) Welche Zuordnungen haben die gefundenen Basen zu den in den Charaktertafeln angegebenen irreduziblen Darstellungen?

Ratschläge und Hinweise:

- Die Symmetriegruppe des vorliegenden Problems ist $D_{\infty h}$. Eine Untergruppe von $D_{\infty h}$ ist $C_{\infty v}$, und es gilt
$$D_{\infty h} \quad = \quad C_{\infty v} \times C_i \tag{4.134}$$
Jeder irreduziblen Darstellung Γ von $C_{\infty v}$ sind also zwei Darstellungen zugeordnet, die durch unterschiedliche Parität ($p = g,u$) gekennzeichnet sind. Daraus ergeben sich Vereinfachungen (siehe Abschnitt 4.6.2).

- *Ratschlag:* Führen Sie zunächst die Reduktion an einem der beiden Atome bezüglich $C_{\infty v}$ durch, und erzeugen Sie sodann durch Anwendung von i die paritätsgeordneten Basen von $D_{\infty h}$.

- Achtung! Bei der „Namensgebung“ der gefundenen irreduziblen Darstellungen gemäß Charaktertafel spielt neben der Paritätscharakterisierung (i-Spalte der Tafel von $D_{\infty h}$) auch das σ_v $(= C_\varphi \times i)$-Verhalten eine Rolle (wichtig bei $\mu = 0$).

- Stellen Sie das gefundene Ergebnis figürlich dar, indem Sie an den beiden Atompunkten die Polardarstellung

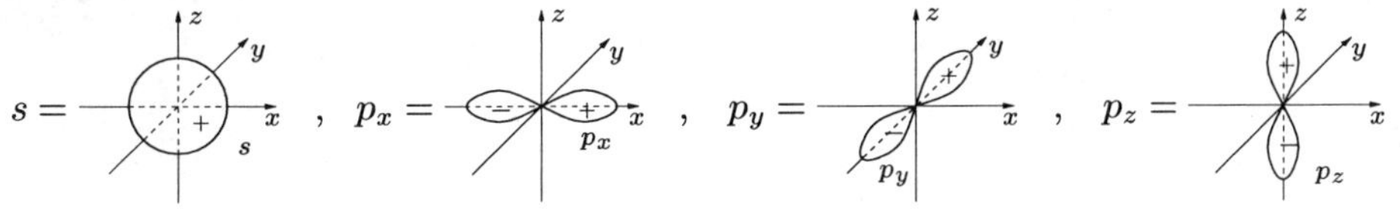

verwenden.

Teil II

Einfache physikalische Anwendungen

5 Quantenmechanik

Der Schlüssel zur Anwendung der Gruppentheorie in der Quantenmechanik liegt in der Invarianz des Hamiltonoperators H bezüglich der Symmetrieoperationen $R \in G$ einer Gruppe G. Wir können deshalb H als *erzeugenden Operator* der irreduziblen Basisfunktionen $\Gamma^{(\mu)}$ von G benützen (siehe Kapitel 4.4):

$$H\psi_{(n,\mu,j)} \quad = \quad E_{n\mu}\psi_{(n,\mu,j)} \quad , \quad j = \text{Entartungsindex} = 1,\dots,d_\mu \tag{5.1}$$

mit $\{\psi_{(n,\mu,j)}\}$ als Basis zur irreduziblen Darstellung $\Gamma^{(\mu)}$. Demgemäß ist der Entartungsgrad von $E_{n\mu}$ gleich der Dimension von $\Gamma^{(\mu)}$. Wenn die Eigenfunktionen $\psi_{(n\mu j)}$ orthonormal gewählt werden, dann ist die Darstellung $\Gamma^{(\mu)}$ unitär.

5.1 Archetypische Problemstellungen

5.1.1 Variationsverfahren: Irreduzible Versuchsfunktionen

Eines der nützlichsten und direktesten Näherungsverfahren der Quantenmechanik ist das *Ritzsche Variationsverfahren*, mittels dessen das Schrödingersche Minimalprinzip rechentechnisch umgesetzt wird. Nach SCHRÖDINGER gilt für den *Grundzustand* das Prinzip

$$\delta\left\langle\psi_0^{(t)}\right|H\left|\psi_0^{(t)}\right\rangle = 0 \quad \text{wenn} \quad \left\langle\psi_0^{(t)}|\psi_0^{(t)}\right\rangle = 1$$

wobei der Index t den Terminus „trial" („Versuch") insinuieren soll. Man kann also Versuchsfunktionen („trial functions") $\psi_0^{(t)}(\vec{r};\alpha,\beta,\gamma,\dots)$ einführen, die von anpaßbaren Parametern $\alpha,\beta,\gamma,\dots$ abhängen, und die letzteren mittels des Variationsprinzips optimieren. *Angeregte Eigenzustände* kann man aus dem Schrödingerschen Prinzip sukzessive dadurch gewinnen, daß man zunächst eine Versuchfunktion $\psi^{(t)}(\vec{r};\alpha,\beta,\gamma,\dots)$ orthogonal zu der bereits bestimmten Eigenfunktion $\psi_0^{(t)}(\vec{r})$ wählt und optimiert, die nächste Versuchsfunktion zu beiden gefundenen Eigenfunktionen orthogonal wählt und optimiert, etc.
Ein weiteres, zuweilen nützliches Variationsprinzip ist die *Forderung nach minimaler Unschärfe*:

$$\delta\left[\left\langle\psi^{(t)}\right|H^2\left|\psi^{(t)}\right\rangle - \left\langle\psi^{(t)}\right|H\left|\psi^{(t)}\right\rangle^2\right] = 0 \quad \text{wenn} \quad \left\langle\psi_0^{(t)}|\psi_0^{(t)}\right\rangle = 1$$

Da die gesuchte Eigenfunktion jedenfalls eine irreduzible Basisfunktion zu einer Darstellung $\Gamma^{(\mu)}$ der Symmetriegruppe des Hamiltonoperators sein muß, ist es sinnvoll, die Versuchsfunktion $\psi^{(t)}$ selbst als Basisfunktion der irreduziblen Darstellung $\Gamma^{(\mu)}$ zu wählen. Ist $\psi^{(t)}$ nicht so gewählt, so ergibt die aus $\psi^{(t)}$ (z.B. mittels Wigner-Formel) deduzierte und normierte Basisfunktion $\psi_\mu^{(t)}$ ein besseres Resultat bei der Optimierung als $\psi^{(t)}$ selber,

$$\psi_\mu^{(t)} \quad = \quad \frac{1}{\sqrt{N}}\sum_R[\chi^{(\mu)}(R)]^*\,(R:\psi^{(t)}) \tag{5.2}$$

wobei $N^{-1/2}$ der Normierungsfaktor ist.

Wasserstoffmolekülion

Beim Problem des Wasserstoffmolekülions (siehe Kapitel 5.1.2) zeigt sich, daß die „irreduzible" Basisfunktion

$$\psi_g = (\psi_A + \psi_B)/\sqrt{2(1+S)} \tag{5.3}$$

zu einem tieferen Energieerwartungswert führt als der Erwartungswert $\langle\psi_A|\,H\,|\psi_A\rangle$ des nichtreduzierten atomaren Orbitals. Überdies zeigt sich, daß beide irreduziblen Basisfunktionen

$$\psi_p = (\psi_A + p\psi_B)/\sqrt{2(1+p\cdot S)} \quad , \quad p = \pm 1, \tag{5.4}$$

zu kleineren Energieunschärfen führen als denen, die man aus den atomaren Orbitalen erhielte. ◊

5.1.2 Molekulare Orbitale

Die einfachste Möglichkeit, die elektronischen Eigenfunktionen eines Moleküls aufzubauen, besteht darin, zunächst die symmetrieäquivalenten Atome ihrer äußeren Elektronen (oder Löcher) zu entkleiden, so daß nur volle Schalen übrigbleiben. Die Einelektronenfunktionen kann man dann aus den atomaren Orbitalen (s, p, d, ...) als irreduzible Überlagerungen aufbauen. Zur Einführung dieser Konzeption ist es äußerst nützlich, sich die Standardbehandlung des Wasserstoffmolekülions in den einschlägigen Lehrbüchern zu vergegenwärtigen.

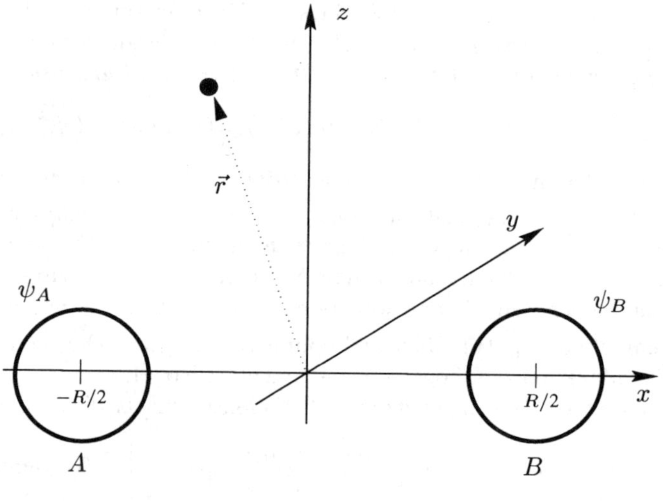

Bild 5.1
Zum Wasserstoffmolekülion

Wir führen die folgenden Abkürzungen und Relationen ein (siehe auch Bild 5.1):

$$\psi_A = \frac{1}{\sqrt{N}} e^{-r_A/a} \qquad \psi_B = \frac{1}{\sqrt{N}} e^{-r_B/a} \tag{5.5}$$

mit

$$a = \text{Bohrscher Radius} \tag{5.6}$$

$$N = \pi a^3 \tag{5.7}$$

$$r_{A,B} = \sqrt{\left(x \mp \frac{R}{2}\right)^2 + y^2 + z^2} \tag{5.8}$$

Ferner:

$$V_A = -\frac{e^2}{r_A} \qquad V_B = -\frac{e^2}{r_B} \tag{5.9}$$

$$H_A = -\frac{\hbar^2}{2m}\Delta + V_A \qquad H_B = -\frac{\hbar^2}{2m}\Delta + V_B \tag{5.10}$$

Es gelten die atomaren Schrödingergleichungen:

$$H_A\psi_A = E^{(0)}\psi_A \qquad H_B\psi_B = E^{(0)}\psi_B \tag{5.11}$$

Für ein Elektron erhält man dann den Gesamthamiltonoperator:

$$H = -\frac{\hbar^2}{2m}\Delta + V_A + V_B \tag{5.12}$$

Die Symmetriegruppe des Hamiltonoperators ist die Gruppe $D_{\infty h}$. Es genügt jedoch hier, die Untergruppe C_i (Inversionsgruppe) bezüglich des Inversionspunktes zu betrachten. Die beiden s-Orbitale (ψ_A,ψ_B) konstituieren eine zweidimensionale reduzible Darstellung Γ, die in die beiden irreduziblen Bestandteile A_g und A_u von C_i zerfällt:

$$\Gamma = A_g + A_u \tag{5.13}$$

mit den beiden normierten irreduziblen Basisfunktionen

$$\psi_g = \frac{1}{\sqrt{2(1+S)}}(\psi_A + \psi_B) \tag{5.14}$$

$$\psi_u = \frac{1}{\sqrt{2(1-S)}}(\psi_A - \psi_B) \tag{5.15}$$

Dies sind die beiden *molekularen Orbitale* (MO) des Problems, die man aus den beiden atomaren s-Orbitalen aufbauen kann. Von Bedeutung sind die drei Integrale:

$$A = \int dV\, V_A\psi_A^*\psi_B = \int dV\, V_B\psi_B^*\psi_A = -\frac{e^2}{a}(1+\zeta)e^{-\zeta} \tag{5.16}$$

$$C = \int dV\, V_A|\psi_B|^2 = \int dV\, V_B|\psi_A|^2 = -\frac{e^2}{R}\left[1-(1+\zeta)e^{-2\zeta}\right] \tag{5.17}$$

$$S = \int dV\, \psi_A^*\psi_B = \int dV\, \psi_B^*\psi_A = (1+\zeta+\frac{1}{3}\zeta^2)e^{-\zeta} \tag{5.18}$$

mit $\zeta = R/a$. Nimmt man die normierten molekularen Orbitale (5.14) und (5.15) als angenäherte Eigenfunktionen, so sind die zugehörigen Näherungen für die Energieeigenwerte gegeben durch

$$E_g = E^{(0)} + \frac{C+A}{1+S} \tag{5.19}$$

$$E_u = E^{(0)} + \frac{C-A}{1-S} \tag{5.20}$$

Bei „ruhenden" Kernen ist dann die Gesamtenergie durch $E_p + e^2/R$, $p = g,u$, gegeben. Ihr Verhalten in Abhängigkeit vom Kernabstand R ist im Diagramm 5.2 gezeichnet. Die Abbildung 5.2 ist für das Verständnis des Konzepts der molekularen Orbitale von *kruzialer Bedeutung*. Man sieht daraus, daß das Orbital ψ_g einen *bindenden* Effekt hat, der schließlich zur Molekülbindung führt. Betrachten wir die Äquipotentiallinien der Konstituenten des Orbitals ψ_g in einem Schnitt bei $y = z = 0$ (siehe Abbildung 5.3), so sehen wir, daß die beiden atomaren Orbitale ψ_A und ψ_B sich konstruktiv überlappen, und dieser *konstruktiven Überlappung* ist die *Energieabsenkung*, also der Bindungseffekt zuzuschreiben.

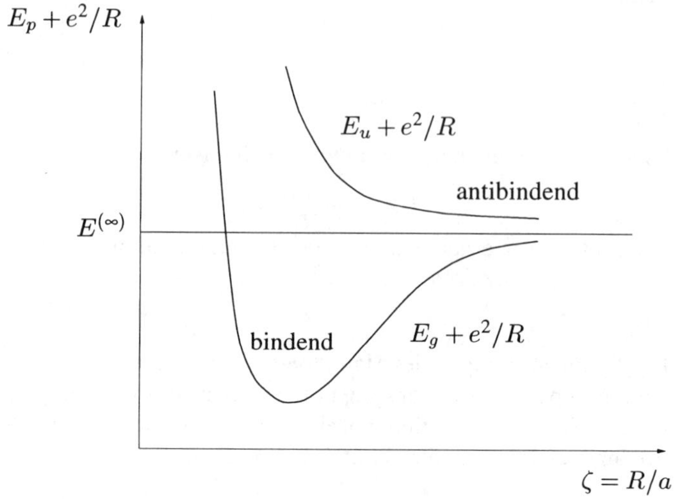

Bild 5.2
MO-Energiezustände des Wasserstoffmolekülions

Demgegenüber hat das Orbital ψ_u einen antibindenden Effekt, wie aus dem Energiediagramm (siehe Abbildung 5.2) zu ersehen ist. Äquipotentiallinien und Schnitt (siehe Abbildung 5.4) zeigen jetzt eine destruktive Überlappung der atomaren Orbitale ψ_A und ψ_B. Aus den beiden vorstehenden Abbildungen kann man auch für die Überlappung komplizierterer atomarer Orbitale den qualitativen Schluß ziehen:
Konstruktiv überlappende Orbitale (i.e. gleiches Vorzeichen der überlappenden Wellenfunktionen) zweier benachbarter Atome wirken bindend, destruktiv überlappende wirken antibindend. Daraus ergibt sich bezüglich molekularer Orbitale ein qualitatives Beurteilungskriterium bezüglich ihrer Bindungseigenschaften, was insbesondere für den Chemiker von großem Nutzen ist.

B Pentagon mit atomaren s-Orbitalen

Die fünfdimensionale Basis $\{\psi_1, \psi_2, \psi_3, \psi_4, \psi_5\}$

$\psi_1 =$ 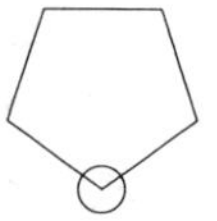 , $\psi_2 =$ 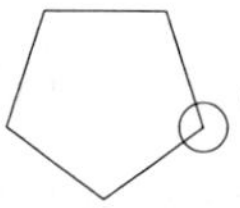 , etc. (5.21)

liefert bei der Reduktion

$$\Gamma = A_1 + E_1 + E_2 \tag{5.22}$$

mit den irreduziblen Basisfunktionen

$\psi_{A_1} =$ 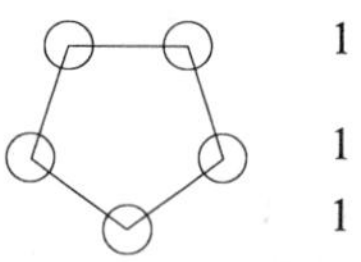 (5.23)

$\psi_{E_1,1} =$ 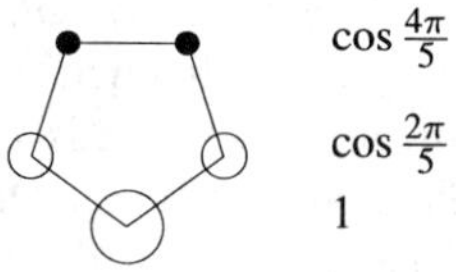

$\psi_{E_2,1} =$ 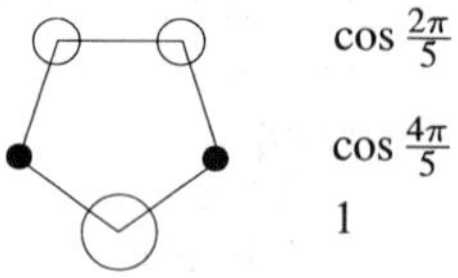

Die Entartungspartner $\psi_{E_1,2}$ und $\psi_{E_2,2}$ sind für die Rechnung nicht nötig. ◊

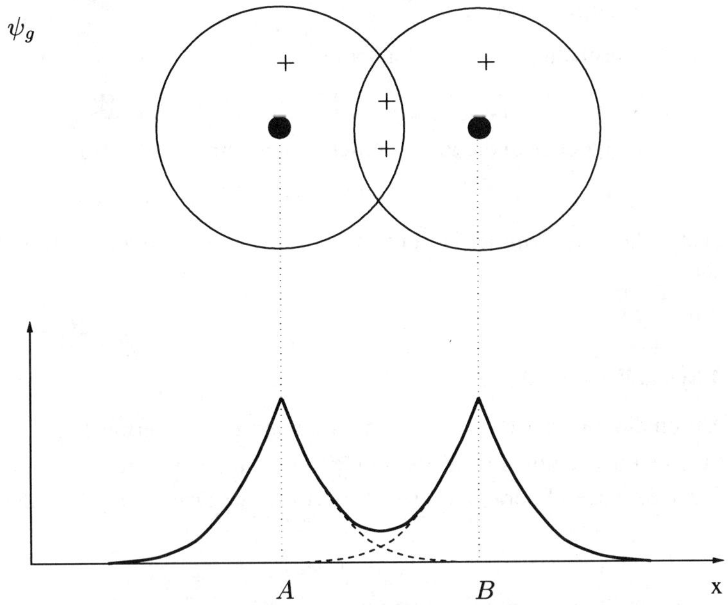

Bild 5.3
Bindendes Molekülorbital

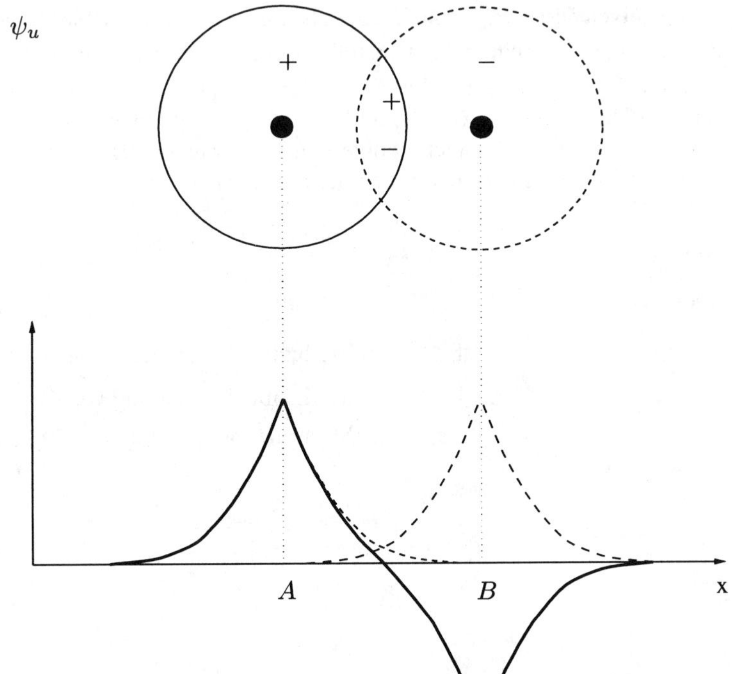

Bild 5.4
Antibindendes Molekülorbital

5.1.3 Aufspaltung von Energieeigenwerten bei Erniedrigung der Symmetrie des Hamiltonoperators

Durch Einschalten eines Störfeldes W

$$H_0 \quad \to \quad H = H_0 + W \tag{5.24}$$

wird im allgemeinen die ursprüngliche Symmetrie des Hamiltonoperators erniedrigt

$$G_0 \quad \to \quad G \quad , \quad G \in G_0 \tag{5.25}$$

wobei die neue Symmetriegruppe G als Untergruppe in der ursprünglichen Gruppe G_0 enthalten ist.

Physikalischer Effekt

Durch die Störung W werden die entarteten Energieterme $E_{n\mu}^{(0)}$ von H_0, die einer mehrdimensionalen irreduziblen Darstellung $\Gamma_0^{(\mu)}$ von G_0 zugeordnet sind, aufgespalten, und zwar so, daß jeder der neuen Energieterme einer irreduziblen Darstellung $\Gamma^{(\alpha)}$ der Gruppe G zugeordnet ist.

Gruppentheoretische Bedeutung

Bei Einschalten der Störung W ordnen sich die Eigenfunktionen $\psi_{(n,\mu,j)}^{(0)}$, $j = 1,\dots,d_\mu$, des Energieeigenwertes $E_{n\mu}^{(0)}$ von H_0, die als Basis einer irreduzible Darstellung $\Gamma_0^{(\mu)}$ der Gruppe G_0 zugehören, nach irreduziblen Darstellungen $\Gamma^{(\alpha)}$ der *neuen* Symmetriegruppe G.
D.h. die *irreduzible* Darstellung $\Gamma_0^{(\mu)}$ der Gruppe G_0, die *gleichzeitig* eine *reduzible* Darstellung der Untergruppe G ($\subset G_0$) bildet, muß nach der Untergruppe G ausreduziert werden, wenn man untersuchen will, welche Folge von Eigenwerten aus einem entartetem Eigenwert des ungestörten Problems bei Einschalten der Störung evolviert:

$$\Gamma_0^{(\mu)} = \sum_{\alpha=0}^{n} a_\alpha \Gamma^{(\alpha)} \quad , \quad n = n_{ID} = n_{Kl} \qquad (\text{von } G) \tag{5.26}$$

mit

$$\begin{aligned} \Gamma_0^{(\mu)} : &\quad \text{irreduzible Darstellung von } G_0 \\ \Gamma^{(\alpha)} : &\quad \text{irreduzible Darstellung von } G \\ a_\alpha : &\quad \text{Multiplizität von } \Gamma^{(\alpha)}; a_\alpha = 0,1,\dots \end{aligned} \tag{5.27}$$

Daraus ergibt sich das Aufspaltungsschema:

$$E_{n\mu}^{(0)} \Longrightarrow \left\{ \begin{array}{ll} \left.\begin{array}{l} E_{\alpha,1} \\ E_{\alpha,2} \\ \vdots \\ E_{\alpha,r_\alpha} \\ \vdots \\ E_{\alpha,a_\alpha} \end{array}\right\} & \begin{array}{l} a_\alpha \text{ Niveaus (Multiplizität)} \\ r_\alpha = 1,\ldots,a_\alpha \text{ (Laufindex der Multiplizität } a_\alpha) \end{array} \\ \left.\begin{array}{l} E_{\beta,1} \\ E_{\beta,2} \\ \vdots \\ E_{\beta,r_\beta} \\ \vdots \\ E_{\beta,a_\beta} \end{array}\right\} & \begin{array}{l} a_\beta \text{ Niveaus (Multiplizität)} \\ r_\beta = 1,\ldots,a_\beta \text{ (Laufindex der Multiplizität } a_\beta) \end{array} \\ \ldots & \end{array} \right. \tag{5.28}$$

Dabei gilt:

$$\sum_\alpha a_\alpha d_\alpha = d_\mu^{(0)} \tag{5.29}$$

5.2 Korrelationstafeln (Kompatibilitätstafeln)

Bevor man Aufspaltungen eines entarteten Eigenzustandes von H_0 bei Einwirkung einer Störung berechnet, ist es vorteilhaft, zunächst qualitativ festzustellen, welche Aufspaltung zu erwarten ist. Nach der in Kapitel 5.1.3 dargelegten Konzeption bedeutet dies nichts anderes als die Ausreduktion einer irreduziblen Darstellung $\Gamma_0^{(\mu)}$ einer „Muttergruppe“ G_0 nach den irreduziblen Darstellungen $\Gamma^{(\alpha)}$ einer ihrer Untergruppen G:

$$\Gamma_0^{(\mu)} = \sum_{\alpha=0}^{n} a_\alpha \Gamma^{(\alpha)} \tag{5.30}$$

In früheren Abschnitten wurde gezeigt, wie man eine solche Ausreduktion praktisch durchführen kann (siehe die Abschnitte 3.7 und 3.8.6). Für die in Physik und Chemie vorkommenden Punktgruppen sind jedoch die möglichen Reduktionen von Muttergruppen nach Untergruppen tabellarisch angegeben. Man nennt diese Zusammenstellungen „*Korrelationstafeln*“ oder auch „*Kompatibilitätstafeln*“. Sie befinden sich im Anhang C. Wir bringen in Tabelle 5.1 ein Beispiel. Daraus ersehen wir beispielsweise, daß ein $4f$-Zustand ($\Gamma_0^{(\mu)} \equiv D_3^-$) eines wasserstoffähnlichen Atoms, etwa eines Alkaliatoms, in einem Störfeld von C_{3v}-Symmetrie in vier Niveaus aufspaltet, und zwar in

2 A_1-Niveaus (nichtentartet) ,
1 A_2-Niveau (nichtentartet) und
2 E-Niveaus (je zweifach entartet).

$SO(3) = \mathrm{R} \times C_i$	O_h	$C_{\infty v}$	C_{3v}
$D_0^{\pm} = D_0^{(g,u)}$	A_{1g} A_{1u}	A_1 A_2	A_1 A_2
$D_1^{\pm} = D_1^{(g,u)}$	T_{1g} T_{1u}	$A_2 + E_1$ $A_1 + E_1$	$A_2 + E$ $A_1 + E$
$D_2^{\pm} = D_2^{(g,u)}$	$E_g + T_{2g}$ $E_u + T_{2u}$	$A_1 + E_1 + E_2$ $A_2 + E_1 + E_2$	$A_1 + 2E$ $A_2 + 2E$
$D_3^{\pm} = D_3^{(g,u)}$	$A_{2g} + T_{1g} + T_{2g}$ $A_{2u} + T_{1u} + T_{2u}$	$A_2 + E_1 + E_2 + E_3$ $A_1 + E_1 + E_2 + E_3$	$A_1 + 2A_2 + 2E$ $2A_1 + A_2 + 2E$
$D_4^{\pm} = D_4^{(g,u)}$	$A_{1g} + E_g + T_{1g} + T_{2g}$ $A_{1u} + E_u + T_{1u} + T_{2u}$	$A_1 + E_1 + E_2 + E_3 + E_4$ $A_2 + E_1 + E_2 + E_3 + E_4$	$2A_1 + A_2 + 3E$ $A_1 + 2A_2 + 3E$

Tabelle 5.1 Korrelationstafel $SO(3) = \mathrm{R} \times C_i \to O_h, C_{\infty v}, C_{3v}$

5.3 Entartete Störungstheorie

Will man nun die aus einem entartetem Eigenwert $E_{n\mu}^{(0)}$ des ungestörten Hamiltonoperators H_0 hervorgehenden Niveaus eines gestörten Hamiltonoperators $H = H_0 + W$ berechnen, so muß die Reduktion

$$\Gamma_0^{(\mu)} = \sum_{\alpha=0}^{n} a_\alpha \Gamma^{(\alpha)} \tag{5.31}$$

(siehe Gleichung (5.26)) nicht nur qualitativ, sondern auch quantitativ durchgeführt werden, d.h. man muß die Folge der entarteten Eigenfunktionen $\{\psi_{(n,\mu,j_\mu)}^{(0)}\}$, $j = 1,\dots,d_\mu$, von H_0 „neu ausrichten". Man hat also bei einer *symmetrieadaptierten entarteten Störungstheorie* immer als

1. Schritt

die *Neuordnung* der ungestörten Eigenfunktionen $\{\psi_{(n,\mu,j_\mu)}^{(0)}\}$, $j = 1,\dots,d_\mu^{(0)}$, d.h. durch geeignete Linearkombinationen den Aufbau irreduzibler Basisfunktionen der gestörten Symmetrie G durchzuführen:

$$\{\psi_{(n,\mu,j_\mu)}^{(0)}\} \implies \{\varphi_{\alpha,r_\alpha,j_\alpha}^{(n\mu)}\} \equiv \{|\alpha,r_\alpha,j_\alpha\rangle\} \tag{5.32}$$

mit

$$\begin{aligned} j_\mu &: \text{ Entartungsindex der Darstellung } \Gamma_0^{(\mu)};\ j_\mu = 1,\dots,d_\mu^{(0)} \\ d_\mu^{(0)} &: \text{ Entartungsgrad des ungestörten Eigenzustandes } E_{n\mu}^{(0)} \text{ von } H_0 \\ \alpha &: \text{ Multiplizität; } \alpha = 1,\dots,n \\ r_\alpha &: \text{ Laufindex der Multiplizität; } r_\alpha = 1,\dots,a_\alpha \\ j_\alpha &: \text{ Entartungsindex der Darstellung } \alpha;\ j_\alpha = 1,\dots,d_\alpha \end{aligned} \tag{5.33}$$

Man beachte, daß die so neugeordneten Funktionen immer noch exakte Eigenfunktionen von H_0 zum Eigenwert $E_{n\mu}^{(0)}$ sind.

5.3.1 Störungstheorie 1. Ordnung

Die große praktische Bedeutung der Neuordnung des entarteten Satzes der Eigenfunktionen von H_0 zeigt sich bei der Behandlung der *Säkulardeterminante* und der damit durchzuführenden Bestimmung der Eigenwerte von H in 1. Ordnung. Die *Säkulargleichung* lautet:

$$\det\left[\langle\alpha,r_\alpha,j_\alpha|\,W\,|\beta,r_\beta,j_\beta\rangle-\underbrace{(E-E_{n\mu}^{(0)})}_{\triangle E}\delta_{\alpha\beta}\delta_{r_\alpha r_\beta}\delta_{j_\alpha j_\beta}\right] = 0 \qquad (5.34)$$

mit

$$\begin{array}{rcl}
\alpha,\beta & : & \text{irreduzible Darstellungen von } G;\ \alpha,\beta=1,\dots,n_{ID}\\
r_\alpha & : & \text{Laufindex der Multiplizität von } \alpha;\ r_\alpha=1,\dots,a_\alpha\\
r_\beta & : & \text{Laufindex der Multiplizität von } \beta;\ r_\beta=1,\dots,a_\beta\\
d_\alpha & : & \text{Entartungsgrad der Darstellung } \alpha\\
d_\beta & : & \text{Entartungsgrad der Darstellung } \beta\\
j_\alpha & : & \text{Entartungsindex der Darstellung } \alpha \text{ von } G;\ j_\alpha=1,\dots,d_\alpha\\
j_\beta & : & \text{Entartungsindex der Darstellung } \beta \text{ von } G;\ j_\beta=1,\dots,d_\beta
\end{array} \qquad (5.35)$$

Nun ist aber W ein bezüglich G invarianter Operator. Deshalb gilt der

Satz:
$W\eta_{\alpha j_\alpha}(\vec{r})$ transformiert sich bezüglich $R\in G$ wie $\eta_{\alpha j_\alpha}(\vec{r})$ selbst:

$$R:\eta_{\alpha j_\alpha}(\vec{r})=\sum_{k_\alpha}\eta_{\alpha j_\alpha}(\vec{r})\Gamma^{(\alpha)}_{j_\alpha,k_\alpha} \quad\longrightarrow\quad R:W\eta_{\alpha j_\alpha}(\vec{r})=W\sum_{k_\alpha}\eta_{\alpha j_\alpha}(\vec{r})\Gamma^{(\alpha)}_{j_\alpha,k_\alpha} \qquad (5.36)$$

Wählt man nun die irreduziblen Basisfunktionen $\{|\alpha,r_\alpha,j_\alpha\rangle\}$ so, daß sie

1. *unitäre* Darstellungen $\Gamma^{(\alpha)}$ aufbauen, und
2. für $\alpha=\beta$ und $r_\alpha\neq r_\beta$ sich bezüglich $R\in G$ *identisch transformieren*:

$$r_\alpha:\qquad R:\varphi^{(n\mu)}_{\alpha,r_\alpha,j_\alpha}=\sum_{k_\alpha}\varphi^{(n\mu)}_{\alpha,r_\alpha,k_\alpha}\Gamma^{(\alpha)}_{j_\alpha,k_\alpha}(R) \qquad (5.37)$$

$$r_\beta:\qquad R:\varphi^{(n\mu)}_{\alpha,r_\beta,j_\alpha}=\sum_{k_\alpha}\varphi^{(n\mu)}_{\alpha,r_\beta,k_\alpha}\Gamma^{(\alpha)}_{j_\alpha,k_\alpha}(R) \qquad (5.38)$$

dann gilt die (siehe Gleichung (4.53) und (4.56))

Orthonormalitätsbeziehung:

$$\langle\alpha,r_\alpha,j_\alpha|\,W\,|\beta,r_\beta,j_\beta\rangle=\delta_{\alpha\beta}\delta_{j_\alpha j_\beta}\langle\alpha,r_\alpha,j_\alpha|\,W\,|\alpha,r_\beta,j_\alpha\rangle=\delta_{\alpha\beta}\delta_{j_\alpha j_\beta}\langle W\rangle^{(\alpha)}_{r_\alpha r_\beta} \qquad (5.39)$$

Man beachte, daß die Orthogonalität besteht

1. bezüglich der irreduziblen Darstellung, also
$$\alpha = \beta \tag{5.40}$$

2. bezüglich des Entartungsindexes, also
$$j_\alpha = j_\beta \tag{5.41}$$

Aber sie *besteht nicht bezüglich der Multiplizitätsindizes*
$$r_\alpha \quad \text{und} \quad r_\beta \tag{5.42}$$
Dann zerfällt die *Säkularmatrix* in Blöcke, und die Säkulardeterminante wird in die unabhängigen Bestandteile zerlegt:
$$\langle W\rangle_{rs}^{(\alpha)} - (E - E_{n\mu}^{(0)})\delta_{rs} \quad , \quad r,s = 1,\ldots a_\alpha \tag{5.43}$$
und man hat die

Säkulargleichung:
$$\det\left[\langle W\rangle_{rs}^{(\alpha)} - (E - E_{n\mu}^{(0)})\delta_{rs}\right] = 0 \quad , \quad r,s = 1,\ldots,a_\alpha \tag{5.44}$$

Oder:
Das Problem der Dimension $\sum\limits_\alpha a_\alpha d_\alpha$ wird reduziert auf einzelne, „niedrigere“ Säkularprobleme der Dimension a_α, wobei nur die Matrixelemente
$$\langle W\rangle_{rs}^{(\alpha)} = \left\langle \varphi_{\alpha,r,j}^{(n\mu)} \middle| W \middle| \varphi_{\alpha,s,j}^{(n\mu)} \right\rangle \tag{5.45}$$
mit
$$\begin{aligned} r,s &= 1,\ldots,a_\alpha \\ j \equiv j_\mu &:= \text{beliebig aus } 1,\ldots,d_\alpha \text{ gewählt} \end{aligned} \tag{5.46}$$
eine Rolle spielen, d.h. für jede Darstellung α pro Multiplizitätsindex r nur eine einzige Basisfunktion benötigt wird (beliebiges j). Wichtig ist jedoch, daß sich $|\alpha,r,j\rangle$ und $|\alpha,s,j\rangle$ identisch transformieren (siehe Voraussetzung zur Orthogonalitätsbeziehung (5.39)).
Man beachte insbesondere:
Wenn $a_\alpha = 1$ ($\rightarrow r = 1$), wie das meistens der Fall ist (wenn nicht gar $a_\alpha = 0$), dann kann die Energieverschiebung direkt berechnet werden:
$$\left(E_\alpha^{(n\mu)} - E_{n\mu}^{(0)}\right) = \left\langle \varphi_{\alpha,r=1,j}^{(n\mu)} \middle| W \middle| \varphi_{\alpha,r=1,j}^{(n\mu)} \right\rangle \tag{5.47}$$
d.h. in diesem Fall kann man mit den umgeordneten (ungestörten) Eigenfunktionen direkt eine *nichtentartete Störungstheorie* betreiben.

Der Fall $a_\alpha > 1$

Für diesen Fall bewältigt die Gruppentheorie noch nicht das ganze Aufspaltungsproblem. Vielmehr müssen nun die physikalisch „richtigen“ Basisfunktionen d.h. die symmetriekonformen Eigenfunktionen $\psi^{(\hat{r}_\alpha)}_{\alpha,j_\alpha}$ als Überlagerung der gruppentheoretisch gefundenen Basisfunktionen $\phi_{\alpha,r_\alpha,j_\alpha}$ aufgebaut werden:

$$\psi^{(\hat{r}_\alpha)}_{\alpha,j_\alpha} = \sum_{r_\alpha=1}^{a_\alpha} c_{r_\alpha} \phi_{\alpha,r_\alpha,j_\alpha} \tag{5.48}$$

Mit diesem Ansatz gelangt man zu dem *homogenen, säkularen Gleichungssystem*

$$\sum_{r'_\alpha=1}^{a_\alpha} \left[\langle \alpha,r_\alpha,j_\alpha | W | \alpha,r'_\alpha,j_\alpha \rangle - \left(E - E^{(0)}_{n\mu} \right) \delta_{r_\alpha,r'_\alpha} \right] c_{r'_\alpha} = 0 \,, \quad r_\alpha = 1,\ldots,a_\alpha \tag{5.49}$$

dessen charakteristische Determinante verschwinden muß. Dies führt zur Säkulargleichung (5.44) mit a_α Lösungen

$$E_{\alpha,\hat{r}_\alpha}, \qquad \hat{r}_\alpha = 1,\ldots,a_\alpha \tag{5.50}$$

Setzt man diese Lösungen in (5.49) ein, so erhält man für jede Lösung $\hat{r}_\alpha$ einen normierbaren Amplitudensatz $\left\{ c^{(\hat{r}_\alpha)}_{r_\alpha} \right\}$,

$$\sum_{r_\alpha=1}^{a_\alpha} |c^{(\hat{r}_\alpha)}_{r_\alpha}|^2 = 1, \qquad \hat{r}_\alpha = 1,\ldots,a_\alpha \tag{5.51}$$

und die Eigenfunktionen des Typus $\Gamma^{(\alpha)}$ sind in nullter Näherung gegeben durch

$$\psi^{(\hat{r}_\alpha)}_{\alpha,j_\alpha} = \sum_{r_\alpha=1}^{a_\alpha} c^{(\hat{r}_\alpha)}_{r_\alpha} \phi_{\alpha,r_\alpha,j_\alpha} \tag{5.52}$$

Berechnung der Aufspaltung eines d-Zustandes im trigonalen Feld

B

Ein d-Zustand $E^{(0)}_{n,l=2}$ eines Valenzelektrons (z.B. bei den Alkaliatomen) in einem kugelsymmetrischen Potential hat folgende Eigenfunktionen (siehe Tabelle 4.1, $l = 2$, $m = 0, \pm 1, \pm 2$):

$$\psi^{(0)}_{(n,l=2,m)} = F_m(r,\vartheta) \cdot e^{im\varphi} \quad , \quad m = 0, \pm 1, \pm 2 \tag{5.53}$$

mit

$$F_0(r,\vartheta) = R_{nd}(r)\sqrt{\frac{1}{2\pi}}\sqrt{\frac{5}{8}}(2\cos^2\vartheta - \sin^2\vartheta) \tag{5.54}$$

$$F_{\pm 1}(r,\vartheta) = \mp R_{nd}(r)\sqrt{\frac{1}{2\pi}}\sqrt{\frac{15}{4}}\sin\vartheta\cos\vartheta \tag{5.55}$$

$$F_{\pm 2}(r,\vartheta) = \pm R_{nd}(r)\sqrt{\frac{1}{2\pi}}\sqrt{\frac{15}{16}}\sin^2\vartheta \tag{5.56}$$

und gehört zu der irreduziblen Darstellung $D^{(g)}_2 \equiv D^+_2$ der Drehspiegelgruppe $G_0 = SO(3) = \mathrm{R} \times C_i$.

Reduktion (qualitativ)

Gemäß der Korrelationstafel (siehe Tabelle 5.1) zerfällt $D_2^{(g)}$ in der trigonalen Symmetrie ($G = C_{3v}$) in die irreduziblen Bestandteile

$$D_2^{(g)} \overset{(C_{3v})}{=} A_1 + 2E \quad , \quad a_{A_1} = 1, a_E = 2 \tag{5.57}$$

Analyse

Da $\psi^{(0)}_{(n,2,0)}$ unabhängig vom Winkel φ ist, muß diese Funktion zur Einsdarstellung A_1 gehören. Die Darstellung E kommt *zweimal* vor (a_E=2 $\rightarrow r_E = 1{,}2$). Infolgedessen wird der betrachtete d-Zustand in drei Niveaus aufgespalten, und zwar in ein A_1-Niveau und zwei E-Niveaus. Die Aufspaltung der E-Niveaus findet man durch Nullsetzen einer 2×2-Säkulardeterminante (siehe (5.44)). Um diese Säkulardeterminante aufzustellen, benötigt man zu jeder der beiden (unitär gewählten) E-Darstellungen einen Basisvektor, zum Beispiel je den zum Entartungsindex $j_E = 1$ gehörigen:

$$\varphi^{(n,l=2)}_{E,r_E=1,j_E=1} \quad \text{und} \quad \varphi^{(n,l=2)}_{E,r_E=2,j_E=1} \tag{5.58}$$

Diese beiden Vektoren müssen:

1. orthogonal zueinander gewählt werden,
2. sich bezüglich jeder Operation $R \in C_{3v}$ *unitär* transformieren und *gleichartig* verhalten,

$$R : \varphi^{(n,l=2)}_{E,1,1} = \sum_{k=1}^{2} \varphi^{(n,l=2)}_{E,1,k} \Gamma^{(E)}_{k1}(R) \tag{5.59}$$

$$R : \varphi^{(n,l=2)}_{E,2,1} = \sum_{k=1}^{2} \varphi^{(n,l=2)}_{E,2,k} \Gamma^{(E)}_{k1}(R) \tag{5.60}$$

sich also für jedes R gemäß *derselben Spalte* $\Gamma^{(E)}_{k1}$ der unitären Transformationsmatrix transformieren.

Ausreduktion der Basis

Wir beachten die Transformationsregeln (Wigner-Konvention)

$$C_\alpha : \varphi = \varphi + \alpha \quad , \quad C_\alpha : \phi(\varphi) = \phi(\varphi - \alpha) \tag{5.61}$$

$$\sigma_v^{(\beta)} : \varphi = 2\beta - \varphi \quad , \quad \sigma_v^{(\beta)} : \phi(\varphi) = \phi(2\beta - \varphi) \tag{5.62}$$

mit $\alpha = 0, \frac{2\pi}{3}, \frac{3\pi}{3}$ und $\beta = \frac{\pi}{2}, \frac{\pi}{2} + \frac{2\pi}{3}, \frac{\pi}{2} + \frac{3\pi}{3}$ (Richtungen der Symmetrieebenen). Die Kugelkoordinaten r, ϑ bleiben von $R \in C_{3v}$ unberührt. Durch direkte Inspektion (oder Wigner-Formel) findet man als irreduzible Basis:

$$A_1 : \quad \varphi_{A_1} = F_0(r,\vartheta) = \psi^{(0)}_{(n,2,0)} \tag{5.63}$$

$$E\ (r_E = 1) : \quad \begin{cases} \varphi_{E,1,1} = F_1(r,\vartheta) \cdot e^{i\varphi} \\ \varphi_{E,1,2} = F_1(r,\vartheta) \cdot e^{-i\varphi} \end{cases} \tag{5.64}$$

$$E\ (r_E = 2) : \quad \begin{cases} \widetilde{\varphi}_{E,2,1} = F_2(r,\vartheta) \cdot e^{2i\varphi} \\ \widetilde{\varphi}_{E,2,2} = F_2(r,\vartheta) \cdot e^{-2i\varphi} \end{cases} \tag{5.65}$$

Das zweite E-Basispaar ist mit einer Tilde gekennzeichnet, da noch ungewiß ist, ob sich $\widetilde{\varphi}_{E,2,j}$ wie $\varphi_{E,1,j}$ transformiert. Wir finden:

$$C_3 : \varphi_{E,1,1} = e^{-i\frac{2\pi}{3}} \cdot \varphi_{E,1,1} \tag{5.66}$$

abcr

$$C_3 : \widetilde{\varphi}_{E,2,1} = e^{-i\frac{4\pi}{3}} \cdot \widetilde{\varphi}_{E,2,1} \tag{5.67}$$

d.h. $\widetilde{\varphi}_{E,2,1}$ transformiert sich anders als $\varphi_{E,1,1}$. Dagegen ist

$$C_3 : \widetilde{\varphi}_{E,2,2} = e^{i\frac{4\pi}{3}} \cdot \widetilde{\varphi}_{E,2,1} = e^{-i\frac{2\pi}{3}} \cdot \widetilde{\varphi}_{E,2,1} \tag{5.68}$$

d.h. $\widetilde{\varphi}_{E,2,2}$ transformiert sich wie $\varphi_{E,1,1}$. Die *korrekte Partnerwahl* ist also:

$$\varphi_{E,1,1} = \psi^{(0)}_{(n,2,1)} \quad \text{und} \quad \varphi_{E,2,1} = \widetilde{\varphi}_{E,2,2} = \psi^{(0)}_{(n,2,-2)} \tag{5.69}$$

Damit lautet dann die *Säkulargleichung* (mit $\Delta E = E - E^{(0)}_{n2}$):

$$det \begin{vmatrix} \langle\varphi_{E,1,1}|W|\varphi_{E,1,1}\rangle - \Delta E & \langle\varphi_{E,1,1}|W|\varphi_{E,2,1}\rangle \\ \langle\varphi_{E,2,1}|W|\varphi_{E,1,1}\rangle & \langle\varphi_{E,2,1}|W|\varphi_{E,2,1}\rangle - \Delta E \end{vmatrix} = 0 \tag{5.70}$$

Diese ist zweiten Grades, weil die E-Darstellung bei der Reduktion *zweimal* vorkommt ($a_E = 2$) (und nicht, weil die E-Darstellung *zweidimensional* ($d_E = 2$) ist!).

Durchführung

Eines der einfachsten C_{3v}-Potentiale hat die Form (siehe Abschnitt 6.2)

$$W(r,\vartheta,\varphi) = g(r) \cdot \sin^3\vartheta \cos\vartheta \sin 3\varphi \tag{5.71}$$

Damit lauten die in (5.70) auftretenden Matrixelemente

$$\langle\varphi_{E,1,1}|W|\varphi_{E,1,1}\rangle = 0 = \langle\varphi_{E,2,1}|W|\varphi_{E,2,1}\rangle \tag{5.72}$$

$$\langle\varphi_{E,1,1}|W|\varphi_{E,2,1}\rangle = K_E \tag{5.73}$$

mit

$$K_E = \frac{16}{315}\int_0^\infty r^2 dr\, R^2_{n2}(r) g(r) \tag{5.74}$$

und liefern die Säkulardeterminante:

$$\det\begin{pmatrix} -\Delta E & K_E \\ K_E & -\Delta E \end{pmatrix} = 0 \tag{5.75}$$

also

$$\Delta E = \pm K_E \tag{5.76}$$

Die physikalisch richtigen Eigenfunktionen folgen aus der Gleichung

$$\psi_E = c_1\varphi_{E,1,1} + c_2\varphi_{E,2,1} \tag{5.77}$$

und dem *homogenen, säkularen Gleichungssystem* (siehe (5.49))

$$(-\Delta E)c_1 + K_E c_2 = 0 \tag{5.78}$$

$$K_E c_1 + (-\Delta E)c_2 = 0 \tag{5.79}$$

mit der Lösung

$$c_2 = \frac{\triangle E}{K_E} c_1 = \pm c_1 \tag{5.80}$$

Demgemäß endgültig:

$$\psi^{(n,2)}_{E,\pm,1} = \frac{1}{\sqrt{2}}(\varphi_{E,1,1} \pm \varphi_{E,2,1}) \tag{5.81}$$

$$\psi^{(n,2)}_{E,\pm,2} = \frac{1}{\sqrt{2}}(\varphi_{E,1,2} \pm \varphi_{E,2,2}) \tag{5.82}$$

für $\triangle E^{(n,2)}_{E,\pm} = \pm K_E$ mit dem neuen („physikalischen") Multiplizitätsindex $r = +,-$, und dem Entartungsindex $j_E = 1,2$. Für den A_1-Zustand folgt:

$$\triangle E^{(n,2)}_{A_1} = \iint r^2 dr\, d\vartheta\, g(r) F_0^2(r,\vartheta) \sin^3\vartheta \cos\vartheta \underbrace{\int_0^{2\pi} d\varphi\, \cos 3\varphi = 0}_{=0} \tag{5.83}$$

Das Aufspaltungsbild ist in Abbildung 5.5 dargestellt. ◊

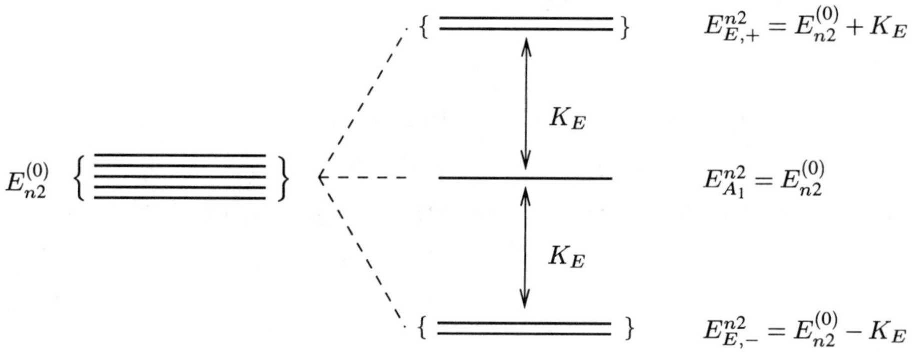

Bild 5.5 Aufspaltung eines d-Zustandes im trigonalen Feld

5.3.2 Störungstheorie 2. Ordnung

Hier wollen wir nur den oben besprochenen speziellen Fall betrachten, daß die zum betrachteten Eigenwert $E^{(0)}_{n\mu}$ gehörige Darstellung $\Gamma^{(\mu)}_0$ bei der Ausreduktion (5.26) nach G nicht in multipler Weise zerfällt, also nur $a_\alpha = 0$ oder 1 auftritt. In diesem Falle finden wir *direkt gruppentheoretisch*, d.h. ohne Lösung einer Säkulargleichung, den „richtigen" Satz der neuen Basisfunktionen. Ist also

$$\Gamma^{(n\mu)}_0 = \sum_{\alpha=0}^{n} a_\alpha \Gamma^{(\alpha)} \quad , \quad a_\alpha = 0,1 \tag{5.84}$$

dann finden wir:

$$\left\{\psi^{(0)}_{(n,\mu,j_\mu)}\right\} \overset{G_0 \to G}{\Longrightarrow} \left\{\psi^{(n\mu)}_{\alpha,j_\alpha}\right\}_{a_\alpha = 1} \tag{5.85}$$

wobei alle α zu nehmen sind, für die $a_\alpha = 1$ ($j_\alpha = 1,\dots,d_\alpha$). Der Multiplizitätsindex r_α ($r_\alpha = 1$) kann hier weggelassen werden. Als 1.Näherung (j_α beliebig in $1,\dots,d_\alpha$) ergibt sich

$$E_\alpha^{(n\mu)} = E_{n\mu}^{(0)} + \left\langle \psi_{\alpha,j_\alpha}^{(n\mu)} \middle| W \middle| \psi_{\alpha,j_\alpha}^{(n\mu)} \right\rangle + O(W^2) \tag{5.86}$$

Mit der neuen, „nach G ausreduzierten Basis" (5.85) können wir nunmehr eine *gewöhnliche* (d.h. *„nichtentartete"*) Störungsrechnung durchführen, denn, wie sich zeigen wird, das Problem der *verschwindenden* Nenner tritt damit *nicht mehr* auf (abgesehen von wirklich zufälliger Entartung). Die Eigenenergie mit Korrekturen bis in 2. Näherung lautet damit:

$$E_\alpha^{(n\mu)} = E_{n\mu}^{(0)} + \left\langle \psi_{\alpha,j_\alpha}^{(n\mu)} \middle| W \middle| \psi_{\alpha,j_\alpha}^{(n\mu)} \right\rangle + \sum_{\substack{m,\nu(\neq n\mu)\\ j_\nu}} \frac{\left| \left\langle \psi_{(m,\nu,j_\nu)}^{(0)} \middle| W \middle| \psi_{\alpha,j_\alpha}^{(n\mu)} \right\rangle \right|^2}{E_{n\mu}^{(0)} - E_{m\nu}^{(0)}} + O(W^3) \tag{5.87}$$

und die korrigierten Eigenfunktionen sind

$$\psi'^{(n\mu)}_{\alpha,j_\alpha} = \psi_{\alpha,j_\alpha}^{(n\mu)} + \sum_{m\nu(\neq n\mu),j_\nu} \frac{\left\langle \psi_{(m,\nu,j_\nu)}^{(0)} \middle| W \middle| \psi_{\alpha,j_\alpha}^{(n\mu)} \right\rangle}{E_{n\mu}^{(0)} - E_{m\nu}^{(0)}} \psi_{(m,\nu,j_\nu)}^{(0)} + O(W^2) \tag{5.88}$$

mit $j_\nu = 1,\dots,d_\nu^{(0)}$.

5.3.3 Höhere Multiplizitäten ($a_\mu > 1$)

Würden in der Zerlegung (5.84) höhere Multiplizitäten a_μ als Eins auftreten, so müssten die respektiven „richtigen" Basisfunktionen der Reduktion (5.31), (5.32) erst durch Lösung von Säkulargleichungen gefunden werden, wie in Abschnitt 5.3.1 erläutert. Danach verliefe die Störungstheorie 2. Ordnung wie vorstehend, ohne daß divergierende Resonanzen entstünden[1].

5.4 Aufspaltung im homogenen elektrischen Feld (Stark-Effekt)

5.4.1 Wasserstoffähnliche Atome (modifiziertes Coulomb-Potential)

Die Symmetriegruppe von H_0 ist die Drehspiegelgruppe $G_0 = SO(3) = \mathrm{R} \times C_i$.
Ein angelegtes homogenes statisches elektrisches Feld $\vec{E}$ in z-Richtung mit dem Störhamiltonoperator

$$W = eE\cdot z\,, \quad E = |\vec{E}| \tag{5.89}$$

erniedrigt die originale Symmetrie G_0 zu G:

$G_0 = \mathrm{R} \times C_i$ =Drehspiegelgruppe
$G = C_{\infty v}$ = kontinuierliche Drehspiegelgruppe mit fester Achse (z-Achse)

Wir benötigen die Zerlegung

$$D_l^{(p)} = \sum_\mu a_\mu \Gamma^{(\mu)} \quad , \quad d_l = 2l+1 \tag{5.90}$$

[1] Ein konkretes Beispiel eines solchen Falles ist in Aufgabe 22 diskutiert.

Charaktertafel von $C_{\infty v}$:

$\mathbf{C}_{\infty v}$		(∞m)		E	$2C_\varphi$	$\infty\sigma_v$
$Y_{l,0}$	x^2+y^2, z^2	z	$A_1(\Sigma^+)$	1	1	1
		R_z	$A_2(\Sigma^-)$	1	1	−1
$Y_{l,\pm 1}, l \geq 1$	(zx, yz)	$\left.\begin{matrix}(x,y)\\(R_x,R_y)\end{matrix}\right\}$	$E_1(\Pi)$	2	$2\cos\varphi$	0
$Y_{l,\pm 2}, l \geq 2$	(x^2-y^2, xy)		$E_2(\Delta)$	2	$2\cos 2\varphi$	0
$Y_{l,\pm 3}, l \geq 3$			$E_3(\Phi)$	2	$2\cos 3\varphi$	0
			$\vdots$	$\vdots$	$\vdots$	$\vdots$
$Y_{l,\pm m}, l \geq m$			E_m	2	$2\cos m\varphi$	0
			$\vdots$	$\vdots$	$\vdots$	$\vdots$

Charaktere der bezüglich $C_{\infty v}$ reduziblen Darstellung $D_l^{(p)}$ (vergleiche auch Kapitel 4.6):

$\mathbf{C}_{\infty v}$	E	$2C_\varphi$	$\infty\sigma_v$
$\chi^{(l)}$	$2l+1$	$\sum_{n=-l}^{+l} e^{im\varphi} = \frac{\sin((l+\frac{1}{2})\varphi)}{\sin(\frac{1}{2}\varphi)}$	1

Wir verwenden die Formel

$$\chi(R) = \sum_\mu a_\mu \chi^{(\mu)}(R) \tag{5.91}$$

Dann ist nach der Charaktertafel von $C_{\infty v}$:

$$\begin{aligned} E: &\quad 2l+1 = a_{A_1} + a_{A_2} + 2a_{E_1} + 2a_{E_2} + \ldots \\ C_\varphi: &\quad \sum_{n=-l}^{+l} e^{im\varphi} = a_{A_1} + a_{A_2} + (e^{i\varphi} + e^{-i\varphi})a_{E_1} + (e^{2i\varphi} + e^{-2i\varphi})a_{E_2} + \ldots \\ \sigma_v: &\quad 1 = a_{A_1} - a_{A_2} \end{aligned} \tag{5.92}$$

Da die Gleichungen *für beliebige* φ gültig sein müssen, folgt:

$$a_{E_1} = a_{E_2} = \ldots = a_{E_l} = 1 \quad , \quad a_{E_{l+1}} = a_{E_{l+2}} \cdots = 0 \tag{5.93}$$

Damit bleibt:

$$2l+1 = a_{A_1} + a_{A_2} + 2l \tag{5.94}$$

$$1 = a_{A_1} + a_{A_2} \tag{5.95}$$

$$1 = a_{A_1} - a_{A_2} \tag{5.96}$$

woraus folgt

$$a_{A_1} = 1 \quad , \quad a_{A_2} = 0 \tag{5.97}$$

und damit das Resultat:

$$D_l^{(p)} = A_1 + E_1 + E_2 + \ldots + E_l \tag{5.98}$$

Wir haben es also hier mit dem besonders einfachen Fall zu tun, daß die Multiplizitäten in der

Zerlegung (5.26) nur Null oder Eins sind ($a_\alpha = 0{,}1$). Infolgedessen können wir nach dem in Abschnitt 5.3.1 Gesagten eine *quasi-nichtentartete Störungstheorie* durchführen.

Die symmetrieadaptierten (i.e. auf $C_{\infty v}$ bezogenen) neuen irreduziblen Basisfunktionen

Wir gehen aus von der folgenden Form der Eigenfunktionen des wasserstoffähnlichen Atoms:

$$\psi^{(0)}_{(nlm)}(r,\vartheta,\varphi) = R_{nl}(r)Y_{lm}(\vartheta,\varphi) \tag{5.99}$$

$$Y_{lm}(\vartheta,\varphi) = (-1)^{(m-|m|)/2}\sqrt{\frac{2l+1}{2}\frac{(l-|m|)!}{(l+|m|)!}}P_l^{|m|}(\cos\vartheta)\,\frac{1}{\sqrt{2\pi}}e^{im\varphi} \tag{5.100}$$

$$m = 0,\pm 1,\dots,\pm l \tag{5.101}$$

mit den Eigenwerten

$$E^{(0)}_{nl} = \int\limits_0^\infty R_{nl}(r)\left(-\frac{\hbar^2}{2m_e}\frac{d}{dr}\left(r^2\frac{d}{dr}\right)+\hbar^2\frac{l(l+1)}{2m_e r^2}+V(r)\right)R_{nl}(r)r^2dr \tag{5.102}$$

Wie findet man nun die der neuen Symmetriegruppe $C_{\infty v}$ angemessenen irreduziblen Basisfunktionen? Der Standardweg über die Anwendung der Wigner-Formel (4.75) ist hier direkt nicht gangbar, da die Gruppenelemente in $C_{\infty v}$ eine kontinuierliche Folge bilden. Ein naheliegender Ausweg bietet sich jedoch durch die Möglichkeit der Einführung eines geeigneten erzeugenden Operators (siehe Abschnitt 4.5). Wir machen uns klar, daß ein *generierender* Operator der irreduziblen Darstellung der Gruppe $C_{\infty v}$ gerade durch den quantenmechanischen Operator des Quadrats der Drehimpulskomponente in z-Richtung gegeben ist:

$$L_z^2 = \left(-i\hbar\frac{\partial}{\partial\varphi}\right)^2 \tag{5.103}$$

der invariant ist gegenüber den Symmetrieoperationen C_α, aber auch gegenüber den Spiegelungen $\sigma_v^{(\beta)}$ an den Spiegelebenen durch die z-Achse.
Die irreduziblen Basisfunktionen von $C_{\infty v}$ im φ-Raum sind demgemäß

$$A_1: \quad \eta_{A_1}(\varphi) = 1 \tag{5.104}$$

$$E_1: \quad \begin{cases} \eta_{E_1,1}(\varphi) = e^{i\varphi} \\ \eta_{E_1,2}(\varphi) = e^{-i\varphi} \end{cases} \tag{5.105}$$

$$\vdots$$

$$E_m: \quad \begin{cases} \eta_{E_m,1}(\varphi) = e^{im\varphi} \\ \eta_{E_m,2}(\varphi) = e^{-im\varphi} \end{cases} \tag{5.106}$$

$$\vdots$$

$$E_l: \quad \begin{cases} \eta_{E_l,1}(\varphi) = e^{il\varphi} \\ \eta_{E_l,2}(\varphi) = e^{-il\varphi} \end{cases} \tag{5.107}$$

Für die Zerlegung (5.98) haben wir also:

$$A_1: \quad \psi^{(nl)}_{A_1} = R_{nl}Y_{l,0} = \psi^{(0)}_{(n,l,0)} \tag{5.108}$$

$$E_1: \quad \begin{cases} \psi^{(nl)}_{E_1,1} = R_{nl}Y_{l,1} = \psi^{(0)}_{(n,l,1)} \\ \psi^{(nl)}_{E_1,2} = R_{nl}Y_{l,-1} = \psi^{(0)}_{(n,l,-1)} \end{cases} \tag{5.109}$$

$$\vdots$$

$$E_m: \quad \left\{ \begin{array}{l} \psi^{(nl)}_{E_m,1} = R_{nl} Y_{l,m} = \psi^{(0)}_{(n,l,m)} \\ \psi^{(nl)}_{E_m,2} = R_{nl} Y_{l,-m} = \psi^{(0)}_{(n,l,-m)} \end{array} \right. \tag{5.110}$$

$$\vdots$$

$$E_l: \quad \left\{ \begin{array}{l} \psi^{(nl)}_{E_l,1} = R_{nl} Y_{l,l} = \psi^{(0)}_{(n,l,l)} \\ \psi^{(nl)}_{E_l,2} = R_{nl} Y_{l,-l} = \psi^{(0)}_{(n,l,-l)} \end{array} \right. \tag{5.111}$$

Änderung der Energieeigenwerte in 1. Ordnung

Da $\psi^{(0)}_{(n,l,m)}$ die Parität $p = (-1)^l$ hat, also $|\psi^{(0)}_{(n,l,m)}|^2$ *jedenfalls von gerader Parität* ist, müssen die für die 1. Ordnung relevanten Integrale (siehe (5.87) und (5.110)) wegen der ungeraden Parität von z $(C_i : z = -z)$ verschwinden:

$$m = 0: \qquad \triangle E^{(nl)}_{A_1} = eE \int dV \; z |\psi^{(0)}_{(n,l,0)}|^2 = 0 \tag{5.112}$$

$$1 \leq m \leq l: \qquad \triangle E^{(nl)}_{E_m} = eE \int dV \; z |\psi^{(0)}_{(n,l,m)}|^2 = 0 \tag{5.113}$$

D.h. wasserstoffähnliche Atome im weiteren Sinne, also solche mit *modifiziertem Coulombpotential* (wie z.B. die Alkaliatome), haben *keinen linearen* Stark-Effekt.

5.4.2 Quadratischer Stark-Effekt

Wie in Abschnitt 5.3.2 ausgeführt, können wir mit den nach G irreduzibel geordneten Eigenfunktionen (5.108) bis (5.111) von H_0 (Gruppe G_0) eine nichtentartete Störungstheorie für höhere Ordnungen aufbauen. Beachten wir die für Kugelfunktionen gültige Beziehung

$$\begin{aligned} z \cdot Y_{lm}(\vartheta,\varphi) &\equiv r \cos\vartheta \cdot Y_{lm}(\vartheta,\varphi) \qquad (5.114) \\ &= r \frac{1}{2l+1} \left\{ \frac{(l+1)^2 - m^2}{\sqrt{2l+3}} Y_{l+1,m}(\vartheta,\varphi) + \frac{l^2 - m^2}{\sqrt{2l-1}} Y_{l-1,m}(\vartheta,\varphi) \right\} \end{aligned}$$

dann erhält man für den Stark-Effekt in 2. Näherung (vergleiche (5.87)):

$$\begin{aligned} \triangle E^{(nl)}_{E_m} = e^2 E^2 \frac{1}{2l+1} \Bigg\{ & \frac{(l+1)^2 - m^2}{\sqrt{2l+3}} \sum_{n'(\neq n)} \frac{\left| \left\langle \psi^{(0)}_{(n',l+1,m)} \middle| r \middle| \psi^{(0)}_{(n,l,m)} \right\rangle \right|^2}{E^{(0)}_{nl} - E^{(0)}_{n',l+1}} \qquad (5.115) \\ & + \frac{l^2 - m^2}{\sqrt{2l-1}} \sum_{n'(\neq n)} \frac{\left| \left\langle \psi^{(0)}_{n',l-1,m} \middle| r \middle| \psi^{(0)}_{n,l,m} \right\rangle \right|^2}{E^{(0)}_{nl} - E^{(0)}_{n',l-1}} \Bigg\} \end{aligned}$$

Man spricht daher vom *quadratischen Stark-Effekt*.

5.4.3 Linearer Stark-Effekt

Dieser Effekt tritt beim Wasserstoff und bei Ionen mit *strengem Coulombpotential* auf, also bei Li^+, Be^{2+}, Be^{3+}, etc. . Er beruht auf dem erhöhten Entartungsgrad $f = n^2$ dieser Atome, d.h. die von den Eigenfunktionen $\{\psi^{(0)}_{n,l,m}\}$ des ungestörten Problems H_0 etablierte Basis ist bezüglich der Rotations-Inversionsgruppe reduzibel:

$$\Gamma^{(n)} = \sum_{\substack{l=0\\(p=(-1)^l)}}^{n-1} D_l^{(p)} \qquad (\text{in R} \times C_i) \tag{5.116}$$

Man hat also insbesondere auch eine *Paritätsmischung*. Die Ursache für diese erhöhte Entartung ist eine (vorerst verborgene) höhere Symmetrie des ungestörten Hamiltonoperators, die auf einem zusätzlichen Bewegungsintegral des Hamiltonoperators, dem sogenannten *Runge-Lenz–Vektor*, beruht. Wir werden uns im fortgeschrittenen Teil dieses Buches mit dieser erhöhten Symmetrie ausführlich beschäftigen (siehe Abschnitt 14.1). Schaltet man das elektrische Feld ein (siehe

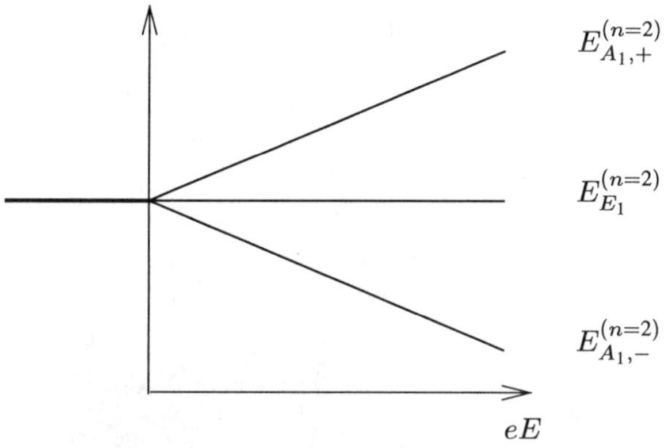

Bild 5.6
Linearer Stark-Effekt beim 1. angeregten Wasserstoffzustand

(5.89)), so zerfällt die Darstellung $\Gamma^{(n)}$ weiter gemäß der in Abschnitt 5.4.1 geschilderten Weise:

$$\Gamma^{(n)} = a_{A_1} A_1 + \sum_{m=1}^{n-1} a_{E_m} E_m \tag{5.117}$$

mit

$$a_{A_1} = n \tag{5.118}$$

$$a_{E_m} = n - m \quad , \quad m = 1,2,\ldots,n-1 \tag{5.119}$$

und die nach $C_{\infty v}$ geordneten irreduziblen Eigenfunktionen lauten:

$$\begin{array}{lllllll}
A_1: & \psi^{(0)}_{n,0,0}, & \psi^{(0)}_{n,1,0}, & \ldots, & \ldots, & \ldots, & \psi^{(0)}_{n,n-1,0} \\
E_1: & & \psi^{(0)}_{n,1,\pm1}, & \psi^{(0)}_{n,2,\pm1}, & \ldots, & \ldots, & \psi^{(0)}_{n,n-1,\pm1} \\
E_2: & & & \psi^{(0)}_{n,2,\pm2}, & \psi^{(0)}_{n,3,\pm2}, & \ldots, & \psi^{(0)}_{n,n-1,\pm2} \\
\vdots & & & & & & \\
E_{n-1}: & & & & & & \psi^{(0)}_{n,n-1,\pm(n-1)}
\end{array} \tag{5.120}$$

Betrachten wir z.B. den Fall $n = 2$ (1. angeregter Wasserstoffzustand). Da in diesem Fall in der ausreduzierten Eigenfunktionsbasis von H_0 zwei Basisfunktionen von A_1 in $C_{\infty v}$ enthalten sind ($a_{A_1} = 2$), lautet die Säkulargleichung für die beiden A_1-Zustände:

$$\det \begin{bmatrix} \left\langle \psi^{(0)}_{(2,0,0)} \middle| W \middle| \psi^{(0)}_{(2,0,0)} \right\rangle - \Delta E^{(A_1)} & \left\langle \psi^{(0)}_{(2,0,0)} \middle| W \middle| \psi^{(0)}_{(2,1,0)} \right\rangle \\ \left\langle \psi^{(0)}_{(2,1,0)} \middle| W \middle| \psi^{(0)}_{(2,0,0)} \right\rangle & \left\langle \psi^{(0)}_{(2,1,0)} \middle| W \middle| \psi^{(0)}_{(2,1,0)} \right\rangle - \Delta E^{(A_1)} \end{bmatrix} = 0 \tag{5.121}$$

Nun ist $W = eEz$ von ungerader Parität, so daß die diagonalen Terme verschwinden, und man erhält

$$E_{A_1,\pm}^{(n=2)} = E_2^{(0)} \pm eE \left\langle \psi_{(2,1,0)}^{(0)} \middle| z \middle| \psi_{(2,0,0)}^{(0)} \right\rangle \tag{5.122}$$

während der ebenfalls in $\Gamma^{(n=2)}$ enthaltene E_1-Zustand linear unverschoben bleibt. Es ergibt sich also das in Abbildung 5.6 gezeigte Aufspaltungsschema. Dies demonstriert den berühmten *linearen Stark-Effekt* beim Wasserstoffatom, der durch Paritätsmischung zustande kommt.

5.5 Aufgaben zu Kapitel 5

Aufgabe 20: Aufspaltung unter Druck

Ein Fremdion mit einem p-Valenzelektron befindet sich in kubischer (O_h) Kristallumgebung. Wie spaltet der p-Zustand auf:

a) unter hydrostatischem Druck,
b) unter uniaxialem Druck in Richtung einer 4-zähligen Achse,
c) unter uniaxialem Druck in Richtung einer 3-zähligen Achse und wie
d) beim Anlegen einer Schubspannung?

Wie lauten jeweils die respektiven Einelektronenfunktionen in nullter Näherung?

Aufgabe 21: Wignersches Postulat beim Wasserstoffproblem

Beim Hamiltonoperator des Wasserstoffproblems scheint das Wignersche Postulat der Irreduzibilität einer entarteten Eigenfunktionsbasis nicht erfüllt zu sein bzw. „zufällige“ Entartung vorzuliegen. Eine solche kann man dadurch beseitigen, daß man dem ursprünglichen Hamiltonoperator H_0 eine Störung H_S zufügt, die die originale, vorläufig angenommene Symmetrie nicht erniedrigt.

a) Zeigen Sie, daß die „zufälligen“ Entartungen beim Wasserstoffproblem alle aufgehoben werden, wenn man für H_S eine kleine, radialsymmetrische Abweichung vom Coulomb-Potential wählt:

$$H_S = \frac{A}{\rho}e^{-b\rho} \quad , \quad \rho = |\vec{r}|/a \ , \ a = \text{Bohrscher Radius} \tag{5.123}$$

b) Wie lautet speziell die Aufspaltung des 1. angeregten Zustandes?

c) Gibt es für $b = 0$ auch eine Aufspaltung?

Erläuterung:
Der Entartungsgrad d von E_n ist beim Wasserstoff

$$d \quad = \quad n^2 \tag{5.124}$$

mit $l \leq n, m = 0, \pm 1, \ldots, \pm l$. Wäre die Symmetriegruppe des Wasserstoffs die Drehspiegelgruppe (irreduzible Darstellungen $D_l^{(p)}$), so sollte der Entartungsgrad mit der Quantenzahl l korreliert sein, nämlich $d = 2l + 1$.

Aufgabe 22: G-Zustand in trigonaler Symmetrie

Wie Sie aus der Korrelationstafel

$SO(3) = \mathrm{R} \times C_i$		C_{3v}
$G\ (l = 4)$	$D_{l=4}^{(g)}$	$2A_1 + A_2 + 3E$

ersehen, spaltet ein G-Zustand eines wasserstoffähnlichen Atoms u.a. in zwei A_1-Zustände auf. Die neun Eigenfunktionen $\{\psi_{n,l=4,m}^{(0)}\}$, $m = 0, \pm 1, \ldots, \pm 4$, eines G-Zustandes $E_{n,l=4}^{(0)}$ sind gegeben durch

$$\psi_{n,l=4,m}^{(0)} \quad = \quad R_{n,l=4}(r)Y_{l=4,m}(\vartheta,\varphi) = R_{n,l=4}(r)\Theta_{l=4}^{m}(\vartheta) \cdot \frac{1}{\sqrt{2\pi}}e^{im\varphi} \tag{5.125}$$

mit $m = 0, \pm 1, \ldots, \pm 4$ und $\Theta_l^m(\vartheta) :=$ (normierte) assoziierte Legendre-Funktionen (siehe Gleichung (4.100)ff):

$$\Theta^0_{l=4}(\vartheta) = \frac{3}{16}\sqrt{2}(35\cos^4\vartheta - 30\cos^2\vartheta + 3) \quad (5.126)$$

$$\Theta^{\pm 1}_{l=4}(\vartheta) = \mp\frac{3}{4}\sqrt{\frac{5}{2}}(7\cos^3\vartheta - 3\cos\vartheta)\sin\vartheta \quad (5.127)$$

$$\Theta^{\pm 2}_{l=4}(\vartheta) = \frac{3}{8}\sqrt{5}(7\cos^2\vartheta - 1)\sin^2\vartheta \quad (5.128)$$

$$\Theta^{\pm 3}_{l=4}(\vartheta) = \mp\frac{3}{4}\sqrt{\frac{35}{2}}\cos\vartheta\sin^3\vartheta \quad (5.129)$$

$$\Theta^{\pm 4}_{l=4}(\vartheta) = \frac{3}{16}\sqrt{35}\sin^4\vartheta \quad (5.130)$$

a) Finden Sie die zwei zueinander orthogonalen Basisvektoren $\{\phi_{A_1, r_{A_1}}, r_{A_1} = 1{,}2\}$ aus dem Basissatz $\{\psi^{(0)}_{n,l=4,m}\}$.

b) Berechnen Sie die Aufspaltung der beiden A_1-Zustände in dem trigonalen Feld

$$W = \hat{g}(r)\cdot(Y_{4,3} + Y_{4,-3}) = g(r)\cdot\Theta^{-3}_{l=4}(\vartheta)\cdot\sin 3\varphi \quad (5.131)$$

wobei $Y_{4,\pm 3}$ Kugelfunktionen bedeuten. Verwenden Sie die Konstante

$$K = \frac{1}{\sqrt{2}}\int r^2 dr\,[R_{n,l=4}(r)]^2 g(r)\int \sin\vartheta\, d\vartheta\, \Theta^0_4(\vartheta)\left(\Theta^3_4(\vartheta)\right)^2 \quad (5.132)$$

c) Wie lauten die physikalisch richtigen Basisfunktionen (i.e. die Eigenfunktionen) $\psi_{A_1,r}$ ($r = +,-$: „physikalischer“ Multiplizitätsindex).

d) Da in der Reduktion des G-Zustandes nach C_{3v} zwei A_1-Zustände auftreten (Multiplizität $a_{A_1} = 2$), muß man bei der Berechnung der Energiekorrekturen in zweiter Ordnung gemäß Kapitel 5.3.3 vorgehen. Wie lautet demgemäß der Energieausdruck? (Die Matrixelemente brauchen nicht ausgerechnet zu werden.)

e) Finden Sie aus dem G-Basissatz drei normierte, zueinander orthogonale Basisfunktionen zur irreduziblen Darstellung E, die sich *identisch* transformieren. Wie lauten demgemäß die relevanten Matrixelemente für die Säkulardeterminante, die den drei E-Zuständen zugeordnet ist. Lösen Sie die Säkulargleichung. (Die beiden auftretenden Matrixelemente brauchen nicht explizit berechnet zu werden.)

f) In der Zerlegung der Basis des G-Zustandes nach irreduziblen Basisfunktionen von C_{3v} befindet sich auch eine A_2-Basisfunktion. Wie lautet sie und wie groß ist damit die Verschiebung $\triangle E_{A_2}$?

g) Zeichnen Sie das Aufspaltungsbild.

6 Potentialfelder in der Mechanik, Elektrodynamik und Quantenmechanik

Wir wollen in diesem Kapitel den Begriff Potential im ursprünglichen Sinne der klassischen Mechanik verstehen, wie er zur Beschreibung von konservativen Kraftfeldern $\vec{F}(\vec{r})$ eingeführt worden ist,

$$\vec{F}(\vec{r}) = -\mathrm{grad}V(\vec{r}) \tag{6.1}$$

also im Sinne eines *skalaren Potentials* $V(\vec{r})$. Ein solches Potential tritt auch in der Elektrodynamik (Elektrostatik) und im Hamiltonoperator der Quantenmechanik auf. Von Vektorpotentialen $\vec{A}(\vec{r})$, wie sie insbesondere bei zeitabhängigen Problemen der genannten drei Teildisziplinen der Theoretischen Physik auftreten können, wollen wir in diesem Kapitel absehen, obwohl es auch bei ihnen interessante Anwendungen gruppentheoretischer Methoden gibt.

In Raumgebieten, in denen sich keine *„Quellen"* der betrachteten Kraftfelder befinden, also keine gravitativen Massenpunkte bzw. keine elektrostatischen Ladungspunkte, so daß gilt

$$\mathrm{div}\vec{F}(\vec{r}) = 0 \tag{6.2}$$

ist $V(\vec{r})$ nach (6.1) und (6.2) eine Lösung der Laplace-Gleichung

$$\Delta(r,\vartheta,\varphi)V(\vec{r}) = 0 \tag{6.3}$$

Schreibt man Δ in Kugelkoordinaten,

$$\Delta(r,\vartheta,\varphi) = \frac{1}{r^2}\frac{\partial}{\partial r}(r^2\frac{\partial}{\partial r}) + \frac{1}{r^2}\mathcal{L}(\vartheta,\varphi) \tag{6.4}$$

wobei $\mathcal{L}(\vartheta,\varphi)$ gegeben ist durch (siehe Gleichung (4.98))

$$\mathcal{L}(\vartheta,\varphi) = \left[\frac{1}{\sin\vartheta}\frac{\partial}{\partial\vartheta}\left(\sin\vartheta\frac{\partial}{\partial\vartheta}\right) + \frac{1}{\sin^2\vartheta}\frac{\partial^2}{\partial\varphi^2}\right] \tag{6.5}$$

so findet man mit (4.99) und (4.104) für $V(\vec{r})$ die zwei Fundamentallösungen:

$$u_l(r,\vartheta,\varphi) = r^l Y_{l,m}(\vartheta,\varphi) \tag{6.6}$$

$$v_l(r,\vartheta,\varphi) = r^{-(l+1)} Y_{l,m}(\vartheta,\varphi) \tag{6.7}$$

$$\text{mit } l = 0,1,\ldots,\infty \;,\; m = 0,\pm 1,\ldots,\pm l$$

wovon man sich leicht durch Einsetzen in (6.3) überzeugen kann. Die beiden allgemeinsten „lokalen" Lösungen von Gl.(6.3) kann man also in der Form schreiben:

$$V_{MP}(\vec{r}) = \sum_{l=0}^{\infty}\frac{4\pi}{2l+1}\frac{1}{r^{l+1}}w_l^{(MP)}(\vartheta,\varphi) \quad \text{(Laurententwicklung; Multipolentwicklung)} \tag{6.8}$$

und

$$V_C(\vec{r}) = \sum_{l=0}^{\infty} r^l w_l^{(C)}(\vartheta,\varphi) \quad \text{(Taylorentwicklung; Kristallfeld)} \tag{6.9}$$

mit

$$w_l^{(MP/C)}(\vartheta,\varphi) = \sum_{m=-l}^{l} K_{lm}^{(MP/C)} Y_{lm}(\vartheta,\varphi) \tag{6.10}$$

Dabei werden die $K_{lm}^{(MP/C)}$-Werte durch die Ladungsverteilung in der Umgebung des betrachteten ladungsfreien Gebiets vorgegeben und müssen bestimmt werden. Es ist jedoch zu beachten, daß die Koeffizienten in (6.8) und (6.9) nicht dieselbe Dimension haben. Wir haben dieselbe Bezeichnungsweise gewählt, weil sie in der gruppentheoretischen Argumentation dieselbe Rolle spielen, d.h. weil die gruppentheoretische Betrachtung in beiden Fällen von einem Ausdruck der Form (6.10) ausgeht. Ferner ist anzumerken, daß die Multipolentwicklung nur für Ortsvektoren in einem Gebiet *außerhalb* der Ladungsverteilung und die Kristallfeldentwicklung nur für Ortsvektoren in einem Hohlraum *innerhalb* der Ladungsverteilung sinnvoll ist. Die beiden Formen haben kontrastierendes Verhalten in den Limites $r \to 0$ und $r \to \infty$. Für $r \to 0$ divergiert $V_{MP}(\vec{r})$, während $V_C(\vec{r})$ gegen eine Konstante geht, während für $r \to \infty$ sich $V_{MP}(\vec{r})$ wie ein Coulombfeld ($\sim \frac{1}{r}$) verhält, dagegen $V_C(\vec{r})$ divergieren kann. Beide Formen spielen eine große physikalische Rolle, und zwar $V_{MP}(\vec{r})$ als Multipolentwicklung in der Elektrodynamik, und $V_C(\vec{r})$ als Taylorentwicklung eines Potentialfeldes, das durch *„Liganden"*, d.h. durch atomare oder molekulare Gruppierungen der Umgebung erzeugt wird (ligare (lat.) = binden).

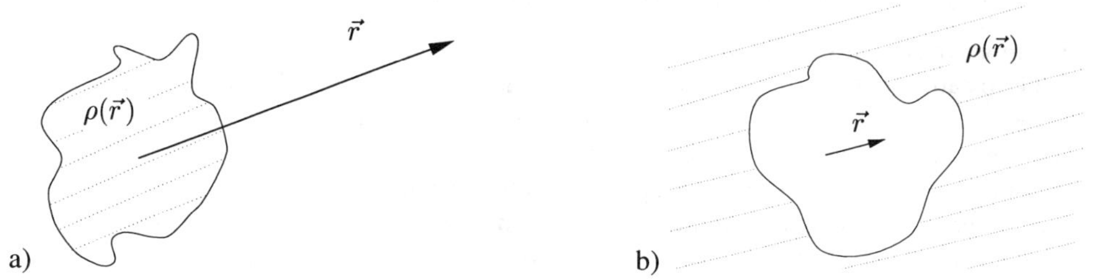

Bild 6.1 a) Multipolentwicklung nur für Ortsvektoren *außerhalb* der Ladungsverteilung.
b) Kristallfeldentwicklung nur für Ortsvektoren *innerhalb* der Ladungsverteilung.

6.1 Multipolentwicklung

6.1.1 Theoretisch-physikalischer Hintergrund

Für den theoretisch-physikalischen Hintergrund verweisen wir auf die Standardlehrbücher der Theoretischen Physik, insbesondere auf das international vielbenutzte Lehrbuch von J. D. JACKSON *„Klassische Elektrodynamik"* [23]. Das allgemeine Potentialfeld einer statischen Ladungsverteilung $\rho(\vec{r})$ wird durch das Coulomb-Gesetz gegeben:

$$V_{MP}(\vec{r}) = \int d^3r' \, \frac{\rho(\vec{r'})}{|\vec{r} - \vec{r'}|} \tag{6.11}$$

Für eine Multipolentwicklung wird nun vorausgesetzt, daß $\rho(\vec{r'})$ lokal begrenzt ist, so daß für den Aufpunkt $\vec{r}$ gilt:

$$\rho(\vec{r'}) = 0 \quad \text{für } |\vec{r'}| < |\vec{r}| \tag{6.12}$$

Dann gilt die Entwicklung (siehe Jackson, [23], Kapitel 3):

$$\frac{1}{|\vec{r} - \vec{r'}|} = \sum_{l=0}^{\infty} \sum_{m=-l}^{l} \frac{4\pi}{2l+1} \frac{|\vec{r'}|^l}{|\vec{r}|^{l+1}} Y_{lm}^*(\vartheta', \varphi') Y_{lm}(\vartheta, \varphi) \; , \quad \text{für } |\vec{r'}| < |\vec{r}| \tag{6.13}$$

Setzt man sie in (6.11) ein und vergleicht die Potenzen von $|\vec{r}|^{l+1}$ mit denen der Darstellung (6.8), so findet man

$$K_{lm}^{(MP)} = \int\limits_{(|\vec{r}'|<|\vec{r}|)} d^3r'\, Y_{lm}^*(\vartheta',\varphi')(r')^l \rho(\vec{r}') \tag{6.14}$$

$$K_{l,-m}^{(MP)} = (-1)^m (K_{lm}^{(MP)})^* \tag{6.15}$$

also im Einzelnen:

$$K_{00}^{(MP)} = \frac{1}{\sqrt{4\pi}} \int\limits_{(|\vec{r}'|<|\vec{r}|)} d^3r'\, \rho(\vec{r}') = \frac{1}{\sqrt{4\pi}} q_{\text{ges}} \quad (q_{\text{ges}}: \text{Gesamtladung}) \tag{6.16}$$

$$K_{11}^{(MP)} = -\sqrt{\frac{3}{8\pi}} \int\limits_{(|\vec{r}'|<|\vec{r}|)} d^3r'\, (x'-iy')\rho(\vec{r}') = -\sqrt{\frac{3}{8\pi}}(p_x - ip_y) \tag{6.17}$$

$$K_{10}^{(MP)} = \sqrt{\frac{3}{4\pi}} \int\limits_{(|\vec{r}'|<|\vec{r}|)} d^3r'\, z'\rho(\vec{r}') = \sqrt{\frac{3}{4\pi}} p_z \tag{6.18}$$

mit dem Dipolmoment

$$\vec{p} \stackrel{\text{def}}{=} \int d^3r'\, \vec{r}'\rho(\vec{r}') = (p_x, p_y, p_z) \tag{6.19}$$

und

$$K_{22}^{(MP)} = \sqrt{\frac{5}{4\pi}}\sqrt{\frac{3}{8}} \int\limits_{(|\vec{r}'|<|\vec{r}|)} d^3r'\, (x'-iy')^2\rho(\vec{r}') = \frac{1}{12}\sqrt{\frac{15}{2\pi}}(Q_{11} - 2iQ_{12} - Q_{22}) \tag{6.20}$$

$$K_{21}^{(MP)} = -\sqrt{\frac{5}{4\pi}}\sqrt{\frac{3}{2}} \int\limits_{(|\vec{r}'|<|\vec{r}|)} d^3r'\, z'(x'-iy')\rho(\vec{r}') = -\frac{1}{6}\sqrt{\frac{15}{2\pi}}(Q_{13} - iQ_{23}) \tag{6.21}$$

$$K_{20}^{(MP)} = \sqrt{\frac{5}{4\pi}}\sqrt{\frac{1}{4}} \int\limits_{(|\vec{r}'|<|\vec{r}|)} d^3r'\, (3z'^2 - r'^2)\rho(\vec{r}') = \frac{1}{4}\sqrt{\frac{5}{\pi}} Q_{33} \tag{6.22}$$

mit dem Quadrupoltensor

$$Q_{ij} \stackrel{\text{def}}{=} \int d^3r'\, (3x_i'x_j' - r'^2\delta_{ij})\rho(\vec{r}') \tag{6.23}$$

wobei

$$\sum_{i=1}^{3} Q_{ii} = 0 \tag{6.24}$$

d.h. der allgemeinste Quadrupoltensor hat fünf unabhängige Komponenten. Das Multipolfeld (6.11) läßt sich dann in der Form

$$V_{MP}(\vec{r}) = \frac{q_{\text{ges}}}{r} + \frac{\vec{p}\cdot\vec{r}}{r^3} + \frac{1}{2}\sum_{ij} Q_{ij}\frac{x_i x_j}{r^5} + \ldots \tag{6.25}$$

schreiben.

6.1.2 Anwendung der Gruppentheorie

Ist die Ladungsverteilung $\rho(\vec{r'})$ durch eine Punktsymmetrie G gekennzeichnet, so muß auch das zugehörige Multipolfeld $V_{MP}(\vec{r})$ diese Symmetrie haben, d.h. es muß gelten:

$$R: V_{MP}(\vec{r}) = V_{MP}(\vec{r}) \quad \forall R \in G \tag{6.26}$$

Es gilt also der

Satz:
$V_{MP}(\vec{r})$ muß eine Basisfunktion zur Einsdarstellung von G sein, wenn die Ladungsverteilung $\rho(\vec{r})$ invariant gegenüber den Operationen R der Punktsymmetriegruppe G ist.

Da indessen in der Entwicklung (6.8) die Radialkoordinate r von den Symmetrieoperationen unberührt bleibt, folgt aus (6.26)

$$R: w_l^{(MP)}(\vartheta,\varphi) = R: \sum_{m=-l}^{l} K_{lm}^{(MP)} Y_{lm}(\vartheta,\varphi) = w_l^{(MP)}(\vartheta,\varphi) \tag{6.27}$$

Dies ist gleichbedeutend mit der Aufgabe, aus der *in G reduziblen Basis* $\{Y_{lm}(\vartheta,\varphi)\}$ die zur *Einsdarstellung* $\Gamma^{(\mu=1)}$ *von* G (d.h. je nach Art von G: A, A_1, A_g, A_{1g} oder A') gehörigen irreduziblen Basisfunktionen *herauszufiltern*. Dies entspricht der Ausreduktion

$$D_l^{(p)} = a_{\mu=1}^{(l)} \Gamma^{(\mu=1)} + \text{Rest} \qquad \text{mit } p = (-1)^l \tag{6.28}$$

Man muß also für ein gegebenes l die $a_{\mu=1}^{(l)}$ zueinander orthogonalen Linearkombinationen des Satzes $\{Y_{lm}(\vartheta,\varphi)\}$ finden, die zur Einsdarstellung $\Gamma^{(\mu=1)}$ von G gehören.

B **Oktopolfeld in C_{3v}**

Nach den Korrelationstafeln (siehe Tabelle 5.1) finden wir

$$\begin{aligned} \text{für } l = 0 \quad &: \quad D_0^{(+)} = A_1\,, \quad (a_{A_1} = 1) \\ \text{für } l = 1 \quad &: \quad D_1^{(-)} = A_1 + E\,, \quad (a_{A_1} = 1) \\ \text{für } l = 2 \quad &: \quad D_2^{(+)} = A_1 + 2E\,, \quad (a_{A_1} = 1) \end{aligned} \tag{6.29}$$

Da in allen drei Fällen die A_1-Darstellung nur jeweils einmal vorkommt, können wir die A_1-Bestandteile aus $\{Y_{lm}(\vartheta,\varphi)\}$ sofort mit $Y_{l0}(\vartheta,\varphi)$ (für $l \leq 2$) identifizieren, da $R: Y_{l0}(\vartheta,\varphi) = Y_{l0}(\vartheta,\varphi)$ für alle $R \in C_{3v}$ gilt. Damit folgt nach (6.8) mit (6.10):

$$V_{MP}(\vec{r}) = \frac{\sqrt{4\pi}}{r} K_{00}^{(MP)} + \sqrt{\frac{4\pi}{3}} \frac{z}{r^3} K_{10}^{(MP)} + \sqrt{\frac{\pi}{5}} \frac{3z^2 - r^2}{r^5} K_{20}^{(MP)} + \ldots \tag{6.30}$$

Für $l = 3$ hätte man jedoch

$$D_3^{(-)} = 2A_1 + A_2 + 2E \tag{6.31}$$

also $a_{A_1} = 2$, d.h. eine zweite A_1-Basisfunktion in $\{Y_{3,m}(\vartheta,\varphi)\}$ neben $Y_{3,0}(\vartheta,\varphi)$. Man identifiziert dieselbe, auch ohne Anwendung der Wigner-Formel, jedoch leicht als die Kombination $Y_{3,3} - Y_{3,-3}$, d.h. das *„Oktopolfeld"* hat in C_{3v} die Gestalt

$$V_{MP}^{(l=3)}(\vec{r}) = \sqrt{\frac{\pi}{7}} \frac{z(5z^2 - 3r^2)}{r^7} K_{30}^{(MP)} + \sqrt{\frac{5\pi}{7}} \frac{x(x^2 - 3y^2)}{r^7} K_{33}^{(MP)} \tag{6.32}$$

d.h. es treten zwei verfügbare Parameter, $K_{30}^{(MP)}$ und $K_{33}^{(MP)}$ $\left(= -K_{3,-3}^{(MP)}\right)$ auf. ◊

6.2 Kristallfeldtheorie (Ligandenfeldtheorie)

In Abschnitt 6.1 wurde die archetypische Problemstellung behandelt, wie ein quantenmechanischer Eigenzustand eines Systems, dessen Symmetrie durch eine Gruppe G_0 gekennzeichnet ist, aufspaltet bzw. sich verändert, wenn die Symmetrie durch eine Störung erniedrigt wird (neue Symmetriegruppe G). Zur konkreten Berechnung einer solchen Aufspaltung ist es jedoch nötig, die analytische Form des Störfeldes zu kennen.
Ebenso ist es bei Problemstellungen der klassischen Mechanik nötig, die funktionale Gestalt von Potentialfeldern, denen eine gewisse Symmetrie zugeordnet ist, zu kennen, wenn man die Dynamik von Partikeln, die sich in solchen Potentialen bewegen, konkret beschreiben will.
Da Potentiale mannigfaltiger Symmetrien hauptsächlich in Kristallen vorkommen, nennt man den Formalismus zur Festlegung analytischer Potentialformen in einer Umgebung vorgegebener Symmetrie *Kristallfeldtheorie* oder *Ligandenfeldtheorie*. Letztere Bezeichnung rührt daher, daß die Potentiale an einem vorgegebenen Ort $\vec{r}$ durch die *„Liganden"* der Umgebung von $\vec{r}$ verursacht werden, d.h. durch atomare oder molekulare Objekte, die in der chemischen Terminologie bezüglich eines gedachten Zentralatoms die Rolle von Bindungspartnern spielen.
Wir streben hier an, die Potentialfelder in Gestalt einer Taylorschen Reihenentwicklung anzuschreiben. Die allgemeinste Form dafür ist durch Gl.(6.9) gegeben,

$$V_C(\vec{r}) = \sum_{l=0}^{\infty} r^l w_l^{(C)}(\vartheta,\varphi) \tag{6.33}$$

mit

$$w_l^{(C)}(\vartheta,\varphi) = \sum_{m=-l}^{l} K_{lm}^{(C)} Y_{lm}(\vartheta,\varphi) \tag{6.34}$$

Wir gehen davon aus, daß der in (6.33,6.34) gewählte Nullpunkt des Koordinatensystems gerade den Bezugspunkt für die zu betrachtenden Punktgruppen bezeichnet, welche die Symmetrie der Umgebung beschreiben.
Das *Hauptziel* der Kristallfeldtheorie besteht darin, die Zahl der verfügbaren *Parameter* K_{lm} auf die gruppentheoretisch angemessene *Mindestzahl* zurückzuführen. Der *Schlüssel* hierzu ist wiederum die Invarianz des Potentialausdruckes (6.33) gegenüber den Operationen R der pertinenten Gruppe G,

$$R : V_C(\vec{r}) = V_C(\vec{r}) \ , \quad R \in G \tag{6.35}$$

Da voraussetzungsgemäß die Radialkoordinate r von der Gruppenoperation R unberührt bleibt, folgt deshalb die Forderung

$$R : w_l^{(C)}(\vartheta,\varphi) = w_l^{(C)}(\vartheta,\varphi) \tag{6.36}$$

d.h. $w_l^{(C)}(\vartheta,\varphi)$ *muß eine Basisfunktion zur Einsdartstellung* $\Gamma^{(\mu=1)}$ *von* G sein. Da aber $w_l^{(C)}(\vartheta,\varphi)$ nichts anderes ist als eine Linearkombination der Basisfunktionen $\{Y_{lm}(\vartheta,\varphi)\}$ zur Darstellung $D_l^{(p)}$ $(p = (-1)^l)$ der Rotations-Inversionsgruppe $G_0 = \mathrm{R} \times C_i$, so ist die Forderung (6.36) gleichbedeutend mit der folgenden
Aufgabe:

a) Zerlegung der bezüglich G reduziblen Darstellung $D_l^{(p)}$ in irreduzible Bestandteile:

$$D_l^{(p)} \overset{\in G}{=} a_{\mu=1}^{(l)} \Gamma^{(\mu=1)} + \mathrm{Rest} \tag{6.37}$$

wobei nur die Einsdarstellung $\Gamma^{(\mu=1)}$ relevant ist. Die zu $\Gamma^{(\mu=1)}$ gehörige Multiplizität

$a^{(l)}_{\mu=1}$ gibt die Zahl der in $w^{(C)}_l(\vartheta,\varphi)$ frei verfügbaren Parameter an, durch welche die Koeffizienten $K^{(C)}_{lm}$ ausgedrückt werden können.

b) Bestimmung der $a^{(l)}_{\mu=1}$ in $\{Y_{lm}(\vartheta,\varphi)\}$ enthaltenen linear unabhängigen $\Gamma^{(\mu=1)}$-Basisfunktionen.

Vergleicht man diese Konzeption mit der im vorangegangenen Abschnitt dargelegten Multipolentwicklung (siehe Kapitel 6.1), so ist evident, daß die Aufgabe der Fixierung der Koeffizienten $K^{(C)}_{lm}$ mittels gruppentheoretisch erlaubter frei verfügbarer Parameter identisch ist mit der Festlegung der Koeffizienten $K^{(MP)}_{lm}$ in der Multipolentwicklung (6.8).

Kristallfeld von C_{3v}

Dieses finden wir, indem wir in dem in Abschnitt 6.1 angegebenen Beispiel formal $r^{-(l+1)}$ durch $\frac{2l+1}{4\pi}r^l$ und $K^{(MP)}$ durch $K^{(C)}$ ersetzen, also nach (6.30,6.32):

$$\begin{aligned} V_C(r) &= \sqrt{\frac{1}{4\pi}}K^{(C)}_{00} + \sqrt{\frac{3}{4\pi}}K^{(C)}_{10}z + \sqrt{\frac{5}{16\pi}}K^{(C)}_{20}(3z^2-r^2) \\ &\quad + \sqrt{\frac{7}{16\pi}}K^{(C)}_{30}z(5z^2-3r^2) - \sqrt{\frac{7}{16\pi}}K^{(C)}_{33}x(x^2-3y^2) + \ldots \end{aligned} \tag{6.38}$$

Es ist zweckmäßig, sich den Nutzen der gruppentheoretischen Vorgehensweise hier nochmals zu vergegenwärtigen. In der ursprünglichen Entwicklung (6.9) für das Kristallfeld hätte man zur Bestimmung der analytischen Form bis inklusive der kubischen Terme insgesamt $1+3+5+7=16$ Parameter festzulegen. Die gruppentheoretische Analyse jedoch zeigt, daß nur 5 Parameter festgelegt werden müssen. ◊

Noch einschneidender ist die Vereinfachung bei noch höheren Symmetrien der Kristallumgebung, wie z.B. bei kubischer Symmetrie.

Kristallfeld von O_h

Aus den Korrelationstafeln (siehe Anhang C) sieht man, daß für $l = 1,2,3$ die Darstellung $D^{(p)}_l$ keine Einsdarstellung in O_h enthält. Das Kristallfeld beginnt also mit quartischen Gliedern (siehe (6.33) und (6.34)). Nun enthält $D^{(+)}_4$ in O_h die Darstellung A_{1g} nur einmal ($a^{(l=4)}_{A_{1g}} = 1$). Jedoch stellt sich die Aufgabe, aus den 9 Basisfunktionen Y_{lm}, $m = 0,\pm 1,\ldots,\pm 4$, die A_{1g}-Linearkombination herauszufiltern. Das kann mittels der Wigner-Formel geschehen, indem man beispielsweise in der Formel (4.75) als Ausgangsfunktion $\phi = Y_{4,0}$ wählt. Da indessen die Gruppe O_h 48 Elemente besitzt, ist die Anwendung der Wignerformel etwas mühsam. Es ist deshalb nützlich, in den Korrelationstafeln die A_{1g}-Darstellung von O_h nach niedrigeren Symmetrien zu verfolgen, beispielsweise:

$$D^{(+)}_4 = \left\{ \begin{array}{ccc} A_{1g}+E_g+T_{1g}+T_{2g} & \text{in} & O_h \\ 2A_1+A_2+B_1+B_2+2E & \text{in} & D_4 \end{array} \right. \tag{6.39}$$

und

$$\text{aus } O_h \left\{ \begin{array}{ccc} A_{1g} & \longrightarrow & A_1 \\ E_g & \longrightarrow & A_1+B_1 \\ T_{1g} & \longrightarrow & A_2+E \\ T_{2g} & \longrightarrow & B_2+E \end{array} \right\} \text{in } D_4 \tag{6.40}$$

D.h. eine A_1-Funktion in D_4, aufgebaut aus $\{Y_{4,m}\}$, kann nur von A_{1g} oder E_g in O_h herrühren. Nach (6.39) gibt es aber in $D_4^{(+)}$ nur 2 A_1-Basisfunktionen bezüglich D_4, die man leicht ohne Rechnung finden kann:

$$\phi_1(\vartheta,\varphi) = Y_{4,0}(\vartheta,\varphi) \tag{6.41}$$

$$\phi_2(\vartheta,\varphi) = \frac{1}{\sqrt{2}}(Y_{4,4}(\vartheta,\varphi)+Y_{4,-4}(\vartheta,\varphi)) \tag{6.42}$$

Demgemäß kann man die gesuchte A_{1g}-Funktion in O_h schreiben als:

$$w_{l=4} = K_{4,0}^{(C)} Y_{4,0} + K_{4,4}^{(C)}(Y_{4,4}+Y_{4,-4}) \tag{6.43}$$

mit

$$Y_{4,0} = \sqrt{\frac{1}{2\pi}}\sqrt{\frac{9}{128}}(35\cos^4\vartheta - 30\cos^2\vartheta + 3) \tag{6.44}$$

$$= \sqrt{\frac{9}{4\pi}}\sqrt{\frac{1}{64}}\frac{(35z^4-30z^2r^2+3r^4)}{r^4} \tag{6.45}$$

$$\frac{1}{\sqrt{2}}(Y_{4,4}+Y_{4,-4}) = \sqrt{\frac{1}{\pi}}\sqrt{\frac{315}{256}}\sin^4\vartheta\cos 4\varphi \tag{6.46}$$

$$= \sqrt{\frac{9}{8\pi}}\sqrt{\frac{35}{128}}\frac{2(x^4-6x^2y^2+y^4)}{r^4} \tag{6.47}$$

Nun soll Gl.(6.36) in O_h erfüllt sein. Um den Zusammenhang von $K_{4,0}^{(C)}$ und $K_{4,4}^{(C)}$ zu finden, müssen wir eine Gruppenoperation $R \in O_h$ benützen, die $Y_{4,0}$ und $Y_{4,4}$ nicht unmittelbar invariant läßt, z.B. C_3 (dreizählige Achse in der Raumdiagonalen [111]). Zunächst schreiben wir (6.43) in der Form

$$w_{l=4}^{(C)} = \frac{1}{r^4}\sqrt{\frac{9}{256\pi}} \quad [3K_{4,0}^{(C)}r^4 + 5K_{4,0}^{(C)}z^4 + K_{4,4}^{(C)}\sqrt{70}(x^2+y^2) \tag{6.48}$$

$$-6(5K_{4,0}^{(C)}(z^2x^2+z^2y^2) + K_{4,4}^{(C)}\sqrt{70}x^2y^2)] \tag{6.49}$$

Nun soll sein (wegen Gl.(6.36)):

$$C_3 : w_{l=4}^{(C)} = w_{l=4}^{(C)} \tag{6.50}$$

Wegen $C_3 : x = y$, $C_3 : y = z$ und $C_3 : z = x$ finden wir dann, bei Anwendung auf (6.48), sofort

$$K_{4,4}^{(C)} = \sqrt{\frac{5}{14}}K_{4,0}^{(C)} \tag{6.51}$$

Nach Gln.(6.33,6.34) lautet damit das kubische Kristallfeld (mit quartischen Termen inklusive):

$$w_{l=4}^{(C)}(\vec{r}) = r^4 K_{4,0}^{(C)}\left[Y_{4,0} + \sqrt{\frac{5}{14}}(Y_{4,4}+Y_{4,-4})\right] \tag{6.52}$$

$$= \widetilde{K}_{4,0}^{(C)}\left(x^4+y^4+z^4-\frac{3}{5}r^4\right) \tag{6.53}$$

d.h. statt der ursprünglich auftretenden 25 Parameter $K_{lm}^{(C)}$ ist ein einziger Parameter $K_{4,0}^{(C)}$ als Charakteristikum für die Stärke des Kristallfeldes übriggeblieben. ◊

Ergänzung

In einem allgemein elektrodynamischen Sinne ist das Kristallfeld nichts anderes als das Feld einer Ladungsverteilung $\rho(\vec{r'})$ in der Umgebung eines betrachteten Punktes $\vec{r}$, so daß

$$|\vec{r}| < |\vec{r'}| \tag{6.54}$$

Für diese Aufgabenstellung gibt es eine zu Gleichung (6.13) korrespondierende Entwicklung (siehe [23], Seite 69)

$$\frac{1}{|\vec{r} - \vec{r'}|} = \sum_{l=0}^{\infty} \sum_{m=-l}^{l} \frac{4\pi}{2l+1} \frac{|\vec{r}|^l}{|\vec{r'}|^{l+1}} Y_{lm}^*(\vartheta',\varphi') Y_{lm}(\vartheta,\varphi) \,, \quad \text{für } |\vec{r}| < |\vec{r'}| \tag{6.55}$$

Demgemäß können wir auch in diesem Falle die Koeffizienten $K_{lm}^{(C)}$ durch die Ladungsdichte $\rho(\vec{r'})$ darstellen, wenn wir deren Definition durch die Entwicklung (6.9) ins Auge fassen. Wir erhalten dann

$$K_{lm}^{(MP)} = \frac{2l+1}{4\pi} \int\limits_{(|\vec{r'}|>|\vec{r}|)} d^3r' \, Y_{lm}^*(\vartheta',\varphi') \frac{1}{(r')^{l+1}} \rho(\vec{r'}) \tag{6.56}$$

in Analogie zur Formel (6.14).

6.3 Aufgaben zu Kapitel 6

Aufgabe 23: Kristallfeldtheorie

Gesucht ist die Form des Kristallfeldes (siehe (6.9)) in einer Umgebung, die durch die Symmetriegruppe D_{4h} gekennzeichnet ist. Geben Sie das Feld bis zur Ordnung r^4 (inklusive) an.

a) Wie viele gruppentheoretisch erlaubte verfügbare Parameter treten auf, wenn man das Feld bis inklusive der Ordnung r^4 betrachtet?

b) Wie lautet die funktionale Form des Potentialfeldes in Ordnung r^2?

c) Wie lautet die funktionale Form in Ordnung r^4?

d) Welche funktionale Form tritt noch zusätzlich in Ordnung r^2 auf, wenn man die Symmetrie auf D_{2h} erniedrigt?

e) Aus der vorstehenden Rechnung kann man die Gestalt des Quadrupolfeldes in einer Umgebung der Symmetrie D_{4h} bzw. D_{2h} angeben. Wie lautet sie jeweils.

Ratschlag:
Versuchen Sie möglichst die Wigner-Formel zu vermeiden, indem Sie intuitiv die ausreduzierten Basisfunktionen finden.

7 Klassische Punktdynamik: Harmonische Schwingungen in symmetrischen Systemen

7.1 Harmonische Schwingungssysteme

Das hier zu betrachtende physikalische Problem ist inkorporiert in einer Hamiltonfunktion der Gestalt

$$H = \frac{1}{2}\sum_m M_m \dot{X}_m^2 + \frac{1}{2}\sum_{mn} V_{mn} X_m X_n \tag{7.1}$$

wobei X_m die *durchnumerierten* kartesischen Auslenkungskoordinaten von Massenpunkten M_m aus *vorgegebenen, geometrisch fixierten* Gleichgewichtslagen bedeuten, und mehr als eine Koordinate X_m derselben Masse M_m zugeordnet ist, wenn der einzelne Massenpunkt mehr als einen Freiheitsgrad besitzt. Es ist vorteilhaft, *massenreduzierte Koordinaten* einzuführen,

$$x_m = \sqrt{M_m} X_m \quad \text{und} \quad v_{mn} = \frac{V_{mn}}{\sqrt{M_m M_n}} \tag{7.2}$$

womit die Hamiltonfunktion übergeht in

$$H = \frac{1}{2}\sum_m \dot{x}_m^2 + \frac{1}{2}\sum_{mn} v_{mn} x_m x_n \tag{7.3}$$

wobei v_{mn} und V_{mn} *symmetrische, positiv definite Matrizen* bedeuten. Die klassischen *Bewegungsgleichungen* lauten dann

$$\ddot{x}_m = -\sum_n v_{mn} x_n \tag{7.4}$$

Mit dem Lösungsansatz

$$x_m(t) = x_m(0) \cdot e^{i\Omega t} \tag{7.5}$$

führen sie zu dem Säkularproblem

$$\sum_n (v_{mn} - \Omega^2 \cdot \delta_{mn}) x_n(0) = 0 \tag{7.6}$$

mit der *Säkulargleichung*

$$\det[v_{mn} - \Omega^2 \cdot \delta_{mn}] = 0 \tag{7.7}$$

Ist die Zahl N ($m = 1,2,\ldots,N$) der Freiheitsgrade hoch, so kann man Gleichung (7.7) nicht mehr analytisch lösen, es sei denn, die Symmetrie des Systems erlaubt eine effektive Reduzierung des Grades der Säkulargleichung.
Man kann die Lösung des Bewegungsproblems auch in der (nützlichen) Terminologie von *Normalkoordinaten* und *Eigenvektoren* ausdrücken. Als *Eigenvektor* bezeichnen wir die Eigenvektoren $\eta_n(\kappa)$ der *dynamischen Matrix* v_{mn}:

$$\sum_n v_{mn} \eta_n(\kappa) = \Omega_\kappa^2 \eta_n(\kappa) \tag{7.8}$$

mit $\kappa = 1,\ldots,N$. Da v_{mn} reell, symmetrisch und positiv definit ist, ist Ω_κ^2 immer reell und positiv, und die Eigenvektoren können so gewählt werden, daß sie ein *vollständiges Orthonormalsystem* bilden mit den Relationen

$$\sum_{m=1}^{N} \eta_m^*(\kappa)\eta_m(\kappa') = \delta_{\kappa\kappa'} \qquad \text{(Orthonormalität)} \tag{7.9}$$

$$\sum_{\kappa=1}^{N} \eta_m^*(\kappa)\eta_n(\kappa) = \delta_{mn} \qquad \text{(Vollständigkeit)} \tag{7.10}$$

Normalkoordinaten werden definiert durch

$$x_m = \sum_{\kappa=1}^{N} \eta_m^*(\kappa) Q_\kappa \tag{7.11}$$

mit der Inversion

$$Q_\kappa = \sum_{\kappa=1}^{N} \eta_m(\kappa) x_m \tag{7.12}$$

Setzt man (7.11) unter Benützung von (7.8) in (7.3) ein, so wird die Hamiltonfunktion diagonalisiert:

$$H = \frac{1}{2}\sum_\kappa \dot{Q}_\kappa \dot{Q}_\kappa^* + \frac{1}{2}\sum_\kappa \Omega_\kappa^2 Q_\kappa Q_\kappa^* \tag{7.13}$$

und die Bewegungsgleichungen sind dann

$$\ddot{Q}_\kappa = -\Omega_\kappa^2 Q_\kappa \tag{7.14}$$

Erwähnenswert ist, daß, wenn man einzelne Eigenvektoren kennt, man die zugehörige *Eigenfrequenz* durch ein Skalarprodukt ausdrücken kann:

$$\Omega_\kappa^2 = \sum_{mn} \eta_m^*(\kappa) v_{mn} \eta_n(\kappa) \tag{7.15}$$

oder auch in sich selbsterklärender Schreibweise:

$$\Omega_\kappa^2 = \vec{\eta}^{\,*}(\kappa) v \vec{\eta}(\kappa) \tag{7.16}$$

Diese Formel bedeutet aber unter Beachtung von (7.3), daß ($V(x_m)$: potentielle Energie) gilt:

$$\Omega_\kappa^2 = 2V(\widehat{x}_m) = \sum_{mn} \widehat{x}_m v_{mn} \widehat{x}_n \tag{7.17}$$

mit

$$\widehat{x}_m = \eta_m(\kappa) \tag{7.18}$$

wobei angenommen ist, daß $\eta_m(\kappa)$ reell ist, was man immer wählen kann. Das heißt aber, daß man die eine Eigengenfrequenz Ω_κ aus einem rechnerisch oder intuitiv gefundenen Eigenvektor leicht dadurch finden kann, daß man die kartesischen Komponenten $\eta_m(\kappa)$ des Eigenvektors als Auslenkungen x_m in die potentielle Energie einsetzt:

$$V(x_m) \to V(\eta_m(\kappa)) = \frac{1}{2}\Omega_\kappa^2 \tag{7.19}$$

Diese Überlegung erweist sich bei der praktischen Durchführung von Rechnungen oft als sehr hilfreich.

7.2 Transformation des Ortsvektors und der Einheitsvektoren

Wir betrachten einen verallgemeinerten Ortsvektor in einem N-dimensionalen kartesischen Raum

$$\vec{r} \stackrel{\text{def}}{=} \sum_{m=1}^{N} \vec{e}_m x_m \qquad (7.20)$$

wobei die $\vec{e}_m$ kartesische *Einheitsvektoren* und x_m die *Ortskoordinaten* bedeuten. Für $\vec{r}$ und $\{\vec{e}_m\}$ soll ein Skalarprodukt definiert sein:

$$\vec{e}_m \cdot \vec{e}_n = \delta_{m,n} \qquad (7.21)$$

so daß

$$\vec{r} \cdot \vec{r} = r^2 = \sum_{m=1}^{N} x_m^2 \qquad (7.22)$$

(Es ist nützlich, sich für die folgenden Überlegungen zunächst einen dreidimensionalen kartesischen Raum vorzustellen ($N = 3$), in dem sich alle Schritte anschaulich darstellen lassen.)
Wir wissen, daß die *kartesischen Einheitsvektoren* $\{\vec{e}_m\}$ *einen invarianten Vektorraum* in dem in Kapitel 4 geschilderten Sinne bilden und infolgedessen die *Basis* einer Darstellung der vorgegebenen Symmetriegruppe gemäß (4.41) konstituieren:

Symmetrietransformation der Einheitsvektoren:

$$R : \vec{e}_m = \sum_{n=1}^{N} \vec{e}_n \Gamma_{nm}(R) \qquad (7.23)$$

wobei die Matrizen $\Gamma_{nm}(R)$ die Gruppenpostulate erfüllen; insbesondere gilt

$$SR : \vec{e}_m = \sum_{n,n'=1}^{N} \vec{e}_n \Gamma_{nn'}(S) \Gamma_{n'm}(R) \qquad (7.24)$$

und

$$\sum_{n'=1}^{N} \Gamma_{nn'}(S) \Gamma_{n'm}(R) = \Gamma_{nm}(SR) \qquad (7.25)$$

wobei $\Gamma_{mn}(R)$ orthogonale (i.e. reelle unitäre) Matrizen bedeuten. Wir *definieren* nun als

Symmetrietransformation des Ortsvektors:

$$R : \vec{r} \stackrel{\text{def}}{=} \sum_{m=1}^{N} (R : \vec{e}_m) x_m \qquad (7.26)$$

Dann ist

$$SR : \vec{r} = \sum_{m,n=1}^{N} \vec{e}_n \Gamma_{nm}(SR) x_m = \sum_{m,n,n'=1}^{N} \vec{e}_n \Gamma_{nn'}(S) \Gamma_{n'm}(R) x_m \qquad (7.27)$$

d.h. die Produkttransformation wird auf eine *Matrixmultiplikation* in der gruppentheoretisch richtigen Reihenfolge zurückgeführt. Es ist deshalb wichtig festzuhalten, daß wir bei $\vec{r}$ *immer die Einheitsvektoren* (und nicht die Ortskoordinaten) *transformieren* wollen[1].

[1] Siehe dazu auch die ausführlichen Darlegungen in Kapitel 4.

In Ergänzung zu den in Abschnitt 4.1 gemachten Betrachtungen wollen wir uns noch einmal an einem einfachen Beispiel klarmachen, daß die Definition (7.26) der *konventionellen, anschaulichen* Definition von $R : \vec{r}$ als „Drehung" des Vektorobjekts „$\vec{r}$" entspricht.

Transformation des Ortsvektors und der Einheitsvektoren in C_{4v}

Einheitsvektoren:

$$\left\{ \vec{e}_x = \right.$$  $$, \quad \vec{e}_y =$$  $$\left. \right\} \qquad (7.28)$$

Ortsvektor:

$$\vec{r} =$$  $$(7.29)$$

Die Drehung der Einheitsvektoren liefert:

$$C_4 : \vec{e}_x =$$ 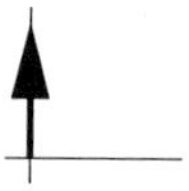 $$= \vec{e}_y \quad , \quad C_4 : \vec{e}_y =$$  $$= -\vec{e}_x \qquad (7.30)$$

Daraus folgt nach Definition (7.26) die Drehung des Ortsvektors:

$$C_4 : \vec{r} \;=\; x(C_4 : \vec{e}_x) + y(C_4 : \vec{e}_y) = x\vec{e}_y - y\vec{e}_x =$$ 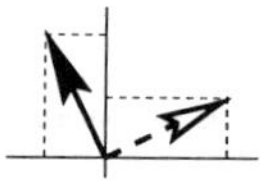 $$(7.31)$$

und somit die Transformationsmatrix

$$\Gamma(C_4) \;=\; \begin{pmatrix} 0 & -1 \\ 1 & 0 \end{pmatrix} \qquad (7.32)$$

denn

$$C_4 : (\vec{e}_x,\vec{e}_y) \;=\; (\vec{e}_x,\vec{e}_y) \begin{pmatrix} 0 & -1 \\ 1 & 0 \end{pmatrix} = (\vec{e}_y, -\vec{e}_x) \qquad (7.33)$$

Die Spiegelung σ_d ($\equiv \sigma(\alpha = \frac{\pi}{4})$) der Einheitsvektoren liefert:

$$\sigma_d : \vec{e}_x =$$  $$= \vec{e}_y \quad , \quad \sigma_d : \vec{e}_y =$$ 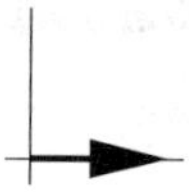 $$= \vec{e}_x \qquad (7.34)$$

Nach Definition (7.26) erfolgt die Spiegelung σ_d von $\vec{r}$ nach

$$\sigma_d : \vec{r} \;=\; x(\sigma_d : \vec{e}_x) + x(\sigma_d : \vec{e}_y) = x\vec{e}_y + y\vec{e}_x =$$  $$(7.35)$$

wozu die Transformationsmatrix

$$\Gamma(\sigma_d) \;=\; \begin{pmatrix} 0 & 1 \\ 1 & 0 \end{pmatrix} \qquad (7.36)$$

gehört. Die Produkttransformationen sind somit:

$\sigma_d C_4 : \vec{e}_x =$ 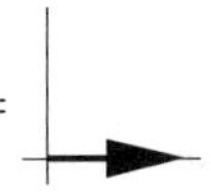 $= \vec{e}_x$, $\sigma_d C_4 : \vec{e}_y =$  $= -\vec{e}_y$ (7.37)

$C_4 \sigma_d : \vec{e}_x =$  $= -\vec{e}_x$, $C_4 \sigma_d : \vec{e}_y =$ 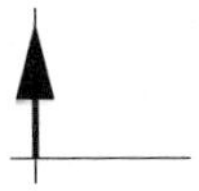 $= \vec{e}_y$ (7.38)

$\sigma_d C_4 : \vec{r} \;=\; x\vec{e}_x - y\vec{e}_y =$ 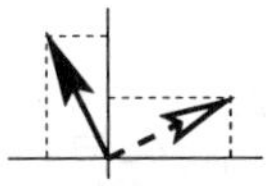 (7.39)

$C_4 \sigma_d : \vec{r} \;=\; -x\vec{e}_x + y\vec{e}_y =$ 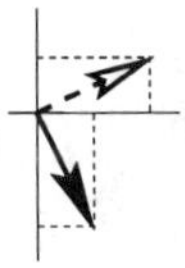 (7.40)

mit den dazugehörigen Transformationsmatrizen:

$$\Gamma(\sigma_d C_4) \;=\; \begin{pmatrix} 1 & 0 \\ 0 & -1 \end{pmatrix} \tag{7.41}$$

$$\Gamma(C_4 \sigma_d) \;=\; \begin{pmatrix} -1 & 0 \\ 0 & 1 \end{pmatrix} \tag{7.42}$$

D.h. die Definition (7.26) entspricht der anschaulich konventionellen Vorstellung von $R : \vec{r}$ = „Drehung“, „Spiegelung“, etc. von $\vec{r}$. ◊

7.3 Invarianzen

Wir gehen davon aus, daß das betrachtete Schwingungssystem (7.1) eine Symmetrie hat, die durch die Gruppe G gekennzeichnet ist. Dann ist die Hamiltonfunktion invariant gegenüber den Symmetrieoperationen R ($R \in G$) der Gruppe G:

$$R : H(\dot{\vec{r}},\vec{r}) \;\equiv\; H(R^{-1} : \dot{\vec{r}}, R^{-1} : \vec{r}) \stackrel{!}{=} H(\dot{\vec{r}},\vec{r}) \tag{7.43}$$

wobei sich $\vec{r}$ und $\dot{\vec{r}}$ identisch transformieren. Unter $\vec{r}$ wollen wir ab jetzt einen verallgemeinerten Ortsvektor im N-dimensionalen Raum der kartesischen Freiheitsgrade verstehen:

$$\vec{r} \;=\; \sum_{m=1}^{N} \vec{e}_m \cdot x_m \tag{7.44}$$

wobei die $\{\vec{e}_m\}$ verallgemeinerte kartesische Einheitsvektoren bedeuten.
Hinweis:
Bezüglich des Auftretens der inversen Gruppenoperation im Argument von H in Gleichung (7.43) verweisen wir auf die ausführlichen Erläuterungen in Kapitel 4.1.2.

Veranschaulichung in C_{3v}

Wir wählen folgende verallgemeinerte kartesischen Einheitsvektoren:

$\vec{e}_1 \equiv \vec{e}_x^{(1)} =$ 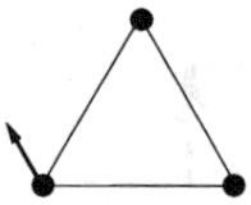 , $\vec{e}_3 \equiv \vec{e}_x^{(2)} =$ 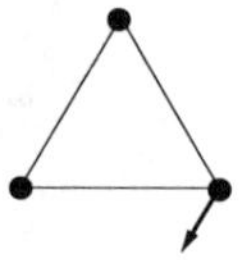 , $\vec{e}_5 \equiv \vec{e}_x^{(3)} =$ 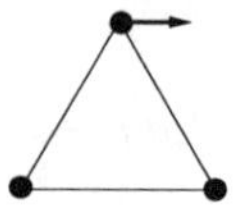

$\vec{e}_2 \equiv \vec{e}_y^{(1)} =$ 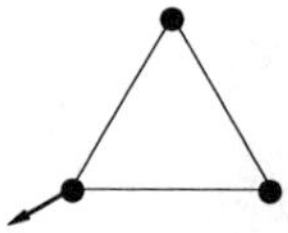 , $\vec{e}_4 \equiv \vec{e}_y^{(2)} =$ 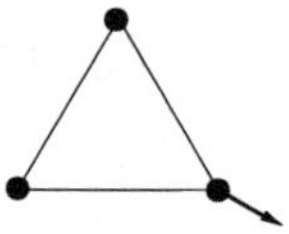 , $\vec{e}_6 \equiv \vec{e}_y^{(3)} =$ 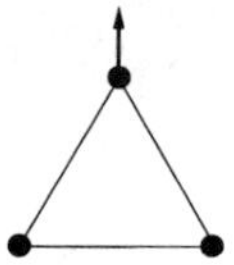

oder in Komponenten ($N = 6$):

$$\begin{aligned} \vec{e}_1 &= \{1,0,0,0,0,0\} \equiv \vec{e}_x^{(1)} & \vec{e}_4 &= \{0,0,0,1,0,0\} \equiv \vec{e}_y^{(2)} \\ \vec{e}_2 &= \{0,1,0,0,0,0\} \equiv \vec{e}_y^{(1)} & \vec{e}_5 &= \{0,0,0,0,1,0\} \equiv \vec{e}_x^{(3)} \\ \vec{e}_3 &= \{0,0,1,0,0,0\} \equiv \vec{e}_x^{(2)} & \vec{e}_6 &= \{0,0,0,0,0,1\} \equiv \vec{e}_y^{(3)} \end{aligned} \tag{7.45}$$

Die orthogonalen Einheitsvektoren $\{\vec{e}_m\}$ konstituieren die *Basis* einer N-dimensionalen Darstellung Γ der Gruppe G, wie im vorangehenden Abschnitt 7.2 dargelegt,

$$R : \vec{e}_m = \sum_{n=1}^{N} \vec{e}_n \Gamma_{nm}(R) \tag{7.46}$$

und der Ortsvektor (7.44) transformiert sich gemäß

$$R : \vec{r} = \sum_{m=1}^{N} (R : \vec{e}_m) x_m = \sum_{m,n=1}^{N} \vec{e}_n \Gamma_{nm}(R) x_m \tag{7.47}$$

mit

$$\Gamma_{mn}(R^{-1}) = (\Gamma_{mn}(R))^{-1} = \widetilde{\Gamma}_{mn}(R) = \Gamma_{nm}(R) \tag{7.48}$$

d.h. Γ ist eine orthogonale (= reell unitäre) Darstellung. Der Ortsvektor selbst hat die Invarianzeigenschaft

$$(R : \vec{r}) \cdot (R : \vec{r}) = \vec{r} \cdot \vec{r} \tag{7.49}$$

wobei das Skalarprodukt im üblichen Sinne definiert ist. Die Forderung (7.43) kann nur realisiert werden, wenn sie in gleicher Weise für die kinetische und die potentielle Energie erfüllt ist (zur Vereinfachung der Schreibweise ist hier als Gruppenelement R^{-1} anstatt R gewählt):

$$R^{-1} : T(\dot{\vec{r}}) \equiv T(R : \dot{\vec{r}}) \stackrel{!}{=} T(\dot{\vec{r}}) \tag{7.50}$$

$$R^{-1} : V(\vec{r}) \equiv V(R : \vec{r}) \stackrel{!}{=} V(\vec{r}) \tag{7.51}$$

wobei wir schreiben können:

$$T(\dot{\vec{r}}) = \frac{1}{2}(\dot{\vec{r}} \cdot \dot{\vec{r}}) \tag{7.52}$$

$$V(\vec{r}) = \frac{1}{2} \sum_{m,n=1}^{N} (\vec{r}\,\vec{e}_m) v_{mn} (\vec{e}_n \vec{r}) = \frac{1}{2} \vec{r} v \vec{r} \tag{7.53}$$

Die Schreibweise in (7.53) erklärt sich selbst und ist für später sehr nützlich. Aus dem Invarianzverhalten (7.49) des Ortsvektors folgt sofort die Invarianz der kinetischen Energie

$$R^{-1} : T(\dot{\vec{r}}) = T(\dot{\vec{r}}) \tag{7.54}$$

während wir für die potentielle Energie (7.53) gemäß (7.47) schreiben können

$$R^{-1} : V(\vec{r}) = V(R : \vec{r}) = \sum_{m,n=1}^{N} ((R : \vec{r}) \cdot \vec{e}_m) v_{mn} (\vec{e}_n \cdot (R : \vec{r})) \tag{7.55}$$

$$= \sum_{\substack{m,m' \\ n,n'}=1}^{N} x_{m'} \Gamma_{mm'}(R) v_{mn} \Gamma_{nn'}(R) x_{n'} \tag{7.56}$$

und nach (7.51)

$$R^{-1} : V(\vec{r}) \stackrel{!}{=} \sum_{m,n=1}^{N} x_m v_{mn} x_n \tag{7.57}$$

Daraus folgt wegen der kontinuierlichen Beliebigkeit der Variablen x_m

$$\sum_{m',n'=1}^{N} \Gamma_{m'm}(R) v_{m'n'} \Gamma_{n'n}(R) = v_{mn} \tag{7.58}$$

oder

$$\sum_{n'} v_{mn'} \Gamma_{n'n}(R) = \sum_{m'} \Gamma_{mm'}(R) v_{m'n} \tag{7.59}$$

oder auch abgekürzt

$$v\Gamma(R) = \Gamma(R) v \tag{7.60}$$

7.4 Symmetrievektoren und Symmetriekoordinaten

Die kartesischen Einheitsvektoren $\{\vec{e}_m\}$ bilden, wie vorstehend angeführt, eine Basis der Darstellung Γ, die wir in irreduzible Darstellungen $\Gamma^{(\mu)}$ zerlegen wollen,

$$\Gamma = \sum_{\mu} a_\mu \Gamma^{(\mu)} \tag{7.61}$$

wie in Kapitel 4 dargelegt. Insbesondere können wir die kartesischen Basisvektoren $\{\vec{e}_m\}$ durch symmetriekonforme, i.e. durch irreduzible Basisvektoren $\{\vec{\sigma}(\mu, r_\mu, j_\mu)\}$ (= „Symmetrievektoren“) ausdrücken:

Symmetrievektoren $\vec{\sigma}(\mu, r_\mu, j_\mu)$:

$$R : \vec{\sigma}(\mu, r_\mu, j_\mu) \stackrel{\text{def}}{=} \sum_{k_\mu=1}^{d_\mu} \vec{\sigma}(\mu, r_\mu, k_\mu) \Gamma^{(\mu)}_{k_\mu j_\mu}(R) \tag{7.62}$$

wobei wiederum die Indizierung wichtig ist:

μ	:	Bezeichnung der irreduziblen Darstellung $\Gamma^{(\mu)}$
j_μ	:	Entartungsindex von $\Gamma^{(\mu)}$; $j_\mu = 1, \ldots, d_\mu$
d_μ	:	Dimension von $\Gamma^{(\mu)}$ (7.63)
r_μ	:	Multiplizitätsindex in der Zerlegung $\Gamma = \sum_\mu a_\mu \Gamma^{(\mu)}$; $r_\mu = 1, \ldots, a_\mu$
a_μ	:	Multiplizität von $\Gamma^{(\mu)}$ in Γ

Insbesondere können wir die Symmetrievektoren als Basisvektoren *unitärer* irreduzibler Darstellungen $\Gamma^{(\mu)}$ so wählen, daß sie in unserem N-dimensionalen Raum eine vollständige Orthonormalbasis bilden. Dann gelten die *Orthonormalitäts-* und *Vollständigkeitsbeziehungen*

$$\sum_{m=1}^{N} \sigma_m^*(\mu,r_\mu,j_\mu)\cdot\sigma_m(\nu,s_\nu,k_\nu) = \vec{\sigma}^*(\mu,r_\mu,j_\mu)\cdot\vec{\sigma}(\nu,s_\nu,k_\nu) = \delta_{\mu\nu}\delta_{r_\mu s_\nu}\delta_{j_\mu k_\nu} \quad (7.64)$$

$$\sum_{\mu}\sum_{r_\mu=1}^{a_\mu}\sum_{j_\mu=1}^{d_\mu} \sigma_m^*(\mu,r_\mu,j_\mu)\cdot\sigma_{m'}(\mu,r_\mu,j_\mu) = \delta_{mm'} \quad (7.65)$$

wobei $\sigma_m(\mu,r_\mu,j_\mu)$ die kartesischen Komponenten des Vektors $\vec{\sigma}(\mu,r_\mu,j_\mu)$ bedeuten:

$$\sigma_m(\mu,r_\mu,j_\mu) = \vec{\sigma}(\mu,r_\mu,j_\mu)\cdot\vec{e}_m \quad (7.66)$$

und das Skalarprodukt definiert ist als

$$\vec{\sigma}^*(\mu,r_\mu,j_\mu)\cdot\vec{\sigma}(\mu,r_\mu,k_\mu) = \sum_{m=1}^{N} \sigma_m^*(\mu,r_\mu,j_\mu)\cdot\sigma_m(\mu,r_\mu,k_\mu) \quad (7.67)$$

Mittels der Projektion des Ortsvektors

$$\vec{r} = \sum_{m=1}^{N} \vec{e}_m\cdot x_m \quad (7.68)$$

auf die Symmetrievektoren können wir

Symmetriekoordinaten $s(\mu,r_\mu,j_\mu)$:

$$\vec{r} \overset{\text{def}}{=} \sum_{\mu}\sum_{r_\mu=1}^{a_\mu}\sum_{j_\mu=1}^{d_\mu} \vec{\sigma}^*(\mu,r_\mu,j_\mu)s(\mu,r_\mu,j_\mu) \quad (7.69)$$

definieren. Daraus finden wir durch Vergleich der kartesischen Komponenten auf beiden Seiten (i.e. durch Multiplikation mit $\vec{e}_m$)

$$x_m = \sum_{\mu}\sum_{r_\mu=1}^{a_\mu}\sum_{j_\mu=1}^{d_\mu} \sigma_m^*(\mu,r_\mu,j_\mu)s(\mu,r_\mu,j_\mu) \quad (7.70)$$

mit der Umkehrung

$$s(\mu,r_\mu,j_\mu) = \sum_{m=1}^{N} \sigma_m(\mu,r_\mu,j_\mu)x_m \quad (7.71)$$

die bei Anwendung von (7.64) folgt. Bei Anwendung der Symmetrieoperation R auf (7.68) finden wir nach Einsetzen von (7.70)

$$\begin{aligned} R:\vec{r} &= \sum_{m,n=1}^{N} \vec{e}_n\Gamma_{nm}(R)x_m \\ &= \sum_{m,n=1}^{N}\sum_{\mu}\sum_{r_\mu=1}^{a_\mu}\sum_{j_\mu=1}^{d_\mu} \vec{e}_n\Gamma_{nm}(R)\sigma_m^*(\mu,r_\mu,j_\mu)s(\mu,r_\mu,j_\mu) \end{aligned} \quad (7.72)$$

und andererseits bei Anwendung von R auf (7.69) nach Benützung von (7.62)

$$R:\vec{r} = \sum_{m=1}^{N}\sum_{\mu}\sum_{r_\mu=1}^{a_\mu}\sum_{j_\mu,k_\mu=1}^{d_\mu} \vec{e}_m\sigma_m^*(\mu,r_\mu,k_\mu)\left(\Gamma_{k_\mu j_\mu}^{(\mu)}(R)\right)^* s(\mu,r_\mu,j_\mu) \quad (7.73)$$

Durch Vergleich von (7.72) und (7.73) finden wir die *wichtige Beziehung*

$$\sum_{n=1}^{N} \Gamma_{mn}(R)\sigma_n^*(\mu,r_\mu,j_\mu) = \sum_{k_\mu=1}^{d_\mu} \sigma_m^*(\mu,r_\mu,k_\mu)\left(\Gamma_{k_\mu j_\mu}^{(\mu)}(R)\right)^* \tag{7.74}$$

7.5 Hamiltonfunktion in Symmetriekoordinaten

Setzen wir die durch (7.69) definierten Symmetriekoordinaten in (7.52) ein, so finden wir zunächst bei Anwendung der Orthonormalitätsrelation (7.64) für die kinetische Energie

$$T(\dot{\vec{r}}) = \frac{1}{2}\sum_\mu \sum_{r_\mu=1}^{a_\mu} \sum_{j_\mu=1}^{d_\mu} \dot{s}(\mu,r_\mu,j_\mu)\dot{s}^*(\mu,r_\mu,j_\mu) \tag{7.75}$$

Ebenso, wenn wir (7.69) in (7.53) einsetzen

$$V(\vec{r}) = \sum_{m,n=1}^{N} \sum_{\mu,\nu} \sum_{r_\mu,s_\nu=1}^{a_\mu} \sum_{j_\mu,k_\nu=1}^{d_\mu} s(\mu,r_\mu,j_\mu)\sigma_m^*(\mu,r_\mu,j_\mu)v_{mn}\sigma_n(\nu,s_\nu,k_\nu)s^*(\nu,s_\nu,k_\nu) \tag{7.76}$$

und nach Benützung der Invarianzforderung (7.58) bzw. (7.59) sowie nach Anwendung des großen Orthogonalitätstheorems (3.13)

$$V(\vec{r}) = \frac{1}{2}\sum_\mu \sum_{r_\mu,s_\mu=1}^{a_\mu} \sum_{j_\mu=1}^{d_\mu} s(\mu,r_\mu,j_\mu)v_{r_\mu s_\mu}^{(\mu)} s^*(\mu,s_\mu,j_\mu) \tag{7.77}$$

mit

$$v_{r_\mu s_\mu}^{(\mu)} = \sum_{i_\mu=1}^{d_\mu} \frac{1}{d_\mu} \sum_{m,n=1}^{N} \sigma_m^*(\mu,r_\mu,i_\mu)v_{mn}\sigma_n(\mu,s_\mu,i_\mu) \tag{7.78}$$

$$= \sum_{i_\mu=1}^{d_\mu} \frac{1}{d_\mu}\vec{\sigma}^*(\mu,r_\mu,i_\mu)v\vec{\sigma}(\mu,s_\mu,i_\mu) \tag{7.79}$$

wobei

$$r_\mu,s_\mu = 1,2,\ldots,a_\mu \tag{7.80}$$

Die Matrix $v_{r_\mu s_\mu}^{(\mu)}$ hat die Dimension a_μ (a_μ: Multiplizität von $\Gamma^{(\mu)}$ in Γ), und hängt nicht vom Entartungsgradsindex j_μ der Darstellung $\Gamma^{(\mu)}$ ab. Dann lauten die Hamiltongleichungen

$$\dot{s}(\mu,r_\mu,j_\mu) = p^*(\mu,r_\mu,j_\mu) \tag{7.81}$$

$$\dot{p}^*(\mu,r_\mu,j_\mu) = \ddot{s}(\mu,r_\mu,j_\mu) = -\sum_{s_\mu=1}^{a_\mu} v_{r_\mu s_\mu}^{(\mu)} s(\mu,s_\mu,j_\mu) \tag{7.82}$$

Mit dem Ansatz

$$s(\mu,r_\mu,j_\mu) = A_{r_\mu}^{(\mu)}\cdot e^{i\Omega_\mu t} \tag{7.83}$$

führt dies zum *Säkularproblem*

$$\sum_{s_\mu=1}^{a_\mu}\left[v_{r_\mu s_\mu}^{(\mu)} - \Omega_\mu^2\delta_{r_\mu s_\mu}\right]A_{s_\mu}^{(\mu)} = 0 \tag{7.84}$$

mit den *Säkulargleichungen*

$$\det\left[v^{(\mu)}_{r_\mu s_\mu} - \Omega^2_\mu \delta_{r_\mu s_\mu}\right] = 0 \tag{7.85}$$

mit

$$r_\mu, s_\mu = 1{,}2,\ldots,a_\mu \tag{7.86}$$

d.h. an die Stelle der originalen („kartesischen“) N-dimensionalen Säkulargleichung (7.7) ist *eine Folge der niederdimensionaleren Säkulargleichungen* (7.85) getreten, die den irreduziblen Bestandteilen $\Gamma^{(\mu)}$ der Darstellung Γ zugeordnet sind (Zerlegung (7.61)). Der Rang der reduzierten Probleme ist jeweils durch die Multiplizität a_μ gegeben, mit der die irreduzible Darstellung $\Gamma^{(\mu)}$ in Γ enthalten ist.

Vereinfachung des Matrixelements

Definieren wir nun den weiteren Vektor

$$\vec{\zeta}(\mu,r_\mu,i_\mu) = \sum_{m=1}^{N} \vec{e}_m \zeta_m(\mu,r_\mu,i_\mu) \tag{7.87}$$

mit

$$\zeta_m(\mu,r_\mu,i_\mu) \stackrel{\text{def}}{=} \sum_{n=1}^{N} v_{mn}\sigma_n(\mu,r_\mu,i_\mu) \tag{7.88}$$

so folgt aus den Symmetrieeigenschaften (7.59) von v_{mn}, sowie wegen $v_{mn} = v_{nm}$, und bei Benützung von (7.74), daß sich die Komponenten $\zeta_m(\mu,r_\mu,i_\mu)$ wie $\sigma_m(\mu,r_\mu,i_\mu)$ transformieren:

$$\sum_{k_\mu=1}^{d_\mu} \zeta^*_m(\mu,r_\mu,k_\mu)\left(\Gamma^{(\mu)}_{k_\mu j_\mu}(R)\right)^* = \sum_{n=1}^{N} \Gamma_{mn}(R)\zeta^*_n(\mu,r_\mu,j_\mu) \tag{7.89}$$

Demgemäß hat auch $\vec{\zeta}(\mu,r_\mu,i_\mu)$ die Eigenschaft eines Symmetrievektors (siehe Gleichung (7.62)):

$$R:\vec{\zeta}(\mu,r_\mu,j_\mu) = \sum_{k_\mu=1}^{d_\mu} \vec{\zeta}(\mu,r_\mu,k_\mu)\Gamma^{(\mu)}_{k_\mu j_\mu}(R) \tag{7.90}$$

Wir kehren nun zurück zu den für die Aufstellung der Säkulargleichungen (7.85) essentiellen Matrixelementen (7.78). Die auf der rechten Seite von (7.78) auftretenden Summanden können wir als Vektorprodukte schreiben

$$\sum_{m,n=1}^{N} \sigma^*_m(\mu,r_\mu,i_\mu)v_{mn}\sigma_n(\mu,s_\mu,i_\mu) = \vec{\sigma}^*(\mu,r_\mu,i_\mu)\cdot\vec{\zeta}(\mu,s_\mu,i_\mu) \tag{7.91}$$

die gegenüber den Operationen R der Gruppe invariant sind:

$$\sum_{m,n=1}^{N} \sigma^*_m(\mu,r_\mu,i_\mu)v_{mn}\sigma_n(\mu,s_\mu,i_\mu) = (R:\vec{\sigma}^*(\mu,r_\mu,i_\mu))\cdot\left(R:\vec{\zeta}(\mu,s_\mu,i_\mu)\right) \tag{7.92}$$

Nach (7.74) und (7.89) ist dann

$$\vec{\sigma}^*(\mu,r_\mu,i_\mu) \cdot \vec{\zeta}(\mu,s_\mu,i_\mu) = \tag{7.93}$$

$$\sum_R \sum_{m=1}^{N} \sum_{k_\mu,k'_\mu=1}^{d_\mu} \sigma^*_m(\mu,r_\mu,k_\mu)\cdot\left(\Gamma^{(\mu)}_{k_\mu i_\mu}(R)\right)^*\cdot\zeta_m(\mu,s_\mu,k'_\mu)\cdot\Gamma^{(\mu)}_{k'_\mu i_\mu}(R)$$

und nach dem Großen Orthogonalitätstheorem (3.13):

$$\vec{\sigma}^*(\mu,r_\mu,i_\mu)\cdot\vec{\zeta}(\mu,s_\mu,i_\mu) = \frac{g}{d_\mu}\sum_m\sum_{k_\mu}\sigma_m^*(\mu,r_\mu,k_\mu)\cdot\zeta_m(\mu,s_\mu,k_\mu) \tag{7.94}$$

d.h. das *Skalarprodukt* (7.91) ist *vom Entartungsindex unabhängig* („Matrixelementensatz“), und das relevante Matrixelement (7.78) kann (in sich selbsterklärender Vektorschreibweise) demgemäß geschrieben werden als

$$v_{r_\mu s_\mu}^{(\mu)} = \vec{\sigma}^*(\mu,r_\mu,i_\mu)v\vec{\sigma}(\mu,s_\mu,i_\mu) \tag{7.95}$$

mit

$$r_\mu,s_\mu = 1,\ldots,a_\mu \tag{7.96}$$

$$i_\mu \quad \text{beliebig}\,;(i_\mu = 1,\ldots,d_\mu) \tag{7.97}$$

D.h. *für jeden in* Γ *enthaltenen Bestandteil* μ,r_μ $(r_\mu = 1,\ldots,a_\mu)$ *genügt es, einen einzigen Symmetrievektor* $\vec{\sigma}(\mu,r_\mu,i_\mu)$ *mit beliebig gewähltem* i_μ *aus der Folge* $j_\mu = 1,\ldots,d_\mu$ *zu finden.* Es ist jedoch festzuhalten, daß im Falle $a_\mu > 1$ für $r_\mu \neq s_\mu$ die beiden zu findenden Symmetrievektoren $\vec{\sigma}(\mu,r_\mu,i_\mu)$ und $\vec{\sigma}(\mu,s_\mu,i_\mu)$ sich *identisch*, d.h. mit *derselben Darstellungsmatrix* $\Gamma_{j_\mu k_\mu}^{(\mu)}(R)$ (gemäß (7.62)) transformieren müssen.

Hinweis: Die Unabhängigkeit der Matrixelemente $v_{r_\mu s_\mu}^{(\mu)} = \vec{\sigma}^*(\mu,r_\mu,i_\mu)v\vec{\sigma}(\mu,s_\mu,i_\mu)$ vom Entartungsindex i_μ ist nichts anderes als eine Manifestation der Orthogonalitätsbeziehung (4.56).

7.6 Eigenvektoren und Eigenfrequenzen

7.6.1 Darstellungen mit $a_\mu = 1$

Für die irreduziblen Bestandteile $\Gamma^{(\mu)}$ in Γ, deren Multiplizität $a_\mu = 1$ $(\Rightarrow r_\mu \equiv 1)$ ist, reduziert sich die Säkulargleichung (7.85) auf die Aussage

$$\Omega_\mu^2 = v(\mu) \tag{7.98}$$

(die Indizes r_μ, s_μ sind in diesem Falle überflüssig) mit

$$v(\mu) = \sum_{m=1}^{N}\sigma_m^*(\mu,i_\mu)v_{mn}\sigma_n(\mu,i_\mu) \tag{7.99}$$

$$= \vec{\sigma}^{\,*}(\mu,i_\mu)v\vec{\sigma}(\mu,i_\mu) \qquad (i_\mu \text{ beliebig}) \tag{7.100}$$

wobei $\vec{\sigma}(\mu,i_\mu) = \vec{\sigma}(\mu,r_\mu = 1,i_\mu)$ ein beliebiger Symmetrievektor des entarteten Satzes $i_\mu = 1,2,\ldots,d_\mu$ ist (siehe (7.95)). Erinnert man sich an die Darstellung (7.15), so sieht man, daß (7.98, 7.100) nichts anderes beinhalten, als daß in diesem Falle die *Eigenvektoren* $\vec{\eta}(\mu,i_\mu) \equiv \vec{e}_m\eta_m(\mu,i_\mu)$ gerade mit den *Symmetrievektoren* der betrachteten irreduziblen Spezies μ zu identifizieren sind,

$$\vec{\eta}(\mu,i_\mu) = \vec{\sigma}(\mu,i_\mu) \quad , \quad i_\mu = 1,\ldots,d_\mu \tag{7.101}$$

Entsprechend sind die *Symmetriekoordinaten* mit den *Normalkoordinaten* zu identifizieren

$$Q(\mu,i_\mu) = s(\mu,i_\mu) \tag{7.102}$$

7.6.2 Darstellungen mit $a_\mu > 1$

In diesem Falle haben wir ($r \equiv r_\mu$, $s \equiv s_\mu$)

$$r,s \quad = \quad 1,2,\dots,a_\mu \tag{7.103}$$

und die Säkulargleichung (7.85) muß gelöst werden

$$\det[v_{rs}^{(\mu)} - \Omega_\mu^2 \cdot \delta_{rs}] \quad = \quad 0 \quad , \quad r,s = 1,2,\dots,a_\mu \tag{7.104}$$

mit

$$v_{rs}^{(\mu)} \quad = \quad \sum_{m,n=1}^{N} \sigma_m^*(\mu,r,i_\mu) v_{mn} \sigma_n(\mu,r,i_\mu) = \vec{\sigma}(\mu,r,i_\mu) v \vec{\sigma}(\mu,r,i_\mu) \tag{7.105}$$

wobei der Entartungsindex i_μ ($i_\mu = 1,\dots,d_\mu$) wiederum beliebig gewählt werden kann. Kennt man die a_μ verschiedenen Werte der Eigenfrequenzquadrate $\Omega_{\mu,t}^2$ (Index $t = 1,\dots,a_\mu$), d.h. die a_μ Lösungen von (7.104), so kann man das der Säkulargleichung zugeordnete homogene Gleichungssystem (7.84)

$$\sum_{s=1}^{a_\mu} \left[v_{rs}^{(\mu)} - \Omega_{\mu,t}^2 \cdot \delta_{rs} \right] A_s^{(t)} \quad = \quad 0 \tag{7.106}$$

lösen, d.h. die normierten Koeffizienten $A_s^{(t)}$ bestimmen

$$\sum_{s=1}^{a_\mu} \left| A_s^{(t)} \right|^2 \quad = \quad 1 \tag{7.107}$$

Die einem Eigenwert $\Omega_{\mu,t}^2$ zugeordneten Eigenvektoren $\eta_m(\mu,t,i_\mu)$ lauten dann:

$$\eta_m(\mu,t,i_\mu) \quad = \quad \sum_{s=1}^{a_\mu} A_s^{(t)} \sigma_m(\mu,s,i_\mu) \quad , \quad i_\mu = 1,2,\dots,d_\mu \tag{7.108}$$

7.7 Prototypisches Lösungsbeispiel

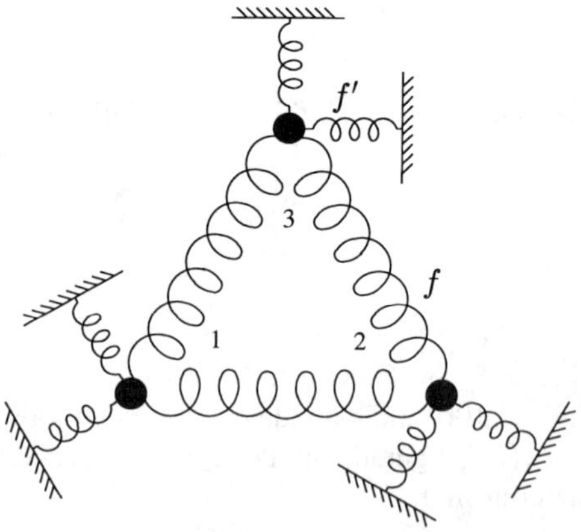

Bild 7.1
Schwingungssystem der Symmetriegruppe C_{3v}

Als eine Art „Musterproblem" wollen wir die Eigenschwingungen eines harmonisch schwingenden Drei-Punkt-Systems in der Ebene betrachten (6 Freiheitsgrade), dessen Ruhelagen ein gleichseitiges Dreieck bilden. Speziell wollen wir das in Figur 7.1 charakterisierte System betrachten.

7.7.1 Wahl des Koordinatensystems

Es ist generell von Vorteil, wenn möglich, die kartesischen Einheitsvektoren $\{\vec{e}_m\}$ so zu wählen, daß schon zu Beginn invariante Unterräume entstehen. In diesem Sinne ist das linke der beiden in Abbildung 7.2 figürlich dargestellten Koordinatensysteme das günstigere, denn im System bilden die Folgen $(\vec{e}_{1x}, \vec{e}_{2x}, \vec{e}_{3x})$ und $(\vec{e}_{1y}, \vec{e}_{2y}, \vec{e}_{3y})$ jeweils voneinander unabhängige invariante Unterräume.

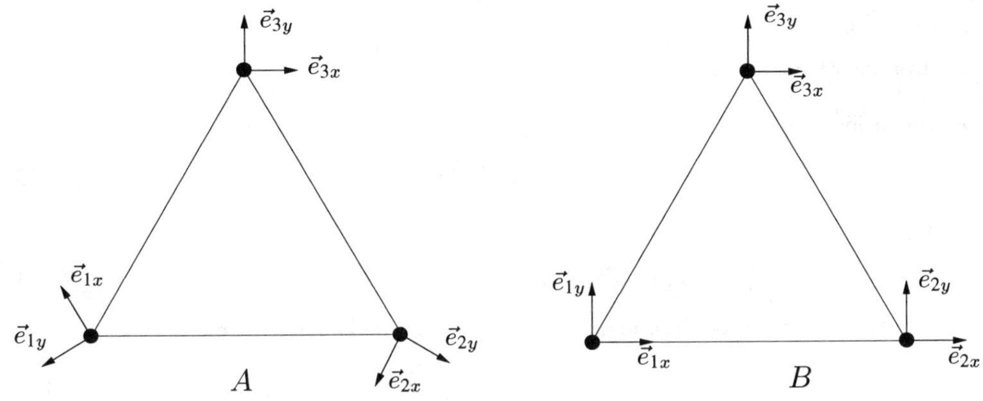

Bild 7.2 Zwei alternative Koordinatensysteme für das Schwingungssystem aus Abbildung 7.1

Wir entscheiden uns deshalb für die Wahl des Koordinatensystems A. Dann lautet die potentielle Energie ($x_m = \sqrt{M}X_m$) in harmonischer Näherung

$$\begin{aligned} V(\vec{r}) &= \frac{f}{2M}\left\{\left[\frac{1}{2}(x_1 - x_2) + \frac{\sqrt{3}}{2}(y_1 + y_2)\right]^2 + \left[\frac{1}{2}(x_2 - x_3) + \frac{\sqrt{3}}{2}(y_2 + y_3)\right]^2 \right. \\ &\qquad \left. + \left[\frac{1}{2}(x_3 - x_1) + \frac{\sqrt{3}}{2}(y_3 + y_1)\right]^2\right\} \\ &+ \frac{f'}{2M}\left\{x_1^2 + x_2^2 + x_3^2 + y_1^2 + y_2^2 + y_3^2\right\} \end{aligned} \qquad (7.109)$$

7.7.2 Ausreduktion

Die Reduktion

$$\Gamma = \sum_\mu a_\mu \Gamma^{(\mu)} \qquad (7.110)$$

wird mit den Ausreduktionsformeln (3.39,3.40):

$$a_\mu = \frac{1}{g}\sum_R (\chi^{(\mu)}(R))^* \chi(R) = \frac{1}{g}\sum_K g_K (\chi^{(\mu)}(K))^* \chi(K) \qquad (7.111)$$

berechnet.

Überlegung

Γ zerfällt in einen radialen Anteil (konstituiert durch $\{\vec{e}_{1y}, \vec{e}_{2y}, \vec{e}_{3y}\}$) und einen tangentialen Anteil (konstituiert durch $\{\vec{e}_{1x}, \vec{e}_{2x}, \vec{e}_{3x}\}$):

$$\Gamma = \Gamma^{(\mathrm{rad})} + \Gamma^{(\mathrm{tan})} \tag{7.112}$$

Charaktere von $\Gamma^{(\mathrm{rad})}$

- Invarianter Unterraum: $\{\vec{e}_{1y}, \vec{e}_{2y}, \vec{e}_{3y}\}$
- Dimension von $\Gamma^{(\mathrm{rad})}$:

$$E: \qquad \chi^{(\mathrm{rad})}(E) = 3 \tag{7.113}$$

- Wegen

$$C_3 : \vec{e}_{1y} = \vec{e}_{2y}, \quad C_3 : \vec{e}_{2y} = \vec{e}_{3y}, \quad C_3 : \vec{e}_{3y} = \vec{e}_{1y} \tag{7.114}$$

verschwinden in der Darstellungsmatrix $\Gamma^{(\mathrm{rad})}(C_3)$ alle Diagonalelemente, also

$$C_3: \qquad \chi^{(\mathrm{rad})}(C_3) = 0 \tag{7.115}$$

- Wegen

$$\sigma_v^{(1)} : \vec{e}_{1y} = \vec{e}_{1y}, \quad \sigma_v^{(1)} : \vec{e}_{2y} = \vec{e}_{3y}, \quad \sigma_v^{(1)} : \vec{e}_{3y} = \vec{e}_{2y} \tag{7.116}$$

bleibt nur ein Diagonalelement ungleich Null ($\Gamma_{11}^{(\mathrm{rad})}(\sigma_v^{(1)}) = 1$), also

$$\sigma_v^{(1)}: \qquad \chi^{(\mathrm{rad})}(\sigma_v^{(1)}) = 1 \tag{7.117}$$

Charaktere von $\Gamma^{(\mathrm{tan})}$

- Invarianter Unterraum: $\{\vec{e}_{1x}, \vec{e}_{2x}, \vec{e}_{3x}\}$
- Dimension von $\Gamma^{(\mathrm{tan})}$:

$$E: \qquad \chi^{(\mathrm{tan})}(E) = 3 \tag{7.118}$$

- Wegen

$$C_3 : \vec{e}_{1x} = \vec{e}_{2x}, \quad C_3 : \vec{e}_{2x} = \vec{e}_{3x}, \quad C_3 : \vec{e}_{3x} = \vec{e}_{1x} \tag{7.119}$$

verschwinden in der Darstellungsmatrix $\Gamma^{(\mathrm{tan})}(C_3)$ alle Diagonalelemente, also

$$C_3: \qquad \chi^{(\mathrm{tan})}(C_3) = 0 \tag{7.120}$$

- Wegen

$$\sigma_v^{(1)} : \vec{e}_{1x} = -\vec{e}_{1x}, \quad \sigma_v^{(1)} : \vec{e}_{2x} = \vec{e}_{3x}, \quad \sigma_v^{(1)} : \vec{e}_{3x} = \vec{e}_{2x} \tag{7.121}$$

bleibt nur ein Diagonaelement ungleich Null ($\Gamma_{11}^{(\mathrm{tan})}(\sigma_v^{(1)}) = -1$), also

$$\sigma_v^{(1)}: \qquad \chi^{(\mathrm{tan})}(\sigma_v^{(1)}) = -1 \tag{7.122}$$

Charaktertafel

C_{3v}	E	$2C_3$	$3\sigma_v$
A_1	1	1	1
A_2	1	1	−1
E	2	−1	0
$\Gamma^{(\mathrm{rad})}$	3	0	1
$\Gamma^{(\tan)}$	3	0	−1

Ausreduktion

Reduktion (nach (7.111)):

$$a_{A_1}^{(\mathrm{rad})} = 1, \quad a_{A_2}^{(\mathrm{rad})} = 0, \quad a_E^{(\mathrm{rad})} = 1 \tag{7.123}$$

also

$$\Gamma^{(\mathrm{rad})} = A_1 + E \tag{7.124}$$

und

$$a_{A_1}^{(\tan)} = 0, \quad a_{A_2}^{(\tan)} = 1, \quad a_E^{(\tan)} = 1 \tag{7.125}$$

also

$$\Gamma^{(\tan)} = A_2 + E \tag{7.126}$$

Insgesamt:

$$\Gamma = \Gamma^{(\mathrm{rad})} + \Gamma^{(\tan)} = A_1 + A_2 + 2E \tag{7.127}$$

(was gerade der „regulären“ Darstellung entspricht.)

7.7.3 Symmetrievektoren mit Multiplizität $a_\mu = 1$

Die Symmetrievektoren sind zu finden durch Intuition, Erraten oder durch Benützung der Wigner-Formel (4.75)

$$\vec{\sigma}(\mu) = \frac{1}{\sqrt{K}} \sum_R [\chi^{(\mu)}(R)]^* \, (R : \vec{\phi}) \tag{7.128}$$

(K: Normierungskonstante), wobei $\vec{\phi}$ ein beliebiger Vektor des durch $\{\vec{e}_m\}$ aufgespannten invarianten Vektorraumes bedeutet. Im Falle $a_\mu = 1$ sind gemäß Gleichung (7.101) die Symmetrievektoren mit den Eigenvektoren identisch.

A_1-Vektor

Muß als Vektorgebilde die volle Symmetrie der Gruppe C_{3v} haben:

$$R : \vec{\sigma}_{A_1} = \vec{\sigma}_{A_1} \tag{7.129}$$

Aus der Anschauung folgt sofort

$$\vec{\sigma}(A_1) \equiv \vec{\eta}(A_1) = \frac{1}{\sqrt{3}}$$

$$= \frac{1}{\sqrt{3}}(0,1,0,1,0,1) \qquad (7.130)$$

A_2-Vektor

Resultiert aus der Darstellung $\Gamma^{(\tan)}$, kommt also aus dem Vektorraum $\{\vec{e}_{1x}, \vec{e}_{2x}, \vec{e}_{3x}\}$. Es sollte außerdem ein Vektorgebilde sein, daß bei Anwendung von C_3 in sich selbst, und bei Anwendung von σ_v in sein Negatives übergeht (siehe Charaktertafel). Denkt man „dynamisch" (i.e. physikalisch), so würde man erwarten, daß es neben der radialen Bewegung (A_1-Mode) auch eine rotatorische gibt. Also kann man versuchsweise ansetzen:

$$\vec{\sigma}(A_2) \equiv \vec{\eta}(A_2) = \frac{1}{\sqrt{3}}$$

$$= \frac{1}{\sqrt{3}}(1,0,1,0,1,0) \qquad (7.131)$$

und seine Transformationseigenschaften nachprüfen. Es ist

$$C_3 : \vec{\sigma}(A_2) = \frac{1}{\sqrt{3}}$$

$$= \vec{\sigma}(A_2) \qquad (7.132)$$

$$\sigma_v^{(1)} : \vec{\sigma}(A_2) = \frac{1}{\sqrt{3}}$$

$$= -\vec{\sigma}(A_2) \qquad (7.133)$$

wie von der Charaktertafel verlangt. Natürlich hätte man die Wignerformel (7.128) benützen können, z.B. mit der Wahl $\vec{\phi} = \vec{e}_{1x}$. Man kann die Formel (7.128) dann in bildlicher Darstellung anwenden ($K = 12$):

$$\vec{\sigma}(A_2) = \frac{1}{\sqrt{K}}\Bigg(1 \cdot$$
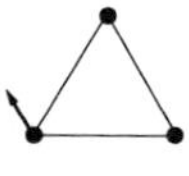
$$+1 \cdot$$
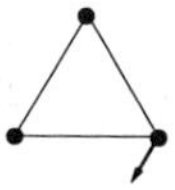
$$+1 \cdot$$

$$+(-1) \cdot$$

$$+(-1) \cdot$$
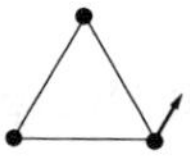
$$+(-1) \cdot$$
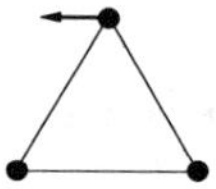
$$\Bigg)$$

$$= \frac{1}{\sqrt{3}} \cdot$$

$$= \frac{1}{\sqrt{3}} \cdot (\vec{e}_{1x} + \vec{e}_{2x} + \vec{e}_{3x}) \qquad (7.134)$$

$$= \frac{1}{\sqrt{3}}(1,0,1,0,1,0) \qquad (7.135)$$

7.7.4 Symmetrievektoren der Multiplizität $a_\mu > 1$

Wie wir gesehen haben, ist die E-Darstellung in Γ zweimal enthalten ($a_E = 2$). Wir wissen jedoch, daß jeweils eine der E-Darstellungen aus dem radialen und dem tangentialen Unterraum stammt. Zur Berechnung der Matrixelemente der Säkulargleichung (7.85) brauchen wir demgemäß einen Symmetrievektor aus dem radialen Unterraum (den wir mit $\vec{\sigma}(E,r = 1,j = 1)$

bezeichnen) und einen aus dem tangentialen Unterraum (Bezeichnung: $\vec{\sigma}(E,r=2,j=1)$). Beide Vektoren müssen sich identisch transformieren.

E-Symmetrievektor des radialen Unterraums

Die Wahl $\vec{\phi} = \vec{c}_{1y}$ liefert bei Anwendung der (normierten) Wignerformel

$$\sigma(E,r,j) = \frac{1}{\sqrt{K}} \sum_R \left[\chi^{(\mu)}(R)\right]^* (R : \Phi) \tag{7.136}$$

einen Symmetrievektor (wieder bildlich dargestellt):

$\Rightarrow \vec{\sigma}(E,r=1,j=1) \quad = \quad \frac{1}{\sqrt{K}}\Big(2 \cdot$  $+(-1)\cdot$ 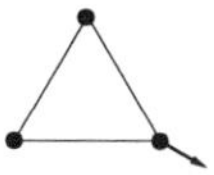 $+(-1)\cdot$ 

$+0\cdot$  $+0\cdot$  $+0\cdot$  $\Big)$

$= \quad \frac{1}{\sqrt{6}}$ 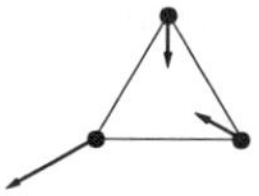 $= \frac{1}{\sqrt{6}}(2\vec{e}_{1y} - \vec{e}_{2y} - \vec{e}_{3y})$ (7.137)

$$= \quad \frac{1}{\sqrt{6}}(0,2,0,-1,0,-1) \tag{7.138}$$

mit K=6.

Strategieüberlegung

Um die Matrixelemente

$$v_{rs}^{(E)} \quad = \quad \vec{\sigma}(E,r,j=1)v\vec{\sigma}(E,s,j=1) \tag{7.139}$$

(r,s=1,2) für die Säkulargleichung (7.85) berechnen zu können, benötigen wir noch einen zweiten Symmetrievektor $\vec{\sigma}(E,r=2,j=1)$, der sich jedoch unter Symmetrietransformationen *identisch* wie $\vec{\sigma}(E,r=1,j=1)$ transformieren muß! Einen solchen „Zeilenpartner" (i.e. einen Basisvektor *desselben* Entartungsindexes j, aber mit einem anderen Multiplizitätsindex ($r=2$)) können wir aus Einheitsvektoren des tangentialen Unterraums aufbauen, wenn wir die Wignersche Reduktionsformel (4.80) benützen:

$$\phi_j^{(\mu)} \quad = \quad \frac{1}{\sqrt{K}} \sum_R \Gamma_{jj}^{(\mu)}(R)\,(R:\phi) \tag{7.140}$$

wobei jetzt unter $\Gamma_{ij}^{(\mu)}(R)$ die Matrizen der durch $\vec{\sigma}(E,r=1,j)$ aufgespannten Basis zu verstehen sind. Wir benötigen jedoch nur einen einzigen weiteren Symmetrievektor, und zwar den „Zeilenpartner" $\vec{\sigma}(E,2,1)$, der $\vec{\sigma}(E,1,1)$ zugeordnet ist. Um diesen mittels (7.140) zu finden, benötigen wir die Diagonalmatrixelemente $\Gamma_{11}^{(E)}(R)$, die definiert sind durch das Skalarprodukt (4.81):

$$\Gamma_{11}^{(E)}(R) \quad = \quad \vec{\sigma}(E,1,1)\cdot(R:\vec{\sigma}(E,1,1)) \tag{7.141}$$

Ausgehend von (7.138)

$$\vec{\sigma}(E,1,1) \quad = \quad \frac{1}{\sqrt{6}}(0,2,0,-1,0,-1) \tag{7.142}$$

finden wir

$$C_3 : \vec{\sigma}(E,1,1) = \frac{1}{\sqrt{6}}(0,-1,0,2,0,-1) \quad (7.143)$$

$$C_3^2 : \vec{\sigma}(E,1,1) = \frac{1}{\sqrt{6}}(0,-1,0,-1,0,2) \quad (7.144)$$

$$\sigma_v^{(1)} : \vec{\sigma}(E,1,1) = \frac{1}{\sqrt{6}}(0,2,0,-1,0,-1) \quad (7.145)$$

$$\sigma_v^{(2)} : \vec{\sigma}(E,1,1) = \frac{1}{\sqrt{6}}(0,-1,0,-1,0,2) \quad (7.146)$$

$$\sigma_v^{(3)} : \vec{\sigma}(E,1,1) = \frac{1}{\sqrt{6}}(0,-1,0,2,0,-1) \quad (7.147)$$

und damit nach (7.141)

$$\Gamma_{11}^{(E)}(E) = 1, \quad \Gamma_{11}^{(E)}(C_3) = -\frac{1}{2}, \quad \Gamma_{11}^{(E)}(C_3^2) = -\frac{1}{2}, \quad (7.148)$$

$$\Gamma_{11}^{(E)}(\sigma_v^{(1)}) = 1, \quad \Gamma_{11}^{(E)}(\sigma_v^{(2)}) = \frac{1}{2}, \quad \Gamma_{11}^{(E)}(\sigma_v^{(3)}) = -\frac{1}{2} \quad (7.149)$$

Die Darstellung, die durch die Rechnung gefunden wurde, ist äquivalent zu der in Tabelle 3.1, in der dritten Zeile, angegebenen E-Darstellung.

E-Symmetrievektor des tangentialen Unterraums

Wählen wir nun im tangentialen Unterraum den Ausgangsvektor $\vec{\phi} = -\vec{e}_{2x}$, so finden wir, wenn wir (7.149) in (7.140) einsetzen, wiederum in bildlicher Darstellung

$$\vec{\sigma}(E,2,1) = \frac{1}{\sqrt{K}} \sum_R \Gamma_{11}^{(E)}(R)\,(R : \phi) \quad (7.150)$$

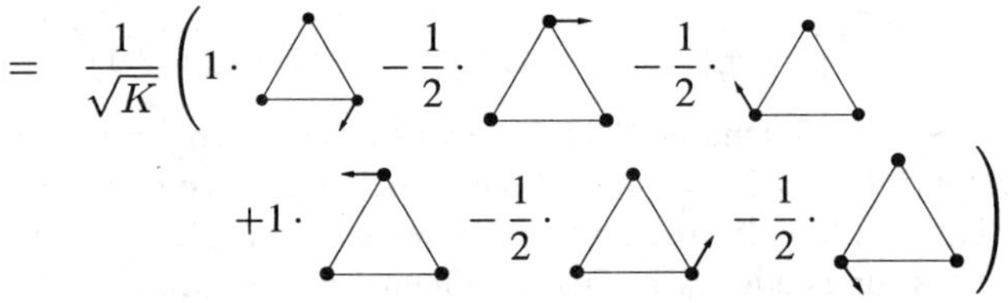

$$= \frac{1}{\sqrt{2}} \cdot$$  $$= \frac{1}{\sqrt{2}}(0,0,1,0,-1,0) = \frac{1}{\sqrt{2}}(\vec{e}_{2x} - \vec{e}_{3x})$$

Ergänzung: Entartungspartner von $\vec{\sigma}(E,1,1)$ und $\vec{\sigma}(E,2,1)$

Für die Berechnung aller Eigenfrequenzen des Systems genügen die bisher gefundenen Symmetrievektoren. Der Vollständigkeit halber geben wir jedoch auch noch die *Entartungspartner* an (i.e. die Partner mit jeweils demselben Multiplizitätsindex r, aber mit verschiedenem Entartungsindex j). Der Entartungspartner von $\vec{\sigma}(E,1,1)$ ist

$$\vec{\sigma}(E,1,2) = \frac{1}{\sqrt{2}}$$ 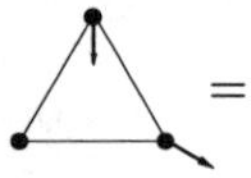 $$= \frac{1}{\sqrt{2}}(0,0,0,1,0,-1) = \frac{1}{\sqrt{2}}(\vec{e}_{2y} - \vec{e}_{3y}) \quad (7.151)$$

der Entartungspartner von $\vec{\sigma}(E,2,1)$ ist

$$\vec{\sigma}(E{,}2{,}2) \quad = \quad \frac{1}{\sqrt{6}} \cdot$$ 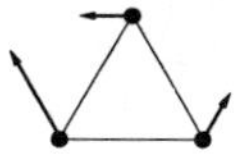 $$= \frac{1}{\sqrt{6}}(2{,}0,-1{,}0,-1{,}0) = \frac{1}{\sqrt{6}}(2\vec{e}_{1x} - \vec{e}_{2x} - \vec{e}_{3x}) \quad (7.152)$$

7.7.5 Eigenmoden der Multiplizität $a_\mu = 1$

Für $a_\mu = 1$ hat man nach (7.98)

$$\Omega_\mu^2 = v(\mu) \quad = \quad \sum_{m=1}^{N} \sigma_m^*(\mu,i_\mu) v_{mn} \sigma_n(\mu,i_\mu) \quad (7.153)$$

$$= \quad \vec{\sigma}^*(\mu,i_\mu) v \vec{\sigma}(\mu,i_\mu) \quad (7.154)$$

Da indessen, in diesem Fall ($a_\mu = 1$) die Symmetrievektoren mit den Eigenvektoren identisch sind, $\vec{\sigma}(\mu,i_\mu) \equiv \vec{\eta}(\mu,i_\mu)$, kann man statt (7.153) und (7.154) die Formeln (7.17)-(7.19) benützen.Dies bedeutet, daß man in die potentielle Energie $V(\vec{\hat{r}})$ die spezielle Auslenkung

$$\vec{\hat{r}}_\mu = \vec{\sigma}(\mu,i_\mu) \quad , \quad \hat{x}_m^{(\mu)} = \sigma_m(\mu,i_\mu) \quad (7.155)$$

einsetzen muß. Dann ist

$$\Omega_\mu^2 \quad = \quad 2V(\vec{\hat{r}}_\mu = \vec{\sigma}(\mu,i_\mu)) \quad (7.156)$$

Man sollte sich allerdings vergegenwärtigen, daß hier $\vec{\hat{r}}_\mu$ *als dimensionslose Größe aufgefaßt* ist, wodurch dann erreicht ist, daß $V(\vec{\hat{r}}_\mu)$ selbst die Dimension von Ω_μ^2 erhält.

A_1-Mode

Die potentielle Energie der Auslenkung (7.130) findet man durch Einsetzen der Komponenten von $\vec{\sigma}(A_1) \equiv \vec{\eta}(A_1)$,

$$\hat{x}_1 = \hat{x}_2 = \hat{x}_3 = 0, \qquad \hat{y}_1 = \hat{y}_2 = \hat{y}_3 = \frac{1}{\sqrt{3}} \quad (7.157)$$

in den Ausdruck (7.109):

$$\Omega_{A_1}^2 \quad = \quad 2V(\vec{\hat{r}}_{A_1}) = 3\frac{f}{M} + \frac{f'}{M} \quad (7.158)$$

A_2-Mode

Die Komponenten von $\vec{\sigma}(A_2) \equiv \vec{\eta}(A_2)$ nach (7.131),

$$\hat{x}_1 = \hat{x}_2 = \hat{x}_3 = \frac{1}{\sqrt{3}}, \qquad \hat{y}_1 = \hat{y}_2 = \hat{y}_3 = 0 \quad (7.159)$$

in den Ausdruck (7.109) eingesetzt ergeben

$$\Omega_{A_2}^2 \quad = \quad 2V(\vec{\hat{r}}_{A_2}) = \frac{f'}{M} \quad (7.160)$$

Für $f' \to 0$ geht diese Mode, deren Amplitudenstruktur durch (7.131) gegeben ist, in die freie Rotation über.

7.7.6 Eigenmoden der Multiplizität $a_\mu > 1$

Dies sind hier die E-Moden. Jetzt müssen wir die Säkulargleichung (7.85) wirklich lösen, wozu gemäß (7.95) in unserem Falle die Matrixelemente

$$v_{rr}^{(E)} = \vec{\sigma}(E,r,1)v\vec{\sigma}(E,r,1) \quad , \quad r = 1,2 \tag{7.161}$$

und

$$v_{12}^{(E)} = v_{21}^{(E)} = \vec{\sigma}(E,1,1)v\vec{\sigma}(E,2,1) \tag{7.162}$$

berechnet werden müssen.

Bei den Diagonalmatrixelementen können wir wiederum Bezug nehmen auf die potentielle Energie:

$$v_{rr}^{(E)} = 2V(\vec{\hat{r}}_r) \quad \text{mit } \vec{\hat{r}}_r = \vec{\sigma}(E,r,1) \text{ und } r = 1,2 \tag{7.163}$$

Für $\vec{\sigma}(E,1,1)$ haben wir gemäß (7.138) die Auslenkungskomponenten

$$\hat{x}_1 = \hat{x}_2 = \hat{x}_3 = 0, \quad \hat{y}_1 = \frac{2}{\sqrt{6}} \quad \hat{y}_2 = \hat{y}_3 = -\frac{1}{\sqrt{6}} \tag{7.164}$$

und demgemäß nach (7.109)

$$v_{11}^{(E)} = \frac{3}{4}\frac{f}{M} + \frac{f'}{M} \tag{7.165}$$

Für $\vec{\sigma}(E,2,1)$ haben wir gemäß (7.151) die Auslenkungskoordinaten

$$\hat{x}_1 = 0 \quad \hat{x}_2 = -\hat{x}_3 = \frac{1}{\sqrt{2}}, \quad \hat{y}_1 = \hat{y}_2 = \hat{y}_3 = 0 \tag{7.166}$$

und demgemäß nach Gleichung (7.109) und (7.163)

$$v_{22}^{(E)} = \frac{3}{4}\frac{f}{M} + \frac{f'}{M} = v_{11}^{(E)} \tag{7.167}$$

Die Nichtdiagonalelemente kann man ebenfalls auf die potentielle Energie zurückführen durch die spezielle Wahl des Auslenkungsvektors

$$\vec{\hat{r}}_{12} = \vec{\sigma}(E,1,1) + \vec{\sigma}(E,2,1) \tag{7.168}$$

denn dann ist gemäß Definitionen (7.161) und (7.162)

$$2V(\vec{\hat{r}}_{12}) = v_{11}^{(E)} + v_{22}^{(E)} + v_{12}^{(E)} + v_{21}^{(E)} \tag{7.169}$$

oder (wegen $v_{11}^{(E)} = v_{22}^{(E)}$ und $v_{12}^{(E)} = v_{21}^{(E)}$)

$$v_{12}^{(E)} = v_{21}^{(E)} = V(\vec{\hat{r}}_{12}) - v_{11}^{(E)} \tag{7.170}$$

Nach (7.138) und (7.151) haben wir für die Auslenkungskoordinaten von $\vec{\sigma}(E,1,1) + \vec{\sigma}(E,2,1)$

$$\hat{x}_1 = 0, \hat{x}_2 = -\hat{x}_3 = -\frac{1}{\sqrt{2}}, \quad \hat{y}_1 = \frac{2}{\sqrt{6}}, \hat{y}_2 = \hat{y}_3 = -\frac{1}{\sqrt{6}} \tag{7.171}$$

Dann ist nach den Gleichungen (7.109) und (7.170)

$$V(\vec{\hat{r}}_{12}) = \frac{3}{2}\frac{f}{M} + \frac{f'}{M} \tag{7.172}$$

Also nach (7.167) und (7.170)

$$v_{12}^{(E)} = v_{21}^{(E)} = \frac{3}{4}\frac{f}{M} \tag{7.173}$$

Aus der *Säkulargleichung*

$$\det\begin{bmatrix} v_{11}^{(E)} - \Omega_E^2 & v_{12}^{(E)} \\ v_{21}^{(E)} & v_{22}^{(E)} - \Omega_E^2 \end{bmatrix} = \left(\frac{3}{4}\frac{f}{M} + \frac{f'}{M} - \Omega_E^2\right)^2 - \left(\frac{3}{4}\frac{f}{M}\right)^2 \stackrel{!}{=} 0 \tag{7.174}$$

erhält man

$$(\Omega_E^+)^2 = \frac{3}{2}\frac{f}{M} + \frac{f'}{M} \quad \text{und} \quad (\Omega_E^-)^2 = \frac{f'}{M} \tag{7.175}$$

(7.176)

Eigenvektoren der E-Moden

Diese erhält man aus der Lösung des Säkularproblems (7.106)

$$\left(v_{11}^{(E)} - (\Omega_E^\pm)^2\right) A_1 + v_{12}^{(E)} A_2 = 0 \tag{7.177}$$

oder

$$A_2 = -\frac{v_{12}^{(E)}}{v_{11}^{(E)} - (\Omega_E^\pm)^2} A_1 \tag{7.178}$$

Setzt man die gefundenen Werte für $v_{11}^{(E)}$ und $v_{12}^{(E)}$ ein, so erhält man für Ω_E^+

$$A_1^{(+)} = A_2^{(+)} = \frac{1}{\sqrt{2}} \tag{7.179}$$

mit den Eigenvektoren

$$\vec{\eta}(E,+,1) = \frac{1}{\sqrt{2}}[\vec{\sigma}(E,1,1) + \vec{\sigma}(E,2,1)] = \frac{1}{\sqrt{3}} \cdot$$ 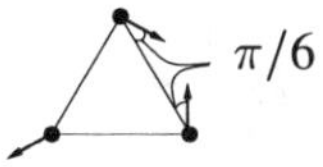

$$= \frac{1}{\sqrt{12}}(0,2,-\sqrt{3},-1,\sqrt{3},-1) \tag{7.180}$$

$$\vec{\eta}(E,+,2) = \frac{1}{\sqrt{2}}[\vec{\sigma}(E,1,2) + \vec{\sigma}(E,2,2)] = \frac{1}{\sqrt{3}} \cdot$$ 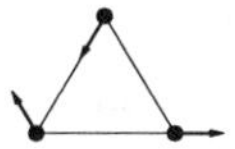

$$= \frac{1}{\sqrt{12}}(2,0,-1,\sqrt{3},-1,-\sqrt{3}) \tag{7.181}$$

und für Ω_E^-

$$A_1^{(-)} = -A_2^{(-)} = \frac{1}{\sqrt{2}} \tag{7.182}$$

mit den Eigenvektoren

$$\vec{\eta}(E,-,1) = \frac{1}{\sqrt{2}}[\vec{\sigma}(E,1,1) - \vec{\sigma}(E,2,1)] = \frac{1}{\sqrt{3}} \cdot$$ 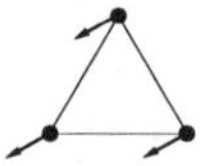 $$= \frac{1}{\sqrt{12}}(0,2,\sqrt{3},-1,-\sqrt{3},-1) \tag{7.183}$$

$$\vec{\eta}(E,-,2) = \frac{1}{\sqrt{2}}[\vec{\sigma}(E,1,2) - \vec{\sigma}(E,2,2)] = \frac{1}{\sqrt{3}} \cdot$$  $$= \frac{1}{\sqrt{12}}(-2,0,-1,\sqrt{3},-1,-\sqrt{3}) \tag{7.184}$$

Wie man sieht, sind die Ω_--Moden gerade die translatorischen Moden, die bei $f' \to 0$ in die freie Translationsbewegung übergehen (*Schwerpunktsmoden*).

7.8 Aufgaben zu Kapitel 7

Aufgabe 24: Eigenschwingungen des Quadrats

Gegeben sei die nebenstehende dynamische Anordnung. Das System hat acht Freiheitsgrade. Die Symmetriegruppe ist C_{4v} $(g = 8)$.

Gesamtziel der Aufgabe ist die vollständige Bestimmung der Eigenschwingungen (= Eigenmoden) des dynamischen Problems, wenn man nur die Bewegungen innerhalb der Ebene betrachtet.

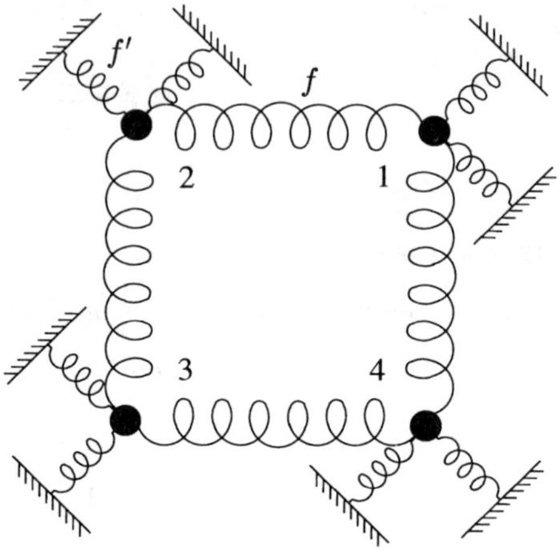

a) Wichtig ist die Wahl des kartesischen Koordinatensystems. Warum ist die linke Wahl besser als die rechte?

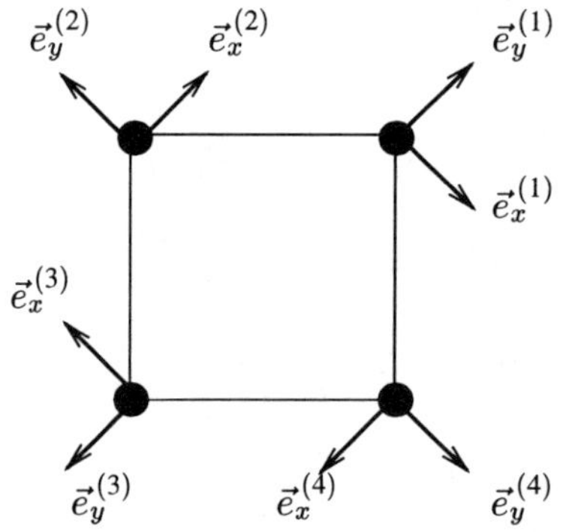

A

oder

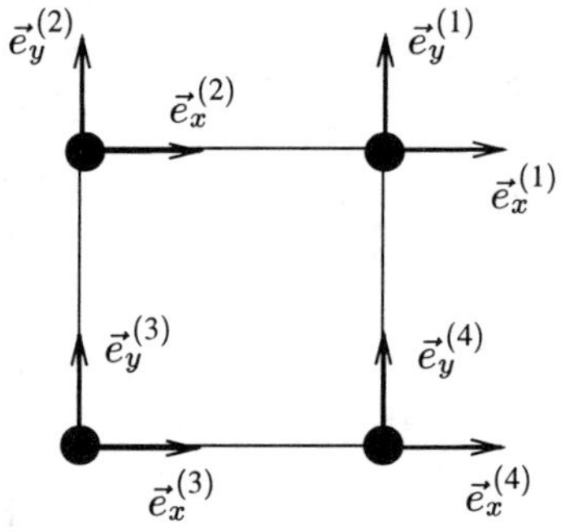

B

$\vec{e}_x^{(r)}, \vec{e}_y^{(r)}$ bezeichnen die kartesischen Einheitsvektoren, die man als Vektoren im achtdimensionalen Raum auffassen kann. Der achtdimensionale Ortsvektor ist dann:

$$\begin{aligned} \vec{r} &\equiv \{x_m\} = \{x_1, y_1, x_2, y_2, x_3, y_3, x_4, y_4\} \\ &= \vec{e}_x^{(1)} x_1 + \vec{e}_y^{(1)} y_1 + \vec{e}_x^{(2)} x_2 + \vec{e}_y^{(2)} y_2 + \vec{e}_x^{(3)} x_3 + \vec{e}_y^{(3)} y_3 + \vec{e}_x^{(4)} x_4 + \vec{e}_y^{(4)} y_4 \end{aligned} \tag{7.185}$$

Die kartesischen Einheitsvektoren konstituieren eine achtdimensionale orthonormale reduzible Basis der Gruppe C_{4v}. Benützen Sie das Koordinatensystem A.

b) Bestimmen Sie die Charaktere der durch die acht kartesischen Einheitsvektoren definierten Darstellung Γ der Gruppe für die Klassen von C_{4v} (siehe Charaktertafel).

c) Bestimmen Sie die Multiplizitäten a_μ der irreduziblen Bestandteile in Γ.

d) Bestimmen Sie durch Intuition, Erraten oder Verwendung der Wigner-Formel die Symmetrievektoren $\vec{\sigma}(\mu,r_\mu,j_\mu)$ für die in Γ enthaltenen Darstellungen der Multiplizität $a_\mu = 1$. (Wenn Sie $\vec{\sigma}(\mu,r_\mu,j_\mu)$ ohne die Wigner-Formel auffinden, sollten Sie ein Argument dafür haben, warum der gefundene Symmetrievektor zu einer bestimmten Darstellung $\Gamma^{(\mu)}$ gehört.)

e) Bei Anwendung der Wigner-Formel erhält man durch Wahl von

$$\vec{\phi} \quad = \quad \vec{e}_y^{\,(1)} \text{ und } \vec{e}_y^{\,(2)} \tag{7.186}$$

die beiden orthonormalen E-Symmetrievektoren

$$\vec{\sigma}(E,1,1) \quad = \quad \frac{1}{\sqrt{2}}(\vec{e}_y^{\,(1)} - \vec{e}_y^{\,(3)}) = \frac{1}{\sqrt{2}} \cdot \tag{7.187}$$

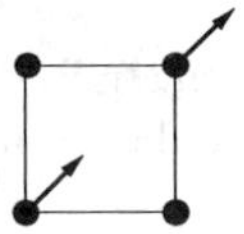

$$\vec{\sigma}(E,1,2) \quad = \quad \frac{1}{\sqrt{2}}(\vec{e}_y^{\,(2)} - \vec{e}_y^{\,(4)}) = \frac{1}{\sqrt{2}} \cdot \tag{7.188}$$

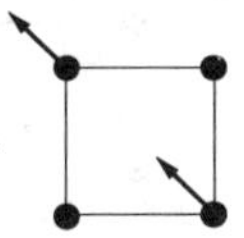

und andererseits durch Wahl von

$$\vec{\phi} \quad = \quad \vec{e}_x^{\,(1)} \text{ und } \vec{e}_x^{\,(2)} \tag{7.189}$$

das orthonormale Paar

$$\hat{\vec{\sigma}}(E,2,1) \quad = \quad \frac{1}{\sqrt{2}}(\vec{e}_x^{\,(1)} - \vec{e}_x^{\,(3)}) = \frac{1}{\sqrt{2}} \cdot \tag{7.190}$$

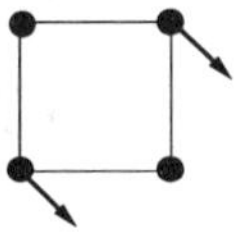

$$\hat{\vec{\sigma}}(E,2,2) \quad = \quad \frac{1}{\sqrt{2}}(\vec{e}_x^{\,(2)} - \vec{e}_x^{\,(4)}) = \frac{1}{\sqrt{2}} \cdot \tag{7.191}$$

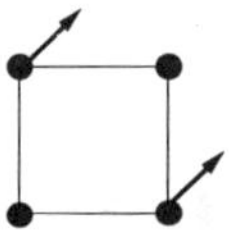

Man verifiziere diese Resultate.

f) Die beiden Symmetrievektorpaare (7.187), (7.188) und (7.190), (7.191) konstituieren je eine Basis zur irreduziblen Darstellung E. Die jeweiligen einer Operation R zugeordneten Darstellungsmatrizen sind jedoch *nicht* identisch. (Deshalb wurde für das zweite Paar die Indizierung $\hat{\vec{\sigma}}$ gewählt.)

Zeigen Sie die Nichtidentität durch Anwendung einer geeigneten Symmetrieoperation (z.B. $\sigma_d^{(\pi/4)}$). Die jeweiligen Darstellungsmatrizen werden jedoch identisch, wenn man die folgenden Entsprechungen wählt:

$$\left.\begin{array}{l} \vec{\sigma}(E,1,1) \\ \vec{\sigma}(E,1,2) \end{array}\right\} \text{ aus (7.187), (7.188)} \qquad \left.\begin{array}{r} \vec{\sigma}(E,2,1) = \hat{\vec{\sigma}}(E,2,2) \\ \vec{\sigma}(E,2,2) = -\hat{\vec{\sigma}}(E,2,1) \end{array}\right\} \text{ aus (7.190), (7.191)}$$

Zeigen Sie auch dies durch Anwendung einer geeigneten Symmetrieoperation.

g) Die in der Figur gezeigte Federanordnung hat bei der (durch Koordinatensystem A definierten) Auslenkung $\{x_m\} \equiv \{x_r,y_r;r = 1,2,3,4\}$, die folgende *harmonische* potentielle Energie:

$$V(\{x_m\}) \quad = \quad \frac{1}{4}\frac{f}{M}[x_1 - x_2 + y_1 + y_2]^2 + \frac{1}{2}\frac{f'}{M}(x_1^2 + y_1^2) + \text{ zyklisch} \qquad (7.192)$$

wobei „zyklisch“ die Terme bezeichnet, die durch zyklische Permutation $x_1 \to x_2 \to x_3 \to x_4 \to x_1$ und $y_1 \to y_2 \to y_3 \to y_4 \to y_1$ entstehen. Verifizieren Sie die Formel (7.192).

h) Für die Eigenfrequenzen der Moden mit $a_\mu = 1$ gilt die Formel (7.154). Wählt man nun

$$\vec{\hat{r}}_\mu = \{\hat{x}_m^{(\mu)}\} \quad = \quad \vec{\sigma}(\mu,j_\mu) \qquad (7.193)$$

so ist (7.154) nichts anderes als (siehe (7.156))

$$\Omega_\mu^2 \quad = \quad 2V(\vec{\hat{r}}_\mu = \vec{\sigma}(\mu,j)) \qquad (7.194)$$

Demonstration am Beispiel der B_2-Mode:
In Aufgabenteil d) sollten Sie gefunden haben:

$\vec{\sigma}(B_2) =$ 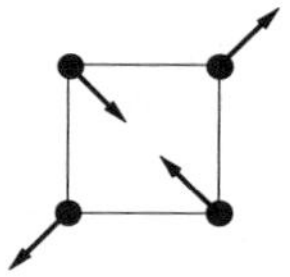 also:

$$\left\{ \begin{array}{l} \hat{x}_1^{(B_2)} = \hat{x}_2^{(B_2)} = \hat{x}_3^{(B_2)} = \hat{x}_4^{(B_2)} = 0 \\ \hat{y}_1^{(B_2)} = -\hat{y}_2^{(B_2)} = \hat{y}_3^{(B_2)} = -\hat{y}_4^{(B_2)} = \frac{1}{2} \end{array} \right. \qquad (7.195)$$

Setzt man dies in (7.194) ein, so folgt aus (7.192) und (7.194)

$$\Omega_{B_2}^2 \quad = \quad \frac{f'}{M} \qquad (7.196)$$

Berechnen Sie auf diese Weise die Eigenfrequenzen der Moden A_1, A_2 und B_1.

i) Die E-Moden haben die Multiplizität $a_E = 2$ und erfordern deswegen die Lösung der Säkulargleichung

$$\det \begin{pmatrix} v_{11}^{(E)} - \Omega_E^2 & v_{12}^{(E)} \\ v_{21}^{(E)} & v_{22}^{(E)} - \Omega_E^2 \end{pmatrix} \stackrel{!}{=} 0 \qquad (7.197)$$

wobei (Wahl $j = 1$)

$$v_{rs}^{(E)} \quad = \quad \vec{\sigma}(E,r,1) v \vec{\sigma}(E,s,1) \qquad (7.198)$$

Die Diagonalelemente $v_{11}^{(E)}$ und $v_{22}^{(E)}$ finden Sie wie im Aufgabenteil h). Die Nichtdiagonalanteile $v_{12}^{(E)} = v_{21}^{(E)}$ folgen mit der Wahl

$$\{\hat{x}_m^{(E)}\} \quad = \quad \vec{\sigma}(E,1,1) + \vec{\sigma}(E,2,1) \qquad (7.199)$$

denn dann ist

$$2V(\{\hat{x}_m^{(E)}\}) = v_{11}^{(E)} + v_{22}^{(E)} + v_{12}^{(E)} + v_{21}^{(E)} \qquad (7.200)$$

Wie lauten die beiden E-Eigenfrequenzen $\Omega_E^\pm$?

j) Die zu den beiden E-Eigenfrequenzen $\Omega_E^\pm$ gehörigen Eigenvektoren $\eta(E,\pm,j)$, $j = 1,2$, findet man durch Lösung des Säkularproblems

$$(v_{11}^{(E)} - (\Omega_E^\pm)^2) A_1^\pm + v_{12}^{(E)} A_2^\pm \quad = \quad 0 \qquad (7.201)$$

mit der Normierung $A_1^2 + A_2^2 = 1$. Dann ist

$$\vec{\eta}(E,\pm,j) \quad = \quad A_1^\pm \vec{\sigma}(E,1,j) + A_2^\pm \vec{\sigma}(E,2,j) \quad , \quad j = 1,2 \qquad (7.202)$$

Wie lauten diese Eigenvektoren? Stellen Sie dieselben figürlich dar.

Aufgabe 25: Gruppentheoretische und physikalische Charakteristika des Hexagons

Betrachtet werden sollen sechs gleiche Atome, deren Ruhelagen die Eckpunkte eines Hexagons bilden (z.B. ein Benzolring).

Die Symmetriegruppe des Problems ist $D_{6h} = D_6 \times C_i$. Man kann demgemäß zunächst eine Ausreduktion nach der Gruppe D_6 durchführen und die gefundenen irreduziblen Bestandteile dann nach Paritäten ordnen.

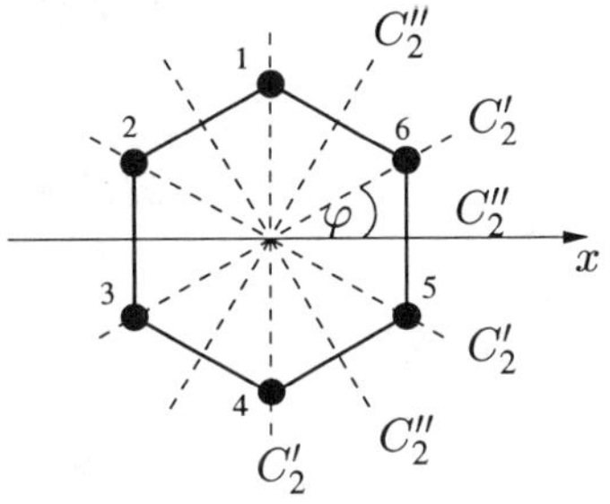

a) Potentialfeld in der Nähe der Achse

Zunächst sollen sich die sechs Atome in ihren Gleichgewichtslagen befinden. Dann etablieren sie ein Potentialfeld $V_C(\vec{r})$. Wählt man als Ursprung einen Punkt auf der C_6-Achse im Zentrum des Hexagons, so kann man $V_C(\vec{r})$ nach Kugelflächenfunktionen – gemäß den Gleichungen (6.33) und (6.34) – entwickeln.

Welche Form hat $V_C(\vec{r})$ bis $l = 6$ inklusive? Welche und wieviele frei verfügbaren Parameter gibt es?

Man beachte:

$$\begin{aligned} Y_{l,m}(\vartheta,\varphi) &= f_{lm}(\vartheta)e^{im\varphi} \\ &= (-1)^m Y^*_{l,-m}(\vartheta,\varphi) = Y^*_{l,m}(\vartheta,-\varphi) = (-1)^m Y_{l,-m}(\vartheta,-\varphi) \\ &= (-1)^{|m|+l} Y_{l,m}(\pi-\vartheta,\varphi) = (-1)^l Y_{l,m}(\pi-\vartheta,\varphi+\pi) \end{aligned} \tag{7.203}$$

b) Aufspaltung eines d-Zustandes

Ein Alkaliatom befinde sich im Zentrum des Hexagons und sein Valenzelektron sei in einem d-Zustand.

i) Analysieren Sie das Aufspaltungsverhalten qualitativ.

ii) Berechnen Sie die Aufspaltung mit dem in a) gefundenen Potentialfeld für das niederste nicht verschwindende l-Glied mit $l > 0$. Die radialen Integrale brauchen nicht angegeben zu werden.

c) Molekülschwingungen

i) Wählen Sie ein vernünftiges Koordinatensystem für die ebenen kartesischen Auslenkungen (x_i,y_i). Die Einheitsvektoren desselben konstituieren eine 12-dimensionale Darstellung Γ der Gruppe.
In welche irreduziblen Bestandteile zerfällt diese Darstellung?

ii) Berechnen Sie die Symmetrievektoren der irreduziblen Bestandteile von Γ, deren Multiplizität $a_\mu = 1$ ist.

iii) Die E_1-Darstellung ist in Γ zweimal enthalten ($a_{E_1} = 2$). Wenn sich das Molekül frei bewegen kann, ist eine der E_1-„Moden" des Systems (Frequenz $\Omega_{E_{1,1}} = 0$) gerade die Translationsbewegung:

$$\vec{\sigma}(E_1,r=1,j=1) = \frac{1}{\sqrt{6}}$$

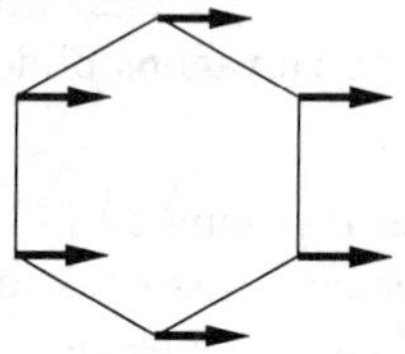

$$\equiv \vec{\eta}(E_1,1,1)$$

$$\vec{\sigma}(E_1,r=1,j=2) = \frac{1}{\sqrt{6}}$$

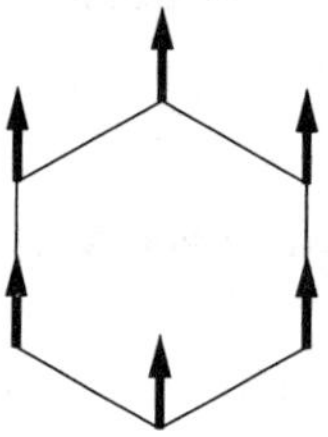

$$\equiv \vec{\eta}(E_1,1,2)$$

Da man diese „Moden" kennt, braucht man für das E_1-Subproblem keine Säkulargleichung zu lösen. Vielmehr genügt es, einen weiteren Symmetrievektor zu E_1 zu finden, der orthogonal zu $\vec{\eta}(E_1,1,1)$ und $\vec{\eta}(E_1,1,2)$ ist. Der gefundene Symmetrievektor muß dann ein Eigenvektor sein, mit dem man gemäß $\vec{\eta} v \vec{\eta} = \Omega^2_{E_{1,2}}$ die noch fehlende E_1-Frequenz finden kann.
Finden Sie diesen Eigenvektor.

iv) Die E_2-Darstellung ist in Γ ebenfalls zweimal enthalten. Zur Aufstellung der Säkulargleichung benötigt man zwei Symmetrievektoren

$$\vec{\sigma}(E_2,r=1,j=1) \quad \text{und} \quad \vec{\sigma}(E_2,r=2,j=1)\,, \tag{7.204}$$

die sich identisch transformieren.
Man findet sie, wenn man in der Wigner-Formel

$$\vec{\sigma}(\mu,r,\dots) = \frac{1}{\sqrt{K}} \sum \left[\chi^{(\mu)}(R)\right]^* \left(R : \vec{\phi}_r\right) \tag{7.205}$$

für die Ausgangsvektoren $\vec{\phi}_r$, $r = 1,2$, die folgende Wahl trifft:

$\vec{\phi}_1 =$ 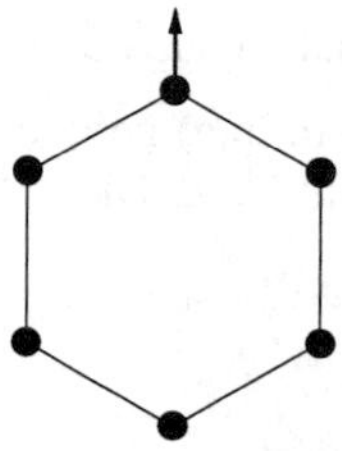 und $\vec{\phi}_2 =$ 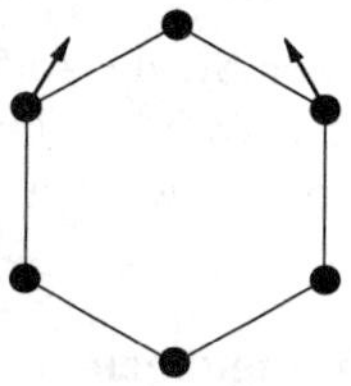

Wie lauten dann die Symmetrievektoren?

v) Zeigen Sie nun, daß sich die in iv) gefundenen Symmetrievektoren $\vec{\sigma}(E_2,1,1)$ und $\vec{\sigma}(E_2,2,1)$ identisch transformieren, indem Sie jeweils die Gleichheit der Skalarprodukte

$$\vec{\sigma} \cdot (R : \vec{\sigma})$$

für $R = C_6$ und $R = C_2'$ (Achse durch 2-5) verifizieren.

vi) Die Schwingungsdynamik soll durch ein Federmodell erfaßt werden. In der Abbildung sind beispielhaft die an Atom 1 wirkenden Federn eingezeichnet.

Der Ausdruck für die potentielle Energie in harmonischer Näherung lautet:

$$V = \frac{f}{2M}\left\{\left[\frac{\sqrt{3}}{2}(x_1 - x_2) + \frac{1}{2}(y_1 + y_2)\right]^2 + \text{zykl.}\right\} + \frac{f'}{2M}\left[(y_1 + y_4)^2 + (y_2 + y_5)^2 + (y_3 + y_6)^2\right] \qquad (7.206)$$

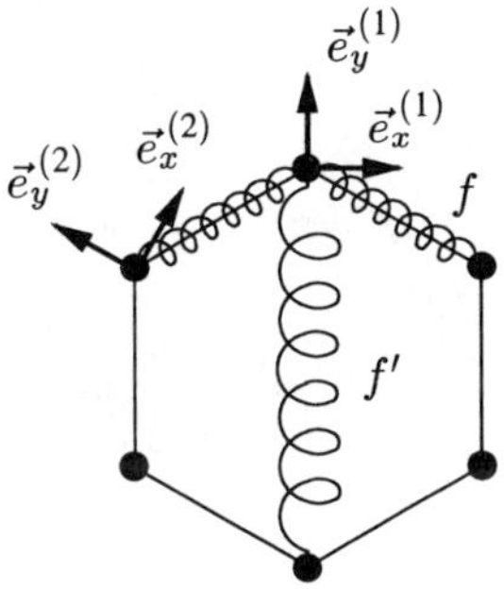

Berechnen Sie die Eigenfrequenzen Ω_μ der Moden der Multiplizität $a_\mu = 1$ und der noch verbleibenden (siehe iii)) E_1-Mode.

vii) Stellen Sie mit den in iv) gefundenen Symmetrievektoren die Säkulargleichung für die E_2-Moden auf und lösen Sie dieselbige.

vii) Wie lauten die Eigenvektoren der beiden E_2-Moden?

Teil III

Fortgeschrittene physikalische Anwendungen

8 Tensoren im Kristall

Viele physikalische Eigenschaften der „geordneten“ festen Materie (Kristalle) werden durch Tensoren beschrieben. Beispiele sind der Dielektrizitätstensor (Tensor 2. Stufe), der Elastizitätstensor (Tensor 4. Stufe), der piezoelektrische Tensor (Rechteckstensor) sowie der pyroelektrische Tensor.

Bei all diesen Tensoren besteht die erste Aufgabe darin, herauszufinden, wieviele unabhängige Komponenten sie besitzen, d.h. welche bzw. wieviele physikalische Messungen man durchführen muß, um die Tensoren vollständig festzulegen. Beispielsweise wird ein allgemeines elastisches Medium durch einen kartesischen Tensor 4. Stufe mit 81 Komponenten beschrieben. Durch physikalische Argumente findet man jedoch zunächst eine Reduktion auf 21 Komponenten. Gruppentheoretisch deduziert man dann weitere Einschränkungen, so daß z.B. für das *isotrope elastische Kontinuum* schließlich nur noch zwei wesentliche elastische Konstanten übrigbleiben: die beiden Laméschen Konstanten λ und μ bzw. der Elastizitätsmodul E und der Schubmodul $G(=\mu$ =Torsionsmodul). Warum sind es beim isotropen Elastikum gerade zwei Konstanten, beim kubischen Kristall drei Komponenten, etc.? Solche Fragen können wir durch die Theorie der Punktgruppen beantworten.

8.1 Energiedichte im Kontinuum mit lokaler Punktsymmetrie

Wir betrachten einen Kristall als translationsinvariantes Kontinuum, dem in jedem Raumpunkt $\vec{r}$ dieselbe Punktgruppe G (Ordnung g) zugeordnet ist, d.h. die Gruppenoperationen R ($\in G$) sind Symmetrieoperationen um einen beliebigen, fixiert herausgegriffenen Raumpunkt $\vec{r}$ als Zentrum. In den konventionellen Fällen kann die

Energiedichte des Kontinuums

$$\Omega(\vec{r}) = \frac{1}{2}\sum_{m=1}^{d}\sum_{m'=1}^{d'} T_{mm'}\xi_m(\vec{r})\zeta_{m'}(\vec{r}) \tag{8.1}$$

in der vorstehenden Form geschrieben werden, d.h. T ist im allgemeinen ein Rechteckstensor. Dabei sind die Variablensätze $\{\xi_m\}$ und $\{\zeta_{m'}\}$ freie Variable, die demgeometrisch fixierten Punkt $\vec{r}$ zugeordnet sind, wobei $\vec{r}$ als Zentrum der Punktgruppe fungiert und für die weitere gruppentheoretische Argumentation als Konstante zu betrachten ist. Die Variablen $\{\xi_m\}$ bzw. $\{\zeta_{m'}\}$ sind als physikalische Größen immer *reell*.
Bei Anwendung einer Gruppenoperation R entsteht in Ausdruck (8.1) für die Energiedichte eine veränderte Variablensituation $\{R:\xi_m\}$, $\{R:\zeta_{m'}\}$, die jedoch durch die Ausgangssituation festgelegt ist,

$$R:\xi_m = \sum_{n=1}^{d}\xi_n\Gamma_{nm}^{(\xi)}(R) \tag{8.2}$$

$$R : \zeta_{m'} = \sum_{n'=1}^{d'} \zeta_{n'} \Gamma^{(\zeta)}_{n'm'}(R) \tag{8.3}$$

d.h. die Variablensätze $\{\xi_m\}$, $\{\zeta_{m'}\}$ bilden invariante Vektorräume im Sinne von Kapitel 4 und konstituieren jeweils eine reduzible Darstellung $\Gamma^{(\xi)}$ bzw. $\Gamma^{(\zeta)}$ der Gruppe G. Diese Darstellungen kann man in der üblichen Weise in irreduzible Bestandteile $\Gamma^{(\mu)}$ zerlegen

$$\Gamma^{(\xi)} = \sum_{\mu} a_{\mu}^{(\xi)} \Gamma^{(\mu)} \tag{8.4}$$

$$\Gamma^{(\zeta)} = \sum_{\mu} a_{\mu}^{(\zeta)} \Gamma^{(\mu)} \tag{8.5}$$

wobei $a_{\mu}^{(\xi)}$ und $a_{\mu}^{(\zeta)}$ die respektiven Multiplizitäten der Reduktion bedeuten. Statt der originalen Variablen kann man nunmehr symmetriekonforme Variablen $\{s(\mu,r,j)\}$ und $\{t(\mu,r',j)\}$ einführen, die sich nach standardisierten unitären Darstellungen transformieren:

$$R : s(\mu,r,j) \stackrel{\text{def}}{=} \sum_{k=1}^{d_\mu} s(\mu,r,k) \Gamma^{(\mu)}_{kj}(R) \tag{8.6}$$

$$R : t(\mu,r',j) \stackrel{\text{def}}{=} \sum_{k=1}^{d_\mu} t(\mu,r',k) \Gamma^{(\mu)}_{kj}(R) \tag{8.7}$$

wobei r,r' die Multiplizitätsindizes

$$r = 1,\ldots,a_{\mu}^{(\xi)} \tag{8.8}$$

$$r' = 1,\ldots,a_{\mu}^{(\zeta)} \tag{8.9}$$

und j,k die Entartungsindizes

$$j,k = 1,\ldots,d_\mu \tag{8.10}$$

bezeichnen. d_μ ist die Dimension der irreduziblen Darstellung $\Gamma^{(\mu)}$. Die Symmetrievariablen kann man in den originalen Variablen ausdrücken:

$$s(\mu,r,j) = \sum_{m=1}^{d} \sigma_m(\mu,r,j) \xi_m \tag{8.11}$$

$$t(\mu,r',j) = \sum_{m'=1}^{d'} \tau_{m'}(\mu,r',j) \zeta_{m'} \tag{8.12}$$

Die Variablensätze $\{\xi_m\}$ und $\{\zeta_{m'}\}$ brauchen jeweils nicht orthonormiert sein, d.h. die Darstellungen $\Gamma^{(\xi)}$ und $\Gamma^{(\zeta)}$ werden nicht als orthogonale (i. e. reelle, unitäre) Darstellungen vorausgesetzt. Wohl aber setzen wir die irreduziblen Darstellungen $\Gamma^{(\mu)}$ als standardisiert unitär voraus. Wenn jedoch *speziell* $\{\xi_m\}$ und $\{\zeta_{m'}\}$ je orthonormierte Basissätze sind, dann gilt die Inversion

$$\xi_m = \sum_{\mu,j} \sum_{r=1}^{a_\mu^{(\xi)}} \sigma^*_m(\mu,r,j) s(\mu,r,j) = \sum_{\mu,j} \sum_{r=1}^{a_\mu^{(\xi)}} \sigma_m(\mu,r,j) s^*(\mu,r,j) \tag{8.13}$$

$$\zeta_{m'} = \sum_{\mu,j} \sum_{r'=1}^{a_\mu^{(\zeta)}} \tau^*_{m'}(\mu,r,j) t(\mu,r',j) = \sum_{\mu,j} \sum_{r'=1}^{a_\mu^{(\zeta)}} \tau_{m'}(\mu,r,j) t^*(\mu,r',j) \tag{8.14}$$

Für die praktische Anwendung ist jedoch die Kenntnis der Umkehrung von (8.11) und (8.12) meist nicht nötig. In den symmetriekonformen Variablen lautet der Energieausdruck (8.1) dann

$$\Omega = \frac{1}{2} \sum_{\mu,\mu'} \sum_{r,r'} \sum_{j,j'} s^*(\mu,r,j) T^{(\mu j,\mu' j')}_{rr'} t(\mu',r',j') \tag{8.15}$$

mit

$$T_{rr'}^{(\mu j,\mu' j')} = \sum_{m=1}^{d} \sum_{m'=1}^{d'} \sigma_m(\mu,r,j) T_{mm'} \tau_{m'}^*(\mu',r',j') \tag{8.16}$$

8.2 Reduktion durch Symmetrie

Invarianzforderung:
Bei Anwendung einer Gruppenoperation R $(\in G)$ auf den Energieausdruck (8.1) muß derselbe invariant bleiben:

$$R:\Omega \stackrel{!}{=} \Omega \stackrel{!}{=} \frac{1}{g} \sum_{R(\in G)} (R:\Omega) \tag{8.17}$$

Oder mit (8.15):

$$2\Omega = \sum_{\mu,\mu'} \sum_{r,r'} \sum_{j,j'} s^*(\mu,r,j)\, T_{rr'}^{(\mu j,\mu' j')}\, t(\mu',r',j') \tag{8.18}$$

$$= \sum_{\mu,\mu'} \sum_{j,j'} \sum_{k,k'} \sum_{r,r'} s^*(\mu,r,k) T_{rr'}^{(\mu j,\mu' j')} t(\mu',r',k') \cdot \frac{1}{g} \sum_{R(\in G)} [\Gamma_{kj}^{(\mu)}(R)]^*\, \Gamma_{k'j'}^{(\mu')}(R) \tag{8.19}$$

Wir benützen nunmehr das große Orthogonalitätstheorem (3.11)

$$\sum_R \Gamma_{ij}^{(\alpha)}(R) \Gamma_{rs}^{(\beta)}(R^{-1}) = \frac{g}{d_\alpha} \delta_{\alpha\beta} \delta_{is} \delta_{jr} \tag{8.20}$$

womit aus (8.17) und (8.18) folgt:

$$\Omega = \frac{1}{2} \sum_{\mu} \sum_{k=1}^{d_\mu} \sum_{r,r'} s^*(\mu,r,k)\, T_{rr'}^{(\mu)}\, t(\mu,r',k) \tag{8.21}$$

mit

$$T_{rr'}^{(\mu)} = \frac{1}{d_\mu} \sum_{j=1}^{d_\mu} T_{rr'}^{(\mu j,\mu j)} \tag{8.22}$$

Vergleichen wir (8.21) mit (8.15) und bedenken wir, daß $s(\mu,r,j)$ und $t(\mu',r',k')$ als beliebige Variable zu betrachten sind, so folgt aus der Identität von (8.15) und (8.21) die Aussage

$$T_{rr'}^{(\mu j,\mu' j')} = T_{rr'}^{(\mu)} \cdot \delta_{\mu\mu'} \delta_{jj'} \tag{8.23}$$

Dies impliziert insbesondere auch

$$T_{rr'}^{(\mu j,\mu j)} = T_{rr'}^{(\mu k,\mu k)} \qquad \text{für } j \neq k \tag{8.24}$$

Nach (8.16) und (8.23) ergibt sich demgemäß

$$T_{rr'}^{(\mu)} \equiv T_{rr'}^{(\mu k,\mu k)} = \sum_{m=1}^{d} \sum_{m'=1}^{d'} \sigma_m(\mu,r,k)\, T_{mm'}\, \tau_{m'}^*(\mu,r',k) \tag{8.25}$$

wobei k (in $1,\ldots,d_\mu$) beliebig sein kann. Aus (8.21) ersehen wir, daß $T_{rr'}^{(\mu)}$ die *natürlichen* Tensorkomponenten im gruppentheoretischen Sinne sind. Wegen $r = 1,...,a_\mu^{(\xi)}$ und $r' = 1,...,a_\mu^{(\zeta)}$ folgt für ihre Zahl

$$Z = \sum_\mu a_\mu^{(\xi)} \cdot a_\mu^{(\zeta)} \tag{8.26}$$

Im Sonderfall $\xi_m \equiv \zeta_m$ gilt auch $s(\mu,r,j) \equiv t(\mu,r,j)$. Dann folgt bei reell gewählten Symmetrievariablen $s(\mu,r,j)$ mit $a_\mu = a_\mu^{(\xi)} = a_\mu^{(\zeta)}$:

$$T_{rr'}^{(\mu)} = T_{r'r}^{(\mu)} \quad , \ r,r' = 1,...,a_\mu \tag{8.27}$$

Daraus ergibt sich als Zahl der unabhängigen Tensorkomponenten:

$$Z = \sum_\mu [a_\mu + (a_\mu - 1) + ... + 1] = \sum_\mu a_\mu \frac{a_\mu + 1}{2} \quad \text{bei } \xi_m \equiv \zeta_m \tag{8.28}$$

Dabei kommen a_μ Glieder aus der Hauptdiagonalen, $a_\mu - 1$ Glieder aus der ersten Nebendiagonalen, etc. .

8.3 Rechenprozedur

i) *Festlegung der Variablensätze*

Man beginnt die Analyse mit der Festlegung der physikalisch erwünschten Variablensätze $\{\xi_m\}$ und $\{\zeta_{m'}\}$ und betrachtet die Form (8.1):

$$\Omega(\vec{r}) = \frac{1}{2} \sum_{m=1}^{d} \sum_{m'=1}^{d'} T_{mm'} \xi_m(\vec{r}) \zeta_{m'}(\vec{r}) \tag{8.29}$$

ii) *Ausreduktion der Darstellungen* $\Gamma^{(\xi)}, \Gamma^{(\zeta)}$

Die Zerlegung der Darstellungen $\Gamma^{(\xi)}$ und $\Gamma^{(\zeta)}$ in ihre irreduziblen Bestandteile $\{\Gamma^{(\mu)}\}$ kann dadurch geschehen, daß man aus den Transformationseigenschaften der Basissätze $\{\xi_m\}$ und $\{\zeta_{m'}\}$ sich die Charaktere $\chi^{(\xi)}(R)$ und $\chi^{(\zeta)}(R)$ für alle Gruppenelemente R (bzw. für alle Klassen K) beschafft und mittels der Schlüsselformel (3.39)

$$a_\mu = \frac{1}{g} \sum_R \left[\chi^{(\mu)}(R)\right]^* \chi(R) \tag{8.30}$$

die Multiplizitäten $a_\mu^{(\xi)}$ bzw. $a_\mu^{(\zeta)}$ der Darstellungen $\Gamma^{(\xi)}$ bzw. $\Gamma^{(\zeta)}$ berechnet. Dann erhält man als Zahl der unabhängigen symmetriekonformen Tensorkomponenten (siehe (8.26))

$$Z = \sum_\mu a_\mu^{(\xi)} \cdot a_\mu^{(\zeta)} \tag{8.31}$$

bzw. bei $\xi_m \equiv \zeta_m$ (siehe (8.28))

$$Z = \sum_\mu a_\mu^{(\xi)} \frac{a_\mu^{(\xi)} + 1}{2} \tag{8.32}$$

iii) *Bestimmung der Symmetriekoordinaten*

Die Symmetriekoordinaten $\{s(\mu,r,j)\}$ und $\{t(\mu,r',j)\}$, ausgedrückt in den originalen Variablen (siehe (8.11) und (8.12)) kann man z. B. mittels einer der Wignerschen Formeln (4.75) oder (4.80) finden, etwa

$$s(\mu) \quad = \quad N^{-1/2} \sum_R \left[\chi^{(\mu)}(R)\right]^* (R:\xi_m) \tag{8.33}$$

oder

$$s(\mu,j) \quad = \quad N^{-1/2} \sum_R \left[\Gamma^{(\mu)}_{jj}(R)\right]^* (R:\xi_m) \tag{8.34}$$

wobei ξ_m (oder analog $\zeta_{m'}$) eine herausgegriffene Variable aus dem Satz $\{\xi_m\}$ (bzw. $\{\zeta_{m'}\}$) bedeutet.

iv) *Rückübersetzung des symmetriekonformen Energieausdruckes in die Originalvariablen*
Als Ergebnis des Abschnitts iii) sind die Koeffizienten $\{\sigma_m(\mu,r,j)\}$ bzw. $\{\tau_{m'}(\mu,r',j)\}$ in den Gleichungen (8.11) und (8.12) bekannt. Damit kann man die Ausdrücke (8.1) und (8.21) für die Energiedichte Ω in die Originalkoordinaten mittels (8.11) und (8.12) umschreiben:

$$\Omega \quad = \quad \frac{1}{2}\sum_m^d \sum_{m'}^{d'} T_{mm'}\xi_m\zeta_{m'} = \frac{1}{2}\sum_\mu \sum_{k=1}^{d_\mu} \sum_{r,r'} s^*(\mu,r,k)\, T^{(\mu)}_{rr'}\, t(\mu,r',k) \tag{8.35}$$

$$= \quad \frac{1}{2}\sum_{\mu,j}\sum_{r,r'} T^{(\mu)}_{rr'} \sum_m^d \sum_{m'}^{d'} (\sigma_m(\mu,r,j))^*\, \tau_{m'}(\mu,r',j)\xi_m\zeta_{m'} \tag{8.36}$$

$$\text{mit} \qquad j = 1,\dots,d_\mu\ , \quad r = 1,\dots,a^{(\xi)}_\mu\ , \quad r' = 1,\dots,a^{(\zeta)}_\mu \tag{8.37}$$

Durch Vergleich der Vorfaktoren vor jeweils einem herausgegriffenen Paar $\xi_m\zeta_{m'}$ kann man damit die ursprünglichen kartesischen Tensorkomponenten $T_{mm'}$ durch die symmetriekonformen Komponenten $T^{(\mu)}_{rr'}$ ausdrücken:

$$T_{mm'} \quad = \quad \sum_{\mu,j}\sum_{r,r'} (\sigma_m(\mu,r,j))^*\, T^{(\mu)}_{rr'}\, \tau_{m'}(\mu,r',j) \tag{8.38}$$

Diese Gleichung stellt die Umkehrung zu Gleichung (8.25) dar.

v) *Wichtige Vereinfachung*
Die Ausreduktion $ii)$ muß tatsächlich rechnerisch für die physikalisch wichtigen Fälle gar nicht durchgeführt werden. Vielmehr kann man den Variablensätzen $\{\xi_m\}$ bzw. $\{\zeta_{m'}\}$ stets funktionale Basissätze in fiktiven kartesischen Koordinaten $\vec{r} = (x,y,z)$ zuordnen,

$$\{\xi_m\} \quad \rightleftharpoons \quad \{f^{(\xi)}_m(\vec{r})\} \tag{8.39}$$

$$\{\zeta_{m'}\} \quad \rightleftharpoons \quad \{f^{(\zeta)}_{m'}(\vec{r})\} \tag{8.40}$$

die in den Standard-Charaktertafeln aufgeführt sind, und die sich identisch wie die originalen Basissätze transformieren:

$$R: f^{(\xi)}_m(\vec{r}) = \sum_{n=1}^{d} f^{(\xi)}_n(\vec{r})\Gamma^{(\xi)}_{nm}(R) \tag{8.41}$$

$$R: f^{(\zeta)}_{m'}(\vec{r}) = \sum_{n'=1}^{d'} f^{(\zeta)}_{n'}(\vec{r})\Gamma^{(\zeta)}_{n'm'}(R) \tag{8.42}$$

In dieser Weise kann man unmittelbar aus den Charaktertafeln *ablesen*, wie die reduziblen Darstellungen $\Gamma^{(\xi)}$ und $\Gamma^{(\zeta)}$ in irreduzible Bestandteile aufspalten und wie die entsprechenden irreduziblen Basisvariablen zu bilden sind. Damit kann man die in den Abschnitten ii) und iii) gesuchten Informationen direkt aus den Charaktertafeln gewinnen. Wir werden das später an zwei prototypischen Beispielen demonstrieren.

Bemerkung:
Die in (8.39)-(8.42) eingeführten fiktiven kartesischen Koordinaten, die auch in den Standardcharaktertafeln angegeben sind, sollten nicht verwechselt werden mit den in (8.29) auftretenden, wo $\vec{r}$ den betrachteten festen (!) Ort der Energiedichte $\Omega(\vec{r}$ bedeutet.

8.4 Kristallsysteme, Kristallklassen

Wie man in der Raumgeometrie zeigen kann, gibt es genau fünf vollständig reguläre Körper mit ebenen Begrenzungen: die sogenannten platonischen Körper (vergleiche Abbildung 1.1). Ebenso kann man zeigen, daß es eine genau fixierte Zahl von Kristallformen gibt, i.e. von translationsinvarianten Punktsystemen mit lokal wohldefinierter Punktgruppe. Es sind dies die zweiunddreißig Kristallklassen, die man in sieben Kristallsysteme gliedern kann. Die Herleitung dieser Strukturforderungen geschieht ausführlich in den einführenden Büchern über Kristallographie, z. B. in [4], [7], [26]. Wir werden im Kapitel 11 über Raumgruppen nochmals auf die Kristallklassen zu sprechen kommen. Siehe hierzu auch den Anhang H.

Tabelle 8.1
Kristallsysteme und zugehörige Kristallklassen. Die 11 Kristallklassen mit Inversionssymmetrie sind fett gedruckt.

Kristallsystem	Kristallklassen (Punktgruppen)
I. Triklin	$C_1, \boldsymbol{C_i}$
II. Monoklin	$C_s, C_2, \boldsymbol{C_{2h}}$
III. Orthorhombisch	$C_{2v}, D_2, \boldsymbol{D_{2h}}$
IV. Tetragonal	$S_4, D_{2d}, C_4, \boldsymbol{C_{4h}}, C_{4v}, D_4, \boldsymbol{D_{4h}}$
V. Trigonal	$C_3, \boldsymbol{S_6}, C_{3v}, D_3, \boldsymbol{D_{3d}}$
VI. Hexagonal	$C_{3h}, D_{3h}, C_6, \boldsymbol{C_{6h}}, C_{6v}, D_6, \boldsymbol{D_{6h}}$
VII. Kubisch	$T, \boldsymbol{T_h}, T_d, O, \boldsymbol{O_h}$

8.5 Dielektrizitätstensor

In einem dielektrischen Medium ist die gesamte elektrische Energiedichte gegeben durch

$$\Omega_{el} = \frac{1}{8\pi} \sum_{i,k} \epsilon_{ik} E_i E_k \tag{8.43}$$

wobei E_i, $i = 1,2,3$, die kartesischen Komponenten des elektrischen Feldes $\vec{E}$ bedeuten, also $\vec{E} = (E_1, E_2, E_3)$. D.h. in der Terminologie der vorangehenden Abschnitte haben wir den Fall

$$\xi_i = \zeta_i \stackrel{\text{def}}{=} E_i \tag{8.44}$$

8.5.1 Rückblick auf die Wigner-Konvention

Das elektrische Feld $\vec{E}$

$$\vec{E} = \sum_m \vec{e}_m E_m \tag{8.45}$$

ist ein polarer Vektor und transformiert sich wie der Ortsvektor $\vec{r}$. Für diese Transformation sollen die Gruppenpostulate erfüllt sein, also insbesondere soll gelten:

$$S:(R:\vec{E}) = (SR):\vec{E} \tag{8.46}$$

Da jedoch in der Summe in (8.45) jeweils zwei Faktoren ($\vec{e}_m$ und E_m) auftreten, können wir *zwei alternative Konventionen* für die Definition der Transformation einführen.

a)

Wigner-Konvention

$$R:\vec{e}_m \stackrel{\text{def}}{=} \sum_n \vec{e}_n \Gamma_{nm}(R) \tag{8.47}$$

mit

$$\sum_l \Gamma_{ml}(S)\Gamma_{ln}(R) = \Gamma_{mn}(SR) \tag{8.48}$$

In diesem Fall werden nur die Einheitsvektoren $\vec{e}_m$ transformiert, und zwar gemäß einer Darstellung $\{\Gamma_{mn}(R)\}$ der Gruppe. Die Komponenten E_m bleiben untransformiert:

$$R:\vec{E} \stackrel{\text{def}}{=} \sum_m E_m \sum_n (\vec{e}_n \Gamma_{nm}(R)) \tag{8.49}$$

Diese Konvention entspricht der natürlichen Anschauung (siehe Abbildung 8.1).

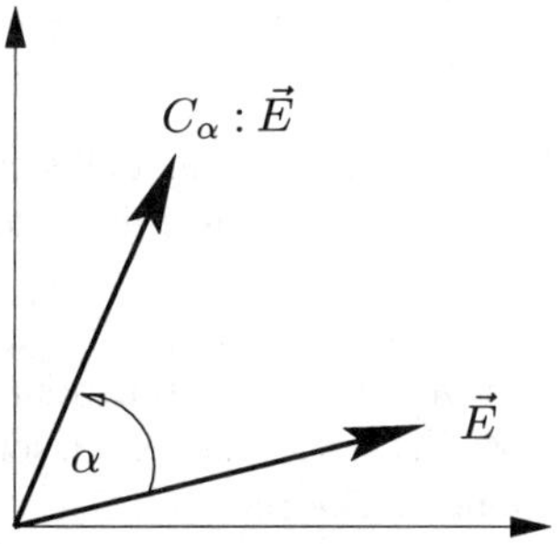

Bild 8.1
Zur Wigner-Konvention

b)

Anti-Wigner-Konvention

$$R:E_m \stackrel{\text{def}}{=} \sum_n E_n \Gamma_{nm}(R) \tag{8.50}$$

wobei $\Gamma_{mn}(R)$ wiederum die Beziehung (8.48) erfüllen soll, also wiederum eine Darstellung der Gruppe etabliert. Zum leichteren Verständnis können wir hier annehmen, daß $\Gamma_{mn}(R)$ dieselben Elemente wie in a) bedeuten. Dann haben wir statt (8.49)

$$R:\vec{E} \stackrel{\text{def}}{=} \sum_m \vec{e}_m \sum_n (E_n \Gamma_{nm}(R)) \tag{8.51}$$

und hier bleiben demgemäß die Einheitsvektoren $\vec{e}_m$ untransformiert. In Abbildung 8.2 ist die Anti-Wigner-Konvention veranschaulicht.

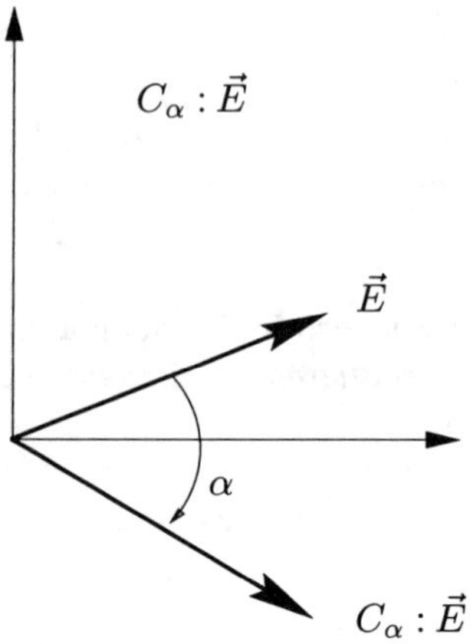

Bild 8.2
Zur Anti-Wigner-Konvention

Beide Konventionen (8.47) und (8.50) erfüllen die Forderung (8.46), aber die Anti-Wigner-Konvention definiert *eine andere Veränderung* des Vektorobjektes $\vec{E}$ im Raum. Trotz dieser Verletzung der „natürlichen" Vorstellung bezüglich der „Drehung" eines Vektors im Raum hat die Anti-Wigner-Konvention auch Vorzüge. So haben wir in Kapitel 4 gefunden (siehe (4.11)), daß Ortsfunktionen $\phi(\vec{r})$, wenn $R : \vec{r}$ alla Wigner-Konvention (8.47) definiert wird, sich gemäß

$$R : \phi(\vec{r}) \stackrel{\text{def}}{=} \phi(R^{-1} : \vec{r}) \tag{8.52}$$

transformieren. Wählen wir jedoch für $\vec{r}$ die Anti-Wigner-Konvention, während wir nach wie vor Funktionen $\phi(\vec{r})$ im Ortsraum so transformieren wollen, wie in Kapitel 4.3 dargelegt (d.h. so, daß $R : \phi(\vec{r})$ die „natürliche" Mitführung bedeutet), dann gilt

$$R : \phi(\vec{r}) \stackrel{\text{def}}{=} \phi(R : \vec{r}) \tag{8.53}$$

Dies hat den Vorzug, daß sich beispielsweise die Funktion $\phi(\vec{r}) = x$ wie die x-Komponente des Ortsvektors transformiert, etc..

Die in der Physik relevanten Variablen $\{\xi_m\}$ und $\{\zeta_{m'}\}$ sind fast immer mit den Komponenten von Vektoren oder Tensoren im dreidimensionalen Raum verknüpft. Es ist deshalb von großem Vorteil, die Komponenten selbst als transformierbare Objekte zu betrachten (und demgemäß die Einheitsvektoren als fixiert zu definieren), d.h. die Anti-Wigner-Konvention erweist sich hier als besonders nützlich, und wir finden damit den Anschluß an den Formalismus der Abschnitte 8.1 bis 8.3.

8.5.2 Transformationseigenschaften

Unter Zugrundelegung der Anti-Wigner-Konvention finden wir, daß sich zunächst die Komponenten E_m wie die Komponenten x_m des Ortsvektors und damit wie die Ortsraumfunktionen $f(\vec{r}) = x_m$ transformieren:

$$\{E_x, E_y, E_z\} \rightleftharpoons \{x, y, z\} \tag{8.54}$$

Für die Drehung C_α um die z-Achse haben wir demgemäß

$$C_\alpha : x = x\cos\alpha + y\sin\alpha \tag{8.55}$$
$$C_\alpha : y = y\cos\alpha - x\sin\alpha \tag{8.56}$$
$$C_\alpha : z = z \tag{8.57}$$

und für eine Spiegelung $\sigma_v^{(\beta)}$ an einer Ebene durch die z-Achse, die mit der xz-Ebene den Winkel β bildet

$$\sigma_v^{(\beta)} : x \quad = \quad x\cos 2\beta + y\sin 2\beta \tag{8.58}$$

$$\sigma_v^{(\beta)} : y \quad = \quad -y\cos 2\beta + x\sin 2\beta \tag{8.59}$$

$$\sigma_v^{(\beta)} : z \quad = \quad z \tag{8.60}$$

In Tabelle 8.2 sind die gruppentheoretisch deduzierten Daten bezüglich der dielektrischen Tensorkomponenten für die sieben Kristallsysteme zusammengestellt.

Kristallsymmetrie	Darstellung	Z	$\epsilon_{xy} = \epsilon_{yx}$ usw.
Triklin (C_i)	$\Gamma = 3A_u$	6	$\epsilon_{xx}, \epsilon_{yy}, \epsilon_{zz}$ $\epsilon_{xy}, \epsilon_{yz}, \epsilon_{zx}$
Monoklin (C_{2h})	$\Gamma = A_u + 2B_u$	4	$\epsilon_{xx}, \epsilon_{yy}, \epsilon_{zz}$ $\epsilon_{xy}, \epsilon_{yz} = \epsilon_{zx} = 0$
Orthorhombisch (D_{2h})	$\Gamma = B_{1u} + B_{2u} + B_{3u}$	3	$\epsilon_{xx}, \epsilon_{yy}, \epsilon_{zz}$ $\epsilon_{xy} = \epsilon_{yz} = \epsilon_{zx} = 0$
Tetragonal (D_{4h})	$\Gamma = A_{2u} + E_u$	2	$\epsilon_{xx} = \epsilon_{yy}, \epsilon_{zz}$ $\epsilon_{xy} = \epsilon_{yz} = \epsilon_{zx} = 0$
Trigonal (D_{3d})	$\Gamma = A_{2u} + E_u$	2	$\epsilon_{xx} = \epsilon_{yy}, \epsilon_{zz}$ $\epsilon_{xy} = \epsilon_{yz} = \epsilon_{zx} = 0$
Hexagonal (D_{6h})	$\Gamma = A_{2u} + E_{1u}$	2	$\epsilon_{xx} = \epsilon_{yy}, \epsilon_{zz}$ $\epsilon_{xy} = \epsilon_{yz} = \epsilon_{zx} = 0$
Axiale Symmetrie (Kontinuum) ($D_{\infty h}$)	$\Gamma = A_{2u} + E_{1u}$	2	$\epsilon_{xx} = \epsilon_{yy}$, ϵ_{zz} $\epsilon_{xy} = \epsilon_{yz} = \epsilon_{zx} = 0$
Kubisch (O_h)	$\Gamma = T_{1u}$	1	$\epsilon_{xx} = \epsilon_{yy} = \epsilon_{zz}$ $\epsilon_{xy} = \epsilon_{yz} = \epsilon_{zx} = 0$
Volle Isotropie (Kontinuum) ($SO(3) = \mathrm{R} \times C_i$)	$\Gamma = D_{l=1}^{(-)}$	1	$\epsilon_{xx} = \epsilon_{yy} = \epsilon_{zz}$ $\epsilon_{xy} = \epsilon_{yz} = \epsilon_{zx} = 0$

Tabelle 8.2 Tabelle der dielektrischen Tensorkomponenten

Tetragonaler Kristall

Die höchste Punktgruppe im tetragonalen Kristall ist

$$G \quad = \quad D_{4h} = D_4 \times C_i \tag{8.61}$$

Qualitative Ausreduktion:
Gemäß Charaktertafel von D_{4h} bilden (x,y) die Basis einer E_u-Darstellung und z diejenige einer

A_{2u}-Darstellung. Wir finden demgemäß, daß die durch (x,y,z) gebildete reduzible Darstellung $\Gamma^{(\xi)}$ in die folgenden irreduziblen Bestandteile in D_{4h} zerfällt:

$$\Gamma^{(\xi)} = A_{2u} + E_u \tag{8.62}$$

also

$$a_\mu = 1\,, \quad r = 1 \quad \text{für } A_{2u}, E_u \quad , \qquad \text{alle anderen } a_\mu = 0 \tag{8.63}$$

Daraus gemäß (8.32)

$$Z = 2 \tag{8.64}$$

Die Symmetrievariablen (gemäß Charaktertafel mit der Entsprechung $x_j \rightleftharpoons E_j$) sind:

$$s(A_{2u}) = E_z\,, \qquad s(E_u, r=1, j=1) = E_x \quad , \quad s(E_u, r=1, j=2) = E_y \tag{8.65}$$

und damit nach (8.21)

$$\Omega_{el} = \frac{1}{2}\left[T_{11}^{(E_u)}\left(E_x^2 + E_y^2\right) + T_{11}^{(A_{2u})} E_z^2\right] \tag{8.66}$$

bzw. im Vergleich mit (8.43)

$$\Omega_{el} = \frac{1}{8\pi}\left[\epsilon_{zz} E_z^2 + \epsilon_{xx}(E_x^2 + E_y^2)\right] \tag{8.67}$$

also

$$\epsilon_{yy} = \epsilon_{xx} = 4\pi \cdot T_{11}^{(E_u)}\,, \qquad \epsilon_{zz} = 4\pi \cdot T_{11}^{(A_{2u})} \quad , \quad \epsilon_{ij} = 0 \;\; \forall i \neq j \tag{8.68}$$

◊

8.6 Elastizitätstensor

Die elastische Energiedichte läßt sich in der Form schreiben:

$$\Omega_{\text{elast}} = \frac{1}{2} \sum_{m,n=1}^{6} T_{mn} \xi_m \xi_n \tag{8.69}$$

wobei die Variablen $\{\xi_m\}$ die Komponenten des Deformationstensors ϵ bedeuten, und zwar wählen wir

$$\{\xi_1, \xi_2, \xi_3, \xi_4, \xi_5, \xi_6\} = \left\{\frac{1}{\sqrt{3}}\epsilon_{xx}, \frac{1}{\sqrt{3}}\epsilon_{yy}, \frac{1}{\sqrt{3}}\epsilon_{zz}, \epsilon_{xy}, \epsilon_{yz}, \epsilon_{zx}\right\} \tag{8.70}$$

Die Komponenten des Deformationstensors sind definiert durch

$$\epsilon_{xx} = \frac{\partial s_x}{\partial x}\,, \quad \text{zyklisch} \tag{8.71}$$

$$\epsilon_{xy} = \epsilon_{yx} = \frac{1}{2}\left(\frac{\partial s_x}{\partial y} + \frac{\partial s_y}{\partial x}\right)\,, \quad \text{zyklisch} \tag{8.72}$$

wobei $\vec{s} = (s_x(\vec{r}), s_y(\vec{r}), s_z(\vec{r}))$ die Auslenkung eines Massenelements aus seiner Gleichgewichtslage $\vec{r}$ darstellt.
Die Komponenten s_m der Auslenkungen sind die Komponenten eines dreidimensionalen Vektors. Ihnen sind also, analog Gleichung (8.54), die Funktionen $\phi_j = x_j$ zuzuordnen:

$$\{s_x, s_y, s_z\} \rightleftharpoons \{x, y, z\} \tag{8.73}$$

Auch der Differentialoperator $\frac{\partial}{\partial x}$ spielt die Rolle einer „Komponente“ eines dreidimensionalen Vektors:

$$\vec{\nabla} = \sum_{m=1}^{3} \vec{e}_m \frac{\partial}{\partial x_m} \tag{8.74}$$

Demgemäß gilt auch hier die Zuordnung

$$\left\{ \frac{\partial}{\partial x}, \frac{\partial}{\partial y}, \frac{\partial}{\partial z} \right\} \rightleftharpoons \{x,y,z\} \tag{8.75}$$

Also hat man für das „Produkt“ die Zuordnung

$$\left\{ \frac{\partial}{\partial x_i} s_j \right\} \rightleftharpoons \{x_i x_j\} \tag{8.76}$$

und entsprechend für die Variablen ξ_m:

$$\{\xi_m\} \rightleftharpoons \left\{ \frac{1}{\sqrt{3}} x^2, \frac{1}{\sqrt{3}} y^2, \frac{1}{\sqrt{3}} z^2, xy, yz, zx \right\} \tag{8.77}$$

Somit wird die gesuchte sechsdimensionale reduzible Darstellung $\Gamma^{(\xi)}$ durch die rechts in (8.77) angeschriebenen Basisfunktionen konstituiert.

Die Vorfaktoren $\frac{1}{\sqrt{3}}$ in (8.77) sind aus Normierungsgründen eingeführt. Macht man nämlich die Funktionen $\{x_i x_j\}$ durch Multiplikation mit einer konvergenzerzwingenden Funktion, z.B. mit $\exp(-\lambda r)$ oder $\exp(-\lambda r^2)$, zu normierbaren Funktionen, so findet man

$$\langle x^4 \rangle = 3\langle (xy)^2 \rangle \ , \quad \text{etc.} \tag{8.78}$$

Aus diesem Grund sind die Faktoren $\frac{1}{\sqrt{3}}$ schon in den originalen Satz (8.70) aufgenommen.

Tetragonaler Kristall ⟨B⟩

Die höchste Punktgruppe ist $D_{4h} = D_4 \times C_i$.
Nach der Charaktertafel bilden die in (8.77) angeführten geraden Funktionen die Basis einer reduziblen sechsdimensionalen Darstellung, die in folgender Weise zerfällt:

$$\Gamma^{(\text{elast})} = 2A_{1g} + B_{1g} + B_{2g} + E_g \tag{8.79}$$

Also:

$$a_{A_{1g}} = 2 \ , \ a_{B_{1g}} = a_{B_{2g}} = a_{E_g} = 1 \ , \ a_\mu = 0 \ \text{ sonst} \tag{8.80}$$

Damit folgt nach (8.32) für die Zahl der unabhängigen Tensorkomponenten

$$Z = 3 + 1 + 1 + 1 = 6 \tag{8.81}$$

Aus der standardisierten Charaktertafel für D_{4h} können wir auch die symmetriekonformen Variablen ablesen, die wir ebenfalls in ihrer normierten Form anschreiben:

$$
\begin{array}{lrcl}
A_{1g}: & \frac{1}{2\sqrt{2}}(x^2+y^2) & \rightleftharpoons & s(A_{1g},1,1)=\sqrt{\frac{3}{8}}(\xi_1+\xi_2) \\
A_{1g}: & \frac{1}{\sqrt{3}}z^2 & \rightleftharpoons & s(A_{1g},2,1)=\xi_3 \\
B_{1g}: & \frac{1}{2}(x^2-y^2) & \rightleftharpoons & s(B_{1g},1,1)=\sqrt{\frac{3}{4}}(\xi_1-\xi_2) \\
B_{2g}: & xy & \rightleftharpoons & s(B_{2g},1,1)=\xi_4 \\
E_g: & yz & \rightleftharpoons & s(E_g,1,2)=\xi_5 \\
E_g: & zx & \rightleftharpoons & s(E_g,1,1)=\xi_6
\end{array}
\tag{8.82}
$$

Daraus ergibt sich nach (8.21) als symmetriekonforme Struktur der Energieform (8.69)

$$
\begin{aligned}
\Omega_{\text{elast}} = \quad & \frac{1}{2}\Big\{T_{11}^{(A_{1g})}[s_1(A_{1g})]^2+2T_{12}^{(A_{1g})}[s_1(A_{1g})s_2(A_{1g})]+T_{22}^{(A_{1g})}[s_2(A_{1g})]^2 \\
& +T^{(B_{1g})}[s(B_{1g})]^2+T^{(B_{2g})}[s(B_{2g})]^2 \\
& +T^{(E_g)}\left([s^{(1)}(E_g)]^2+[s^{(2)}(E_g)]^2\right)\Big\}
\end{aligned}
\tag{8.83}
$$

wobei die überflüssigen Indizes weggelassen sind und die gewählte Schreibweise sich selbst erklärt. Setzt man in (8.83) die originalen Variablen $\{\xi_m\}$ mittels (8.82) ein, so entsteht

$$
\begin{aligned}
\Omega_{\text{elast}} = \quad & \frac{1}{2}\Big\{\frac{3}{8}[T_{11}^{(A_{1g})}+2T^{(B_{1g})}](\xi_1^2+\xi_2^2)+T_{22}^{(A_{1g})}\xi_3^2 \\
& +2\frac{3}{8}(T_{11}^{(A_{1g})}-2T^{(B_{1g})})\xi_1\xi_2+2\sqrt{\frac{3}{8}}T_{12}^{(A_{1g})}(\xi_1\xi_3+\xi_2\xi_3) \\
& +T^{(B_{2g})}\xi_4^2+T^{(E_g)}(\xi_5^2+\xi_6^2)\Big\}
\end{aligned}
\tag{8.84}
$$

und wir können den Zusammenhang zwischen den originalen Tensorkomponenten $\{T_{mm'}\}$ und den symmetriekonformen Tensorkomponenten $\left\{T_{rr'}^{(\mu)}\right\}$ direkt ablesen ($T_{mn}=T_{nm}$):

$$T_{11} = T_{22}=\frac{3}{8}[T_{11}^{(A_{1g})}+2T^{(B_{1g})}] \tag{8.85}$$

$$T_{33} = T_{22}^{(A_{1g})} \tag{8.86}$$

$$T_{44} = T^{(B_{2g})} \tag{8.87}$$

$$T_{55} = T_{66}=T^{(E_g)} \tag{8.88}$$

$$T_{12} = \frac{3}{8}[T_{11}^{(A_{1g})}-2T^{(B_{1g})}] \tag{8.89}$$

$$T_{13} = T_{23}=\sqrt{\frac{3}{8}}T_{12}^{(A_{1g})} \tag{8.90}$$

Alle anderen Tensorkomponenten verschwinden. ◊

8.7 Piezoelektrizität

Bei der Piezoelektrizität entsteht durch elastische Deformation eine elektrische Polarisation

$$P_m=\sum_{m'=1}^{6}T_{mm'}\zeta_{m'}\,,\quad m=1,2,3\,,\quad m'=1,2,3,4,5,6 \tag{8.91}$$

wobei, wie in Kapitel 8.6, die elastischen Variablen wiederum gegeben sind durch

Kristallsymmetrie	Darstellung	Z	$T_{mn} = T_{nm}\ ,\ m = 1,...,6$
Triklin (C_i)	$\Gamma = A_g$	21	alle elast. Konstanten verschieden
Monoklin (C_{2h})	$\Gamma = 4A_g + 2B_g$	13	$T_{mn} \neq 0\ ,\ T_{m5} = T_{m6} = 0$ für $m,n = 1,2,3,4$ $T_{55}\ ,\ T_{66}\ ,\ T_{56}$
Orthorhombisch (D_{2h})	$\Gamma = 3A_{1g}$ $+B_{1g} + B_{2g} + B_{3g}$	9	$T_{mn} \neq 0\ ,\ m,n = 1,2,3$ $T_{44}\ ,\ T_{55}\ ,\ T_{66}$ $T_{mn} = 0$ sonst
Tetragonal (D_{4h})	$\Gamma = 2A_{1g}$ $+B_{1g} + B_{2g} + E_g$	6	$T_{11} = T_{22}\ ,\ T_{33}\ ,\ T_{44}\ ,\ T_{55} = T_{66}$ $T_{12}\ ,\ T_{13} = T_{23}$ $T_{mn} = 0$ sonst
Trigonal (D_{3d})	$\Gamma = 2A_{1g} + 2E_g$	6	$T_{11} = T_{22}\ ,\ T_{33}\ ,\ T_{44}\ ,\ T_{55} = T_{66}$ $T_{12} = T_{11} - \frac{3}{2}T_{44}\ ,\ T_{13} = T_{23}$ $T_{15} = -T_{25} = \frac{\sqrt{3}}{2}T_{46}\ ,\ T_{mn} = 0$ sonst
Hexagonal (D_{6h})	$\Gamma = 2A_{1g} + E_{1g} + E_{2g}$	5	$T_{11} = T_{22}\ ,\ T_{33}\ ,\ T_{44}\ ,\ T_{55} = T_{66}$ $T_{12} = T_{11} - \frac{3}{2}T_{44}\ ,\ T_{13} = T_{23}$ $T_{mn} = 0$ sonst
Axiale Symmetric ($D_{\infty h}$)	$\Gamma = 2A_{1g} + E_{1g} + E_{2g}$	5	$T_{11} = T_{22}\ ,\ T_{33}\ ,\ T_{13} = T_{23}$ $T_{12} = -\frac{3}{2}T_{44}\ ,\ T_{55} = T_{66}$ $T_{mn} = 0$ sonst
Kubisch (O_h)	$\Gamma = A_{1g} + E_g + T_{2g}$	3	$T_{11} = T_{22} = T_{33}\ ,\ T_{44} = T_{55} = T_{66}$ $T_{12} = T_{13} = T_{23}$ $T_{mn} = 0$ sonst
Volle Isotropie ($SO(3) = \mathrm{R} \times C_i$)	$\Gamma = D^{(0)} + D^{(2)}$	2	$T_{11} = T_{22} = T_{33}\ ,\ T_{44} = T_{55} = T_{66}$ $T_{12} = T_{23} = T_{31} = T_{11} - \frac{3}{2}T_{44}$ $T_{mn} = 0$ sonst

Tabelle 8.3 Tabelle der elastischen Tensorkomponenten

$$\{\zeta_1, \zeta_2, \zeta_3, \zeta_4, \zeta_5, \zeta_6\} = \left\{\frac{1}{\sqrt{3}}\epsilon_{xx}, \frac{1}{\sqrt{3}}\epsilon_{yy}, \frac{1}{\sqrt{3}}\epsilon_{zz}, \epsilon_{xy}, \epsilon_{yz}, \epsilon_{zx}\right\} \tag{8.92}$$

Der Polarisation (8.91) ist eine Energiedichte zugeordnet:

$$\Omega_{\text{piezo}} = \frac{1}{2}\sum_{m=1}^{3} E_m P_m = \frac{1}{2}\sum_{m=1}^{3}\sum_{m'=1}^{6} T_{mm'}\xi_m\zeta_{m'} \tag{8.93}$$

mit

$$\xi_m = E_m\ ,\ m = x,y,z \tag{8.94}$$

Wie in 8.5 und 8.6 entsprechen die Punkt-Transformationseigenschaften dieser Variablen denen der in den Charaktertafeln üblicherweise aufgeführten Funktionen:

$$\{\xi_m\} \rightleftharpoons \{x,y,z\} \tag{8.95}$$

$$\{\zeta_{m'}\} \rightleftharpoons \left\{\frac{1}{\sqrt{3}}x^2, \frac{1}{\sqrt{3}}y^2, \frac{1}{\sqrt{3}}z^2, xy, yz, zx\right\} \tag{8.96}$$

Damit können wir den allgemein entwickelten Formalismus (siehe Kapitel 8.1 - 8.3) anwenden. Die primäre Frage besteht natürlich darin, *in welchen Kristallen* Piezoelektrizität überhaupt auftreten kann. Die Antwort ist leicht zu finden: Die symmetrisierten Tensorkomponenten $T_{rr'}^{(\mu)}$ (siehe (8.25)) sind nur dann von Null verschieden, wenn die durch $\{\xi_m\}$ und $\{\zeta_{m'}\}$ definierten reduziblen Darstellungen $\Gamma^{(\xi)}$ und $\Gamma^{(\zeta)}$ mindestens einen gleichen irreduziblen Bestandteil $\Gamma^{(\mu)}$ enthalten. Da jedoch in Kristallen mit Inversionssymmetrie die $\Gamma^{(\xi)}$ zu einer ungeraden Parität gehören, $\Gamma^{(\zeta)}$ dagegen zu einer geraden, kann es Piezoelektrizität *nur in* Kristallen ohne Inversionssymmetrie geben. Dies sind gemäß Tabelle 8.1 nur 21 der 32 Kristallklassen.

Das Fehlen der Inversionssymmetrie ist jedoch nur eine notwendige, aber *keine hinreichende* Bedingung für die Existenz von Piezoelektrizität. Man muß vielmehr noch in jedem Einzelfall bei den 21 verbliebenen Kristallklassen überprüfen, ob tatsächlich $\Gamma^{(\xi)}$ und $\Gamma^{(\zeta)}$ eine gemeinsame irreduzible Darstellung haben.

$\mathcal{B}$ **Tetragonales System**

Für die Punktgruppe S_4 ergibt sich

$$S_4 : \left\{\begin{array}{rcl} \Gamma^{(\xi)} & = & B+E \\ \Gamma^{(\zeta)} & = & A+B+2E \end{array}\right\} \text{gemeinsam: } B,E \tag{8.97}$$

und für D_{2d}

$$D_{2d} : \left\{\begin{array}{rcl} \Gamma^{(\xi)} & = & B_2+E \\ \Gamma^{(\zeta)} & = & 2A_1+B_1+B_2+E \end{array}\right\} \text{gemeinsam: } B_2,E \tag{8.98}$$

etc. .
Demgemäß kann es im tetragonalen System Piezoelektrizität geben. ◊

$\mathcal{B}$ **Kubisches System**

Dagegen findet man im speziellen kubischen System

$$O : \left\{\begin{array}{rcl} \Gamma^{(\xi)} & = & T_1 \\ \Gamma^{(\zeta)} & = & A_1+E+T_2 \end{array}\right\} \tag{8.99}$$

d.h. keine gemeinsamen irreduziblen Darstellungen. ◊

Führt man die Überprüfung diesbezüglich bei allen 21 Kristallklassen ohne Inversion durch, so zeigt sich, daß in allen außer in der Gruppe O die Darstellungen $\Gamma^{(\xi)}$ und $\Gamma^{(\zeta)}$ gemeinsame irreduzible Darstellungen haben. Es gibt also 20 Kristallklassen mit einem möglichen piezoelektrischen Effekt.

8.8 Aufgaben zu Kapitel 8

Aufgabe 26: Dielektizitätstensor für verschiedene Kristallsysteme

Man verifizierte die in der Tabelle 8.2 angegebenen Informationen über den Dielektrizitätstensor für die Kristallsysteme in ihrer höchstsymmetrischen Form (Tabelle 8.1). Hierzu benütze man die in den Standard-Charaktertafeln angegebenen Symmetrieeigenschaften der Funktionen x, y, z.

Aufgabe 27: Elastische Konstanten des trigonalen Kristallsystems der höchstsymmetrischen Punktgruppe D_{3d}

a) Bestätigen Sie die fünfte Zeile aus Tabelle 8.3, also wieviele unabhängige, symmetriekonforme elastische Konstanten $\left\{T_{rr'}^{(\mu)}\right\}$ es bei der höchstsymmetrischen Punktgruppe D_{3d} des trigonalen Kristallsystems gibt. Wie lautet demgemäß die Form des Energieausdruckes in den Symmetrievariablen $\{s(\mu,r,j)\}$?

b) Drücken Sie die Symmetrievariablen $\{s(\mu,r,j)\}$ in den originalen Variablen (d.h. den Komponenten des Dehnungstensors ϵ) aus.

c) Durch Vergleich der beiden Energieausdrücke, d.h. des originalen und des symmetrieadaptierten, kann man die originalen Tensorkomponenten T_{mn} $(m,n = 1,\dots,6)$ durch die symmetriekonformen $T_{rr'}^{(\mu)}$ $(r,r' = 1,\dots,a_\mu)$ ausdrücken. Wie lauten sie, und welche verschwinden?

Aufgabe 28: Elastische Konstanten des hexagonalen Kristallsystems der höchstsymmetrischen Punktgruppe D_{6h}

Führen Sie dieselben Betrachtungen wie in Aufgabe 28 für ein hexagonales System mit der höchstsymmetrischen Punktgruppe D_{6h} (sechszählige Achse als z-Achse) durch, und bestätigen Sie dadurch die sechste Zeile aus Tabelle 8.3.

Aufgabe 29: Piezoelektrizität

Zeigen Sie, daß in allen drei trigonalen Kristallklassen ohne Inversionssymmetrie (C_3,C_{3v},D_3) Piezoelektrizität vorkommen kann.

9 Absorption, Emission und Streuung von Licht

Die Wechselwirkung des Lichts mit Materie wird in konsistenter Weise im Rahmen der Quantenelektrodynamik behandelt. Gute Beschreibungen darüber findet man in dem klassischen Buch von Heitler [17], aber auch in vielen anderen Werken wie z.B. bei Louisell [35]. Diese Beschreibungsweise bringt durch die Einführung von Erzeugungs- und Vernichtungsoperatoren für das elektromagnetische Feld sogar konzeptionelle und rechnerische Vereinfachungen gegenüber der üblichen Beschreibung, wie sie in den konventionellen Lehrbüchern der Quantenmechanik gebracht wird. Trotzdem ist die „semiklassische" Beschreibungsweise, in der das elektromagnetische Feld als klassisches Feld behandelt wird, zugänglicher, da die „einfache" Quantenmechanik zum regulären Rüstzeug jedes Physikers gehört. Eine besonders empfehlenswerte Darlegung in diesem Sinne befindet sich beispielsweise im Buch von Blochinzew [3].
Für die gruppentheoretische Argumentation benötigen wir jeweils die allgemeinen Endformeln des theoretischen Formalismusses zur Beschreibung der Phänomene. Deshalb werden wir die Herleitung derselben nur kurz andeuten und im übrigen auf die Lehrbücher verweisen.

9.1 Dipolübergänge

Wir betrachten ein quantenmechanisches System, in dem ein Dipoloperator $\vec{D}$ definiert ist, über den das zeitabhängige elektrische Feld $\vec{E}(t)$ an das System angekoppeln kann. Dann hat der Hamiltonoperator die Form

$$H = H_0 + W \tag{9.1}$$

$$H_0 \varphi_n^{(0)} = E_n^{(0)} \varphi_n^{(0)} \tag{9.2}$$

mit

$$W = -\vec{D} \cdot \vec{E}(t) \tag{9.3}$$

$$\vec{E}(t) = \vec{e} \cdot E(t) \tag{9.4}$$

wobei H_0 der intrinsische (d.h. ungestörte) Hamiltonoperator mit den ungestörten Eigenlösungen $\{E_n^{(0)}, \varphi_n^{(0)}\}$ ist. Wir definieren als Dipolmatrixelement

$$\vec{D}_{mn} = \left\langle \varphi_m^{(0)} \middle| \vec{D} \middle| \varphi_n^{(0)} \right\rangle \tag{9.5}$$

Dann ist die vom Lichtfeld $\vec{E}(t)$ induzierte Übergangswahrscheinlichkeit pro Zeiteinheit w_{mn} gegeben durch

$$w_{mn} = \frac{(2\pi)^2}{\hbar^2} |\vec{e} \cdot \vec{D}_{mn}|^2 \cdot |E(\omega)|^2_{\omega=\omega_m-\omega_n} \tag{9.6}$$

wobei $E(\omega)$ die Fouriertransformierte von $E(t)$ bedeutet:

$$E(\omega) = \frac{1}{2\pi} \int_{-\infty}^{\infty} dt\, E(t) e^{-i\omega t} \tag{9.7}$$

mit der Abkürzung

$$\omega_m = \frac{E_m^{(0)}}{\hbar} \tag{9.8}$$

Aus (9.6) erkennen wir, daß induzierte Übergänge (Absorption: $\omega_m > \omega_n$, Emission: $\omega_m < \omega_n$) stattfinden, wenn das nach (9.5) definierte Dipolmatrixelement $\vec{D}_{mn}$ nicht verschwindet. Nun ist der Dipoloperator $\vec{D}$ ein polarer Vektor, der sich wie der Ortsvektor $\vec{r}$ transformiert, und dessen Komponenten sich (im Sinne der Anti-Wigner-Konvention, siehe Kapitel 8.5) wie die Ortsfunktionen x,y,z transformieren:

$$\{D_x,D_y,D_z\} \leftrightharpoons \{x,y,z\} \tag{9.9}$$

Seine Komponenten konstituieren also eine reduzible Darstellung der Gruppe

$$\Gamma^{(D)} \equiv \Gamma^{(\{x_i\})} \tag{9.10}$$

Da sowohl $\varphi_m^{(0)}$ ($\leftrightharpoons \varphi_{m\mu i}$, $i = 1,\ldots,d_\mu$) und $\varphi_n^{(0)}$ ($\leftrightharpoons \varphi_{n\nu j}$, $j = 1,\ldots,d_\nu$) respektive Basisfunktionen zu irreduziblen Darstellungen $\Gamma^{(\mu)}$ und $\Gamma^{(\nu)}$ darstellen, kann das Matrixelement

$$\langle\varphi_{m\mu i}|\vec{D}|\varphi_{n\nu j}\rangle \tag{9.11}$$

nur dann nicht verschwinden, wenn in der Produktdarstellung $\Gamma^{(D)} \times \Gamma^{(\nu)}$ die Darstellung $\Gamma^{(\mu)}$ enthalten ist. Dabei ist unter der Produktdarstellung $\Gamma^{(D)} \times \Gamma^{(\nu)}$ die reduzible Darstellung gemeint, die von den in $\vec{D}\varphi_{n\nu j}$ enthaltenen Funktionen gebildet wird.

Auswahlregel für Dipolübergänge

Der elektrische Anteil des Lichtfeldes induziert zwischen den Zuständen $E_m^{(0)}$ ($\leftrightharpoons E_{m\mu}$) und $E_n^{(0)}$ ($\leftrightharpoons E_{n\nu}$), deren Eigenfunktionen $\varphi_m^{(0)}$ ($\leftrightharpoons \varphi_{m\mu i}$) und $\varphi_n^{(0)}$ ($\leftrightharpoons \varphi_{n\nu j}$) respektive Basisfunktionen der irreduziblen Darstellungen $\Gamma^{(\mu)}$ und $\Gamma^{(\nu)}$ sind, nur dann einen Übergang, wenn in der Produktdarstellung $\Gamma^{(D)} \times \Gamma^{(\nu)}$ die irreduzible Darstellung $\Gamma^{(\mu)}$ enthalten ist, wobei $\Gamma^{(D)}$ durch die drei Funktionen x,y,z generiert wird.

B **Wasserstoffatom ($G = SO(3) = \mathbf{R} \times C_i$)**

Es ist beim Wasserstoffatom

$$\vec{D} = -e\vec{r} \quad \leftrightharpoons \quad \{x,y,z\} \tag{9.12}$$

Nach der Charaktertafel für $SO(3) = \mathrm{R} \times C_i$ ist

$$\Gamma^{(D)} \quad = \quad \Gamma^{(x,y,z)} = D_1^{(-)} \tag{9.13}$$

und

$$\Gamma^{(s)} = D_0^{(+)}, \quad \Gamma^{(p)} = D_1^{(-)}, \quad \Gamma^{(d)} = D_2^{(+)}, \quad \text{etc.} \tag{9.14}$$

Das Produkt $\Gamma^{(D)} \times \Gamma^{(p)}$ enthält die Darstellung $D_0^{(+)}$, $\Gamma^{(D)} \times \Gamma^{(d)}$ jedoch nicht:

$$\Gamma^{(D)} \times \Gamma^{(p)} \quad = \quad D_0^{(+)} + D_1^{(+)} + D_2^{(+)} \tag{9.15}$$

$$\Gamma^{(D)} \times \Gamma^{(d)} \quad = \quad D_1^{(-)} + D_2^{(-)} + D_3^{(-)} \tag{9.16}$$

Die Dipolübergänge $s \leftrightarrow p$ sind daher erlaubt, $s \leftrightarrow d$ dagegen verboten. ◊

9.2 Kohärente Lichtstreuung und Raman-Streuung

Bei der *nichtresonanten Lichtstreuung* geht man auch von dem durch Gleichung (9.1)–(9.4) formulierten Problem aus und nimmt außerdem an, daß das Lichtfeld monochromatisch sei:

$$\vec{E}(t) = \vec{e} \cdot E_0(\omega) \cos\omega t \tag{9.17}$$

wobei $\vec{e}$ wiederum die Richtung des $\vec{E}$-Feldes bedeutet. Darüber hinaus nimmt man an, daß die Frequenz ω des Lichts mit keinem der Energieintervalle des betrachteten Systems in Resonanz ist:

$$\omega \neq \omega_m - \omega_n \tag{9.18}$$

Dann kann man für die Lösung der zeitabhängigen Schrödingergleichung

$$i\hbar \frac{\partial}{\partial t} \Psi_n(t) = H_0 \Psi_n(t) + W(t) \Psi_n(t) \tag{9.19}$$

mit

$$W(t) = -\vec{e} \cdot \vec{D} \cdot E_0(\omega) \cos\omega t \tag{9.20}$$

den folgenden Näherungsansatz machen

$$\Psi_n(t) = \varphi_n^{(0)} e^{-i\omega_n t} + u_n^{(+)} e^{-i(\omega_n+\omega)t} + u_n^{(-)} e^{-i(\omega_n-\omega)t} + O(W^2) \tag{9.21}$$

In (9.19) eingesetzt erhält man damit, wenn man Glieder der Ordnung W^2 und höherer vernachlässigt,

$$u_n^{(\pm)} = -\frac{E_0(\omega)}{2\hbar} \sum_k \frac{\vec{e} \cdot \vec{D}_{kn}}{\omega_{nk} \pm \omega} \varphi_k^{(0)} \tag{9.22}$$

mit

$$\omega_{nk} = \omega_n - \omega_k \tag{9.23}$$

Wir definieren nun eine zeitabhängige Dipolmatrix

$$\vec{d}_{mn}(t) \stackrel{\text{def}}{=} \langle \Psi_m(t) | \vec{D} | \Psi_n(t) \rangle \tag{9.24}$$

Setzt man die Ausdrücke (9.21) und (9.22) ein, so entsteht

$$\vec{d}_{mn}(t) = \vec{D}_{mn} e^{i\omega_{mn} t} + \vec{D}_{mn}^{(+)} e^{i(\omega_{mn}+\omega)t} + \vec{D}_{mn}^{(-)} e^{i(\omega_{mn}-\omega)t} \tag{9.25}$$

mit den Abkürzungen

$$\vec{D}_{mn}^{(\pm)} = -\frac{E_0(\omega)}{2\hbar} \sum_k \left[\frac{(\vec{e} \cdot \vec{D}_{mk}) \vec{D}_{kn}}{\omega_{mk} \pm \omega} + \frac{(\vec{e} \cdot \vec{D}_{nk}^*) \vec{D}_{km}^*}{\omega_{nk} \mp \omega} \right] \tag{9.26}$$

Der Ausdruck (9.25) ist physikalisch sehr bemerkenswert. Wir wollen die beiden Fälle $m = n$ und $m \neq n$ separat betrachten.

9.2.1 Dispersion („elastische Lichtstreuung“)

Im Falle $m = n$ haben die Ausdrücke (9.25) und (9.26) die Form

$$\vec{d}_{mm}(t) = \vec{D}_{mm} + D_{mm}^{(+)} e^{i\omega t} + \left(D_{mm}^{(+)} \right)^* e^{-i\omega t} \tag{9.27}$$

mit

$$\vec{D}_{mm}^{(+)} = \left(\vec{D}_{mm}^{(-)} \right)^* = -\frac{E_0(\omega)}{2\hbar} \sum_k \left[\frac{(\vec{e} \cdot \vec{D}_{mk}) \vec{D}_{km}}{\omega_{mk} + \omega} + \frac{(\vec{e} \cdot \vec{D}_{mk})^* \vec{D}_{km}^*}{\omega_{mk} - \omega} \right] \tag{9.28}$$

Der erste Term auf der rechten Seite von (9.27) ist der statische Dipolerwartungswert des Systems im Zustande m. Die beiden folgenden Terme repräsentieren den durch das Lichtfeld induzierten atomaren (oder molekularen) Dipol, der mit der Frequenz ω schwingt. Schreibt man (9.27) in der Komponentenform

$$(\vec{d}_{mm}(t) - \vec{D}_{mm})_i = \text{Re} \sum_{j=1}^{3} \alpha_{ij}^{(m)}(\omega) E_{0j}(\omega) e^{i\omega t} \qquad (i = 1,2,3) \tag{9.29}$$

so definieren die Größen $\alpha_{ij}^{(m)}(\omega)$ gerade die atomaren (oder molekularen) Polarisierbarkeiten des Systems im Zustand m, die nach Vergleich mit (9.28) gegeben sind durch:

$$\alpha_{ij}^{(m)}(\omega) = (\alpha_{ij}^{(m)}(\omega))^* = -\frac{1}{\hbar} \sum_k \left[\frac{(\vec{D}_{mk})_j (\vec{D}_{km})_i}{\omega_{mk} + \omega} + \frac{(\vec{D}_{mk})_i (\vec{D}_{km})_j}{\omega_{mk} - \omega} \right] \tag{9.30}$$

Sind die Matrixelemente $(D_{mk})_i$ reell, so hat man in der Umgebung von $\omega = \pm\omega_{mk}$ das in Abbildung 9.1 wiedergegebene archetypische Verhalten für $i = j$.

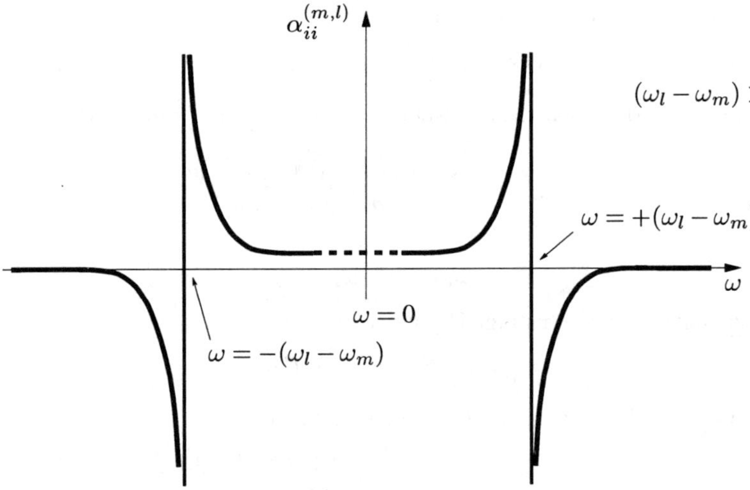

Bild 9.1 Frequenzabhängigkeit der partiellen atomaren Polarisierbarkeit $\alpha_{ii}^{(m,l)}$

Bezüglich des Lichtfeldes kann man aus (9.27) einen *Streuvorgang* herauslesen: das elektrische Feld regt das atomare System zu erzwungenen Schwingungen seiner eigenen Frequenz ω an. Der so erzeugte Dipol strahlt seinerseits gemäß einer Hertzschen Charakteristik nach allen Richtungen des Raumes elektromagnetische Wellen aus, die mit der einfallenden Welle in einer fixierten Phasenkorrelation („kohärenter Prozeß") stehen.

Die Schlüsselformel für die Anwendung gruppentheoretischer Methoden ist (9.30) bzw. die Definitionsformel (9.5) der in (9.30) auftretenden Dipolmatrixelemente $\vec{D}_{mn}$:

$$(\vec{D}_{mn})_i = \left\langle \varphi_m^{(0)} \middle| D_i \middle| \varphi_n^{(0)} \right\rangle \quad , \quad i = x,y,z \tag{9.31}$$

Für einen vorgegebenen atomaren Zustand m können wir dann, ganz analog zur Auswahlregel für die Dipolstrahlung (siehe Abschnitt 9.1), eine gruppentheoretische Aussage machen über die Nachbarzustände n, die für den Polarisierungstensor $\alpha^{(m)}(\omega)$ eine Rolle spielen.

Regel:
Die Polarisierbarkeit eines atomaren Systems, das sich im Eigenzustand $E_m^{(0)}$ ($\leftrightharpoons E_{m\mu}$) befindet, dessen Eigenfunktion $\varphi_m^{(0)}$ ($\leftrightharpoons \varphi_{m\mu i}$) eine der Basisfunktionen zur irreduziblen Darstellung $\Gamma^{(\mu)}$ bildet, wird im Sinne der Formel (9.30) von jenen Nachbareigenfunktionen $\varphi_n^{(0)}$ ($\leftrightharpoons \varphi_{n\nu j}$) aufgebaut, deren Produktbasis $\{\vec{D}\varphi_{n\nu j}\}$ eine reduzible Darstellung $\Gamma^{(D)} \times \Gamma^{(\nu)}$ generieren, die $\Gamma^{(\mu)}$ enthält.

Wichtig ist die kohärente Lichtstreuung insbesondere im Infraroten („IR-Spektroskopie").

9.2.2 Raman-Streuung

Betrachten wir den Fall $E_m^{(0)} \neq E_n^{(0)}$, so erkennen wir, daß jetzt die Dipolgröße $\vec{d}_{mn}(t)$ (siehe den Ausdruck (9.25)) neben einem Anteil $\vec{D}_{mn}$, der mit der intrinsischen Frequenzdifferenz ω_{mn} schwingt, wiederum zwei lichtinduzierte Anteile enthält, die jedoch im Gegensatz zu der in 9.2.1 behandelten Situation nicht mehr mit der Zwangsfrequenz ω schwingen, sondern mit den veränderten Frequenzen $\omega_\pm = \omega \pm \omega_{mn}$. Der gestreute Anteil des Lichts hat also eine veränderte spektrale Lage. Man hat folglich eine kombinierte Streuung, die in der folgenden Figur 9.2 schematisch dagestellt ist. Das gestreute Licht verliert also entweder Energie und regt dabei im

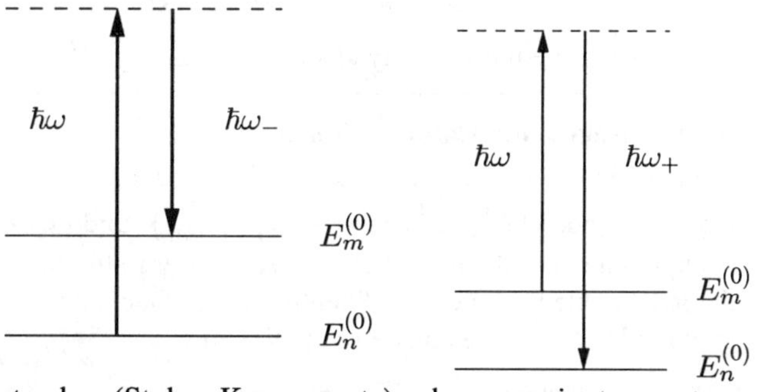

Bild 9.2
Schema der Raman-Prozesse:
Stokes- und Anti-Stokes-Übergang

atomaren System einen höheren Zustand an (Stokes-Komponente), oder es gewinnt vom atomaren System Energie, das dabei in einen tieferen Zustand übergeht (Anti-Stokes-Komponente). Übersetzt man mittels des Korrespondenzprinzips die Betrachtung in ein quasi-klassisches Bild, wie dies schon früher Kramers und Heisenberg [31] getan haben, so kann man die Ausstrahlung der induzierten Dipole in (9.25) gemäß der klassischen Elektrodynamik berechnen. Für die Intensität der Stokes-Komponente („rote Komponente") erhält man dann

$$I_{mn}^{(-)} \sim N_n \cdot (\omega - \omega_{mn})^4 \cdot |\vec{D}_{mn}^{(-)}|^2 \tag{9.32}$$

und für die der Anti-Stokes-Komponente („violette Komponente")

$$I_{mn}^{(+)} \sim N_m \cdot (\omega + \omega_{mn})^4 \cdot |\vec{D}_{mn}^{(+)}|^2 \tag{9.33}$$

wobei $\omega_{mn} > 0$ angenommen ist. N_m und N_n ist jeweils die Zahl der atomaren Systeme in den Zuständen m und n pro Volumeneinheit. Man sieht daraus, daß bei thermischer Besetzung wegen $N_n > N_m$ ($\omega_{mn} > 0$) die Anti-Stokes-Komponente schwächer sein wird als die Stokes-Komponente, und bei $T = 0K$ ganz verschwindet ($N_m = 0$).

Obwohl die gruppentheoretische Betrachtung auch bei der originalen Definition (9.26) der dipolaren Größe $\vec{D}_{mn}^{(\pm)}$ durchgeführt werden kann, ist es doch durchsichtiger, näherungsweise eine vereinfachte Form zu benützen, die zumeist von der experimentellen Vorgabe her gerechtfertigt ist. Meist wählt man nämlich die Frequenz ω des eingestrahlten Lichts sehr viel höher als die relevanten Energiedifferenzen $\{\omega_{mk},\omega_{nk}\}$, die im Ausdruck (9.26) eine Rolle spielen, so daß man den Nenner jeweils entwickeln kann. Durch eine anschließende Anwendung der Vollständigkeitsbeziehung kann man die k-Summation beseitigen und es verbleibt der Näherungsausdruck

$$\left(\vec{D}_{mn}^{(\pm)}\right)_i = \pm\frac{1}{2\hbar\omega^2}\sum_{j=1}^{3} E_{0j}(\omega)\cdot\Big\{(\omega_m+\omega_n)\left\langle\varphi_m^{(0)}\right|D_iD_j\left|\varphi_n^{(0)}\right\rangle - \frac{1}{\hbar}\left\langle\varphi_m^{(0)}\right|D_iH_0D_j+D_jH_0D_i\left|\varphi_n^{(0)}\right\rangle\Big\} \tag{9.34}$$

den man in einer weiteren Vergröberung noch vereinfachen kann zu

$$\left(\vec{D}_{mn}^{(\pm)}\right)_i = \pm\frac{\bar{\omega}(m,n)}{\hbar\omega^2}\sum_{j=1}^{3}\left\langle\varphi_m^{(0)}\right|D_iD_j\left|\varphi_n^{(0)}\right\rangle\cdot E_{0j}(\omega) \tag{9.35}$$

wobei $\bar{\omega}(m,n)$ ein geeignet gewählter Vorfaktor bedeutet. Bezüglich der Details verweisen wir auf die einschlägige Literatur über Raman-Spektroskopie. Den Ausdruck (9.35) wollen wir als Basis für unsere gruppentheoretische Analyse benützen. Ein Raman-Effekt existiert, wenn nicht alle Komponenten (9.35) verschwinden. Die Produktoperatoren $\{D_iD_j\}$ transformieren sich wie die funktionale Basis $\{\frac{1}{\sqrt{3}}x^2,\frac{1}{\sqrt{3}}y^2,\frac{1}{\sqrt{3}}z^2,xy,yz,zx\}$

$$\{D_iD_j\} \leftrightharpoons \{x_ix_j\} \tag{9.36}$$

und generieren die reduzible dyadische Darstellung $\Gamma^{(DD)}=\Gamma^{(\{x_ix_j\})}$.

Auswahlregeln für Raman-Linien

Raman-Linien bei den Frequenzen $\omega_{\pm}^{(mn)}=\omega\pm(\omega_m-\omega_n)$, die Übergängen zwischen den Eigenzuständen $\{E_m^{(0)},\varphi_m^{(0)}\}$ ($\leftrightharpoons\{E_{m\mu},\varphi_{m\mu i}\}$) und $\{E_n^{(0)},\varphi_n^{(0)}\}$ ($\leftrightharpoons\{E_{n\nu},\varphi_{n\nu j}\}$) entsprechen, können nur dann existieren, wenn in der reduziblen Produktdarstellung $\Gamma^{(DD)}\times\Gamma^{(\nu)}$ der irreduzible Bestandteil $\Gamma^{(\mu)}$ enthalten ist. Dabei ist $\Gamma^{(DD)}$ isomorph zur dyadischen Darstellung $\Gamma^{(\{x_ix_j\})}$, die von den Funktionen $\{\frac{1}{\sqrt{3}}x^2,\frac{1}{\sqrt{3}}y^2,\frac{1}{\sqrt{3}}z^2,xy,yz,zx\}$ erzeugt wird.

9.3 Produktdarstellungen

9.3.1 Reduktion von Produktdarstellungen

Wie wir gesehen haben, treten bei der Wechselwirkung des Lichts, wie übrigens auch bei der Wechselwirkung anderer Felder mit atomaren (oder molekularen) Systemen, Übergangsmatrixelemente der Struktur $\langle\varphi_{\mu i}|A|\varphi_{\nu j}\rangle$ auf, und gruppentheoretisch damit das Problem, ob in der durch $A\varphi_{\nu j}$ generierten reduziblen Produktdarstellung der irreduzible Bestandteil $\Gamma^{(\mu)}$ enthalten ist. Der Operator A erzeugt durch seine Transformationen $\{R:A\}$ einen invarianten Unterraum in G (siehe Kapitel 4) und definiert damit eine reduzible Darstellung $\Gamma^{(A)}$

$$\Gamma^{(A)} = \sum_{\kappa} a_\kappa\Gamma^{(\kappa)} \tag{9.37}$$

Es verbleibt also das Reduktionsproblem

$$\Gamma^{(A)} \times \Gamma^{(\nu)} = \sum_{\kappa} a_{\kappa} \Gamma^{(\kappa)} \times \Gamma^{(\nu)} \tag{9.38}$$

d.h. in allgemeiner Form als eigentliches Problem die Reduktion der Produktdarstellung zweier irreduzibler Darstellungen

$$\Gamma^{(\mu\times\nu)} \equiv \Gamma^{(\mu)} \times \Gamma^{(\nu)} = \Gamma^{(\nu)} \times \Gamma^{(\mu)} = \sum_{\kappa} a_{\kappa}^{(\mu\times\nu)} \Gamma^{(\kappa)} \tag{9.39}$$

$$a_{\kappa}^{(\mu\times\nu)} = a_{\kappa}^{(\nu\times\mu)} \tag{9.40}$$

Diese Aufgabe kann man mit den in Kapitel 3 und Kapitel 4 eingeführten Methoden durchführen. Beispielsweise kann man zunächst die Charaktere $\{\chi^{(\mu\times\nu)}(R)\}$ der Produkte der Darstellungsmatrizen $\Gamma^{(\mu)}(R)$ und $\Gamma^{(\nu)}(R)$ bestimmen, und dann die Schlüsselformel (3.39) der Ausreduktion anwenden.

Seien i und j die Entartungsindizes der irreduziblen Darstellungen $\Gamma^{(\mu)}$ und $\Gamma^{(\nu)}$,

$$i = 1,\ldots,d_{\mu} \tag{9.41}$$

$$j = 1,\ldots,d_{\nu} \tag{9.42}$$

dann ist die Produktdarstellung $\Gamma^{(\mu\times\nu)}$ von der Dimension $d_{\mu\times\nu} = d_{\mu} \cdot d_{\nu} = \sum_{\kappa} a_{\kappa}^{(\mu\times\nu)} d_{\kappa}$, und die Darstellungsmatrizen haben eine Doppelindizierung

$$\Gamma_{ij,i'j'}^{(\mu\times\nu)}(R) = \Gamma_{ii'}^{(\mu)}(R) \cdot \Gamma_{jj'}^{(\nu)}(R) \tag{9.43}$$

Die Diagonalelemente sind durch $(i,j) = (i',j')$, i.e. durch $i = i'$ und $j = j'$ charakterisiert. Demgemäß sind die Charaktere gegeben durch

$$\chi^{(\mu\times\nu)}(R) = \sum_{ij} \Gamma_{ij,ij}^{(\mu\times\nu)}(R) = \sum_{i=1}^{d_{\mu}} \Gamma_{ii}^{(\mu)}(R) \cdot \sum_{j=1}^{d_{\nu}} \Gamma_{jj}^{(\nu)}(R) \tag{9.44}$$

Daraus folgt der

Satz:
Die Charaktere der Produktdarstellung $\Gamma^{(\mu\times\nu)} = \Gamma^{(\mu)} \times \Gamma^{(\nu)}$ sind gegeben durch die Produkte der Charaktere der beiden beteiligten irreduziblen Darstellungen $\Gamma^{(\mu)}$ und $\Gamma^{(\nu)}$

$$\chi^{(\mu\times\nu)}(R) = \chi^{(\mu)}(R) \cdot \chi^{(\nu)}(R) \tag{9.45}$$

Damit findet man für die Multiplizitäten $a_{\kappa}^{(\mu\times\nu)}$ in der Zerlegung (9.39) nach (3.39)

$$a_{\kappa}^{(\mu\times\nu)} = \frac{1}{g} \sum_{R} \left[\chi^{(\kappa)}(R)\right]^{*} \cdot \chi^{(\mu)}(R) \cdot \chi^{(\nu)}(R) \tag{9.46}$$

Charaktere von Produktdarstellungen für C_{3v}

C_{3v}	E	$2C_3$	$3\sigma_v$
A_1	1	1	1
A_2	1	1	-1
E	2	-1	0
$A_1 \times A_2$	1	1	-1
$A_2 \times E$	2	-1	0
$E \times E$	4	1	0

Mit den Charakteren aus der Charaktertafel von C_{3v} folgt nach (9.45) oder über Formel (9.46):

$$A_1 \times A_2 = A_2 \tag{9.47}$$
$$A_2 \times E = E \tag{9.48}$$
$$E \times E = A_1 + A_2 + E \tag{9.49}$$

◊

9.3.2 Symmetrische und antisymmetrische Darstellung

Betrachtet man die Produktdarstellung $\Gamma^{(\mu)} \times \Gamma^{(\mu)}$, die von der Produktbasis $\{u_j(\mu)v_{j'}(\mu)\}$ mit $j,j' = 1,\dots,d_\mu$, aufgespannt wird, so kann man die Basis in eine „symmetrische" und eine „antisymmetrische" Folge zerlegen:

$$\{u_j(\mu)v_{j'}(\mu)\}_{symm} = \{u_j(\mu)v_{j'}(\mu) + u_{j'}(\mu)v_j(\mu)\} \quad \text{mit}\, j \geq j' \tag{9.50}$$
$$\{u_j(\mu)v_{j'}(\mu)\}_{antisymm} = \{u_j(\mu)v_{j'}(\mu) - u_{j'}(\mu)v_j(\mu)\} \quad \text{mit}\, j > j' \tag{9.51}$$

Sind die Basissätze $\{u_j(\mu)\}$ und $\{v_j(\mu)\}$ identisch, $u_j(\mu) = v_j(\mu)$, so entfällt die antisymmetrische Darstellung. Wegen

$$R : \left(u_j(\mu)v_{j'}(\mu) \pm u_{j'}(\mu)v_j(\mu)\right) = \sum_{kk'} \Gamma^{(\mu)}_{jk}(R)\,\Gamma^{(\mu)}_{j'k'}(R)\,(u_k(\mu)v_{k'}(\mu) \pm u_{k'}(\mu)v_k(\mu)) \tag{9.52}$$

bilden sowohl die „symmetrischen" als auch die „antisymmetrischen" Funktionen jeweils eine (reduzible) Darstellung der Gruppe, die wir respektive mit $\Gamma^{(\mu\times\mu)}_{symm}$ und $\Gamma^{(\mu\times\mu)}_{antisymm}$ bezeichnen, mit den Dimensionen

$$d^{(symm)}_{\mu\times\mu} = \frac{1}{2}d_\mu(d_\mu + 1) \tag{9.53}$$
$$d^{(antisymm)}_{\mu\times\mu} = \frac{1}{2}d_\mu(d_\mu - 1) \tag{9.54}$$

Die genaue Diskussion (siehe [14] S. 132ff) zeigt, daß die Darstellungsmatrizen der symmetrischen bzw. antisymmetrischen Produktdarstellung gegeben sind als

$$\left(\Gamma^{(\mu\times\mu)}_{kl,ij}(R)\right)_{\substack{symm\\antisymm}} = \frac{1}{2}\left[\Gamma^{(\mu)}_{ki}(R)\,\Gamma^{(\mu)}_{lj}(R) \pm \Gamma^{(\mu)}_{li}(R)\,\Gamma^{(\mu)}_{kj}(R)\right] \tag{9.55}$$

mit

$$k \geq l, i \geq j \qquad \text{im symmetrischen Fall} \tag{9.56}$$

$$k > l, i > j \qquad \text{im antisymmetrischen Fall} \tag{9.57}$$

und den Charakteren

$$\chi^{(\mu\times\mu)}_{\substack{symm\\antisymm}}(R) = \frac{1}{2}\left[\left(\chi^{(\mu)}(R)\right)^2 \pm \chi^{(\mu)}(R^2)\right] \tag{9.58}$$

9.4 Standardisierte Produktreduktionen

9.4.1 Kopplungskoeffizienten (Wigner-Koeffizienten)

Sei die Produktdarstellung $\Gamma^{(\mu\times\nu)} = \Gamma^{(\mu)} \times \Gamma^{(\nu)}$ zweier irreduziblen Darstellungen durch die Basis

$$\{u_i(\mu)v_j(\nu)\} \quad \text{mit} \quad \begin{cases} i &= 1,\ldots,d_\mu \\ j &= 1,\ldots,d_\nu \end{cases} \tag{9.59}$$

generiert. Diese Basis ist im allgemeinen reduzibel und wir können sie mit den in Kapitel 4 erarbeiteten Hilfsmitteln ausreduzieren:

$$w_k^{(r)}(\kappa) = \sum_{i=1}^{d_\mu}\sum_{j=1}^{d_\nu} C(\kappa r k|\mu i,\nu j)u_i(\mu)v_j(\nu) \tag{9.60}$$

μ,ν,κ = Indizes der Darstellungen $\Gamma^{(\mu)},\Gamma^{(\nu)},\Gamma^{(\kappa)}$
i,j,k = Entartungsindizes der Darstellungen $\Gamma^{(\mu)},\Gamma^{(\nu)},\Gamma^{(\kappa)}$
r = Multiplizitätsindex der Darstellung $\Gamma^{(\mu\times\nu)}; r = 1,\ldots,a_\kappa^{(\mu\times\nu)}$

wobei die Funktionen $\{w_k^{(r)}(\kappa)\}$ zu jedem vorkommenden Multiplizitätsindex r einen Basissatz zur standardisierten irreduziblen unitären Darstellung $\Gamma^{(\kappa)}$ repräsentieren. Die Ausreduktion (9.60) ist nicht eindeutig, wenn in der Zerlegung (9.39) irreduzible Bestandteile auftreten, deren Multiplizität größer als Eins ist, d.h. wenn $a_\kappa^{(\mu\times\nu)} > 1$. Insbesondere sind die Sätze $\{w_k^{(r)}(\kappa)\}$ und $\{w_k^{(r')}(\kappa)\}$ für $r \neq r'$ nicht notwendig orthogonal. Überdies ist die Normierung der Basis $\{w_k^{(r)}(\kappa)\}$ von der konkreten Natur der Funktionen $u_i(\mu)v_j(\nu)$ abhängig. Trotzdem ist es möglich, für die sogenannten Kopplungskoeffizienten oder Wigner-Koeffizienten $C(\kappa r k|\mu i,\nu j)$ einse standardisierte Form zu wählen, die *von der konkreten Natur der Ausgangsfunktionen* $\{u_i(\mu)\}$ *und* $\{v_j(\nu)\}$ *unabhängig ist.* Hierzu siehe auch die Ausführungen im Abschnitt 9.4.5. Sind diese Koeffizienten festgelegt, so kann man auch eine Umkehrung der Gleichung (9.60) finden:

$$u_i(\mu)v_j(\nu) = \sum_\kappa \sum_{r=1}^{a_\kappa^{(\mu\times\nu)}} \sum_{k=1}^{d_\kappa} C(\mu i,\nu j|\kappa r k)\, w_k^{(r)}(\kappa) \tag{9.61}$$

Auch die Koeffzienten $C(\mu i,\nu j|\kappa r k)$ sind von der konkreten Natur von $u_i(\mu)v_j(\nu)$ unabhängig. Insbesondere gilt wegen (9.60) und (9.61)

$$\sum_{i=1}^{d_\mu}\sum_{j=1}^{d_\nu} C(\mu i,\nu j|\kappa r k)C(\kappa' r' k'|\mu i,\nu j) = \delta_{\kappa\kappa'}\delta_{rr'}\delta_{kk'} \tag{9.62}$$

und

$$\sum_\kappa \sum_{r=1}^{a_\kappa^{(\mu\times\nu)}} \sum_{k=1}^{d_\kappa} C(\mu i,\nu j|\kappa r k)C(\kappa r k|\mu' i',\nu' j') = \delta_{\mu\nu}\delta_{ii'}\delta_{jj'} \tag{9.63}$$

was man leicht verifiziert, wenn man (9.60) in (9.61) bzw. umgekehrt (9.61) in (9.60) einsetzt. Im speziellen Fall der Rotationsgruppe $G = \mathrm{R}$ nennt man die Koeffizienten $C(\mu i, \nu j|\kappa r k)$ *Wigner–* oder *Clebsch-Gordan–Koeffizienten*. Für die anderen Punktgruppen spricht man von *Kopplungskoeffizienten* (bzw. Wigner–Koeffizienten).
Wir wollen hier nun noch zeigen, daß die Wigner-Koeffizienten $C(\kappa r k|\mu i, \nu j)$ (siehe Gleichung (9.60) von der speziellen funktionalen Form der irreduziblen Basisfunktionen $\{u_i(\mu)\}$ und $\{v_j(\nu)\}$ nicht abhängen. Dieser Nachweis kann leicht mittels des Großen Reduktionstheorems (4.70), (4.71) geschehen:

$$\zeta_k^{(\kappa,k')} = \sum_R \left(\Gamma_{kk'}^{(\kappa)}(R)\right)^* (R:\phi) \tag{9.64}$$

$$k = 1,\ldots,d_\kappa$$

$$k' : \text{ beliebig in } 1,\ldots d_\kappa$$

$$R:\zeta_k^{(\kappa,k')} = \sum_{l=1}^{d_k} \zeta_l^{(\kappa,k')}\Gamma_{lk}^{(\kappa)}(R) \tag{9.65}$$

Wählt man beispielsweise

$$\phi_1 = u_1(\mu)v_1(\nu) \tag{9.66}$$

so ist

$$\widehat{w}_k(\kappa) = \sum_R \left(\Gamma_{kk'}^{(\kappa)}(R)\right)^* (R:u_1(\mu)v_1(\nu)) \tag{9.67}$$

$$= \sum_R \Gamma_{kk'}^{(\kappa)}(R)\sum_{ij} u_1(\mu)v_1(\nu)\cdot\Gamma_{i1}^{(\mu)}(R)\Gamma_{j1}^{(\nu)}(R) \tag{9.68}$$

und $\{\widehat{w}_k(\kappa)\}$ ist eine Basis, die sich gemäß der Standarddarstellung $\Gamma_{kk'}^{(\kappa)}(R)$ transformiert, es sei denn, der Ausdruck (9.67) verschwindet. In diesem Falle muß man aus dem Satz $\{u_i(\mu)v_j(\nu)\}$ eine andere Kombination als $u_i(\mu)v_j(\nu)$ für die Ausgangsfunktion wählen. Auf diese Weise hat man einen der irreduziblen Basissätze für (9.60) gefunden:

$$\widehat{w}_k^{(r=1)}(\kappa) = \sum_{i=1}^{d_\mu}\sum_{j=1}^{d_\nu} \widehat{C}(\kappa, r=1, k|\mu i, \nu j) \tag{9.69}$$

Wenn $a_\kappa^{(\mu\times\nu)} > 1$, findet man in analoger Weise einen zweiten irreduziblen Satz $\{\widehat{w}_k^{(r=2)}(\kappa)\}$, indem man für die Ausgangsfunktion ϕ in (9.64) eine andere Kombination als (9.66) aus dem Satz $\{u_i(\mu)v_j(\nu)\}$ wählt. So kann man fortfahren, bis alle linear voneinander unabhängigen Basen $\{\widehat{w}_k^{(r)}(\kappa)\}$ für $r = 1,\ldots,a_\kappa^{(\mu\times\nu)}$ gefunden sind. Die Indizierung mit Zirkumflex $\widehat{w}$, $\widehat{C}$ ist gewählt, weil die so konstruierten Kopplungskoeffizienten $\widehat{C}(\kappa, r, k|\mu i, \nu j)$ nicht unbedingt den tabellierten Standardkoeffizienten $C(\kappa, r, k|\mu i, \nu j)$ entsprechen. Dieselben können jedoch als Linearkombination von $C(\kappa, r, k|\mu i, \nu j)$ definiert werden:

$$C(\mu i, \nu j|\kappa, r, k) = \sum_{r'=1}^{a_\kappa^{(\mu\times\nu)}} A_{r'}^{(r)}\cdot\widehat{C}(\mu i, \nu j|\kappa, r', k) \tag{9.70}$$

Aus (9.67) und den entsprechenden Formeln mit anderen Ausgangsfunktionen aus dem Satz $\{u_i(\mu)v_j(\nu)\}$ ersieht man, daß die Koeffizienten $\widehat{C}(\kappa, r, k|\mu i, \nu j)$ von der speziellen funktionalen

Form der Funktionen $\{u_i(\mu)\}$ und $\{v_j(\nu)\}$ nicht abhängen, sondern nur von den standardisierten Transformationsmatrizen $\Gamma^{(\kappa)}_{kk'}(R)$, $\Gamma^{(\mu)}_{ii'}(R)$ und $\Gamma^{(\nu)}_{jj'}(R)$; beispielsweise

$$\begin{aligned} \widehat{C}(\kappa,r,k|\mu i,\nu j) &= \sum_R \left(\Gamma^{(\kappa)}_{kk'}(R)\right)^* \Gamma^{(\mu)}_{i1}(R)\,\Gamma^{(\nu)}_{j1}(R) \\ k' &: \text{ beliebig in } 1,\ldots,d_\kappa \end{aligned} \tag{9.71}$$

etc. . Es gilt also der

Satz:
Die Kopplungskoeffizienten (Wigner-Koeffizienten) $C(\kappa,r,k|\mu i,\nu j)$ für die Ausreduktion einer Produktbasis $\{u_i(\mu)v_j(\nu)\}$ hängen nur von den (standardisierten) Transformationsmatrizen $\Gamma^{(\kappa)}_{kk'}(R)$, $\Gamma^{(\mu)}_{ii'}(R)$ und $\Gamma^{(\nu)}_{jj'}(R)$ ab, nicht jedoch von der konkreten Form der Funktionen $\{u_i(\mu)\}$ und $\{v_j(\nu)\}$.

9.4.2 Multiplikationstafeln

Die Zerlegung der Produkte irreduzibler Darstellungen in irreduzible Bestandteile (siehe Gleichung (9.39)) muß man bei der praktischen Anwendung nicht tatsächlich durchführen, da sie in Tabellen erfaßt ist, die man *Multiplikationstafeln* nennt. Sie sind im Anhang D für die wichtigsten Punktgruppen angeführt.
Die in den Tafeln eingeklammerten Darstellungen sind antisymmetrische Darstellungen (siehe Gleichung (9.51)). Sie treten nur auf, wenn $u_j(\mu) \neq v_j(\mu)$, d.h. wenn die beiden Ausgangsbasissätze nicht identisch sind.

Multiplikationstafel von D_4, C_{4v}, D_{2d}, D_{4h}

$\mathbf{D_4, C_{4v}, D_{2d}, D_{4h}}$	A_1	A_2	B_1	B_2	E
A_1	A_1	A_2	B_1	B_2	E
A_2		A_1	B_2	B_1	E
B_1			A_1	A_2	E
B_2				A_1	E
E					$A_1+[A_2]+B_1+B_2$

(9.72)

Somit ist z.B.

$$A_2 \times B_2 = B_1, \qquad B_2 \times E = E \tag{9.73}$$

Wenn die Basissätze $\{u_i(\mu)\} = \{v_i(\mu)\}$ identisch sind, dann ist

$$E \times E = A_1 + B_1 + B_2 \tag{9.74}$$

wenn sie verschieden sind ($\{u_i(\mu)\} \neq \{v_i(\mu)\}$), dann ist

$$E \times E = A_1 + A_2 + B_1 + B_2 \tag{9.75}$$

◊

9.4.3 Kopplungstafeln

Auch die nach (9.61) definierten Kopplungskoeffizienten $C(\mu i,\nu j|\kappa r k)$ sind meistenteils tabellarisch erfaßt und sind im Anhang E aufgeführt.

Kopplungkoeffizienten von D_4 für $E \times E$

Nach der Produkttafel (9.72) zerfällt $E \times E$ in $A_1 + [A_2] + B_1 + B_2$. Somit findet man für das Produkt zweier Funktionen, die sich jeweils wie E transformieren, eine Linearkombination von Funktionen, die sich wie A_1, A_2, B_1 oder B_2 transformieren.

$D_4, C_{4v}, D_{2d}, D_{4h}$	$u_x(E)v_x(E)$	$u_x(E)v_y(E)$	$u_y(E)v_x(E)$	$u_y(E)v_y(E)$
$w(A_1)$	$\frac{1}{\sqrt{2}}$	0	0	$\frac{1}{\sqrt{2}}$
$w(A_2)$	0	$\frac{1}{\sqrt{2}}$	$-\frac{1}{\sqrt{2}}$	0
$w(B_1)$	$\frac{1}{\sqrt{2}}$	0	0	$-\frac{1}{\sqrt{2}}$
$w(B_2)$	0	$\frac{1}{\sqrt{2}}$	$\frac{1}{\sqrt{2}}$	0

(9.76)

Daher gilt für das Produkt zweier Funktionen $u_y(E)$ und $v_y(E)$, die sich wie die y-Komponente der E-Darstellung transformieren:

$$u_y(E)v_y(E) = \frac{1}{\sqrt{2}} \cdot w(A_1) + 0 \cdot w(B_1) + \frac{-1}{\sqrt{2}} \cdot w(B_1) + 0 \cdot w(B_2) \tag{9.77}$$

Umgekehrt sieht man wie die zur Darstellung B_1 gehörige Funktion $w(B_1)$ in eine Summe von Produkten zerlegt wird:

$$w(B_1) = \frac{1}{\sqrt{2}} \cdot u_x(E)v_x(E) + 0 \cdot u_x(E)v_y(E) + 0 \cdot u_y(E)v_x(E) + \frac{-1}{\sqrt{2}} \cdot u_y(E)v_y(E) \tag{9.78}$$

◊

9.4.4 Wigner-(Clebsch-Gordan)–Koeffizienten

Bei der Rotationsgruppe R nennt man die in (9.61) eingeführten Koeffizienten Wigner- oder Clebsch-Gordan–Koeffizienten:

$$u_{l,m}v_{l',m'} = \sum_{L=|l-l'|}^{l+l'} \sum_{M=-L}^{L} C(lm,l'm'|LM) \cdot w_{L,M} \tag{9.79}$$

Für die Zerlegung der Produktdarstellung gilt die Beziehung

$$D_l \times D_{l'} = \sum_{L=|l-l'|}^{l+l'} D_L \tag{9.80}$$

wie man leicht mittels algebraischer Argumente zeigen kann. Wir verweisen hier auf die Standardlehrbücher der Quantenmechanik. Für die Charaktere gilt dann:

$$\chi^{(l)}(R) \cdot \chi^{(l')}(R) = \sum_{L=|l-l'|}^{l+l'} \chi^{(L)}(R) \tag{9.81}$$

Die Wigner-Koeffizienten lassen sich durch den folgenden geschlossenen Ausdruck erfassen:

$$C(lm,l'm'|LM) = \left[\frac{(l+l'-L)!(l+L-l')!(l'+L-l)!(2L+1)}{(l+l'+L+1)!}\right]^{1/2} \cdot \delta_{M,m+m'} \quad (9.82)$$
$$\cdot \sum_r (-1)^r \frac{[(l+m)!(l-m)!(l'+m')!(l'-m')!(L+M)!(L-M)!]^{1/2}}{(l-m-r)!(L-l'+m+r)!(l'+m'-r)!(L-l-m'+r)!r!(l+l'-L-r)!}$$

wobei $r \geq 0$ und weiterhin alle Werte durchläuft, so daß keines der Fakultätsargumente im Nenner kleiner Null wird. Zur Herleitung verweisen wir z.B. auf das Buch von Heine ([16], S.180 ff). Wir werden später (siehe Kapitel 13.7) auch noch eine Möglichkeit kennenlernen, wie man die Koeffizienten mittels Anwendung einer Lie-Algebra finden kann.

Wigner-Koeffizienten für $D_1 \times D_1$

Als Beispiel präsentieren wir hier die Tafeln der Wigner-Koeffizienten für $D_1 \times D_1$:

$D_1 \times D_1$	$u_{1,1}\,v_{1,1}$	$u_{1,1}\,v_{1,0}$	$u_{1,0}\,v_{1,1}$	$u_{1,1}\,v_{1,-1}$	$u_{1,0}\,v_{1,0}$	$u_{1,-1}\,v_{1,1}$	$u_{1,0}\,v_{1,-1}$	$u_{1,-1}\,v_{1,0}$	$u_{1,-1}\,v_{1,-1}$
$w_{2,2}$	1								
$w_{2,1}$		$\sqrt{\frac{1}{2}}$	$\sqrt{\frac{1}{2}}$						
$w_{1,1}$		$\sqrt{\frac{1}{2}}$	$-\sqrt{\frac{1}{2}}$						
$w_{2,0}$				$\sqrt{\frac{1}{6}}$	$\sqrt{\frac{2}{3}}$	$\sqrt{\frac{1}{6}}$			
$w_{1,0}$				$\sqrt{\frac{1}{2}}$	0	$-\sqrt{\frac{1}{2}}$			
$w_{0,0}$				$\sqrt{\frac{1}{3}}$	$-\sqrt{\frac{1}{3}}$	$\sqrt{\frac{1}{3}}$			
$w_{2,-1}$							$\sqrt{\frac{1}{2}}$	$\sqrt{\frac{1}{2}}$	
$w_{1,-1}$							$\sqrt{\frac{1}{2}}$	$-\sqrt{\frac{1}{2}}$	
$w_{2,-2}$									1

Demgemäß zerfällt das Produkt $u_{1,1}v_{1,-1}$ zweier Funktionen, also mit $l = 1, m = 1$ bzw. $l = 1, m = -1$, in

$$u_{1,1}v_{1,-1} = \sqrt{\frac{1}{6}} \cdot w_{2,0} + \sqrt{\frac{1}{2}} \cdot w_{1,0} + \sqrt{\frac{1}{3}} \cdot w_{0,0} \quad (9.83)$$

Aus der Tabelle kann man aber auch die Umkehrung entnehmen: Eine Funktion $w_{2,0}$, also mit $L = 2, M = 0$, ist zerlegbar in

$$w_{2,0} = \sqrt{\frac{1}{6}} \cdot u_{1,1}v_{1,-1} + \sqrt{\frac{2}{3}} \cdot u_{1,0}v_{1,0} + \sqrt{\frac{1}{6}} \cdot u_{1,-1}v_{1,1} \quad (9.84)$$

◊

Die Tafeln der Wigner-Clebsch-Gordan–Koeffizienten für die Produktdarstellungen $D_l \times D_{l'}$ für $l = 1$ und $l' = 1,2,3$ bzw. $l = 2$ und $l' = 2$ befinden sich im Anhang F.

9.4.5 Das Wigner-Eckart–Theorem

Kehren wir nunmehr wieder zu physikalischen Problemstellungen zurück. In den Abschnitten 9.1 und 9.2 haben wir Matrixprobleme der Art

$$M_{l,ij}^{(\lambda,\mu\nu)} = \langle\varphi_{\lambda l}|\,A_{\mu i}\,|\varphi_{\nu j}\rangle \qquad \text{mit } l=1,\dots,d_\lambda, \quad i=1,\dots,d_\mu, \; j=1,\dots,d_\nu \tag{9.85}$$

besprochen, wobei $A_{\mu i}$ einen Operator bedeutet, der sich wie eine irreduzible Basisfunktion transformiert:

$$R: A_{\mu i} = \sum_{j=1}^{d_\mu} A_{\mu j}\Gamma_{ji}^{(\mu)}(R) \tag{9.86}$$

Wir wollen stets voraussetzen, daß sich die in (9.85) auftretenden Basisfunktionen (Basisoperatoren) gemäß den standardisiert gewählten irreduziblen unitären Darstellungen $\Gamma^{(\lambda)}$, $\Gamma^{(\mu)}$, $\Gamma^{(\nu)}$ transformieren. Dann können wir die Produktbasis $\Gamma^{(\mu)} \times \Gamma^{(\nu)}$ ausreduzieren und gemäß (9.61) schreiben:

$$A_{\mu i}\varphi_{\nu j} = \sum_{\kappa}\sum_{k=1}^{d_\kappa}\sum_{r=1}^{a_\kappa^{(\mu\times\nu)}} C(\mu i,\nu j|\kappa r k)\cdot\Theta_{\kappa r k} \tag{9.87}$$

wobei die Funktionen $\{\Theta_{\kappa rk}\}$ $(r=1,\dots,a_\kappa^{(\mu\times\nu)})$ einen Basissatz zur standardisierten unitären Darstellung $\Gamma^{(\kappa)}$ bilden. Nun gelten für solche standardisierte Basissätze die Orthogonalitätsbeziehungen (4.53) und (4.56), die wir in der Form

$$\langle\varphi_{\lambda l}|\Theta_{\kappa rk}\rangle = K_{\lambda r}\cdot\delta_{\lambda\kappa}\delta_{lk} \tag{9.88}$$

schreiben. Setzen wir dies in (9.85) und (9.87) ein, so folgt das für die Anwendung sehr wichtige

Wigner-Eckart–Theorem

$$\langle\varphi_{\lambda l}|\,A_{\mu i}\,|\varphi_{\nu j}\rangle = \sum_{r=1}^{a_\lambda^{(\mu\times\nu)}} C(\mu i,\nu j|\lambda r l)\cdot K_{\lambda r}^{(\mu\nu)} \tag{9.89}$$

mit

$$K_{\lambda r}^{(\mu\nu)} = \left\langle\varphi_{\lambda l}|\Theta_{\lambda r l}^{(\mu\nu)}\right\rangle \tag{9.90}$$

$$r = 1,\dots,a_\lambda^{(\mu\times\nu)} \tag{9.91}$$

$$l \;:\; \text{beliebig in } l=1,\dots d_\lambda \tag{9.92}$$

$$i = 1,\dots,d_\mu \qquad j=1,\dots,d_\nu \tag{9.93}$$

und

$$\Theta_{\lambda rl}^{(\mu\nu)} = \sum_{i=1}^{d_\mu}\sum_{j=1}^{d_\nu} C(\lambda rl|\mu i,\nu j)\cdot A_{\mu i}\varphi_{\nu j} \tag{9.94}$$

wobei $C(\mu i,\nu j|\lambda rl)$ bzw. $C(\lambda rl|\mu i,\nu j)$ die (standardisierten) Wigner-Koeffizienten bedeuten.

Manchmal nennt man diese Theorem auch die „Verallgemeinerte Auswahlregel" oder auch „Matrixelementensatz". Es ist von großer praktischer Nützlichkeit, da es die Zahl $Z^{(red)}$ der effektiv zu berechnenden Matrixelemente dreier verknüpfter irreduzibler Darstellungen gewaltig reduziert, und zwar von der ursprünglichen Zahl $Z = d_\lambda\cdot d_\mu\cdot d_\nu$ auf $Z^{(red)} = a_\lambda$, d.h. auf die Multiplizität der Darstellung $\Gamma^{(\lambda)}$ in $\Gamma^{(\mu\times\nu)}$.

Hinweis:
Eine vorweggenommene Verdeutlichung der „Philosophie“ des Wigner-Eckart-Theorems findet sich in der Lösung von Aufgabe 22 (siehe Seite 396).

9.5 Prototypische Beispiele

9.5.1 Dipolübergänge

Es werden Dipolübergänge nach Kapitel 9.1 in einem System mit D_{4h}-Symmetrie untersucht. Für die Darstellung des Dipoloperators haben wir die Entsprechung

$$\{D_x, D_y, D_z\} \quad \leftrightharpoons \quad \{x,y,z\} \tag{9.95}$$

Nach der Charaktertafel von D_{4h} ist deshalb

$$\Gamma^{(D)} \quad = \quad A_{2u} + E_u \qquad \text{(ungerade Parität: } p_D = -1) \tag{9.96}$$

Weil die Parität p_D des Dipoloperators ungerade ist, müssen Anfangs- und Endzustand ($|I\rangle$ und $|F\rangle$) des Übergangs entgegengesetzte Parität haben:

$$p_I \quad \neq \quad p_F \tag{9.97}$$

Wir betrachten den Fall

$$|I\rangle = |\varphi(A_{1g})\rangle \quad \leftrightarrow \quad |F\rangle = |\varphi(E_u,j)\rangle \tag{9.98}$$

Da die Paritätsfrage geklärt ist, können wir wegen $D_{4h} = D_4 \times C_i$ die weitere Betrachtung auf die Untergruppe D_4 beziehen:

$$\begin{array}{lcl} D_{4h} & \rightarrow & D_4 \\ \left\{ \begin{array}{l} \Gamma^{(D)} = A_{2u} + E_u \\ \varphi(A_{1g}) \\ \varphi(E_u,j) \end{array} \right. & \begin{array}{c} \rightarrow \\ \rightarrow \\ \rightarrow \end{array} & \begin{array}{l} \Gamma^{(D)} = A_2 + E \\ \varphi(A_1) \\ \varphi(E,j) \end{array} \end{array} \tag{9.99}$$

Die irreduziblen Basisfunktionen in $\Gamma^{(D)}$ (siehe Charaktertafeln) sind:

$$A_1 : z \quad \leftrightharpoons \quad D_z \ (\leftrightharpoons u(A_1)) \tag{9.100}$$

$$\text{E:} \left\{ \begin{array}{lcl} x & \leftrightharpoons & D_x \ (\leftrightharpoons u_x(E)) \\ y & \leftrightharpoons & D_y \ (\leftrightharpoons u_y(E)) \end{array} \right. \tag{9.101, 9.102}$$

Gesucht sind die Matrixelemente $\langle I|\,\{D_i\}\,|F\rangle$, d.h.

$$\langle \varphi(A_1)|\{\underbrace{D_x}_{u_x(E)}, \underbrace{D_y}_{u_y(E)}, \underbrace{D_z}_{u(A_1)}\}|\{\underbrace{\varphi(E,x)}_{v_x(E)}, \underbrace{\varphi(E,y)}_{v_y(E)}\}\rangle \tag{9.103}$$

und daher benötigen wir die Produktdarstellung

$$\Gamma^{(D)} \times E \quad = \quad (A_2 + E) \times E = \underbrace{A_2 \times E}_{E} + \underbrace{E \times E}_{A_1 + A_2 + B_1 + B_2} \tag{9.104}$$

Allein wichtig: der Anteil A_1 (wegen $|I\rangle = |\varphi(A_1)\rangle$), der hier aus $\{u_x^{(E)}, u_y^{(E)}\} \times \{v_x^{(E)}, v_y^{(E)}\}$ aufgebaut wird. Aus der Tabelle (9.76) der Kopplungskoeffizienten für D_4

$E \times E$	$u_x^{(E)} v_x^{(E)}$	$u_x^{(E)} v_y^{(E)}$	$u_y^{(E)} v_x^{(E)}$	$u_y^{(E)} v_y^{(E)}$
$w(A_1)$	$\frac{1}{\sqrt{2}}$	0	0	$\frac{1}{\sqrt{2}}$
$w(A_2)$	0	...	...	...
$w(B_1)$	$\frac{1}{\sqrt{2}}$	...	...	...
$w(B_2)$	0	...	...	...

folgt

$$\begin{aligned} \underbrace{D_x}_{u_x(E)} \cdot \underbrace{\varphi(E,x)}_{v_x(E)} &= \frac{1}{\sqrt{2}} \cdot w(A_1) + 0 \cdot w(A_2) + \frac{1}{\sqrt{2}} w(B_1) + 0 \cdot w(B_2) \\ &= \frac{1}{\sqrt{2}} \cdot w(A_1) + \sum_{\mu(\neq A_1)} \cdots \end{aligned} \tag{9.105}$$

$$\underbrace{D_y}_{u_y(E)} \cdot \underbrace{\varphi(E,y)}_{v_y(E)} = \frac{1}{\sqrt{2}} \cdot w(A_1) + \sum_{\mu(\neq A_1)} \cdots \tag{9.106}$$

Man findet keinen A_1-Anteil in

$$D_z\varphi(E,x), D_z\varphi(E,y), D_x\varphi(E,y), D_y\varphi(E,x) \tag{9.107}$$

und berechnet daher leicht die Matrixelemente für $j = x,y$, und mit der Entsprechung $w \equiv \Theta$

$$M_z^{(j)} = \langle \varphi(A_1)| D_z |\varphi(E,j)\rangle = 0 \tag{9.108}$$

$$M_x^{(j)} = \langle \varphi(A_1)| D_x |\varphi(E,j)\rangle = \frac{1}{\sqrt{2}} \cdot \delta_{jx} \cdot \langle \varphi(A_1)|w(A_1)\rangle \tag{9.109}$$

$$M_y^{(j)} = \langle \varphi(A_1)| D_y |\varphi(E,j)\rangle = \frac{1}{\sqrt{2}} \cdot \delta_{jy} \cdot \langle \varphi(A_1)|w(A_1)\rangle \tag{9.110}$$

bzw. in D_{4h}

$$M_z^{(j)} = \langle \varphi(A_{1g})| D_z |\varphi(E_u,j)\rangle = 0 \tag{9.111}$$

$$M_x^{(j)} = \langle \varphi(A_{1g})| D_x |\varphi(E_u,j)\rangle = \frac{1}{\sqrt{2}} \cdot \delta_{jx} \cdot \langle \varphi(A_{1g})|w(A_{1g})\rangle \tag{9.112}$$

$$M_y^{(j)} = \langle \varphi(A_{1g})| D_y |\varphi(E_u,j)\rangle = \frac{1}{\sqrt{2}} \cdot \delta_{jy} \cdot \langle \varphi(A_{1g})|w(A_{1g})\rangle \tag{9.113}$$

Man erhält also die Ergebnisse:

1. $M_x^{(x)} = M_y^{(y)}$; alle anderen Matrixelemente verschwinden.
2. Nur ein Matrixelement muß berechent werden:
$$\langle \varphi(A_{1g})|w(A_{1g})\rangle = \frac{1}{\sqrt{2}} [\langle \varphi(A_{1g})| D_x |\varphi(E_u,x)\rangle + \langle \varphi(A_{1g})| D_y |\varphi(E_u,y)\rangle] \tag{9.114}$$
3. Physikalisch: Der Dipolübergang $A_{1g} \to E_u$ kann in D_{4h} nur induziert werden, wenn das Licht in x- oder y-Richtung polarisiert ist.

Die Dipolübergangsrate ist nach (9.6)

$$w_{A_{1g} \leftrightarrow E_u} = \frac{(2\pi)^2}{\hbar^2} \left[|E_x(\omega) M_x^{(x)}|^2 + |E_y(\omega) M_x^{(x)}|^2 \right] \tag{9.115}$$

9.5.2 Raman-Übergänge

Hier nun geht es um Raman-Übergänge in Systemen mit D_{4h}-Symmetrie.
Da sich D_{xx} wie x^2, etc. transformieren, entspricht die (gleichartig normierte) Basis zu $\Gamma^{(DD)}$

$$\{\xi_m\} \equiv \left\{ \frac{1}{\sqrt{3}} D_x D_x, \frac{1}{\sqrt{3}} D_y D_y, \frac{1}{\sqrt{3}} D_z D_z, D_x D_y, D_y D_z, D_z D_x \right\} \tag{9.116}$$

der Basis

$$\left\{ \frac{1}{\sqrt{3}} x^2, \frac{1}{\sqrt{3}} y^2, \frac{1}{\sqrt{3}} z^2, xy, yz, zx \right\} \tag{9.117}$$

die gemäß Charaktertafel (siehe auch Beispiel Seite 135) in

$$\Gamma^{(DD)} = 2A_{1g} + B_{1g} + B_{2g} + E_g \qquad \text{(gerade Parität: } p_{DD} = +1) \tag{9.118}$$

zerfällt. Weil die Parität p_{DD} dieser Darstellung „gerade“ ist, können nur Übergänge $|I\rangle \rightarrow |F\rangle$ zwischen Zuständen gleicher Parität stattfinden:

$$p_I = p_F \tag{9.119}$$

Physikalischer Aspekt:
In atomaren oder molekularen Systemen mit Inversionssymmetrie finden Dipolübergänge zwischen Zuständen ungleicher und Raman-Übergänge zwischen Zuständen gleicher Parität statt. D.h. man findet bezüglich der spektralen Information in diesen Systemen durch Raman-Spektren gerade die komplementäre Information zu der durch optische Dipolspektren erhältlichen.

Wir betrachten den Übergang

$$|I\rangle \equiv |\varphi(A_{1g})\rangle \leftrightarrow |F\rangle \equiv |\varphi(E_g, j)\rangle \quad , \quad j = x, y \tag{9.120}$$

Da auch hier die Paritätsfrage geklärt ist, können wir wiederum zu einer auf D_4 bezogenen Argumentationsweise übergehen. Zu untersuchen sind jetzt die Produkte $\Gamma^{(DD)} \times E$ bzw.

$$\Big\{ \underbrace{u^{(1)}(A_1)}_{\frac{1}{2\sqrt{2}}(D_x D_x + D_y D_y)}, \underbrace{u^{(2)}(A_1)}_{\frac{1}{\sqrt{3}} D_z D_z}, \underbrace{u(B_1)}_{\frac{1}{2}(D_x D_x - D_y D_y)}, \underbrace{u(B_2)}_{D_x D_y}, \underbrace{u_x(E)}_{D_z D_x}, \underbrace{u_y(E)}_{D_y D_z} \Big\} \times \Big\{ \underbrace{v_x(E)}_{\varphi(E,x)}, \underbrace{v_y(E)}_{\varphi(E,y)} \Big\} \tag{9.121}$$

Jedoch ist nur im Produkt $E \times E$ $(= \boldsymbol{A_1} + A_2 + B_1 + B_2)$ die irreduzible Darstellung A_1 enthalten (siehe Multiplikationstafel von D_4), und die zugehörige Basisfunktion finden wir wieder aus der bei den Dipolübergängen gegebenen Tafel für D_4. Demgemäß

$$u_x(E) v_x(E) = D_z D_x \cdot \varphi(E,x) = \frac{1}{\sqrt{2}} \cdot w(A_1) + \sum_{\mu(\neq A_1)} \cdots \tag{9.122}$$

$$u_y(E) v_y(E) = D_z D_y \cdot \varphi(E,y) = \frac{1}{\sqrt{2}} \cdot w(A_1) + \sum_{\mu(\neq A_1)} \cdots \tag{9.123}$$

Kein A_1-Anteil tritt in den anderen Produkten

$$\{D_x D_x, D_y D_y, D_z D_z, D_x D_y\} \times \{\varphi(E,x), \varphi(E,y)\},\ D_z D_x \varphi(E,y),\ D_z D_y \varphi(E,x) \tag{9.124}$$

auf. Also sind nur die beiden folgenden Matrixelemente ungleich Null ($j = x,y$):

$$M_{xz}^{(j)} = \langle\varphi(A_1)|\,D_xD_z\,|\varphi(E,j)\rangle = \frac{1}{\sqrt{2}}\cdot\delta_{jx}\cdot\langle\varphi(A_1)|w(A_1)\rangle \qquad (9.125)$$

$$M_{yz}^{(j)} = \langle\varphi(A_1)|\,D_yD_z\,|\varphi(E,j)\rangle = \frac{1}{\sqrt{2}}\cdot\delta_{jy}\cdot\langle\varphi(A_1)|w(A_1)\rangle \qquad (9.126)$$

bzw. in D_{4h}

$$M_{xz}^{(j)} = \langle\varphi(A_{1g})|\,D_xD_z\,|\varphi(E_g,j)\rangle = \frac{1}{\sqrt{2}}\cdot\delta_{jx}\cdot\langle\varphi(A_{1g})|w(A_{1g})\rangle \qquad (9.127)$$

$$M_{yz}^{(j)} = \langle\varphi(A_{1g})|\,D_yD_z\,|\varphi(E_g,j)\rangle = \frac{1}{\sqrt{2}}\cdot\delta_{jy}\cdot\langle\varphi(A_{1g})|w(A_{1g})\rangle \qquad (9.128)$$

Man erhält also die Ergebnisse:

1. Von den zwölf beim Raman-Übergang $A_{1g} \leftrightarrow E_g$ im System D_{4h} auftretenden Matrixelementen $\langle\varphi(A_{1g)}\,|\,D_iD_k\,|\varphi(E_g,j)\rangle$, mit $i,k = x,y,z$ und $j = x,y$, sind nur zwei ungleich Null:
$$M_{xz}^{(x)} \equiv \langle\varphi(A_{1g)}\,|\,D_xD_z\,|\varphi(E_g,x)\rangle = M_{yz}^{(y)} \qquad (9.129)$$

2. Nur ein Matrixelement muß berechnet werden.

3. Physikalisch: Ist das einfallende Licht in z-Richtung polarisiert, so hat das Raman-Licht beim A_{1g}-E_g-Übergang eine „zirkulare“ Polarisation in der x-y-Ebene. Ist das einfallende Licht in x-y-Ebene polarisiert, so hat das Raman-Licht eine („lineare“) Polarisation in z-Richtung.

9.6 IR- und Raman-Schwingungsspektren

9.6.1 Grundschwingungen

Die Normalkoordinaten eines Moleküls seien $\{Q(\mu,r,j)\}$. Sie bilden Basisfunktionen zu den irreduziblen Darstellungen $\Gamma^{(\mu)}$ der Punktsymmetriegruppe des Systems. Der den Schwingungsfreiheitsgraden des Systems zugeordnete Dipoloperator $\vec{D} \equiv \{D_i\}$ läßt sich nach den Normalkoordinaten entwickeln:

$$D_i = \sum_{\mu rj} d_{\mu rj}^{(i)}\cdot Q(\mu,r,j) + \sum_{\substack{\mu rj\\ \nu sk}} d_{\mu rj,\nu sk}^{(i)}\cdot Q(\mu,r,j)Q(\nu,s,k) + \ldots \qquad (9.130)$$

Aus den bekannten Entsprechungen

$$\{D_x,D_y,D_z\} \rightleftharpoons \{x,y,z\} \quad : \quad \text{reduzible Darstellung } \Gamma^{(D)} = \Gamma^{(x,y,z)} \qquad (9.131)$$

folgt, daß sich jede der Summen der rechten Seite von (9.130) wie (x,y,z) bzw. wie die darin enthaltenen irreduziblen Basisfunktionen der vorliegenden Gruppe transformieren muß.

Dipoloperator für D_{4h}

Bei der Untersuchung der Transformationseigenschaften von $\{D_i\}$ in D_{4h}-Symmetrie wurde in den Gleichungen (9.100)-(9.102) gefunden:

$$\{D_x,D_y,D_z\} \quad \rightleftharpoons \quad \{u_x(E_u),u_y(E_u),u(A_{2u})\} \tag{9.132}$$

also nach (9.130)

$$\{D_x,D_y\} \quad = \quad \sum_r d_{E_u,r} \cdot \{Q(E_u,r,x),Q(E_u,r,y)\} + \ldots \tag{9.133}$$

$$D_z \quad = \quad \sum_r d_{A_{2u},r} \cdot Q(A_{2u},r) + \ldots \tag{9.134}$$

◊

Raman-Tensoroperator für D_{4h}

Analog läßt sich der Raman-Tensoroperator $\{D_iD_j\}$ nach den Normalkoordinaten entwickeln:

$$D_iD_j \quad = \quad \sum_{\mu rk} q^{(ij)}_{\mu rk} \cdot Q(\mu,r,k) + \sum_{\mu rk}\sum_{\nu sl} q^{(ij)}_{\mu rk,\nu sl} \cdot Q(\mu,r,k)Q(\nu,s,l) + \ldots \tag{9.135}$$

mit den Transformationseigenschaften:

$$\left\{\frac{1}{\sqrt{3}}D_xD_x,\frac{1}{\sqrt{3}}D_yD_y,\frac{1}{\sqrt{3}}D_zD_z,D_xD_y,D_yD_z,D_zD_x\right\} \rightleftharpoons \left\{\frac{1}{\sqrt{3}}x^2,\frac{1}{\sqrt{3}}y^2,\frac{1}{\sqrt{3}}z^2,xy,yz,zx\right\} \tag{9.136}$$

d.h. die reduzible Darstellung $\Gamma^{(DD)}$ wird durch die 6 kartesischen Produktfunktionen x_ix_j generiert. Demgemäß muß sich hier jede der Summen der rechten Seite von (9.135) wie $\Gamma^{(DD)}$ transformieren. Das Transformationsverhalten von $\{D_iD_j\}$ in D_{4h} ist nach (9.121)

$$\left\{\frac{1}{2\sqrt{2}}(D_xD_x+D_yD_y),\frac{1}{\sqrt{3}}D_zD_z,\frac{1}{2}(D_xD_x-D_yD_y),D_xD_y,D_yD_z,D_zD_x\right\} \rightleftharpoons \left\{u^{(1)}(A_{1g}),u^{(2)}(A_{1g}),u(B_{1g}),u(B_{2g}),u_x(E_g),u_x(E_g)\right\} \tag{9.137}$$

also nach (9.135)

$$\frac{1}{2\sqrt{2}}(D_xD_x+D_yD_y) \quad = \quad \sum_r q^{(x^2+y^2)}_{A_{1g},r} \cdot Q(A_{1g},r) + \ldots \tag{9.138}$$

$$\frac{1}{\sqrt{3}}D_zD_z \quad = \quad \sum_r q^{(z^2)}_{A_{1g},r} \cdot Q(A_{1g},r) + \ldots \tag{9.139}$$

$$\frac{1}{2}(D_xD_x-D_yD_y) \quad = \quad \sum_r q_{B_{1g},r} \cdot Q(B_{1g},r) + \ldots \tag{9.140}$$

$$D_xD_y \quad = \quad \sum_r q_{B_{2g},r} \cdot Q(B_{2g},r) + \ldots \tag{9.141}$$

$$\{D_zD_x,D_yD_z\} \quad = \quad \sum_r q_{E_g,r} \cdot \{Q(E_g,r,x),Q(E_g,r,y)\} + \ldots \tag{9.142}$$

◊

Grundtöne:

Die Koeffizienten $\{d^{(i)}_{\mu r j}\}$ und $\{q^{(ij)}_{\mu r k}\}$ sind die intrinsischen molekularen „Materialkonstanten" des Systems, die man durch Messung der Spektren bestimmen kann.
Wir betrachten nun Übergänge aus dem Grundzustand. Der Schwingungsgrundzustand Φ_0 (i.e. der Grundzustand der Oszillatoren) des Moleküls ist der Einsdarstellung der Symmetriegruppe zugeordnet. Die ersten angeregten Zustände der verschiedenen Molekülmoden (μ,r,j) sind, da $Q(\mu,r,j) \sim b_{\mu,r,j} + b^+_{\mu,r,j}$, gegeben durch

$$|F\rangle \equiv |\varphi(\mu,r,j)\rangle = \sqrt{\frac{2\Omega(\mu,r)}{\hbar}} Q_{\mu,r,j} \cdot \Phi_0 \tag{9.143}$$

Die sich nun anschließende Analyse dieser *Grundtöne* verläuft analog zum Kapitel 9.5.

9.6.2 Kombinations- und Obertöne

Die Terme zweiter Ordnung in den Entwicklungen (9.130) und (9.135) erlauben sowohl beim Infrarot- (Dipolübergänge) als auch beim Raman-Spektrum Zwei-Quanten-Anregungen der Oszillatoren des Moleküls, also Übergänge der Art

$$|I\rangle = |\Phi_0\rangle \quad \to \quad |F\rangle \sim b^+(\mu,r,j)b^+(\nu,s,k)\,|\Phi_0\rangle \sim Q(\mu,r,j)Q(\nu,s,k)\,|\Phi_0\rangle \tag{9.144}$$

$\mu = \nu$ und $r = s$: „Obertöne"

$\mu \neq \nu$ bzw. $r \neq s$: „Kombinationstöne/-banden "

mit der Frequenz $\Omega(\mu,r) + \Omega(\nu,s)$. Bei *Obertönen* wird also durch ein Photon ein Oszillator vom Schwingungsgrundzustand $(n = 0)$ aus in einen Zustand mit der Quantenzahl n größer als 1 angeregt, bei *Kombinationsbanden* werden mehrere Oszillatoren durch ein Photon angeregt.
Für die gruppentheoretische Betrachtung ist jetzt zu beachten, daß nunmehr der Term zweiter Ordnung in (9.130) bzw. (9.135) jeweils eine Basis zu $\Gamma^{(D)}$ bzw. $\Gamma^{(DD)}$ sein muß, damit der jeweilige Übergang „erlaubt" ist. Also müssen die Produktdarstellungen

$$\Gamma^{(\mu\times\nu)} : \quad \text{generiert durch } \{Q(\mu,r,j)Q(\nu,s,k)\} \tag{9.145}$$

so gewählt sein, daß sie irreduzible Bestandteile enthalten, die auch in $\Gamma^{(D)}$ bzw. in $\Gamma^{(DD)}$ enthalten sind.

Erlaubte Übergänge für D_{4h}

Untersucht werden die Darstellungen in D_{4h}-Symmetrie:

$$\Gamma^{(D)} = A_{2u} + E_u \tag{9.146}$$
$$\Gamma^{(DD)} = 2A_{1g} + B_{1g} + B_{2g} + E_g \tag{9.147}$$

Diskussion der Dipolübergänge:

- Obertöne: $\mu = \nu$, $r = s$ („symmetrische Darstellung")
  Da $\Gamma^{(D)}$ eine ungerade Darstellung $(p = -1)$ ist, und die symmetrische Produktdarstellung $\Gamma^{(\mu\times\mu)}$ gerade ist, kann es keine Obertöne $2\Omega(\mu,r)$ geben.

- Kombinationstöne:

  ◦ $\mu = \nu$, $r \neq s$
    Da $\Gamma^{(D)}$ eine ungerade Darstellung $(p = -1)$ ist, und die Produktdarstellung $\Gamma^{(\mu\times\mu)}$ gerade ist, kann es keine Kombinationstöne $\Omega(\mu,r) + \Omega(\mu,s)$ geben.

- $\mu \neq \nu$
  Da $\Gamma^{(\mu \times \nu)}$ einerseits ungerade ist, und andererseits A_{2u} oder E_u darin enthalten sein muß, finden wir mit den Multiplikationstafeln z.B. folgende Kombinationsmöglichkeiten:

$$A_{1g} \times A_{2u} = A_{2u}(\in \Gamma^{(D)}) \quad \rightarrow \Omega(A_{1g},r) + \Omega(A_{2u},s) \tag{9.148}$$

$$A_{1u} \times A_{2g} = A_{2u}(\in \Gamma^{(D)}) \quad \rightarrow \Omega(A_{1u},r) + \Omega(A_{2g},s) \tag{9.149}$$

$$B_{1g} \times B_{2u} = A_{2u}(\in \Gamma^{(D)}) \quad \rightarrow \Omega(B_{1g},r) + \Omega(B_{2u},s) \tag{9.150}$$

$$E_g \times E_u = A_{2u} + \ldots (\in \Gamma^{(D)}) \quad \rightarrow \Omega(E_g,r) + \Omega(E_u,s) \tag{9.151}$$

  Nicht erlaubt sind andere Kombinationen ($\Leftrightarrow$ „Linien") wie z.B.

$$A_{1g} \times A_{1u} = A_{1u}(\notin \Gamma^{(D)}) \tag{9.152}$$

Ebenso findet man für Raman-Übergänge:

- Obertöne: $\mu = \nu$, $r = s$
  Wegen $\Gamma^{(\mu)} \times \Gamma^{(\mu)} = A_{1g} + \ldots$ und weil A_{1g} in $\Gamma^{(DD)}$ enthalten ist, sind alle Obertöne $2\Omega(\mu,r)$ möglich.

- Kombinationstöne:

  - $\mu = \nu$, $r \neq s$
    Wegen $\Gamma^{(\mu)} \times \Gamma^{(\mu)} = A_{1g} + \ldots$ können die Kombinationsfrequenzen $\Omega(\mu,r) + \Omega(\mu,s)$ auftreten.

  - $\mu \neq \nu$
    Nach den Multiplikationstafeln findet man z.B. folgende „erlaubte" Kombinationsmöglichkeiten:

$$A_{1g} \times B_{1g} = B_{1g}(\in \Gamma^{(DD)}) \quad \rightarrow \Omega(A_{1g},r) + \Omega(B_{1g},s) \tag{9.153}$$

$$A_{1u} \times E_u = E_g(\in \Gamma^{(DD)}) \quad \rightarrow \Omega(A_{1u},r) + \Omega(E_u,s) \tag{9.154}$$

    Nicht erlaubt sind Kombinationen ($\Leftrightarrow$ „Linien") von Darstellungen mit unterschiedlicher Parität, aber auch andere Kombinationen, die in $\Gamma^{(DD)}$ nicht enthalten sind, z.B.

$$A_{1g} \times A_{2g} = A_{2g}(\notin \Gamma^{(DD)}) \tag{9.155}$$

◊

Bezüglich weiterer Details verweisen wir auf die Standardlehrbücher über IR– und Raman–Spektren (u.a. [25], [46]).

9.7 Aufgaben zu Kapitel 9

Aufgabe 30: Raman-Effekt

Enthält der Hamiltonoperator einen zeitabhängigen Anteil $W(t)$, so kann die Lösung der zeitabhängigen Schrödingergleichung (9.19) nicht mehr auf ein zeitunabhängiges Problem zurückgeführt werden. $W(t)$ sei eine kleine Störung

$$W(t) \quad = \quad -\vec{e}\cdot\vec{D}\cdot E_0\cos\omega t \tag{9.156}$$

($\vec{D}$ = Dipoloperator, $\vec{e}$ = Polarisationsvektor des elektrischen Feldes).
Dann kann man für die Lösung von (9.19) folgenden Näherungsansatz machen:

$$\Psi_n(t) \quad = \quad \varphi_n^{(0)}\cdot e^{-i\omega_n t} + u_n^{(+)}\cdot e^{-i(\omega_n+\omega)t} + u_n^{(-)}\cdot e^{-i(\omega_n-\omega)t} + O(W^2) \tag{9.157}$$

mit den Eigenlösungen von H_0: $\{E_n^{(0)} = \hbar\omega_n\varphi_n^{(0)}\}$.

a) Berechnen Sie die unbekannten Funktionen $u_n^{(\pm)}$ und verifizieren Sie den Ausdruck (9.22). Hinweis: Entwickeln Sie $u_n^{(\pm)}$ nach $\varphi_n^{(0)}$.

b) Wie lauten die zeitabhängigen Dipolmatrixelemente

$$\vec{d}_{mn}(t) \quad = \quad \langle\Psi_m(t)|\vec{D}|\Psi_n(t)\rangle \tag{9.158}$$

ausgedrückt durch die statischen Dipolmatrixelemente $\vec{D}_{mn} = \left\langle\varphi_m^{(0)}\middle|\vec{D}\middle|\varphi_n^{(0)}\right\rangle$? Verifizieren Sie die Ausdrücke (9.25) und (9.26).

Aufgabe 31: Dipol- und Raman-Übergänge in C_{3v}

Ein atomares Einelektronensystem befinde sich in einem trigonalen Kristallfeld ($G = C_{3v}$).

a) Welche Dipolübergänge $I \to F$ sind dann vom Grundzustand I ($\varphi_I \equiv \varphi(A_1)$) aus möglich?

b) Welche und wieviele Matrixelemente muß man berechnen, um alle physikalisch möglichen Matrixelemente auszudrücken?

c) Wie lauten die Übergangsraten $w_{I\to F}$, und welche Polarisation $\vec{e}$ ($\vec{E}(t) = \vec{e}\cdot E(t)$) des Lichtfeldes ist nötig, um diese Übergänge optisch zu aktivieren?

d) Welche Raman-Übergänge $\varphi_I(A_1) \to \varphi_F(\mu,j)$ sind möglich?

e) Wieviel unabhängige Raman-Matrixelemente gibt es für die obigen Übergänge?

Aufgabe 32: Analyse eines Raman-Übergangs

Es soll der Raman-Übergang vom Grundzustand I ($\varphi_I \equiv \varphi_I(A_{1g})$) zum Endzustand F ($\varphi_F \equiv \varphi_F(B_{2g})$) in der Symmetrie D_{4h} betrachtet werden.
Analysieren Sie mit Hilfe des Produktes $\Gamma^{(DD)} \times \Gamma^{(B_{2g})}$ den Raman-Übergang. Welche Vereinfachung ergibt sich für die folgende Betrachtung unter Berücksichtigung der Symmetrie? Welche Matrixelemente treten auf? Geben Sie an, unter welchen Bedingungen Raman-Linien detektiert werden können.

Aufgabe 33: Infrarot- und Raman-Schwingungsspektren beim Benzol

Betrachtet werden soll das Benzolmolekül C_6H_6 unter Vernachlässigung der Wasserstoffatome (Symmetriegruppe $G = D_{6h}$). Im folgenden sollen die ebenen Ringschwingungen untersucht werden. Der C_6-Ring hat nach Aufgabe 25 die folgenden Eigenmoden:

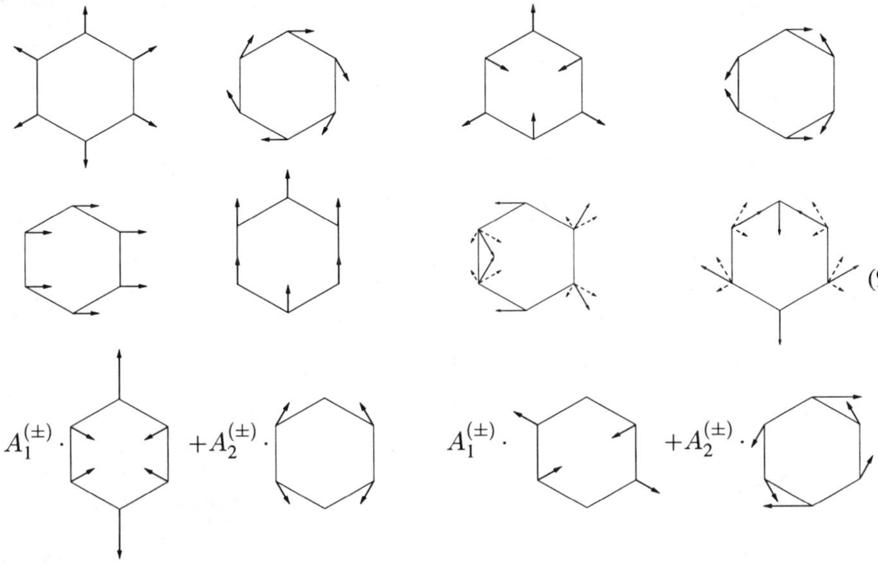

(9.159)

a) Klären Sie die Paritätszuordnung.

b) Wie lautet der Dipoloperator (siehe Gleichung (9.130)) in niederster Ordnung (für die Moden in x-y-Ebene)?

c) Wie lauten die Komponenten des Raman-Tensoroperators (siehe Gleichung (9.135)) in niederster Ordnung (für die Moden in x-y-Ebene)?

d) Welche Dipolübergänge (Infrarotspektrum) und welche Raman-Linien treten dann für das ebene Problem in niederster Ordnung auf?

e) Aus den spektralen Messungen kann man Aussagen über die molekularen „Materialkonstanten“ $\{d^{(i)}_{\mu rj}\}$ und $\{q^{(ij)}_{\mu rk}\}$ machen. Schreiben Sie als Beispiel je eine der Intensitätsformeln an.

Aufgabe 34: „Obertöne“ und „Kombinationstöne“ in Molekülspektren

Wir betrachten das Benzolmolekül C_6H_6 und die den C-Atomen zugeordneten (niederfrequenten) Eigenschwingungen in der x-y-Ebene.

a) Geben Sie für das Infrarotspektrum (Dipolübergänge) Beispiele für erlaubte „Ober-“ bzw. „Kombinationstöne“ und Beispiele für verbotene Kombinationen an.

b) Geben Sie für das Raman-Spektrum Beispiele für erlaubte „Ober-“ bzw. „Kombinationstöne“ und Beispiele für verbotene Kombinationen an.

10 Die Translationsgruppe T

Die reine Translationsgruppe T kommt in der Natur nur dort vor, wo keine zusätzliche Punktsymmetrie vorhanden ist, also de facto nur bei der triklinen Kristallklasse C_1. Ansonsten ist jedoch ein Kristall durch eine *Raumgruppe G* gekennzeichnet, die neben den translatorischen Elementen auch Punktgruppenelemente enthält.

Die *Translationsgruppe T* ist eine *Untergruppe* der vollen Raumgruppe. Ihre Gruppenelemente $R_{\{m\}} (\in T)$ können den Gitterpunkten $\vec{t}_{\{m\}}$

$$\vec{t}_{\{m\}} = m_1\vec{a}_1 + m_2\vec{a}_2 + m_3\vec{a}_3 \ , \quad m_i = 0 \pm 1, \pm 2, ... \tag{10.1}$$

eines sogenannten „primitiven (Bravais-) Gitters“ zugeordnet werden. $R_{\{m\}} : f(\vec{r})$ bedeutet die Verschiebung einer Funktion $f(\vec{r})$ um den Vektor $\vec{t}_{\{m\}}$, also

$$R_{\{m\}} : f(\vec{r}) = f(\vec{r} - \vec{t}_{\{m\}}) \tag{10.2}$$

T ist eine *unendliche, diskrete Gruppe*. $\vec{a}_i$ sind die primitiven Gittervektoren in Richtung der drei Kristallachsen, wobei die letzteren nicht notwendig aufeinander orthogonal sind (siehe Abbildung 10.1).

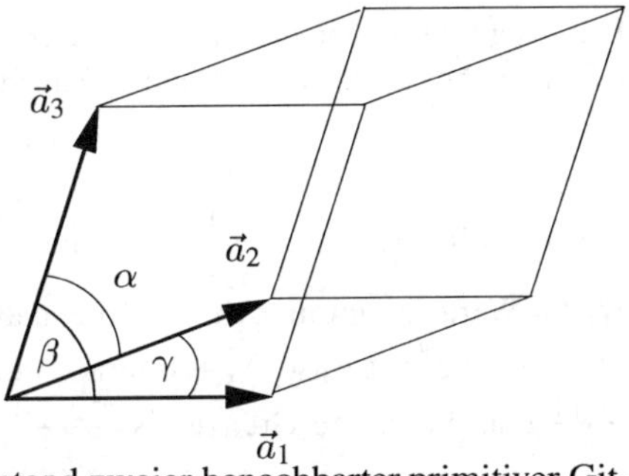

Bild 10.1
Elementarzelle des Bravais-Gitters (triklines System)

Die Länge der Vektoren $\vec{a}_i$, $i = 1,2,3$, ist durch den Abstand zweier benachbarter primitiver Gitterpunkte in der jeweiligen Kristallrichtung gegeben, d.h. die $|\vec{a}_i|$ bedeuten die drei Gitterkonstanten. Die Translationsgruppe T ist eine *Abelsche Gruppe*, da alle Translationen miteinander vertauschbar sind:

$$R_{\{m\}}R_{\{n\}} = R_{\{n\}}R_{\{m\}} \tag{10.3}$$

10.1 Periodische Randbedingungen

10.1.1 Realisierung

Der endliche Kristall hat keine Translationssymmetrie. Zwar bewirkt eine (nicht zu große) Translation $R_{\{m\}}$ der Kristallpunkte im Kristallinnern eine identische Reproduktion, jedoch verschieben sich die Oberflächen. Man kann dem Kristall aber eine endliche Translationsgruppe zuordnen, wenn man ihn sich künstlich ergänzt denkt. Es bieten sich dafür zwei Möglichkeiten an:

i) Im Eindimensionalen kann man sich den Kristall *ringförmig geschlossen* denken.

ii) Der Kristall wird nach allen Richtungen *periodisch fortgesetzt*.

In beiden Fällen kommt man zu den

Born-von Kármánschen periodischen Randbedingungen:

$$R_{\{N_1+1,0,0\}} = R_{\{0,0,0\}} = R_{\{0,N_2+1,0\}} = R_{\{0,0,N_3+1\}} \tag{10.4}$$

Es muß also für jede Funktion $f(\vec{r})$ gelten:

$$f(\vec{r} \mp \vec{a}_1 \cdot (N_1+1)) = f(\vec{r} \mp \vec{a}_2 \cdot (N_2+1)) = f(\vec{r} \mp \vec{a}_3 \cdot (N_3+1)) = f(\vec{r}) \tag{10.5}$$

Ein solcher Kristall hat $(N_1+1)(N_2+1)(N_3+1)$ *primitive Zellen*, und seine Translationsgruppe hat $(N_1+1)(N_2+1)(N_3+1)$ Elemente, ist also zu einer *endlichen* Translationsgruppe geworden.

Satz:
Die Zahl der Elemente der endlichen Translationsgruppe T ist gleich der Zahl der irreduziblen Darstellungen und beträgt

$$g_T \quad = \quad (N_1+1)(N_2+1)(N_3+1) \tag{10.6}$$

Die („endlich gemachte“) dreidimensionale Translationsgruppe T ist keine zyklische Gruppe, läßt sich aber als Produkt dreier zyklischer Gruppen schreiben:

$$R_{\{m\}} = (R_1^{(\vec{a}_1)})^{m_1} (R_1^{(\vec{a}_2)})^{m_2} (R_1^{(\vec{a}_3)})^{m_3} \tag{10.7}$$

mit $m_i = 0 \pm 1, \pm 2, \dots, \pm \left[\frac{N_i}{2}\right]$, wobei $\left[\frac{N_i}{2}\right]$ die Vorschrift symbolisiert, daß m_i gerade genau $N_i + 1$ Werte annimmt. D.h. im Falle, daß N_i geradzahlig gewählt ist, $\left[\frac{N_i}{2}\right] = \frac{N_i}{2}$ bedeutet. Wenn N_i ungeradzahlig (also $N_i + 1$ geradzahlig), kann man vereinbaren, die obere Grenze von m_i als $\frac{N_i+1}{2}$ und die untere Grenze als $-\frac{N_i-1}{2}$ zu wählen und die Notation $\left[\frac{N_i}{2}\right]$ als Symbolisierung dieser Vereinbarung zu verstehen. $R_1^{(\vec{a}_i)}$ beschreibt die Translation um $\vec{a}_i$.

10.1.2 Implikationen für die Physik

Periodische Randbedingungen erlauben die Anwendung gruppentheoretischer Methoden zur Beschreibung physikalischer Fragestellungen beim Kristall. Dies bedeutet einen immensen rechnerischen Gewinn. Da die Randbedingungen den wirklichen nicht entsprechen, sind die physikalischen Ergebnisse der Rechnung strenggenommen falsch. Sie können jedoch für alle Phänomene als adäquat betrachtet werden, die von der makroskopischen (äußeren) Abmessung des Kristalls nicht abhängen. Man nennt diese Phänomene Volumeneffekte („bulk“), im Gegensatz zu den Oberflächeneffekten („surface“). Zur Behandlung der letzteren muß jeweils die periodische Randbedingung in einer Richtung aufgegeben werden. Wenn die Oberfläche selbst nicht in einer der Basisebenen des Kristalls liegt, ist die Situation komplizierter.

10.2 Blochfunktionen

Da T eine Abelsche Gruppe ist, und demgemäß alle irreduziblen Darstellungen $\Gamma^{(\vec{k})}$ nicht entartet sind, also jeweils durch eine einzige Basisfunktion $\Psi_{\vec{k}}(\vec{r})$ generiert werden, findet man wegen (10.1) und (10.6):

$$R_{\{m_1,m_2,m_3\}} : \Psi_{\vec{k}}(\vec{r}) \overset{abelsch}{=} \Gamma^{(\vec{k})}(m_1,m_2,m_3)\Psi_{\vec{k}}(\vec{r}) \overset{\text{def}}{=} \Psi_{\vec{k}}(\vec{r}-m_1\vec{a}_1-m_2\vec{a}_2-m_3\vec{a}_3) \quad (10.8)$$

und

$$\Gamma^{(\vec{k})}(m_1,m_2,m_3) = \left(\Gamma^{(\vec{k})}_{(\vec{a}_1)}\right)^{m_1}\left(\Gamma^{(\vec{k})}_{(\vec{a}_2)}\right)^{m_2}\left(\Gamma^{(\vec{k})}_{(\vec{a}_3)}\right)^{m_3} \quad (10.9)$$

Die irreduzible Darstellung $\Gamma^{(\vec{k})}_{(\vec{a}_i)}$ bezieht sich dabei auf eine Translation in $\vec{a}_i$-Richtung. Wegen der periodischen Randbedingungen (10.4) folgt aus (10.8) und (10.9)

$$\left(\Gamma^{(\vec{k})}_{(\vec{a}_j)}\right)^{N_i+1} = 1\ ,\ j = 1,2,3 \quad (10.10)$$

oder

$$\Gamma^{(\vec{k})}_{(\vec{a}_j)} = \exp\left[-\frac{2\pi i}{N_j+1}n_j\right]\ ,\ n_j \text{ ganzzahlig} \quad (10.11)$$

Für die Basisfunktion selbst erhalten wir deshalb nach (10.8):

$$\Psi_{\vec{k}}(\vec{r}-m_1\vec{a}_1-m_2\vec{a}_2-m_3\vec{a}_3) = \exp\left[-2\pi i\sum_{j=1}^{3}\frac{m_jn_j}{N_j+1}\right]\Psi_{\vec{k}}(\vec{r}) \quad (10.12)$$

10.2.1 Reziprokes Gitter

Das reziproke Gitter wird durch die folgenden Gittervektoren definiert:

$$\vec{b}_1 = 2\pi\frac{\vec{a}_2\times\vec{a}_3}{\vec{a}_1(\vec{a}_2\times\vec{a}_3)}\ ,\ \text{zyklisch} \quad (10.13)$$

d.h. es gilt

$$\vec{a}_i\cdot\vec{b}_j = 2\pi\cdot\delta_{ij} \quad (10.14)$$

Somit erhält man als Definition eines *allgemeinen Gitterpunktes* im reziproken Gitter:

$$\vec{G}_{\{n\}} = n_1\vec{b}_1+n_2\vec{b}_2+n_3\vec{b}_3\ ,\ n_j \text{ ganzzahlig} \quad (10.15)$$

Dieser Vektor hat die wichtige Eigenschaft

$$\exp\left[-i\vec{t}_{\{m\}}\vec{G}_{\{n\}}\right] = 1 \quad (10.16)$$

10.2.2 Basisfunktionen der irreduziblen Darstellungen

Zur Charakterisierung der irreduziblen Darstellungen definieren wir die sogenannten

$\vec{k}$-Vektoren

$$\vec{k} = \frac{n_1}{N_1+1}\vec{b}_1+\frac{n_2}{N_2+1}\vec{b}_2+\frac{n_3}{N_3+1}\vec{b}_3\ ,\ n_j \text{ ganzzahlig} \quad (10.17)$$

Mit (10.8) und (10.12) folgt dann als

Charakterisierung der irreduziblen Basisfunktionen

$$R_{\{m\}} : \Psi_{\vec{k}}(\vec{r}) \equiv \Psi_{\vec{k}}(\vec{r} - \vec{t}_{\{m\}}) = \exp\left[-i\vec{k}\vec{t}_{\{m\}}\right] \Psi_{\vec{k}}(\vec{r}) \tag{10.18}$$

Die (eindimensionalen) Darstellungs-„Matrizen“ $\Gamma^{(\vec{k})}(m_1,m_2,m_3)$ erhalten demgemäß die Form

$$\Gamma^{(\vec{k})}(\{m\}) = \exp\left[-i\vec{k}\vec{t}_{\{m\}}\right] \tag{10.19}$$

Blochsches Theorem:
Die Basisfunktionen der irreduziblen Darstellungen der Translationsgruppe T können in der Form

$$\Psi_{\vec{k}}(\vec{r}) = \exp\left[i\vec{k}\vec{r}\right] u_{\vec{k}}(\vec{r}) \tag{10.20}$$

geschrieben werden, wobei $u_{\vec{k}}(\vec{r})$ die Periodizität des Gitters hat:

$$R_{\{m\}} : u_{\vec{k}}(\vec{r}) = u_{\vec{k}}(\vec{r}) \tag{10.21}$$

für alle $\{m\}$. Die Basisfunktionen $\Psi_{\vec{k}}(\vec{r})$ nennt man *Blochfunktionen.*

Verifizierung: Setzt man (10.20) als „Ansatz“ in (10.18) ein, so folgt

$$R_{\{m\}} : \Psi_{\vec{k}}(\vec{r}) = \exp\left[i\vec{k}(\vec{r} - \vec{t}_{\{m\}})\right] u_{\vec{k}}(\vec{r} - \vec{t}_{\{m\}}) = \exp\left[-i\vec{k}\vec{t}_{\{m\}}\right] \Psi_{\vec{k}}(\vec{r}) \tag{10.22}$$

erfüllt also die Bedingung (10.18).

10.2.3 Erste Brillouin-Zone (1. BZ)

Die durch die periodischen Randbedingungen (10.4) eingeschränkte Abelsche Gruppe T hat $(N_1+1)(N_2+1)(N_3+1)$ Elemente. Es gibt deshalb auch nur genau $(N_1+1)(N_2+1)(N_3+1)$ irreduzible Darstellungen. Aus (10.19) folgt mit (10.16)

$$\Gamma^{(\vec{k}+\vec{G}_{\{n\}})}(\{m\}) = \Gamma^{(\vec{k})}(\{m\}) \tag{10.23}$$

Um die Darstellungen *eindeutig* zu machen, müssen wir deshalb die $\vec{k}$-Vektoren einschränken.

Reduzierte $\vec{k}$-Vektoren

$$\vec{k} = \frac{n_1}{N_1+1}\vec{b}_1 + \frac{n_2}{N_2+1}\vec{b}_2 + \frac{n_3}{N_3+1}\vec{b}_3 \tag{10.24}$$

$$\text{mit} \quad n_i = 0, \pm 1, \ldots, \pm \left[\frac{N_i}{2}\right], \quad i = 1,2,3 \tag{10.25}$$

Die so eingeschränkten $\vec{k}$-Vektoren definieren einen Bereich im reziproken Gitter, die *1. Brillouin-Zone*. Sie entspricht gerade einer Elementarzelle im reziproken Gitter (Abbildung 10.2).

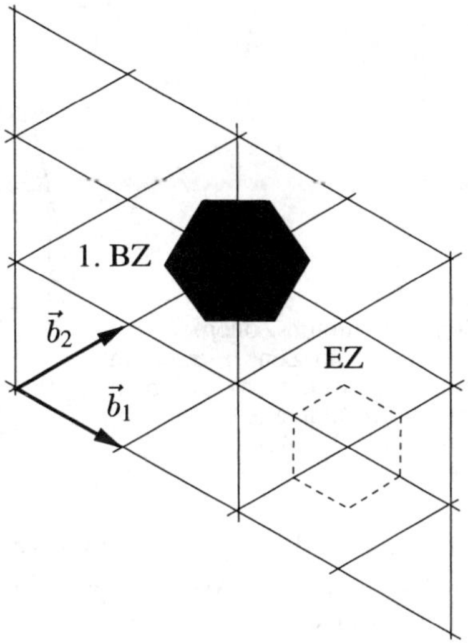

Bild 10.2
Die 1. Brillouin-Zone (BZ) als Elementarzelle (EZ) im reziproken Gitter.

10.2.4 Konstruktion der 1. Brillouin-Zone

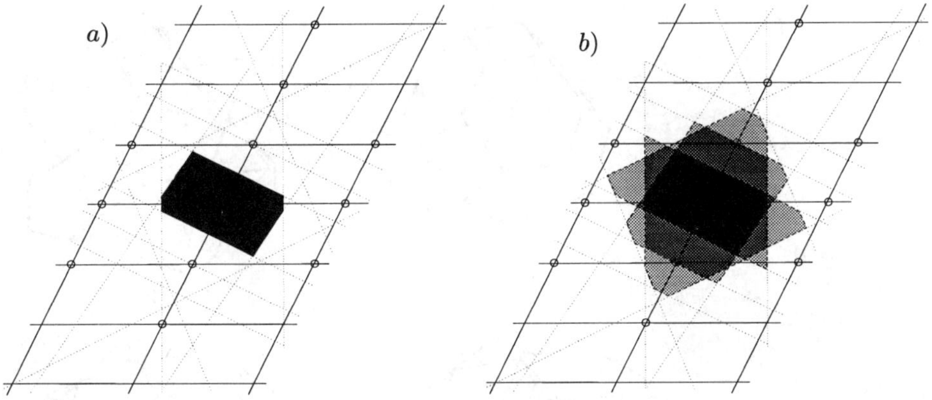

Bild 10.3 a) 1. Brillouin-Zone, b) 1., 2. und 3. Brillouin-Zone eines zweidimensionalen Gitters

Für die Konstruktion der 1. Brillouin-Zone kann man folgende Konvention treffen:
In der Mitte der Verbindungsstrecken aller Gitterpunkte des reziproken Gitters werden senkrechte Ebenen konstruiert. Der von den Ebenen begrenzte innerste Körper um den Mittelpunkt stellt die 1. Brillouin-Zone dar. Höhere Brillouin-Zonen kann man entsprechend definieren (siehe Abbildung 10.3).
Im originalen Gitter erfolgt nach obiger Konstruktionsvorschrift die Konstitution der sogenannten Wigner-Seitz-Zelle. Dabei findet man für die Bravais-Gitter insgesamt 24 verschiedene Wigner-Seitz-Zellen ([6]).

10.2.5 Höhere Brillouin-Zonen

Auch jede höhere Brillouin-Zone umfaßt wiederum ein vollständiges System irreduzibler Darstellungen $\Gamma^{(\vec{k})}$, also wieder $(N_1+1)(N_2+1)(N_3+1)$ $\vec{k}$-Punkte, so daß jede irreduzible Dar-

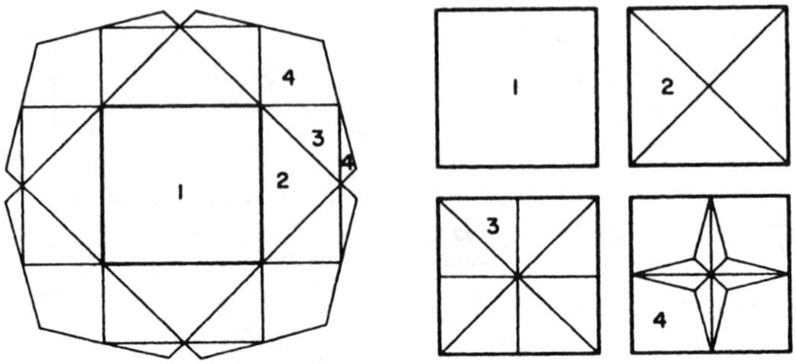

Bild 10.4
Höhere Brillouin-Zonen:
Jede Brillouin-Zone nimmt im reziproken Raum das Volumen einer Elementarzelle ein.
(nach: [16], S. 282)

stellung $\Gamma^{(\vec{k})}$ darin gerade einmal vorkommt. Jede dieser höheren Brillouin-Zonen besitzt somit wieder das gleiche Volumen wie die 1. Brillouin-Zone, wie es in Abbildung 10.4 für das Quadratgitter anschaulich dargestellt ist. Im dreidimensionalen Kristallgitter besitzen die Brillouin-Zonen, insbesondere die höheren, komplizierte Gestalt (Abbildung 10.5).

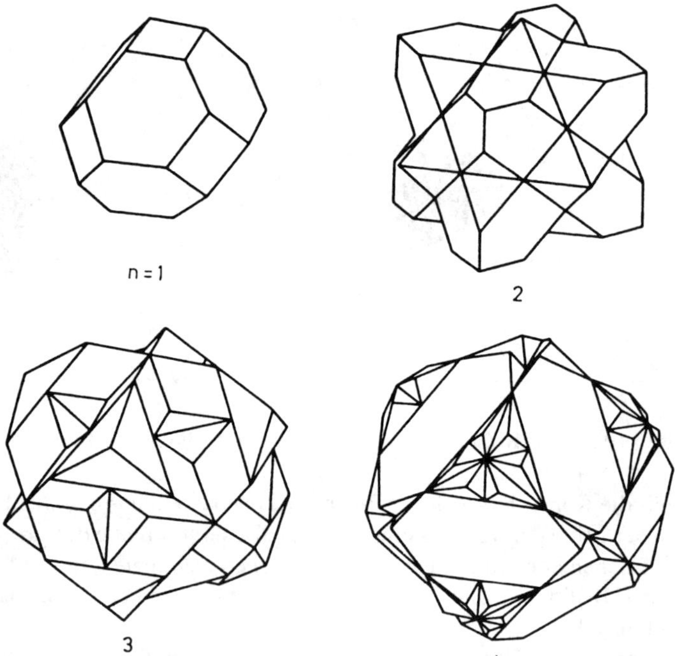

Bild 10.5
Außenansichten der Brillouin-Zonen des kubisch flächenzentrierten Gitters
(aus: [18], S.367)

10.3 Aufgabe zu Kapitel 10

Aufgabe 35: Hexagonales Gitter

Betrachten Sie ein Translationsgitter, dessen Basisvektoren $\vec{a}_1$ und $\vec{a}_2$ ein ebenes Gitter aus gleichseitigen Dreiecken bilden:

$$|\vec{a}_1| = |\vec{a}_2| \quad , \quad \sphericalangle(\vec{a}_1,\vec{a}_2) = \frac{\pi}{3} \tag{10.26}$$

und für das gilt

$$\vec{a}_3 \sim \vec{a}_1 \times \vec{a}_2 \tag{10.27}$$

a) Illustrieren Sie in einer Abbildung dieses Gitter und das zugehörige reziproke Gitter.

b) Konstruieren Sie die 1. Brillouin-Zone (als Wigner-Seitz-Zelle des reziproken Gitters).

c) Betrachten Sie „allgemeine“ $\vec{k}$-Vektoren in der Nähe des Zentrums, in der Nähe der Symmetrieebenen innerhalb und in der Nähe des Randes der 1. Brillouin-Zone. Welche Aussagen können Sie über die analytischen Eigenschaften eines Einelektronenzustandes $E(\vec{k})$ in der Umgebung solcher $\vec{k}$-Punkte machen?

11 Darstellungstheorie der Raumgruppen

11.1 Symmetrieoperationen der Raumgruppen

Die Translationsgruppe T ist im allgemeinen (abgesehen vom triklinen System) nur eine Untergruppe der tatsächlich vorliegenden Raumgruppe G. Neben den translatorischen Elementen $R_{\{m\}}$ gibt es noch Punktgruppenelemente R (Drehungen, Spiegelungen). Wir wollen die so entstehenden kombinierten Gruppenoperationen durch eine von SEITZ [42] eingeführte Notation bezeichnen:

$$\{R|\vec{t}_{\{m\}}\} : f(\vec{r}) \stackrel{\text{def}}{=} f((R^{-1} : \vec{r}) - \vec{t}_{\{m\}}) \tag{11.1}$$

wobei $\vec{t}_{\{m\}}$ den in (10.1) definierten Gittervektor bedeutet und die Translationsoperation $R_{\{m\}}$ definiert. In Figur 11.1 ist die Symmetrieoperation veranschaulicht.

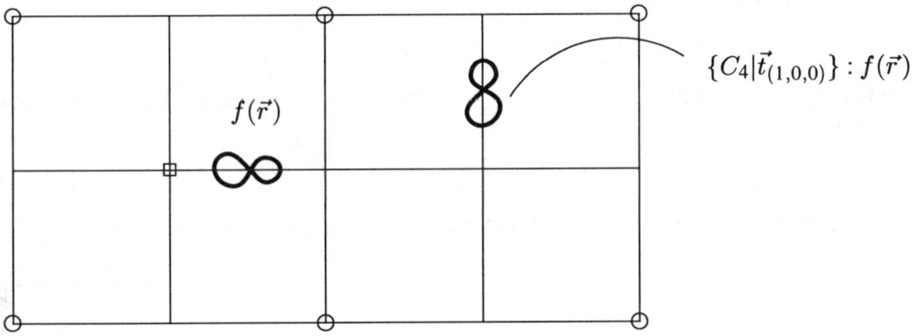

Bild 11.1 Illustration einer Seitzschen Raumgruppenoperation

Da die Translationsgruppe T eine *Untergruppe* der Raumgruppe ist, können wir jede Basis einer irreduziblen Darstellung nach der Translationsgruppe ausreduzieren. Es gilt also der

> **Satz:**
> Die *Basisfunktionen* der irreduziblen Darstellungen jeder Raumgruppe können als *Blochfunktionen* gewählt werden.

Wir können uns demgemäß im folgenden auf die Betrachtung von Blochfunktionen beschränken. Bei Anwendung der Raumgruppenoperationen (11.1) auf eine Blochfunktion (10.20) erhalten wir

$$\{R|\vec{t}_{\{m\}}\} : \Psi_{\vec{k}}(\vec{r}) = \exp\left[i\vec{k}((R^{-1} : \vec{r}) - \vec{t}_{\{m\}})\right] u_{\vec{k}}((R^{-1} : \vec{r}) - \vec{t}_{\{m\}}) \tag{11.2}$$

$$= \exp\left[i\vec{k}((R^{-1} : \vec{r}) - \vec{t}_{\{m\}})\right] u_{\vec{k}}(R^{-1} : \vec{r}) \tag{11.3}$$

$$= \exp\left[-i\vec{k}\vec{t}_{\{m\}}\right] \exp\left[i(R : \vec{k})\vec{r}\right] u_{\vec{k}}(R^{-1} : \vec{r}) \tag{11.4}$$

wobei wir unter $(R : \vec{k})$ eine „Drehung" des Vektors $\vec{k}$ im selben Sinne verstehen wollen, wie bei der Operation $R : \vec{r}$ (im Sinne der Wigner-Konvention). Schreiben wir

$$\vec{k}_j = R_j : \vec{k}\,, \quad j = 1,2,\ldots,g_P \tag{11.5}$$

wobei j die Punktgruppenelemente indiziert und g_P die Ordnung der Punktgruppe bedeutet, und

$$R_j : u_{\vec{k}}(\vec{r}) = u_{\vec{k}}(R_j^{-1} : \vec{r}) \stackrel{\text{def}}{=} u_{\vec{k}_j}(\vec{r}) \tag{11.6}$$

so lautet (11.2)

$$\{R_j|\vec{t}_{\{m\}}\} : \Psi_{\vec{k}}(\vec{r}) = \exp\left[-i\vec{k}\vec{t}_{\{m\}}\right] \exp\left[i(\vec{k}_j)\vec{r}\right] u_{\vec{k}_j}(\vec{r}) \tag{11.7}$$

$$= \exp\left[-i\vec{k}\vec{t}_{\{m\}}\right] \Psi_{\vec{k}_j}(\vec{r})\,, \quad \vec{k}_j = R_j : \vec{k} \tag{11.8}$$

d.h. aus einer Blochfunktion $\Psi_{\vec{k}}$ entsteht durch die Raumgruppenoperation *wiederum eine Blochfunktion*, die jedoch zu einem (im allgemeinen) anderen $\vec{k}$-Vektor ($\vec{k}_j = R_j : \vec{k}$) gehört. Betrachten wir einen *allgemeinen* $\vec{k}$-Vektor, so daß gilt

$$R_j : \vec{k} \neq \vec{k} \text{ für alle Elemente } R_j \text{ (außer } R_j = E\text{) der Punktgruppe} \tag{11.9}$$

so können wir demgemäß durch Anwendung von $\{R_j\,, j = 1,\ldots,g_P\}$ aus $\Psi_{\vec{k}}(\vec{r})$ insgesamt g_P *verschiedene* Blochfunktionen erzeugen,

$$\Psi(k_1;\vec{r}),\ldots,\Psi(k_{g_P};\vec{r}) \tag{11.10}$$

Dabei können wir $R_{g_P} \equiv E$ wählen, so daß $\Psi(k_{g_P};\vec{r}) = \Psi(k;\vec{r})$ gilt. Alle diese Funktionen sind wechselseitig orthogonal

$$\Psi(k_i;\vec{r}) \perp \Psi(k_j;\vec{r})\,, \quad i \neq j \tag{11.11}$$

da sie zu verschiedenen irreduziblen Darstellungen der Untergruppe T gehören. Außerdem gilt der

Satz:
Sei $\Psi(\vec{k};\vec{r})$ eine Blochfunktion zu einem allgemeinen $\vec{k}$-Vektor der 1.Brillouin-Zone, so daß $R_i : \vec{k} \neq R_j : \vec{k}$ für $i \neq j$. Dann bildet die Folge $\{R_j : \Psi_{\vec{k}}\,, j = 1,\ldots,g_P\}$ die Basis einer g_P-dimensionalen *irreduziblen Darstellung* der Raumgruppe. g_P ist die Dimension der in der Raumgruppe enthaltenen Punktgruppe G_P.

Daß die Basis (11.10) zu einer irreduziblen Darstellung gehören muß, erkennt man sofort, wenn man eine der Funktionen $\Psi(k_i;\vec{r})$ herauszunehmen versucht: die restlichen Funktionen bilden dann keinen invarianten Unterraum mehr, da es eine Punktsymmetrieoperation R_i gibt, die die herausgenommene Funktion aus einer der restlichen erzeugt, also aus dem Restraum herausführt.

11.2 Eigenfunktionen als Blochfunktionen

Zur Veranschaulichung wollen wir die Energieterme eines Elektrons im Kristall betrachten. Die (zeitunabhängige) Schödingergleichung lautet

$$\left[-\frac{\hbar^2}{2m}\Delta + V(\vec{r})\right]\psi(\vec{k};\vec{r}) = E(\vec{k})\cdot\psi(\vec{k};\vec{r}) \tag{11.12}$$

und $\vec{k}$ sei ein *allgemeiner* Wellenvektor der 1. Brillouin Zone. Dann können wir mittels R_j : $\psi(\vec{k};\vec{r})$ aus der originalen Blocheigenfunktion $\psi(k;\vec{r})$ weitere g_P Eigenfunktionen erzeugen, die alle zur selben Energie gehören.

$$\{\psi(\vec{k}_j;\vec{r})\ ,\quad E(\vec{k}_j) = E(\vec{k})\ , \text{Entartungsgrad}\ g_P\} \tag{11.13}$$

mit

$$\vec{k}_j = R_j : \vec{k}\ ,\quad j = 1,\dots,g_P\ ,\quad \vec{k}_i \neq \vec{k}_j \quad \text{für } i \neq j \ \text{(allgemeiner } \vec{k}\text{-Vektor)} \tag{11.14}$$

In der Figur 11.2 sind die zur selben irreduziblen Darstellung gehörigen Eigenfunktionen durch Punkte $\vec{k}_1,\dots,\vec{k}_8$ in der 1. Brillouin-Zone charakterisiert.

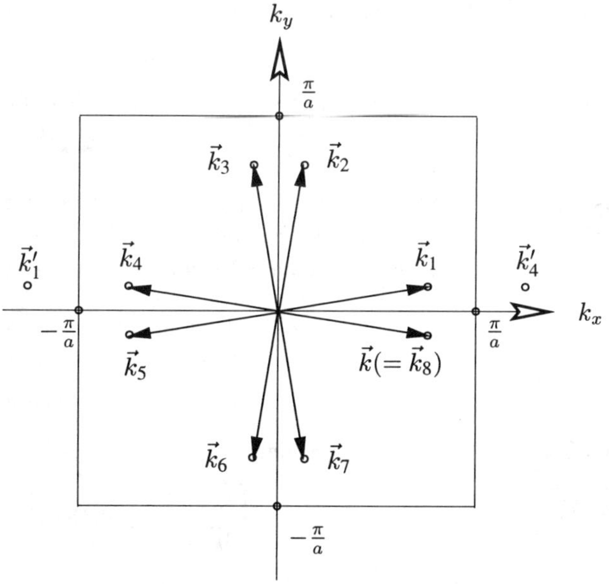

Bild 11.2
Illustration der g_P entarteten Eigenlösungen des Hamiltonoperators für einen allgemeinen Blochvektor $\vec{k}$ ($R_i : \vec{k} \neq R_j : \vec{k}$ für $i \neq j$). g_P ist die Ordnung der in der Raumgruppe enthaltenen Punktgruppe.

Betrachtet man $E(\vec{k})$ als eine Funktion im $\vec{k}$-Raum, so erhält man aus dem Vorstehenden die wichtige

Folgerung:
$E(\vec{k})$ hat als Funktion im $\vec{k}$-Raum die volle Punktsymmetrie des originalen Kristalls. Das gilt nicht nur für „allgemeine“, sondern auch für spezielle $\vec{k}$-Vektoren.

11.3 Einelektronenbandstruktur

Wie wir gesehen haben (siehe Gleichung (10.11)), erzwingt die Begrenztheit der Zahl der Gruppenelemente der Translationsgruppe $g_T = (N_1+1)(N_2+1)(N_3+1)$ die *Beschränkung* der $\vec{k}$-Vektoren (siehe Gleichung (10.24),(10.25)) auf die 1. Brillouin-Zone:

$$-\pi \leq \vec{k}\vec{a}_j \leq \pi \ , \quad j = 1,2,3 \tag{11.15}$$

Aus dieser Relation erkennen wir, daß die extremalen Werte der $\vec{k}$-Vektoren *unabhängig* sind von den Zahlen $N_j + 1$, $j = 1,2,3$, welche die periodischen Randbedingungen fixieren, d.h. die *Begrenztheit der $\vec{k}$-Vektoren ist allein die Folge der Diskretheit des Gitters:* Bei einer kontinuierlichen Translationsgruppe ($|\vec{a}_j| \to 0$) würden die extremalen $\vec{k}$-Vektoren über alle Grenzen wachsen ($|\vec{k}_{extr}| \to \infty$). Es ist jedoch manchmal nützlich, sich die 1. Brillouin-Zone des Kristalls, die ja als Elementarzelle des reziproken Gitters betrachtet werden kann, in diesem Gitter fortgesetzt zu denken, so daß jedem $\vec{k}$-Vektor ein Vektor in jeder der anderen Zellen zugeordnet wird

$$\vec{k} \to \vec{k} + \vec{G} \tag{11.16}$$

Jeder dieser $\vec{k}$-Vektoren charakterisiert dieselbe irreduzible Darstellung der Translationsgruppe und repräsentiert demgemäß *dieselbe* Blochfunktion

$$\psi_{\vec{k}+\vec{G}}(\vec{r}) = \psi_{\vec{k}}(\vec{r}) \tag{11.17}$$

Physikalisch bedeutet dies, daß alle durch (11.16) verknüpften Eigenwerte identisch sind:

$$E(\vec{k}+\vec{G}) = E(\vec{k}) \tag{11.18}$$

Diese Aussage ist für die Konstruktion der *Energiebänder* $E(\vec{k})$ sehr nützlich, da sie u. a. eine Folgerung bezüglich der analytischen Form von $E(\vec{k})$ in der Nähe des Randes der 1. Brillouin-Zone zuläßt. Betrachtet man einen $\vec{k}$-Vektor in der Nähe der Zonengrenze, und wählt man $\vec{k}$ gerade so, daß gilt:

$$\vec{k}' = (R : \vec{k}) + \vec{G} \ \text{ außerhalb der 1. Brillouin-Zone} \tag{11.19}$$

und ferner

$$\vec{k}' \to \vec{k} \ \text{ wenn } \vec{k} \to \text{Zonenrand}, \tag{11.20}$$

so muß wegen $E(\vec{k}') \to E(\vec{k})$ gelten:

$$\lim_{\vec{k}' \to \vec{k}} \left[\frac{(\vec{k}' - \vec{k})}{|\vec{k}' - \vec{k}|} \text{grad}\, E(\vec{k}) \right] = 0 \tag{11.21}$$

da einerseits $E(\vec{k})$ im allgemeinen im gesamten $\vec{k}$-Raum als eine analytische Funktion angenommen werden kann, und andererseits die *Lage* des Zonenrandes willkürlich gewählt ist: auch eine verschobene oder anders gewählte Einheitszelle im reziproken Raum wäre eine zulässige 1. Brillouin-Zone. Wir wollen uns die Aussage (11.21) anhand des Quadratgitters veranschaulichen (siehe Abbildung 11.2). Dort sind die Punkte $\vec{k}_1$ und $\vec{k}_4$ wegen (11.13) entartet und $\vec{k}_4'$ zu $\vec{k}_4$ im Sinne von (11.19) äquivalent

$$E(\vec{k}_1) = E(\vec{k}_4) = E(\vec{k}_4') \tag{11.22}$$

d.h. wenn wir $E(\vec{k})$ auf der Linie zwischen $\vec{k}_1$ und $\vec{k}_4'$, k_y fest, verfolgen, muß der Energieeigenwert bei $k_x = \frac{\pi}{2}$ ein Extremum haben. Dies ist in Figur 11.3 veranschaulicht.

Diese Art von Argumentation kann man immer durchführen, wenn äquivalente $\vec{k}$-Vektoren (also

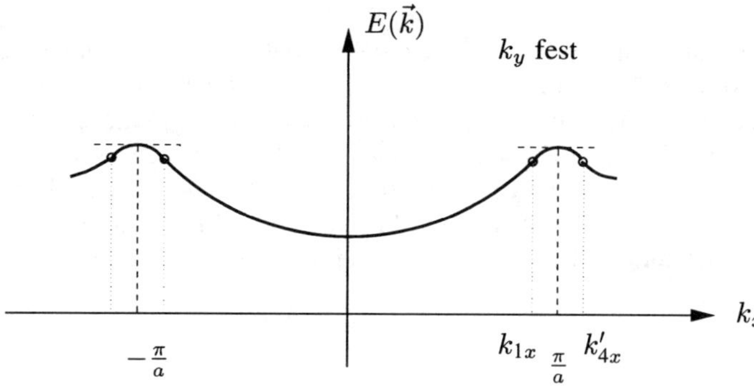

Bild 11.3
Zum Extremalverhalten von $E(\vec{k})$ beim Zusammenrücken äquivalenter $\vec{k}$-Punkte (k_y fest gewählt)

$E(\vec{k}) = E(\vec{k'})$) nahe zusammenrücken, also beispielsweise auch für die Vektoren $\vec{k}_1$ und $\vec{k}_4$ in Figur 11.2, wenn $k_{4x} \to 0^-$ und $k_{1x} \to 0^+$. Daraus folgt dann, wie in Abbildung 11.3 auch gezeigt, bei $k_x \to 0, k_y$ fest, wiederum ein Extremum.

Wenn man diese Betrachtung beim Quadratgitter weiterführt, so erkennt man, daß $E(\vec{k})$ sowohl bei (0,0) als auch in der Ecke ($\frac{\pi}{a}$, $\frac{\pi}{a}$) der Brillouin-Zone entweder ein vollständiges Extremum oder einen Sattelpunkt haben muß:

$$\left.\frac{\partial E(\vec{k})}{\partial k_x}\right|_{(\frac{\pi}{a},\frac{\pi}{a})} = \left.\frac{\partial E(\vec{k})}{\partial k_y}\right|_{(\frac{\pi}{a},\frac{\pi}{a})} = 0 \qquad (11.23)$$

Man nennt solche Punkte *kritische Punkte*, da sie bezüglich der elektronischen Zustandsdichte Singularitäten aufweisen (*van Hove-Singularitäten*).

Wir haben uns bisher zur Kennzeichnung der Energieeigenwerte der Einelektronen-Schrödingergleichung (11.12) im Kristall allein auf die gruppentheoretische Fixierung bzw. auf die Notation ihres $\vec{k}$-Vektors beschränkt. Das heißt, wir haben ein einziges *Energieband* betrachtet. In Wirklichkeit gibt es unendlich viele Bänder, die zur Kennzeichnung weiterer Quantenzahlen bedürfen. Wir erhalten dann die sogenannte *Bandstruktur* des Kristalls, die in Abbildung 11.4 schematisch für das Quadratgitter dargestellt ist.

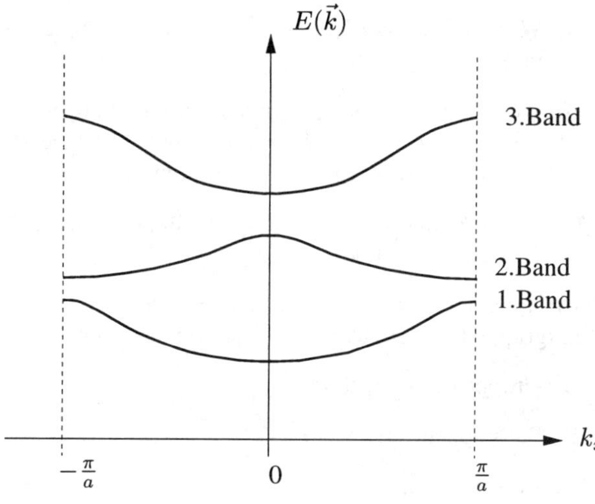

Bild 11.4
Schema der Bandstruktur eines Kristalls (k_y fest gewählt)

11.4 Spezielle Punkte der 1. Brillouin-Zone

Wir haben im Abschnitt 11.2 gesehen, daß ein Eigenzustand, der zu einem „allgemeinen“ $\vec{k}$-Vektor gehört, den Entartungsgrad g_P besitzt (siehe (11.13)). Nun gibt es in der Brillouin-Zone noch besondere Punkte, für die zwei oder mehrere Vektoren des durch die Punktgruppenoperationen $\{R\}$ geschaffenen Satzes gleich oder äquivalent werden. Es hat sich eingebürgert, diese speziellen Punkte der Brillouin-Zone mit bestimmten Buchstaben zu kennzeichnen: Für das Quadratgitter ist dies in Abbildung 11.5 illustriert. Für die wichtigsten Strukturtypen findet man die Bezeichnungen der speziellen Punkte im Anhang I.

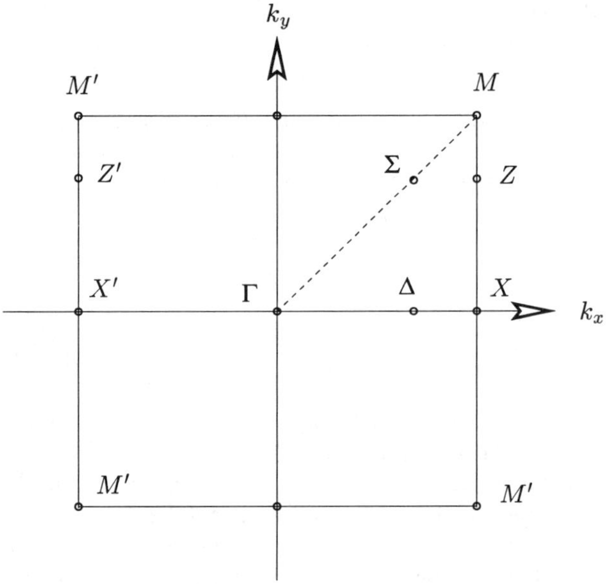

Bild 11.5
Spezielle Punkte der Brillouin-Zone für das Quadratgitter

Es gibt nun drei Möglichkeiten, wie $\vec{k}$ bei den Anwendungen einer der Gruppenoperationen R ungeändert bleiben kann:

A) Wenn $\vec{k}$ auf einer Drehachse oder in einer Spiegelebene liegt, also die Punkte Γ, Δ und Σ in Abbildung 11.5.

B) Wenn zwei $\vec{k}$-Vektoren gerade durch einen *reziproken Gittervektor* oneinander *getrennt* sind, $\vec{k}_2 = R : \vec{k}_1 = \vec{k}_1 + \vec{G}$, denn dann sind sie als identisch zu betrachten. Dies gilt z.B. für die Punkte Z und Z' in Abbildung 11.5.

C) Wenn A) und B) gleichzeitig erfüllt sind, wie in Abbildung 11.5 bei den Punkten X und X' bzw. M und M'.

Zur Betrachtung der speziellen Punkte in der Brillouin-Zone kann man die Operationen R_j der Punktgruppe G_P der Ordnung g_P in drei Arten unterteilen:

I. Gruppe des $\vec{k}$-Vektors

II. Sternoperationen von $\vec{k}$

III. Restoperationen

11.4.1 Gruppe des $\vec{k}$-Vektors (Kleine Gruppe)

Definition der Gruppe des $\vec{k}$-Vektors („Kleine Gruppe"): $G(\vec{k})$

Alle Operationen R der Punktgruppe G_P (Notation: $R = R_j^{(\vec{k})}$), die $\vec{k}$ ungeändert lassen

$$R_j^{(\vec{k})} : \vec{k} = \vec{k}\ , \quad j = 1, \dots, g_k\ , \quad g_k < g_P \tag{11.24}$$

oder für die gilt

$$R_j^{(\vec{k})} : \vec{k} = \vec{k} + \vec{G} \tag{11.25}$$

bilden die *Gruppe des $\vec{k}$-Vektors („Kleine Gruppe")*, Notation $G(\vec{k})$.

Die „Gruppe des $\vec{k}$-Vektors" $G(\vec{k})$ ist eine *Untergruppe* der Punktgruppe G_P (Ordnung g_P).

Kleine Gruppen beim Quadratgitter

Für die speziellen Punkte des Quadratgitters findet man:

$$G(\Gamma) = C_{4v}\ , \quad R_j^{(\Gamma)} = E, C_4, C_2, C_4^3, \sigma_v^{(x)}, \sigma_v^{(y)}, \sigma_d^{(1,1)}, \sigma_d^{(1,-1)} \tag{11.26}$$

$$G(\Sigma) = C_s\ , \quad R_j^{(\Sigma)} = E, \sigma_d^{(1,1)} \tag{11.27}$$

$$G(\Delta) = C_s\ , \quad R_j^{(\Delta)} = E, \sigma_v^{(x)} \tag{11.28}$$

$$G(Z) = C_s\ , \quad R_j^{(Z)} = E, \sigma_v^{(y)} \tag{11.29}$$

$$G(X) = C_{2v}\ , \quad R_j^{(X)} = E, C_2, \sigma_v^{(x)}, \sigma_v^{(y)} \tag{11.30}$$

$$G(M) = C_{4v}\ , \quad R_j^{(M)} = E, C_4, C_2, C_4^3, \sigma_v^{(x)}, \sigma_v^{(y)}, \sigma_d^{(1,1)}, \sigma_d^{(1,-1)} \tag{11.31}$$

◊

11.4.2 Sternoperationen von $\vec{k}$ („Stern von $\vec{k}$")

Definition der Sternoperationen von $\vec{k}$

Dies sind die Operationen R der Punktgruppe G_P (Notation: $R = S_l^{(\vec{k})}$), die $\vec{k}$ verändern:

$$S_l^{(\vec{k})} : \vec{k} \neq \vec{k} \tag{11.32}$$

oder für die gilt:

$$S_l^{(\vec{k})} : \vec{k} \neq \vec{k} + \vec{G} \tag{11.33}$$

Die Operationen $S_l^{(\vec{k})}$ sollen jedoch zusätzlich die Bedingung erfüllen, daß ein mit ihnen gebildetes Produkt nicht in die „kleine Gruppe" führt:

$$(S_l^{(\vec{k})})^{-1} S_{l'}^{(\vec{k})} \neq R_j^{(\vec{k})}\ , \quad R_j^{(\vec{k})} \neq E \tag{11.34}$$

Ergänzt man die Folge $\{S_l^{(\vec{k})}\}$ durch das Einselement,

$$\left\{E, S_l^{(\vec{k})}\right\}\ , \quad l = 1, \dots, s-1 \tag{11.35}$$

so nennt man die Folge der von diesen s Operationen erzeugten $\vec{k}$-Vektoren $\left\{E, S_1^{(\vec{k})}, \dots, S_{s-1}^{(\vec{k})}\right\} : \vec{k}$ den „Stern von $\vec{k}$" und s die „Ordnung des Sterns von $\vec{k}$".

Die Folge (11.35) der durch die Einsoperation ergänzten Sternoperationen muß keine Gruppe sein, kann aber eine sein.

Sternoperationen beim Quadratgitter

Wir illustrieren dies wiederum anhand des Quadratgitters für die in Abbildung 11.6 angegebenen speziellen $\vec{k}$-Punkte:

$$S_l^{(\Gamma)} \quad : \quad \text{keine Operationen} \tag{11.36}$$

$$S_l^{(\Sigma)} \quad : \quad C_4, C_2, C_4^3 \tag{11.37}$$

$$S_l^{(\Delta)} \quad : \quad C_4, C_2, C_4^3 \tag{11.38}$$

$$S_l^{(Z)} \quad : \quad C_4, C_2, C_4^3 \tag{11.39}$$

$$S_l^{(X)} \quad : \quad C_4 \tag{11.40}$$

$$S_l^{(M)} \quad : \quad \text{keine Operationen} \tag{11.41}$$

◊

11.4.3 Restoperationen

Definition der Restoperationen

Für die restlichen Operationen aus G_P (Notation: $R = \hat{R}_i^{(\vec{k})}$ ($\hat{R}_i^{(\vec{k})} \notin \left\{R_j^{(\vec{k})}, S_l^{(\vec{k})}\right\}$) gilt:

$$\left(\hat{R}_i^{(\vec{k})}\right)^{-1} S_l^{(\vec{k})} \in \left\{R_j^{(\vec{k})}\right\} \tag{11.42}$$

wobei $\{\dots\}$ jeweils die Folge der eingeklammerten Elemente bedeuten soll.

Restoperationen beim Quadratgitter

Mit den Ergebnissen der letzten beiden Beispielen erhhält man die Restoperationen:

$$\left\{\hat{R}_j^{(\Gamma)}\right\} \quad : \quad \text{keine Operationen} \tag{11.43}$$

$$\left\{\hat{R}_j^{(\Sigma)}\right\} \quad : \quad \sigma_v^{(x)}, \sigma_v^{(y)}, \sigma_d^{(1,-1)} \tag{11.44}$$

$$\left\{\hat{R}_j^{(\Delta)}\right\} \quad : \quad \sigma_v^{(y)}, \sigma_d^{(1,1)}, \sigma_d^{(1,-1)} \tag{11.45}$$

$$\left\{\hat{R}_j^{(Z)}\right\} \quad : \quad \sigma_v^{(x)}, \sigma_d^{(1,1)}, \sigma_d^{(1,-1)} \tag{11.46}$$

$$\left\{\hat{R}_j^{(X)}\right\} \quad : \quad C_4^3, \sigma_d^{(1,1)}, \sigma_d^{(1,-1)} \tag{11.47}$$

$$\left\{\hat{R}_j^{(M)}\right\} \quad : \quad \text{keine Operationen} \tag{11.48}$$

◊

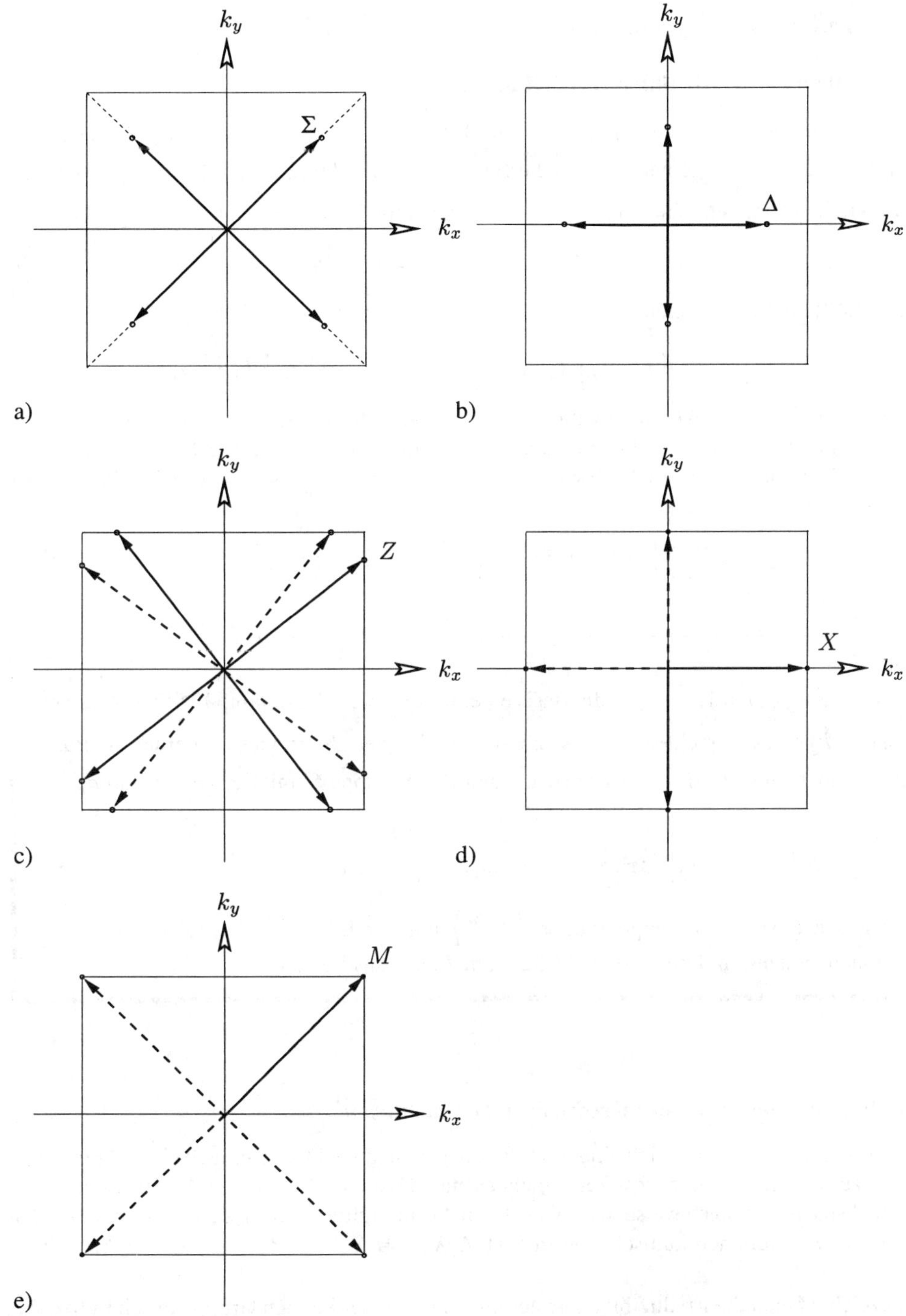

Bild 11.6 Der „Stern von $\vec{k}$" für die charakteristischen speziellen $\vec{k}$-Vektoren des Quadratgitters: a) Stern von Σ, b) Stern von Δ, c) Stern von Z, d) Stern von X, e) Stern von M. Dabei sind nur die durchgezogenen Vektoren zu zählen. Jeder gestrichene Vektor unterscheidet sich von je einem durchgezogenen Vektor gerade um einen reziproken Gittervektor.

11.5 Irreduziblen Darstellungen

11.5.1 Aufbau der irreduziblen Darstellungen

Wir betrachten nun eine irreduzible Darstellung $\Gamma^{(\vec{k};\mu)}$ der kleinen Gruppe $G(\vec{k})$ eines speziellen $\vec{k}$-Vektors. Definitionsgemäß müssen die Basisfunktionen $\left\{\Phi(\vec{k},\mu,i;\vec{r})\right\}$ dieser Darstellung Blochfunktionen zum betrachteten speziellen Wellenvektor $\vec{k}$ sein:

$$\Gamma^{(\vec{k},\mu)} : \left\{\Phi(\vec{k},\mu,i;\vec{r})\right\} \ , \ i = 1,\dots,d_\mu^{(\vec{k})} \tag{11.49}$$

Wegen (11.42) muß dann gelten:

$$\left(\hat{R}_j^{(\vec{k})}\right)^{-1}\left\{S_l^{(\vec{k})}\right\} : \left\{\Phi(\vec{k},\mu,i;\vec{r})\right\} \in \left\{R_j^{(\vec{k})}\right\} : \left\{\Phi(\vec{k},\mu,i;\vec{r})\right\} \in \left\{\Phi(\vec{k},\mu,i;\vec{r})\right\} \tag{11.50}$$

wobei wir eine etwas abgekürzte Notation benützt haben. Die Aussage von (11.50) ist, daß die Folge der Operationen auf der linken Seite, die auf die irreduzible Basis (11.49) angewandt werden, zu Funktionen führt, die sich wiederum durch die Basis (11.49) ausdrücken lassen. Wir können statt (11.50) auch schreiben:

$$\hat{R}_j^{(\vec{k})} : \left\{\Phi(\vec{k},\mu,i;\vec{r})\right\} \in \left\{S_l^{(\vec{k})}\right\} : \left\{\Phi(\vec{k},\mu,i;\vec{r})\right\} \tag{11.51}$$

Daraus folgt der

Satz:
Ist $\left\{\Phi(\vec{k},\mu,i;\vec{r})\right\}, i = 1,\dots,d_\mu^{(\vec{k})}$, die Basis einer irreduziblen Darstellung $\Gamma^{(\vec{k},\mu)}$ der kleinen Gruppe $G(\vec{k})$ eines betrachteten $\vec{k}$-Vektors, so generiert der „Stern von $\vec{k}$“ daraus die Basis einer irreduziblen Darstellung der vorliegenden Raumgruppe G mit der Dimension $d_\mu^{(\vec{k})} \times s_{\vec{k}}$:

$$\left\{E,S_l^{(\vec{k})}\right\} : \left\{\Phi(\vec{k},\mu,i;\vec{r})\right\} \ , \ l = 1,2,3,\dots,s_{\vec{k}} - 1 \ , \ i = 1,2,\dots,d_\mu^{(\vec{k})} \tag{11.52}$$

Die von den Restsymmetrieoperationen $\left\{\hat{R}_j^{(\vec{k})}\right\}$ aus der Basis $\left\{\Phi(\vec{k},\mu,i;\vec{r})\right\}$ erzeugten Funktionen lassen sich durch die in (11.52) enthaltenen ausdrücken.

11.5.2 Bezeichnungsweise der irreduziblen Darstellungen

Seit BETHE (1929) u. a. hat es sich eingebürgert, die irreduziblen Darstellungen einer Raumgruppe kürzer zu bezeichnen. Zunächst kennzeichnet man die speziellen Punkte der Brillouin-Zone durch Buchstaben, beispielsweise wie oben beim Quadratgitter $(\Gamma,\Sigma,\Delta,Z,X,M)$ oder bei der Brillouin-Zone des einfach kubischen Gitters $(\Gamma,\Delta,X,Z,M,\Sigma,M,\Lambda,R,S,T,\Gamma)$ (siehe Abbildung 11.7).

Dann bezeichnet man die irreduziblen Darstellungen $\Gamma^{(\vec{k},\mu)}$ der kleinen Gruppe durch Indizes an den gewählten Buchstaben: $\Gamma_\mu,\Sigma_\mu,\Delta_\mu,Z_\mu,X_\mu,M_\mu$ und damit ist die irreduzible Darstellung der Raumgruppen bereits vollständig bezeichnet. Es bedeutet also beispielsweise Σ_1 die irreduzible Darstellung der Raumgruppe, die zum Punkt $\vec{k} = \Sigma$ und zur Einheitsdarstellung der (kleinen) Gruppe von Σ gehört. Sie ist vierdimensional: $d_1^{(\Sigma)} = 1 \ , \ s_{\vec{k}} \equiv s_\Sigma = 4$.

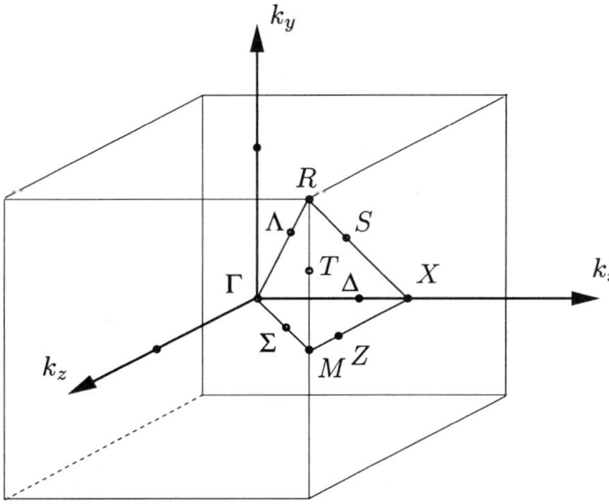

Bild 11.7
Spezielle Punkte des einfach kubischen Gitters

Kleine Gruppen und ihre Darstellungen im Quadratgitter

Als Beispiel sind in Tabelle 11.1 für das Quadratgitter die kleine Gruppe und ihre Darstellungen zusammen mit den Raumgruppenbezeichnungen angegeben.

C_{4v}	Γ, M	E	$2C_4$	$C_4^2 = C_2$	$2\sigma_v$	$2\sigma_d$
A_1	Γ_1, M_1	1	1	1	1	1
A_2	Γ_2, M_2	1	1	1	-1	-1
B_1	Γ_3, M_3	1	-1	1	1	-1
B_2	Γ_4, M_4	1	-1	1	-1	1
E	Γ_5, M_5	2	0	-2	0	0

C_{2v}	X	E	C_2	$\sigma_v^{(x)}$	$\sigma_v^{(y)}$
A_1	X_1	1	1	1	1
A_2	X_2	1	1	-1	-1
B_1	X_3	1	-1	1	-1
B_2	X_4	1	-1	-1	1

C_s	Δ, Σ, Z	E	$\sigma_v^{(x)}, \sigma_d^{(11)}, \sigma_v^{(y)}$
A'	Δ_1, Σ_1, Z_1	1	1
A''	Δ_2, Σ_2, Z_2	1	-1

Tabelle 11.1 Bezeichnungen und Darstellungen der kleinen Gruppe im Quadratgitter ◊

12 Energiebänder im Kristall

12.1 Energieaufspaltung im Kristall

Die Festlegung der irreduziblen Darstellungen einer Raumgruppe erlaubt es uns, die *Aufspaltung der elektronischen Energieterme* im Kristall und die jeweilige *Entartung* zu untersuchen.
Wir betrachten die Eigenfunktionen des Hamiltonoperators

$$H = -\frac{\hbar^2}{2m}\Delta + V(\vec{r})\ ,\ V(\vec{r})\ \text{gitterperiodisch} \tag{12.1}$$

Zur Lösung der Schrödingergleichung

$$H\psi(\vec{k};\vec{r}) = E(\vec{k})\psi(\vec{k};\vec{r}) \tag{12.2}$$

machen wir den Blochansatz

$$\psi(\vec{k};\vec{r}) = \exp\left[i\vec{k}\vec{r}\right] u(\vec{k};\vec{r})\ ,\ u(\vec{k};\vec{r})\ \text{gitterperiodisch} \tag{12.3}$$

mit

$$\vec{k} = \frac{n_1}{N_1+1}\vec{b}_1 + \frac{n_2}{N_2+1}\vec{b}_2 + \frac{n_3}{N_3+1}\vec{b}_3 \tag{12.4}$$

$$n_i = 0, \pm 1, \ldots, \pm\left[\frac{N_i}{2}\right]\ ,\ i = 1,2,3 \tag{12.5}$$

Mit dem Ansatz (12.3) erhält man für $u(\vec{k};\vec{r})$ eine reduzierte Schrödingergleichung

$$\left[-\frac{\hbar^2}{2m}(\Delta + 2i\vec{k}\vec{\nabla} - \vec{k}^2) + V(\vec{r})\right] u(\vec{k};\vec{r}) = E(\vec{k})u(\vec{k};\vec{r}) \tag{12.6}$$

Soweit ist die Beschreibung eine exakte. Zur Illustration der gruppentheoretischen Argumentation wollen wir jetzt annehmen, daß das Gitterpotential $V(\vec{r})$ klein sein soll. Dann können wir die Eigenfunktionen von H in *nullter Näherung* durch ebene Wellen approximieren

$$\psi^{(0)}(\vec{k},\vec{G};\vec{r}) = \Omega^{-\frac{1}{2}} \exp\left[i\vec{k}\vec{r}\right] \exp\left[i\vec{G}\vec{r}\right] \tag{12.7}$$

bzw. gemäß (12.3) durch

$$u^{(0)}(\vec{k},\vec{G};\vec{r}) \equiv u(\vec{G};\vec{r}) = \Omega^{-\frac{1}{2}} \exp\left[i\vec{G}\vec{r}\right] \tag{12.8}$$

wobei $\{\vec{G}\}$ die Folge der reziproken Gittervektoren bedeutet:

$$\vec{G} = m_1\vec{b}_1 + m_2\vec{b}_2 + m_3\vec{b}_3 \tag{12.9}$$

$$\text{mit}\quad m_i = 0, \pm 1, \ldots, \pm\infty\ ,\ i = 1,2,3 \tag{12.10}$$

Das Funktionensystem (12.7) erfüllt die Orthonormalitätsrelationen

$$\int_\Omega d\Omega\ \left(\psi^{(0)}(\vec{k},\vec{G};\vec{r})\right)^* \psi^{(0)}(\vec{k}',\vec{G}';\vec{r}) = \delta_{\vec{k}+\vec{G},\vec{k}'+\vec{G}'} \tag{12.11}$$

mit

$$\Omega = (N_1+1)(N_2+1)(N_3+1)\cdot(\vec{a}_1 \times \vec{a}_2)\cdot\vec{a}_3 \tag{12.12}$$

und bildet im fundamentalen Periodizitätsvolumen Ω ein vollständiges Basissystem (Fourierbasis). Setzt man (12.7) in die Schrödingergleichung (12.2) ein, so erhält man in *nullter Näherung*

$$E^{(0)}(\vec{k},\vec{G}) = \frac{\hbar^2}{2m}(\vec{k}+\vec{G})^2 \tag{12.13}$$

Bei gegebenem $\vec{k}$-Vektor können, wenn man entsprechende $\vec{G}$-Vektoren selektiert, mehrere $\vec{G}$-Vektoren denselben Energieeigenwert (12.13) ergeben, d.h. man erhält in *nullter Näherung* diverse Entartungsmöglichkeiten, die unter Umständen nicht von der Symmetrie herrühren. Beispiele für *zweifache Entartungen von* $E^{(0)}(\vec{k},\vec{G})$ sind:

$$\vec{k} = \pi\vec{b}_1 \ : \quad E^{(0)}(\vec{k}) = \tfrac{\hbar^2}{2m}(\pi\vec{b}_1)^2 \ ; \quad \vec{G} = 0 \text{ oder } \vec{G} = -2\pi\vec{b}_1 \tag{12.14}$$

oder

$$\vec{k} = 0 \ : \quad E^{(0)}(\vec{k}) = \tfrac{\hbar^2}{2m}(2\pi\vec{b}_1)^2 \ ; \quad \vec{G} = \pm 2\pi\vec{b}_1 \tag{12.15}$$

Bei höheren Symmetrien können die Entartungen nullter Ordnung noch höher sein. Wir demonstrieren dies im folgenden für das Quadratgitter. Das Schaubild 12.1 zeigt das Verhalten der Energielinien nullter Ordnung entlang der k_x-Achse. Das Bild ist dort besonders schlecht, wo Überschneidungen auftreten. Hier ist die gewählte nullte Näherung besonders ungünstig, denn hier muß man Aufspaltungen erwarten. Um diese zu berechnen, benötigt man eine Störungstheorie mit Entartung, die man jedoch mit Hilfe der Gruppentheorie weitgehend vermeiden kann. Die hierfür nötige Prozedur haben wir bereits in Kapitel 5.3.1 kennengelernt und praktiziert. Wir wollen diese Prozedur jetzt zur Berechnung der Energieeigenzustände im Kristall nutzbar machen und demonstrieren dies am niedersten M-Zustand im Quadratgitter.

Aufspaltung des niedersten M-Zustandes im Quadratgitter

Der M-Punkt ist durch $k_x = k_y = \frac{\pi}{a}$ gekennzeichnet, siehe Abbildung 11.5. Die zugehörige kleine Gruppe ist $G(M) = C_{4v}$ (siehe Tabelle 11.1). Wir betrachten den Energiewert nullter Ordnung

$$E^{(0)}(M) = \frac{\hbar^2}{m}\left(\frac{\pi}{a}\right)^2 \ : \ \text{vierfache Entartung in nullter Ordnung} \tag{12.16}$$

Gemäß Gleichung (12.13) können wir diesen Energiewert durch die Wahl folgender $\vec{G}$-Vektoren erhalten:

$$\begin{array}{lll} \vec{G} = 0 : & \psi_1^{(0)}(M,\vec{G}) = & \Omega^{-\frac{1}{2}} \exp\left[i\frac{2\pi}{a}(x+y)\right] \\ \vec{G} = \frac{2\pi}{a}(0,-1) : & \psi_2^{(0)}(M,\vec{G}) = & \Omega^{-\frac{1}{2}} \exp\left[i\frac{2\pi}{a}(x-y)\right] \\ \vec{G} = \frac{2\pi}{a}(-1,0) : & \psi_3^{(0)}(M,\vec{G}) = & \Omega^{-\frac{1}{2}} \exp\left[i\frac{2\pi}{a}(-x+y)\right] \\ \vec{G} = \frac{2\pi}{a}(-1,-1) : & \psi_4^{(0)}(M,\vec{G}) = & \Omega^{-\frac{1}{2}} \exp\left[i\frac{2\pi}{a}(-x-y)\right] \end{array} \tag{12.17}$$

Die Ausreduktion der (reduziblen!) Basis $\{\psi_1^{(0)},\ldots,\psi_4^{(0)}\}$ nach irreduziblen Darstellungen M_ν der „kleinen Gruppe“ $G(M)$ erfolgt gemäß

$$\Gamma^{(M)} = \sum_\nu a_\nu M_\nu \tag{12.18}$$

$$a_\nu = \frac{1}{g_M}\sum_R [\chi_\nu(R)]^* \chi^{(M)}(R) \ , \quad g_M = 8 \tag{12.19}$$

Daraus

$$\Gamma^{(M)} = M_1 + M_4 + M_5 \tag{12.20}$$

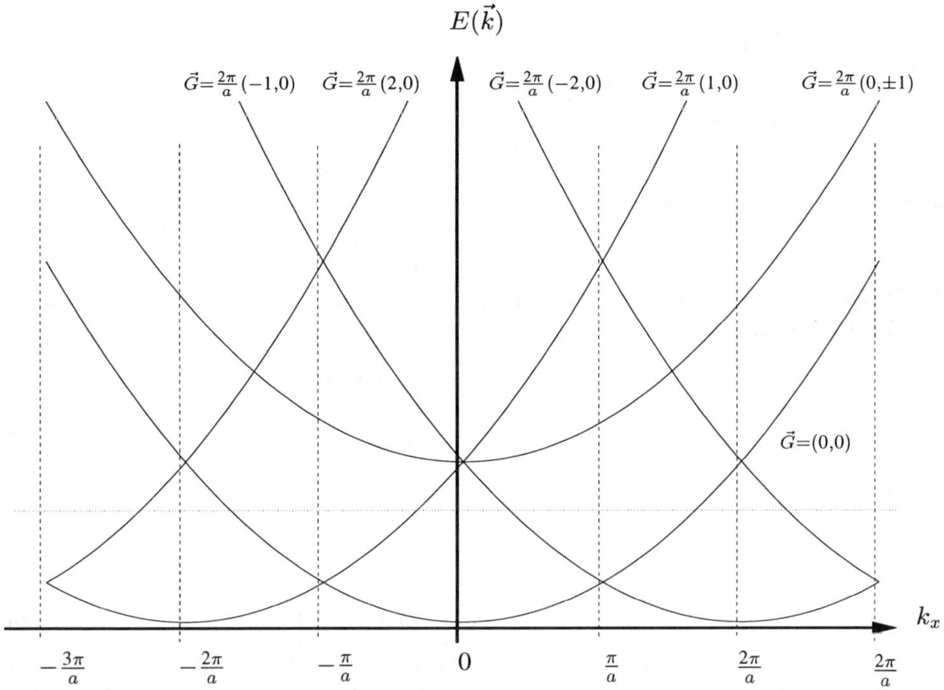

Bild 12.1 Entartungen der Energiewerte $E^{(0)}(\vec{k},\vec{G})$ nullter Ordnung beim Quadratgitter ($k_y = 0$)

$\boldsymbol{G(M) = C_{4v}}$	E	$2C_4$	$C_4^2 = C_2$	$2\sigma_v$	$2\sigma_d$
$M_1(A_1)$	1	1	1	1	1
$M_4(B_2)$	1	-1	1	-1	1
$M_5(E)$	2	0	-2	0	0
$\chi^{(M)}$	4	0	0	0	2

mit den irreduziblen Basisfunktionen

$$\psi^{(M_1)} = \frac{1}{2}(\psi_1^{(0)} + \psi_2^{(0)} + \psi_3^{(0)} + \psi_4^{(0)}) \tag{12.21}$$

$$\psi^{(M_4)} = \frac{1}{2}(\psi_1^{(0)} - \psi_2^{(0)} - \psi_3^{(0)} + \psi_4^{(0)}) \tag{12.22}$$

$$\psi_1^{(M_5)} = \frac{1}{\sqrt{2}}(\psi_1^{(0)} - \psi_4^{(0)}) \tag{12.23}$$

$$\psi_2^{(M_5)} = \frac{1}{\sqrt{2}}(\psi_2^{(0)} - \psi_3^{(0)}) \tag{12.24}$$

Diese Funktionen sind die „richtigen“ Ausgangsfunktionen für die Berechnung der Aufspaltung. Nach (12.20) erhält man eine Aufspaltung in drei Niveaus:

$$E(M_1) = E^{(0)}(M) + \left\langle \psi^{(M_1)} \middle| V \middle| \psi^{(M_1)} \right\rangle \tag{12.25}$$

$$E(M_4) = E^{(0)}(M) + \left\langle \psi^{(M_4)} \middle| V \middle| \psi^{(M_4)} \right\rangle \tag{12.26}$$

$$E(M_5) = E^{(0)}(M) + \left\langle \psi_1^{(M_5)} \middle| V \middle| \psi_1^{(M_5)} \right\rangle, \quad \text{zweifach entartet} \tag{12.27}$$

mit (siehe Gleichung (12.16))

$$E^{(0)}(M) = \frac{\hbar^2}{m}\left(\frac{\pi}{a}\right)^2 \tag{12.28}$$

Die in den Energieeigenwerten (12.25)-(12.27) auftretenden Matrixelementen lassen sich via (12.21)-(12.24) alle auf die beiden Matrixelemente

$$A = \left\langle \psi_1^{(0)} \middle| V \middle| \psi_1^{(0)} \right\rangle \tag{12.29}$$

$$B = \left\langle \psi_1^{(0)} \middle| V \middle| \psi_2^{(0)} \right\rangle \tag{12.30}$$

zurückführen, und man erhält:

$$E(M_1) = E^{(0)}(M) + A + 3B \tag{12.31}$$

$$E(M_4) = E^{(0)}(M) + A \tag{12.32}$$

$$E(M_5) = E^{(0)}(M) + A - B \tag{12.33}$$

Die spezielle Ordnung der Terme kann man natürlich nur durch eine detaillierte Rechnung und durch konkrete Festlegung von $V(\vec{r})$ bestimmen. Man sieht aber aus (12.31)-(12.33), daß $E(M_4)$ jedenfalls der mittlere Term sein muß, während $E(M_1)$ beispielsweise der höchste (wenn $B > 0$) oder der tiefste (wenn $B < 0$) sein kann.
Wenn $V(\vec{r})$ größer wird, sind (12.31)-(12.33) die ersten Glieder einer Störungsrechnung, aber selbst in diesem Fall wird die zweifache M_5-Entartung niemals aufgehoben, d.h. diese Entartung ist exakt, gilt also für beliebige Näherung.
Bewegt man sich jedoch von M weg um einen kleinen Vektor $\delta\vec{k}$, so spaltet sich $E(M_5)$ auf in zwei Energiebänder, wenn $\delta\vec{k}$ so gewählt ist, daß man zu einem allgemeinen $\vec{k}$-Vektor gelangt.

◊

12.2 Kompatibilitätsbeziehungen und erzwungene Überschneidung

12.2.1 Wege zwischen besonderen $\vec{k}$-Punkten

Betrachtet man ein Energieband $E(\vec{k})$ und geht man von einem $\vec{k}$-Vektor A niedriger Symmetrie zu einem solchen höherer Symmetrie B, so daß also die kleine Gruppe $G(A)$ (irreduzible Darstellungen A_i) in $G(B)$ (irreduzible Darstellungen B_j) enthalten ist:

$$G(A) \subset G(B) \tag{12.34}$$

so muß die irreduzible Basisfunktion $\psi(A_i;\vec{r})$ kontinuierlich in eine irreduzible Basisfunktion $\psi(B_j;\vec{r})$ der höheren Symmetrie übergehen, d.h. die irreduzible Darstellung A_i der niedereren Symmetrie muß in der irreduziblen Darstellung B_j der höheren Symmetrie enthalten sein, denn B kann nichts anderes sein als ein *ausgearteter* Punkt A, kann also auch als „A-Punkt“ angesehen werden:

$$A_i \rightleftarrows B_j \tag{12.35}$$

Diese Verträglichkeitsforderung liefert wichtige qualitative Informationen über das Verhalten der Bänder (*Kompatibilitätsbeziehung* der Energiebänder). Sie ist nichts anderes als die Spezifizierung der *Korrelation* einer *irreduziblen Darstellung der Muttergruppe* mit denen ihrer Tochtergruppen, wie sie uns aus den Korrelationstafeln schon längst wohlbekannt ist.
Die Kompatibilitätsbeziehung dient dazu:

1. um den Energieterm eines ausgezeichneten symmetrischen Punktes der Brillouin-Zone einem oder mehreren Energiebändern zuzuordnen;

2. um den Energieterm eines ausgezeichneten symmetrischen Punktes der Brillouin-Zone über ein Energieband einem anderen ausgezeichneten Punkt zuzuordnen.

In den Lehr- und Arbeitsbüchern für Bandrechnungen werden diese Kompatibilitätsforderungen in sogenannten Kompatibilitätstafeln zusammengefaßt (siehe Tabelle 12.2). Dies wollen wir an zwei Beispielen erläutern.

Tabelle 12.2
Kompatibilitätstabelle für das Quadratgitter

$\Gamma_1,\Gamma_3,\Gamma_5$	Δ_1	X_1,X_3
$\Gamma_2,\Gamma_4,\Gamma_5$	Δ_2	X_2,X_4
X_1,X_4	Z_1	M_1,M_3,M_5
X_2,X_3	Z_2	M_2,M_4,M_5
M_1,M_4,M_5	Σ_1	$\Gamma_1,\Gamma_4,\Gamma_5$
M_2,M_3,M_5	Σ_2	$\Gamma_2,\Gamma_3,\Gamma_5$

Korrelation im Quadratgitter

Betrachten wir etwa im Quadratgitter die Linie Δ (Symmetrie $C_s \equiv \{E,\sigma_v^{(x)}\}$), so sind die speziellen Punkte Γ und X ebenfalls Punkte auf der Linie Δ. Nun gilt beispielsweise die Korrelation:

$$\begin{array}{ccccc} \Gamma_2(A_2),\Gamma_4(B_2),\Gamma_5(E) & \longrightarrow & \Delta_2(A'') & \longrightarrow & X_2(A_2),X_4(B_2) \\ \text{in } C_{4v} & & \text{in } C_s(\sigma_v^{(x)}) & & \text{in } C_{2v} \end{array} \quad (12.36)$$

d.h. $E(\Delta_2)$ ist nur kompatibel mit $\Gamma_2,\Gamma_4,\Gamma_5$ und X_2,X_4. Diese Verträglichkeiten (Kompatibilitäten) sind in Abbildung 12.3 illustriert.

◊

Korrelationen im kubisches Gitter

Beim einfach kubischen Gitter tritt ein besonders interessanter Fall für die Linie Λ mit den beiden Endpunkten R und Γ auf (siehe auch Abbildung 11.7):

$$\begin{array}{ccccc} \Gamma & \longrightarrow & \Lambda & \longrightarrow & R \\ O_h & & C_{3v} & & O_h \end{array} \quad (12.37)$$

Es ist beispielsweise beim Natrium bekannt, daß der tiefste Term in Γ ein $\Gamma_{1g}(A_{1g})$-Term ist, während in R der tiefste Term ein $R_{5g}(T_{2g})$-Term ist. Dies hat man durch numerische Rechnung gefunden. Damit ist aber sofort offensichtlich, daß Γ_{1g} und R_{5g} nur durch $\Lambda_1(A_1)$-Terme verbunden werden können, denn wir haben die Korrelationen

$$\Gamma_{1g}(A_{1g}) \longrightarrow \Lambda_1(A_1) \quad (12.38)$$

$$R_{5g}(T_{2g}) \longrightarrow \Lambda_1(A_1)+\Lambda_3(E) \quad (12.39)$$

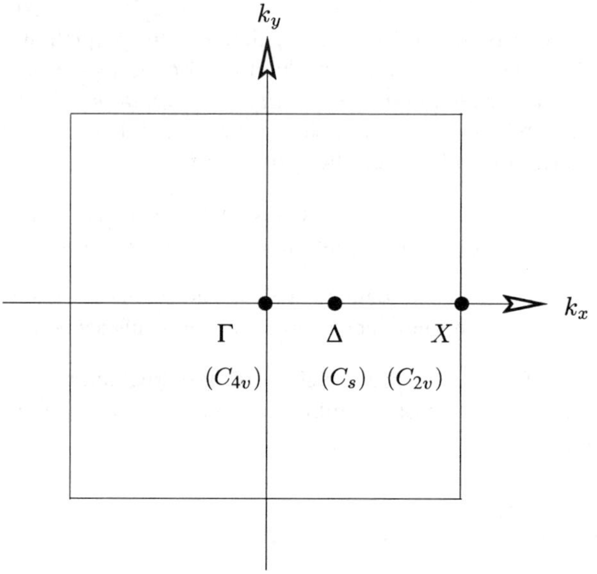

Bild 12.2
Beispiel eines Weges zwischen $\vec{k}$-Punkten verschiedener „kleiner Gruppen" in der 1. Brillouin-Zone des Quadratgitters.

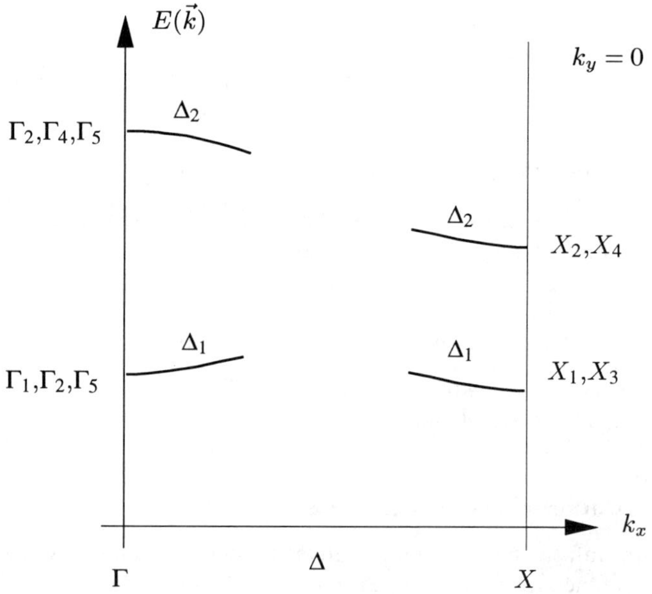

Bild 12.3
Veranschaulichung der Kompatibilitäten beim Übergang eines $\vec{k}$-Punktes niedriger zu einem höherer Symmetrie

Aus der letzteren Beziehung ergibt sich weiterhin, daß von R_{5g} zusätzlich eine Linie von Λ_3-Charakter ausgehen muß, und man erhält die in Abbildung 12.4 visualisierten Verhältnisse.
Da aber in Γ der *zweitniederste Term* ein $\Gamma_{4g}(T_{1g})$-Term ist, und wegen der Korrelation

$$\Gamma_{4g}(T_{1g}) \longrightarrow \Lambda_2(A_2) + \Lambda_3(E) \qquad (12.40)$$

ergibt sich nachfolgend, daß von Γ_{4g} zusätzlich ein Λ_2-Term ausgehen muß, der im Normalfall über der Λ_3-Linie liegen wird, damit er in R einen (nach Voraussetzung) über dem bereits gefundenen Energiepunkt liegenden Punkt treffen kann. ◊

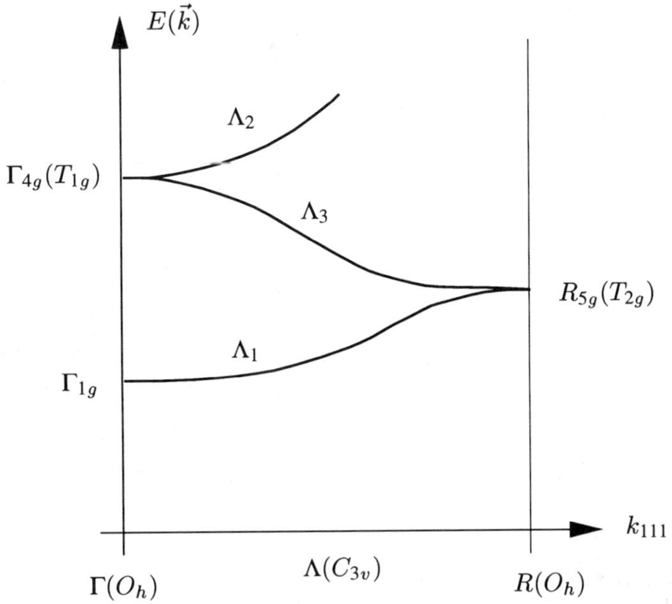

Bild 12.4
Kompatible energetische Verbindungslinien im Natriumgitter

So kann man mit Hilfe der *Kompatibilitätsbeziehungen* sehr *viel qualitative Information über die Energiebänder* gewinnen, wenn man die Symmetrieüberlegungen für bestimmte Linien zwischen speziellen Punkten der Brillouin-Zone durchführt.
Wir werden die Abbildung 12.4 sogleich noch vervollständigen und um einen interessanten Aspekt erweitern.

12.2.2 Erzwungene Überschneidung (Zufällige Entartung)

Wir haben soeben gesehen, daß die Kompatibilitätsbeziehungen der Symmetriecharakterisierung der Energieterme, die von bestimmten ausgezeichneten Punkten der Brillouin-Zone ausgehen, Beschränkungen auferlegen. Durch diese Beschränkungen kann ein Überschneiden der Energiebänder erzwungen werden. Das sieht man an dem folgenden einfachen Beispiel.

Quadratgitter

Wir betrachten in der 1.Brillouin-Zone des Quadratgitters die Linie $\Gamma - \Delta - X$. Wir wollen nun *annehmen*, daß der *tiefste* Γ*-Zustand* ein Γ_1- und der *tiefste* X*-Zustand* ein X_2-Zustand sei. Dann gelten die Korrelationen

$$\Gamma_1 \longrightarrow \Delta_1 \tag{12.41}$$

$$X_2 \longrightarrow \Delta_2 \tag{12.42}$$

d.h. von Γ_1 *kann nur* eine Δ_1-Linie ausgehen, von X_2 *dagegen nur eine* Δ_2-Linie, und da beide miteinander zu verschiedenen irreduziblen Darstellungen der Gruppe $G(\Delta)$ gehören, müssen sie sich in einem bestimmten, nicht näher festgelegten Punkt P *überschneiden*. Denn die von Γ_1 ausgehende Δ_1-Linie muß einen X_1 (oder X_3)-artigen Energiewert $E(X_1)$ (oder $E(X_3)$) treffen, der über dem bereits gefundenen tiefsten $E(X)$-Wert vom Typ X_2 liegt.

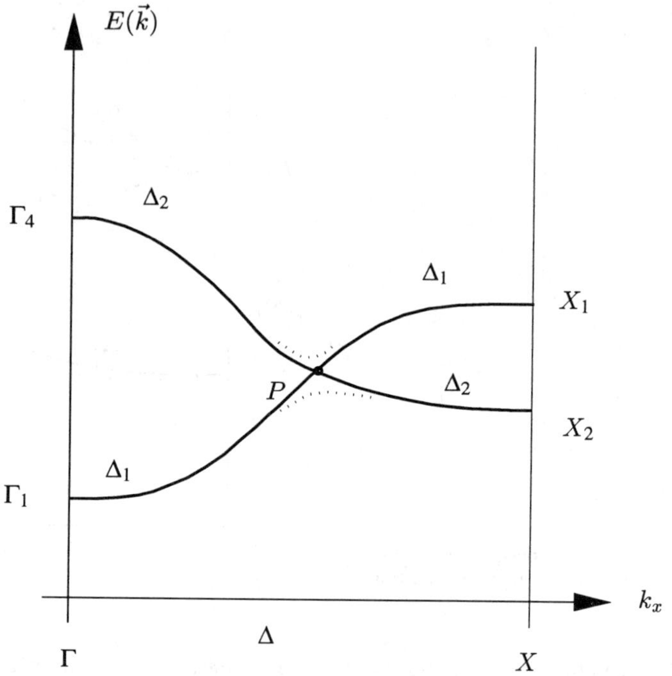

Bild 12.5
Das Phänomen der erzwungenen Überschneidung von Energielinien

Man hat demgemäß eine *zufällige Entartung* (d.h. keine von der Symmetrie in P geforderte) zweier Bänder im Punkt P (vergleiche Abbildung 12.5):

$$\text{niederstes Band:} \quad \Gamma_1 \to \Delta_1 \to P \to \Delta_2 \to X_2 \tag{12.43}$$

$$\text{nächsthöheres Band:} \quad \Gamma_4 \to \Delta_2 \to P \to \Delta_1 \to X_1 \tag{12.44}$$

Man kann also dem Gesamtband auf der Linie Δ nicht mehr eine einzige irreduzible Darstellung Δ_i zuordnen; nur die Teilabschnitte beiderseits des Überschneidungspunktes P gehören je zu einer irreduziblen Darstellung. ◊

Die Kompatibilitätsrelation erfordert im vorstehenden Fall *nur auf der Linie* Δ eine Überschneidung, nicht jedoch, wenn man auf einem anderen Weg von Γ nach X geht, z. B. so wie in der Abbildung 12.6 gezeigt. In diesem Falle ist die kleine Gruppe C_1 (allgemeiner $\vec{k}$-Punkt) mit nur einer einzigen irreduziblen Darstellung, die sowohl mit Δ_1 als auch mit Δ_2 kompatibel ist. Darum überschneiden oder berühren sich die beiden tiefsten Energiebänder auf diesem Wege nicht mehr. Es handelt sich hierbei um die sogenannte *von Neumann-Wigner-Abstoßung*. Wir haben es also auf der Linie Δ mit einer *singulären Berührung* zweier Bänder in einem Punkt P zu tun. Für das räumliche Gitter gibt es zusätzlich noch die Möglichkeit, daß sich zwei Bänder *in einer ganzen Linie* überschneiden, nicht jedoch in einer ganzen Fläche.
Wir wollen jetzt das räumliche Beispiel des Natriums entlang der Linie $\Gamma - \Lambda - R$ ergänzen. Es ist bekannt, daß der zweittiefste R-Term ein R_{1g}-Term ist. Wegen der Korrelation

$$R_{1g}(A_{1g}) \longrightarrow \Lambda_1(A_1) \tag{12.45}$$

aber kann von R_{1g} nur eine Λ_1-Linie ausgehen, die aber unverträglich ist mit der von Γ_{4g} ausgehenden Λ_2-Linie. Es muß also zu einer Überschneidung kommen. Wiederum aber ist die Überschneidung auf einen einzigen Punkt auf der Linie $\Gamma - \Lambda - R$ beschränkt; außerhalb dieser Linie sind die Bänder getrennt (Abbildung 12.7).

Bild 12.6
Umgehung eines Überschneidungspunktes

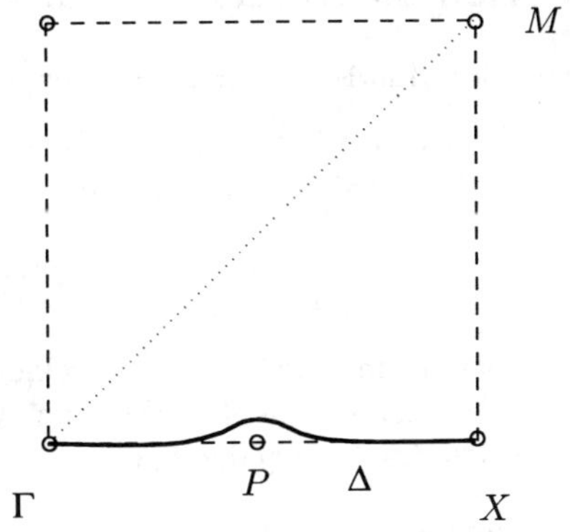

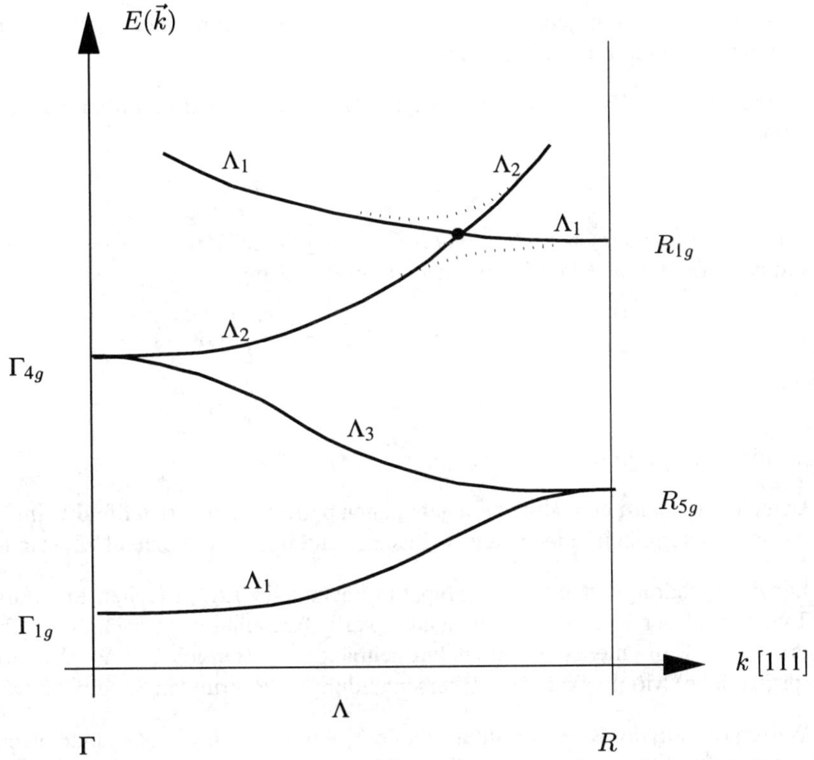

Bild 12.7 Beispiel der Überschneidung zweier Bandlinien (Natriumgitter)

12.3 Aufgabe zu Kapitel 11 und 12

Aufgabe 36: Bandstrukturbetrachtungen für das Quadratgitter

a) Zeichnen Sie für die 1. BZ des Quadratgitters ein Diagramm $E(\vec{k}) - \vec{k}$ ($\vec{k}$ entlang $M - \Gamma - X - M$) für die Energieeigenlösungen $E^{(0)}(\vec{k})$ nullter Ordnung

$$E^{(0)}(\vec{k}) = \frac{\hbar^2}{2m}\left(\vec{k}+\vec{G}\right)^2 \tag{12.46}$$

wobei $\vec{G}$ ein beliebiger Gittervektor des reziproken Gitters bedeutet. Geben Sie insbesondere den infolge der Wahlmöglichkeit von $\vec{G}$ auftretenden Entartungsgrad der beiden tiefsten Zustände in den Punkten $M, \Sigma, \Gamma, \Delta, X$ und Z an.

b) Zeigen Sie, daß der 1. angeregte Γ-Zustand in 1. Näherung je in einen $\Gamma_1 (\rightleftharpoons A_1)$-, $\Gamma_3 (\rightleftharpoons B_1)$- und $\Gamma_5 (\rightleftharpoons E)$-Zustand der kleinen Gruppe von Γ ($G(\Gamma) = C_{4v}$) aufspaltet.

c) Finden Sie die „richtigen“ (d.h. ausreduzierten) Wellenfunktionen nullter Ordnung für den ersten angeregten Zustand im Γ-Punkt.

d) Der niederste X-Zustand (kleine Gruppe: $G(X) = C_{2v}$) ist in nullter Näherung zweifach entartet:

$$\psi_{1,2}^{(0)} = \frac{1}{L} e^{\pm i \frac{\pi}{a} x} \tag{12.47}$$

Eine Inspektion der Charaktertafel für C_{2v} enthüllt, daß der Zustand in A_1 und B_1 zerfällt mit den „richtigen“ Eigenfunktionen nullter Näherung:

$$X_1(A_1): \quad \psi^{(X_1)} = \frac{\sqrt{2}}{L} \cos \frac{\pi}{a} x \tag{12.48}$$

$$X_3(B_1): \quad \psi^{(X_3)} = \frac{\sqrt{2}}{L} \sin \frac{\pi}{a} x \tag{12.49}$$

Verifizieren Sie dieses Ergebnis.

e) Berechnen Sie mit dem allgemein gehaltenen periodischen Kristallfeld V im Quadratgitter die Aufspaltungen im niedersten X-Zustand und im 1. angeregten Γ-Zustand.

f) Für das Quadratgitter gilt die Kompatibilitätstabelle 12.2. Machen Sie, aufgrund dieser Tabelle und der in den vorausgehenden Aufgabenpunkten gemachten Erfahrungen eine Prognose für die niedersten Einelektronenbänder im Bereich $\Gamma - \Delta - X$. Gibt es hier die (prinzipielle) Möglichkeit der „Überschneidung“? Begründen Sie die Antwort.

g) Warum führt in der Kompatibilitätstabelle Δ_1 einerseits zu $X_1, \boldsymbol{X_3}$, andererseits zu Γ_1, Γ_3, Γ_5; jedoch: Z_1 einerseits zu $X_1, \boldsymbol{X_4}$ und andererseits zu $M_1, \boldsymbol{M_3}, M_5$ und Σ_1 zu $M_1, \boldsymbol{M_4}$, M_5. Die hervorgehobenen irreduziblen Darstellungen sind besonders betrachtenswert.

Teil IV

Lie-Gruppen

13 Die kontinuierliche Gruppe R$\times$ $C_i \equiv SO(3)$

Als Einstieg in die Theorie und die Anwendung der Lie-Gruppen wollen wir die unmittelbar anschaulich erfaßbare kontinuierliche Drehgruppe R$\times C_i$ ($\equiv SO(3)$) benutzen, d.h. die Gruppe, welche die Drehungen um alle Achsen durch einen Punkt umfaßt.

13.1 Generatoren

Wir betrachten zunächst eine Drehung einer Funktion $f(x,y,z)$ um eine z-Achse um den infinitesimal kleinen Winkel $\delta\alpha$, die wir mit $R(\vec{e}_z,\delta\alpha)$ bezeichnen wollen:

$$R(\vec{e}_z,\delta\alpha):f(\vec{r}) \quad = \quad f(R^{-1}(\vec{e}_z,\delta\alpha):\vec{r}) \tag{13.1}$$

(siehe die Definition der Wigner-Konvention (4.11)), wobei (analog zu (4.10))

$$\begin{aligned} R^{-1}(\vec{e}_z,\delta\alpha):\vec{r} &= x\cdot(\vec{e}_x\cdot\cos\delta\alpha-\vec{e}_y\cdot\sin\delta\alpha)+y\cdot(\vec{e}_x\cdot\sin\delta\alpha+\vec{e}_y\cdot\cos\delta\alpha)+z\cdot\vec{e}_z \\ &= \vec{e}_x\cdot(x+y\cdot\delta\alpha)+\vec{e}_y\cdot(y-x\cdot\delta\alpha)+\vec{e}_z\cdot z+O\left((\delta\alpha)^2\right) \end{aligned} \tag{13.2}$$

oder

$$R(\vec{e}_z,\delta\alpha):f(x,y,z) \quad = \quad f((x+y\cdot\delta\alpha,y-x\cdot\delta\alpha,z) \tag{13.3}$$

$$= \quad \left[1+\delta\alpha\left(y\frac{\partial}{\partial x}-x\frac{\partial}{\partial y}\right)+O\left((\delta\alpha)^2\right)\right]f(x,y,z) \tag{13.4}$$

Im folgenden vernachlässigen wir die Terme höherer Ordnung. Wir führen nun die aus der elementaren Quantenmechanik wohlbekannten (dimensionslosen) Drehimpulsoperatoren ein:

$$I_z \quad = \quad -i\left(x\frac{\partial}{\partial y}-y\frac{\partial}{\partial x}\right) \quad , \quad \text{zykl.} \tag{13.5}$$

die wir auch als Vektorprojektionen des Drehimpuls-Vektoroperators

$$\vec{I} \quad = \quad -i(\vec{r}\times\vec{\nabla}) \tag{13.6}$$

schreiben können:

$$I_z \quad = \quad -i\vec{e}_z(\vec{r}\times\vec{\nabla}) \quad , \quad \text{zykl.} \tag{13.7}$$

Dann lautet (13.4)

$$R(\vec{e}_z,\delta\alpha):f(x,y,z) \quad = \quad [1-i\cdot\delta\alpha\cdot I_z]f(x,y,z) \tag{13.8}$$

oder nach (13.7)

$$R(\vec{e}_z,\delta\alpha):f(\vec{r}) \quad = \quad [1-i\cdot\delta\alpha\cdot\vec{e}_z\vec{I}]f(\vec{r}) \tag{13.9}$$

Dieses Resultat läßt sich nun verallgemeinern. Wir bedenken, daß die Definition des Vektoroperators $\vec{I}$ (siehe Gleichung (13.6)) unabhängig ist von der Wahl der z-Achse. Betrachten wir also die Drehung $R(\vec{e}_\xi,\delta\alpha)$ um eine beliebige Achse ξ, deren Richtung durch den Einheitsvektor $\vec{e}_\xi$ definiert ist, so folgt dafür nach (13.9):

$$R(\vec{e}_\xi,\delta\alpha):f(\vec{r}) \quad = \quad [1-i\cdot\delta\alpha\cdot\vec{e}_\xi\vec{I}]f(\vec{r}) \tag{13.10}$$

Die Form (13.10) ist in besonderer Weise dazu geeignet, den Operator $R(\vec{e}_\xi, \delta\alpha)$ für eine endliche Drehung zu finden. Wir denken uns die endliche Drehung α durch eine Hintereinanderfolge von n infinitesimalen Drehungen $\delta\alpha$ erzeugt:

$$\alpha = \lim_{\substack{n\to\infty \\ \delta\alpha\to 0}} (n \cdot \delta\alpha) \tag{13.11}$$

also

$$R(\vec{e}_\xi, \alpha) : f(\vec{r}) = \lim_{\substack{n\to\infty \\ \delta\alpha\to 0}} \left[1 - i \cdot \delta\alpha \cdot \vec{e}_\xi \vec{I}\right]^n \tag{13.12}$$

Wegen (13.11) haben wir bei der Durchführung des Grenzprozesses $n \to \infty$, $\delta\alpha \to 0$ die Bedingung

$$\delta\alpha = \frac{\alpha}{n} \tag{13.13}$$

zu beachten, so daß wir (13.12) auch schreiben können als:

$$R(\vec{e}_\xi, \alpha) : f(\vec{r}) = \lim_{n\to\infty} \left[1 - i \cdot \frac{\alpha}{n} \cdot \vec{e}_\xi \vec{I}\right]^n \tag{13.14}$$

Dies aber ist gerade die Definition der Exponentialfunktion

$$e^x = \lim_{n\to\infty} (1 + \frac{x}{n})^n \tag{13.15}$$

Damit kommen wir schließlich zum

Operator der Rotation

$$R(\vec{e}_\xi, \alpha) = \exp[-i\alpha \cdot \vec{e}_\xi \vec{I}\,] \tag{13.16}$$

Insbesondere können wir jetzt die auf ein gewähltes Achsensystem $(\vec{e}_x, \vec{e}_y, \vec{e}_z)$ bezogenen Drehwinkelkomponenten $(\alpha_x, \alpha_y, \alpha_z)$ einführen

$$\alpha_x = \alpha(\vec{e}_\xi \cdot \vec{e}_x) \quad , \quad \text{zyklisch} \tag{13.17}$$

wobei gelten muß:

$$\alpha_x^2 + \alpha_y^2 + \alpha_z^2 = \alpha^2 \quad , \quad 0 \le \alpha \le 2\pi \tag{13.18}$$

Dann können wir (13.16) umschreiben in

$$R(\vec{e}_\xi, \alpha) = \exp[-i(\alpha_x I_x + \alpha_y I_y + \alpha_z I_z)] \tag{13.19}$$

Die Operationen der Gruppe sind also durch die kontinuierlichen Parameterfolgen $(\alpha_x, \alpha_y, \alpha_z)$

$$0 \le \alpha \le 2\pi \quad , \quad \alpha = \sqrt{\alpha_x^2 + \alpha_y^2 + \alpha_z^2} \tag{13.20}$$

und die drei Operatoren (I_x, I_y, I_z)

$$I_x = -i(y\frac{\partial}{\partial z} - z\frac{\partial}{\partial x}) \quad , \quad \text{zykl.} \tag{13.21}$$

festgelegt. Man bezeichnet diese drei Operatoren als die *Generatoren* der Gruppe.

13.2 Irreduzible Darstellungen

Wie im Kapitel 3 ausgeführt, verstehen wir unter der Darstellung einer Gruppe die isomorphe oder homomorphe Abbildung der Gruppenelemente auf Matrizen. Jeder Darstellung können wir einen invarianten Vektorraum zuordnen (siehe Kapitel 4), der durch einen endlichen Satz $\{\eta_j\}$, $j = 1,\ldots,d$, von Basisvektoren (Basisfunktionen) aufgespannt wird, so daß gilt

$$R(\vec{e}_\xi,\alpha) : \eta_i \quad \in \quad \{\eta_j\} \tag{13.22}$$

Betrachten wir nun die Form (13.19) des allgemeinen Gruppenelements $R(\vec{e}_\xi,\alpha)$, so erkennen wir, daß die Forderung (13.22) gleichbedeutend ist mit der Forderung

$$\{I_x,I_y,I_z\} : \eta_i \quad \in \quad \{\eta_j\} \tag{13.23}$$

Daraus deduzieren wir die

Folgerung:
Die *Darstellung der Lie-Gruppe* $SO(3)$ wird vollständig charakterisiert durch die Darstellungsmatrizen der Erzeugenden I_x,I_y,I_z.

Dies können wir unmittelbar auch aus der Form (13.19) erschließen. Denken wir uns dieselbe in eine Reihe entwickelt

$$R(\vec{e}_\xi,\alpha) \;=\; 1 - i(\alpha_x I_x + \alpha_y I_y + \alpha_z I_z) - \frac{1}{2!}(\alpha_x I_x + \alpha_y I_y + \alpha_z I_z)^2 + \ldots \tag{13.24}$$

so sehen wir, daß die Darstellungsmatrix von $R(\vec{e}_\xi,\alpha)$ sich aus den Produkten der Darstellungsmatrizen von I_x,I_y,I_z aufbauen läßt, so daß aus der Kenntnis der letzteren die erstere folgt.

13.3 Lie-Algebra

Wie wir gesehen haben, ist die Zahl der erzeugenden Operatoren der Drehgruppe R sehr viel kleiner (drei) als die Zahl der Gruppenelemente (kontinuierliche Mannigfaltigkeit). Es ist deshalb naheliegend, zu versuchen, aus der Diskussion der Eigenschaften dieser Operatoren die irreduziblen Darstellungen der Gruppe zu gewinnen.
Wir haben die erzeugenden Operatoren I_x,I_y,I_z oben als Differentialoperatoren eingeführt. In der Quantenmechanik nennt man dies die „Ortsdarstellung". Aus ihr entnehmen wir die *fundamentalen Vertauschungsrelationen* dieser Operatoren:

$$[I_x,I_y] \;=\; iI_z \quad , \quad \text{zykl.} \tag{13.25}$$

wobei $[a,b] = ab - ba$ (Kommutator) bedeutet. Diese Vertauschungsrelationen bilden eine sogenannte *Lie-Algebra*. Man kann diese Algebra als die Basis für eine rein algebraische (i.e. abstrakte) Behandlung der Gruppe benützen. D.h. die konkrete Realisierung der Operatoren I_x,I_y,I_z, etwa als Differentialoperatoren (Ortsdarstellung) oder als Matrizen (Matrixdarstellung), wird überflüssig. Vielmehr wird sich zeigen, daß alle aus der Gruppentheorie deduzierbaren Folgerungen bezüglich der irreduziblen Darstellungen, der zugeordneten Basisfunktionen und bezüglich der Anwendung in der Physik alleine mittels der durch (13.25) definierten Algebra gewonnen werden können.

Wie wir in Kapitel 4 gesehen haben, kann man zur Erzeugung der Basisvektoren $\{\eta(\nu,j)\}$ einer irreduziblen Darstellung $\Gamma^{(\nu)}$ die charakteristische Gleichung (Eigenwertgleichung) eines geeigneten Operators C heranziehen

$$C\eta(\nu,j) = C_\nu \eta(\nu,j) \tag{13.26}$$

Ein solcher „erzeugender Operator einer Basis" muß mit allen Gruppenoperationen vertauschen

$$[R,C] = 0 \tag{13.27}$$

also in unserem Falle mit den Operatoren (13.19) bzw. mit den darin enthaltenen erzeugenden Operatoren I_x, I_y, I_z der Gruppe:

$$[C,I_x] = [C,I_y] = [C,I_z] = 0 \tag{13.28}$$

Man nennt einen solchen Operator einen *Casimir-Operator*, weswegen wir dafür den Buchstaben C gewählt haben. Wir notieren folgende

Regeln:

a) Es gibt zu jeder Lie-Gruppe mindestens einen Casimir-Operator, eventuell mehrere.

b) Ist ein physikalisches System invariant gegenüber den Operationen einer Lie-Gruppe, so ist der Hamiltonoperator H ein Casimir-Operator.

c) Es gibt i.a. einfachere Casimir-Operatoren als H.

d) Dem einfachsten Casimir-Operator eines physikalischen Systems ist eine *„Multiplettquantenzahl"* zugeordnet. Sie charakterisiert ein *entartetes* Multiplett.

Der einzige unabhängige Casimir-Operator für die kontinuierliche Drehgruppe R ist gegeben durch

$$C = I_x^2 + I_y^2 + I_z^2 = \vec{I}^2 \tag{13.29}$$

also durch den Operator des Quadrats des Drehimpulses, und wir spezifizieren die hierzu gehörige Vertauschungen

$$[\vec{I}^2, I_x] = [\vec{I}^2, I_y] = [\vec{I}^2, I_z] = 0 \tag{13.30}$$

Zur Erzeugung der irreduziblen Basisfunktionen $\eta(J,M) \equiv |J,M\rangle$, d.h. zur *Erzeugung eines Multipletts*, betrachten wir demgemäß das Eigenwertproblem

$$\vec{I}^2 |J,M\rangle = \Lambda(J) |J,M\rangle \tag{13.31}$$

wobei J der Index für die betrachtete irrduzible Darstellung $\Gamma^{(J)}$ und M den Entartungsindex derselben bedeutet. Da I_z mit $\vec{I}^2$ vertauscht, können wir die Eigenvektoren $|J,M\rangle$ von $\vec{I}^2$ so wählen, daß sie gleichzeitig Eigenvektoren von I_z sind:

$$I_z |J,M\rangle = \Lambda_z(J,M) |J,M\rangle \tag{13.32}$$

Dies bedeutet eine spezielle „Ausrichtung" der Eigenvektoren $|J,M\rangle$ als Basisvektoren irreduzibler Darstellungen der auf die z-Achse bezogenen kontinuierlichen Drehgruppe $C_\infty(z)$, einer Untergruppe der vollen Drehgruppe. Ebenso hätten wir eine „Ausrichtung" bzgl. einer anderen Drehachse, etwa der x- oder y-Achse wählen können. Da jedoch I_x bzw. I_y mit I_z nicht vertauschen (siehe Gleichung (13.25)), schließt die getroffene Wahl (13.32) eine gleichzeitige „Ausrichtung" als irreduzible Basisfunktion von I_x und I_y aus. Physikalisch bedeutet eine Wahl der Art (13.32) die Definition einer Art „Quantisierungsachse", und der herausgegriffene erzeugende Operator I_z spielt nunmehr gegenüber I_x und I_y eine besondere Rolle. Es erweist sich dann als nützlich, statt der Generatoren I_x und I_y selbst Linearkombinationen von ihnen als neue Generatoren einzuführen

$$I_\pm \quad = \quad I_x \pm i I_y \tag{13.33}$$

Statt der originalen Vertauschungsrelationen (13.25) erhalten wir dann die drei neuen Beziehungen

$$[I_z, I_\pm] \quad = \quad \pm I_\pm \tag{13.34}$$

$$[I_+, I_-] \quad = \quad 2 I_z \tag{13.35}$$

welche dieselbe Lie-Algebra definieren. In den neuen Operatoren haben wir

$$\vec{I}^2 \quad = \quad I_z^2 + \frac{1}{2}(I_+ I_- + I_- I_+) \tag{13.36}$$

und es gelten die Vertauschungsrelationen (siehe auch (13.30))

$$[\vec{I}^2, I_z] \quad = \quad 0 \tag{13.37}$$

$$[\vec{I}^2, I_\pm] \quad = \quad 0 \tag{13.38}$$

Eine Zusammenstellung der Kommutatorrelationen für die Drehimpulsoperatoren ist in Tabelle 13.1 zu finden.

13.4 Operatordiagramm

Multiplizieren wir die charakteristische Gleichung (13.32) von links mit $I_\pm$, so entsteht nach Anwendung der Vertauschungsrelationenen (13.34) die Gleichung

$$I_z(I_\pm |J,M\rangle) \quad = \quad (\Lambda_z \pm 1) \cdot (I_\pm |J,M\rangle) \tag{13.39}$$

d.h. wenn $|J,M\rangle$ ein Eigenvektor von I_z zum Eigenwert Λ_z gewesen ist, dann sind $I_\pm |J,M\rangle$ Eigenvektoren, die respektive zu den Eigenwerten $\Lambda_z \pm 1$ von I_z gehören. Dies bedeutet, daß die Operatoren $I_\pm$ eine *„Leitereigenschaft"* bezüglich des Eigenwertproblems von I_z haben:

I_+: erhöht den Eigenwert von I_z um Eins

I_-: erniedrigt den Eigenwert von I_z um Eins

Dies können wir durch ein Operatordiagramm wie in Abbildung 13.1 veranschaulichen.

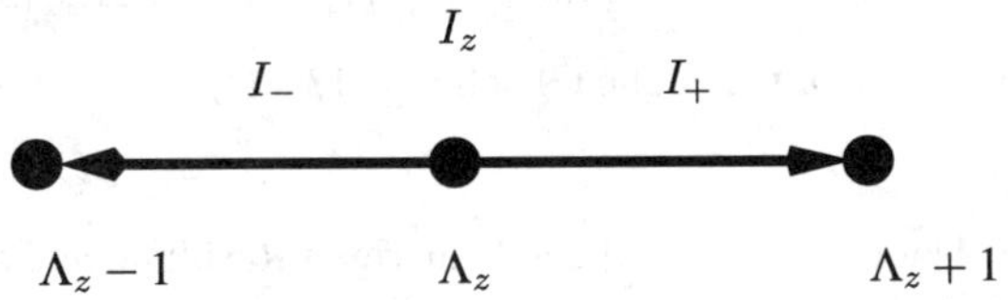

Bild 13.1
Diagrammatische Veranschaulichung der Operatoren I_z und $I_\pm$

Wenden wir andererseits die Operatoren $I_\pm$ auf Gleichung (13.31) an, so folgt wegen (13.36)

$$\vec{I}^2 (I_\pm |J,M\rangle) \quad = \quad \Lambda \cdot (I_\pm |J,M\rangle) \tag{13.40}$$

d.h. die ganze Leiterfolge der mittels $I_\pm$ in (13.39) erzeugten Eigenlösungen von I_z gehört *zum selben* Eigenwert Λ von $\vec{I}^2$, es sei denn, $(I_\pm |J,M\rangle$ ist Null. Wir nennen diese Folge ein *Multiplett*. Es repräsentiert gerade einen irreduziblen invarianten Unterraum.

13.5 Multiplette

Wir gehen aus von Gleichung (13.39), aus der wir ersehen, daß wir mittels der Anwendung der Operatoren $I_\pm$ die „Leiter" der Eigenwerte Λ_z, $\Lambda_z \pm 1$, $\Lambda_z \pm 2$, ... hinauf oder hinuntergehen können. Da Λ_z als Erwartungswert des Drehimpulsoperators I_z im betreffenden Eigenzustand einen endlichen Wert behalten muß, gibt es je einen maximalen Eigenwert $\Lambda_z^{(+)}$ und einen minimalen Eigenwert $\Lambda_z^{(-)}$, die sich wegen der ganzzahligen Stufenzahl zwischen ihnen um eine ganze Zahl unterschieden müssen:

$$\Lambda_z^{(+)} - \Lambda_z^{(-)} \quad = \quad \text{ganze Zahl} \tag{13.41}$$

und damit die Leiter unten und oben abgebrochen wird, muß gelten (siehe (13.39)):

$$I_\pm \,|\Lambda, M_\pm\rangle \quad = \quad 0 \tag{13.42}$$

wobei wir die Identifizierung

$$M \quad \stackrel{\text{def}}{=} \quad \Lambda_z \tag{13.43}$$

$$M_\pm \quad = \quad \Lambda_z^{(\pm)} \tag{13.44}$$

vornehmen können, da M die Eigenwerte von I_z indiziert. Wegen der Isotropie des Raumes bzw. weil die $\vec{e}_z$-Achse gegenüber der $-\vec{e}_z$-Achse nicht ausgezeichnet ist, gilt ferner

$$\Lambda_z^{(-)} \quad = \quad -\Lambda_z^{(+)} \tag{13.45}$$

also gemäß (13.41)

$$2\Lambda_z^{(+)} \quad = \quad \text{positive ganze Zahl} \tag{13.46}$$

Die das Multiplett charakterisierende Zahl $\Lambda_z^{(+)}$ wollen wir mit J bezeichnen:

$$J = \Lambda_z^{(+)} \quad = \quad 0, \frac{1}{2}, 1, \frac{3}{2}, 2, \ldots \tag{13.47}$$

Gemäß (13.46) ist also J ganzzahlig oder halbzahlig. Die M-Werte eines Mutlipletts sind demgemäß

$$M \quad = \quad -J, -J+1, \ldots, J-1, J \tag{13.48}$$

Anhand der Gleichung (13.36) finden wir durch Anwendung der Vertauschungsregel (13.34) die nützliche Hilfsformel

$$\vec{I}^2 \quad = \quad I_z^2 \pm I_z + I_\mp I_\pm \tag{13.49}$$

Daraus folgt mit (13.42)

$$\vec{I}^2 \,|J,J\rangle \quad = \quad (I_z^2 + I_z + I_- I_+)\,|J,J\rangle = I_z(I_z+1)\,|J,J\rangle \tag{13.50}$$

Der Eigenwert Λ (siehe Gleichung (13.31)) von $\vec{I}^2$ für das betrachtete Multiplett ist also

$$\Lambda \quad = \quad J(J+1) \tag{13.51}$$

Wir betonen, daß sämtliche bisherigen Resultate auf rein algebraischem Wege aus den grundlegenden Kommutatorrelationen (13.34) und (13.35) gefolgert wurden.

13.6 Normierung und Matrixelemente

Aus der Gleichung (13.39) deduzieren wir, daß $I_\pm\,|J,M\rangle$ Eigenvektoren zu den Eigenwerten $\Lambda_z = M$, $\Lambda = J(J+1)$ sind. Jedoch sind die so aus $|J,M\rangle$ erzeugten neuen Eigenvektoren nicht notwendig normiert:

$$I_\pm\,|J,M\rangle \quad = \quad a_\pm\,|J,M \pm 1\rangle\ , \quad a_\pm \neq 1 \tag{13.65}$$

$$
\begin{aligned}
[I_x, I_y] &= iI_z \quad , \quad \text{zykl.} && (13.52)\\
I_\pm &= I_x \pm iI_y && (13.53)\\
(I_\pm)^+ &= I_\mp && (13.54)\\
[I_z, I_\pm] &= \pm I_\pm && (13.55)\\
[I_+, I_-] &= 2I_z && (13.56)\\
I_+I_- &= I_x^2 + I_y^2 + I_z && (13.57)\\
\vec{I}^2 &= I_x^2 + I_y^2 + I_z^2 && (13.58)\\
&= I_z^2 + \frac{1}{2}(I_+I_- + I_-I_+) = I_z^2 + I_z + I_-I_+ = I_z^2 - I_z + I_+I_- && (13.59)\\
[\vec{I}^2, I_x] &= [\vec{I}^2, I_y] = [\vec{I}^2, I_z] = 0 && (13.60)\\
[\vec{I}^2, I_\pm] &= 0 && (13.61)
\end{aligned}
$$

Irreduzible Basisfunktionen $|J,M\rangle$:

$$
\begin{aligned}
\vec{I}^2 |J,M\rangle) &= J(J+1) \cdot |J,M\rangle && (13.62)\\
I_z |J,M\rangle &= M \cdot |J,M\rangle && (13.63)\\
I_\pm |J,M\rangle &= \sqrt{J(J+1) - M(M\pm 1)} \cdot |J,M\pm 1\rangle && (13.64)
\end{aligned}
$$

Tabelle 13.1 Kommutatoralgebra der Drehimpulsoperatoren

wobei $|J,M\rangle$ und $|J,M \pm 1\rangle$ selbst als normiert betrachtet werden

$$\langle J,M|J,M\rangle = 1 \qquad (13.66)$$

$$\langle J,M \pm 1|J,M \pm 1\rangle = 1 \qquad (13.67)$$

Wir wollen nun zunächst zeigen, daß auch die Normierungsfaktoren $a_\pm$ in (13.65) in vollkommen algebraischer Weise bestimmt werden können. Aus (13.65) - (13.67) folgt

$$\langle I_\pm \Phi(J,M)|I_\pm \Phi(J,M)\rangle = (a_\pm)^2 \qquad (13.68)$$

wobei wir zur Klarheit die Notation $\Phi(J,M) = |J,M\rangle$ benützt haben und $a_\pm$ als reelle Größen betrachten. Da I_+ und I_- hermitisch konjugiert sind

$$(I_+)^+ = I_- \qquad (13.69)$$

und wegen

$$\langle A\varphi|\psi\rangle = \langle \varphi|A^+\psi\rangle \qquad (A\text{: „Operator“}) \qquad (13.70)$$

erhalten für (13.68)

$$(a_\pm)^2 = \langle J,M|\, I_\mp I_\pm \,|J,M\rangle \qquad (13.71)$$

Aus (13.49) haben wir

$$I_\mp I_\pm = \vec{I}^2 - I_z^2 \mp I_z \qquad (13.72)$$

Setzen wir dies in (13.68) ein und verwenden (13.31) und (13.32), so entsteht

$$a_\pm = \sqrt{J(J+1) - M(M \pm 1)} \qquad (13.73)$$

oder in (13.65) eingesetzt

$$I_\pm\,|J,M\rangle \;=\; \sqrt{J(J+1)-M(M\pm 1)}\,|J,M\pm 1\rangle \qquad (13.74)$$

Für $M=\pm J$ folgt übrigens hieraus unmittelbar die Beziehung (13.42). Mit der Formel (13.74), die wir wiederum in rein algebraischer Weise gefunden haben, ist es möglich, die normierten Basisvektoren des ganzen Multipletts aus einem einzigen Basisvektor heraus zu erzeugen. Mit Hilfe der Beziehung (13.74) sowie (13.31) und (13.32)

$$\vec{I}^{\,2}\,|J,M\rangle \;=\; J(J+1)\,|J,M\rangle \qquad (13.75)$$

$$I_z\,|J,M\rangle \;=\; M\,|J,M\rangle \qquad (13.76)$$

ist es nun möglich, alle Matrixelemente innerhalb eines Multipletts, also solche der Form

$$\langle J,M|\,f(I_x,I_y,I_z)\,|J,M'\rangle \qquad (13.77)$$

in algebraischer Weise zu bestimmen. Physikalisch ist damit die ganze Dynamik *innerhalb* eines Multipletts erfaßbar. Übergänge *zwischen verschiedenen* Multipletts können nur stattfinden via einen Operator, der aus der betrachteten Algebra herausführt.

13.7 Clebsch-Gordan–Koeffizienten

Wir betrachten eine Produktbasis

$$\{\,|J',M'\rangle\,,|J'',M''\rangle\} \quad , \quad d=(2J'+1)(2J''+1) \qquad (13.78)$$

die aus den normierten Basisvektoren zweier Multiplette aufgebaut ist, wobei $|J',M'\rangle$ und $|J'',M''\rangle$ zu verschiedenen Hilberträumen gehören sollen, so daß gilt

$$I'_z\,|J',M'\rangle\,|J'',M''\rangle \;=\; M'\,|J',M'\rangle\,|J'',M''\rangle \qquad (13.79)$$

$$I''_z\,|J',M'\rangle\,|J'',M''\rangle \;=\; M''\,|J',M'\rangle\,|J'',M''\rangle \qquad (13.80)$$

$$[\vec{I}',\vec{I}''] \;=\; 0 \quad , \quad \text{etc.} \qquad (13.81)$$

und wir definieren die Summengeneratoren

$$\vec{I} \;\stackrel{\text{def}}{=}\; \vec{I}'+\vec{I}'' \qquad (13.82)$$

Es gilt

$$\vec{I}^{\,2} \;=\; (\vec{I}'+\vec{I}'')^2=(\vec{I}')^2+(\vec{I}'')^2+2I'_zI''_z+I'_+I''_-+I'_-I''_+ \qquad (13.83)$$

Dann erfüllen die Operatoren I_z, $I_\pm$ und $\vec{I}^{\,2}$ wiederum die Vertauschungsrelationen (13.34), (13.35), (13.37) und (13.38). Der höchste in Gleichung (13.78) enthaltene Eigenwert von I_z ist dann $M=J'+J''$, denn

$$I_z\,|J',J'\rangle\,|J'',J''\rangle \;=\; \underbrace{(J'+J'')}_{=J}\cdot\,|J',J'\rangle\,|J'',J''\rangle \qquad (13.84)$$

und

$$I_+\,|J,J'\rangle\,|J'',J''\rangle \;=\; 0 \qquad (13.85)$$

Demgemäß ist der höchste Eigenwert von $\vec{I}^{\,2}$ gerade $(J'+J'')(J'+J''+1)$, denn nach (13.83):

$$\vec{I}^{\,2}\,|J',J'\rangle\,|J'',J''\rangle \;=\; (J'(J'+1)+J''(J''+1)+2J'J'')\,|J',J'\rangle\,|J'',J''\rangle \qquad (13.86)$$

$$\;=\; \underbrace{(J'+J'')}_{J}\underbrace{(J'+J''}_{J}+1)\,|J',J'\rangle\,|J'',J''\rangle \qquad (13.87)$$

Damit können wir die volle Basis des Multipletts $J = J' + J''$ durch Anwendung von (13.74) generieren:

$$|J,J\rangle = |J',J'\rangle\,|J'',J''\rangle \tag{13.88}$$

$$\begin{aligned} |J,J-1\rangle &= \left(\sqrt{J(J+1)-J(J-1)}\right)^{-1} I_-\,|J,J\rangle \\ &= \left(\sqrt{2(J'+J'')}\right)^{-1} (I'_- + I''_-)\,|J',J'\rangle\,|J'',J''\rangle \\ &= \sqrt{\frac{J'}{J'+J''}}\,|J',J'-1\rangle\,|J'',J''\rangle + \sqrt{\frac{J''}{J'+J''}}\,|J',J'\rangle\,|J'',J''-1\rangle \end{aligned} \tag{13.89}$$

usw. . Dies verifiziert die Clebsch-Gordan–Koeffizienten (vergleiche Kapitel 9.4.4):

$$C(J'\,M'\,,\,J''\,M''|J\,M) \quad \text{für} \quad \begin{aligned} &J = J'+J'' \\ &M = -J-J'', -J-J''+1, \ldots, J+J''-1, J+J'' \\ &M = M'+M'' \end{aligned} \tag{13.90}$$

also beispielsweise wie angeschrieben

$$C(J'\,J'\,,\,J''\,J''|J\,M) = 1 \tag{13.91}$$

$$C(J'\,J'-1\,,\,J''\,J''|J\,M) = \sqrt{\frac{J'}{J'+J''}} \tag{13.92}$$

$$C(J'\,J'\,,\,J''\,J''-1|J\,M) = \sqrt{\frac{J''}{J'+J''}} \tag{13.93}$$

Für das Multiplett mit $J = J' + J'' - 1$ ist $M_{max} = M' + M'' = J' + J'' - 1$. Demgemäß muß die Basisfunktion $|J,J\rangle$ eine normierte Überlagerung der Art

$$|J,J\rangle \equiv |J'+J''-1,J'+J''-1\rangle \tag{13.94}$$

$$= \cos\alpha\,|J',J'-1\rangle\,|J'',J''\rangle + \sin\alpha\,|J',J'\rangle\,|J'',J''-1\rangle \tag{13.95}$$

sein. Den Parameter α finden wir durch Anwendung der Formel (13.42):

$$I_+\,|J,J\rangle \stackrel{!}{=} 0 \tag{13.96}$$

$$= \cos\alpha\cdot I'_+\,|J',J'-1\rangle\,|J'',J''\rangle + \sin\alpha\cdot I''_+\,|J',J'\rangle\,|J'',J''-1\rangle \tag{13.97}$$

und nach (13.74)

$$I_+\,|J,J\rangle = \left[\sqrt{4J'-2}\cdot\cos\alpha + \sqrt{4J''-2}\cdot\sin\alpha\right]|J',J'\rangle\,|J'',J''\rangle \tag{13.98}$$

also

$$\tan\alpha = -\frac{\sqrt{2J'-1}}{\sqrt{2J''-1}} \tag{13.99}$$

Aus $|J'+J''-1,J'+J''-1\rangle$ können wir, analog wie oben, das ganze Multiplett für $J = J' + J'' - 1$ erzeugen und damit alle zugehörigen Clebsch-Gordan–Koeffizienten ermitteln. In entsprechender Weise kann man fortfahren bis alle in der reduziblen Basis (13.78) enthaltenen Multipletts

$$J = J'+J'', J'+J''-1, \ldots, |J'-J''|+1, |J'-J''| \tag{13.100}$$

erfaßt sind. Das führt schließlich in *rein algebraischer* Weise zur vollständigen (normierten!) Reduktion und zur Bestimmung aller Clebsch-Gordan–Koeffizienten.

14 Lie-Algebra des Wasserstoffproblems

Eine sehr gute Einführung in die Behandlung dieses Problems findet sich im Buch von WYBOURNE (siehe [53], Seite 297ff), der wir hier zu einem gewissen Grade folgen.
Der Hamiltonoperator für ein Elektron im Potentialfeld eines Z-fach geladenen Kerns (H, He^+, Li^{++}, ...) lautet

$$H' = -\frac{\hbar^2}{2m}\left(\frac{\partial^2}{\partial x'^2}+\frac{\partial^2}{\partial y'^2}+\frac{\partial^2}{\partial z'^2}\right)-\frac{Ze^2}{r'} \quad , \quad Z=1,2,\ldots \tag{14.1}$$

wobei wir für die originalen Variablen eine gestrichene Notation benützen, um für eine dimensionslose Beschreibung eine ungestrichene Notation zur Verfügung zu haben. Dimensionslose Größen definieren wir durch

$$x' = \alpha x \quad , \quad \text{zykl.} \tag{14.2}$$

$$r' = \alpha r \tag{14.3}$$

Daraus folgt für (14.1):

$$H' = \frac{\hbar^2}{ma^2}\left[-\frac{1}{2}\nabla^2-\left(\frac{mae^2}{\hbar^2}\right)\cdot\frac{Z}{r}\right] \tag{14.4}$$

und mit der Fixierung

$$a = \frac{\hbar^2}{Zme^2} \quad (= \text{Bohrscher Radius}) \tag{14.5}$$

können wir schreiben

$$H' = \frac{Z^2me^4}{\hbar^2}H \tag{14.6}$$

wobei H eine dimensionslose Größe ist:

$$H = -\frac{1}{2}\triangle-\frac{1}{r}=\frac{1}{2}\vec{p}^2-\frac{1}{r} \tag{14.7}$$

Diesen dimensionslosen Hamiltonoperator wollen wir im folgenden betrachten. Aus der konventionellen quantenmechanischen Behandlung kennen wir die Eigenwerte von H

$$E_n = -\frac{1}{2n^2} \tag{14.8}$$

Wir wollen weiterhin auch dimensionslose Impuls- und Drehimpulsoperatoren einführen

$$\vec{L} = \vec{r}\times\vec{p} \tag{14.9}$$

$$\vec{p} = -i\nabla \tag{14.10}$$

Es gelten dann die Vertauschungsregeln

$$[L_x,L_y] = iL_z \quad , \quad \text{zykl.} \tag{14.11}$$

und

$$[x_j,p_k] = i\cdot\delta_{jk} \quad , \quad j,k=1,2,3 \tag{14.12}$$

Wir gehen nun über von Schrödinger–Operatoren A_S (im allgemeinen zeitunabhängig) zu Heisenberg–Operatoren A_H

$$A_H = e^{iH't'/\hbar} A_S \, e^{-iH't'/\hbar} \tag{14.13}$$

wobei t' die originale Zeitvariable bedeutet, und wir definieren die dimensionslose Zeitvariable t über

$$H't'/\hbar = Ht \tag{14.14}$$

oder gemäß Definition (14.6)

$$t' = \frac{\hbar^3}{Z^2 m e^4} \cdot t \tag{14.15}$$

Damit schreiben wir (14.13) als

$$A_H = e^{iHt} A_S \, e^{-iHt} \tag{14.16}$$

Daraus folgt die dimensionslose Heisenberg-Gleichung

$$i\frac{d}{dt}A_H = [A_H,H]_- + i\left(\frac{\partial}{\partial t}A_S\right)_H \tag{14.17}$$

Für die Operatoren $\vec{r}\,(\equiv \vec{r}_H)$ und $\vec{p}\,(\equiv \vec{p}_H)$ lauten demgemäß die Bewegungsgleichungen

$$\frac{d}{dt}\vec{r} = \vec{p} \tag{14.18}$$

$$\frac{d}{dt}\vec{p} = -\frac{1}{r^3}\vec{r} \tag{14.19}$$

die den klassischen Bewegungsgleichungen entsprechen.

14.1 Der Runge-Lenz–Vektor

Aus der konventionellen Quantenmechanik wissen wir, daß die Drehimpulsoperatoren mit H vertauschen, und demgemäß Konstanten der Bewegung sind:

$$\frac{d}{dt}L_x = 0 \quad , \quad \text{zykl.} \tag{14.20}$$

$$\frac{d}{dt}\vec{L}^2 = 0 \tag{14.21}$$

Nun haben RUNGE und LENZ bereits bei der Behandlung des klassischen Keplerproblems eine weitere Invariante der Bewegung gefunden, den heute so genannten

Runge-Lenz–Vektor (klassisch)

$$\vec{a} = \vec{p}\times\vec{L} - \frac{1}{r}\vec{r} \tag{14.22}$$

Mit Hilfe der Regel

$$\vec{a}\times(\vec{b}\times\vec{c}) = (\vec{c}\times\vec{b})\times\vec{a} = \vec{b}\,(\vec{a}\cdot\vec{c}) - \vec{c}\,(\vec{a}\cdot\vec{b}) = (\vec{c}\cdot\vec{a})\,\vec{b} - \vec{c}\,(\vec{a}\cdot\vec{b}) \tag{14.23}$$

können wir folgende Umformung vornehmen:

$$\vec{a} = \vec{p}\times\vec{L} - \frac{Z}{r}\vec{r} \equiv \vec{p}\times(\vec{r}\times\vec{p}) - \frac{1}{r}\vec{r} \tag{14.24}$$

$$= \vec{r}\,(\vec{p}\cdot\vec{p}) - \vec{p}\,(\vec{p}\cdot\vec{r}) - \frac{1}{r}\vec{r} \qquad \text{(klassisch)} \tag{14.25}$$

Daß der (klassische) Runge-Lenz–Vektor eine Konstante der Bewegung ist, finden wir durch Anwendung der (nunmehr klassisch aufgefaßten) Bewegungsgleichungen (14.18)-(14.19):

$$\begin{aligned}\frac{d}{dt}\vec{a} &= \dot{\vec{r}}\,(\vec{p}\cdot\vec{p}) + 2\vec{r}\,(\vec{p}\cdot\dot{\vec{p}}) - \dot{\vec{p}}\,(\vec{p}\cdot\vec{r}) - \vec{p}\,(\dot{\vec{p}}\cdot\vec{r}) - \vec{p}\,(\vec{p}\cdot\dot{\vec{r}}) - \frac{1}{r}\dot{\vec{r}} + \frac{\vec{r}}{r^3}\,(\vec{r}\cdot\dot{\vec{r}}) &(14.26)\\ &= \vec{p}\,(\vec{p}\cdot\vec{p}) - 2\vec{r}\cdot\frac{1}{r^3}(\vec{r}\cdot\vec{p}) + \frac{1}{r^3}\vec{r}\,(\vec{p}\cdot\vec{r}) + \vec{p}\cdot\frac{1}{r^3}(\vec{r}\cdot\vec{r}) - \vec{p}\,(\vec{p}\cdot\vec{p}) - \frac{1}{r}\vec{p} + \frac{1}{r^3}\vec{r}\,(\vec{r}\cdot\vec{p})\\ &= 0 &(14.27)\end{aligned}$$

Die Übersetzung des klassischen Runge-Lenz–Vektors in die quantenmechanische Beschreibungsweise gemäß den Jordanschen Regeln ist nicht eindeutig, da klassisch $\vec{p}\times\vec{L} = -\vec{L}\times\vec{p}$, aber quantenmechanisch $\vec{p}\times L \neq -\vec{L}\times\vec{p}$ ist. Die Entscheidung liefert die Invarianzforderung

$$[\vec{a}, H] = 0 \tag{14.28}$$

PAULI hat 1926 gezeigt, daß die korrekte Form die folgende ist:

Runge-Lenz–Vektoroperator (quantenmechanisch)

$$\vec{a} = \frac{1}{2}\left(\vec{p}\times\vec{L} - \vec{L}\times\vec{p}\right) - \frac{\vec{r}}{r} \tag{14.29}$$

wobei $\vec{p}$ und $\vec{L}$ durch (14.9) und (14.10) bzw. durch (14.11) und (14.12) definiert sind. Der Nachweis, daß $\vec{a}$ die Forderung (14.28) erfüllt, kann ohne Schwierigkeit mittels der fundamentalen Vertauschungsrelationen (14.11) und (14.12) durchgeführt werden. Er ist etwas umständlicher als der analoge in klassischer Betrachtungsweise. Unter Beibehaltung der Reihenfolge $\vec{p}$ - $\vec{p}$ - $\vec{r}$ finden wir zunächst mit der Hilfsformel (14.23)

$$\vec{p}\times\vec{L} = -\vec{p}\times(\vec{p}\times\vec{r}) = -\vec{p}\,(\vec{p}\cdot\vec{r}) + (\vec{p}\cdot\vec{p})\,\vec{r} \tag{14.30}$$

Weiterhin, unter Beibehaltung der Reihenfolge $\vec{r}$-$\vec{p}$-$\vec{p}$,

$$-\vec{L}\times\vec{p} \equiv -(\vec{r}\times\vec{p})\times\vec{p} = -(\vec{r}\cdot\vec{p})\,\vec{p} + \vec{r}\,(\vec{p}\cdot\vec{p}) \tag{14.31}$$

Setzen wir (14.30) und (14.31) in (14.29) ein, so folgt

$$\vec{a} = \frac{1}{2}\{(\vec{p}\cdot\vec{p})\,\vec{r} + \vec{r}\,(\vec{p}\cdot\vec{p}) - \vec{p}\,(\vec{p}\cdot\vec{r}) - (\vec{r}\cdot\vec{p})\,\vec{p}\} - \frac{\vec{r}}{r} \tag{14.32}$$

Dies ist das quantenmechanische Äquivalent der Formel (14.25). Die Differentiation von (14.32) nach der Zeit lautet:

$$\begin{aligned}\frac{d}{dt}\vec{a} = \frac{1}{2}\Big\{&(\dot{\vec{p}}\cdot\vec{p} + \vec{p}\cdot\dot{\vec{p}})\,\vec{r} + \dot{\vec{r}}\,(\vec{p}\cdot\vec{p}) + \vec{r}\,(\dot{\vec{p}}\cdot\vec{p} + \vec{p}\cdot\dot{\vec{p}}) + \dot{\vec{r}}\,(\vec{p}\cdot\vec{p}) &(14.33)\\ &-\dot{\vec{p}}\,(\vec{p}\cdot\vec{r}) - \vec{p}\,(\dot{\vec{p}}\cdot\vec{r}) - \vec{p}\,(\vec{p}\cdot\dot{\vec{r}}) - (\dot{\vec{r}}\cdot\vec{p})\,\vec{p} - (\vec{r}\cdot\dot{\vec{p}})\,\vec{p} - (\vec{r}\cdot\vec{p})\,\dot{\vec{p}}\Big\}\\ &-\dot{\vec{r}}\frac{1}{r} - \vec{r}\left(\frac{d}{dt}\frac{1}{r}\right) - \frac{1}{r}\dot{\vec{r}} - \left(\frac{d}{dt}\frac{1}{r}\right)\vec{r}\end{aligned}$$

Mit Hilfe von (14.17) finden wir

$$\frac{d}{dt}\frac{1}{r} = -\frac{1}{2}\left(\frac{\vec{r}}{r^3}\vec{p} + \vec{p}\frac{\vec{r}}{r^3}\right) = \frac{1}{2}\left(\dot{\vec{p}}\vec{p} + \vec{p}\dot{\vec{p}}\right) \tag{14.34}$$

Außerdem verifiziert man mittels (14.12) leicht die Beziehung

$$\vec{p}\frac{\vec{r}}{r^3} - \frac{\vec{r}}{r^3}\vec{p} = 0 \tag{14.35}$$

Setzt man in (14.33) die nunmehr quantenmechanisch aufgefaßten Bewegungsgleichungen (i.e. Heisenberg-Gleichungen (14.18)-(14.19)) sowie die Beziehungen (14.34) und (14.35) ein, so findet man schließlich auch die quantenmechanische Verifizierung von

$$i\frac{d}{dt}\vec{a} \equiv [\vec{a}, H] = 0 \tag{14.36}$$

Neben (14.36) gilt noch die weitere wichtige Beziehung

$$\vec{L}\cdot\vec{a} = 0 = \vec{a}\cdot\vec{L} \tag{14.37}$$

und das Quadrat von $\vec{a}$ steht in einem wichtigen Zusammenhang mit dem Hamiltonoperator selbst

$$a^2 = \vec{a}^{\,2} = 2H(L^2+1)+1 \tag{14.38}$$

Für die Operationen *innerhalb eines* Multipletts ist die Energie des Systems konstant

$$H = E \tag{14.39}$$

Für $E < 0$ definieren wir die modifizierte Vektorgröße

$$\vec{A} = \frac{1}{\sqrt{-2E}}\vec{a} \quad , \quad E < 0 \tag{14.40}$$

Dann gilt die Kommutatoralgebra

$$[L_x, L_y] = iL_z \quad , \quad \text{zykl.} \tag{14.41}$$

$$[L_x, A_y] = iA_z \quad , \quad \text{zykl.} \tag{14.42}$$

$$[A_x, A_y] = iL_z \quad , \quad \text{zykl.} \tag{14.43}$$

Diese Lie-Algebra hat sechs Generatoren $(L_x, L_y, L_z, A_x, A_y, A_z)$ und charakterisiert die sogenannte *vierdimensionale Spezielle Orthogonale Gruppe* $SO(4)$. Bezüglich der Terminologie der Lie-Gruppe verweisen wir auf Kapitel 16. Mit der weiteren Substitution

$$\vec{I} = \frac{1}{2}(\vec{L}+\vec{A}) \tag{14.44}$$

$$\vec{I'} = \frac{1}{2}(\vec{L}-\vec{A}) \tag{14.45}$$

folgt aus (14.41)-(14.43) die modifizierte Algebra

$$[I_x, I_y] = iI_z \quad , \quad \text{zykl.} \tag{14.46}$$

$$[I'_x, I'_y] = iI'_z \quad , \quad \text{zykl.} \tag{14.47}$$

$$[I_j, I'_k] = 0 \tag{14.48}$$

also sozusagen die Zusammenfügung zweier Drehimpulsalgebren.

Das Operatordiagramm dieser kontinuierlichen Algebra können wir in einer zweidimensionalen Darstellung realisieren (siehe Abbildung 14.1). Dabei sind $I_\pm$ und $I'_\pm$ analog Kapitel 13 definiert:

$$I_\pm = I_x \pm iI_y \tag{14.49}$$

$$I'_\pm = I'_x \pm iI'_y \tag{14.50}$$

Allerdings sind die beiden Subalgebren $\vec{I}$ und $\vec{I'}$ nicht völlig unabhängig voneinander, wie wir gleich sehen werden. Als Casimir-Operatoren wählen wir

$$\vec{I}^{\,2} \quad \text{und} \quad (\vec{I}\,')^2 \tag{14.51}$$

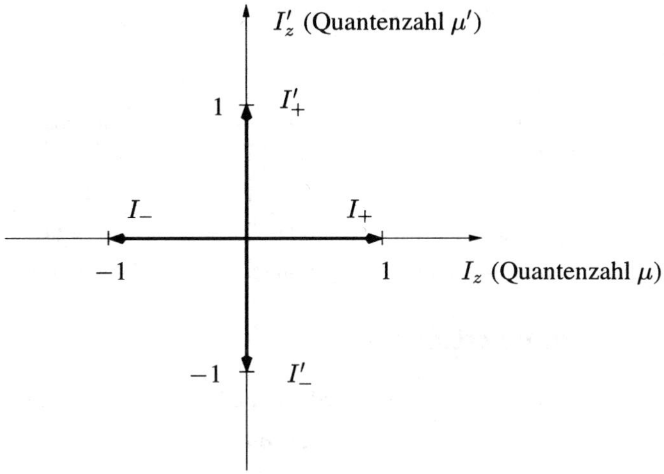

Bild 14.1
Operatordiagramm der $SO(4)$-Algebra

oder alternativ

$$F = \vec{I}^2 + (\vec{I}\,')^2 \equiv \frac{1}{2}(\vec{L}^2 + \vec{A}^2) \tag{14.52}$$

$$G = \vec{I}^2 - (\vec{I}\,')^2 \equiv \vec{L} \cdot \vec{A} = 0 \tag{14.53}$$

wobei wir von (14.37) und Definition (14.40) Gebrauch gemacht haben. Aus (14.53) entnehmen wir demgemäß

$$\vec{I}^2 = (\vec{I}\,')^2 \tag{14.54}$$

Dies ist eine Art Kopplungsbedingung der beiden Drehimpulsalgebren, d.h. für die Eigenwerte von $\vec{I}^2$ und $(\vec{I}\,')^2$ haben wir die Bedingung

$$\left\langle \vec{I}^2 \right\rangle = j(j+1) = \left\langle (\vec{I}\,')^2 \right\rangle \quad , \quad j = 0, \frac{1}{2}, 1, \ldots \tag{14.55}$$

bzw. $j = j'$, wobei $\langle \ldots \rangle$ in (14.55) den mit einer der Basisfunktionen eines Multipletts gebildeten Erwartungswert bedeutet. Die Eigenwerte von I_z bzw. I'_z sind demgemäß

$$\langle I_z \rangle = \mu = -j, -j+1, \ldots, j-1, j \tag{14.56}$$

$$\langle I'_z \rangle = \mu' = -j, -j+1, \ldots, j-1, j \tag{14.57}$$

und der Entartungsgrad d eines irreduziblen Multipletts ist deshalb

$$d = (2j+1)^2 = n^2 \tag{14.58}$$

wobei wir n als die das Multiplett charakterisierende Zahl einführen wollen

$$n \stackrel{\text{def}}{=} 2j+1 \quad , \quad n = 1, 2, \ldots \tag{14.59}$$

d.h. n ist jedenfalls ganzzahlig, auch wenn j halbzahlig sein sollte. Den Multipletterwartungswert für F finden wir gemäß (14.52) zu

$$\langle F \rangle \equiv \frac{1}{2}\left\langle \vec{L}^2 + \vec{A}^2 \right\rangle = 2j(j+1) \tag{14.60}$$

und daraus

$$A^2 \equiv \left\langle \vec{A}^2 \right\rangle = 2\langle F \rangle - \left\langle \vec{L}^2 \right\rangle = 2j(j+1) - \langle L^2 \rangle \tag{14.61}$$

Wegen (14.38) und (14.40) haben wir

$$A^2 = -(L^2+1) - \frac{1}{2E} \tag{14.62}$$

Kombinieren wir (14.60), (14.61) und (14.62), so finden wir für den Energieerwartungswert E des Multipletts

$$E = -\frac{1}{4\langle F\rangle + 2} = -\frac{1}{2(2j+1)^2} = -\frac{1}{2n^2} \tag{14.63}$$

also die wohlbekannte Formel der konventionellen Quantenmechanik.

14.2 Multiplettstrukturen

Für die Basisfunktionen eines irreduziblen Multipletts benutzen wir die Notation

$$\begin{aligned} |n;\mu,\mu'\rangle &\equiv \Phi(n;\mu,\mu') \\ & \text{mit } \mu,\mu' = -j,-j+1,\ldots,j-1,j \\ & j = 0,\tfrac{1}{2},1,\ldots \\ & n = 2j+1 \end{aligned} \tag{14.64}$$

Die *Multiplettdiagramme* der niedersten Multipletts sind in der Abbildung 14.2 gezeichnet.

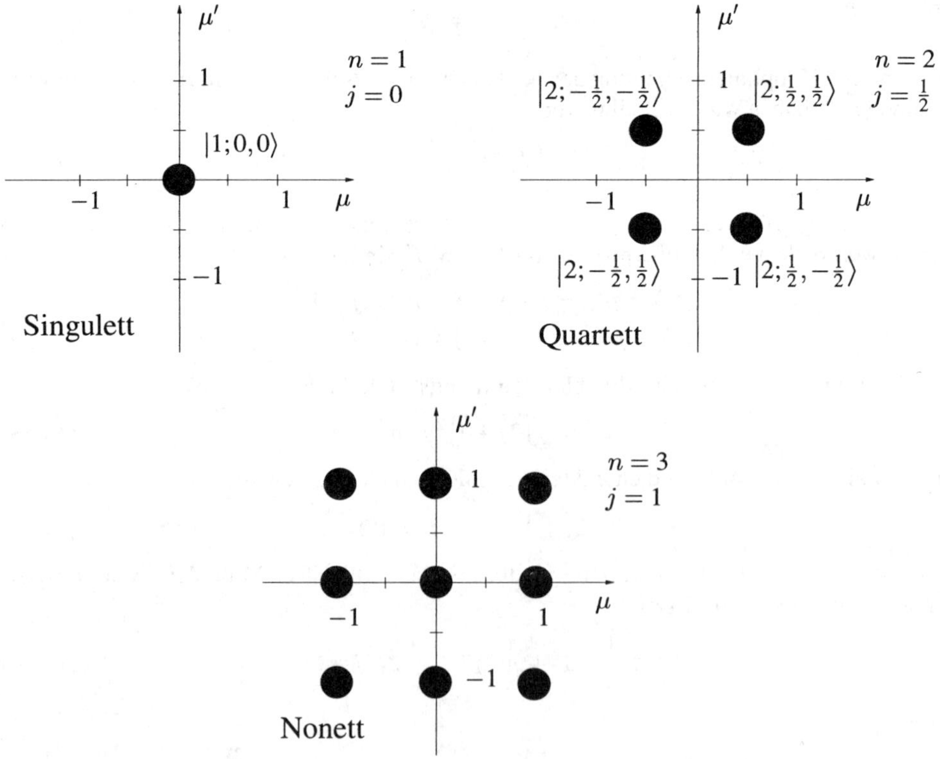

Bild 14.2 Niederste Multipletts der $SO(4)$-Algebra (d.h. des Wasserstoffproblems)

14.3 Aufbau der Eigenfunktionen

Es gelten nach wie vor die mittels der Drehimpulsalgebra in Kapitel 13 gefundenen Beziehungen

$$I_{\pm}\left|n;\mu,\mu'\right\rangle = \sqrt{j(j+1)-\mu(\mu\pm 1)}\left|n;\mu\pm 1,\mu'\right\rangle \tag{14.65}$$

$$I'_{\pm}\left|n;\mu,\mu'\right\rangle = \sqrt{j(j+1)-\mu'(\mu'\pm 1)}\left|n;\mu,\mu'\pm 1\right\rangle \tag{14.66}$$

$$\text{mit } j=\frac{n-1}{2}$$

$$\mu,\mu' = -j,-j+1,\ldots,j-1,j$$

die es erlauben, jeweils aus einer einzigen normierten Basisfunktion eines Multipletts alle anderen normierten Basisfunktionen des Multipletts zu konstruieren.

14.4 Zusammenhang mit den konventionellen Eigenfunktionen des Wasserstoffproblems

Die konventionellen Eigenfunktionen des Wasserstoffproblems sind als Eigenfunktionen der Operatoren $\vec{L}^2$ und L_z definiert:

$$\vec{L}^2\psi(n,l,m) = l(l+1)\cdot\psi(n,l,m) \tag{14.67}$$

$$L_z\psi(n,l,m) = m\cdot\psi(n,l,m) \quad , \quad m=0,\pm 1,\ldots,\pm l \tag{14.68}$$

Nun ist gemäß (14.44) und (14.45)

$$\vec{L} = \vec{I}+\vec{I}' \tag{14.69}$$

$$L_z = I_z + I'_z \tag{14.70}$$

also

$$L_z\left|n;\mu,\mu'\right\rangle = (\mu+\mu')\left|n;\mu,\mu'\right\rangle \tag{14.71}$$

$$\vec{L}^2\left|n;\mu,\mu'\right\rangle = [\vec{I}^2+(\vec{I}')^2+2I_zI'_z+I_+I'_-+I_-I'_+]\left|n;\mu,\mu'\right\rangle \tag{14.72}$$

$$\begin{aligned} &= 2[j(j+1)+\mu\mu']\left|n;\mu,\mu'\right\rangle \\ &+\sqrt{j(j+1)-\mu(\mu+1)}\sqrt{j(j+1)-\mu'(\mu'-1)}\left|n;\mu+1,\mu'-1\right\rangle \\ &+\sqrt{j(j+1)-\mu(\mu-1)}\sqrt{j(j+1)-\mu'(\mu'+1)}\left|n;\mu-1,\mu'+1\right\rangle \end{aligned} \tag{14.73}$$

Daraus ersehen wir, daß die Multiplettfunktionen $|n;\mu,\mu'\rangle$ nicht alle als Eigenfunktionen von $\vec{L}^2$ geordnet sind. Man kann sie jedoch so superponieren, daß man nach $\vec{L}^2$ geordnete Submultipletts erhält. Wie dies geschehen kann, wollen wir an einem einfachen Beispiel erläutern.

Quartett ($n = 2, j = \frac{1}{2}$) ⟨B⟩

Wir betrachten die Basisfunktion mit dem höchsten Wert von $\mu+\mu'$, also $j=\mu=\mu'=\frac{1}{2}$, d.h $|2;\frac{1}{2},\frac{1}{2}\rangle$. Dann gilt nach (14.65) und (14.66)

$$I_-\left|2;\frac{1}{2},\frac{1}{2}\right\rangle = \left|2;-\frac{1}{2},\frac{1}{2}\right\rangle \tag{14.74}$$

$$I'_-\left|2;\frac{1}{2},\frac{1}{2}\right\rangle = \left|2;\frac{1}{2},-\frac{1}{2}\right\rangle \tag{14.75}$$

und nach(14.71)

$$L^2\left|2;\frac{1}{2},\frac{1}{2}\right\rangle = 2\left|2;\frac{1}{2},\frac{1}{2}\right\rangle \tag{14.76}$$

also

$$\langle L^2\rangle \equiv l(l+1)=2 \quad , \quad l=1 \tag{14.77}$$

d.h. die gewählten Ausgangsfunktion $|2;\frac{1}{2},\frac{1}{2}\rangle$ gehören zum Submultiplett mit $l=1$. Außerdem gehört sie zum Eigenwert $\langle L_z\rangle = m = 1$, also:

$$\psi(n=2,l=1,m=1) = \left|2;\frac{1}{2},\frac{1}{2}\right\rangle \tag{14.78}$$

Daraus folgen (wegen $\vec{L}=\vec{I}+\vec{I}\,'$) die beiden anderen Eigenfunktionen des Submultipletts (=Triplett) mit Hilfe der Formel

$$\psi(n,l,m\mp 1) = \frac{1}{\sqrt{l(l+1)-m(m\mp 1)}}L_\mp\left|n;\mu,\mu'\right\rangle \tag{14.79}$$

mit $L_\mp = (I_\mp + I'_\mp)$, also

$$\psi(n=2,l=1,m=0) = \frac{1}{\sqrt{2}}\left(\left|2;\frac{1}{2},-\frac{1}{2}\right\rangle + \left|2;-\frac{1}{2},\frac{1}{2}\right\rangle\right) \tag{14.80}$$

$$\psi(n=2,l=1,m=-1) = \left|2;-\frac{1}{2},-\frac{1}{2}\right\rangle \tag{14.81}$$

Die „höchste" Eigenfunktion des $(l=0)$–Submultipletts (=Singulett) ist eine mit $\langle L_z\rangle=0$, also mit $m=\mu+\mu'=0$. Sie muß also eine Überlagerung der Art

$$\psi(n=2,l=0,m=0) = a\left|2;\frac{1}{2},-\frac{1}{2}\right\rangle + b\left|2;-\frac{1}{2},\frac{1}{2}\right\rangle \tag{14.82}$$

sein. Außerdem muß gelten

$$L_+\,\psi(n=2,l=0,m=0) = 0 = (I_+ + I'_+)\,\psi(n=2,l=0,m=0) \tag{14.83}$$

Daraus, gemäß (14.65) und (14.66)

$$L_+\,\psi(n=2,l=0,m=0) = (a+b)\left|2;\frac{1}{2},\frac{1}{2}\right\rangle = 0 \tag{14.84}$$

oder mit $a=-b=\frac{1}{\sqrt{2}}$

$$\psi(n=2,l=0,m=0) = \frac{1}{\sqrt{2}}\left(\left|2;\frac{1}{2},-\frac{1}{2}\right\rangle - \left|2;-\frac{1}{2},\frac{1}{2}\right\rangle\right) \tag{14.85}$$

Dies hätten wir auch aus der Forderung entnehmen können, daß die Eigenfunktion (14.82) zu (14.80) orthogonal sein muß. ◊

15 Lie-Algebra der Elementarteilchen

Bei der Behandlung von Problemen, in denen mehr als ein Teilchen derselben Sorte auftreten können, führt man in der fortgeschrittenen Quantenmechanik den Formalismus der „zweiten Quantisierung" ein, der durch Erzeugungsoperatoren $\{a_j^+\}$ und Vernichtungsoperatoren $\{a_k\}$ gekennzeichnet ist. Diese Operatoren erfüllen je nach Charakterisierung (Boseteilchen, Fermiteilchen) Kommutator- oder Antikommutatorrelationen:

$$a_j a_k^+ \mp a_k^+ a_j \quad = \quad \delta_{ij} \quad , \quad j,k = 1,2,\ldots \tag{15.1}$$

Dabei bezeichnet der Index j einen bestimmten Quantenzustand des Teilchens.
Bei elementaren Teilchen gibt es nun auch geschlossene Gruppen, deren Mitglieder als verschiedene verallgemeinerte Quantenzustände eines (nicht näher zu definierenden) Systems aufgefaßt werden können. Beispielsweise kann man die beiden Nukleonen (Proton, Neutron) als Teile eines derartigen *Multipletts* betrachten. Diskutiert man in einer solchen Folge den Übergang von einem Quantenzustand k zum Zustand j, so wird dieser durch einen *bilinearen Operator* $a_j^+ a_k$ beschrieben, und nach der obigen Elementarteilchenkonzeption entspricht ein solcher Übergang der *Vernichtung* eines Teilchens der Sorte k und der *Erzeugung* eines Teilchens der Sorte j. Das hierbei eventuell zusätzlich erzeugte oder vernichtete Elektron bleibt im Rahmen dieser Betrachtung unberücksichtigt, da seine Ruhemasse gegenüber der Protonenmasse klein ist; zudem gehört es zu einer anderen „Familie" der Elementarteilchen.
Die bilinearen Operatoren $a_j^+ a_k$ erfüllen eine aus (15.1) folgende Kommutatoralgebra, die für Bose- und Fermiteilchen identisch ist:

$$[a_j^+ a_k, a_{j'}^+ a_{k'}] \quad = \quad a_j^+ a_{k'} \delta_{kj'} - a_{j'}^+ a_k \delta_{k'j} \tag{15.2}$$

mit $[A,B] = AB - BA$. Ist d die Zahl der verschiedenen Teilchensorten, also $j = 1,\ldots,d$, so gibt es d^2 solcher bilinearer Operatoren. Da jedoch die Gesamtteilchenzahl des Multipletts

$$N = \sum_{j=1}^{d} a_j^+ a_j \tag{15.3}$$

durch die Operationen $a_j^+ a_k$ nicht verändert wird, können wir sie als feste Zahl ansehen, so daß sich die Zahl der unabhängigen bilinearen Operationen $\{a_j^+ a_k\}$ auf $d^2 - 1$ reduziert. Diese verbleibenden Operatoren generieren eine Lie-Algebra, wie wir zunächst am Beispiel des Nukleonen-Dubletts zeigen wollen.

15.1 Isospin-Algebra

Wir betrachten zwei Teilchenzustände, also beispielsweise die der beiden Nukleonen $j = p,n$, und es sei nur ein Teilchen insgesamt vorhanden, so daß gilt

$$N = a_p^+ a_p + a_n^+ a_n = 1 \tag{15.4}$$

Die bilinearen Operatoren $a_j^+ a_k$ kombinieren wir in folgender Weise zu neuen Operatoren

$$\tau_+ \stackrel{\text{def}}{=} a_p^+ a_n \text{ (erhöht Isospin um 1)} \tag{15.5}$$

$$\tau_- \stackrel{\text{def}}{=} a_n^+ a_p \text{ (erniedrigt Isospin um 1)} \tag{15.6}$$

$$\tau_0 \stackrel{\text{def}}{=} \frac{1}{2}(a_p^+ a_p - a_n^+ a_n) \tag{15.7}$$

$$(\vec{\tau})^2 = \tau_0^2 \pm \tau_0 + \tau_\mp \tau_\pm \tag{15.8}$$

wobei τ_0 zur Einführung des Ladungsoperators Q dienen kann:

$$\tau_0 \stackrel{\text{def}}{=} Q - \tfrac{1}{2}N \tag{15.9}$$

Die drei Operatoren (15.5-15.7) erfüllen die Kommutatoralgebra

$$[\tau_0, \tau_\pm] = \pm\tau_\pm \tag{15.10}$$

$$[\tau_+, \tau_-] = 2\tau_0 \tag{15.11}$$

die identisch ist mit der Drehimpulsalgebra $(SU(2) \equiv SO(3))$. HEISENBERG und IWANENKO haben für diese Art von formalem Drehimpuls den Begriff *Isospin* $\vec{I}$ eingeführt.

Bild 15.1
Isospin-Operator-Diagramm

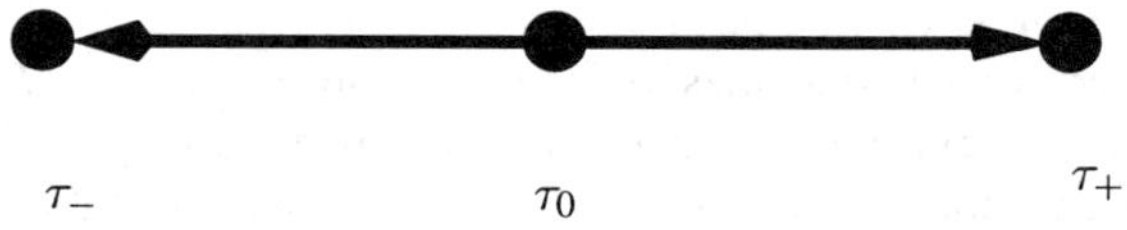

15.2 Multipletts als Elementarteilchen

Wie bei der Drehimpulsalgebra von Kapitel 13 können wir jetzt die einzelnen Multipletts betrachten und physikalisch im Rahmen der Elementarteilchenkonzeption diskutieren. Die Basisvektoren der Isospin-Multipletts wollen wir durch

$$|T,T_0\rangle\ , \ T = 0, \frac{1}{2}, \ldots\ , \ T_0 = -T, -T+1, \ldots, +T \tag{15.12}$$

bezeichnen, d. h. T und T_0 entsprechen den Indizes J,M in Kapitel 13. Ein *Dublett* wäre charakterisiert durch $T = \frac{1}{2}$ und $T_0 = \pm\frac{1}{2}$, und es liegt nahe, die Nukleonen als die beiden Eigenzustände dieses Isospin-Dubletts aufzufassen. Historisch hat man dies auch so getan, jedoch hat sich später herausgestellt, daß die Isospin-Algebra nur als Subalgebra einer höheren Lie-Gruppe realisiert ist.

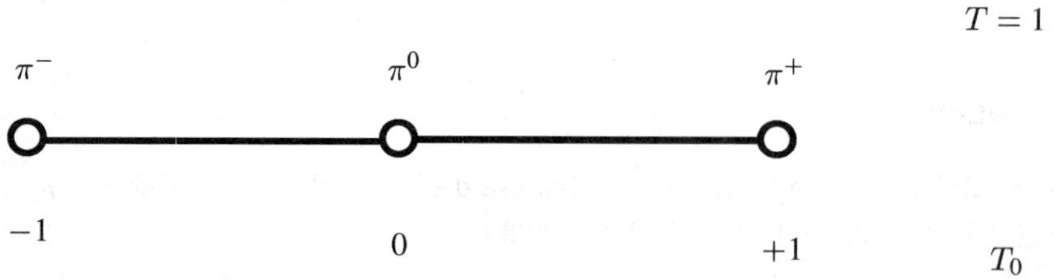

Bild 15.2 Pionen als Realisierung eines Isospin-Tripletts

Ein Triplett wäre charakterisiert durch $T = 1, T_0 = 0, \pm 1$. Hier boten sich die drei Pionen π^-, π^0, π^+ als physikalische Realisierung an, wie in Abbildung 15.2 dargestellt. Höhere Multipletts wollen wir hier nicht explizit betrachten, doch verweisen wir auf das sehr lesbare Büchlein von LIPKIN [33] zur Einführung in das Isospin-Konzept bei Elementarteilchen.

15.3 $SU(3)$-Algebra („Eigthfold way“)

Die durch Isospin-Operatoren generierte Lie-Algebra gehört zur niedrigsten nichttrivialen „speziellen unitären“ Gruppe $SU(2)$, die isomorph ist zur Gruppe der Drehungen $SO(3)$ in einem dreidimensionalen Raum.
Nun hat sich im Laufe der Entwicklung herausgestellt, daß die Elementarteilchen neben dem Isospin noch durch weitere wichtige Quantenzahlen, z. B. der sogenannten „Hyperladung“ Y gekennzeichnet sind, so daß man die Multipletts der dominierenden Lie-Gruppe nicht mehr eindimensional, sondern zwei- oder mehrdimensional darstellen muß. Wir haben eine Lie-Gruppe mit zweidimensionaler Multiplettstruktur bereits im vorigen Kapitel bei der Behandlung des Wasserstoffatoms kennengelernt, die sogenannte „vierdimensionale spezielle orthogonale Gruppe“ $SO(4)$. Weiterhin haben wir in Kapitel 15.1 die Isospin-Algebra kennengelernt, die der sogenannten „speziellen unitären Gruppe“ $SU(2)$ zugeordnet ist. Zur Terminologie der Lie-Gruppen verweisen wir auf Kapitel 16.

Bleibt man bezüglich der Elementarteilchenklassifizierung bei *speziellen unitären Gruppen* $SU(n)$, so wäre nach der Isospin-Gruppe die nächsthöhere dieser Gruppen die $SU(3)$.
Die Lie-Generatoren der $SU(3)$ lassen sich aus den bilinearen Operatoren $a_j^+ a_k$ dreier Fundamentalpartikel ($j = 1,2,3$) aufbauen. Wir definieren

$$T_+ = a_1^+ a_2, \; T_- = a_2^+ a_1, \qquad T_3 = \frac{1}{2}(a_1^+ a_1 - a_2^+ a_2) \tag{15.13}$$

$$V_+ = a_1^+ a_3, \; V_- = a_3^+ a_1 \tag{15.14}$$

$$U_+ = a_2^+ a_3, \; U_- = a_3^+ a_2 \tag{15.15}$$

$$Y = a_1^+ a_1 + a_2^+ a_2 - 2a_3^+ a_3, \qquad N = a_1^+ a_1 + a_2^+ a_2 + a_3^+ a_3 = \text{const.} \tag{15.16}$$

Der Begriff „Hyperladung“ für den Quantenzahloperator Y geht auf GELL-MANN und NISHIJIMA (1953) zurück. Die Hyperladung ist über die Gell-Mann–Nishijima–Relation

$$Q = \frac{1}{2} Y + T_3 \tag{15.17}$$

mit der wirklichen Ladung Q verknüpft. Wegen N =const. gibt es 8 wesentliche Generatoren. Deshalb hat GELL-MANN den Terminus „the Eightfold Way“ eingeführt.

15.3.1 Kommutatoralgebra

Es gelten nun die Kommutatorrelationen

$$[T_3, T_\pm] = \pm T_\pm \qquad [T_+, T_-] = 2T_3 \tag{15.18}$$

$$[T_3, V_\pm] = \pm \frac{1}{2} V_\pm \qquad [V_+, V_-] = \frac{1}{2}(3Y + 2T_3) \tag{15.19}$$

$$[T_3, U_\pm] = \mp \frac{1}{2} U_\pm \qquad [U_+, U_-] = \frac{1}{2}(3Y - 2T_3) \tag{15.20}$$

sowie

$$[T_\pm, V_\pm] = [T_\pm, U_\mp] = [T_\pm, Y] = 0 \tag{15.21}$$

$$[U_\pm, V_\pm] = [U_\pm, V_\mp] = [T_3, Y] = 0 \tag{15.22}$$

$$[T_\pm, V_\mp] = \mp U_\mp, \; [T_\pm, U_\pm] = \pm V_\pm \tag{15.23}$$

$$[Y, V_\pm] = \pm V_\pm, \; [Y, U_\pm] = \mp U_\pm \tag{15.24}$$

dabei stellen T_3 und Y Quantenzahloperatoren dar.

15.3.2 Operatordiagramm der $SU(3)$

Wegen der Vertauschungsrelation

$$[\hat{T}_3, \hat{Y}] = 0 \tag{15.25}$$

kann man die Multiplettzustände durch die Eigenwerte T_3 und Y der Operatoren $\hat{T}_3$ und $\hat{Y}$ charakterisieren:

$$\{|T_3, Y\rangle\} \tag{15.26}$$

wobei wir zur Verdeutlichung die Operatoren $\hat{T}_3$, $\hat{Y}$, etc. mit einem Zirkumflex versehen.

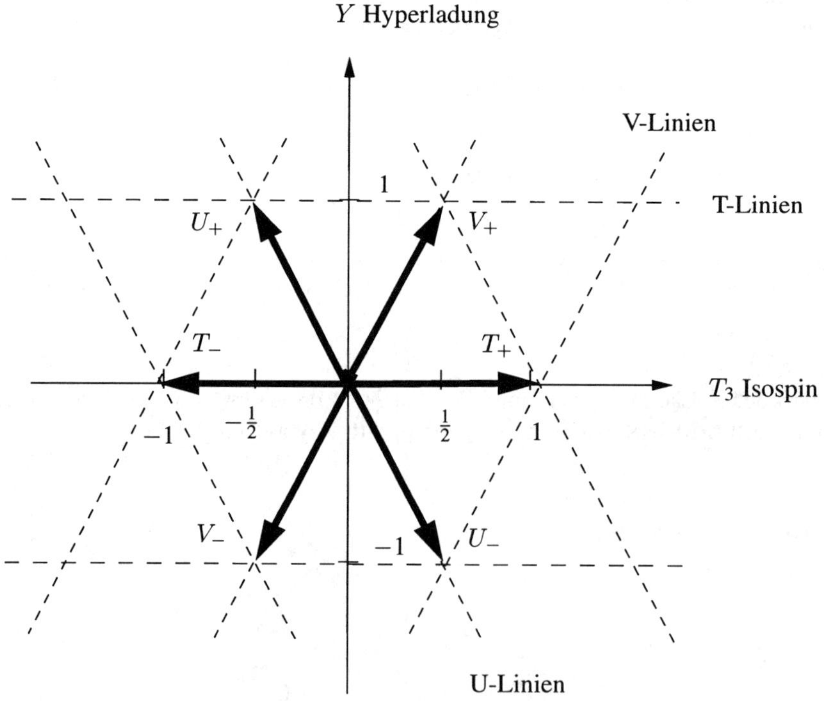

Bild 15.3 $SU(3)$-Operator-Diagramm

Betrachten wir die Eigenwertgleichungen

$$\hat{T}_3 \,|T_3,Y\rangle = T_3 \,|T_3,Y\rangle \quad (15.27)$$

$$\hat{Y} \,|T_3,Y\rangle = Y \,|T_3,Y\rangle \quad (15.28)$$

so erhalten wir aus den Vertauschungsrelationen, in ganz analoger Weise wie in Kapitel 13, die Beziehungen

$$\hat{T}_3(\hat{V}_\pm \,|T_3,Y\rangle) = \left(T_3 \pm \frac{1}{2}\right)(\hat{V}_\pm \,|T_3,Y\rangle) \quad (15.29)$$

also

$$\hat{V}_\pm \,|T_3,Y\rangle \sim \left|T_3 \pm \frac{1}{2},Y\right\rangle \quad (15.30)$$

und weiterhin

$$\hat{T}_3(\hat{U}_\pm \,|T_3,Y\rangle) = \left(T_3 \mp \frac{1}{2}\right)(\hat{U}_\pm \,|T_3,Y\rangle) \quad (15.31)$$

also

$$\hat{U}_\pm \,|T_3,Y\rangle \sim \left|T_3 \mp \frac{1}{2},Y\right\rangle \quad (15.32)$$

Ebenso finden wir

$$\hat{Y}\,(\hat{V}_\pm \,|T_3,Y\rangle) = (Y \pm 1)(\hat{V}_\pm \,|T_3,Y\rangle) \quad (15.33)$$

also

$$\hat{Y}\,(\hat{V}_\pm \,|T_3,Y\rangle) \sim |T_3,Y \pm 1\rangle \quad (15.34)$$

und weiterhin

$$\hat{Y}\,(\hat{U}_\pm \,|T_3,Y\rangle) = (Y \pm 1)(\hat{U}_\pm \,|T_3,Y\rangle) \quad (15.35)$$

also

$$\hat{Y}\,(\hat{U}_\pm \,|T_3,Y\rangle) \sim |T_3,Y \pm 1\rangle \quad (15.36)$$

Die Beziehungen (15.27)–(15.36) sind im Operatordiagramm (siehe Abbildung 15.3) erfaßt.

15.3.3 Irreduzible Multipletts der $SU(3)$ (Gell-Mann–Modell)

Die aus den Beziehungen (15.27)-(15.36) folgenden niedersten Multipletts sind in Abbildung 15.4 dargestellt. Nach der Konzeption von GELL-MANN (1961) sind die „elementarsten" Elementarteilchen die sogenannten *Quarks* und ihre Antiteilchen, die *Antiquarks*. Sie bilden die Realisierung der niedersten nichttrivialen $SU(3)$-Multipletts, der Tripletts. Die Quarks bzw. Antiquarks hat man bisher im Experiment, trotz größter Mühe, nicht finden können, und es wird heute vielfach angenommen, daß sie als freie Teilchen nicht existieren können, sie vielmehr sich immer im gebundenen Zustand realisieren. Die Quarks sollten u. a. durch gedrittelte Ladungszahlen ausgezeichnet sein, wie man durch Anwendung der Gell-Mann-Nishijima Relation auf die Tripletts (siehe Abbildung 15.4a und 15.4b) leicht verifiziert.
Da die experimentell gefundenen Elementarteilchen gewisse Forderungen erfüllen, u.a. immer ganzzahlige Ladungen tragen, müssen sie nach dem Gell-Mann-Modell mindestens aus zwei

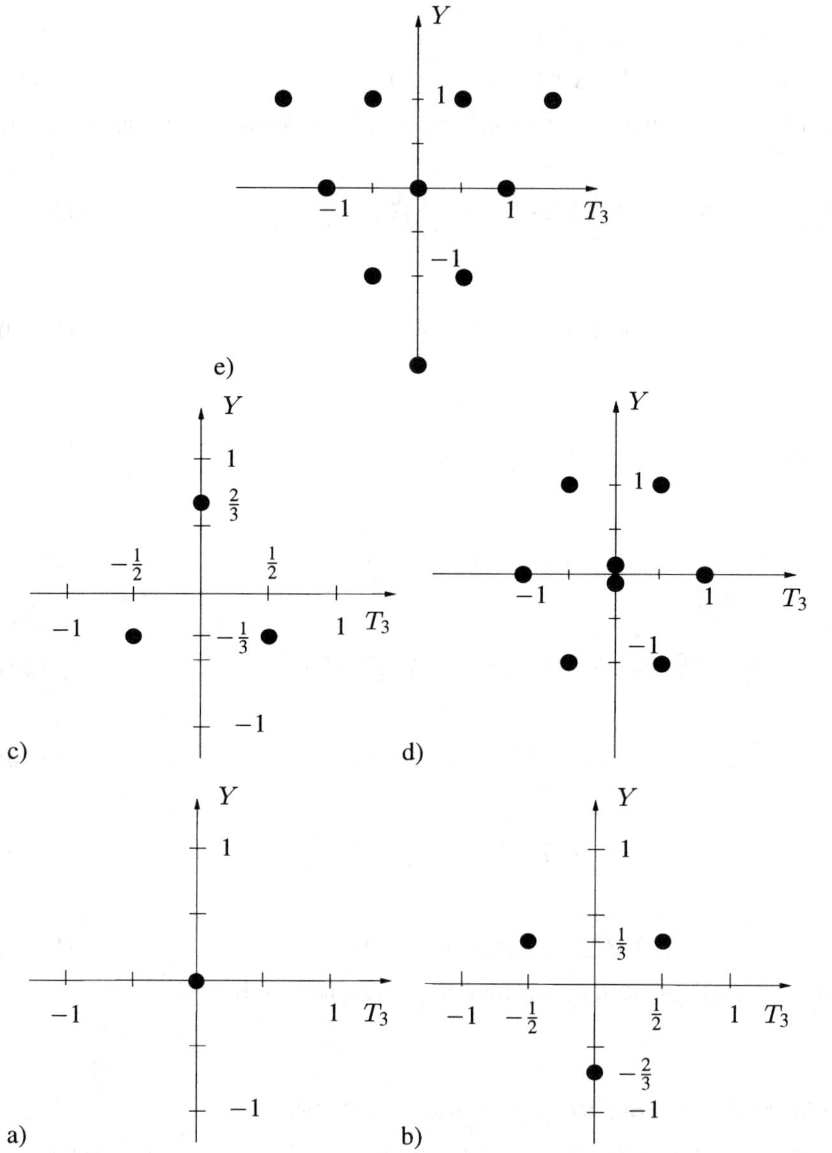

Bild 15.4 Diagramm der niedersten Multipletts der $SU(3)$-Darstellungen:
a) Singulett, b) Triplett (Quarks), c) Triplett (Antiquarks), d) Oktett, e) Dekuplett

Quarks aufgebaut sein. So sind die Π–Mesonen aus je einem Quark und einem Antiquark aufgebaut, ein Baryon aus drei Quarks, ein Antibaryon aus drei Antiquarks, etc..
Der Triumph der Gell-Mann-Vorstellung war die Entdeckung des Ω^--Hyperons, das bei der Aufspaltung des Dekuplett-Schemas noch nicht bekannt war. Beispiele für die Realisierung der Oktette sind Mesonenmultiplette und, am bekanntesten, das Baryonenoktett (Abbildung 15.6), bei dem jeweils drei Quarks ein Elementarteilchen aufbauen.

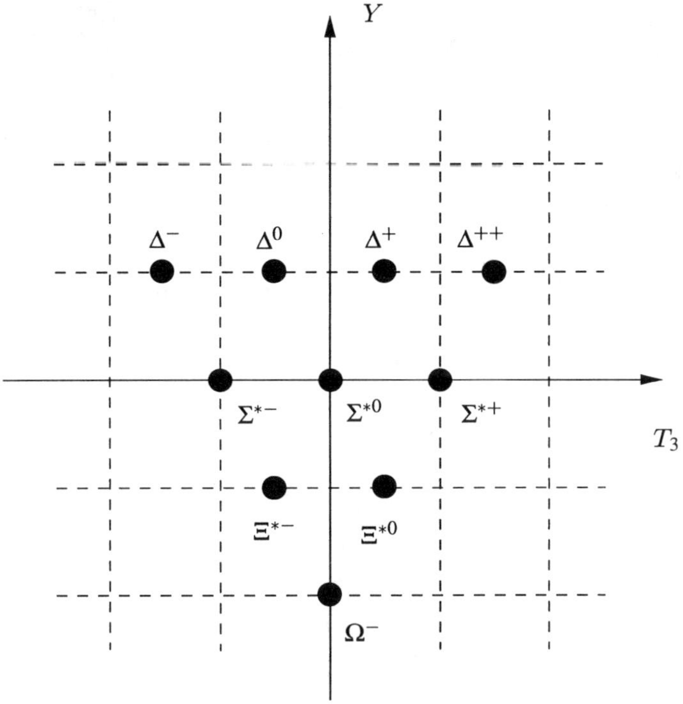

Bild 15.5
Das Gell-Mann-Dekuplett

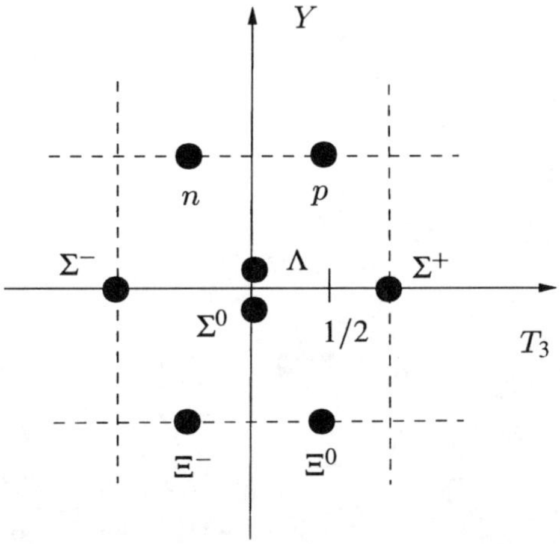

Bild 15.6
Das Baryonen-Oktett

Wir wollen hier den Ausflug in die Elementarteilchenphysik beenden. Es ist ein riesiges Gebiet geworden. Eine sehr gute weiterführende Einführung in die diesbezügliche Anwendung der Lie-Gruppen findet sich in dem empfehlenswerten Buch von GREINER und MÜLLER [13] oder auch im Buch von LUDWIG und FALTER [37] .

16 Einführung in die Lie-Gruppen und deren Terminologie

16.1 Vorbemerkungen

Eine empfehlenswerte, für den Physiker gut geeignete Einführung in die Lie-Gruppen findet man in dem Lehrbuch von GREINER und MÜLLER [13], in dem überdies erfreulich viele Beispiele ausführlich diskutiert werden. Weitere, etwas breitere Einführungen, die ebenfalls für den mathematisch nicht allzu vorgebildeten Physiker gut lesbar sind, kann man etwa in den Büchern von LUDWIG und FALTER [37] und von WYBOURNE [53] finden. An dieser Stelle sollte man das klassische Standardwerk von WEYL [47] nicht vergessen. Darüber hinaus gibt es wegen der anhaltend großen Aktualität eine große Anzahl guter Einführungen in den speziellen Lehrbüchern zur Elementarteilchenphysik.

In fast allen Lehrbüchern wird die Rotationsgruppe als didaktischer Archetypus für den Einstieg in die Behandlung der kontinuierlichen, und im Besonderen der Lie-Gruppen gewählt. Es ist sehr empfehlenswert, bei der Lektüre der folgenden Ausführungen sich jeweils die Konkretisierung anhand der Ausführungen in Kapitel 13 zu realisieren.

16.2 Kontinuierliche Gruppen

Definitionen, Forderungen

1. Jedes Gruppenelement hat N *Parameter* $R(\alpha_1,\alpha_2,...,\alpha_N)$. Abgekürzt schreiben wir $R(\alpha_1,\alpha_2,...,\alpha_N) \equiv R(\alpha)$. Bei der $SO(3)$ (siehe Kapitel 13) ist $N = 3$ und $\alpha_1,\alpha_2,\alpha_3$ sind die drei auf die kartesischen Achsen bezogenen Drehwinkel.

2. Die Parameter $\{\alpha_i\}$ sollen *reell* und *kontinuierlich* variabel sein. Ist der Variationsbereich von allen α_i endlich (wie bei der $SO(3)$), so nennt man die Gruppenmannigfaltigkeit *geschlossen*.

3. Die N Parameter müssen *wesentlich* sein, d.h. es darf nicht möglich sein, jedes Gruppenelement durch eine geringere Anzahl anderer Parameter $(\beta_1,...,\beta_M)$, $M < N$ auszudrücken.

4. Es sollen *dieselben Gruppenpostulate* gelten wie bei den endlichen Gruppen. Dies bedeutet vor allem, daß ein *Einselement (Identität)* existieren muß, das man zur Bequemlichkeit im Allgemeinen durch $\alpha_1 = \alpha_2 = ... = \alpha_N = 0$ charakterisiert. Es muß weiterhin das *Produktpostulat*

$$R(\gamma) = R(\beta)R(\alpha) \tag{16.1}$$

gelten, so daß auch $R(\gamma) \in G$ wenn $R(\beta),R(\alpha) \in G$. Daraus folgt, daß alle γ_k *reelle, eindeutige* Funktionen Φ_k der *beiden* Variablensätze $\{\alpha_i\}$, $\{\beta_i\}$ sein müssen

$$\gamma_k = \Phi_k(\alpha_1,...,\alpha_N;\beta_1,...,\beta_N) \equiv \Phi_k(\alpha;\beta) \tag{16.2}$$

16.3 Lie-Gruppen

Die vorstehenden Definitionen und Forderungen sind im Einklang mit den korrespondierenden bei endlichen oder abzählbaren Gruppen. Da nun die, die Gruppenoperationen charakterisierenden Parameter *kontinuierliche* Folgen bilden, kann man eine zusätzliche Klassifizierung durch eine Aussage über die funktionale Form (16.2) der Produktoperation ins Spiel bringen. *Lie-Gruppen* sind charakterisiert durch die

Fundamentale Forderung

Die Parameter $\{\gamma_k\}$ der Produktoperation $R(\gamma) = R(\beta)R(\alpha)$ sollen *analytische (reelle) Funktionen* der Parameter $\{\alpha_i\}$ und $\{\beta_i\}$ der beiden Faktoren sein:

$$\gamma_k \equiv \Phi_k(\alpha_m;\beta_n) \text{ : reelle analytische Funktionen in } \{\alpha_m\} \text{ und } \{\beta_n\}. \tag{16.3}$$

D.h., daß alle Ableitungen bezüglich $\{\alpha_m\}$, $\{\beta_n\}$, auch die höheren, existieren. Weiterhin sollen die Parameter $\{\bar{\alpha}_m\}$ des inversen Elements $R^{-1}(\alpha) \equiv R(\bar{\alpha})$ eine reelle analytische Funktion der Parameter des Originalelementes sein:

$$\bar{\alpha}_m = g_m(\alpha) \text{ : reelle analytische Funktionen in } \{\alpha_n\} \tag{16.4}$$

16.4 Realisierung von Lie-Gruppen als Transformationsgruppen

Wir nehmen an, daß die Elemente einer Lie-Gruppe als Transformationsoperationen bezüglich der Koordinaten x_i $(i = 1,2,...,n)$ definiert sind:

$$R(\alpha_1,\alpha_2,...,\alpha_N) : x_i = f_i(x_1,...,x_n;\alpha_1,...,\alpha_N) \tag{16.5}$$

Abgekürzt

$$R(\alpha) : x = f(x;\alpha) \tag{16.6}$$

Zur Feststellung, ob für die betrachtete Lie-Gruppe die in den Transformationsfunktionen $f_i(x_1,...,x_n;\alpha_1,...,\alpha_N)$ eingeführten Parameter $\{\alpha_k\}$ eine *wesentliche Folge* bilden in dem vorgenannten Sinne (siehe Punkt 3 der „Definitionen, Forderungen"), gibt es das

Kriterium

Die notwendige und hinreichende Bedingung dafür, daß die Parameter $\{\alpha_1,...,\alpha_N\}$ eine *wesentliche Folge* bilden, ist, daß es *unmöglich* ist, N Funktionen $\chi_k(\alpha_1,...,\alpha_N)$, $(k = 1,...,N)$ zu finden, welche die Beziehung

$$\sum_{n=1}^{N} \chi_n(\alpha) \frac{\partial f_i(x;\alpha)}{\partial \alpha_n} = 0 \tag{16.7}$$

für *alle* i $(i = 1,...,n)$, *alle* x_j $(j = 1,...,n)$ und *alle* α_n $(n = 1,...,N)$ erfüllen.

Für die Details dieses Kriteriums verweisen wir auf die weiterführenden Lehrbücher, z.B. auf das Buch von HAMERMESH [14].

Wesentliche Parameter von $GL(2)$

Sei eine Lie-Transformationsgruppe durch

$$R(\alpha) : x_1 = \alpha_1 x_1 + \alpha_2 x_2 \tag{16.8}$$

$$R(\alpha) : x_2 = \alpha_3 x_1 + \alpha_4 x_2 \tag{16.9}$$

gegeben (Dies ist die sogenannte Gruppe $GL(2)$, siehe unten). Dann lauten die Gleichungen (16.7)

$$\chi_1(\alpha)x_1 + \chi_2(\alpha)x_2 = 0 \tag{16.10}$$

$$\chi_3(\alpha)x_1 + \chi_4(\alpha)x_2 = 0 \tag{16.11}$$

Diese Gleichungen können nicht für alle x_1, x_2 nichttrivial (i.e. alle $\chi_j \neq 0$) erfüllt werden, also sind alle 4 Parameter $\{\alpha_j\}$ in (16.8), (16.9) wesentlich. ◊

Die Transformationen müssen alle Gruppenpostulate erfüllen. Daraus folgt insbesondere das

Inversionskriterium

Damit jede der Transformationen (16.5) bzw. (16.6) invertierbar ist, muß die *Jacobi-Determinante* der Transformationsfunktionen $f_i(x;\alpha)$ von Null verschieden sein:

$$\det \begin{pmatrix} \frac{\partial f_1}{\partial x_1} & \cdots & \frac{\partial f_1}{\partial x_n} \\ \vdots & & \vdots \\ \frac{\partial f_n}{\partial x_1} & \cdots & \frac{\partial f_n}{\partial x_n} \end{pmatrix} \neq 0 \tag{16.12}$$

Inversionskriterium für $GL(2)$

Für die in (16.8), (16.9) definierte Transformationsgruppe bedeutet dies, daß gelten muß

$$\det \begin{pmatrix} \alpha_1 & \alpha_2 \\ \alpha_3 & \alpha_4 \end{pmatrix} \equiv \alpha_1\alpha_4 - \alpha_3\alpha_2 \neq 0 \tag{16.13}$$

◊

16.5 Die Gruppen $GL(n)$ und $SL(n)$

16.5.1 Allgemeine Lineare Gruppe $GL(n)$

Diese Gruppe wird mittels einer allgemeinen reellen linearen Transformation definiert,

$$R(\alpha) : x_i = \sum_{k=1}^{n} x_k A_{ki}\,,\ i,k = 1,2,\ldots,n \tag{16.14}$$

so, daß

$$\det\{A_{ik}(\alpha)\} \neq 0 \tag{16.15}$$

Sie hat $N = n^2$ wesentliche Parameter und ist isomorph zur Gruppe der $n \times n$ Matrizen.

$$\{A_{ik}(\alpha)\} = \begin{pmatrix} A_{11} & \dots & A_{1n} \\ \vdots & & \vdots \\ A_{n1} & \dots & A_{nn} \end{pmatrix} \tag{16.16}$$

mit dem Einselement

$$\{E_{ik}\} = \begin{pmatrix} 1 & \dots & 0 \\ \vdots & & \vdots \\ 0 & \dots & 1 \end{pmatrix} \tag{16.17}$$

16.5.2 Spezielle Lineare Gruppe $SL(n)$ (Unimodulare Gruppe)

Wiederum betrachten wir eine reelle lineare Transformation

$$R(\alpha) : x_i = \sum_{k=1}^{n} x_k A_{ki}\,,\ i,k = 1,2,\ldots,n \tag{16.18}$$

wobei wir diesmal die weitergehende Einschränkung

$$\det\{A_{ik}(\alpha)\} = 1 \tag{16.19}$$

postulieren. Die Zahl der wesentlichen Parameter ist

$$N = n^2 - 1 \tag{16.20}$$

16.6 Exponentialdarstellung unitärer Matrizen

Eine unitäre quadratische Matrix U mit n Zeilen und n Spalten kann man immer in der Form

$$U = \exp[-iH] \tag{16.21}$$

schreiben, wobei $H \equiv \{H_{ij}\}$ eine *hermitische quadratische* Matrix mit je n Zeilen und n Spalten bedeutet:

$$H_{ii}^* = H_{ii} \ \text{reell} \tag{16.22}$$

$$H_{ij}^* = H_{ji}\,,\ i,j = 1,\ldots,n \tag{16.23}$$

oder abgekürzt:

$$H^\dagger = H \tag{16.24}$$

Der Exponentialausdruck (16.21) ist im Sinne einer Exponentialentwicklung gemeint,

$$U = 1_n + \frac{1}{1!}(-iH) + \frac{1}{2!}(-iH)^2 + \ldots \tag{16.25}$$

wobei H^2 etc. als *Matrizenprodukte* verstanden sind. Die zu U adjungierte Matrix $U^\dagger$ ist dann wegen (16.24)

$$U^\dagger = 1_n + \frac{1}{1!}(+iH) + \frac{1}{2!}(+iH)^2 + \ldots \tag{16.26}$$

oder abgekürzt

$$U^\dagger = \exp[+iH] \tag{16.27}$$

Für die unitäre Matrix gilt gemäß Definition

$$U^{\dagger} = (U^T)^* \stackrel{\text{def}}{=} U^{-1} \tag{16.28}$$

wobei U^T die Transponierte von U bedeutet. Statt (16.28) kann man auch schreiben

$$U^{\dagger}U = UU^{\dagger} = 1_n \tag{16.29}$$

Dies wird durch die Formen (16.21) und (16.25) wegen der Eigenschaften der Exponentialentwicklung selbst automatisch garantiert.

16.6.1 Determinante einer unitären Matrix

Nach der Produktregel für Determinanten det$(A \cdot B)$ =(det$A$)(det$B$) und den Regeln detA^T =det$A$ und det(A^*)=(det$A$)* folgt für unitäre Matrizen (wegen (16.29))

$$\det(U^{\dagger}U) = (\det U)^*(\det U) = 1 \tag{16.30}$$

oder

$$|\det U| = 1 \tag{16.31}$$

Dafür kann man auch schreiben

$$\det U = e^{i\vartheta}\,, \quad \vartheta \text{ reell} \tag{16.32}$$

d.h. die *Determinante einer unitären Matrix ist eine komplexe Zahl vom Betrage Eins.*

16.6.2 Determinanten-Spur-Beziehung

Wir betrachten die Eigenwertgleichung einer hermitischen Matrix H:

$$\sum_{j=1}^{n} H_{ij}\eta_j(k) = h(k) \cdot \eta_i(k)\,, \quad k = 1,\ldots,n \tag{16.33}$$

Die Eigenwerte $h(k)$ $(k = 1,\ldots,n)$sind reell und die Eigenvektoren $\{\eta_i(k)\}$ können als vollständiges Orthonormalsystem gewählt werden, für die gilt

$$\sum_{i=1}^{n}(\eta_i(k))^*\eta_i(l) \;=\; \delta_{kl} \tag{16.34}$$

$$\sum_{k=1}^{n}(\eta_i(k))^*\eta_j(k) \;=\; \delta_{ij} \tag{16.35}$$

Damit kann man die Matrix H selbst mittels ihrer Eigenlösungen ausdrücken:

$$H_{ij} = \sum_{k=1}^{n} \eta_i(k)h(k)(\eta_j(k))^* \tag{16.36}$$

was man leicht durch Einsetzen in (16.33) verifiziert. Nun ist aber $\{\eta_m(k)\}$ nicht nur die Eigenbasis von H, sondern ebenso von jeder Potenz von H, und damit von jeder Funktion $f(H)$, die sich in eine Potenzreihe entwickeln läßt, also insbesondere gemäß (16.21) auch von $U(H)$,

$$\sum_{j} U_{ij}\eta_j(k) = e^{-ih(k)}\eta_i(k) \tag{16.37}$$

also in Analogie zu (16.36)

$$U_{ij} = \sum_{k=1}^{n} \eta_i(k) e^{-ih(k)} (\eta_j(k))^* \tag{16.38}$$

Die Gleichungen (16.36) und (16.38) kann man auch in Matrixform schreiben

$$H = YhY^\dagger \tag{16.39}$$
$$U = YuY^\dagger \tag{16.40}$$

mit

$$h_{kl} = h(k) \cdot \delta_{kl}\,, \; u_{kl} = e^{-ih(k)} \cdot \delta_{kl}\,, \; Y_{ik} = \eta_i(k)\,, \; Y^\dagger_{lj} = (\eta_j(l))^* \tag{16.41}$$

und wegen

$$YY^\dagger = \sum_{k=1}^{n} \eta_i(k)(\eta_j(k))^* = \delta_{ij} \tag{16.42}$$

folgt aus den Determinantenregeln

$$\det H = (\det Y)(\det h)(\det Y^\dagger) \tag{16.43}$$
$$= (\det h)(\det(YY^\dagger)) = \det h \tag{16.44}$$
$$= \prod_{k=1}^{n} h(k) \tag{16.45}$$

und analog

$$\det U = \prod_{k=1}^{n} e^{-ih(k)} = \exp\left[-i \sum_{k=1}^{n} h(k)\right] \tag{16.46}$$

oder die

Determinanten-Spur-Beziehung

$$\det U = e^{-i \mathrm{Tr}\, H} \tag{16.47}$$

mit

$$\mathrm{Tr}\, H \equiv \mathrm{Sp}\, H \stackrel{\text{def}}{=} \sum_{i=1}^{n} H_{ii} = \sum_{k=1}^{n} h(k) \tag{16.48}$$

Aus (16.47) erkennen wir unmittelbar, daß det$U$ im allgemeinen eine komplexe Zahl sein wird. Wenn jedoch Tr $H = 2\pi r$ (r ganzzahlig), folgt det$U$=1.

16.7 Die Familie der unitären Gruppen: $U(n), SU(n), O(n), SO(n)$

16.7.1 Die Unitäre Gruppe $U(n)$

Die Gruppe $U(n)$ ist die Gruppe der Transformationen, die durch allgemeine unitäre Matrizen definiert werden („lineare unitäre Transformationen")

$$R(\alpha) : z_i = \sum_{j=1}^{n} z_j U_{ji}(\alpha)\,, \; i,j = 1,...,n \tag{16.49}$$

wobei U_{ij} und z_i komplexe Zahlen sind. Wie im vorangehenden Abschnitt ausgeführt (siehe Gleichung (16.21)), kann U in exponentieller Weise durch eine hermitische Matrix H ausgedrückt werden:

$$U = \exp[-iH] \tag{16.50}$$

Wegen (16.22) und (16.23) wird die allgemeinste hermitische Matrix des Ranges n durch n reelle Zahlen für die Diagonale und durch $\frac{n^2-n}{2}$ komplexe Zahlen für die Nichtdiagonalelemente bestimmt, d.h. die Zahl der wesentlichen (reellen) Parameter der Lie-Gruppe ist:

$$N(U(n)) = n + 2\frac{n^2-n}{2} = n^2 \tag{16.51}$$

Nun kann man eine allgemeine hermitische Matrix H mit Tr$H \neq 0$ (reell) zerlegen in

$$H = \frac{1}{n}(\mathrm{Tr}\, H) \cdot 1_n + H^{(s)} \tag{16.52}$$

mit

$$H^{(s)} = H - \frac{1}{n}(\mathrm{Tr}\, H) \cdot 1_n, \quad \mathrm{Tr}\, H^{(s)} = 0 \tag{16.53}$$

Da nun die 1_n-Matrix mit $H^{(s)}$ (und mit allen anderen n-dimensionalen Matrizen) vertauschbar ist, kann man (16.50) in der Form schreiben:

$$U = \exp[-i\vartheta] U^{(s)}, \quad \det U = e^{-i\vartheta} \tag{16.54}$$

mit

$$U^{(s)} = \exp[-iH^{(s)}], \quad \det U^{(s)} = 1 \tag{16.55}$$

und

$$\vartheta = \mathrm{Tr}\, H \tag{16.56}$$

Zweidimensionale Unitäre Gruppe $U(2)$ ⟨B⟩

Die allgemeinste hermitische Matrix des Ranges $n = 2$ hat die Form

$$H = \begin{pmatrix} a & c+id \\ c-id & b \end{pmatrix}, \quad \mathrm{Tr}\, H = a+b \tag{16.57}$$

mit den vier reellen wesentlichen Parametern $\{\alpha_i\} = \{a,b,c,d\}$. Damit lautet die allgemeinste zweidimensionale unitäre Matrix (siehe Gleichungen (16.53) bis (16.55)

$$U = \exp[-i\vartheta] \exp[-iH^{(s)}] \tag{16.58}$$

mit

$$\vartheta = a+b \tag{16.59}$$

$$H^{(s)} = \begin{pmatrix} \frac{1}{2}(a-b) & c+id \\ c-id & -\frac{1}{2}(a-b) \end{pmatrix} \tag{16.60}$$

◊

16.7.2 Die Spezielle Unitäre Gruppe $SU(n)$

Bei dieser Gruppe verlangt man neben der Unitarität $U^\dagger = U^{-1}$ noch die *Unimodalität*

$$detU \equiv \det U^{(s)} = 1 \tag{16.61}$$

d.h. die Zahl der wesentlichen Parameter ist gegenüber $U(n)$ um Eins verringert

$$N(SU(n)) = n^2 - 1 \tag{16.62}$$

Die allgemeinste unimodulare unitäre Matrix $U^{(s)}$ ist

$$U^{(s)} = e^{-iH^{(s)}} \tag{16.63}$$

mit

$$\mathrm{Tr}\, H^{(s)} = 0 \tag{16.64}$$

Bezüglich der Transformation

$$R(\alpha) : z_i = \sum_{j=1}^{n} z_j U_{ji}^{(s)}, \ z_i \text{ komplex} \tag{16.65}$$

hat man hier die Besonderheit, daß die Transformationskoeffizienten $U_{ij}^{(s)}$ auch mittels einer Invarianzforderung definiert werden können

$$\sum_{i=1}^{n} |R(\alpha) : z_i|^2 = \sum_{i=1}^{n} |z_i|^2 \quad (= \text{Invariante}) \tag{16.66}$$

Zweidimensionale Spezielle Unitäre Gruppe $SU(2)$

Die allgemeinste hermitische Matrix zweiten Grades mit der Spur Null ist

$$H^{(s)} = \begin{pmatrix} \alpha_3 & \alpha_1 - i\alpha_2 \\ \alpha_1 + i\alpha_2 & -\alpha_3 \end{pmatrix} \tag{16.67}$$

wobei α_1,α_2,α_3 die drei wesentlichen (reellen) Parameter darstellen. Diese Matrix hat die Eigenschaft

$$(H^{(s)})^2 = (\alpha_1^2 + \alpha_2^2 + \alpha_3^2) 1_2 \tag{16.68}$$

Infolgedessen kann man die Reihenentwicklung der Gleichung (16.63) schreiben als

$$\begin{aligned} U^{(s)} &= e^{-iH^{(s)}} \\ &= 1_2 \cos\rho - iH^{(s)} \frac{1}{\rho} \sin\rho \\ &= \cos\rho \begin{pmatrix} 1 - \frac{i\alpha_3}{\rho} \tan\rho & -\frac{i\alpha_1 + \alpha_2}{\rho} \tan\rho \\ -\frac{i\alpha_1 - \alpha_2}{\rho} \tan\rho & 1 + \frac{i\alpha_3}{\rho} \tan\rho \end{pmatrix} \end{aligned} \tag{16.69}$$

mit der Abkürzung

$$\rho = \sqrt{\alpha_1^2 + \alpha_2^2 + \alpha_3^2} \tag{16.70}$$

Durch die Einführung neuer Parameter

$$a = \frac{\alpha_1}{\rho}\tan\rho\,,\; b = \frac{\alpha_2}{\rho}\tan\rho\,,\; c = \frac{\alpha_3}{\rho}\tan\rho \tag{16.71}$$

ergibt sich

$$\cos\rho = \sqrt{1+a^2+b^2+c^2} \tag{16.72}$$

so daß die allgemeine Form von $U^{(s)}$ in zwei Dimensionen auch als

$$U^{(s)} = \frac{1}{\sqrt{1+a^2+b^2+c^2}}\begin{pmatrix} 1-ic & -b-ia \\ b-ia & 1+ic \end{pmatrix} \tag{16.73}$$

geschrieben werden kann. ◊

16.7.3 Die Orthogonale Gruppe $O(n)$

Wir betrachten nun reelle orthogonale Transformationen

$$R(\alpha) : x_i = \sum_{j=1}^{n} x_j O_{ji}\,,\; i,j = 1,\ldots,n \tag{16.74}$$

wobei sowohl alle Variablen $\{x_i\}$ als auch alle Matrixelemente O_{ij} reell sein sollen. O soll eine orthogonale Matrix sein, für die gilt:

$$O^T O = 1_n = O O^T \tag{16.75}$$

(O^T: transponierte Matrix; $O^T_{ij} = O_{ji}$). Diese Transformation kann als spezieller Fall der unitären Transformation (siehe Gleichung (16.49)) betrachtet werden. Im Hinblick auf die Darstellungsmöglichkeit (16.50) würde man naiv erwarten, daß es genügt, die hermitische Matrix H im Exponenten rein imaginär zu wählen, um die *allgemeine* orthogonale Matrix O zu erhalten. Man kann jedoch erkennen, daß diese Einschränkung zu weit geht, wenn man die Zerlegung (16.52) ins Auge faßt. Aus (16.54) ersieht man, daß U dann reell wird, wenn $U^{(s)}$ reell und $(\mathrm{Tr}H) = \vartheta = 0,\pi$ gewählt wird. Dies bedeutet, daß wir die Elemente von $H^{(s)} (\equiv H^{(si)})$ *rein imaginär* wählen müssen:

$$H^{(si)}_{ii} = 0\,,\;\; i = 1,\ldots,n \tag{16.76}$$

und für $i \neq j$:

$$H^{(si)}_{ij} = iC_{ij} = (H^{(si)}_{ji})^*\,;\;\; C_{ij} = C_{ji} = \text{reell} \tag{16.77}$$

Bezüglich H selbst bedeutet dies

$$H_{ii} = 0 \;\;\text{oder}\;\; H_{ii} = \frac{1}{n}\pi \tag{16.78}$$

sodaß die Determinante die beiden Werte

$$\det U_{ij} \equiv \det O_{ij} = \pm 1 \tag{16.79}$$

annehmen kann. Um O_{ij} festzulegen, müssen wir $\frac{n^2-n}{2} = \frac{n(n-1)}{2}$ reelle Zahlen C_{ij} für die Diagonalelemente festlegen und eine Aussage über das Vorzeichen von $\det O_{ij}$ machen. Für die wesentlichen Parameter der Gruppe ergibt sich somit die Zahl

$$N(O(n)) = \frac{n(n-1)}{2} + 1 \tag{16.80}$$

16.7.4 Die Spezielle Orthogonale Gruppe $SO(n)$

Dies ist die Orthogonale Gruppe mit der Einschränkung $O \equiv O^{(s)}$, oder

$$\det O_{ij} = \det O_{ij}^{(s)} = 1 \tag{16.81}$$

Die Zahl N der wesentlichen Parameter ist demgemäß um Eins geringer als bei $O(n)$, also

$$N(SO(n)) = \frac{n(n-1)}{2} \tag{16.82}$$

Diese Gruppe wird dargestellt durch die Matrix

$$O^{(s)} = e^{-iH^{(si)}} \tag{16.83}$$

wobei $H^{(si)}$ durch (16.76) und (16.77) definiert ist. Bezüglich der speziellen orthogonalen Transformation selber,

$$R(\alpha) : x_i = \sum_{j=1}^{n} x_j O_{ji}^{(s)}\,,\ i,j = 1,...,n \tag{16.84}$$

hat man die Invarianzeigenschaft

$$\sum_{i=1}^{n} (R(\alpha) : x_i)^2 = \sum_{i=1}^{n} (x_i)^2 \quad (= \text{Invariante}) \tag{16.85}$$

(siehe auch Gleichung (16.66)).

Zweidimensionale Spezielle Orthogonale Gruppe $SO(2)$

Die allgemeinste zweidimensionale rein imaginäre hermitische Matrix lautet

$$H^{(si)} = \alpha \begin{pmatrix} 0 & +i \\ -i & 0 \end{pmatrix}, \quad \alpha \text{ reell} \tag{16.86}$$

Daraus folgt

$$(H^{(si)})^2 = \alpha \begin{pmatrix} 1 & 0 \\ 0 & 1 \end{pmatrix} \tag{16.87}$$

Demgemäß kann man die Serie der Exponentialmatrix (16.83) (siehe auch Gleichungen (16.67) bis (16.70) mit $a = b = 0$, $c = -\alpha$) aufsummieren

$$\begin{aligned} O^{(s)} &= e^{-iH^{(si)}} \\ &= \cos\alpha \begin{pmatrix} 1 & 0 \\ 0 & 1 \end{pmatrix} + \sin\alpha \begin{pmatrix} 0 & +1 \\ -1 & 0 \end{pmatrix} \\ &= \begin{pmatrix} \cos\alpha & \sin\alpha \\ -\sin\alpha & \cos\alpha \end{pmatrix} \end{aligned} \tag{16.88}$$

d.h. die orthogonale Transformation selber lautet

$$R : x_1 = x_1 \cos\alpha + x_2 \sin\alpha \tag{16.89}$$

$$R : x_2 = x_2 \cos\alpha - x_1 \sin\alpha \tag{16.90}$$

und man verifiziert leicht die Invarianzbeziehung (16.85). ◊

Dreidimensionale Spezielle Orthogonale Gruppe $SO(3)$

Mit $n = 3$ haben wir nach (16.82)

$$N(SO(3)) = 3 \tag{16.91}$$

und die allgemeinste dreidimensionale rein imaginäre spurlose hermitische Matrix können wir schreiben als

$$H^{(si)} = i \begin{pmatrix} 0 & \alpha_z & -\alpha_y \\ -\alpha_z & 0 & \alpha_x \\ \alpha_y & -\alpha_x & 0 \end{pmatrix} \tag{16.92}$$

und demgemäß nach (16.83)

$$O^{(s)} = \exp \begin{pmatrix} 0 & \alpha_z & -\alpha_y \\ -\alpha_z & 0 & \alpha_x \\ \alpha_y & -\alpha_x & 0 \end{pmatrix} \tag{16.93}$$

Die Reihenentwicklung der orthogonalen Transformation lautet

$$\begin{aligned} R(\alpha) : x &= x + \alpha_z y - \alpha_y z + O(\alpha^2) \\ R(\alpha) : y &= y + \alpha_x z - \alpha_z x + O(\alpha^2) \\ R(\alpha) : z &= z + \alpha_y x - \alpha_x y + O(\alpha^2) \end{aligned} \tag{16.94}$$

Nach (13.24) hatten wir

$$R(\alpha_x,\alpha_y,\alpha_z) : \begin{pmatrix} x \\ y \\ z \end{pmatrix} = \left\{1 - i(\alpha_x I_x + \alpha_y I_y + \alpha_z I_z) + O(\alpha^2)\right\} \begin{pmatrix} x \\ y \\ z \end{pmatrix} \tag{16.95}$$

$$= \begin{pmatrix} x \\ y \\ z \end{pmatrix} - \begin{pmatrix} \alpha_y z - \alpha_z y \\ \alpha_z x - \alpha_x z \\ \alpha_x y - \alpha_y x \end{pmatrix} + O(\alpha^2) \tag{16.96}$$

in Übereinstimmung mit (16.94). ◊

16.8 Weg zur Lie-Algebra

16.8.1 Generatoren der Lie-Gruppe

Wir wollen uns hier nur auf die Familie der im vorigen Abschnitt behandelten speziellen unitären Gruppen $SU(n)$ beschränken. Wie wir gesehen haben, werden sie durch eine unitäre Matrix $U^{(s)}$ definiert, und man kann diese in der Form

$$U^{(s)} = e^{-iH^{(s)}} \tag{16.97}$$

schreiben, wobei $U^{(s)}$ und $H^{(s)}$ den Rang n haben. Nun ist, gemäß jeweiliger Gruppencharakterisierung, die hermitische $n \times n$-Matrix durch N wesentliche Parameter $\{\alpha_1,...,\alpha_n\}$ charakterisiert, wobei (siehe Gleichungen (16.51), (16.62), (16.82))

$$N \leq n^2 \tag{16.98}$$

Es liegt also nahe, $H^{(s)}(\alpha)$ in N standardisierte Anteile $L^{(k)}$, $\{k = 1,...,N\}$ zu zerlegen,

$$H^{(s)}(\alpha) = \sum_{k=1}^{N} \alpha_k L^{(k)} \tag{16.99}$$

wobei α_k reelle Zahlen bedeuten und wobei $L^{(k)}$ eine standardisierte, spurlose, von den Parametern α_l $(l = 1,...,N)$ unabhängige hermitische Matrix vom Rang n darstellt,

$$(L^{(k)})^\dagger = L^{(k)}, \quad \frac{\partial}{\partial \alpha_l} L^{(k)} \equiv 0 \quad \text{für alle } l \tag{16.100}$$

Die standardisierten hermitischen Matrizen $L^{(k)}$ wollen wir die *Generatoren* der Gruppe nennen. Die Zerlegung $H^{(s)}(\alpha)$ hat eine gewisse Willkür, da die Wahl der Parameter α_k auf mehrfache Art getroffen werden kann.

16.8.2 Lie-Algebra der Generatoren

Um zur Lie-Algebra zu kommen, erweist sich nun eine Modifikation der *Baker-Campbell-Hausdorff (BCH)-Formel* als nützlich:

$$e^A e^B = e^{O(A^3)} e^{[A,B]} e^B e^A \tag{16.101}$$

wobei A und B Matrizen bedeuten, und

$$[A,B] = AB - BA \tag{16.102}$$

der Matrixkommutator ist. Aus (16.101) folgt insbesondere die Beziehung

$$e^A e^B e^{-A} e^{-B} = e^{O(A^3)} e^{[A,B]} = 1_n + [A,B] + O(A^3) \tag{16.103}$$

wobei wir A,B als klein gewählte Größen betrachten und $O(A^3)$ eine Matrix der Ordnung A^3 (bzw. B^3) im Sinne dieser Kleinheit bedeutet. Wir wählen

$$A = i \sum_{k=1}^{n} \alpha_k L^{(k)}, \quad B = i \sum_{k=1}^{n} \beta_k L^{(k)} \tag{16.104}$$

Dann stellt jeder der Faktoren auf der linken Seite von (16.103) eine erlaubte Gruppenoperation dar

$$e^A e^B e^{-A} e^{-B} = (U(\alpha_k))^{-1} (U(\beta_k))^{-1} U(\alpha_k) U(\beta_k) \tag{16.105}$$

d.h. das Produkt muß ebenfalls eine unitäre Matrix der Form (16.97) (mit (16.99)) sein,

$$(U(\alpha_k))^{-1} (U(\beta_k))^{-1} U(\alpha_k) U(\beta_k) = U(\gamma_k) = \exp\Big[-i \sum_k \gamma_k L^{(k)}\Big] \tag{16.106}$$

Betrachten wir nun den Grenzfall $\alpha_k = O(\epsilon) = \beta_k$, $\epsilon \to 0$, dann muß auch γ_k mindestens wie ϵ gegen Null gehen, und es folgt aus (16.103) und (16.106)

$$-\sum_{k,l=1}^{n} \alpha_k \beta_l [L^{(k)}, L^{(l)}] = -i \sum_{m=1}^{n} \gamma_m L^{(m)} \tag{16.107}$$

Wir sehen daraus, daß $\gamma_m = O(\epsilon^2)$, und, da die α_k, β_l klein aber *beliebig wählbar* sind, können wir setzen:

$$\gamma_m = \sum_{k,l=1}^{n} C_{klm} \alpha_k \beta_l \tag{16.108}$$

wobei C_{klm} eine von $\{\alpha_k\}$, $\{\beta_l\}$ unabhängige Größe bedeutet. Damit folgt aus (16.107) die

Fundamentale Charakterisierung der Lie-Algebra der gewählten Generatoren $\{L^{(k)}\}$:

$$[L^{(k)},L^{(l)}] = i \sum_{m=1}^{N} C_{klm} L^{(m)} , \quad k,l,m = 1,\ldots,N \tag{16.109}$$

Generator von $SO(2)$

Wie in Abschnitt 16.7 gezeigt (siehe (16.86)) gibt es hier nur eine einzige nichttriviale, spurlose, rein imaginäre hermitische Matrix, deren standardisierte Form wir als

$$L^{(1)} = \begin{pmatrix} 0 & +i \\ -i & 0 \end{pmatrix} \tag{16.110}$$

wählen können:

$$O^{(s)} = e^{-i\alpha L^{(1)}} = 1_n \cos\alpha - iL^{(1)} \sin\alpha \tag{16.111}$$

Die Lie-Algebra entfällt hier, da es nur einen einzigen Generator gibt. ◊

Lie-Algebra von $SO(3)$

Aus (16.92) ersehen wir, daß wir die Zerlegung

$$H^{(si)} = \alpha_x L^{(x)} + \alpha_y L^{(y)} + \alpha_z L^{(z)} \tag{16.112}$$

mit

$$L^{(x)} = i \begin{pmatrix} 0 & 0 & 0 \\ 0 & 0 & -1 \\ 0 & 1 & 0 \end{pmatrix} , \; L^{(y)} = i \begin{pmatrix} 0 & 0 & 1 \\ 0 & 0 & 0 \\ -1 & 0 & 0 \end{pmatrix} , \; L^{(z)} = i \begin{pmatrix} 0 & -1 & 0 \\ 1 & 0 & 0 \\ 0 & 0 & 0 \end{pmatrix} \tag{16.113}$$

vornehmen können. Daraus ergibt sich

$$L^{(x)}L^{(y)} = i^2 \begin{pmatrix} 0 & 0 & 0 \\ 1 & 0 & 0 \\ 0 & 0 & 0 \end{pmatrix} , \; L^{(y)}L^{(x)} = i^2 \begin{pmatrix} 0 & -1 & 0 \\ 0 & 0 & 0 \\ 0 & 0 & 0 \end{pmatrix} \tag{16.114}$$

sowie die Vertauschungsrelation

$$[L^{(x)},L^{(y)}] = i^2 \begin{pmatrix} 0 & -1 & 0 \\ 1 & 0 & 0 \\ 0 & 0 & 0 \end{pmatrix} = iL^{(z)} \tag{16.115}$$

Die Lie-Algebra lautet also

$$[L^{(x)},L^{(y)}] = iL^{(z)} , \text{ zyklisch} \tag{16.116}$$

◊

Lie-Algebra von $SU(2)$

Gemäß (16.62) haben wir mit $n = 2$

$$N(SU(2)) = 3 \tag{16.117}$$

und nach (16.67) ist der angemessene hermitische Operator

$$H^{(s)} = \frac{1}{2}\begin{pmatrix} \hat{\alpha}_3 & \hat{\alpha}_1 - i\hat{\alpha}_2 \\ \hat{\alpha}_1 + i\hat{\alpha}_2 & -\hat{\alpha}_3 \end{pmatrix} \quad \text{mit } \hat{\alpha}_i = 2\alpha_i \tag{16.118}$$

den wir zerlegen können in

$$H^{(s)} = (\hat{\alpha}_1 L^{(1)} + \hat{\alpha}_2 L^{(2)} + \hat{\alpha}_3 L^{(3)}) \tag{16.119}$$

mit

$$\begin{aligned} L^{(1)} &\equiv \frac{1}{2}\sigma_1 = \frac{1}{2}\begin{pmatrix} 0 & 1 \\ 1 & 0 \end{pmatrix} \\ L^{(2)} &\equiv \frac{1}{2}\sigma_2 = \frac{1}{2}\begin{pmatrix} 0 & -i \\ i & 0 \end{pmatrix} \\ L^{(3)} &\equiv \frac{1}{2}\sigma_3 = \frac{1}{2}\begin{pmatrix} 1 & 0 \\ 0 & -1 \end{pmatrix} \end{aligned} \tag{16.120}$$

$\sigma_1,\sigma_2,\sigma_3$ sind die drei Paulischen Spin-Matrizen und gehorchen den Vertauschungsrelationen

$$[\sigma_1,\sigma_2] = 2i\sigma_3\,, \text{ zyklisch} \tag{16.121}$$

Die gewählten Generatoren $L^{(k)}$ bilden die Algebra

$$[L^{(1)},L^{(2)}] = iL^{(3)}\,, \text{ zyklisch} \tag{16.122}$$

Demzufolge ist die $SU(2)$-Algebra identisch mit der $SO(3)$-Algebra, d.h. $SU(2)$ und $SO(3)$ sind *isomorphe* Lie-Gruppen. Die mit $SU(2)$ verknüpfte Transformation allerdings ist zwei komplexen Variablen zugeordnet, während die von $SO(3)$ drei reellen Variablen zugehört, und nach (16.73) gilt

$$U^{(s)}(SU(2)) = \frac{1}{\sqrt{1+a^2+b^2+c^2}}\left(1_2 - 2i(aL^{(1)} + bL^{(2)} + cL^{(3)})\right) \tag{16.123}$$

wobei a,b,c durch (16.71) gegeben sind. Auch die zu $SO(3)$ gehörige dreidimensionale Transformationsmatrix $O^{(s)}$ (siehe Gleichung (16.93)) kann in den korrespondierenden Standardmatrizen $1_3,L^{(x)},L^{(y)},L^{(z)}$ in der Form (16.123) geschrieben werden:

$$O^{(s)}(SO(3)) = \frac{1}{\sqrt{1+\hat{a}^2+\hat{b}^2+\hat{c}^2}}\left(1_3 - 2i(\hat{a}L^{(x)} + \hat{b}L^{(y)} + \hat{c}L^{(z)})\right) \tag{16.124}$$

mit

$$\hat{a} = \frac{\hat{\alpha}_1}{\hat{\rho}}\tan\hat{\rho}\,,\ \hat{b} = \frac{\hat{\alpha}_2}{\hat{\rho}}\tan\hat{\rho}\,,\ \hat{c} = \frac{\hat{\alpha}_3}{\hat{\rho}}\tan\hat{\rho}\,,\ \hat{\rho} = \sqrt{\hat{\alpha}_1^2 + \hat{\alpha}_2^2 + \hat{\alpha}_3^2} \tag{16.125}$$

(siehe Gleichungen (16.70), (16.71). Da aber in diesem Falle die dreidimensionalen Matrizen $L^{(x)}$, $L^{(y)},L^{(z)}$ rein imaginär sind (siehe Gleichung (16.113)), ist die Matrix $O^{(s)}(SO(3))$ in Gleichung (16.124) *rein reell.* ◊

Lie-Algebra von $SU(3)$

Hier gilt gemäß (16.62) mit n=3

$$N(SU(3)) = 8 \tag{16.126}$$

(„Eightfold Way“). Es muß demgemäß 8 wesentliche Generatoren geben, die man gewöhnlich in der folgenden Weise wählt:

$$L^{(1)} \equiv \frac{1}{2}\begin{pmatrix} \sigma_1 & 0 \\ 0 & 0 \end{pmatrix} = \frac{1}{2}\begin{pmatrix} 0 & 1 & 0 \\ 1 & 0 & 0 \\ 0 & 0 & 0 \end{pmatrix} \tag{16.127}$$

$$L^{(2)} \equiv \frac{1}{2}\begin{pmatrix} \sigma_2 & 0 \\ 0 & 0 \end{pmatrix} = \frac{1}{2}\begin{pmatrix} 0 & -i & 0 \\ -i & 0 & 0 \\ 0 & 0 & 0 \end{pmatrix} \tag{16.128}$$

$$L^{(3)} \equiv \frac{1}{2}\begin{pmatrix} \sigma_3 & 0 \\ 0 & 0 \end{pmatrix} = \frac{1}{2}\begin{pmatrix} 1 & 0 & 0 \\ 0 & -1 & 0 \\ 0 & 0 & 0 \end{pmatrix} = T_3 \tag{16.129}$$

$$L^{(4)} \equiv \frac{1}{2}\begin{pmatrix} 0 & 0 & 1 \\ 0 & 0 & 0 \\ 1 & 0 & 0 \end{pmatrix}, \; L^{(5)} \equiv \frac{1}{2}\begin{pmatrix} 0 & 0 & -i \\ 0 & 0 & 0 \\ i & 0 & 0 \end{pmatrix} \tag{16.130}$$

$$L^{(6)} \equiv \frac{1}{2}\begin{pmatrix} 0 & 0 & 0 \\ 0 & 0 & 1 \\ 0 & 1 & 0 \end{pmatrix}, \; L^{(7)} \equiv \frac{1}{2}\begin{pmatrix} 0 & 0 & 0 \\ 0 & 0 & -i \\ 0 & i & 0 \end{pmatrix} \tag{16.131}$$

$$L^{(8)} \equiv \frac{1}{\sqrt{3}}\begin{pmatrix} 1 & 0 & 0 \\ 0 & 1 & 0 \\ 0 & 0 & -2 \end{pmatrix} \tag{16.132}$$

Nähere Einzelheiten findet man z.B. in dem empfehlenswerten Lehrbuch von GREINER und MÜLLER [13]. Durch die vorstehende Wahl (Zuordnung von $L^{(1)}$,$L^{(2)}$,$L^{(3)}$ zu den Pauli-Matrizen σ_1,σ_2,σ_3) konstituieren diese Matrizen eine $SU(2)$-Unteralgebra, d.h. $SU(2)$ ist eine Untergruppe von $SU(3)$. Diese Generatoren entsprechen gerade den in Kapitel 15 definierten Generatoren (siehe Abschnitt 15.3):

$$T_3 = L^{(3)}, \; T_\pm = L^{(1)} \pm iL^{(2)} \tag{16.133}$$

Die restlichen Generatoren $L^{(4)}$ bis $L^{(8)}$, in angemessener Weise kombiniert, bilden die in 15.3 eingeführten Generatoren $V_\pm$, $U_\pm$ und Y:

$$V_\pm = L^{(4)} \pm iL^{(5)}, \; U_\pm = L^{(6)} \pm iL^{(7)}, \; Y = L^{(8)} \tag{16.134}$$

◊

16.9 Operatoren als Generatoren

Wir kommen zunächst zurück auf eine allgemeine lineare Transformation

$$R(A) : x_i = \sum_{j=1}^{n} x_j A_{ji}\,, \; i,j = 1,...,n \tag{16.135}$$

$$R(B)R(A) : x_i = \sum_{j,k=1}^{n} x_k B_{kj} A_{ji}\,, \text{ etc.} \tag{16.136}$$

Wir überzeugen uns, daß wir (16.135) auch mittels eines Operators darstellen können:

$$R(A) : x_i = \hat{A} x_i \tag{16.137}$$

mit

$$\hat{A} \stackrel{\text{def}}{=} \sum_{j,k=1}^{n} x_j A_{jk} \frac{\partial}{\partial x_k} \tag{16.138}$$

Setzen wir (16.138) in (16.137) ein, so verifizieren wir (16.135). Ebenso folgt mit Definition (16.138)

$$R(B)R(A) : x_i = \hat{B}\hat{A} x_i = \sum_{j,k=1}^{n} x_k B_{kj} A_{ji} \tag{16.139}$$

und folglich auch

$$e^{R(A)} : x_i = e^{\hat{A}} x = x e^{A} \tag{16.140}$$

wobei die letztere Relation sich auf die Matrixformulierung (Matrix A) bezieht. Betrachten wir die Kommutatoren zweier Matrizen A und B,

$$\sum_{j=1}^{n} (A_{ij} B_{jk} - B_{ij} A_{jk}) = C_{ik} \tag{16.141}$$

so folgt aus der Definition (16.138)

$$\hat{A}\hat{B} = \sum_{j,k=1}^{n} \sum_{j',k'=1}^{n} x_j A_{jk} \frac{\partial}{\partial x_k} x_{j'} B_{j'k'} \frac{\partial}{\partial x_{k'}} \tag{16.142}$$

$$= \sum_{j,k,l=1}^{n} x_j A_{jk} B_{kl} \frac{\partial}{\partial x_l} + \sum_{j,k=1}^{n} \sum_{j',k'=1}^{n} x_j A_{jk} x_{j'} B_{j'k'} \frac{\partial^2}{\partial x_k \partial x_{k'}} \tag{16.143}$$

und demgemäß die Kommutation

$$[\hat{A},\hat{B}] = \sum_{j,k,l=1}^{n} x_j (A_{jk} B_{kl} - B_{jk} A_{kl}) \frac{\partial}{\partial x_l} \tag{16.144}$$

und mit (16.141)

$$[\hat{A},\hat{B}] = \sum_{j,k=1}^{n} x_j C_{jk} \frac{\partial}{\partial x_k} \tag{16.145}$$

also gemäß Definition (16.138)

$$[\hat{A},\hat{B}] = \hat{C} \tag{16.146}$$

Zweidimensionale Spezielle Unitäre Gruppe $SU(2)$

Wir wenden die Definition (16.138) auf die durch (16.120) gegebenen komplexen Matrizen an:

$$\begin{aligned}
L^{(1)} &= \frac{1}{2}\left(z_1\frac{\partial}{\partial z_2}+z_2\frac{\partial}{\partial z_1}\right)\\
L^{(2)} &= \frac{i}{2}\left(-z_1\frac{\partial}{\partial z_2}+z_2\frac{\partial}{\partial z_1}\right)\\
L^{(3)} &= \frac{1}{2}\left(z_1\frac{\partial}{\partial z_1}-z_2\frac{\partial}{\partial z_2}\right)
\end{aligned} \tag{16.147}$$

◊

Dreidimensionale Spezielle Orthogonale Gruppe $SO(3)$

Jetzt wird die Definition (16.138) auf die in (16.113) angeschriebenen rein imaginären Matrizen angewandt:

$$\begin{aligned}
\hat{L}^{(x)} &= -i\left(y\frac{\partial}{\partial z}-z\frac{\partial}{\partial y}\right)=\hat{l}_x\\
\hat{L}^{(y)} &= -i\left(z\frac{\partial}{\partial x}-x\frac{\partial}{\partial z}\right)=\hat{l}_y\\
\hat{L}^{(z)} &= -i\left(x\frac{\partial}{\partial y}-y\frac{\partial}{\partial x}\right)=\hat{l}_z
\end{aligned} \tag{16.148}$$

Dies sind die in Kapitel 13 eingeführten Drehimpulsoperatoren (siehe Gleichung (13.21)). ◊

Anhang

A Symmetrie

A.1 Symmetrieoperationen/-elemente

1. Identität E (oft auch Symbol I)
2. Drehung C_n um n-zählige Drehachsen
   - $(C_n)^m$: Drehung um $\frac{2\pi}{n} \cdot m$, $m \leq n$, $n \in \mathbb{N}$
   - höchstzählige Drehachse wird in z-Richtung gelegt (Ausnahme: Symmetriegruppen C_2 und C_{2h})
   - C'_n, C''_n: Drehachsen nicht in z-Richtung
3. Spiegelung σ an einer Spiegelebene
   - σ_v: Spiegelebene enthält höchstzählige Achse
   - σ_h: Spiegelebene senkrecht zur höchstzähligen Achse
   - σ_d: Spiegelebenen halbieren Winkel zwischen zwei Drehachsen C'_2
4. Inversion i
   - Punktspiegelung am Inversionszentrum
5. Drehspiegelung S_n an einer Drehspiegelachse[1]:
   - S_n: Drehung um $\frac{2\pi}{n}$ und anschließende Spiegelung an der Ebene senkrecht zur Drehachse
   - $S_1 \equiv \sigma_h$, $S_2 \equiv i$

[1] In der modernen Kristallographie werden anstelle von Drehspiegelungen/Drehspiegelachsen S_n die Drehinversionen/Drehinversionsachsen C_{ni} (= Drehung + Inversion) verwendet:

$$C_{1i} = C_i = S_2 \qquad C_{2i} = C_{2h} = S_1 \tag{A.1}$$

$$C_{3i} = S_6 \qquad C_{4i} = C_{4h} = S_4 \tag{A.2}$$

$$C_{5i} = S_{10} \qquad C_{6i} = C_{6h} = S_3 \tag{A.3}$$

$$\vdots$$

Schönflies	C_{1i}	C_{2i}	C_{3i}	C_{4i}	C_{5i}	C_{6i}
Hermann-Mauguin	$\overline{1}$	$\overline{2} \equiv m$	$\overline{3}$	$\overline{4}$	$\overline{5}$	$\overline{6}$

$$\overline{2n+1} = S_{4n+2} \tag{A.4}$$

$$\overline{4n} = S_{4n} \tag{A.5}$$

$$\overline{4n+2} = S_{2n+1} \tag{A.6}$$

Es gilt:

$$C_n^n = E \tag{A.7}$$

$$C_n^{-1} = C_n^{n-1} \tag{A.8}$$

$$(C_n^m)^{-1} = C_n^{n-m} \tag{A.9}$$

$$C_{2n}^2 = C_n \quad , \quad C_{3n}^3 = C_n \quad , \text{ usw.} \tag{A.10}$$

$$\sigma_{v,h,d}^2 = E \tag{A.11}$$

$$\sigma_{v,h,d}^{-1} = \sigma_{v,h,d} \tag{A.12}$$

$$i^2 = E \tag{A.13}$$

$$i^{-1} = i \tag{A.14}$$

$$S_n^n = \begin{cases} E & \text{für } n \text{ gerade} \\ \sigma_h & \text{für } n \text{ ungerade} \end{cases} \tag{A.15}$$

$$S_{2n}^2 = C_n \quad , \quad S_{3n}^3 = S_n \ , \ S_{4n}^4 = C_n \quad , \text{ usw.} \tag{A.16}$$

$$S_{2n}^n = i \text{ für } n \text{ ungerade} \tag{A.17}$$

$$S_n^{-1} = S_n^{2n-1} \tag{A.18}$$

$$S_n^{-1} = S_n^{n-1} \text{ für } n \text{ gerade} \tag{A.19}$$

$$(S_n^m)^{-1} = \begin{cases} S_n^{n+m} & \text{für } n \text{ gerade} \\ S_n^{2n-m} & \text{für } n \text{ ungerade} \end{cases} \tag{A.20}$$

A.2 Symmetriesätze

- 1. Symmetriesatz:

  Von den folgenden Symmetrieelementen erzeugen zwei das dritte [2]:

  - geradzählige Drehachse C_{2n}: Drehung $(C_{2n})^m$
  - dazu senkrechte Spiegelebene σ_h: Spiegelung σ_h
  - Inversion i bezüglich Schnittpunkt

- 2. Symmetriesatz:

  Von den folgenden Symmetrieelementen erzeugen zwei das dritte:

  - zwei zueinander senkrechte Spiegelungen σ und
  - Drehung C_2 um deren Schnittgerade

A.3 Kurzbeschreibung der Punktgruppen

Als Elemente sind die Gruppenoperationen angegeben, die als erzeugende Elemente bezeichnet werden, d.h. die, mit denen durch Kombination alle Symmetieelemente der Gruppe erzeugt werden können. Die Wahl ist nicht eindeutig.
Beispiele für die einzelnen Symmetriegruppen findet man z.B. in [1, 4, 7, 21] oder [26].

---

[2] Allerdings erzeugen σ_h und i nur C_2 und nicht höhere Drehachsen!

Neben der im Buch allgemein verwendeten Schönflies-Symbolik ist hier auch die Internationale oder Hermann-Mauguin-Symbolik angegeben. Die Erläuterung dieser Symbolik ist etwas umständlich; wir verweisen dazu auf die angegebene Literatur.
In den abgebildeten Stereogrammen ist für die Drehachsen und Drehspiegelachsen folgende Symbolik benützt:

C_2	C_3	C_4	C_5	C_6	S_6	S_4	S_3

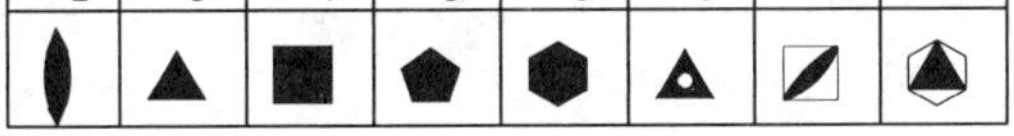

A.3.1 Die Gruppen C_n

- erzeugende Elemente: E, C_n mit $n = (1,)2\ldots$
- weitere Elemente: C_n^r mit $r = 2,\ldots,n-1$
- Ordnung $g = n$
- Zahl der Klassen $n_{Kl} = n$
  $\{E\}, \{C_n^s\}$ mit $s = 1,\ldots,n-1$
- zyklische Gruppe
- spezielle Punktgruppe: $C_1 \equiv E$

Schönflies	C_1	C_2	C_3	C_4	C_5	C_6
Hermann-Mauguin	1	2	3	4	5	6

A.3.2 Die Gruppen C_{nh} (= $C_n \times C_s$)

- erzeugende Elemente:
  E, C_n mit $n = 2,\ldots$
  σ_h , die senkrecht zur C_n-Achse ist
- weitere Elemente:
  C_n^r, $r = 2,\ldots,n-1$
  $S_n^q = C_n^s \times \sigma_h$ mit $s = 1,\ldots,n-1$
- Ordnung $g = 2n$
- Zahl der Klassen $n_{Kl} = 2n$
  $\{E\}, \{C_n^s\}, \{\sigma_h\}, \{C_n^s \times \sigma_h\}$
- abelsche Gruppe
- wenn n gerade, dann existiert ein Inversionszentrum i
- wenn n ungerade, dann enstpricht C_{nh} der Gruppe S_n
- spezielle Punktgruppe: $C_{1h} \equiv C_s = \{E, \sigma_h\} (\equiv C_{1v})$
  (σ_h: Index h eigentlich bedeutungslos, aber aus formalen Gründen angegeben)

Schönflies	$[C_{1h} \equiv C_{1v} \equiv C_s]$	C_{2h}	C_{3h}	C_{4h}	C_{5h}	C_{6h}
Hermann-Mauguin	$[\bar{2} \equiv m]$	$2/m$	$3/m \equiv \bar{6}$	$4/m$	$5/m$	$6/m$

A.3.3 Die Gruppen C_{nv} (= $C_n \times \{E, \sigma_v\}$)

- erzeugende Elemente:
  E, C_n mit $n = (1,)2, \dots$
  n Spiegelebenen σ_v, die alle C_n enthalten und untereinander den gleichen Winkel einschließen

- weitere Elemente: C_n^r mit $r = 2, \dots, n-1$

- Ordnung $g = 2n$

- Zahl der Klassen $n_{Kl} = \begin{cases} \frac{n}{2} + 3 & n \text{ gerade} \\ \frac{n+1}{2} + 1 & n \text{ ungerade} \end{cases}$
  n gerade: $\{E\}$, $\{C_2\}$, $\{2C_n^t\}$ mit $t = 1, \dots, n/2 - 1$ ($n > 2$), $\{\frac{n}{2}\sigma_v\}$, $\{\frac{n}{2}\sigma_d\}$
  n ungerade: $\{E\}$, $\{2C_n^t\}$ mit $t = 1, \dots, (n-1)/2$ ($n > 1$), $\{n\sigma_v\}$

- spezielle Punktgruppe: $C_{1v} \equiv C_s = \{E, \sigma\} (\equiv C_{1h})$
  (σ ohne Index, da bedeutungslos)

- speziell: $n = \infty \to C_{\infty v}$

  - erzeugende Elemente:
    E, C_φ (φ: beliebiger Drehwinkel)
    unendlich viele σ_v, die alle C_∞ enthalten

  - weitere Elemente: C_φ^r, $r = 2, \dots$

Schönflies	$[C_{1h} \equiv C_{1v} \equiv C_s]$	C_{2v}	C_{3v}	C_{4v}	C_{5v}	C_{6v}
Hermann-Mauguin	$[\overline{2} \equiv m]$	$2mm$	$3m$	$4mm$	$5m$	$6mm$

A.3.4 Die Gruppen S_n

- erzeugende Elemente: E, S_n mit $n = 2,4 \dots$

- weitere Elemente: S_n^r mit $r = 2, \dots, n-1$

- Ordnung $g = n$

- Zahl der Klassen $n_{Kl} = n$
  $\{E\}$, $\{S_n^s\}$ mit $s = 1, \dots, n-1$

- wenn $n = 4n' + 2$ mit $n' = 0, 1, \dots$, dann existiert ein Inversionszentrum i
  ($S_{4n'+2} = C_{2n'+1} \times C_i = C_{2n'+1,i}$)

- keine Spiegelebene senkrecht zur S_n-Achse (daher n gerade)

- zyklische Gruppe

- spezielle Punktgruppe: $S_2 \equiv C_i$: erzeugende Elemente E, i

Schönflies	S_1	$S_2 \equiv C_i$	S_3	S_4	S_5	S_6
Hermann-Mauguin	$\overline{2} \equiv m$	$\overline{1}$	$\overline{6}$	$\overline{4}$	$\overline{10}$	$\overline{3}$

A.3.5 Die Gruppen D_n $(= C_n \times \{E, C_2'\})$

- erzeugende Elemente:
  E, C_n mit $n = 2, \ldots$
  $n\ C'_2$-Achsen, die senkrecht zur C_n-Achse sind und untereinander den gleichen Winkel einschließen
- weitere Elemente: C_n^r mit $r = 2, \ldots, n-1$
- Ordnung $g = 2n$
- Zahl der Klassen $n_{Kl} = \begin{cases} \frac{n}{2}+3 & n \text{ gerade} \\ \frac{n+1}{2} & n \text{ ungerade} \end{cases}$
  n gerade: $\{E\}$, $\{C_2\}$, $\{\frac{n}{2}C_2'\}$, $\{\frac{n}{2}C_2''\}$, $\{2C_n^t\}$ mit $t = 1, \ldots, n/2-1$ $(n > 2)$,
  n ungerade: $\{E\}$, $\{nC_2'\}$, $\{2C_n^u\}$ mit $u = 1, \ldots$
- spezielle Punktgruppe: $D_1 \equiv C_2$
- spezielle Punktgruppe: $D_2 \equiv V$ („Vierergruppe")

Schönflies	D_2	D_3	D_4	D_5	D_6
Hermann-Mauguin	222	32	422	52	622

A.3.6 Die Gruppen D_{nd}

- erzeugende Elemente:
  E, C_n mit $n = 2, \ldots$
  S_{2n}
  $n\ C_2'$-Achsen, die senkrecht zur C_n-Achse sind und untereinander den gleichen Winkel einschließen
  $n\ \sigma_d$, die den Winkel zwischen den C_2'-Achsen halbieren
- weitere Elemente:
  C_n^r mit $r = 2, \ldots, n-1$
  S_{2n}^q mit $q = 3, 5, \ldots, 2n-1$
- Ordnung $g = 4n$
- Zahl der Klassen $n_{Kl} = n + 3$
  n gerade: $\{E\}$, $\{C_2\}$, $\{nC_2'\}$, $\{2C_n^t\}$ mit $t = 1, \ldots, n/2-1$ $(n > 2)$, $\{n\sigma_d\}$, $\{2S_{2n}^{2v+1}\}$ mit $v = 0, 1, \ldots, \frac{n}{2}-1$
  n ungerade: $\{E\}$, $\{nC_2'\}$, $\{2C_n^u\}$ mit $u = 1, \ldots \frac{n-1}{2}$, $\{i\}$, $\{n\sigma_d\}$, $\{2S_{2n}^{2u-1}\}$ mit $u = 1, \ldots, \frac{n-1}{2}$
- wenn n ungerade, dann existiert ein Inversionszentrum $i \equiv S_{2n}^n$ $(D_{nd} = D_n \times C_i)$

Schönflies	D_{2d}	D_{3d}	D_{4d}	D_{5d}	D_{6d}
Hermann-Mauguin	$\overline{4}2m$	$\overline{3}m$	$\overline{4}m$	$\overline{5}m$	$\overline{6}m$

A.3.7 Die Gruppen D_{nh} ($= D_n \times C_s$)

- erzeugende Elemente:
  E, C_n mit $n = 2, \ldots$
  n C_2-Achsen, die senkrecht zur C_n-Achse sind und untereinander den gleichen Winkel einschliessen
  σ_h
  n σ-Ebenen
- weitere Elemente:
  C_n^r, $r = 2, \ldots, n-1$ $\quad$ $S_n^q = \sigma_h \times C_n^s$, $s = 1, \ldots, n-1$
- Ordnung $g = 4n$
- Zahl der Klassen $n_{Kl} = \begin{cases} n+6 & n \text{ gerade} \\ n+1 & n \text{ ungerade} \end{cases}$

  n gerade: $\{E\}$, $\{C_2\}$, $\{\frac{n}{2}C_2'\}$, $\{\frac{n}{2}C_2''\}$, $\{2C_n^t\}$ mit $t = 1, \ldots, n/2-1$ $(n > 2)$, $\{\sigma_h\}$, $\{\frac{n}{2}\sigma_v\}$, $\{\frac{n}{2}\sigma_d\}$, $\{i\}$, $\{2S_n^t\}$ mit $t = 1, \ldots, n/2-1$ $(n > 2)$
  n ungerade: $\{E\}$, $\{nC_2'\}$, $\{C_n^u\}$ mit $u = 1, \ldots,$ $\{\sigma_h\}$, $\{n\sigma_v\}$, $\{2S_n^s\}$ mit $s = 1, \ldots, n-1$
- wenn n gerade, dann existiert ein Inversionszentrum i ($D_{nh} = D_n \times C_i$)
- für $n = 2$: alle C_2-Achsen äquivalent und daher die 3 Spiegelebenen σ ohne Index
- speziell: $n = \infty \rightarrow D_{\infty h}$
  - erzeugende Elemente:
    E, C_φ (φ: beliebiger Drehwinkel)
    i
    unendlich viele C_2, die senkrecht zur C_φ-Achse
    unendlich viele σ_v
    σ_h
  - weitere Elemente:
    C_φ^r, $r = 2, \ldots$
    S_φ^s, $s = 1, \ldots$

Schönflies	D_{2h}	D_{3h}	D_{4h}	D_{5h}	D_{6h}
Hermann-Mauguin	mmm	$3/mm \equiv \overline{6}m2$	$4/mmm$	$5/mm$	$6/mmm$

A.3.8 Die kubischen Gruppen: T, T_d, T_h, O, O_h

T („Tetraeder")

- erzeugende Elemente: E, 4 C_3, 3 C_2
- weitere Elemente: 4 C_3^2
- Ordnung $g = 12$
- Zahl der Klassen $n_{Kl} = 4$
  $\{E\}$, $\{4C_3\}$, $\{4C_3^2\}$, $\{3C_2\}$

Schönflies	T
Hermann-Mauguin	23

T_d

- erzeugende Elemente: E, 4 C_3, 3 C_2, 6 σ_d
- weitere Elemente: 4 C_3^2, 3 S_4, 3 S_4^3
- Ordnung $g = 24$
- Zahl der Klassen $n_{Kl} = 5$
  $\{E\}$, $\{8C_3\}$, $\{3C_2\}$, $\{6S_4\}$, $\{6\sigma_d\}$

Schönflies	T_d
Hermann-Mauguin	$\bar{4}3m$

T_h ($= T \times C_i$)

- erzeugende Elemente: E, 4 C_3, 3 C_2, 3 σ_d, i
- weitere Elemente: 4 C_3^2, 4 S_6, 4 S_6^5
- Ordnung $g = 24$
- Zahl der Klassen $n_{Kl} = 8$
  $\{E\}$, $\{4C_3\}$, $\{4C_3^2\}$, $\{3C_2\}$, $\{i\}$, $\{3\sigma_d\}$, $\{4S_6\}$, $\{4S_6^5\}$

Schönflies	T_h
Hermann-Mauguin	$m\bar{3}$

O („Oktaeder")

- erzeugende Elemente: E, 3 C_4, 4 C_3, 6 C'_2
- weitere Elemente: 3 C_4^3, 3 $C_4^2 = 3\ C_2$, 4 C_3^2
- Ordnung $g = 24$
- Zahl der Klassen $n_{Kl} = 5$
  $\{E\}$, $\{6C_4\}$, $\{8C_3\}$, $\{3C_2\}$, $\{6C_2'\}$

Schönflies	O
Hermann-Mauguin	432

O_h ($= O \times C_i$)

- erzeugende Elemente: E, 3 C_4, 4 C_3, 6 C_2, 3 σ_h, 6 σ_d, i
- weitere Elemente: 3 $C_4^2 = 3\ C_2$, 3 C_4^3, 3 S_4, 3 S_4^3, 4 S_6, 4 S_6^5, 4 C_3^2
- Ordnung $g = 48$
- Zahl der Klassen $n_{Kl} = 10$
  $\{E\}$, $\{6C_4\}$, $\{8C_3\}$, $\{3C_2\}$, $\{6C_2'\}$, $\{i\}$, $\{6S_4\}$, $\{8S_6\}$, $\{3\sigma_h\}$, $\{6\sigma_d\}$

Schönflies	O_h
Hermann-Mauguin	$m3m$

A.3.9 Die Ikosaeder-Gruppen: I, I_h

***I* („Ikosaeder")**

- erzeugende Elemente: E, 6 C_5, 10 C_3, 15 C_2
- weitere Elemente: 6 C_5, 6 C_5^3, 6 C_5^4, 10 C_3^2
- Ordnung $g = 60$
- Zahl der Klassen $n_{Kl} = 5$
  $\{E\}$, $\{12C_5\}$, $\{12C_5^2\}$, $\{20C_3\}$, $\{15C_2\}$

I_h ($= I \times C_i$)

- erzeugende Elemente: E, 6 C_5, 10 C_3, 15 C_2, 15 σ
- weitere Elemente:
  6 C_5, 6 C_5^3, 6 C_5^4, 10 C_3^2, i, 6 S_{10}, 6 S_{10}^3, 6 S_{10}^7, 6 S_{10}^9, 10 S_6, 10 S_3
- Ordnung $g = 120$
- Zahl der Klassen $n_{Kl} = 10$
  $\{E\}$, $\{12C_5\}$, $\{12C_5\}$, $\{20C_3\}$, $\{15C_2\}$, $\{i\}$, $\{12S_{10}\}$, $\{12S_{10}^3\}$, $\{20S_6\}$, $\{15\sigma\}$

A.3.10 R (Volle Rotationsgruppe)

- erzeugende Elemente:
  E, unendlich viele C_φ (Rotation um beliebige Winkel/beliebige Achsen)

A.3.11 $SO(3) = \mathbf{R} \times C_i$ (Rotations-Inversionsgruppe)

- erzeugende Elemente:
  E, unendlich viele C_φ (Rotation um beliebige Winkel/beliebige Achsen), i
- weitere Elemente: unendlich viele C_φ^r, $r = 2, \ldots$ und unendlich viele S_φ^n
- wird auch mit $SO(3)$ oder K_h bezeichnet

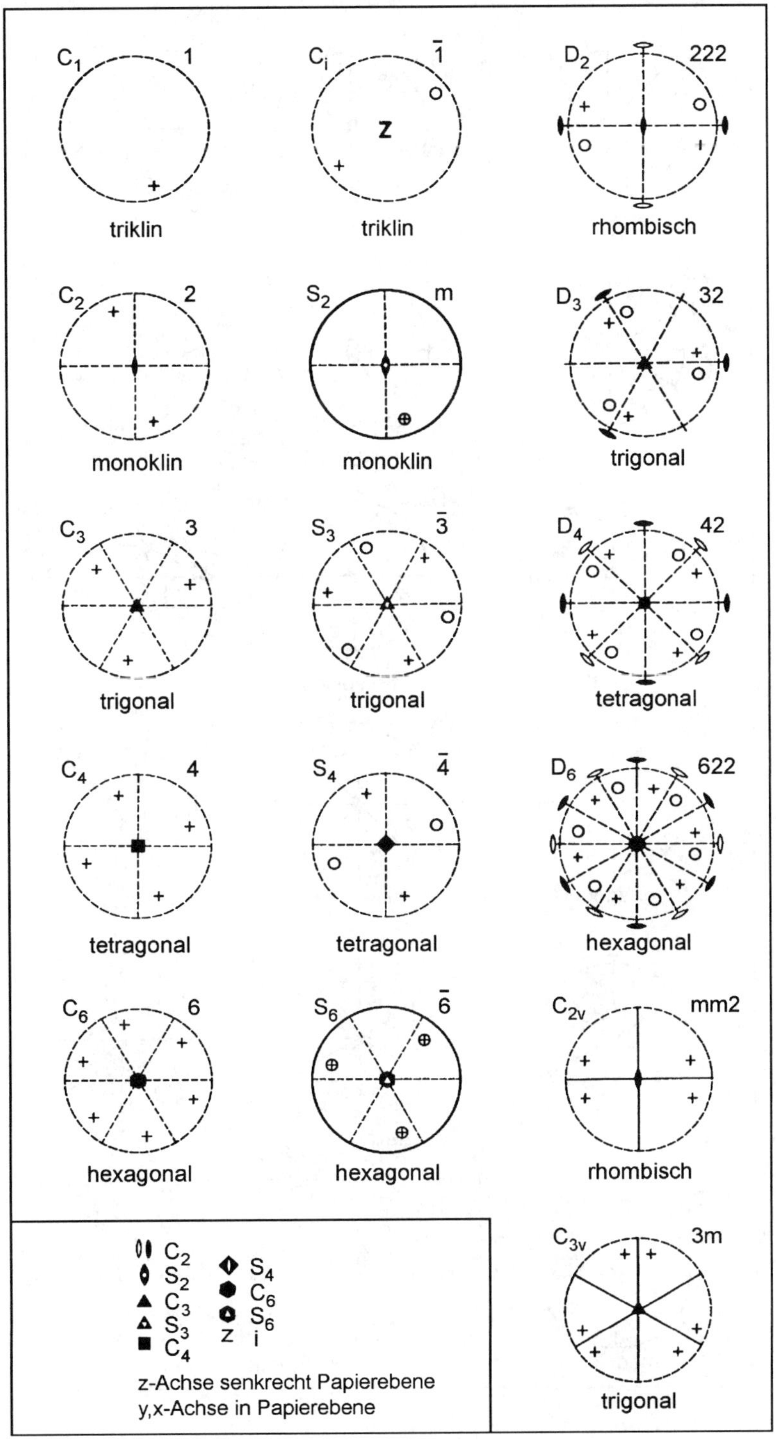

Bild A.1 Punktsymmetrieklassen in stereographischer Projektion (nach: [18], S.6)

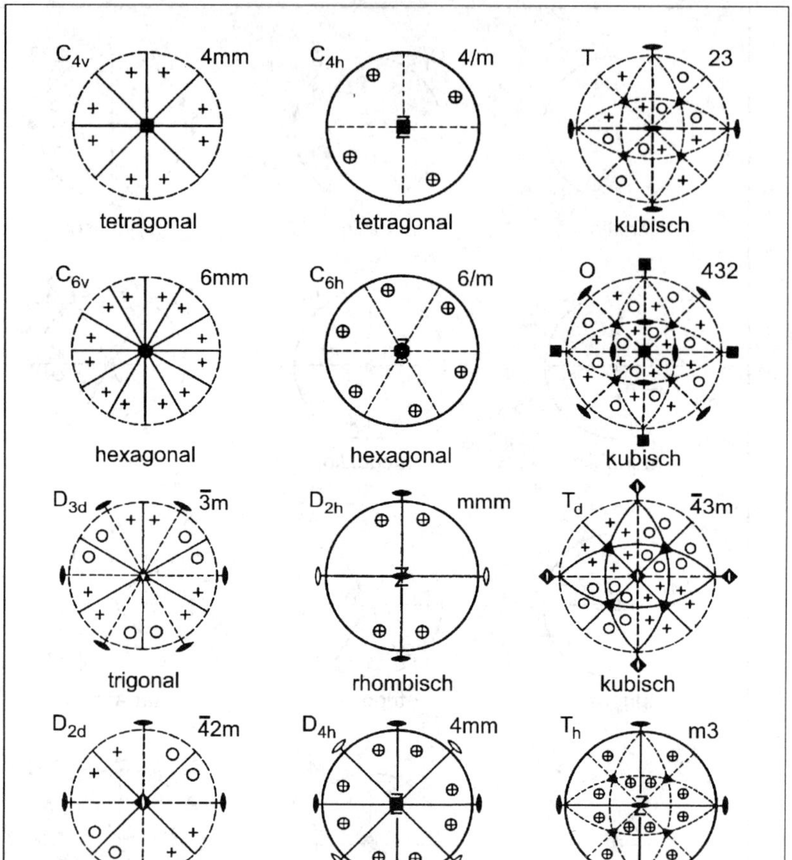

Bild A.2 Punktsymmetrieklassen in stereographischer Projektion (Forts.) (nach: [18], S.8)

B Charaktertafeln

B.1 Zur Benennung der Darstellung

Die Buchstabenkennzeichnung richtet sich nach der Dimension d_μ der Darstellung $\Gamma^{(\mu)}$ und nach dem Drehverhalten bezüglich der höchstzähligen Achse:

$A \to d_\mu = 1$ und Invarianz bezüglich Drehungen
$B \to d_\mu = 1$ und Vorzeichenwechsel bei Elementardrehung
$E \to d_\mu = 2$
$T \to d_\mu = 3$
$\vdots$

Weitere Benennungskriterien:

- Symmetrie bezüglich Inversion i (wenn vorhanden):
  Parität $p = +1 \to g$
  Parität $p = -1 \to u$

- Wenn keine Inversion existiert:
  Symmetrie bezüglich der Spiegelebene σ_h
  $' \to$ symmetrisch
  $'' \to$ antisymmetrisch

Ist eine weitere Unterscheidung notwendig, werden die Darstellungen durchnumeriert.

B.2 Isomorphien und Produktrelationen

Die folgende Tabelle B.1 gibt für die Punktgruppen Isomorphie-Beziehungen bzw. Produktrelationen an.

Tabelle B.1
Isomorphien und Produktrelationen

	n ungerade	n gerade
C_{nv}	D_n	D_n
C_{nh}	$C_n \times C_s$	$C_n \times C_i$
D_{nd}	$D_n \times C_i$	D_{2n}
D_{nh}	D_{2n}	$D_n \times C_i$
S_{2n}	$C_n \times C_i$	

B.3 Charaktertafeln

B.3.1 Die einfachsten Gruppen C_1, C_s und C_i

$\mathbf{C_1}$ (1)	E
A	1

$\mathbf{C_s = C_{1h} (= C_{1v})$		(m)	E	σ_h
x^2,y^2,z^2,xy	R_z,x,y	A'	1	1
zx,yz	R_x,R_y,z	A''	1	−1

$\mathbf{C_i = S_2}$		$(\bar{1})$	E	i
x^2,y^2,z^2,xy,zx,yz	R_x,R_y,R_z	A_g	1	1
	x,y,z	A_u	1	−1

B.3.2 Die Gruppen C_n, $n = 2,\ldots,8$

$\mathbf{C_2}$		(2)	E	C_2
x^2,y^2,z^2,xy	R_z,z	A	1	1
zx,yz	$\left.\begin{matrix} x,y \\ R_x,R_y \end{matrix}\right\}$	B	1	−1

$\mathbf{C_3}$		(3)	E	C_3	C_3^2
x^2+y^2,z^2	R_z,z	A	1	1	1
(zx,yz)	(x,y)	E	$\{1$	ω	ω^2
(x^2-y^2,xy)	(R_x,R_y)		$\{1$	ω^2	ω

mit $\omega = e^{\frac{2\pi i}{3}}$

$\mathbf{C_4}$	(4)		E	C_4	$C_4^2 = C_2$	C_4^3
x^2+y^2, z^2	R_z, z	A	1	1	1	1
x^2-y^2, xy		B	1	-1	1	-1
(zx, yz)	(x,y)	E	1	i	-1	$-i$
	(R_x, R_y)		1	$-i$	-1	i

$\mathbf{C_5}$	(5)		E	C_5	C_5^2	C_5^3	C_5^4
x^2+y^2, z^2	R_z, z	A	1	1	1	1	1
(zx, yz)	(x,y)	E_1	1	ω	ω^2	ω^3	ω^4
	(R_x, R_y)		1	ω^4	ω^3	ω^2	ω
(x^2-y^2, xy)		E_2	1	ω^2	ω^4	ω	ω^3
			1	ω^3	ω	ω^4	ω^2

mit $\omega = e^{\frac{2\pi i}{5}}$

$\mathbf{C_6}$	(6)		E	C_6	$C_6^2 = C_3$	$C_6^3 = C_2$	C_3^2	C_6^5
x^2+y^2, z^2	R_z, z	A	1	1	1	1	1	1
		B	1	-1	1	-1	1	-1
(zx, yz)	(x,y)	E_1	1	ω	ω^2	-1	ω^4	ω^5
	(R_x, R_y)		1	ω^5	ω^4	-1	ω^2	ω
(x^2-y^2, xy)		E_2	1	ω^2	ω^4	1	ω^2	ω^4
			1	ω^4	ω^2	1	ω^4	ω^2

mit $\omega = e^{\frac{2\pi i}{6}}$

1

$$\cos(\frac{2\pi}{5}) = \frac{-1+\sqrt{5}}{4} \qquad \cos(\frac{2\pi}{5})\cdot\cos(\frac{2\pi}{5}) = 1-\frac{1}{2}\cos(\frac{2\pi}{5}) \tag{B.1}$$

$$\cos(\frac{4\pi}{5}) = \frac{-1-\sqrt{5}}{4} \qquad \cos(\frac{4\pi}{5})\cdot\cos(\frac{4\pi}{5}) = 1-\frac{1}{2}\cos(\frac{4\pi}{5}) \tag{B.2}$$

$$\cos(\frac{2\pi}{5})+\cos(\frac{4\pi}{5}) = -\frac{1}{2} \qquad \cos(\frac{2\pi}{5})\cdot\cos(\frac{4\pi}{5}) = -\frac{1}{4} \tag{B.3}$$

$\mathbf{C}_7$		(7)	E	C_7	C_7^2	C_7^3	C_7^4	C_7^5	C_7^6
x^2+y^2,z^2	R_z,z	A	1	1	1	1	1	1	1
(zx,yz)	$\left.\begin{matrix}(x,y)\\(R_x,R_y)\end{matrix}\right\}$	E_1	$\left\{\begin{matrix}1\\1\end{matrix}\right.$	$\begin{matrix}\omega\\\omega^6\end{matrix}$	$\begin{matrix}\omega^2\\\omega^5\end{matrix}$	$\begin{matrix}\omega^3\\\omega^4\end{matrix}$	$\begin{matrix}\omega^4\\\omega^3\end{matrix}$	$\begin{matrix}\omega^5\\\omega^2\end{matrix}$	$\begin{matrix}\omega^6\\\omega\end{matrix}$
(x^2-y^2,xy)		E_2	$\left\{\begin{matrix}1\\1\end{matrix}\right.$	$\begin{matrix}\omega^2\\\omega^5\end{matrix}$	$\begin{matrix}\omega^4\\\omega^3\end{matrix}$	$\begin{matrix}\omega^6\\\omega\end{matrix}$	$\begin{matrix}\omega\\\omega^6\end{matrix}$	$\begin{matrix}\omega^3\\\omega^4\end{matrix}$	$\begin{matrix}\omega^5\\\omega^2\end{matrix}$
		E_3	$\left\{\begin{matrix}1\\1\end{matrix}\right.$	$\begin{matrix}\omega^3\\\omega^4\end{matrix}$	$\begin{matrix}\omega^6\\\omega\end{matrix}$	$\begin{matrix}\omega^2\\\omega^5\end{matrix}$	$\begin{matrix}\omega^5\\\omega^2\end{matrix}$	$\begin{matrix}\omega\\\omega^6\end{matrix}$	$\begin{matrix}\omega^4\\\omega^3\end{matrix}$

mit $\omega = e^{\frac{2\pi i}{7}}$

$\mathbf{C}_8$		(8)	E	C_8	$C_8^2=C_4$	$C_8^4=C_2$	C_4^3	C_8^3	C_8^5	C_8^7
x^2+y^2,z^2	R_z,z	A	1	1	1	1	1	1	1	1
		B	1	-1	1	1	1	-1	-1	-1
(zx,yz)	$\left.\begin{matrix}(x,y)\\(R_x,R_y)\end{matrix}\right\}$	E_1	$\left\{\begin{matrix}1\\1\end{matrix}\right.$	$\begin{matrix}\omega\\\omega^7\end{matrix}$	$\begin{matrix}i\\-i\end{matrix}$	$\begin{matrix}-1\\-1\end{matrix}$	$\begin{matrix}-i\\i\end{matrix}$	$\begin{matrix}\omega^3\\\omega^5\end{matrix}$	$\begin{matrix}\omega^5\\\omega^3\end{matrix}$	$\begin{matrix}\omega^7\\\omega\end{matrix}$
(x^2-y^2,xy)		E_2	$\left\{\begin{matrix}1\\1\end{matrix}\right.$	$\begin{matrix}i\\-i\end{matrix}$	$\begin{matrix}-1\\-1\end{matrix}$	$\begin{matrix}1\\1\end{matrix}$	$\begin{matrix}-1\\-1\end{matrix}$	$\begin{matrix}-i\\i\end{matrix}$	$\begin{matrix}i\\-i\end{matrix}$	$\begin{matrix}-i\\i\end{matrix}$
		E_3	$\left\{\begin{matrix}1\\1\end{matrix}\right.$	$\begin{matrix}\omega^5\\\omega^3\end{matrix}$	$\begin{matrix}i\\-i\end{matrix}$	$\begin{matrix}-1\\-1\end{matrix}$	$\begin{matrix}-i\\i\end{matrix}$	$\begin{matrix}\omega^7\\\omega\end{matrix}$	$\begin{matrix}\omega\\\omega^7\end{matrix}$	$\begin{matrix}\omega^3\\\omega^5\end{matrix}$

mit $\omega = e^{\frac{2\pi i}{8}}$

B.3.3 Die Gruppen C_{nh}, $n = 2,\ldots,6$

$\mathbf{C}_{2h}$		(2/m)	E	C_2	i	σ_h
x^2,y^2,z^2,xy	R_z	A_g	1	1	1	1
	z	A_u	1	1	-1	-1
zx,yz	R_x,R_y	B_g	1	-1	1	-1
	x,y	B_u	1	-1	-1	1

$C_{2h} = C_2 \times C_i$

$\mathbf{C_{3h}}$		$(\overline{6})$	E	C_3	C_3^2	σ_h	S_3	S_3^5
x^2+y^2, z^2	R_z	A'	1	1	1	1	1	1
	z	A''	1	1	1	-1	-1	-1
(x^2-y^2, xy)	(x, y)	E'	$\{1$	ω	ω^2	1	ω	ω^2
			1	ω^2	ω	1	ω^2	ω
(zx, yz)	(R_x, R_y)	E''	$\{1$	ω	ω^2	-1	$-\omega$	$-\omega^2$
			1	ω^2	ω	-1	$-\omega^2$	$-\omega$

$C_{3h} = C_3 \times C_s$ mit $\omega = e^{\frac{2\pi i}{3}}$

$\mathbf{C_{4h}}$		$(4/m)$	E	C_4	$C_4^2 = C_2$	C_4^3	i	S_4^3	σ_h	S_4
x^2+y^2, z^2	R_z	A_g	1	1	1	1	1	1	1	1
z		A_u	1	1	1	1	-1	-1	-1	-1
x^2-y^2, xy		B_g	1	-1	1	-1	1	-1	1	-1
		B_u	1	-1	1	-1	-1	1	-1	1
(zx, yz)	(R_x, R_y)	E_g	$\{1$	i	-1	$-i$	1	i	-1	$-i$
			1	$-i$	-1	i	1	$-i$	-1	i
(x, y)		E_u	$\{1$	i	-1	$-i$	-1	$-i$	1	i
			1	$-i$	-1	i	-1	i	1	$-i$

$C_{4h} = C_4 \times C_i$

$\mathbf{C_{5h}}$		$(5/m)$	E	C_5	C_5^2	C_5^3	C_5^4	σ_h	S_5	S_5^7	S_5^3	S_5^9
x^2+y^2, z^2	R_z	A'	1	1	1	1	1	1	1	1	1	1
	z	A''	1	1	1	1	1	-1	-1	-1	-1	-1
	(x, y)	E_1'	$\{1$	ω	ω^2	ω^3	ω^4	1	ω	ω^2	ω^3	ω^4
			1	ω^4	ω^3	ω^2	ω	1	ω^4	ω^3	ω^2	ω
(x^2-y^2, xy)		E_2'	$\{1$	ω^2	ω^4	ω	ω^3	1	ω^2	ω^4	ω	ω^3
			1	ω^3	ω	ω^4	ω^2	1	ω^3	ω	ω^4	ω^2
(zx, yz)	(R_x, R_y)	E_1''	$\{1$	ω	ω^2	ω^3	ω^4	-1	$-\omega$	$-\omega^2$	$-\omega^3$	$-\omega^4$
			1	ω^4	ω^3	ω^2	ω	-1	$-\omega^4$	$-\omega^3$	$-\omega^2$	$-\omega$
		E_2''	$\{1$	ω^2	ω^4	ω	ω^3	-1	$-\omega^2$	$-\omega^4$	$-\omega$	$-\omega^3$
			1	ω^3	ω	ω^4	ω^2	-1	$-\omega^3$	$-\omega$	$-\omega^4$	$-\omega^2$

$C_{5h} = C_5 \times C_s$ mit $\omega = e^{\frac{2\pi i}{5}}$

$\mathbf{C_{6h}}$	$(6/m)$		E	C_6	$C_6^2=C_3$	$C_6^3=C_2$	$C_6^4=C_3^2$	C_6^5	i	S_3^5	S_6^5	σ_h	S_6	S_3
x^2+y^2,z^2	R_z	A_g	1	1	1	1	1	1	1	1	1	1	1	1
	z	A_u	1	1	1	1	1	1	−1	−1	−1	−1	−1	−1
		B_g	1	−1	1	−1	1	−1	1	−1	1	−1	1	−1
		B_u	1	−1	1	−1	1	−1	−1	1	−1	1	−1	1
(zx,yz)	(R_x,R_y)	E_{1g}	$\begin{cases}1\\1\end{cases}$	ω ω^2	$-\omega^2$ $-\omega$	−1 −1	$-\omega$ $-\omega^2$	ω^2 ω	1 1	ω ω^2	$-\omega^2$ $-\omega$	−1 −1	$-\omega$ $-\omega^2$	ω^2 ω
(x^2-y^2,xy)		E_{2g}	$\begin{cases}1\\1\end{cases}$	$-\omega^2$ $-\omega$	$-\omega$ $-\omega^2$	1 1	$-\omega^2$ $-\omega$	$-\omega$ $-\omega^2$	1 1	$-\omega^2$ $-\omega$	$-\omega$ $-\omega^2$	1 1	$-\omega^2$ $-\omega$	$-\omega$ $-\omega^2$
	(x,y)	E_{1u}	$\begin{cases}1\\1\end{cases}$	ω ω^2	$-\omega^2$ $-\omega$	−1 −1	$-\omega$ $-\omega^2$	ω^2 ω	−1 −1	$-\omega$ $-\omega^2$	ω^2 ω	1 1	ω ω^2	$-\omega^2$ $-\omega$
		E_{2u}	$\begin{cases}1\\1\end{cases}$	$-\omega^2$ $-\omega$	$-\omega$ $-\omega^2$	1 1	$-\omega^2$ $-\omega$	$-\omega$ $-\omega^2$	−1 −1	ω^2 ω	ω ω^2	−1 −1	ω^2 ω	ω ω^2

mit $\omega = e^{\frac{2\pi i}{6}}$

$C_{6h} = C_6 \times C_i$

B.3.4 Die Gruppen C_{nv}, $n = 2, \ldots 6$

$\mathbf{C_{2v}}$	(2*mm*)		E	C_2	σ_v	σ'_v
x^2,y^2,z^2	z	A_1	1	1	1	1
xy	R_z	A_2	1	1	−1	−1
zx	R_y,x	B_1	1	−1	1	−1
yz	R_x,y	B_2	1	−1	−1	1

$\mathbf{C_{3v}}$	(3*m*)		E	$2C_3$	$3\sigma_v$
x^2+y^2,z^2	z	A_1	1	1	1
	R_z	A_2	1	1	−1
(x^2-y^2,xy) (zx,yz)	(x,y) (R_x,R_y)	E	2	−1	0

$\mathbf{C_{4v}}$	(4*mm*)		E	$2C_4$	$C_4^2=C_2$	$2\sigma_v$	$2\sigma_d$
x^2+y^2,z^2	z	A_1	1	1	1	1	1
	R_z	A_2	1	1	1	−1	−1
x^2-y^2		B_1	1	−1	1	1	−1
xy		B_2	1	−1	1	−1	1
(zx,yz)	(x,y) (R_x,R_y)	E	2	0	−2	0	0

$\mathbf{C_{5v}}$	(5*m*)		E	$2C_5$	$2C_5^2$	$5\sigma_v$
x^2+y^2,z^2	z	A_1	1	1	1	1
	R_z	A_2	1	1	1	−1
(zx,yz)	(x,y) (R_x,R_y)	E_1	2	$2\cos(\frac{2\pi}{5})$	$2\cos(\frac{4\pi}{5})$	0
(x^2-y^2,xy)		E_2	2	$2\cos(\frac{4\pi}{5})$	$2\cos(\frac{2\pi}{5})$	0

$\mathbf{C_{6v}}$	(6mm)		E	$2C_6$	$2C_6^2 = 2C_3$	$C_6^3 = C_2$	$3\sigma_v$	$3\sigma_d$
x^2+y^2, z^2	z	A_1	1	1	1	1	1	1
	R_z	A_2	1	1	1	1	−1	−1
		B_1	1	−1	1	−1	1	−1
		B_2	1	−1	1	−1	−1	1
(zx, yz)	$\left.\begin{matrix}(x,y)\\(R_x,R_y)\end{matrix}\right\}$	E_1	2	1	−1	−2	0	0
(x^2-y^2, xy)		E_2	2	−1	−1	2	0	0

B.3.5 Die Gruppen S_n, $n = 4, 6, 8$

$\mathbf{S_4}$	$(\bar{4})$		E	C_2	S_4	S_4^3
x^2+y^2, z^2	R_z	A	1	1	1	1
x^2-y^2, xy	z	B	1	1	−1	−1
$\left.\begin{matrix}(zx,yz)\\(x^2-y^2,xy)\end{matrix}\right\}$	$\left.\begin{matrix}(x,y)\\(R_x,R_y)\end{matrix}\right\}$	E	$\begin{cases}1\\1\end{cases}$	$\begin{matrix}-1\\-1\end{matrix}$	$\begin{matrix}i\\-i\end{matrix}$	$\begin{matrix}-i\\i\end{matrix}$

$\mathbf{S_6}$	$(\bar{3})$		E	C_3	C_3^2	i	S_6^5	S_6
x^2+y^2, z^2	R_z	A_g	1	1	1	1	1	1
	z	A_u	1	1	1	−1	−1	−1
(x^2-y^2, xy) (zx, yz)	(R_x, R_y) }	E_g	$\begin{cases}1\\1\end{cases}$	$\begin{matrix}\omega\\\omega^*\end{matrix}$	$\begin{matrix}\omega^*\\\omega\end{matrix}$	$\begin{matrix}1\\1\end{matrix}$	$\begin{matrix}\omega\\\omega^*\end{matrix}$	$\begin{matrix}\omega^*\\\omega\end{matrix}$
	(x, y) }	E_u	$\begin{cases}1\\1\end{cases}$	$\begin{matrix}\omega\\\omega^*\end{matrix}$	$\begin{matrix}\omega^*\\\omega\end{matrix}$	$\begin{matrix}-1\\-1\end{matrix}$	$\begin{matrix}-\omega\\-\omega^*\end{matrix}$	$\begin{matrix}-\omega^*\\-\omega\end{matrix}$

mit $\omega = e^{\frac{2\pi i}{3}}$

$\mathbf{S_8}$		$(\bar{8})$	E	S_8	C_4	S_8^3	C_2	S_8^5	C_4^3	S_8^7
x^2+y^2,z^2	R_z	A	1	1	1	1	1	1	1	1
	z	B	1	-1	1	-1	1	-1	1	-1
	(x,y)	E_1	1	ω	i	$-\omega^*$	-1	$-\omega$	$-i$	ω^*
	(R_x,R_y)		1	ω^*	$-i$	$-\omega$	-1	$-\omega^*$	i	ω
(x^2-y^2,xy)		E_2	1	i	-1	$-i$	1	i	-1	$-i$
			1	$-i$	-1	i	1	$-i$	-1	i
(zx,yz)		E_3	1	$-\omega^*$	$-i$	ω	-1	ω^*	i	$-\omega$
			1	$-\omega$	i	ω^*	-1	ω	$-i$	$-\omega^*$

mit $\omega = e^{\frac{2\pi i}{8}}$

B.3.6 Die Gruppen D_n, $n = 2,\ldots,6$

$\mathbf{D_2 = V}$		(222)	E	C_2^x	C_2^y	C_2^z
x^2,y^2,z^2		A	1	1	1	1
xy	R_z,z	B_1	1	-1	-1	1
zx	R_y,y	B_2	1	-1	1	-1
yz	R_x,x	B_3	1	1	-1	-1

$\mathbf{D_3}$		(32)	E	$2C_3$	$3C_2'$
x^2+y^2,z^2		A_1	1	1	1
	R_z,z	A_2	1	1	-1
(zx,yz), (x^2-y^2,xy)	(x,y), (R_x,R_y)	E	2	-1	0

$\mathbf{D}_4$	(422)		E	$2C_4$	$C_4^2 = C_2$	$2C_2'$	$2C_2''$
x^2+y^2, z^2		A_1	1	1	1	1	1
	R_z, z	A_2	1	1	1	−1	−1
x^2-y^2		B_1	1	−1	1	1	−1
xy		B_2	1	−1	1	−1	1
(zx, yz)	(x,y), (R_x, R_y)	E	2	0	−2	0	0

$\mathbf{D}_5$	(52)		E	$2C_5$	$2C_5^2$	$5C_2'$
x^2+y^2, z^2		A_1	1	1	1	1
	R_z, z	A_2	1	1	1	−1
(zx, yz)	(x,y), (R_x, R_y)	E_1	2	$2\cos\frac{2\pi}{5}$	$2\cos\frac{4\pi}{5}$	0
(x^2-y^2, xy)		E_2	2	$2\cos\frac{4\pi}{5}$	$2\cos\frac{2\pi}{5}$	0

$\mathbf{D}_6$	(622)		E	$2C_6$	$2C_6^2 = 2C_3$	$C_6^3 = C_2$	$3C_2'$	$3C_2''$
x^2+y^2, z^2		A_1	1	1	1	1	1	1
	R_z, z	A_2	1	1	1	1	−1	−1
		B_1	1	−1	1	−1	1	−1
		B_2	1	−1	1	−1	−1	1
(zx, yz)	(x,y), (R_x, R_y)	E_1	2	1	−1	−2	0	0
(x^2-y^2, xy)		E_2	2	−1	−1	2	0	0

B.3.7 Die Gruppen D_{nd}, $n = 2,\dots,6$

$\mathbf{D_{2d} = V_d}$		$(\bar{4}2m)$	E	C_2	$2C_2'$	$2S_4$	$2\sigma_d$
x^2+y^2, z^2		A_1	1	1	1	1	1
	R_z	A_2	1	1	−1	1	−1
x^2-y^2		B_1	1	1	1	−1	−1
xy	z	B_2	1	1	−1	−1	1
(zx, yz)	(x,y), (R_x, R_y)	E	2	−2	0	0	0

$\mathbf{D_{3d}}$		$(\bar{3}m)$	E	$2C_3$	$3C_2'$	i	$2S_6$	σ_d
x^2+y^2, z^2		A_{1g}	1	1	1	1	1	1
	R_z	A_{2g}	1	1	−1	1	1	−1
		A_{1u}	1	1	1	−1	−1	−1
	z	A_{2u}	1	1	−1	−1	−1	1
(x^2-y^2, xy), (zx, yz)	(R_x, R_y)	E_g	2	−1	0	2	−1	0
	(x,y)	E_u	2	−1	0	−2	1	0

$$D_{3d} = D_3 \times C_i$$

$\mathbf{D_{4d}}$			E	$2C_4$	$C_4^2 = C_2$	$4C_2'$	$2S_8$	$2S_8^3$	$4\sigma_d$
x^2+y^2, z^2		A_1	1	1	1	1	1	1	1
	R_z	A_2	1	1	1	−1	1	1	−1
		B_1	1	1	1	1	−1	−1	−1
	z	B_2	1	1	1	−1	−1	−1	1
	(x,y)	E_1	2	0	−2	0	$\sqrt{2}$	$-\sqrt{2}$	0
(x^2-y^2, xy)		E_2	2	−2	2	0	0	0	0
(zx, yz)	(R_x, R_y)	E_3	2	0	−2	0	$-\sqrt{2}$	$\sqrt{2}$	0

$\mathbf{D_{5d}}$			E	$2C_5$	$2C_5^2$	$5C_2'$	i	$2S_{10}^3$	$2S_{10}$	$5\sigma_d$
x^2+y^2,z^2		A_{1g}	1	1	1	1	1	1	1	1
	R_z	A_{2g}	1	1	1	−1	1	1	1	−1
		A_{1u}	1	1	1	1	−1	−1	−1	−1
	z	A_{2u}	1	1	1	−1	−1	−1	−1	1
(zx,yz)	(R_x,R_y)	E_{1g}	2	$2\cos\frac{2\pi}{5}$	$2\cos\frac{4\pi}{5}$	0	2	$2\cos\frac{2\pi}{5}$	$2\cos\frac{4\pi}{5}$	0
(x^2-y^2,xy)		E_{2g}	2	$2\cos\frac{4\pi}{5}$	$2\cos\frac{2\pi}{5}$	0	2	$2\cos\frac{4\pi}{5}$	$2\cos\frac{2\pi}{5}$	0
	(x,y)	E_{1u}	2	$2\cos\frac{2\pi}{5}$	$2\cos\frac{4\pi}{5}$	0	−2	$-2\cos\frac{2\pi}{5}$	$-2\cos\frac{4\pi}{5}$	0
		E_{2u}	2	$2\cos\frac{4\pi}{5}$	$2\cos\frac{2\pi}{5}$	0	−2	$-2\cos\frac{4\pi}{5}$	$-2\cos\frac{2\pi}{5}$	0

$D_{5d} = D_5 \times C_i$

$\mathbf{D_{6d}}$			E	$2C_6$	$2C_6^2=2C_3$	$C_6^3=C_2$	$6C_2'$	$2S_{12}$	$2S_{12}^3=2S_4$	$2S_{12}^5$	$6\sigma_d$
x^2+y^2,z^2		A_1	1	1	1	1	1	1	1	1	1
	R_z	A_2	1	1	1	1	−1	1	1	1	−1
		B_1	1	1	1	1	1	−1	−1	−1	−1
	z	B_2	1	1	1	1	−1	−1	−1	−1	1
	(x,y)	E_1	2	1	−1	−2	0	$\sqrt{3}$	0	$-\sqrt{3}$	0
(x^2-y^2,xy)		E_2	2	−1	−1	2	0	1	−2	1	0
		E_3	2	−2	2	−2	0	0	0	0	0
		E_4	2	−1	−1	2	0	−1	2	−1	0
(zx,yz)	(R_x,R_y)	E_5	2	1	−1	−2	0	$-\sqrt{3}$	0	$\sqrt{3}$	0

B.3.8 Die Gruppen D_{nh}, $n = 2,\ldots,6$

$\mathbf{D_{2h} = V_h}$		(mmm)	E	C_2^x	C_2^y	C_2^z	i	$\sigma^{(yz)}$	$\sigma^{(zx)}$	$\sigma^{(xy)}$
x^2,y^2,z^2		A_g	1	1	1	1	1	1	1	1
		A_u	1	1	1	1	−1	−1	−1	−1
xy	R_z	B_{1g}	1	−1	−1	1	1	−1	−1	1
zx	R_y	B_{2g}	1	−1	1	−1	1	−1	1	−1
yz	R_x	B_{3g}	1	1	−1	−1	1	1	−1	−1
	z	B_{1u}	1	−1	−1	1	−1	1	1	−1
	y	B_{2u}	1	−1	1	−1	−1	1	−1	1
	x	B_{3u}	1	1	−1	−1	−1	−1	1	1

$$D_{2h} = D_2 \times C_i$$

$\mathbf{D_{3h}}$		$(\bar{6}m2)$	E	$2C_3$	$3C_2'$	σ_h	$2S_3$	$3\sigma_v$
x^2+y^2,z^2		A_1'	1	1	1	1	1	1
	R_z	A_2'	1	1	−1	1	1	−1
		A_1''	1	1	1	−1	−1	−1
	z	A_2''	1	1	−1	−1	−1	1
(x^2-y^2,xy)	(x,y)	E'	2	−1	0	2	−1	0
(zx,yz)	(R_x,R_y)	E''	2	−1	0	−2	1	0

$\mathbf{D_{4h}}$	$(4/mmm)$		E	$2C_4$	C_2	$2C_2'$	$2C_2''$	i	$2S_4$	σ_h	$2\sigma_v$	$2\sigma_d$
x^2+y^2,z^2		A_{1g}	1	1	1	1	1	1	1	1	1	1
	R_z	A_{2g}	1	1	1	−1	−1	1	1	1	−1	−1
		A_{1u}	1	1	1	1	1	−1	−1	−1	−1	−1
	z	A_{2u}	1	1	1	−1	−1	−1	−1	−1	1	1
x^2-y^2		B_{1g}	1	−1	1	1	−1	1	−1	1	1	−1
xy		B_{2g}	1	−1	1	−1	1	1	−1	1	−1	1
		B_{1u}	1	−1	1	1	−1	−1	1	−1	−1	1
		B_{2u}	1	−1	1	−1	1	−1	1	−1	1	−1
(zx,yz)	(R_x,R_y)	E_g	2	0	−2	0	0	2	0	−2	0	0
	(x,y)	E_u	2	0	−2	0	0	−2	0	2	0	0

$D_{4h} = D_4 \times C_i$

$\mathbf{D_{5h}}$			E	$2C_5$	$2C_5^2$	$5C_2'$	σ_h	$2S_5$	$2S_5^3$	$5\sigma_v$
x^2+y^2,z^2		A_1'	1	1	1	1	1	1	1	1
	R_z	A_2'	1	1	1	−1	1	1	1	−1
		A_1''	1	1	1	1	−1	−1	−1	−1
	z	A_2''	1	1	1	−1	−1	−1	−1	1
	(x,y)	E_1'	2	$2\cos\frac{2\pi}{5}$	$2\cos\frac{4\pi}{5}$	0	2	$2\cos\frac{2\pi}{5}$	$2\cos\frac{4\pi}{5}$	0
(x^2-y^2,xy)		E_2'	2	$2\cos\frac{4\pi}{5}$	$2\cos\frac{2\pi}{5}$	0	2	$2\cos\frac{4\pi}{5}$	$2\cos\frac{2\pi}{5}$	0
(zx,yz)	(R_x,R_y)	E_1''	2	$2\cos\frac{2\pi}{5}$	$2\cos\frac{4\pi}{5}$	0	−2	$-2\cos\frac{2\pi}{5}$	$-2\cos\frac{4\pi}{5}$	0
		E_2''	2	$2\cos\frac{4\pi}{5}$	$2\cos\frac{2\pi}{5}$	0	−2	$-2\cos\frac{4\pi}{5}$	$-2\cos\frac{2\pi}{5}$	0

$\mathbf{D_{6h}}$	$(6/mmm)$		E	$2C_6$	$2C_6^2=2C_3$	$C_6^3=C_2$	$3C_2'$	$3C_2''$	i	$2S_3$	$2S_6$	σ_h	$3\sigma_d$	$3\sigma_v$
x^2+y^2,z^2		A_{1g}	1	1	1	1	1	1	1	1	1	1	1	1
	R_z	A_{2g}	1	1	1	1	–1	–1	1	1	1	1	–1	–1
		A_{1u}	1	1	1	1	1	1	–1	–1	–1	–1	–1	–1
	z	A_{2u}	1	1	1	1	–1	–1	–1	–1	–1	–1	1	1
		B_{1g}	1	–1	1	–1	1	–1	1	–1	1	–1	1	–1
		B_{2g}	1	–1	1	–1	–1	1	1	–1	1	–1	–1	1
		B_{1u}	1	–1	1	–1	1	–1	–1	1	–1	1	–1	1
		B_{2u}	1	–1	1	–1	–1	1	–1	1	–1	1	1	–1
(zx,yz)	(R_x,R_y)	E_{1g}	2	1	–1	–2	0	0	2	1	–1	–2	0	0
(x^2-y^2,xy)		E_{2g}	2	–1	–1	2	0	0	2	–1	–1	2	0	0
	(x,y)	E_{1u}	2	1	–1	–2	0	0	–2	–1	1	2	0	0
		E_{2u}	2	–1	–1	2	0	0	–2	1	1	–2	0	0

$D_{6h} = D_6 \times C_i$

B.3.9 Die kubischen Gruppen: T, T_d, T_h, O, O_h

T	(23)		E	$4C_3$	$4C_3^2$	$3C_2'$
$x^2+y^2+z^2=r^2$		A	1	1	1	1
$(x^2-y^2, 3z^2-r^2)$		E	1	ω	ω^2	1
			1	ω^2	ω	1
(xy, yz, zx)	(R_x, R_y, R_z), (x, y, z)	T	3	0	0	-1

mit $\omega = e^{\frac{2\pi i}{3}}$

$\mathbf{T}_d$	$(\bar{4}3m)$		E	$8C_3$	$3C_2'$	$6S_4$	$6\sigma_d$
$x^2+y^2+z^2=r^2$		A_1	1	1	1	1	1
		A_2	1	1	1	-1	-1
$(x^2-y^2, 3z^2-r^2)$		E	2	-1	2	0	0
	(R_x, R_y, R_z)	T_1	3	0	-1	1	-1
(xy, zx, yz)	(x, y, z)	T_2	3	0	-1	-1	1

$\mathbf{T}_h$	$(m3)$		E	$4C_3$	$4C_3^2$	$3C_2$	i	$4S_6$	$4S_6^2$	$3\sigma_d$
$x^2+y^2+z^2=r^2$		A_g	1	1	1	1	1	1	1	1
		A_u	1	1	1	1	-1	-1	-1	-1
$(x^2-y^2, 3z^2-r^2)$		E_g	1	ω	ω^2	1	1	ω	ω^2	1
			1	ω^2	ω	1	1	ω^2	ω	1
		E_u	1	ω	ω^2	1	-1	$-\omega$	$-\omega^2$	-1
			1	ω^2	ω	1	-1	$-\omega^2$	$-\omega$	-1
(xy, yz, zx)	(R_x, R_y, R_z)	T_g	3	0	0	-1	3	0	0	-1
	(x, y, z)	T_g	3	0	0	-1	-3	0	0	1

mit $\omega = e^{\frac{2\pi i}{3}}$

$$T_h = T \times C_i$$

O	(432)		E	$6C_4$	$3C_4^2=3C_2$	$8C_3'$	$6C_2''$
$x^2+y^2+z^2=r^2$		A_1	1	1	1	1	1
		A_2	1	−1	1	1	−1
$(x^2-y^2, 3z^2-r^2)$		E	2	0	2	−1	0
	(R_x,R_y,R_z) } (x,y,z)	T_1	3	1	−1	0	−1
(xy,yz,zx)		T_2	3	−1	−1	0	1

$\mathbf{O_h}$	$(m3m)$		E	$6C_4$	$3C_4^2=3C_2$	$8C_3'$	$6C_2''$	i	$3\sigma_h$	$6\sigma_d$	$8S_6$	$6S_4$
$x^2+y^2+z^2=r^2$		A_{1g}	1	1	1	1	1	1	1	1	1	1
		A_{2g}	1	−1	1	1	−1	1	1	−1	1	−1
		A_{1u}	1	1	1	1	1	−1	−1	−1	−1	−1
		A_{2u}	1	−1	1	1	−1	−1	−1	1	−1	1
$(x^2-y^2, 3z^2-r^2)$		E_g	2	0	2	−1	0	2	2	0	−1	0
		E_u	2	0	2	−1	0	−2	−2	0	1	0
	(R_x,R_y,R_z)	T_{1g}	3	1	−1	0	−1	3	−1	−1	0	1
(zx,yz,xy)		T_{2g}	3	−1	−1	0	1	3	−1	1	0	−1
	(x,y,z)	T_{1u}	3	1	−1	0	−1	−3	1	1	0	−1
		T_{2u}	3	−1	−1	0	1	−3	1	−1	0	1

$$O_h = O \times C_i$$

B.3.10 Die Ikosaeder-Gruppen: *I* und I_h

I			E	$12C_5$	$12C_5^2$	$20C_3'$	$15C_2''$
$x^2+y^2+z^2=r^2$		A	1	1	1	1	1
	(x,y,z) (R_x,R_y,R_z)	T_1	3	$-2\cos\frac{4\pi}{5}$	$2\cos\frac{2\pi}{5}$	0	-1
		T_2	3	$-2\cos\frac{2\pi}{5}$	$2\cos\frac{4\pi}{5}$	0	-1
		G	4	-1	-1	1	0
$(3z^2-r^2,x^2-y^2,xy,yz,zx)$		H	5	0	0	-1	1

$\mathbf{I_h}$			E	$12C_5$	$12C_5^2$	$20C_3'$	$15C_2''$	i	$12S_{10}$	$12S_{10}^3$	$20S_6$	15σ
$x^2+y^2+z^2=r^2$		A_g	1	1	1	1	1	1	1	1	1	1
		A_u	1	1	1	1	1	-1	-1	-1	-1	-1
	(R_x,R_y,R_z)	T_{1g}	3	$-2\cos\frac{4\pi}{5}$	$-2\cos\frac{2\pi}{5}$	0	-1	3	$-2\cos\frac{2\pi}{5}$	$-2\cos\frac{4\pi}{5}$	0	-1
		T_{2g}	3	$-2\cos\frac{2\pi}{5}$	$-2\cos\frac{4\pi}{5}$	0	-1	3	$-2\cos\frac{4\pi}{5}$	$-2\cos\frac{2\pi}{5}$	0	-1
	(x,y,z)	T_{1u}	3	$-2\cos\frac{4\pi}{5}$	$-2\cos\frac{2\pi}{5}$	0	-1	-3	$2\cos\frac{2\pi}{5}$	$2\cos\frac{4\pi}{5}$	0	1
		T_{2u}	3	$-2\cos\frac{2\pi}{5}$	$-2\cos\frac{4\pi}{5}$	0	-1	-3	$2\cos\frac{4\pi}{5}$	$2\cos\frac{2\pi}{5}$	0	1
		G_g	4	-1	-1	1	0	4	-1	-1	1	0
		G_u	4	-1	-1	1	0	-4	1	1	-1	0
$(3z^2-r^2,x^2-y^2,$ $,xy,yz,zx)$		H_g	5	0	0	-1	1	5	0	0	-1	1
		H_u	5	0	0	-1	1	-5	0	0	1	-1

$I_h = I \times C_i$

B.3.11 Die unendlichen Gruppen $C_{\infty v}$ und $D_{\infty h}$

$\mathbf{C_{\infty v}}$	(∞m)			E	$2C_\varphi$	$\infty\sigma_v$
$Y_{l,0}$	x^2+y^2, z^2	z	$A_1(\Sigma^+)$	1	1	1
		R_z	$A_2(\Sigma^-)$	1	1	-1
$Y_{l,\pm 1}, l \geq 1$	(zx, yz)	$\left.\begin{matrix}(x,y)\\(R_x,R_y)\end{matrix}\right\}$	$E_1(\Pi)$	2	$2\cos\varphi$	0
$Y_{l,\pm 2}, l \geq 2$	(x^2-y^2, xy)		$E_2(\Delta)$	2	$2\cos 2\varphi$	0
$Y_{l,\pm 3}, l \geq 3$			$E_3(\Phi)$	2	$2\cos 3\varphi$	0
			$\vdots$	$\vdots$	$\vdots$	$\vdots$
$Y_{l,\pm m}, l \geq m$			E_m	2	$2\cos m\varphi$	0
			$\vdots$	$\vdots$	$\vdots$	$\vdots$

$\mathbf{D_{\infty h}}$	(∞/mm)		E	$2C_\varphi$	$\infty C_2'$	i	$2S_\varphi$	$\infty\sigma_v$
x^2+y^2, z^2		$A_{1g}(\Sigma_g^+)$	1	1	1	1	1	1
	R_z	$A_{2g}(\Sigma_g^-)$	1	1	-1	1	1	-1
		$A_{1u}(\Sigma_u^-)$	1	1	1	-1	-1	-1
	z	$A_{2u}(\Sigma_u^+)$	1	1	-1	-1	-1	1
(zx, yz)	(R_x, R_y)	$E_{1g}(\Pi_g)$	2	$2\cos\varphi$	0	2	$2\cos\varphi$	0
(x^2-y^2, xy)		$E_{2g}(\Delta_g)$	2	$2\cos 2\varphi$	0	2	$2\cos 2\varphi$	0
	(x,y)	$E_{1u}(\Pi_u)$	2	$2\cos\varphi$	0	-2	$-2\cos\varphi$	0
		$E_{2u}(\Delta_u)$	2	$2\cos 2\varphi$	0	-2	$-2\cos 2\varphi$	0
		$\vdots$	$\vdots$	$\vdots$	$\vdots$	$\vdots$	$\vdots$	$\vdots$
		E_{mg}	2	$2\cos m\varphi$	0	2	$2\cos m\varphi$	0
		E_{mu}	2	$2\cos m\varphi$	0	-2	$-2\cos m\varphi$	0
		$\vdots$	$\vdots$	$\vdots$	$\vdots$	$\vdots$	$\vdots$	$\vdots$

$D_{\infty h} = C_{\infty v} \times C_i$

B.3.12 Die volle Rotationsgruppe R

R		E	∞C_φ
Y_{00}	$D_0(S)$	1	1
$Y_{1m}, m = 0, \pm 1$	$D_1(P)$	3	$\frac{\sin \frac{3}{2}\varphi}{\sin \frac{1}{2}\varphi}$
$Y_{2m}, m = 0, \pm 1, \pm 2$	$D_2(D)$	5	$\frac{\sin \frac{5}{2}\varphi}{\sin \frac{1}{2}\varphi}$
	$\vdots$	$\vdots$	$\vdots$
$Y_{lm}, m = 0, \pm 1, \ldots, \pm l$	D_l	$2l+1$	$\frac{\sin \frac{2l+1}{2}\varphi}{\sin \frac{1}{2}\varphi}$
	$\vdots$	$\vdots$	$\vdots$

B.3.13 Die Rotations-Inversionsgruppe $SO(3) = \mathbf{R} \times C_i$

$\mathbf{SO(3)} = \mathbf{R} \times \mathbf{C}_i$			E	∞C_φ	i	∞S_φ
Y_{00}	$r^2 = x^2 + y^2 + z^2$	$D_0^+(S_g)$	1	1	1	1
		$D_0^-(S_u)$	1	1	-1	-1
	R_x, R_y, R_z	$D_1^+(P_g)$	3	$\frac{\sin\frac{3}{2}\varphi}{\sin\frac{1}{2}\varphi}$	1	$-\frac{\cos\frac{3}{2}\varphi}{\cos\frac{1}{2}\varphi}$
$Y_{1,m}, m = 0, \pm 1$	(x,y,z)	$D_1^-(P_u)$	3	$\frac{\sin\frac{3}{2}\varphi}{\sin\frac{1}{2}\varphi}$	-1	$\frac{\cos\frac{3}{2}\varphi}{\cos\frac{1}{2}\varphi}$
$Y_{2,m}, m = 0, \pm 1, \pm 2$	$(3z^2 - r^2, x^2 - y^2, xy, yz, zx)$	$D_2^+(D_g)$	5	$\frac{\sin\frac{5}{2}\varphi}{\sin\frac{1}{2}\varphi}$	1	$\frac{\cos\frac{5}{2}\varphi}{\cos\frac{1}{2}\varphi}$
		$D_2^-(D_u)$	5	$\frac{\sin\frac{5}{2}\varphi}{\sin\frac{1}{2}\varphi}$	-1	$-\frac{\cos\frac{5}{2}\varphi}{\cos\frac{1}{2}\varphi}$
$Y_{3,m}, m = 0, \pm 1, \pm 2, \pm 3$		$D_3^+(F_g)$	7	$\frac{\sin\frac{7}{2}\varphi}{\sin\frac{1}{2}\varphi}$	1	$-\frac{\cos\frac{7}{2}\varphi}{\cos\frac{1}{2}\varphi}$
		$D_3^-(F_u)$	7	$\frac{\sin\frac{7}{2}\varphi}{\sin\frac{1}{2}\varphi}$	-1	$\frac{\cos\frac{7}{2}\varphi}{\cos\frac{1}{2}\varphi}$
		$\vdots$	$\vdots$	$\vdots$	$\vdots$	$\vdots$
$Y_{l,m}, m = 0, \pm 1, \ldots, \pm l$ wenn $p = (-1)^l \equiv \pm$		D_l^+	$2l+1$	$\frac{\sin\frac{2l+1}{2}\varphi}{\sin\frac{1}{2}\varphi}$	1	$(-1)^l \frac{\cos\frac{2l+1}{2}\varphi}{\cos\frac{1}{2}\varphi}$
		D_l^-	$2l+1$	$\frac{\sin\frac{2l+1}{2}\varphi}{\sin\frac{1}{2}\varphi}$	-1	$(-1)^{l+1} \frac{\cos\frac{2l+1}{2}\varphi}{\cos\frac{1}{2}\varphi}$
		$\vdots$	$\vdots$	$\vdots$	$\vdots$	$\vdots$

Charaktertafel der irreduziblen Darstellungen der Rotations-Inversionsgruppe $SO(3) = \mathrm{R} \times C_i$ für die bei endlichen Punktgruppen vorkommenden Symmetrieoperationen

$\mathbf{R}\times C_i$	E	C_6	C_4	C_3	C_2	i	S_3	S_4	S_6	σ
$D_0^\pm$	1	1	1	1	1	±1	±1	±1	±1	±1
$D_1^\pm$	3	2	1	0	-1	±3	±2	±1	0	∓1
$D_2^\pm$	5	1	-1	-1	1	±5	±1	∓1	∓1	±1
$D_3^\pm$	7	-1	-1	1	-1	±7	∓1	∓1	±1	∓1
$D_4^\pm$	9	-2	1	0	1	±9	∓2	±1	0	±1
$D_5^\pm$	11	-1	1	-1	-1	±11	∓1	±1	∓1	∓1
$D_6^\pm$	13	1	-1	1	1	±13	±1	∓1	±1	±1

C Korrelationstafeln

C.1 Hierarchische Ordnung der Gruppen

Aus Abbildung C.1 kann man die hierarchische Ordnung der kristallographischen Gruppen und ihrer Untergruppen ablesen. Dies ist hilfreich, wenn man die Aufspaltung von Darstellungen untersuchen will, die in den Korrelationstafeln nicht direkt tabelliert sind, sondern erst über Zwischenschritte ermittelt werden müßen.

C.2 Korrelationstafeln

C.2.1 Die Gruppen C_4 und C_6

C_4	C_2
A	A
B	A
E	$2B$

C_6	C_3	C_2
A	A	A
B	A	B
E_1	E	$2B$
E_2	E	$2A$

C.2.2 Die Gruppen C_{nh}, $n = 2, \ldots, 6$

C_{2h}	C_2	C_s	C_i
A_g	A	A'	A_g
A_u	A	A''	A_u
B_g	B	A''	A_g
B_u	B	A'	A_u

C_{3h}	C_3	C_s
A'	A	A'
A''	A	A''
E'	E	$2A'$
E''	E	$2A''$

C_{4h}	C_4	S_4	C_{2h}
A_g	A	A	A_g
A_u	A	B	A_u
B_g	B	B	A_g
B_u	B	A	A_u
E_g	E	E	$2B_g$
E_u	E	E	$2B_g$

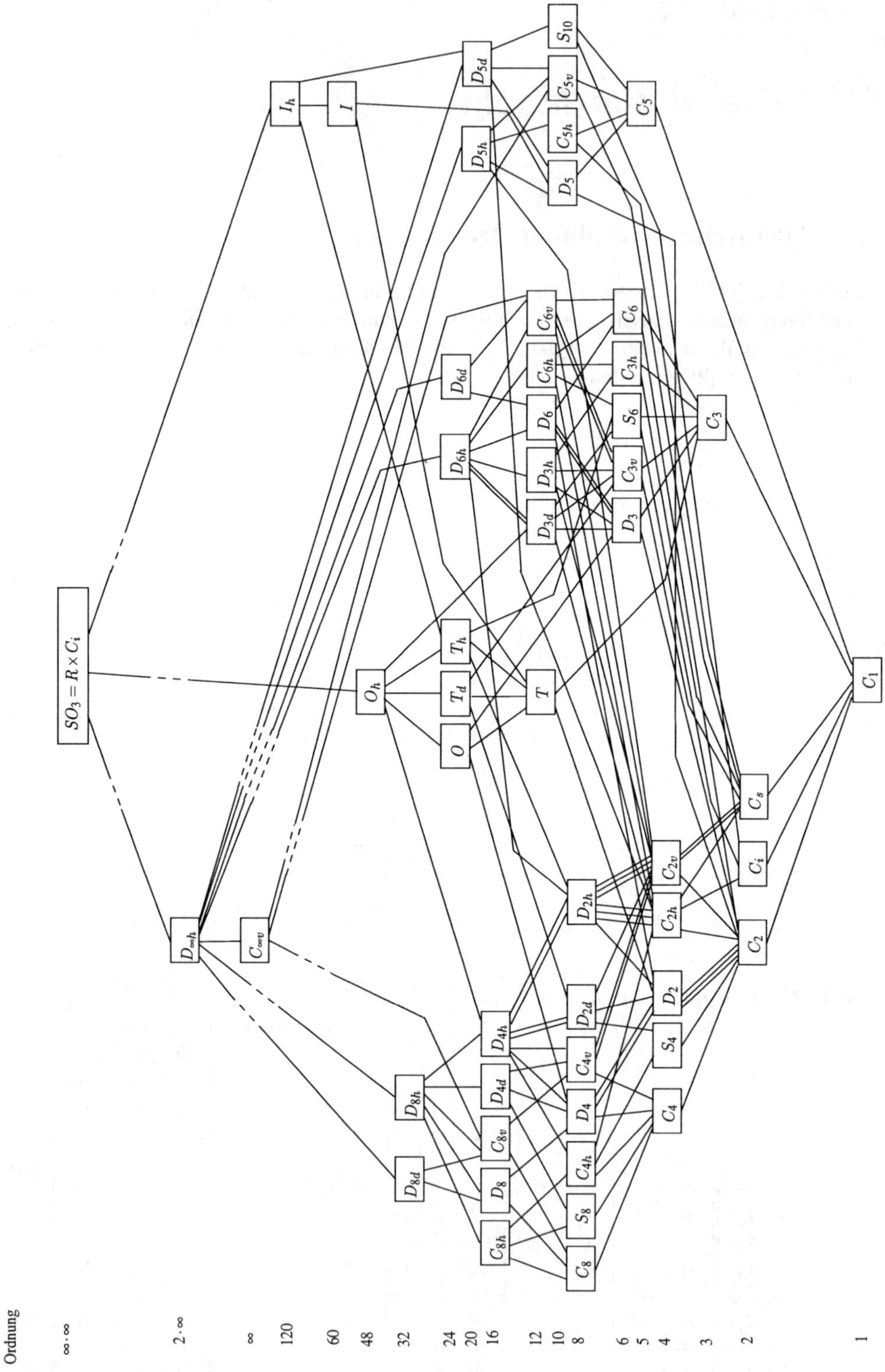

Bild C.1 Kristallographische Gruppen und ihre Untergruppen (nach: [46], S.167)

C_{5h}	C_5	C_2
A'	A	A'
A''	A	A''
E'_1	E_1	$2A'$
E'_2	E_2	$2A'$
E''_1	E_1	$2A''$
E''_2	E_2	$2A''$

C_{6h}	C_6	C_{3h}	S_6	C_{2h}
A_g	A	A'	A_g	A_g
A_u	A	A''	A_u	A_u
B_g	B	A''	A_g	B_g
B_u	B	A'	A_u	B_u
E_{1g}	E_1	E''	E_g	$2B_g$
E_{2g}	E_2	E'	E_g	$2A_g$
E_{1u}	E_1	E'	E_u	$2B_u$
E_{2u}	E_2	E''	E_u	$2A_u$

C.2.3 Die Gruppen C_{nv}, $n = 2, \ldots, 6$

C_{2v}	C_2	$\sigma(zx)$ C_s	$\sigma(yz)$ C_s
A_1	A	A'	A'
A_2	A	A''	A''
B_1	B	A'	A''
B_2	B	A''	A'

C_{3v}	C_3	C_s
A_1	A	A'
A_2	A	A''
E	E	$A'+A''$

C_{4v}	C_4	σ_v C_{2v}	σ_d C_{2v}
A_1	A	A_1	A_1
A_2	A	A_2	A_2
B_1	B	A_1	A_2
B_2	B	A_2	A_1
E	E	B_1+B_2	B_1+B_2

C_{5v}	C_5	C_s
A_1	A	A'
A_2	A	A''
E_1	E_1	$A+A'$
E_2	E_2	$A+A''$

C_{6v}	C_6	σ_v C_{3v}	σ_d C_{3v}	$\sigma_v \to \sigma(zx)$ C_{2v}
A_1	A	A_1	A_1	A_1
A_2	A	A_2	A_2	A_2
B_1	B	A_1	A_2	B_1
B_2	B	A_2	A_1	B_2
E_1	E_1	E	E	B_1+B_2
E_2	E_2	E	E	A_1+A_2

C.2.4 Die Gruppen S_n, $n = 4,6,8$

S_4	C_2
A	A
B	A
E	$2B$

S_6	C_3	C_i
A_g	A	A_g
A_u	A	A_u
E_g	E	$2A_g$
E_u	E	$2A_u$

S_8	C_4
A	A
B	A
E_1	E
E_2	$2B$
E_3	E

C.2.5 Die Gruppen D_n, $n = 2,\ldots,6$

D_2	C_2	C_2	C_2
A	A	A	A
B_1	A	B	B
B_2	B	A	B
B_3	B	B	A

D_3	C_3	C_2
A_1	A	A
A_2	A	B
E	E	$A+B$

D_4	C_4	C_2' D_2	C_2'' D_2
A_1	A	A	A
A_2	A	B_1	B_1
B_1	B	A	B_1
B_2	B	B_1	A
E	E	B_2+B_3	B_2+B_3

D_5	C_5	C_2
A_1	A	A
A_2	A	B
E_1	E_1	$A+B$
E_2	E_2	$A+B$

D_6	C_6	C_2' D_3	C_2'' D_3	D_2
A_1	A	A_1	A_1	A
A_2	A	A_2	A_2	B_1
B_1	B	A_1	A_2	B_2
B_2	B	A_2	A_1	B_3
E_1	E_1	E	E	B_2+B_3
E_2	E_2	E	E	$A+B_1$

C.2.6 Die Gruppen D_{nd}, $n = 2, \ldots, 6$

D_{2h}	D_2	$C_2(z)$ C_{2v}	$C_2(y)$ C_{2v}	$C_2(x)$ C_{2v}	$C_2(z)$ C_{2h}	$C_2(y)$ C_{2h}	$C_2(x)$ C_{2h}
A_g	A	A_1	A_1	A_1	A_g	A_g	A_g
A_u	A	A_2	A_2	A_2	A_u	A_u	A_u
B_{1g}	B_1	A_2	B_2	B_1	A_g	B_g	B_g
B_{2g}	B_2	B_1	A_2	B_2	B_g	A_g	B_g
B_{3g}	B_3	B_2	B_1	A_2	B_g	B_g	A_g
B_{1u}	B_1	A_1	B_1	B_2	A_u	B_u	B_u
B_{2u}	B_2	B_2	A_1	B_1	B_u	A_u	B_u
B_{3u}	B_3	B_1	B_2	A_1	B_u	B_u	A_u

D_{3d}	D_3	C_{3v}	S_6	C_{2h}
A_{1g}	A_1	A_1	A_g	A_g
A_{2g}	A_2	A_2	A_g	B_g
A_{1u}	A_1	A_2	A_u	A_u
A_{2u}	A_2	A_1	A_u	B_u
E_g	E	E	E	$A_g + B_g$
E_u	E	E	E_u	$A_u + B_u$

D_{4d}	D_4	C_{4v}	S_8
A_1	A_1	A_1	A
A_2	A_2	A_2	A
B_1	A_1	A_2	B
B_2	A_2	A_1	B
E_1	E	E	E_1
E_2	$B_1 + B_2$	$B_1 + B_2$	E_2
E_3	E	E	E_3

D_{5d}	D_5	C_{5v}	C_i
A_{1g}	A_1	A_1	A_g
A_{2g}	A_2	A_2	A_g
A_{1u}	A_1	A_2	A_u
A_{2u}	A_2	A_1	A_u
E_{1g}	E_1	E_1	$2A_g$
E_{2g}	E_2	E_2	$2A_g$
E_{1u}	E_1	E_1	$2A_u$
E_{2u}	E_2	E_2	$2A_u$

D_{6d}	D_6	C_{6v}	D_{2d}
A_1	A_1	A_1	A_1
A_2	A_2	A_2	A_2
B_1	A_1	A_2	B_1
B_2	A_2	A_1	B_2
E_1	E_1	E_1	E
E_2	E_2	E_2	B_1+B_2
E_3	B_1+B_2	B_1+B_2	E
E_4	E_2	E_2	A_1+A_2
E_5	E_1	E_1	E

C.2.7 Die Gruppen D_{nh}, $n = 2, \ldots, 6$

D_{2h}	D_2	$C_2(z)$ C_{2v}	$C_2(y)$ C_{2v}	$C_2(x)$ C_{2v}	$C_2(z)$ C_{2h}	$C_2(y)$ C_{2h}	$C_2(x)$ C_{2h}
A_g	A	A_1	A_1	A_1	A_g	A_g	A_g
A_u	A	A_2	A_2	A_2	A_u	A_u	A_u
B_{1g}	B_1	A_2	B_2	B_1	A_g	B_g	B_g
B_{2g}	B_2	B_1	A_2	B_2	B_g	A_g	B_g
B_{3g}	B_3	B_2	B_1	A_2	B_g	B_g	A_g
B_{1u}	B_1	A_1	B_1	B_2	A_u	B_u	B_u
B_{2u}	B_2	B_2	A_1	B_1	B_u	A_u	B_u
B_{3u}	B_3	B_1	B_2	A_1	B_u	B_u	A_u

$\boldsymbol{D_{3h}}$	C_{3h}	D_3	C_{3v}	$\sigma_h \to \sigma_v(yz)$ C_{2v}
A'_1	A'	A_1	A_1	A_1
A'_2	A'	A_2	A_2	B_2
A''_1	A''	A_1	A_2	A_2
A''_2	A''	A_2	A_1	B_1
E'	E'	E	E	$A_1 + B_2$
E''	E''	E	E	$A_2 + B_1$

$\boldsymbol{D_{4h}}$	D_4	$C'_2 \to C'_2$ D_{2d}	$C''_2 \to C'_2$ D_{2d}	C_{4v}	C_{4h}	C'_2 D_{2h}	C''_2 D_{2h}
A_{1g}	A_1	A_1	A_1	A_1	A_g	A_g	A_g
A_{2g}	A_2	A_2	A_2	A_2	A_g	B_{1g}	B_{1g}
A_{1u}	A_1	B_1	B_1	A_2	A_u	A_u	A_u
A_{2u}	A_2	B_2	B_2	A_1	A_u	B_{1u}	B_{1u}
B_{1g}	B_1	B_1	B_2	B_1	B_g	A_g	B_{1g}
B_{2g}	B_2	B_2	B_1	B_2	B_g	B_{1g}	A_g
B_{1u}	B_1	A_1	A_2	B_2	B_u	A_u	B_{1u}
B_{2u}	B_2	A_2	A_1	B_1	B_u	B_{1u}	A_u
E_g	E	E	E	E	E_g	$B_{2g} + B_{3g}$	$B_{2g} + B_{3g}$
E_u	E	E	E	E	E_u	$B_{2u} + B_{3u}$	$B_{2u} + B_{3u}$

D_{5h}	D_5	C_{5v}	C_{5h}	$\sigma_h \to \sigma(zx)$ C_{2v}
A'_1	A_1	A_1	A'	A_1
A'_2	A_2	A_2	A'	B_1
A''_1	A_1	A_2	A''	A_2
A''_2	A_2	A_1	A''	B_2
E'_1	E_1	E_1	E'_1	A_1+B_1
E'_2	E_2	E_2	E'_2	A_1+B_1
E''_1	E_1	E_1	E''_1	A_2+B_2
E''_2	E_2	E_2	E''_2	A_2+B_2

D_{6h}	D_6	C'_2 D_{3h}	C''_2 D_{3h}	C_{6v}	C_{6h}	C''_2 D_{3d}	C'_2 D_{3d}	$\sigma_h \to \sigma(xy)$ $\sigma_v \to \sigma(yz)$ D_{2h}
A_{1g}	A_1	A'_1	A'_1	A_1	A_g	A_{1g}	A_{1g}	A_g
A_{2g}	A_2	A'_2	A'_2	A_2	A_g	A_{2g}	A_{2g}	B_{1g}
A_{1u}	A_1	A''_1	A''_1	A_2	A_u	A_{1u}	A_{1u}	A_u
A_{2u}	A_2	A''_2	A''_2	A_1	A_u	A_{2u}	A_{2u}	B_{1u}
B_{1g}	B_1	A''_1	A''_2	B_2	B_g	A_{2g}	A_{1g}	B_{2g}
B_{2g}	B_2	A''_2	A''_1	B_1	B_g	A_{1g}	A_{2g}	B_{3g}
B_{1u}	B_1	A'_1	A'_2	B_1	B_u	A_{2u}	A_{1u}	B_{2u}
B_{2u}	B_2	A'_2	A'_1	B_2	B_u	A_{1u}	A_{2u}	B_{3u}
E_{1g}	E_1	E''	E''	E_1	E_{1g}	E_g	E_g	$B_{2g}+B_{3g}$
E_{2g}	E_2	E'	E'	E_2	E_{2g}	E_g	E_g	A_g+B_{1g}
E_{1u}	E_1	E'	E'	E_1	E_{1u}	E_u	E_u	$B_{2u}+B_{3u}$
E_{2u}	E_2	E''	E''	E_2	E_{2u}	E_u	E_u	A_u+B_{1u}

C.2.8 Die kubischen Gruppen: T, T_d, T_h, O, O_h

T	D_2	C_3
A	A	A
E	$2A$	E
T	$B_1+B_2+B_3$	$A+E$

T_d	T	D_{2d}	C_{3v}
A_1	A	A_1	A_1
A_2	A	B_1	A_2
E	E	A_1+B_1	E
T_1	T	A_2+E	A_2+E
T_2	T	B_2+E	A_1+E

T_h	T	D_{2h}	S_6
A_g	A	A_g	A_g
A_u	A	A_u	A_u
E_g	E	$2A_g$	E_g
E_u	E	$2A_u$	E_u
T_g	T	$B_{1g}+B_{2g}+B_{3g}$	A_g+E_g
T_u	T	$B_{1u}+B_{2u}+B_{3u}$	A_u+E_u

O_h	O	T_d	T_h	D_{4h}	D_{3d}
A_{1g}	A_1	A_1	A_g	A_{1g}	A_{1g}
A_{2g}	A_2	A_2	A_g	B_{1g}	A_{2g}
A_{1u}	A_1	A_2	A_u	A_{1u}	A_{1u}
A_{2u}	A_2	A_1	A_u	B_{1u}	A_{2u}
E_g	E	E	E_g	$A_{1g}+B_{1g}$	E_g
E_u	E	E	E_u	$A_{1u}+B_{1u}$	E_u
T_{1g}	T_1	T_1	T_g	$A_{2g}+E_g$	$A_{2g}+E_g$
T_{2g}	T_2	T_2	T_g	$B_{2g}+E_g$	$A_{1g}+E_g$
T_{1u}	T_1	T_2	T_u	$A_{2u}+E_u$	$A_{2u}+E_u$
T_{2u}	T_2	T_1	T_u	$B_{2u}+E_u$	$A_{1u}+E_u$

O	T	D_4	D_3
A_1	A	A_1	A_1
A_2	A	B_1	A_2
E	E	A_1+B_1	E
T_1	T	A_2+E	A_2+E
T_2	T	B_2+E	A_1+E

C.2.9 Die Ikosaeder-Gruppen: I, I_h

I_h	I	T_h	D_{5d}
A_g	A	A_g	A_{1g}
A_u	A	A_u	A_{1u}
T_{1g}	T	T_g	$A_{2g}+E_{1g}$
T_{2g}	T	T_g	$A_{2u}+E_{1u}$
T_{1u}	T	T_u	$A_{2g}+E_{2g}$
T_{2u}	T	T_u	$A_{2u}+E_{2u}$
G_g	G	A_g+T_g	$E_{1g}+E_{2g}$
G_u	G	A_u+T_u	$E_{1u}+E_{2u}$
H_g	H	E_g+T_g	$A_{1g}+E_{1g}+E_{2g}$
H_u	H	E_u+T_u	$A_{1u}+E_{1g}+E_{2g}$

I	T_h	D_5	D_3
A	A	A_1	A_1
T_1	T	A_2+E_1	A_2+E
T_2	T	A_2+E_2	A_2+E
G	$A+T$	E_1+E_2	A_1+A_2+E
H	$E+T$	$A_1+E_1+E_2$	A_1+2E

C.2.10 Die Gruppe $C_{\infty v}$

$C_{\infty v}$	C_{6v}	C_{4v}
$A_1=\Sigma^+$	A_1	A_1
$A_2=\Sigma^-$	A_2	A_2
$E_1=\Pi$	E_1	E
$E_2=\Delta$	E_2	B_1+B_2
$E_3=\Phi$	B_1+B_2	E

C.2.11 Die Gruppe $SO(3) = \mathbf{R} \times C_i$

$SO(3) = \mathbf{R} \times C_i$	R	O_h	$D_{\infty h}$	I_h
D_0^+	D_0	A_{1g}	A_{1g}	A_{1g}
D_0^-	D_0	A_{1u}	A_{1u}	A_{1u}
D_1^+	D_1	T_{1g}	$A_{2g} + E_{1g}$	T_{1g}
D_1^-	D_1	T_{1u}	$A_{2u} + E_{1u}$	T_{1u}
D_2^+	D_2	$E_g + T_{2g}$	$A_{1g} + E_{1g} + E_{2g}$	H_g
D_2^-	D_2	$E_u + T_{2u}$	$A_{1u} + E_{1u} + E_{2u}$	H_u
D_3^+	D_3	$A_{2g} + T_{1g} + T_{2g}$	$A_{2g} + E_{1g} + E_{2g} + E_{3g}$	$G_g + T_{2g}$
D_3^-	D_3	$A_{2u} + T_{1u} + T_{2u}$	$A_{2u} + E_{1u} + E_{2u} + E_{3u}$	$G_u + T_{2u}$
D_4^+	D_4	$A_{1g} + E_g + T_{1g} + T_{2g}$	$A_{1g} + E_{1g} + E_{2g} + E_{3g} + E_{4g}$	$G_g + H_g$
D_4^-	D_4	$A_{1u} + E_u + T_{1u} + T_{2u}$	$A_{1u} + E_{1u} + E_{2u} + E_{3u} + E_{4u}$	$G_u + H_u$

C.2.12 Spezialfälle

Wenn man aus einer Korrelationstafel die Aufspaltung nicht direkt ablesen kann, muß man die Aufspaltung über Zwischenschritte bestimmen. Sucht man die Aufspaltung von $\mathrm{R} \times C_i$ nach C_{3v}, so kann man die Abbildung C.1 betrachten und daraus ablesen, daß man z.B. den Weg $\mathrm{R} \times C_i \rightarrow O_h \rightarrow D_{3d} \rightarrow C_{3v}$ gehen kann und mittels der Tafeln C.2.11 ($\mathrm{R} \times C_i \rightarrow O_h$), C.2.8 ($O_h \rightarrow D_{3d}$) und C.2.6 ($D_{3d} \rightarrow C_{3v}$) die Aufspaltung eines Zustandes von $\mathrm{R} \times C_i$ bis nach C_{3v} verfolgen kann.

Für ein paar wichtige Fälle sind hier noch weitere Korrelationstafeln angegeben.

R	O
$D_0(S)$	A_1
$D_1(P)$	T_1
$D_2(D)$	$E+T_2$
$D_3(F)$	$A_2+T_1+T_2$
$D_4(G)$	$A_1+E+T_1+T_2$
$D_5(H)$	$E+2T_1+T_2$

$\boldsymbol{D_{\infty h}}$	$C_{\infty v}$	D_{6h}	D_{4h}
$A_{1g}(\Sigma_g^+)$	A_1	A_{1g}	A_{1g}
$A_{2g}(\Sigma_g^-)$	A_2	A_{2g}	A_{2g}
$A_{1u}(\Sigma_u^-)$	A_2	A_{1u}	A_{1u}
$A_{2u}(\Sigma_u^+)$	A_1	A_{2u}	A_{2u}
$E_{1g}(\Pi_g)$	E_1	E_{1g}	E_g
$E_{1u}(\Pi_u)$	E_1	E_{1u}	E_u
$E_{2g}(\Delta_g)$	E_2	E_{2g}	$B_{1g}+B_{2g}$
$E_{2u}(\Delta_u)$	E_2	E_{2u}	$B_{1u}+B_{2u}$
$E_{3g}(\Phi_g)$	E_3	$B_{1g}+B_{2g}$	E_g
$E_{3u}(\Phi_u)$	E_3	$B_{1u}+B_{2u}$	E_u

$\boldsymbol{SO(3)} = \mathbf{R} \times \boldsymbol{C_i}$	D_{6h}	D_{4h}	D_{3h}
D_0^+	A_{1g}	A_{1g}	A_1'
D_0^-	A_{1u}	A_{1u}	A_1''
D_1^+	$A_{2g}+E_{1g}$	$A_{2g}+E_g$	$A_2'+E''$
D_1^-	$A_{2u}+E_{1u}$	$A_{2u}+E_u$	$A_2''+E'$
D_2^+	$A_{1g}+E_{1g}+E_{2g}$	$A_{1g}+B_{1g}+B_{2g}+E_g$	$A_1'+E'+E''$
D_2^-	$A_{1u}+E_{1u}+E_{2u}$	$A_{1u}+B_{1u}+B_{2u}+E_u$	$A_1''+E'+E''$
D_3^+	$A_{2g}+B_{1g}+B_{2g}+E_{1g}+E_{2g}$	$A_{2g}+B_{1g}+B_{2g}+2E_g$	$A_2'+A_1''+A_2''+E'+E''$
D_3^-	$A_{2u}+B_{1u}+B_{2u}+E_{1u}+E_{2u}$	$A_{2u}+B_{1u}+B_{2u}+2E_u$	$A_1'+A_2'+A_2''+E'+E''$

$\boldsymbol{SO(3)} = \mathbf{R} \times \boldsymbol{C_i}$	$C_{\infty v}$	C_{6v}	C_{4v}	C_{3v}
D_0^+	A_1	A_1	A_1	A_1
D_0^-	A_2	A_2	A_2	A_2
D_1^+	A_2+E_1	A_2+E_1	A_2+E	A_2+E
D_1^-	A_1+E_1	A_1+E_1	A_1+E	A_1+E
D_2^+	$A_1+E_1+E_2$	$A_1+E_1+E_2$	$A_1+B_1+B_2+E$	A_1+2E
D_2^-	$A_2+E_1+E_2$	$A_2+E_1+E_2$	$A_2+B_1+B_2+E$	A_2+2E
D_3^+	$A_2+E_1+E_2+E_3$	$A_2+B_1+B_2+E_1+E_2$	$A_2+B_1+B_2+2E$	A_1+2A_2+2E
D_3^-	$A_1+E_1+E_2+E_3$	$A_1+B_1+B_2+E_1+E_2$	$A_1+B_1+B_2+2E$	$2A_1+A_2+2E$

D Multiplikationstafeln

D.1 Grundregeln

Wenn die Darstellungssymbole A, B oder E kein Subskript haben, dann gibt es nur eine Darstellung dieser Art. Ferner sind die folgenden Regeln zu beachten:

- die *Paritätsregeln* bei Gruppen mit geraden und ungeraden Darstellungen:

$$g \times g = g \quad \text{(D.1)}$$
$$g \times u = u \quad \text{(D.2)}$$
$$u \times u = g \quad \text{(D.3)}$$
$$u \times g = u \quad \text{(D.4)}$$

- die *Strichregel* bei Gruppen bei Darstellungen mit ' und "

$${}'\times{}' = {}' \quad \text{(D.5)}$$
$${}'\times{}'' = {}'' \quad \text{(D.6)}$$
$${}''\times{}'' = {}' \quad \text{(D.7)}$$
$${}''\times{}' = {}'' \quad \text{(D.8)}$$

Für die direkten Produkte gelten unabhängig von der betrachteten Gruppe die nachstehenden Regeln allgemein:

1. Bezeichnung $[\Gamma^{(\mu)}]$: antisymmetrische Darstellung (siehe D.2)
2.

$$A \times A = A \quad \text{(D.9)}$$
$$B \times B = A \quad \text{(D.10)}$$
$$A \times B = B \quad \text{(D.11)}$$
$$B \times A = B \quad \text{(D.12)}$$
$$A \times E = E \quad \text{(D.13)}$$
$$B \times E = E \quad \text{(D.14)}$$
$$A \times T = T \quad \text{(D.15)}$$
$$B \times T = T \quad \text{(D.16)}$$
$$A \times E_1 = E_1 \quad \text{(D.17)}$$
$$B \times E_2 = E_1 \quad \text{(D.18)}$$
$$A \times E_2 = E_2 \quad \text{(D.19)}$$
$$B \times E_1 = E_2 \quad \text{(D.20)}$$

3. Subskript an A oder B:

$$1 \times 1 = 1 \quad \text{(D.21)}$$
$$2 \times 2 = 1 \quad \text{(D.22)}$$
$$1 \times 2 = 2 \quad \text{(D.23)}$$
$$2 \times 1 = 2 \quad \text{(D.24)}$$

ausgenommen für D_2 und D_{2h}; dort gilt:

$$1 \times 2 = 3 \quad \text{(D.25)}$$
$$2 \times 3 = 1 \quad \text{(D.26)}$$
$$3 \times 1 = 2 \quad \text{(D.27)}$$
$$1 \times 3 = 2 \quad \text{(D.28)}$$
$$3 \times 2 = 1 \quad \text{(D.29)}$$
$$2 \times 1 = 3 \quad \text{(D.30)}$$

4. Direkte Produkte von doppelt entarteten Darstellungen:
   - für C_3, C_{3h}, C_{3v}, S_6, D_3, D_{3d}, D_{3h}, T, T_d, T_h, O, O_h:

$$E \times E = A_1 + [A_2] + E \quad \text{(D.31)}$$

   - für C_4, C_{4h}, C_{4v}, D_{2d}, D_4, D_{4h}, S_4:

$$E \times E = A_1 + [A_2] + B_1 + B_2 \quad \text{(D.32)}$$

- für C_5, C_{5h}, C_{5v}, D_5, D_{5d}, D_{5h}, S_{10}:

$$E_1 \times E_1 = A_1 + [A_2] + E_2 \tag{D.33}$$
$$E_1 \times E_2 = E_1 + E_2 \tag{D.34}$$
$$E_2 \times E_2 = A_1 + [A_2] + E_1 \tag{D.35}$$

- für C_6, C_{6h}, C_{6v}, D_6, D_{6h}:

$$E_1 \times E_1 = A_1 + [A_2] + E_2 \tag{D.36}$$
$$E_1 \times E_2 = B_1 + B_2 + E_1 \tag{D.37}$$
$$E_2 \times E_2 = A_1 + [A_2] + E_2 \tag{D.38}$$

5. Direkte Produkte mit dreifach entarteten Darstellungen:

- für T_d, O, O_h:

$$E \times T_1 = T_1 + T_2 \tag{D.39}$$
$$E \times T_2 = T_1 + T_2 \tag{D.40}$$
$$T_1 \times T_1 = A_1 + E + [T_1] + T_2 \tag{D.41}$$
$$T_2 \times T_2 = A_1 + E + [T_1] + T_2 \tag{D.42}$$
$$T_1 \times T_2 = A_2 + E + [T_1] + T_2 \tag{D.43}$$

- für T, T_h:

$$E \times T = 2T \tag{D.44}$$
$$T \times T = A + E + T + [T] \tag{D.45}$$

- für I, I_h:

$$T_1 \times T_1 = A_1 + [T_1] + H \tag{D.46}$$
$$T_1 \times T_2 = G + H \tag{D.47}$$
$$T_2 \times T_2 = A_1 + [T_2] + H \tag{D.48}$$

D.2 Symmetrische und antisymmetrische direkte Produkte

Für den speziellen Fall $\mu = \nu$ ist die Produktdarstellung $\Gamma^{(\mu\times\mu)} = \Gamma^{(\mu)} \times \Gamma^{(\mu)}$ in einen symmetrischen und einen antisymmetrischen Anteil zerlegbar:

$$\Gamma^{(\mu\times\mu)} = \Gamma^{(\mu\times\mu)}_{symm} + \left[\Gamma^{(\mu\times\mu)}_{antisymm}\right] \tag{D.49}$$

Der antisymmetrische Anteil tritt jedoch nur dann auf, wenn die Produktbasis $\{u(\mu,j)\}\cdot\{v(\mu,k)\}$ nicht aus identischen Einzelbasen aufgebaut ist. Im Falle $u(\mu,j) = const. \cdot v(\mu,k)$ verschwindet der antisymmetrische Anteil.

Für die Produktdarstellung $\Gamma^{(\mu)} \times \Gamma^{(\mu)}$ lassen sich die Charaktere in zwei Anteile zerlegen:

$$\chi^{(\mu\times\mu)}(R) = \chi^{(\mu)}(R)\cdot\chi^{(\mu)}(R) = \chi^{(\mu\times\mu)}_{symm}(R) + \chi^{(\mu\times\mu)}_{antisymm}(R) \tag{D.50}$$

wobei gilt

$$\chi^{(\mu\times\mu)}_{symm}(R) = \frac{1}{2}\left[\left(\chi^{(\mu)}(R)\right)^2 + \chi^{(\mu)}(R^2)\right] \tag{D.51}$$

$$\chi^{(\mu\times\mu)}_{antisymm}(R) = \frac{1}{2}\left[\left(\chi^{(\mu)}(R)\right)^2 - \chi^{(\mu)}(R^2)\right] \tag{D.52}$$

D.3 Multiplikationstafeln

D.3.1 Die einfachsten Gruppen C_1, C_s und C_i

$\mathbf{C_1, C_i}$	A
A	A

$\mathbf{C_s}$	A'	A''
A'	A'	A''
A''		A'

D.3.2 Die Gruppen C_n, $n = 2, \ldots, 6, 8$

$\mathbf{C_2, C_{2h}}$	A	B
A	A	B
B		A

$\mathbf{C_3, S_6}$	A	E
A	A	E
E		$A+[A]+E$

$\mathbf{C_4, S_4, C_{4h}}$	A	B	E
A	A	B	E
B		A	E
E			$A+[A]+2B$

$\mathbf{C_5, S_{10}}$	A	E_1	E_2
A	A	E_1	E_2
E_1		$A+[A]+E_2$	E_1+E_2
E_2			$A+[A]+E_1$

$\mathbf{C_6, C_{6h}}$	A_1	B	E_1	E_2
A_1	A	B	E_1	E_2
B_1		A	E_2	E_1
E_1			$A+[A]+E_2$	$2B+E_1$
E_2				$A+[A]+E_2$

$\mathbf{C_8, S_8, C_{8h}}$	A	B	E_1	E_2	E_3
A	A	B	E_1	E_2	E_3
B		A	E_3	E_2	E_1
E_1			$A+[A]+E_2$	E_1+E_3	$2B+E_2$
E_2				$A+[A]+2B$	E_1+E_3
E_3					$A+[A]+E_2$

D.3.3 Die Gruppen C_{nh}, $n = 2, \ldots, 6$

$C_{1h} \longrightarrow C_s$ $\quad C_{2h} \longrightarrow C_2$ $\quad C_{3h} \longrightarrow C_3$

$C_{4h} \longrightarrow C_4$ $\quad C_{5h} \longrightarrow C_5$ $\quad C_{6h} \longrightarrow C_6$

D.3.4 Die Gruppen C_{nv}, $n = 2, \ldots 6$

$C_{1v} \longrightarrow C_s$ $\quad C_{3v} \longrightarrow D_3$ $\quad C_{4v} \longrightarrow D_4$ $\quad C_{5v} \longrightarrow D_5$

$C_{6v} \longrightarrow D_6$ $\quad C_{8v} \longrightarrow D_8$ $\quad C_{12v} \longrightarrow D_{12}$

$\mathbf{C_{2v}}$	A_1	A_2	B_1	B_2
A_1	A_1	A_2	B_1	B_2
A_2		A_1	B_2	B_1
B_1			A_1	A_2
B_2				A_1

D.3.5 Die Gruppen S_n, $n = 2, 4, 6, 8, 12$

$S_2 \longrightarrow C_1$ $S_4 \longrightarrow C_4$ $S_6 \longrightarrow C_3$ $S_8 \longrightarrow C_8$ $S_{12} \longrightarrow C_5$

D.3.6 Die Gruppen D_n, $n = 2, \ldots, 6, 8, 12$

$\mathbf{D_2, D_{2h}}$	A	B_1	B_2	B_3
A	A	B_1	B_2	B_3
B_1		A	B_3	B_2
B_2			A	B_1
B_3				A

$\mathbf{D_3, D_{3h}, D_{3d}}$	A_1	A_2	E
A_1	A_1	A_2	E
A_2		A_1	E
E			$A_1 + [A_2] + E$

$\mathbf{D_4, C_{4v}, D_{2d}, D_{4h}}$	A_1	A_2	B_1	B_2	E
A_1	A_1	A_2	B_1	B_2	E
A_2		A_1	B_2	B_1	E
B_1			A_1	A_2	E
B_2				A_1	E
E					$A_1 + [A_2] + B_1 + B_2$

$\mathbf{D_5, C_{5v}, D_{5h}, D_{5d}}$	A_1	A_2	E_1	E_2
A_1	A_1	A_2	E_1	E_2
A_2		A_1	E_1	E_2
E_1			$A_1 + [A_2] + E_2$	$E_1 + E_2$
E_2				$A_1 + [A_2] + E_1$

$\mathbf{D_6, C_{6v}, D_{6h}}$	A_1	A_2	B_1	B_2	E_1	E_2
A_1	A_1	A_2	B_1	B_2	E_1	E_2
A_2		A_1	B_2	B_1	E_1	E_2
B_1			A_1	A_2	E_2	E_1
B_2				A_1	E_2	E_1
E_1					$A_1 + [A_2] + E_2$	$B_1 + B_2 + E_1$
E_2						$A_1 + [A_2] + E_2$

$\mathbf{D_8, C_{8v}, D_{4d}, D_{8h}}$	A_1	A_2	B_1	B_2	E_1	E_2	E_3
A_1	A_1	A_2	B_1	B_2	E_1	E_2	E_3
A_2		A_1	B_2	B_1	E_1	E_2	E_3
B_1			A_1	A_2	E_3	E_2	E_1
B_2				A_1	E_3	E_2	E_1
E_1					$A_1+[A_2]+E_2$	E_1+E_3	$B_1+B_2+E_2$
E_2						$A_1+[A_2]+B_1+B_2$	E_1+E_3
E_3							$A_1+[A_2]+E_2$

$\mathbf{D_{12}, C_{12v}, D_{6d}, D_{12h}}$	A_1	A_2	B_1	B_2	E_1	E_2	E_3	E_4	E_5
A_1	A_1	A_2	B_1	B_2	E_1	E_2	E_3	E_4	E_5
A_2		A_1	B_2	B_1	E_1	E_2	E_3	E_4	E_5
B_1			A_1	A_2	E_5	E_4	E_3	E_2	E_1
B_2				A_1	E_5	E_4	E_3	E_2	E_1
E_1					$A_1+[A_2]+E_2$	E_1+E_3	E_2+E_4	E_3+E_5	$B_1+B_2+E_4$
E_2						$A_1+[A_2]+E_4$	E_1+E_5	$B_1+B_2+E_2$	E_3+E_5
E_3							$A_1+[A_2]+B_1+B_2$	E_1+E_5	E_2+E_4
E_4								$A_1+[A_2]+E_4$	E_1+E_3
E_5									$A_1+[A_2]+E_2$

D.3.7 Die Gruppen D_{nd}, $n = 2,\dots,6$

$D_{2d} \longrightarrow D_4$ $D_{3d} \longrightarrow D_3$ $D_{4d} \longrightarrow C_8$

$D_{5d} \longrightarrow D_5$ $D_{6d} \longrightarrow D_{12}$

D.3.8 Die Gruppen D_{nh}, $n = 2,\dots,6,8,12$

$D_{2h} \longrightarrow D_2$ $D_{3h} \longrightarrow D_3$ $D_{4h} \longrightarrow D_4$

$D_{5h} \longrightarrow D_5$ $D_{6h} \longrightarrow D_6$ $D_{8h} \longrightarrow D_8$

$D_{12h} \longrightarrow D_{12}$

D.3.9 Die kubischen Gruppen: T, T_d, T_h, O, O_h

$T_d \longrightarrow O$ $T_h \longrightarrow T$ $O_h \longrightarrow O$

T, T$_h$	A	E	T
A	A	E	T
E		$A+[A]+E$	$2T$
T			$A+E+T+[T]$

O, T$_d$, O$_h$	A_1	A_2	E	T_1	T_2
A_1	A_1	A_2	E	T_1	T_2
A_2		A_1	E	T_2	T_1
E			$A_1+[A_2]+E$	T_1+T_2	T_1+T_2
T_1				$A_1+E+[T_1]+T_2$	$A_2+E+T_1+T_2$
T_2					$A_1+E+[T_1]+T_2$

D.3.10 Die Ikosaeder-Gruppen: I und I_h

$I_h \longrightarrow I$

I, I$_h$	A	T_1	T_2	G	H
A	A	T_1	T_2	G	H
T_1		$A+[T_1]+H$	$G+H$	T_2+G+H	T_1+T_2+G+H
T_2			$A+[T_2]+H$	T_1+G+H	T_1+T_2+G+H
G				$A+[T_1+T_2]+G+H$	T_1+T_2+G+2H
H					$A+[T_1+T_2+G]+G+2H$

D.3.11 Die unendlichen Gruppen $C_{\infty v}$ und $D_{\infty h}$

$D_{\infty h} \longrightarrow C_{\infty v}$

$C_{\infty v}, D_{\infty h}$	Σ^+	Σ^-	Π	Δ	Φ	...
Σ^+	Σ^+	Σ^-	Π	Δ	Φ	...
Σ^-		Σ^+	Π	Δ	Φ	...
Π			$\Sigma^+ + [\Sigma^-] + \Delta$	$\Pi + \Phi$	$\Delta + \Gamma$	...
Δ				$\Sigma^+ + [\Sigma^-] + \Gamma$	$\Pi + H$	...
Φ					$\Sigma^+ + [\Sigma^-] + I$	...
$\vdots$						...

$$\Gamma^{(j)} \times \Gamma^{(j)} = \Sigma^+ + [\Sigma^-] + \Gamma^{(2j)} \qquad (j \neq 0)$$
$$\Gamma^{(j)} \times \Gamma^{(j')} = \Gamma^{(|j-j'|)} + \Gamma^{(j+j')}$$

Notation:

$\Gamma^{(j)} =$	Σ	Π	Δ	Φ	Γ	H	I	...
j	0	1	2	3	4	5	6	...

D.3.12 Die volle Rotationsgruppe R und die Rotations-Inversionsgruppe $SO(3) = \mathbf{R} \times C_i$

$$\Gamma^{(j)} \times \Gamma^{(j')} = \Gamma^{(j+j')} + \Gamma^{(j+j'-1)} + \ldots + \Gamma^{|j-j'|} \qquad \text{mit } j \neq j'$$
$$\Gamma^{(j)} \times \Gamma^{(j)} = \Gamma^{(2j)} + \Gamma^{(2j-2)} + \ldots + \Gamma^{(0)} + [\Gamma^{(2j-1)} + \Gamma^{(2j-3)} + \ldots + \Gamma^{(1)}]$$

E Kopplungskoeffizienten (Wigner–Koeffizienten für endliche Punktgruppen)

E.1 Definitionen und Regeln

E.1.1 Zerlegung in irreduzible Bestandteile

Die Produktdarstellung zweier irreduzibler Darstellungen $\Gamma^{(\mu)}$ und $\Gamma^{(\nu)}$ wird in irreduzible Bestandteile $\Gamma^{(\kappa)}$ zerlegt:

$$\Gamma^{(\mu\times\nu)} = \Gamma^{(\mu)}\times\Gamma^{(\nu)} = \sum_\kappa a_\kappa^{(\mu\times\nu)}\Gamma^{(\kappa)} \tag{E.1}$$

$$\text{mit } a_\kappa^{(\mu\times\nu)} : \text{ Multiplizität von } \Gamma^{(\kappa)} \text{ in } \Gamma^{(\mu\times\nu)}$$

Dies kann z.B. gemäß Kapitel 3.7 und 9.3 mittels der Charaktere von $\Gamma^{(\mu\times\nu)}$ und $\Gamma^{(\kappa)}$ durchgeführt werden.

E.1.2 Generierung durch Basisfunktionen

Die Basisfunktionen der irreduziblen Bestandteile $\Gamma^{(\kappa)}$ von $\Gamma^{(\mu\times\nu)}$

$$\{w_k^{(r)}(\kappa)\} \quad \text{mit} \quad r = 1,\dots,a_\kappa^{(\mu\times\nu)}\,,\quad k = 1,\dots,d_\kappa \tag{E.2}$$

$$d_\kappa : \text{ Dimension der Darstellung } \Gamma^{(\kappa)}$$

werden durch die Basisfunktionen der Ausgangsdarstellungen $\Gamma^{(\mu)}$ und $\Gamma^{(\nu)}$ generiert

$$\{u_i(\mu)\}\quad,\quad i = 1,\dots,d_\mu \tag{E.3}$$

$$d_\mu : \text{ Dimension von } \Gamma^{(\mu)}$$

$$\{v_j(\nu)\}\quad,\quad j = 1,\dots,d_\nu \tag{E.4}$$

$$d_\nu : \text{ Dimension von } \Gamma^{(\nu)}$$

so daß gilt

$$u_i(\mu)v_j(\nu) = \sum_\kappa\sum_{k=1}^{d_\kappa}\sum_{r=1}^{a_\kappa^{(\mu\times\nu)}} C(\mu i,\nu j|\kappa r k)\,w_k^{(r)}(\kappa) \tag{E.5}$$

$$C(\mu i,\nu j|\kappa r k) : \text{ Kopplungskoeffizienten}$$

Näheres hierzu z.B. in Kapitel 9.4.

E.1.3 Unitäre Darstellungen und Standardisierung

Jeder der irreduziblen Basissätze $\{u_i(\mu)\}$, $\{v_j(\nu)\}$, $\{w_k^{(r)}(\kappa)\}$ transformiert sich gemäß standardisierter unitärer Darstellungen. Es gelten die Orthonormalitäts- und Vollständigkeitsrelationen

$$\sum_{i=1}^{d_\mu}\sum_{j=1}^{d_\nu} C(\kappa r k|\mu i,\nu j)\; C(\mu i,\nu j|\kappa' r' k') = \delta_{kk'}\delta_{rr'}\delta_{\kappa\kappa'} \tag{E.6}$$

$$\sum_\kappa\sum_{k=1}^{d_\kappa}\sum_{r=1}^{a_\kappa^{(\mu\times\nu)}} C(\kappa r k|\mu i,\nu j)\; C(\mu i',\nu j'|\kappa r k) = \delta_{ii'}\delta_{jj'} \tag{E.7}$$

und die Umkehrrelation

$$w_k^{(r)}(\kappa) \quad = \quad \sum_{i=1}^{d_\mu} \sum_{j=1}^{d_\nu} C(\kappa r k|\mu i, \nu j) u_i(\mu) v_j(\nu) \tag{E.8}$$

Näheres hierzu siehe z.B. in Kapitel 9.4.

E.1.4 Symmetrische und antisymmetrische Anteile

Bei identischen Ausgangsdarstellungen ($\Gamma^{(\mu)} = \Gamma^{(\nu)}$) werden die irreduziblen Bestandteile $\Gamma^{(\kappa)}$ des Produkts $\Gamma^{(\mu\times\mu)}$ in symmetrische und antisymmetrische Anteile separiert:

$$\Gamma^{(\mu\times\mu)} \quad = \quad \Gamma^{(\mu\times\mu)}_{symm} + \left[\Gamma^{(\mu\times\mu)}_{antisymm}\right] \tag{E.9}$$

wobei $\Gamma^{(\mu\times\mu)}_{symm}$ durch die symmetrisierte Basis

$$\left\{\frac{1}{\sqrt{2}}\Big(u_i(\mu)\, v_j(\mu)) + u_j(\mu)\, v_i(\mu)\Big)\right\} \quad , \quad i,j = 1,2,\ldots,d_\mu \tag{E.10}$$

und $[\Gamma^{(\mu\times\mu)}_{antisymm}]$ durch die antisymmetrische Basis

$$\left\{\frac{1}{\sqrt{2}}\Big(u_i(\mu)\, v_j(\mu)) - u_j(\mu)\, v_i(\mu)\Big)\right\} \quad , \quad i,j = 1,2,\ldots,d_\mu, i \neq j \tag{E.11}$$

generiert werden.
Beispielsweise ist in der Tafel E.2.8 für $\Gamma^{(E)} \times \Gamma^{(E)}$ ($\equiv E \times E$) bei den Gruppen T und T_h die erste der beiden auftretenden $w(A)$–Funktionen eine symmetrische und die zweite eine antisymmetrische.
Näheres siehe z.B. in Kapitel 9.3.2.

E.2 Kopplungstafeln

Für die Tafeln sind ebenfalls die Paritäts- und Strichregeln von Kapitel D.1 zu beachten.
Nicht aufgeführt Gruppen besitzen nur eindimensionale Darstellungen. Daher sind die Kopplungskoeffizienten hier immer 1; die zugehörigen Darstellungen ergeben sich aus Kapitel D.1. Das Produkt der Einsdarstellung mit einer Funktion einer beliebigen Darstellung ergibt genau wieder diese; daher ist der zugehörige Kopplungskoeffizient $C(A_1\, i\, ,\, \mu j \mid \kappa r k) = 1 \cdot \delta_{\kappa\mu}\delta_{kj}$, $r = 1$.
Der Inhalt der folgenden Tafeln ist dem sehr nützlichen Buch von KOSTER et al. [29] oder der Veröffentlichung [12] entnommen.

E.2.1 Die Gruppen C_n, $n = 3,4,6$

C_3, S_6	$u_{x-iy}(E)v_{x-iy}(E)$	$u_{x-iy}(E)v_{x+iy}(E)$	$u_{x+iy}(E)v_{x-iy}(E)$	$u_{x+iy}(E)v_{x+iy}(E)$
$w(A)$	0	$\frac{1}{\sqrt{2}}$	$\frac{1}{\sqrt{2}}$	0
$w(A)$	0	$-\frac{i}{\sqrt{2}}$	$\frac{i}{\sqrt{2}}$	0
$w_{x-iy}(E)$	0	0	0	1
$w_{x+iy}(E)$	1	0	0	0

C_4, S_4, C_{4h}	$u(B)v(B)$
$w(B)$	1

C_4, S_4, C_{4h}	$u(B)v_{x-iy}(E)$	$u(B)v_{x+iy}(E)$
$w_{x+iy}(E)$	1	0
$w_{x-iy}(E)$	0	1

C_4, S_4, C_{4h}	$u_{x-iy}(E)v_{x-iy}(E)$	$u_{x-iy}(E)v_{x+iy}(E)$	$u_{x+iy}(E)v_{x-iy}(E)$	$u_{x+iy}(E)v_{x+iy}(E)$
$w(A)$	0	$\frac{1}{\sqrt{2}}$	$\frac{1}{\sqrt{2}}$	0
$w(A)$	0	$\frac{i}{\sqrt{2}}$	$-\frac{i}{\sqrt{2}}$	0
$w(B)$	$\frac{1}{\sqrt{2}}$	0	0	$\frac{1}{\sqrt{2}}$
$w(B)$	$-\frac{i}{\sqrt{2}}$	0	0	$\frac{i}{\sqrt{2}}$

C_6, C_{3h}, C_{6h}	$u(B)v(B)$
$w(A_1)$	1

C_6, C_{3h}, C_{6h}	$u(B)v(E_1,1)$	$u(B)v(E_1,2)$	$v(E_1,1)u(B)$	$v(E_1,2)u(B)$
$w(E_2,1)$	0	0	0	1
$w(E_2,2)$	0	0	1	0
$w(E_2,1)$	0	1	0	0
$w(E_2,2)$	1	0	0	0

C_6, C_{3h}, C_{6h}	$u(B)v(E_2,1)$	$u(B)v(E_2,2)$	$u(E_2,1)v(B)$	$u(E_2,2)v(B)$
$w(E_1,1)$	0	1	0	0
$w(E_1,2)$	1	0	0	0
$w(E_1,1)$	0	0	0	1
$w(E_1,2)$	0	0	1	0

C_6, C_{3h}, C_{6h}	$u(E_1,1)v(E_1,1)$	$u(E_1,2)v(E_1,1)$	$u(E_1,1)v(E_1,2)$	$u(E_1,2)v(E_1,2)$
$w(A)$	0	$\frac{1}{\sqrt{2}}$	$\frac{1}{\sqrt{2}}$	0
$w(A)$	0	$\frac{i}{\sqrt{2}}$	$-\frac{i}{\sqrt{2}}$	0
$w(E_2,1)$	1	0	0	0
$w(E_2,2)$	0	0	0	1

C_6, C_{3h}, C_{6h}	$u(E_2,1)v(E_1,1)$	$u(E_2,2)v(E_1,1)$	$u(E_2,1)v(E_1,2)$	$u(E_2,2)v(E_1,2)$
$w(B)$	$\frac{1}{\sqrt{2}}$	0	0	$\frac{1}{\sqrt{2}}$
$w(B)$	$\frac{i}{\sqrt{2}}$	0	0	$-\frac{i}{\sqrt{2}}$
$w(E_1,1)$	0	0	1	0
$w(E_1,2)$	0	1	0	0

C_6, C_{3h}, C_{6h}	$u(E_2,1)v(E_1,1)$	$u(E_2,2)v(E_1,1)$	$u(E_2,1)v(E_1,2)$	$u(E_2,2)v(E_1,2)$
$w(B)$	$\frac{1}{\sqrt{2}}$	0	0	$\frac{1}{\sqrt{2}}$
$w(B)$	$\frac{i}{\sqrt{2}}$	0	0	$-\frac{i}{\sqrt{2}}$
$w(E_1,1)$	0	0	1	0
$w(E_1,2)$	0	1	0	0

E.2.2 Die Gruppen C_{nh}, $n = 2,\dots,6$

$C_{3h} \longrightarrow C_6$ $\qquad$ $C_{4h} \longrightarrow C_4$ $\qquad$ $C_{6h} \longrightarrow C_6$

E.2.3 Die Gruppen C_{nv}, $n = 2,\dots,6$

$C_{3v} \longrightarrow D_3$ $\qquad$ $C_{4v} \longrightarrow D_4$ $\qquad$ $C_{6v} \longrightarrow D_6$

E.2.4 Die Gruppen S_n, $n = 2,4,6,8,12$

$S_4 \longrightarrow C_4$ $\qquad$ $S_6 \longrightarrow C_3$

E.2.5 Die Gruppen D_n, $n = 3,4,6$

D_3, C_{3v}, D_{3d}	$u(A_2)v_{x-iy}(E)$	$u(A_2)v_{x+iy}(E)$
$w_{x-iy}(E)$	i	0
$w_{x+iy}(E)$	0	$-i$

D_3, C_{3v}, D_{3d}	$u_{x-iy}(E)v_{x-iy}(E)$	$u_{x-iy}(E)v_{x+iy}(E)$	$u_{x+iy}(E)v_{x-iy}(E)$	$u_{x+iy}(E)v_{x+iy}(E)$
$w(A_1)$	0	$\frac{1}{\sqrt{2}}$	$\frac{1}{\sqrt{2}}$	0
$w(A_2)$	0	$\frac{i}{\sqrt{2}}$	$-\frac{i}{\sqrt{2}}$	0
$w_{x-iy}(E)$	0	0	0	1
$w_{x+iy}(E)$	1	0	0	0

$D_4, C_{4v}, D_{2d}, D_{4h}$	$u(A_2)v(B_1)$
$w(B_2)$	1

$D_4, C_{4v}, D_{2d}, D_{4h}$	$u(A_2)v(B_2)$
$w(B_1)$	1

$D_4, C_{4v}, D_{2d}, D_{4h}$	$u(A_2)v_x(E)$	$u(A_2)v_y(E)$
$w_x(E)$	0	1
$w_y(E)$	-1	0

$D_4, C_{4v}, D_{2d}, D_{4h}$	$u(B_1)v_x(E)$	$u(B_1)v_y(E)$
$w_x(E)$	0	1
$w_y(E)$	1	0

$D_4, C_{4v}, D_{2d}, D_{4h}$	$u(B_2)v_x(E)$	$u(B_2)v_y(E)$
$w_x(E)$	0	1
$w_y(E)$	1	0

$D_4, C_{4v}, D_{2d}, D_{4h}$	$u_x(E)v_x(E)$	$u_x(E)v_y(E)$	$u_y(E)v_x(E)$	$u_y(E)v_y(E)$
$w(A_1)$	$\frac{1}{\sqrt{2}}$	0	0	$\frac{1}{\sqrt{2}}$
$w(A_2)$	0	$\frac{1}{\sqrt{2}}$	$-\frac{1}{\sqrt{2}}$	0
$w(B_1)$	$\frac{1}{\sqrt{2}}$	0	0	$-\frac{1}{\sqrt{2}}$
$w(B_2)$	0	$\frac{1}{\sqrt{2}}$	$\frac{1}{\sqrt{2}}$	0

$D_6, D_{3h}, C_{6v}, D_{6h}$	$u(A_2)v(B_1)$
$w(B_2)$	1

$D_6, D_{3h}, C_{6v}, D_{6h}$	$u(A_2)v(B_2)$
$w(B_1)$	1

$D_6, D_{3h}, C_{6v}, D_{6h}$	$u(B_1)v(B_2)$
$w(A_2)$	1

$D_6, D_{3h}, C_{6v}, D_{6h}$	$u(A_2)v_{x-iy}(E_1)$	$u(A_2)v_{x+iy}(E_1)$
$w_{x-iy}(E_1)$	i	0
$w_{x+iy}(E_1)$	0	$-i$

$D_6, C_{6v}, D_{3h}, D_{6h}$	$u(A_2)v_{x-iy}(E_2)$	$u(A_2)v_{x+iy}(E_2)$
$w_{x-iy}(E_2)$	i	0
$w_{x+iy}(E_2)$	0	$-i$

$D_6, C_{6v}, D_{3h}, D_{6h}$	$u(B_1)v_{x-iy}(E_1)$	$u(B_1)v_{x+iy}(E_1)$
$w_{x-iy}(E_2)$	1	0
$w_{x+iy}(E_2)$	0	1

$D_6, C_{6v}, D_{3h}, D_{6h}$	$u(B_1)v_{x-iy}(E_2)$	$u(B_1)v_{x+iy}(E_2)$
$w_{x-iy}(E_1)$	1	0
$w_{x+iy}(E_1)$	0	1

$D_6, C_{6v}, D_{3h}, D_{6h}$	$u(B_2)v_{x-iy}(E_1)$	$u(B_2)v_{x+iy}(E_1)$
$w_{x-iy}(E_2)$	i	0
$w_{x+iy}(E_2)$	0	$-i$

$D_6, C_{6v}, D_{3h}, D_{6h}$	$u(B_2)v_{x-iy}(E_2)$	$u(B_2)v_{x+iy}(E_2)$
$w_{x-iy}(E_1)$	i	0
$w_{x+iy}(E_1)$	0	$-i$

$\boldsymbol{D_6, C_{6v}, D_{3h}, D_{6h}}$	$u_{x-iy}(E_1)v_{x-iy}(E_1)$	$u_{x-iy}(E_1)v_{x+iy}(E_1)$	$u_{x+iy}(E_1)v_{x-iy}(E_1)$	$u_{x+iy}(E_1)v_{x+iy}(E_1)$
$w(A_1)$	0	$\frac{1}{\sqrt{2}}$	$\frac{1}{\sqrt{2}}$	0
$w(A_2)$	0	$\frac{i}{\sqrt{2}}$	$-\frac{i}{\sqrt{2}}$	0
$w_{x-iy}(E_2)$	0	0	0	1
$w_{x+iy}(E_2)$	1	0	0	0

$\boldsymbol{D_6, C_{6v}, D_{3h}, D_{6h}}$	$u_{x-iy}(E_1)v_{x-iy}(E_2)$	$u_{x-iy}(E_1)v_{x+iy}(E_2)$	$u_{x+iy}(E_1)v_{x-iy}(E_2)$	$u_{x+iy}(E_1)v_{x+iy}(E_2)$
$w(B_1)$	0	$\frac{1}{\sqrt{2}}$	$\frac{1}{\sqrt{2}}$	0
$w(B_2)$	0	$\frac{i}{\sqrt{2}}$	$-\frac{i}{\sqrt{2}}$	0
$w_{x-iy}(E_1)$	0	0	0	1
$w_{x+iy}(E_1)$	1	0	0	0

$\boldsymbol{D_6, C_{6v}, D_{3h}, D_{6h}}$	$u_{x-iy}(E_2)v_{x-iy}(E_2)$	$u_{x-iy}(E_2)v_{x+iy}(E_2)$	$u_{x+iy}(E_2)v_{x-iy}(E_2)$	$u_{x+iy}(E_2)v_{x+iy}(E_2)$
$w(A_1)$	0	$\frac{1}{\sqrt{2}}$	$\frac{1}{\sqrt{2}}$	0
$w(A_2)$	0	$\frac{i}{\sqrt{2}}$	$-\frac{i}{\sqrt{2}}$	0
$w_{x-iy}(E_2)$	0	0	0	1
$w_{x+iy}(E_2)$	1	0	0	0

E.2.6 Die Gruppen $\boldsymbol{D_{nd}}$, $\boldsymbol{n = 2, \ldots, 6}$

$D_{2d} \longrightarrow D_4$ $D_{3d} \longrightarrow D_3$

E.2.7 Die Gruppen $\boldsymbol{D_{nh}}$, $\boldsymbol{n = 2, \ldots, 6, 8, 12}$

$D_{3h} \longrightarrow D_6$ $D_{4h} \longrightarrow D_4$ $D_{6h} \longrightarrow D_6$

E.2.8 Die kubischen Gruppen: $\boldsymbol{T}$, T_d, T_h, O, O_h

$T_d \longrightarrow O$ $T_h \longrightarrow T$ $O_h \longrightarrow O$

T, T_h	$u(E,1)v(E,1)$	$u(E,2)v(E,1)$	$u(E,1)v(E,2)$	$u(E,2)v(E,2)$
$w(A)$	0	$\frac{1}{\sqrt{2}}$	$\frac{1}{\sqrt{2}}$	0
$w(A)$	0	$-\frac{i}{\sqrt{2}}$	$\frac{i}{\sqrt{2}}$	0
$w(E,1)$	0	0	0	1
$w(E,2)$	1	0	0	0

T, T_h	$u(E,1)v_x(T)$	$u(E,1)v_y(T)$	$u(E,1)v_z(T)$	$u(E,2)v_x(T)$	$u(E,2)v_y(T)$	$u(E,2)v_z(T)$
$w_x(T)$	$\frac{1}{\sqrt{2}}$	0	0	$\frac{1}{\sqrt{2}}$	0	0
$w_y(T)$	0	$\frac{\omega}{\sqrt{2}}$	0	0	$\frac{\omega^2}{\sqrt{2}}$	0
$w_z(T)$	0	0	$\frac{\omega^2}{\sqrt{2}}$	0	0	$\frac{\omega}{\sqrt{2}}$
$w_x(T)$	$\frac{i}{\sqrt{2}}$	0	0	$-\frac{i}{\sqrt{2}}$	0	0
$w_y(T)$	0	$\frac{i\omega}{\sqrt{2}}$	0	0	$-\frac{i\omega^2}{\sqrt{2}}$	0
$w_z(T)$	0	0	$\frac{i\omega^2}{\sqrt{2}}$	0	0	$-\frac{i\omega}{\sqrt{2}}$

T, T_h	$u_x(T)v_x(T)$	$u_x(T)v_y(T)$	$u_x(T)v_z(T)$	$u_y(T)v_x(T)$	$u_y(T)v_y(T)$	$u_y(T)v_z(T)$	$u_z(T)v_x(T)$	$u_z(T)v_y(T)$	$u_z(T)v_z(T)$
$w(A)$	$\frac{1}{\sqrt{3}}$	0	0	0	$\frac{1}{\sqrt{3}}$	0	0	0	$\frac{1}{\sqrt{3}}$
$w(E,1)$	$\frac{\omega^2}{\sqrt{3}}$	0	0	0	$\frac{\omega}{\sqrt{3}}$	0	0	0	$\frac{1}{\sqrt{3}}$
$w(E,2)$	$\frac{\omega}{\sqrt{3}}$	0	0	0	$\frac{\omega^2}{\sqrt{3}}$	0	0	0	$\frac{1}{\sqrt{3}}$
$w_x^{(1)}(T)$	0	0	0	0	0	$\frac{1}{\sqrt{2}}$	0	$\frac{1}{\sqrt{2}}$	0
$w_y^{(1)}(T)$	0	0	$\frac{1}{\sqrt{2}}$	0	0	0	$\frac{1}{\sqrt{2}}$	0	0
$w_z^{(1)}(T)$	0	$\frac{1}{\sqrt{2}}$	0	$\frac{1}{\sqrt{2}}$	0	0	0	0	0
$w_x^{(2)}(T)$	0	0	0	0	0	$\frac{1}{\sqrt{2}}$	0	$-\frac{1}{\sqrt{2}}$	0
$w_y^{(2)}(T)$	0	0	$-\frac{1}{\sqrt{2}}$	0	0	0	$\frac{1}{\sqrt{2}}$	0	0
$w_z^{(2)}(T)$	0	$\frac{1}{\sqrt{2}}$	0	$-\frac{1}{\sqrt{2}}$	0	0	0	0	0

O, T_d, O_h	$u(A_2)v(A_2)$
$w(A_1)$	1

O, T_d, O_h	$u(A_2)v_{3z^2-r^2}(E)$	$u(A_2)v_{x^2-y^2}(E)$
$w_{3z^2-r^2}(E)$	0	1
$w_{x^2-y^2}(E)$	−1	0

O, T_d, O_h	$u(A_2)v_x(T_1)$	$u(A_2)v_y(T_1)$	$u(A_2)v_z(T_1)$
$w_{yx}(T_2)$	1	0	0
$w_{zx}(T_2)$	0	1	0
$w_{yz}(T_2)$	0	0	1

O, T_d, O_h	$u(A_2)v_{yz}(T_2)$	$u(A_2)v_{xz}(T_2)$	$u(A_2)v_{xy}(T_2)$
$w_x(T_1)$	1	0	0
$w_y(T_1)$	0	1	0
$w_z(T_1)$	0	0	1

O, T_d, O_h	$u_{3z^2-r^2}(E)v_{3z^2-r^2}(E)$	$u_{3z^2-r^2}(E)v_{x^2-y^2}(E)$	$u_{x^2-y^2}(E)v_{3z^2-r^2}(E)$	$u_{x^2-y^2}(E)v_{x^2-y^2}(E)$
$w(A_1)$	$\frac{1}{\sqrt{2}}$	0	0	$\frac{1}{\sqrt{2}}$
$w(A_2)$	0	$\frac{1}{\sqrt{2}}$	$-\frac{1}{\sqrt{2}}$	0
$w_{3z^2-r^2}(E)$	$-\frac{1}{\sqrt{2}}$	0	0	$\frac{1}{\sqrt{2}}$
$w_{x^2-y^2}(E)$	0	$\frac{1}{\sqrt{2}}$	$\frac{1}{\sqrt{2}}$	0

O, T_d, O_h	$u_{3z^2-r^2}(E)v_x(T_1)$	$u_{3z^2-r^2}(E)v_y(T_1)$	$u_{3z^2-r^2}(E)v_z(T_1)$	$u_{x^2-y^2}(E)v_x(T_1)$	$u_{x^2-y^2}(E)v_y(T_1)$	$u_{x^2-y^2}(E)v_z(T_1)$
$w_x(T_1)$	$-\frac{1}{2}$	0	0	$\frac{\sqrt{3}}{2}$	0	0
$w_y(T_1)$	0	$-\frac{1}{2}$	0	0	$-\frac{\sqrt{3}}{2}$	0
$w_z(T_1)$	0	0	1	0	0	0
$w_{yz}(T_2)$	$-\frac{\sqrt{3}}{2}$	0	0	$-\frac{1}{2}$	0	0
$w_{zx}(T_2)$	0	$\frac{\sqrt{3}}{2}$	0	0	$-\frac{1}{2}$	0
$w_{xy}(T_2)$	0	0	0	0	0	1

O, T_d, O_h	$u_{3z^2-r^2}(E)v_{yz}(T_2)$	$u_{3z^2-r^2}(E)v_{zx}(T_2)$	$u_{3z^2-r^2}(E)v_{xy}(T_2)$	$u_{x^2-y^2}(E)v_{yz}(T_2)$	$u_{x^2-y^2}(E)v_{zx}(T_2)$	$u_{x^2-y^2}(E)v_{xy}(T_2)$
$w_x(T_1)$	$-\frac{\sqrt{3}}{2}$	0	0	$-\frac{1}{2}$	0	0
$w_y(T_1)$	0	$\frac{\sqrt{3}}{2}$	0	0	$-\frac{1}{2}$	0
$w_z(T_1)$	0	0	0	0	0	1
$w_{yz}(T_2)$	$-\frac{1}{2}$	0	0	$\frac{\sqrt{3}}{2}$	0	0
$w_{zx}(T_2)$	0	$-\frac{1}{2}$	0	0	$-\frac{\sqrt{3}}{2}$	0
$w_{xy}(T_2)$	0	0	1	0	0	0

$\boldsymbol{O}, \boldsymbol{T_d}, \boldsymbol{O_h}$	$u_x(T_1)v_x(T_1)$	$u_x(T_1)v_y(T_1)$	$u_x(T_1)v_z(T_1)$	$u_y(T_1)v_x(T_1)$	$u_y(T_1)v_y(T_1)$	$u_y(T_1)v_z(T_1)$	$u_z(T_1)v_x(T_1)$	$u_z(T_1)v_y(T_1)$	$u_z(T_1)v_z(T_1)$
$w(A_1)$	$\frac{1}{\sqrt{3}}$	0	0	0	$\frac{1}{\sqrt{3}}$	0	0	0	$\frac{1}{\sqrt{3}}$
$w_{3z^2-r^2}(E)$	$-\frac{1}{\sqrt{6}}$	0	0	0	$-\frac{1}{\sqrt{6}}$	0	0	0	$\frac{\sqrt{2}}{\sqrt{3}}$
$w_{x^2-y^2}(E)$	$\frac{1}{\sqrt{2}}$	0	0	0	$-\frac{1}{\sqrt{2}}$	0	0	0	0
$w_x(T_1)$	0	0	0	0	0	$\frac{1}{\sqrt{2}}$	0	$-\frac{1}{\sqrt{2}}$	0
$w_y(T_1)$	0	0	$-\frac{1}{\sqrt{2}}$	0	0	0	$\frac{1}{\sqrt{2}}$	0	0
$w_z(T_1)$	0	$\frac{1}{\sqrt{2}}$	0	$-\frac{1}{\sqrt{2}}$	0	0	0	0	0
$w_{yz}(T_2)$	0	0	0	0	0	$\frac{1}{\sqrt{2}}$	0	$\frac{1}{\sqrt{2}}$	0
$w_{zx}(T_2)$	0	0	$\frac{1}{\sqrt{2}}$	0	0	0	$\frac{1}{\sqrt{2}}$	0	0
$w_{xy}(T_2)$	0	$\frac{1}{\sqrt{2}}$	0	$\frac{1}{\sqrt{2}}$	0	0	0	0	0

$\boldsymbol{O}, \boldsymbol{T_d}, \boldsymbol{O_h}$	$u_x(T_1)v_{yz}(T_2)$	$u_x(T_1)v_{zx}(T_2)$	$u_x(T_1)v_{xy}(T_2)$	$u_y(T_1)v_{yz}(T_2)$	$u_y(T_1)v_{zx}(T_2)$	$u_y(T_1)v_{xy}(T_2)$	$u_z(T_1)v_{yz}(T_2)$	$u_z(T_1)v_{xz}(T_2)$	$u_z(T_1)v_{xy}(T_2)$
$w(A_2)$	$\frac{1}{\sqrt{3}}$	0	0	0	$\frac{1}{\sqrt{3}}$	0	0	0	$\frac{1}{\sqrt{3}}$
$w_{3z^2-r^2}(E)$	$\frac{1}{\sqrt{2}}$	0	0	0	$-\frac{1}{\sqrt{2}}$	0	0	0	0
$w_{x^2-y^2}(E)$	$\frac{1}{\sqrt{6}}$	0	0	0	$\frac{1}{\sqrt{6}}$	0	0	0	$-\frac{\sqrt{2}}{\sqrt{3}}$
$w_x(T_1)$	0	0	0	0	0	$\frac{1}{\sqrt{2}}$	0	$\frac{1}{\sqrt{2}}$	0
$w_y(T_1)$	0	0	$\frac{1}{\sqrt{2}}$	0	0	0	$\frac{1}{\sqrt{2}}$	0	0
$w_z(T_1)$	0	$\frac{1}{\sqrt{2}}$	0	$\frac{1}{\sqrt{2}}$	0	0	0	0	0
$w_{yz}(T_2)$	0	0	0	0	0	$\frac{1}{\sqrt{2}}$	0	$-\frac{1}{\sqrt{2}}$	0
$w_{zx}(T_2)$	0	0	$-\frac{1}{\sqrt{2}}$	0	0	0	$\frac{1}{\sqrt{2}}$	0	0
$w_{xy}(T_2)$	0	$\frac{1}{\sqrt{2}}$	0	$-\frac{1}{\sqrt{2}}$	0	0	0	0	0

O, T_d, O_h	$u_{yz}(T_2)v_{yz}(T_2)$	$u_{yz}(T_2)v_{zx}(T_2)$	$u_{yz}(T_2)v_{xy}(T_2)$	$u_{zx}(T_2)v_{yz}(T_2)$	$u_{zx}(T_2)v_{zx}(T_2)$	$u_{zx}(T_2)v_{xy}(T_2)$	$u_{xy}(T_2)v_{yz}(T_2)$	$u_{xy}(T_2)v_{xz}(T_2)$	$u_{xy}(T_2)v_{xy}(T_2)$
$w(A_1)$	$\frac{1}{\sqrt{3}}$	0	0	0	$\frac{1}{\sqrt{3}}$	0	0	0	$\frac{1}{\sqrt{3}}$
$w_{3z^2-r^2}(E)$	$-\frac{1}{\sqrt{6}}$	0	0	0	$-\frac{1}{\sqrt{6}}$	0	0	0	$\frac{\sqrt{2}}{\sqrt{3}}$
$w_{x^2-y^2}(E)$	$\frac{1}{\sqrt{2}}$	0	0	0	$-\frac{1}{\sqrt{2}}$	0	0	0	0
$w_x(T_1)$	0	0	0	0	0	$\frac{1}{\sqrt{2}}$	0	$-\frac{1}{\sqrt{2}}$	0
$w_y(T_1)$	0	0	$-\frac{1}{\sqrt{2}}$	0	0	0	$\frac{1}{\sqrt{2}}$	0	0
$w_z(T_1)$	0	$\frac{1}{\sqrt{2}}$	0	$-\frac{1}{\sqrt{2}}$	0	0	0	0	0
$w_{yz}(T_2)$	0	0	0	0	0	$\frac{1}{\sqrt{2}}$	0	$\frac{1}{\sqrt{2}}$	0
$w_{zx}(T_2)$	0	0	$\frac{1}{\sqrt{2}}$	0	0	0	$\frac{1}{\sqrt{2}}$	0	0
$w_{xy}(T_2)$	0	$\frac{1}{\sqrt{2}}$	0	$\frac{1}{\sqrt{2}}$	0	0	0	0	0

E.2.9 Die Ikosaeder-Gruppen: I, I_h (aus [12])

$I_h \longrightarrow I$

$\phi = \frac{1}{2}(1+\sqrt{5})$
$\phi^{-1} = \frac{1}{2}(-1+\sqrt{5})$
$\alpha = 3\phi - 1$
$\beta = 3\phi^{-1} + 1$

I, I_h	$u_x(T_1)u_x(T_1)$	$u_x(T_1)u_y(T_1)$	$u_x(T_1)u_z(T_1)$	$u_y(T_1)u_x(T_1)$	$u_y(T_1)u_y(T_1)$	$u_y(T_1)u_z(T_1)$	$u_z(T_1)u_x(T_1)$	$u_z(T_1)u_y(T_1)$	$u_z(T_1)u_z(T_1)$
$w(A)$	$\frac{1}{\sqrt{3}}$	0	0	0	$\frac{1}{\sqrt{3}}$	0	0	0	$\frac{1}{\sqrt{3}}$
$w_x(T_1)$	0	0	0	0	0	$\frac{1}{\sqrt{2}}$	0	$-\frac{1}{\sqrt{2}}$	0
$w_y(T_1)$	0	0	$-\frac{1}{\sqrt{2}}$	0	0	0	$\frac{1}{\sqrt{2}}$	0	0
$w_z(T_1)$	0	$\frac{1}{\sqrt{2}}$	0	$-\frac{1}{\sqrt{2}}$	0	0	0	0	0
$w_\theta(H)$	$\frac{\phi^{-1}}{2}$	0	0	0	$-\frac{\phi}{2}$	0	0	0	$\frac{1}{2}$
$w_\epsilon(H)$	$\frac{\phi^2}{2\sqrt{3}}$	0	0	0	$-\frac{\phi^{-2}}{2\sqrt{3}}$	0	0	0	$-\frac{\sqrt{5}}{2\sqrt{3}}$
$w_x(H)$	0	0	0	0	0	$\frac{1}{\sqrt{2}}$	0	$\frac{1}{\sqrt{2}}$	0
$w_y(H)$	0	0	$\frac{1}{\sqrt{2}}$	0	0	0	$\frac{1}{\sqrt{2}}$	0	0
$w_z(H)$	0	$\frac{1}{\sqrt{2}}$	0	$\frac{1}{\sqrt{2}}$	0	0	0	0	0

I, I_h	$u_x(T_2)u_x(T_2)$	$u_x(T_2)u_y(T_2)$	$u_x(T_2)u_z(T_2)$	$u_y(T_2)u_x(T_2)$	$u_y(T_2)u_y(T_2)$	$u_y(T_2)u_z(T_2)$	$u_z(T_2)u_x(T_2)$	$u_z(T_2)u_y(T_2)$	$u_z(T_2)u_z(T_2)$
$w(A)$	$\frac{1}{\sqrt{3}}$	0	0	0	$\frac{1}{\sqrt{3}}$	0	0	0	$\frac{1}{\sqrt{3}}$
$w_x(T_2)$	0	0	0	0	0	$\frac{1}{\sqrt{2}}$	0	$-\frac{1}{\sqrt{2}}$	0
$w_y(T_2)$	0	0	$-\frac{1}{\sqrt{2}}$	0	0	0	$\frac{1}{\sqrt{2}}$	0	0
$w_z(T_2)$	0	$\frac{1}{\sqrt{2}}$	0	$-\frac{1}{\sqrt{2}}$	0	0	0	0	0
$w_\theta(H)$	$\frac{\phi}{2}$	0	0	0	$-\frac{\phi^{-1}}{2}$	0	0	0	$-\frac{1}{2}$
$w_\epsilon(H)$	$-\frac{\phi^{-2}}{2\sqrt{3}}$	0	0	0	$\frac{\phi^2}{2\sqrt{3}}$	0	0	0	$-\frac{\sqrt{5}}{2\sqrt{3}}$
$w_x(H)$	0	0	0	0	0	$-\frac{1}{\sqrt{2}}$	0	$-\frac{1}{\sqrt{2}}$	0
$w_y(H)$	0	0	$-\frac{1}{\sqrt{2}}$	0	0	0	$-\frac{1}{\sqrt{2}}$	0	0
$w_z(H)$	0	$-\frac{1}{\sqrt{2}}$	0	$-\frac{1}{\sqrt{2}}$	0	0	0	0	0

I, I_h	$u_x(T_1)u_{x'}(T_2)$	$u_x(T_1)u_{y'}(T_2)$	$u_x(T_1)u_{z'}(T_2)$	$u_y(T_1)u_{x'}(T_2)$	$u_y(T_1)u_{y'}(T_2)$	$u_y(T_1)u_{z'}(T_2)$	$u_z(T_1)u_{x'}(T_2)$	$u_z(T_1)u_{y'}(T_2)$	$u_z(T_1)u_{z'}(T_2)$
$w_a(G)$	$\frac{1}{\sqrt{3}}$	0	0	0	$\frac{1}{\sqrt{3}}$	0	0	0	$\frac{1}{\sqrt{3}}$
$w_x(G)$	0	0	0	0	0	$-\frac{\phi^{-1}}{\sqrt{3}}$	0	$-\frac{\phi}{\sqrt{3}}$	0
$w_y(G)$	0	0	$-\frac{\phi}{\sqrt{3}}$	0	0	0	$-\frac{\phi^{-1}}{\sqrt{3}}$	0	0
$w_z(G)$	0	$-\frac{\phi^{-1}}{\sqrt{3}}$	0	$-\frac{\phi}{\sqrt{3}}$	0	0	0	0	0
$w_\theta(H)$	$\frac{1}{6}$	0	0	0	$\frac{1}{6}$	0	0	0	$-\sqrt{\frac{2}{3}}$
$w_\epsilon(H)$	$-\frac{1}{\sqrt{2}}$	0	0	0	$\frac{1}{\sqrt{2}}$	0	0	0	0
$w_x(H)$	0	0	0	0	0	$\frac{\phi}{\sqrt{3}}$	0	$-\frac{\phi^{-1}}{\sqrt{3}}$	0
$w_y(H)$	0	0	$-\frac{\phi^{-1}}{\sqrt{3}}$	0	0	0	$\frac{\phi}{\sqrt{3}}$	0	0
$w_z(H)$	0	$\frac{\phi}{\sqrt{3}}$	0	$-\frac{\phi^{-1}}{\sqrt{3}}$	0	0	0	0	0

I, I_h	$u_x(T_1)u_a(G)$	$u_x(T_1)u_x(G)$	$u_x(T_1)u_y(G)$	$u_x(T_1)u_z(G)$	$u_y(T_1)u_a(G)$	$u_y(T_1)u_x(G)$
$w_x(T_2)$	$\frac{1}{2}$	0	0	0	0	0
$w_y(T_2)$	0	0	0	$-\frac{\phi^{-1}}{2}$	$\frac{1}{2}$	0
$w_z(T_2)$	0	0	$-\frac{\phi}{2}$	0	0	$-\frac{\phi^{-1}}{2}$
$w_a(G)$	0	$-\frac{1}{\sqrt{3}}$	0	0	0	0
$w_x(G)$	$\frac{1}{\sqrt{3}}$	0	0	0	0	0
$w_y(G)$	0	0	0	$-\frac{1}{\sqrt{3}}$	$\frac{1}{\sqrt{3}}$	0
$w_z(G)$	0	0	$\frac{1}{\sqrt{3}}$	0	0	$-\frac{1}{\sqrt{3}}$
$w_\theta(H)$	0	$-\frac{\beta}{2\sqrt{6}}$	0	0	0	0
$w_\epsilon(H)$	0	$-\frac{\phi}{2\sqrt{2}}$	0	0	0	0
$w_x(H)$	$\frac{1}{2}\sqrt{\frac{5}{3}}$	0	0	0	0	0
$w_y(H)$	0	0	0	$\frac{\phi^2}{2\sqrt{3}}$	$\frac{1}{2}\sqrt{\frac{5}{3}}$	0
$w_z(H)$	0	0	$\frac{\phi^{-2}}{2\sqrt{3}}$	0	0	$\frac{\phi^2}{2\sqrt{3}}$

I, I_h	$u_y(T_1)u_y(G)$	$u_y(T_1)u_z(G)$	$u_z(T_1)u_a(G)$	$u_z(T_1)u_x(G)$	$u_z(T_1)u_y(G)$	$u_z(T_1)u_z(G)$
$w_x(T_2)$	0	$-\frac{\phi}{2}$	0	0	$-\frac{\phi^{-1}}{2}$	0
$w_y(T_2)$	0	0	0	$-\frac{\phi}{2}$	0	0
$w_z(T_2)$	0	0	$\frac{1}{2}$	0	0	0
$w_a(G)$	$-\frac{1}{\sqrt{3}}$	0	0	0	0	$-\frac{1}{\sqrt{3}}$
$w_x(G)$	0	$\frac{1}{\sqrt{3}}$	0	0	$-\frac{1}{\sqrt{3}}$	0
$w_y(G)$	0	0	0	$\frac{1}{\sqrt{3}}$	0	0
$w_z(G)$	0	0	$\frac{1}{\sqrt{3}}$	0	0	0
$w_\theta(H)$	$\frac{\alpha}{2\sqrt{6}}$	0	0	0	0	$-\frac{1}{2\sqrt{6}}$
$w_\epsilon(H)$	$-\frac{\phi^{-1}}{2\sqrt{2}}$	0	0	0	0	$\frac{\sqrt{5}}{2\sqrt{2}}$
$w_x(H)$	0	$\frac{\phi^{-2}}{2\sqrt{3}}$	0	0	$\frac{\phi^2}{2\sqrt{3}}$	0
$w_y(H)$	0	0	0	$\frac{\phi^{-2}}{2\sqrt{3}}$	0	0
$w_z(H)$	0	0	$\frac{1}{2}\sqrt{\frac{5}{3}}$	0	0	0

I, I_h	$u_x(T_2)u_a(G)$	$u_x(T_2)u_x(G)$	$u_x(T_2)u_y(G)$	$u_x(T_2)u_z(G)$	$u_y(T_2)u_a(G)$	$u_y(T_2)u_x(G)$
$w_x(T_1)$	$\frac{1}{2}$	0	0	0	0	0
$w_y(T_1)$	0	0	0	$-\frac{\phi}{2}$	$\frac{1}{2}$	0
$w_z(T_1)$	0	0	$-\frac{\phi^{-1}}{2}$	0	0	$-\frac{\phi}{2}$
$w_a(G)$	0	$-\frac{1}{\sqrt{3}}$	0	0	0	0
$w_x(G)$	$\frac{1}{\sqrt{3}}$	0	0	0	0	0
$w_y(G)$	0	0	0	$\frac{1}{\sqrt{3}}$	$\frac{1}{\sqrt{3}}$	0
$w_z(G)$	0	0	$-\frac{1}{\sqrt{3}}$	0	0	$\frac{1}{\sqrt{3}}$
$w_\theta(H)$	0	$\frac{\alpha}{2\sqrt{6}}$	0	0	0	0
$w_\epsilon(H)$	0	$\frac{\phi^{-1}}{2\sqrt{2}}$	0	0	0	0
$w_x(H)$	$\frac{1}{2}\sqrt{\frac{5}{3}}$	0	0	0	0	0
$w_y(H)$	0	0	0	$\frac{\phi^{-2}}{2\sqrt{3}}$	$\frac{1}{2}\sqrt{\frac{5}{3}}$	0
$w_z(H)$	0	0	$\frac{\phi^2}{2\sqrt{3}}$	0	0	$\frac{\phi^{-2}}{2\sqrt{3}}$

I, I_h	$u_y(T_2)u_y(G)$	$u_y(T_2)u_z(G)$	$u_z(T_2)u_a(G)$	$u_z(T_2)u_x(G)$	$u_z(T_2)u_y(G)$	$u_z(T_2)u_z(G)$
$w_x(T_1)$	0	$\frac{\phi^{-1}}{2}$	0	0	$-\frac{\phi}{2}$	0
$w_y(T_1)$	0	0	0	$-\frac{\phi^{-1}}{2}$	0	0
$w_z(T_1)$	0	0	$\frac{1}{2}$	0	0	0
$w_a(G)$	$-\frac{1}{\sqrt{3}}$	0	0	0	0	$-\frac{1}{\sqrt{3}}$
$w_x(G)$	0	$-\frac{1}{\sqrt{3}}$	0	0	$\frac{1}{\sqrt{3}}$	0
$w_y(G)$	0	0	0	$-\frac{1}{\sqrt{3}}$	0	0
$w_z(G)$	0	0	$\frac{1}{\sqrt{3}}$	0	0	0
$w_\theta(H)$	$-\frac{\beta}{2\sqrt{6}}$	0	0	0	0	$-\frac{1}{2\sqrt{6}}$
$w_\epsilon(H)$	$\frac{\phi}{2\sqrt{2}}$	0	0	0	0	$-\frac{\sqrt{5}}{2\sqrt{2}}$
$w_x(H)$	0	$\frac{\phi^2}{2\sqrt{3}}$	0	0	$\frac{\phi^{-2}}{2\sqrt{3}}$	0
$w_y(H)$	0	0	0	$\frac{\phi^2}{2\sqrt{3}}$	0	0
$w_z(H)$	0	0	$\frac{1}{2}\sqrt{\frac{5}{3}}$	0	0	0

I, I_h	$u_x(T_1)u_\theta(H)$	$u_x(T_1)u_\epsilon(H)$	$u_x(T_1)u_x(H)$	$u_x(T_1)u_y(H)$	$u_x(T_1)u_z(H)$
$w_x(T_1)$	$\frac{1}{2}\phi^{-1}\sqrt{\frac{3}{5}}$	$\frac{1}{2}\frac{\phi^2}{\sqrt{5}}$	0	0	0
$w_y(T_1)$	0	0	0	0	$\sqrt{\frac{3}{10}}$
$w_z(T_1)$	0	0	0	$\sqrt{\frac{3}{10}}$	0
$w_x(T_2)$	$\frac{1}{\sqrt{10}}$	$-\sqrt{\frac{3}{10}}$	0	0	0
$w_y(T_2)$	0	0	0	0	$\frac{\phi}{\sqrt{5}}$
$w_z(T_2)$	0	0	0	$-\frac{\phi^{-1}}{\sqrt{5}}$	0
$w_a(G)$	0	0	$-\frac{1}{\sqrt{3}}$	0	0
$w_x(G)$	$\frac{\beta}{\sqrt{30}}$	$\frac{\phi}{\sqrt{10}}$	0	0	0
$w_y(G)$	0	0	0	0	$-\frac{\phi^{-2}}{\sqrt{15}}$
$w_z(G)$	0	0	0	$-\frac{\phi^2}{\sqrt{15}}$	0
$w_\theta(H)$	0	0	$-\frac{\phi^2}{2\sqrt{3}}$	0	0
$w_\epsilon(H)$	0	0	$\frac{\phi^{-1}}{2}$	0	0
$w_x(H)$	$\frac{\phi^2}{2\sqrt{3}}$	$-\frac{\phi^{-1}}{2}$	0	0	0
$w_y(H)$	0	0	0	0	$-\frac{1}{\sqrt{6}}$
$w_z(H)$	0	0	0	$\frac{1}{\sqrt{6}}$	0

I, I_h	$u_y(T_1)u_\theta(H)$	$u_y(T_1)u_\epsilon(H)$	$u_y(T_1)u_x(H)$	$u_y(T_1)u_y(H)$	$u_y(T_1)u_z(H)$
$w_x(T_1)$	0	0	0	0	$\sqrt{\frac{3}{10}}$
$w_y(T_1)$	$-\frac{1}{2}\phi\sqrt{\frac{3}{5}}$	$-\frac{1}{2}\frac{\phi^{-2}}{\sqrt{5}}$	0	0	0
$w_z(T_1)$	0	0	$\sqrt{\frac{3}{10}}$	0	0
$w_x(T_2)$	0	0	0	0	$-\frac{\phi^{-1}}{\sqrt{5}}$
$w_y(T_2)$	$\frac{1}{\sqrt{10}}$	$\sqrt{\frac{3}{10}}$	0	0	0
$w_z(T_2)$	0	0	$\frac{\phi}{\sqrt{5}}$	0	0
$w_a(G)$	0	0	0	$-\frac{1}{\sqrt{3}}$	0
$w_x(G)$	0	0	0	0	$-\frac{\phi^2}{\sqrt{15}}$
$w_y(G)$	$-\frac{\alpha}{\sqrt{30}}$	$\frac{\phi^{-1}}{\sqrt{10}}$	0	0	0
$w_z(G)$	0	0	$-\frac{\phi^{-2}}{\sqrt{15}}$	0	0
$w_\theta(H)$	0	0	0	$\frac{\phi^{-2}}{2\sqrt{3}}$	0
$w_\epsilon(H)$	0	0	0	$-\frac{\phi}{2}$	0
$w_x(H)$	0	0	0	0	$\frac{1}{\sqrt{6}}$
$w_y(H)$	$-\frac{\phi^{-2}}{2\sqrt{3}}$	$\frac{\phi}{2}$	0	0	0
$w_z(H)$	0	0	$-\frac{1}{\sqrt{6}}$	0	0

I, I_h	$u_z(T_1)u_\theta(H)$	$u_z(T_1)u_\epsilon(H)$	$u_z(T_1)u_x(H)$	$u_z(T_1)u_y(H)$	$u_z(T_1)u_z(H)$
$w_x(T_1)$	0	0	0	$\sqrt{\frac{3}{10}}$	0
$w_y(T_1)$	0	0	$\sqrt{\frac{3}{10}}$	0	0
$w_z(T_1)$	$\frac{1}{2}\sqrt{\frac{3}{5}}$	$-\frac{1}{2}$	0	0	0
$w_x(T_2)$	0	0	0	$\frac{\phi}{\sqrt{5}}$	0
$w_y(T_2)$	0	0	$-\frac{\phi^{-1}}{\sqrt{5}}$	0	0
$w_z(T_2)$	$-\sqrt{\frac{2}{5}}$	0	0	0	0
$w_a(G)$	0	0	0	0	$-\frac{1}{\sqrt{3}}$
$w_x(G)$	0	0	0	$-\frac{\phi^{-2}}{\sqrt{15}}$	0
$w_y(G)$	0	0	$-\frac{\phi^{2}}{\sqrt{15}}$	0	0
$w_z(G)$	$\frac{1}{\sqrt{30}}$	$-\frac{1}{\sqrt{2}}$	0	0	0
$w_\theta(H)$	0	0	0	0	$\frac{1}{2}\sqrt{\frac{5}{3}}$
$w_\epsilon(H)$	0	0	0	0	$\frac{1}{2}$
$w_x(H)$	0	0	0	$-\frac{1}{\sqrt{6}}$	0
$w_y(H)$	0	0	$\frac{1}{\sqrt{6}}$	0	0
$w_z(H)$	$-\frac{1}{2}\sqrt{\frac{5}{3}}$	$-\frac{1}{2}$	0	0	0

I, I_h	$u_x(T_2)u_\theta(H)$	$u_x(T_2)u_\epsilon(H)$	$u_x(T_2)u_x(H)$	$u_x(T_2)u_y(H)$	$u_x(T_2)u_z(H)$
$w_x(T_1)$	$\frac{1}{\sqrt{10}}$	$-\sqrt{\frac{3}{10}}$	0	0	0
$w_y(T_1)$	0	0	0	0	$-\frac{\phi^{-1}}{\sqrt{5}}$
$w_z(T_1)$	0	0	0	$\frac{\phi}{\sqrt{5}}$	0
$w_x(T_2)$	$\frac{1}{2}\phi\sqrt{\frac{3}{5}}$	$-\frac{1}{2}\frac{\phi^{-2}}{\sqrt{5}}$	0	0	0
$w_y(T_2)$	0	0	0	0	$-\sqrt{\frac{3}{10}}$
$w_z(T_2)$	0	0	0	$-\sqrt{\frac{3}{10}}$	0
$w_a(G)$	0	0	$\frac{1}{\sqrt{3}}$	0	0
$w_x(G)$	$\frac{\alpha}{\sqrt{30}}$	$\frac{\phi^{-1}}{\sqrt{10}}$	0	0	0
$w_y(G)$	0	0	0	0	$\frac{\phi^{2}}{\sqrt{15}}$
$w_z(G)$	0	0	0	$\frac{\phi^{-2}}{\sqrt{15}}$	0
$w_\theta(H)$	0	0	$-\frac{\phi^{-2}}{2\sqrt{3}}$	0	0
$w_\epsilon(H)$	0	0	$-\frac{\phi}{2}$	0	0
$w_x(H)$	$\frac{\phi^{-2}}{2\sqrt{3}}$	$\frac{\phi}{2}$	0	0	0
$w_y(H)$	0	0	0	0	$-\frac{1}{\sqrt{6}}$
$w_z(H)$	0	0	0	$\frac{1}{\sqrt{6}}$	0

I, I_h	$u_y(T_2)u_\theta(H)$	$u_y(T_2)u_\epsilon(H)$	$u_y(T_2)u_x(H)$	$u_y(T_2)u_y(H)$	$u_y(T_2)u_z(H)$
$w_x(T_1)$	0	0	0	0	$\frac{\phi}{\sqrt{5}}$
$w_y(T_1)$	$\frac{1}{\sqrt{10}}$	$\sqrt{\frac{3}{10}}$	0	0	0
$w_z(T_1)$	0	0	$-\frac{\phi^{-1}}{\sqrt{5}}$	0	0
$w_x(T_2)$	0	0	0	0	$-\sqrt{\frac{3}{10}}$
$w_y(T_2)$	$-\frac{1}{2}\phi^{-1}\sqrt{\frac{3}{5}}$	$\frac{\phi^2}{2\sqrt{5}}$	0	0	0
$w_z(T_2)$	0	0	$-\sqrt{\frac{3}{10}}$	0	0
$w_a(G)$	0	0	0	$\frac{1}{\sqrt{3}}$	0
$w_x(G)$	0	0	0	0	$\frac{\phi^{-2}}{\sqrt{15}}$
$w_y(G)$	$-\frac{\beta}{\sqrt{30}}$	$\frac{\phi}{\sqrt{10}}$	0	0	0
$w_z(G)$	0	0	$\frac{\phi^2}{\sqrt{15}}$	0	0
$w_\theta(H)$	0	0	0	$\frac{\phi^2}{2\sqrt{3}}$	0
$w_\epsilon(H)$	0	0	0	$\frac{\phi^{-1}}{2}$	0
$w_x(H)$	0	0	0	0	$\frac{1}{\sqrt{6}}$
$w_y(H)$	$-\frac{\phi^2}{2\sqrt{3}}$	$-\frac{\phi^{-1}}{2}$	0	0	0
$w_z(H)$	0	0	$-\frac{1}{\sqrt{6}}$	0	0

I, I_h	$u_y(T_2)u_\theta(H)$	$u_y(T_2)u_\epsilon(H)$	$u_y(T_2)u_x(H)$	$u_y(T_2)u_y(H)$	$u_y(T_2)u_z(H)$
$w_x(T_1)$	0	0	0	0	$\frac{\phi}{\sqrt{5}}$
$w_y(T_1)$	$\frac{1}{\sqrt{10}}$	$\sqrt{\frac{3}{10}}$	0	0	0
$w_z(T_1)$	0	0	$-\frac{\phi^{-1}}{\sqrt{5}}$	0	0
$w_x(T_2)$	0	0	0	0	$-\sqrt{\frac{3}{10}}$
$w_y(T_2)$	$-\frac{1}{2}\phi^{-1}\sqrt{\frac{3}{5}}$	$\frac{\phi^2}{2\sqrt{5}}$	0	0	0
$w_z(T_2)$	0	0	$-\sqrt{\frac{3}{10}}$	0	0
$w_a(G)$	0	0	0	$\frac{1}{\sqrt{3}}$	0
$w_x(G)$	0	0	0	0	$\frac{\phi^{-2}}{\sqrt{15}}$
$w_y(G)$	$-\frac{\beta}{\sqrt{30}}$	$\frac{\phi}{\sqrt{10}}$	0	0	0
$w_z(G)$	0	0	$\frac{\phi^2}{\sqrt{15}}$	0	0
$w_\theta(H)$	0	0	0	$\frac{\phi^2}{2\sqrt{3}}$	0
$w_\epsilon(H)$	0	0	0	$\frac{\phi^{-1}}{2}$	0
$w_x(H)$	0	0	0	0	$\frac{1}{\sqrt{6}}$
$w_y(H)$	$-\frac{\phi^2}{2\sqrt{3}}$	$-\frac{\phi^{-1}}{2}$	0	0	0
$w_z(H)$	0	0	$-\frac{1}{\sqrt{6}}$	0	0

I, I_h	$u_a(G)u_a(G)$	$u_a(G)u_x(G)$	$u_a(G)u_y(G)$	$u_a(G)u_z(G)$	$u_x(G)u_a(G)$	$u_x(G)u_x(G)$	$u_x(G)u_y(G)$	$u_x(G)u_z(G)$
$w(A)$	$\frac{1}{2}$	0	0	0	0	$\frac{1}{2}$	0	0
$w_x(T_1)$	0	$\frac{1}{2}$	0	0	$-\frac{1}{2}$	0	0	0
$w_y(T_1)$	0	0	$\frac{1}{2}$	0	0	0	0	$-\frac{1}{2}$
$w_z(T_1)$	0	0	0	$\frac{1}{2}$	0	0	$\frac{1}{2}$	0
$w_x(T_2)$	0	$\frac{1}{2}$	0	0	$-\frac{1}{2}$	0	0	0
$w_y(T_2)$	0	0	$\frac{1}{2}$	0	0	0	0	$\frac{1}{2}$
$w_z(T_2)$	0	0	0	$\frac{1}{2}$	0	0	$-\frac{1}{2}$	0
$w_a(G)$	$\frac{1}{2}\sqrt{3}$	0	0	0	0	$-\frac{1}{2\sqrt{3}}$	0	0
$w_x(G)$	0	$-\frac{1}{2\sqrt{3}}$	0	0	$-\frac{1}{2\sqrt{3}}$	0	0	0
$w_y(G)$	0	0	$-\frac{1}{2\sqrt{3}}$	0	0	0	0	$-\frac{1}{2}\sqrt{\frac{5}{3}}$
$w_z(G)$	0	0	0	$-\frac{1}{2\sqrt{3}}$	0	0	$-\frac{1}{2}\sqrt{\frac{5}{3}}$	0
$w_\theta(H)$	0	0	0	0	0	$-\frac{1}{\sqrt{6}}$	0	0
$w_\epsilon(H)$	0	0	0	0	0	$\frac{1}{\sqrt{2}}$	0	0
$w_x(H)$	$\frac{1}{2}\sqrt{\frac{5}{3}}$	0	0	$\frac{1}{2}\sqrt{\frac{5}{3}}$	0	0	0	0
$w_y(H)$	0	0	$\frac{1}{2}\sqrt{\frac{5}{3}}$	0	0	0	0	$-\frac{1}{2\sqrt{3}}$
$w_z(H)$	0	0	0	$\frac{1}{2}\sqrt{\frac{5}{3}}$	0	0	$-\frac{1}{2\sqrt{3}}$	0

I, I_h	$u_y(G)u_a(G)$	$u_y(G)u_x(G)$	$u_y(G)u_y(G)$	$u_y(G)u_z(G)$	$u_z(G)u_a(G)$	$u_z(G)u_x(G)$	$u_z(G)u_y(G)$	$u_z(G)u_z(G)$
$w(A)$	0	0	$\frac{1}{2}$	0	0	0	0	$\frac{1}{2}$
$w_x(T_1)$	0	0	0	$\frac{1}{2}$	0	0	$-\frac{1}{2}$	0
$w_y(T_1)$	$-\frac{1}{2}$	0	0	0	0	$\frac{1}{2}$	0	0
$w_z(T_1)$	0	$-\frac{1}{2}$	0	0	$-\frac{1}{2}$	0	0	0
$w_x(T_2)$	0	0	0	$-\frac{1}{2}$	0	0	$\frac{1}{2}$	0
$w_y(T_2)$	$-\frac{1}{2}$	0	0	0	0	$-\frac{1}{2}$	0	0
$w_z(T_2)$	0	$\frac{1}{2}$	0	0	$-\frac{1}{2}$	0	0	0
$w_a(G)$	0	0	$-\frac{1}{2\sqrt{3}}$	0	0	0	0	$-\frac{1}{2\sqrt{3}}$
$w_x(G)$	0	0	0	$-\frac{1}{2}\sqrt{\frac{5}{3}}$	0	0	$-\frac{1}{2}\sqrt{\frac{5}{3}}$	0
$w_y(G)$	$-\frac{1}{2\sqrt{3}}$	0	0	0	0	$-\frac{1}{2}\sqrt{\frac{5}{3}}$	0	0
$w_z(G)$	0	$-\frac{1}{2}\sqrt{\frac{5}{3}}$	0	0	$-\frac{1}{2\sqrt{3}}$	0	0	0
$w_\theta(H)$	0	0	$-\frac{1}{\sqrt{6}}$	0	0	0	0	$\sqrt{\frac{2}{3}}$
$w_\epsilon(H)$	0	0	$-\frac{1}{\sqrt{2}}$	0	0	0	0	0
$w_x(H)$	0	0	0	$-\frac{1}{2\sqrt{3}}$	0	0	$-\frac{1}{2\sqrt{3}}$	0
$w_y(H)$	$\frac{1}{2}\sqrt{\frac{5}{3}}$	0	0	0	0	$-\frac{1}{2\sqrt{3}}$	0	0
$w_z(H)$	0	$-\frac{1}{2\sqrt{3}}$	0	0	$\frac{1}{2}\sqrt{\frac{5}{3}}$	0	0	0

I, I_h	$u_a(G)u_\theta(H)$	$u_a(G)u_\epsilon(H)$	$u_a(G)u_x(H)$	$u_a(G)u_y(H)$	$u_a(G)u_z(H)$
$w_x(T_1)$	0	0	$\frac{1}{2}$	0	0
$w_y(T_1)$	0	0	0	$\frac{1}{2}$	0
$w_z(T_1)$	0	0	0	0	$\frac{1}{2}$
$w_x(T_2)$	0	0	$\frac{1}{2}$	0	0
$w_y(T_2)$	0	0	0	$\frac{1}{2}$	0
$w_z(T_2)$	0	0	0	0	$\frac{1}{2}$
$w_a(G)$	0	0	0	0	0
$w_x(G)$	0	0	$\frac{1}{\sqrt{3}}$	0	0
$w_y(G)$	0	0	0	$\frac{1}{\sqrt{3}}$	0
$w_z(G)$	0	0	0	0	$\frac{1}{\sqrt{3}}$
$w_\theta(H)$	$\frac{1}{2}\sqrt{\frac{3}{2}}$	0	0	0	0
$w_\epsilon(H)$	0	$\frac{1}{2}\sqrt{\frac{3}{2}}$	0	0	0
$w_x(H)$	0	0	$-\frac{1}{\sqrt{6}}$	0	0
$w_y(H)$	0	0	0	$-\frac{1}{\sqrt{6}}$	0
$w_z(H)$	0	0	0	0	$-\frac{1}{\sqrt{6}}$
$w_\theta(H)$	0	$-\frac{1}{2}\sqrt{\frac{5}{2}}$	0	0	0
$w_\epsilon(H)$	$\frac{1}{2}\sqrt{\frac{5}{2}}$	0	0	0	0
$w_x(H)$	0	0	0	0	0
$w_y(H)$	0	0	0	0	0
$w_z(H)$	0	0	0	0	0

I, I_h	$u_x(G)u_\theta(H)$	$u_x(G)u_\epsilon(H)$	$u_x(G)u_x(H)$	$u_x(G)u_y(H)$	$u_x(G)u_z(H)$
$w_x(T_1)$	$-\frac{\beta}{2\sqrt{10}}$	$-\frac{1}{2}\phi\sqrt{\frac{3}{10}}$	0	0	0
$w_y(T_1)$	0	0	0	0	$\frac{\phi^2}{2\sqrt{5}}$
$w_z(T_1)$	0	0	0	$\frac{\phi^{-2}}{2\sqrt{5}}$	0
$w_x(T_2)$	$\frac{\alpha}{2\sqrt{10}}$	$\frac{1}{2}\phi^{-1}\sqrt{\frac{3}{10}}$	0	0	0
$w_y(T_2)$	0	0	0	0	$\frac{\phi^{-2}}{2\sqrt{5}}$
$w_z(T_2)$	0	0	0	$\frac{\phi^2}{2\sqrt{5}}$	0
$w_a(G)$	0	0	$\frac{1}{\sqrt{3}}$	0	0
$w_x(G)$	$-\sqrt{\frac{2}{15}}$	$\sqrt{\frac{2}{5}}$	0	0	0
$w_y(G)$	0	0	0	0	$-\frac{1}{\sqrt{15}}$
$w_z(G)$	0	0	0	$-\frac{1}{\sqrt{15}}$	0
$w_\theta(H)$	0	0	$-\frac{1}{4}\sqrt{\frac{5}{3}}$	0	0
$w_\epsilon(H)$	0	0	$-\frac{1}{4}\sqrt{5}$	0	0
$w_x(H)$	$-\frac{1}{4}\sqrt{\frac{5}{3}}$	$\frac{1}{4}\sqrt{5}$	0	0	0
$w_y(H)$	0	0	0	0	$\frac{1}{2}\sqrt{\frac{5}{6}}$
$w_z(H)$	0	0	0	$\frac{1}{2}\sqrt{\frac{5}{6}}$	0
$w_\theta(H)$	0	0	$\frac{1}{4}\sqrt{3}$	0	0
$w_\epsilon(H)$	0	0	$\frac{1}{4}$	0	0
$w_x(H)$	$-\frac{1}{4}\sqrt{3}$	$-\frac{1}{4}$	0	0	0
$w_y(H)$	0	0	0	0	$-\frac{1}{2}\sqrt{\frac{3}{2}}$
$w_z(H)$	0	0	0	$\frac{1}{2}\sqrt{\frac{3}{2}}$	0

I, I_h	$u_y(G)u_\theta(H)$	$u_y(G)u_\epsilon(H)$	$u_y(G)u_x(H)$	$u_y(G)u_y(H)$	$u_y(G)u_z(H)$
$w_x(T_1)$	0	0	0	0	$\frac{\phi^{-2}}{2\sqrt{5}}$
$w_y(T_1)$	$\frac{\alpha}{2\sqrt{10}}$	$-\frac{1}{2}\phi^{-1}\sqrt{\frac{3}{10}}$	0	0	0
$w_z(T_1)$	0	0	$\frac{\phi^2}{2\sqrt{5}}$	0	0
$w_x(T_2)$	0	0	0	0	$\frac{\phi^2}{2\sqrt{5}}$
$w_y(T_2)$	$\frac{\alpha}{2\sqrt{10}}$	$\frac{1}{2}\phi\sqrt{\frac{3}{10}}$	0	0	0
$w_z(T_2)$	0	0	$\frac{\phi^{-2}}{2\sqrt{5}}$	0	0
$w_a(G)$	0	0	0	$-\frac{1}{\sqrt{3}}$	0
$w_x(G)$	0	0	0	0	$-\frac{1}{\sqrt{15}}$
$w_y(G)$	$-\sqrt{\frac{2}{15}}$	$-\sqrt{\frac{2}{5}}$	0	0	0
$w_z(G)$	0	0	$-\frac{1}{\sqrt{15}}$	0	0
$w_\theta(H)$	0	0	0	$-\frac{1}{4}\sqrt{\frac{5}{3}}$	0
$w_\epsilon(H)$	0	0	0	$-\frac{1}{4}\sqrt{5}$	0
$w_x(H)$	0	0	0	0	$\frac{1}{2}\sqrt{\frac{5}{6}}$
$w_y(H)$	$-\frac{1}{4}\sqrt{\frac{5}{3}}$	$-\frac{1}{4}\sqrt{5}$	0	0	0
$w_z(H)$	0	0	$\frac{1}{2}\sqrt{\frac{5}{6}}$	0	0
$w_\theta(H)$	0	0	$-\frac{1}{4}\sqrt{3}$	0	0
$w_\epsilon(H)$	0	0	$\frac{1}{4}$	0	0
$w_x(H)$	0	0	0	0	$\frac{1}{2}\sqrt{\frac{3}{2}}$
$w_y(H)$	$\frac{1}{4}\sqrt{3}$	$-\frac{1}{4}$	0	0	0
$w_z(H)$	0	0	$-\frac{1}{2}\sqrt{\frac{3}{2}}$	0	0

I, I_h	$u_z(G)u_\theta(H)$	$u_z(G)u_\epsilon(H)$	$u_z(G)u_x(H)$	$u_z(G)u_y(H)$	$u_z(G)u_z(H)$
$w_x(T_1)$	0	0	0	$\frac{\phi^2}{2\sqrt{5}}$	0
$w_y(T_1)$	0	0	$\frac{\phi^{-2}}{2\sqrt{5}}$	0	0
$w_z(T_1)$	$-\frac{1}{2\sqrt{10}}$	$\frac{1}{2}\sqrt{\frac{3}{2}}$	0	0	0
$w_x(T_2)$	0	0	0	$\frac{\phi^{-2}}{2\sqrt{5}}$	0
$w_y(T_2)$	0	0	$\frac{\phi^2}{2\sqrt{5}}$	0	0
$w_z(T_2)$	$-\frac{1}{2\sqrt{10}}$	$-\frac{1}{2}\sqrt{\frac{3}{2}}$	0	0	0
$w_a(G)$	0	0	0	0	$\frac{1}{\sqrt{3}}$
$w_x(G)$	0	0	0	$-\frac{1}{\sqrt{15}}$	0
$w_y(G)$	0	0	$-\frac{1}{\sqrt{15}}$	0	0
$w_z(G)$	$2\sqrt{\frac{2}{15}}$	0	0	0	0
$w_\theta(H)$	0	0	0	0	$\frac{1}{2}\sqrt{\frac{5}{3}}$
$w_\epsilon(H)$	0	0	0	0	0
$w_x(H)$	0	0	0	$\frac{1}{2}\sqrt{\frac{5}{6}}$	0
$w_y(H)$	0	0	$\frac{1}{2}\sqrt{\frac{5}{6}}$	0	0
$w_z(H)$	$\frac{1}{2}\sqrt{\frac{5}{3}}$	0	0	0	0
$w_\theta(H)$	0	0	0	0	0
$w_\epsilon(H)$	0	0	0	0	$-\frac{1}{2}$
$w_x(H)$	0	0	0	$-\frac{1}{2}\sqrt{\frac{3}{2}}$	0
$w_y(H)$	0	0	$\frac{1}{2}\sqrt{\frac{3}{2}}$	0	0
$w_z(H)$	0	$\frac{1}{2}$	0	0	0

I, I_h	$u_\theta(H)u_\theta(H)$	$u_\theta(H)u_\epsilon(H)$	$u_\theta(H)u_x(H)$	$u_\theta(H)u_y(H)$	$u_\theta(H)u_z(H)$
$w(A)$	$\frac{1}{\sqrt{5}}$	0	0	0	0
$w_x(T_1)$	0	0	$\frac{\phi^2}{2\sqrt{5}}$	0	0
$w_y(T_1)$	0	0	0	$-\frac{\phi^{-2}}{2\sqrt{5}}$	0
$w_z(T_1)$	0	0	0	0	$-\frac{1}{2}$
$w_x(T_2)$	0	0	$\frac{\phi^{-2}}{2\sqrt{5}}$	0	0
$w_y(T_2)$	0	0	0	$-\frac{\phi^2}{2\sqrt{5}}$	0
$w_z(T_2)$	0	0	0	0	$\frac{1}{2}$
$w_a(G)$	$\sqrt{\frac{3}{10}}$	0	0	0	0
$w_x(G)$	0	0	$-\frac{1}{2\sqrt{3}}$	0	0
$w_y(G)$	0	0	0	$-\frac{1}{2\sqrt{3}}$	0
$w_z(G)$	0	0	0	0	$\frac{1}{\sqrt{3}}$
$w_a(G)$	0	$-\frac{1}{\sqrt{2}}$	0	0	0
$w_x(G)$	0	0	$\frac{1}{2}\sqrt{\frac{3}{5}}$	0	0
$w_y(G)$	0	0	0	$-\frac{1}{2}\sqrt{\frac{3}{5}}$	0
$w_z(G)$	0	0	0	0	0
$w_\theta(H)$	$\frac{1}{2}\sqrt{\frac{3}{2}}$	0	0	0	0
$w_\epsilon(H)$	0	$-\frac{1}{2}\sqrt{\frac{3}{2}}$	0	0	0
$w_x(H)$	0	0	$-\frac{1}{2\sqrt{6}}$	0	0
$w_y(H)$	0	0	0	$-\frac{1}{2\sqrt{6}}$	0
$w_z(H)$	0	0	0	0	$\frac{1}{\sqrt{6}}$
$w_\theta(H)$	0	$\frac{1}{2\sqrt{2}}$	0	0	0
$w_\epsilon(H)$	$\frac{1}{2\sqrt{2}}$	0	0	0	0
$w_x(H)$	0	0	$\frac{1}{2}\sqrt{\frac{3}{2}}$	0	0
$w_y(H)$	0	0	0	$-\frac{1}{2}\sqrt{\frac{3}{2}}$	0
$w_z(H)$	0	0	0	0	0

I, I_h	$u_\epsilon(H)u_\theta(H)$	$u_\epsilon(H)u_\epsilon(H)$	$u_\epsilon(H)u_x(H)$	$u_\epsilon(H)u_y(H)$	$u_\epsilon(H)u_z(H)$
$w(A)$	0	$\frac{1}{\sqrt{5}}$	0	0	0
$w_x(T_1)$	0	0	$-\frac{1}{2}\phi^{-1}\sqrt{\frac{3}{5}}$	0	0
$w_y(T_1)$	0	0	0	$\frac{1}{2}\phi\sqrt{\frac{3}{5}}$	0
$w_z(T_1)$	0	0	0	0	$-\frac{1}{2}\sqrt{\frac{3}{5}}$
$w_x(T_2)$	0	0	$\frac{1}{2}\phi\sqrt{\frac{3}{5}}$	0	0
$w_y(T_2)$	0	0	0	$-\frac{1}{2}\phi^{-1}\sqrt{\frac{3}{5}}$	0
$w_z(T_2)$	0	0	0	0	$-\frac{1}{2}\sqrt{\frac{3}{5}}$
$w_a(G)$	0	$\sqrt{\frac{3}{10}}$	0	0	0
$w_x(G)$	0	0	$\frac{1}{2}$	0	0
$w_y(G)$	0	0	0	$-\frac{1}{2}$	0
$w_z(G)$	0	0	0	0	0
$w_a(G)$	$\frac{1}{\sqrt{2}}$	0	0	0	0
$w_x(G)$	0	0	$\frac{1}{2\sqrt{5}}$	0	0
$w_y(G)$	0	0	0	$\frac{1}{2\sqrt{5}}$	0
$w_z(G)$	0	0	0	0	$-\frac{1}{\sqrt{5}}$
$w_\theta(H)$	0	$-\frac{1}{2}\sqrt{\frac{3}{2}}$	0	0	0
$w_\epsilon(H)$	$-\frac{1}{2}\sqrt{\frac{3}{2}}$	0	0	0	0
$w_x(H)$	0	0	$\frac{1}{2\sqrt{2}}$	0	0
$w_y(H)$	0	0	0	$-\frac{1}{2\sqrt{2}}$	0
$w_z(H)$	0	0	0	0	0
$w_\theta(H)$	$\frac{1}{2\sqrt{2}}$	0	0	0	0
$w_\epsilon(H)$	0	$-\frac{1}{2\sqrt{2}}$	0	0	0
$w_x(H)$	0	0	$\frac{1}{2\sqrt{2}}$	0	0
$w_y(H)$	0	0	0	$\frac{1}{2\sqrt{2}}$	0
$w_z(H)$	0	0	0	0	$\frac{1}{\sqrt{2}}$

I, I_h	$u_x(H)u_\theta(H)$	$u_x(H)u_\epsilon(H)$	$u_x(H)u_x(H)$	$u_x(H)u_y(H)$	$u_x(H)u_z(H)$
$w(A)$	0	0	$\frac{1}{\sqrt{5}}$	0	0
$w_x(T_1)$	$-\frac{1}{2}\phi^2\frac{1}{\sqrt{5}}$	$\frac{1}{2}\phi^{-1}\sqrt{\frac{3}{5}}$	0	0	0
$w_y(T_1)$	0	0	0	0	$-\frac{1}{\sqrt{10}}$
$w_z(T_1)$	0	0	0	$\frac{1}{\sqrt{10}}$	0
$w_x(T_2)$	$-\frac{1}{2}\phi^{-2}\frac{1}{\sqrt{5}}$	$\frac{1}{2}\phi\sqrt{\frac{3}{5}}$	0	0	0
$w_y(T_2)$	0	0	0	0	$-\frac{1}{\sqrt{10}}$
$w_z(T_2)$	0	0	0	$\frac{1}{\sqrt{10}}$	0
$w_a(G)$	0	0	$-\sqrt{\frac{2}{15}}$	0	0
$w_x(G)$	$-\frac{1}{2\sqrt{3}}$	$\frac{1}{2}$	0	0	0
$w_y(G)$	0	0	0	0	$\frac{1}{\sqrt{6}}$
$w_z(G)$	0	0	0	$\frac{1}{\sqrt{6}}$	0
$w_a(G)$	0	0	0	0	0
$w_x(G)$	$-\frac{1}{2}\sqrt{\frac{3}{5}}$	$-\frac{1}{2\sqrt{5}}$	0	0	0
$w_y(G)$	0	0	0	0	$\sqrt{\frac{3}{10}}$
$w_z(G)$	0	0	0	$-\sqrt{\frac{3}{10}}$	0
$w_\theta(H)$	0	0	$-\frac{1}{2\sqrt{6}}$	0	0
$w_\epsilon(H)$	0	0	$\frac{1}{2\sqrt{2}}$	0	0
$w_x(H)$	$-\frac{1}{2\sqrt{6}}$	$\frac{1}{2\sqrt{2}}$	0	0	0
$w_y(H)$	0	0	0	0	$-\frac{1}{\sqrt{3}}$
$w_z(H)$	0	0	0	$-\frac{1}{\sqrt{3}}$	0
$w_\theta(H)$	0	0	$\frac{1}{2}\sqrt{\frac{3}{2}}$	0	0
$w_\epsilon(H)$	0	0	$\frac{1}{2\sqrt{2}}$	0	0
$w_x(H)$	$\frac{1}{2}\sqrt{\frac{3}{2}}$	$\frac{1}{2\sqrt{2}}$	0	0	0
$w_y(H)$	0	0	0	0	0
$w_z(H)$	0	0	0	0	0

I, I_h	$u_y(H)u_\theta(H)$	$u_y(H)u_\epsilon(H)$	$u_y(H)u_x(H)$	$u_y(H)u_y(H)$	$u_y(H)u_z(H)$
$w(A)$	0	0	0	$\frac{1}{\sqrt{5}}$	0
$w_x(T_1)$	0	0	0	0	$\frac{1}{\sqrt{10}}$
$w_y(T_1)$	$\phi^{-2}\frac{1}{2\sqrt{5}}$	$-\frac{1}{2}\phi\sqrt{\frac{3}{5}}$	0	0	0
$w_z(T_1)$	0	0	$-\frac{1}{\sqrt{10}}$	0	0
$w_x(T_2)$	0	0	0	0	$\frac{1}{\sqrt{10}}$
$w_y(T_2)$	$\phi^{2}\frac{1}{2\sqrt{5}}$	$\frac{1}{2}\phi^{-1}\sqrt{\frac{3}{5}}$	0	0	0
$w_z(T_2)$	0	0	$-\frac{1}{\sqrt{10}}$	0	0
$w_a(G)$	0	0	0	$-\sqrt{\frac{2}{15}}$	0
$w_x(G)$	0	0	0	0	$\frac{1}{\sqrt{6}}$
$w_y(G)$	$-\frac{1}{2\sqrt{3}}$	$-\frac{1}{2}$	0	0	0
$w_z(G)$	0	0	$\frac{1}{\sqrt{6}}$	0	0
$w_a(G)$	0	0	0	0	0
$w_x(G)$	0	0	0	0	$-\sqrt{\frac{3}{10}}$
$w_y(G)$	$\frac{1}{2}\sqrt{\frac{3}{5}}$	$-\frac{1}{2\sqrt{5}}$	0	0	0
$w_z(G)$	0	0	$\sqrt{\frac{3}{10}}$	0	0
$w_\theta(H)$	0	0	0	$-\frac{1}{2\sqrt{6}}$	0
$w_\epsilon(H)$	0	0	0	$-\frac{1}{2\sqrt{2}}$	0
$w_x(H)$	0	0	0	0	$-\frac{1}{\sqrt{3}}$
$w_y(H)$	$-\frac{1}{2\sqrt{6}}$	$-\frac{1}{2\sqrt{2}}$	0	0	0
$w_z(H)$	0	0	$-\frac{1}{\sqrt{3}}$	0	0
$w_\theta(H)$	0	0	0	$\frac{1}{2}\sqrt{\frac{3}{2}}$	0
$w_\epsilon(H)$	0	0	$\frac{1}{2\sqrt{2}}$	0	0
$w_x(H)$	0	0	0	0	0
$w_y(H)$	$-\frac{1}{2}\sqrt{\frac{3}{2}}$	$\frac{1}{2\sqrt{2}}$	0	0	0
$w_z(H)$	0	0	0	0	0

I, I_h	$u_z(H)u_\theta(H)$	$u_z(H)u_\epsilon(H)$	$u_z(H)u_x(H)$	$u_z(H)u_y(H)$	$u_z(H)u_z(H)$
$w(A)$	0	0	0	0	$\frac{1}{\sqrt{5}}$
$w_x(T_1)$	0	0	0	$-\frac{1}{\sqrt{10}}$	0
$w_y(T_1)$	0	0	$-\frac{1}{\sqrt{10}}$	0	0
$w_z(T_1)$	$\frac{1}{2}$	$\frac{1}{2}\sqrt{\frac{3}{5}}$	0	0	0
$w_x(T_2)$	0	0	0	$-\frac{1}{\sqrt{10}}$	0
$w_y(T_2)$	0	0	$-\frac{1}{\sqrt{10}}$	0	0
$w_z(T_2)$	$-\frac{1}{2}$	$\frac{1}{2}\sqrt{\frac{3}{5}}$	0	0	0
$w_a(G)$	0	0	0	0	$-\sqrt{\frac{2}{15}}$
$w_x(G)$	0	0	0	$\frac{1}{\sqrt{6}}$	0
$w_y(G)$	0	0	$\frac{1}{\sqrt{6}}$	0	0
$w_z(G)$	$\frac{1}{\sqrt{3}}$	0	0	0	0
$w_a(G)$	0	0	0	0	0
$w_x(G)$	0	0	0	$\sqrt{\frac{3}{10}}$	0
$w_y(G)$	0	0	$-\sqrt{\frac{3}{10}}$	0	0
$w_z(G)$	0	$\frac{1}{\sqrt{5}}$	0	0	0
$w_\theta(H)$	0	0	0	0	$\frac{1}{\sqrt{6}}$
$w_\epsilon(H)$	0	0	0	0	0
$w_x(H)$	0	0	0	$-\frac{1}{\sqrt{3}}$	0
$w_y(H)$	0	0	$-\frac{1}{\sqrt{3}}$	0	0
$w_z(H)$	$\frac{1}{\sqrt{6}}$	0	0	0	0
$w_\theta(H)$	0	0	0	0	0
$w_\epsilon(H)$	0	0	0	0	$-\frac{1}{\sqrt{2}}$
$w_x(H)$	0	0	0	0	0
$w_y(H)$	0	0	0	0	0
$w_z(H)$	0	$-\frac{1}{\sqrt{2}}$	0	0	0

F Wigner–Clebsch-Gordan–Koeffizienten

F.1 Allgemeines

Die Wigner-Koeffizienten sind in vielen Büchern tabelliert (z.B. [16, 22]). Dort finden sich auch Tafeln, die die Wigner-Koeffizienten zu halbzahligen Darstellungen wiedergeben, auf deren Wiedergabe in diesem Buch, das sich auf ganzzahlige Darstellungen beschränkt, verzichtet wurde. Den genannten Werken sind auch die nachstehenden Formeln entnommen.
Anhand der Formel (9.82)

$$C(lm,l'm'|LM) = \left[\frac{(l+l'-L)!(l+L-l')!(l'+L-l)!(2L+1)}{(l+l'+L+1)!}\right]^{1/2} \cdot \delta_{M,m+m'} \tag{F.1}$$
$$\cdot\sum_r (-1)^r \frac{[(l+m)!(l-m)!(l'+m')!(l'-m')!(L+M)!(L-M)!]^{1/2}}{(l-m-r)!(L-l'+m+r)!(l'+m'-r)!(L-l-m'+r)!r!(l+l'-L-r)!}$$

sind die Koeffizienten aber auch berechenbar. Die sogenannten Wigner-$3j$-Symbole

$$\begin{pmatrix} l_1 & l_2 & l_3 \\ m_1 & m_2 & m_3 \end{pmatrix} =$$

$$= \delta_{m_1+m_2+m_3=0} \cdot \triangle(l_1,l_2,l_3) \cdot \tag{F.2}$$
$$\cdot \sum_r \frac{(-1)^{l_1-l_2-m_3+r}}{r! \cdot (l_1+l_2-l_3-r)!} \cdot$$
$$\cdot \frac{\sqrt{(l_1+m_1)! \cdot (l_1-m_1)! \cdot (l_2+m_2)! \cdot (l_2-m_2)! \cdot (l_3+m_3)! \cdot (l_3-m_3)!}}{(l_1-m_1-r)! \cdot (l_2+m_2-r)! \cdot (l_3-l_2+m_1+r)! \cdot (l_3-l_1-m_2+r)!}$$

$$= \delta_{m_1+m_2+m_3=0} \cdot \triangle(l_1,l_2,l_2) \cdot \tag{F.3}$$
$$\cdot \sqrt{\frac{(l_3+m_3)! \cdot (l_3-m_3)!}{(l_1+m_1)! \cdot (l_1-m_1)! \cdot (l_2+m_2)! \cdot (l_2-m_2)!}} \cdot$$
$$\cdot \sum_z (-1)^{l_2+m_2+z} \cdot \frac{(l_2+l_3+m_1-z)! \cdot (l_1-m_1+z)!}{z! \cdot (-l_1+l_2+l_3-z)! \cdot (l_3-m_3-z)! \cdot (l_1-l_2+m_3+z)!}$$

$$= \delta_{m_1+m_2+m_3=0} \cdot (-1)^{l_1-l_2-m_3} \cdot \triangle(l_1,l_2,l_3) \cdot \tag{F.4}$$
$$\cdot \sqrt{(l_1+m_1)! \cdot (l_1-m_1)! \cdot (l_2+m_2)! \cdot (l_2-m_2)! \cdot (l_3+m_3)! \cdot (l_3-m_3)!} \cdot$$
$$\cdot \sum_t (-1)^t \frac{1}{t! \cdot (l_1+l_2-l_3-t)!} \cdot$$
$$\cdot \frac{1}{\sqrt{(l_3-l_2+t+m_1)! \cdot (l_3-l_1+t-m_2)! \cdot (l_1-t-m_1)! \cdot (l_2-t+m_2)!}}$$

mit

$$\triangle(l_1,l_2,l_3) = \sqrt{\frac{(l_1+l_2-l_3)! \cdot (l_1-l_2+l_3)! \cdot (-l_1+l_2+l_3)!}{(l_1+l_2+l_3+1)!}} \tag{F.5}$$

$$|l_1-l_2| \leq l_3 \leq l_1+l_2 \tag{F.6}$$

hängen mit den Wigner-Koeffizienten über

$$C(lm,l'm'|LM) = (-1)^{l-l'+M} \cdot \sqrt{2L+1} \cdot \begin{pmatrix} l & l' & L \\ m & m' & -M \end{pmatrix} \quad \text{(F.7)}$$

zusammen. Der Vorteil der Wigner-$3j$-Symbole liegt in der Symmetrie der Variablen. Die Formel (F.4) nennt man auch Racah-Formel.
Eine weitere symmetrisierte Form stellen die Racah-Koeffizienten dar

$$\begin{aligned} V(l_1\, l_2\, l_3\, ,m_1\, m_2\, m_3) &= (-1)^{l_3-m_3} \frac{1}{\sqrt{2l_3+1}} \cdot C(l_1\, m_1\, ,\, l_2\, m_2 | l_3\, -m_3) && \text{(F.8)} \\ &= (-1)^{l_1-l_2-l_3} \cdot \begin{pmatrix} l_1 & l_2 & l_3 \\ m_1 & m_2 & m_3 \end{pmatrix} && \text{(F.9)} \end{aligned}$$

Die Wigner-Koeffizienten sind reell[1] und somit auch die anderen Symbole

$$\begin{aligned} \left[C(l\, m\, ,\, l'\, m'|L\, M)\right]^* &= C(l\, m\, ,\, l'\, m'|L\, M) && \text{(F.12)} \\ \left[\begin{pmatrix} l_1 & l_2 & l_3 \\ m_1 & m_2 & m_3 \end{pmatrix}\right]^* &= \begin{pmatrix} l_1 & l_2 & l_3 \\ m_1 & m_2 & m_3 \end{pmatrix} && \text{(F.13)} \\ \left[V(l_1\, l_2\, l_3\, ,m_1\, m_2\, m_3)\right]^* &= V(l_1\, l_2\, l_3\, ,m_1\, m_2\, m_3) && \text{(F.14)} \end{aligned}$$

Auch für die Wigner-Koeffizienten gelten Vollständigkeits- und Orthonormalbeziehungen:

$$\sum_{L=|l-l'|}^{l+l'} \sum_{M=-L}^{L} C(l\, m\, ,\, l'\, m'|L\, M) \cdot C(l\, m''\, ,\, l'\, m'''|L\, M) = \delta_{m,m''} \cdot \delta_{m',m'''} \quad \text{(F.15)}$$

$$\text{mit} \quad -l \leq m \leq l, -l' \leq m' \leq l'$$

$$\sum_{m=-l}^{l} \sum_{m'=-l'}^{l'} C(l\, m\, ,\, l'\, m'|L\, M) \cdot C(l\, m\, ,\, l'\, m'|L'\, M') = \delta_{L,L'} \cdot \delta_{M,M'} \quad \text{(F.16)}$$

$$\text{mit} \quad |l-l'| \leq L \leq l+l', -L \leq M \leq L$$

und die Auswahlregeln:

$$\begin{aligned} m+m' &= M && \text{(F.17)} \\ |l-l'| \leq L &\leq l+l' \quad \text{(Dreiecksungleichung)} && \text{(F.18)} \end{aligned}$$

sonst $C(l\, m\, ,\, l'\, m'|L\, M) = 0$, bzw. für die $3j$-Symbole

$$\sum_{j_3=|j_1-j_2|}^{j_1+j_2} \sum_{m_3=-j_3}^{j_3} (2j_3+1) \cdot \begin{pmatrix} l_1 & l_2 & l_3 \\ m_1 & m_2 & m_3 \end{pmatrix} \begin{pmatrix} l_1 & l_2 & l_3 \\ m_1' & m_2' & m_3 \end{pmatrix} = \delta_{m_1,m_1'} \cdot \delta_{m_2,m_2'} \quad \text{(F.19)}$$

$$\sum_{m_1=-j_1}^{j_1} \sum_{m_2=-j_2}^{j_2} \begin{pmatrix} l_1 & l_2 & l_3 \\ m_1 & m_2 & m_3 \end{pmatrix} \begin{pmatrix} l_1 & l_2 & l_3' \\ m_1 & m_2 & m_3' \end{pmatrix} = \frac{1}{2l_3+1} \delta_{l_3,l_3'} \cdot \delta_{m_3,m_3'} \quad \text{(F.20)}$$

[1] Phasenkonvention (siehe [38]):
Für $|l_i m_i\rangle \in \{|lm\rangle, |l'm'\rangle, |LM\rangle\}$ gilt:

$$(l_i)_\pm |l_i m_i\rangle = \sqrt{l_i(l_i+1) - m_i(m_i+1)}\, |l_i\, m_i \pm 1\rangle \quad \text{(F.10)}$$

und

$$C(l\, l\, ,\, l'\, L-l|L\, L) > 0 \text{ und reell} \quad \text{(F.11)}$$

und die Auswahlregeln:

$$m_1+m_2+m_3 \quad = \quad 0 \tag{F.21}$$

$$|l_1-l_2| \quad \leq l_3 \leq \quad l_1+l_2 \qquad \text{(Dreiecksungleichung)} \tag{F.22}$$

sonst $\begin{pmatrix} l_1 & l_2 & l_3 \\ m_1 & m_2 & m_3 \end{pmatrix} = 0.$

Es existieren einige Symmetriebeziehungen:

$$\begin{pmatrix} l_1 & l_2 & l_3 \\ m_1 & m_2 & m_3 \end{pmatrix} = \begin{pmatrix} l_2 & l_3 & l_1 \\ m_2 & m_3 & m_1 \end{pmatrix} = \begin{pmatrix} l_3 & l_1 & l_2 \\ m_3 & m_1 & m_2 \end{pmatrix} \tag{F.23}$$

$$\begin{pmatrix} l_2 & l_1 & l_3 \\ m_2 & m_1 & m_3 \end{pmatrix} = (-1)^{l_1+l_2+l_3} \cdot \begin{pmatrix} l_1 & l_2 & l_3 \\ m_1 & m_2 & m_3 \end{pmatrix} \tag{F.24}$$

$$\begin{pmatrix} l_1 & l_2 & l_3 \\ -m_1 & -m_2 & -m_3 \end{pmatrix} = (-1)^{l_1+l_2+l_3} \cdot \begin{pmatrix} l_1 & l_2 & l_3 \\ m_1 & m_2 & m_3 \end{pmatrix} \tag{F.25}$$

bzw.

$$C(l\,m\,,l'\,m'|L\,M) = (-1)^{l+l'-L} \cdot C(l'\,m'\,,l\,m|L\,M) \tag{F.26}$$

$$= (-1)^{l+l'-L} \cdot C(l\,-m\,,l'\,-m'|L\,-M) \tag{F.27}$$

$$= (-1)^{l'+m'} \cdot \sqrt{\frac{2L+1}{2l+1}} \cdot C(L\,-M\,,l'\,m'|l\,-m) \tag{F.28}$$

$$= (-1)^{l-L+m'} \cdot \sqrt{\frac{2L+1}{2l+1}} \cdot C(L\,M\,,l'\,-m'|l\,m) \tag{F.29}$$

$$= (-1)^{l_2-L-m} \cdot \sqrt{\frac{2L+1}{2l'+1}} \cdot C(l\,-m\,,L\,M|l'\,m') \tag{F.30}$$

$$C(l\,m\,,2l'\,m'|l\,m+m') = C(l\,-m\,,2l'\,-m'|l\,-m-m') \tag{F.31}$$

$$C(l\,m+m'\,,2l'\,-m'|l\,m) = C(l\,-m-m'\,,2l'\,m'|l\,-m) \tag{F.32}$$

$$= (-1)^{m'} \cdot C(l\,m\,,2l'\,m'|l\,m+m') \tag{F.33}$$

Ebenso besitzten einige Parameterkonstellationen einfache Gestalt:

$$\begin{pmatrix} l_1 & l_2 & 0 \\ m_1 & m_2 & 0 \end{pmatrix} = \frac{(-1)^{l_1-m_1}}{\sqrt{2l_1+1}} \cdot \delta_{l_1,l_2} \cdot \delta_{m_1,-m_2} \tag{F.34}$$

$$\begin{pmatrix} l & l & 0 \\ m & -m & 0 \end{pmatrix} = \frac{(-1)^{l-m}}{\sqrt{2l+1}} \tag{F.35}$$

$$\begin{pmatrix} l_1 & l_2 & l_3 \\ 0 & 0 & 0 \end{pmatrix} = (-1)^g \cdot \triangle(l_1,l_2,l_3) \cdot \frac{g!}{(g-l_1)! \cdot (g-l_2)! \cdot (g-l_3)!} \cdot \delta_{2g=l_1+l_2+l_3 \text{ gerade}} \tag{F.36}$$

und

$$C(l_1\,l_1\,,l_2\,l_2|l_1+l_2\,l_1+l_2) = 1 \tag{F.37}$$

$$C(L\,M\,,0\,0|LM) = 1 \tag{F.38}$$

$$\sum_M C(L\,M\,,l\,m|L\,M+m)C(L\,M\,,l'\,m|L\,M+m) = \frac{2L+1}{2l+1} \cdot \delta_{l,l'} \tag{F.39}$$

$$C(l\,m\,,\,l'\,m'|l+l'\,m+m') \quad = \quad \sqrt{\frac{(2l)!(2l')!}{(2(l+l'))!}}\sqrt{\frac{(l+l'+m+m')!(l+l'-m-m')!}{(l+m)!(l-m)!(l'+m')!(l'-m')!}} \tag{F.40}$$

Falls $m = \pm l$ oder $m' = \pm l'$ oder $M = \pm L$ und mit $m + m' = L$:

$$C(l\,m\,,\,l'\,m'|L\,L) = C(l'\,-m'\,,\,l\,-m|L\,-L) = \tag{F.41}$$

$$= \quad (-1)^{l-m}\sqrt{\frac{(2L+1)!(l+l'-L)!}{(l+l'+L+1)!(L+l-l')!(L+l'-l)!}}\cdot\sqrt{\frac{(l+m)!(l'+m')!}{(l-m)!(l'-m')!}}$$

Bedeutung haben die $3j$-Symbole auch im Zusammenhang mit Kugelflächenfunktionen:

$$\int d\vartheta d\varphi\, Y_{l_1,m_1}(\vartheta,\varphi)\, Y_{l_2,m_2}(\vartheta,\varphi)\, Y_{l_3,m_3}(\vartheta,\varphi) = \tag{F.42}$$

$$= \quad \sqrt{\frac{(2l_1+1)(2l_2+1)(2l_3+1)}{4\pi}}\cdot\begin{pmatrix} l_1 & l_2 & l_3 \\ 0 & 0 & 0 \end{pmatrix}\begin{pmatrix} l_1 & l_2 & l_3 \\ m_1 & m_2 & m_3 \end{pmatrix}$$

$$Y_{l,m}(\vartheta,\varphi)\cdot Y_{l',m'}(\vartheta,\varphi) = \tag{F.43}$$

$$= \quad \sum_{L=|l-l'|}^{l+l'}\sum_{M=-L}^{L}\sqrt{\frac{(2l+1)(2l'+1)}{4\pi(2L+1)}}\cdot\begin{pmatrix} l_1 & l_2 & l_3 \\ 0 & 0 & 0 \end{pmatrix}\begin{pmatrix} l_1 & l_2 & l_3 \\ m_1 & m_2 & m_3 \end{pmatrix}$$

$$\cdot C(l\,0\,,\,l'\,0|L\,0)C(l\,m\,,\,l'\,m'|L\,M)\cdot Y_{L,M}(\vartheta,\varphi) \tag{F.44}$$

$$= \quad \sum_{L=|l-l'|}^{l+l'}\sum_{M=-L}^{L}(-1)^M\sqrt{\frac{(2l+1)(2l'+1)(2L+1)}{4\pi}}\cdot \tag{F.45}$$

$$\cdot\begin{pmatrix} l & l' & L \\ 0 & 0 & 0 \end{pmatrix}\begin{pmatrix} l & l' & L \\ m & m' & M \end{pmatrix}\cdot Y_{L,-M}(\vartheta,\varphi)$$

Die Berechnung der Wigner-Koeffizienten kann über folgende Rekursionsformeln erfolgen:

- $$\sqrt{L(L+1)-M(M\pm 1)}C(l\,m\,,\,l'\,m'|L\,M) = \tag{F.46}$$
  $$= \quad \sqrt{l(l+1)-m(m\pm 1)}\cdot C(l\,m\pm 1\,,\,l'\,m'|l\,M\pm 1)$$
  $$+\sqrt{l(l+1)-M(M\pm 1)}\cdot C(l\,m\,,\,l'\,m'\pm 1|l\,M\pm 1)$$

- $$A_0\cdot C(l\,m\,,\,l'\,m'|L\,M) = \tag{F.47}$$
  $$A_+\cdot C(l\,m\,,\,l'\,m'|L+1\,M) + A_-\cdot C(l\,m\,,\,l'\,m'|L-1\,M) \tag{F.48}$$

  mit

  $$M \quad = \quad m+m' \tag{F.49}$$
  $$A_0 \quad = \quad m-m'+M\frac{l'(l'+1)-l(l+1)}{L(L+1)} \tag{F.50}$$
  $$A_+ \quad = \quad f(L+1) \tag{F.51}$$
  $$A_- \quad = \quad f(L) \tag{F.52}$$
  $$f(x) = \quad \sqrt{x^2-M^2}\sqrt{\frac{((l+l'+1)^2-x^2)\cdot(x^2-(l-l')^2)}{4x^2(2x-1)(2x+1)}} \tag{F.53}$$

Formeln für die Kopplung von vier oder fünf Spins ($\rightarrow$ $6j$- und $9j$-Symbole) findet man in [38].

F.2 Tafeln der Wigner–Clebsch-Gordan–Koeffizienten

In den nachstehenden Tafeln ist die durch die Formel (9.79) definierte Bezeichnungsweise gewählt:

$$u_{l,m}v_{l',m'} = \sum_{L=|l-l'|}^{l+l'} \sum_{M=-L}^{L} C(lm,l'm'|LM)\cdot w_{L,M} \tag{F.54}$$

F.2.1 Tafel für $D_1 \times D_1$

$D_1 \times D_1$	$u_{1,1}\,v_{1,1}$	$u_{1,1}\,v_{1,0}$	$u_{1,0}\,v_{1,1}$	$u_{1,1}\,v_{1,-1}$	$u_{1,0}\,v_{1,0}$	$u_{1,-1}\,v_{1,1}$	$u_{1,0}\,v_{1,-1}$	$u_{1,-1}\,v_{1,0}$	$u_{1,-1}\,v_{1,-1}$
$w_{2,2}$	1								
$w_{2,1}$		$\sqrt{\frac{1}{2}}$	$\sqrt{\frac{1}{2}}$						
$w_{1,1}$		$\sqrt{\frac{1}{2}}$	$-\sqrt{\frac{1}{2}}$						
$w_{2,0}$				$\sqrt{\frac{1}{6}}$	$\sqrt{\frac{2}{3}}$	$\sqrt{\frac{1}{6}}$			
$w_{1,0}$				$\sqrt{\frac{1}{2}}$	0	$-\sqrt{\frac{1}{2}}$			
$w_{0,0}$				$\sqrt{\frac{1}{3}}$	$-\sqrt{\frac{1}{3}}$	$\sqrt{\frac{1}{3}}$			
$w_{2,-1}$							$\sqrt{\frac{1}{2}}$	$\sqrt{\frac{1}{2}}$	
$w_{1,-1}$							$\sqrt{\frac{1}{2}}$	$-\sqrt{\frac{1}{2}}$	
$w_{2,-2}$									1

F.2.2 Tafel für $D_1 \times D_2$

$D_1 \times D_2$	$u_{2,2}\,v_{1,1}$	$u_{2,2}\,v_{1,0}$	$u_{2,1}\,v_{1,1}$	$u_{2,2}\,v_{1,-1}$	$u_{2,1}\,v_{1,0}$	$u_{2,0}\,v_{1,1}$	$u_{2,1}\,v_{1,-1}$	$u_{2,0}\,v_{1,0}$	$u_{2,-1}\,v_{1,1}$	$u_{2,0}\,v_{1,-1}$	$u_{2,-1}\,v_{1,0}$	$u_{2,-2}\,v_{1,1}$	$u_{2,-1}\,v_{1,-1}$	$u_{2,-2}\,v_{1,0}$	$u_{2,-2}\,v_{1,-1}$
$w_{3,3}$	1														
$w_{3,2}$		$\sqrt{\frac{1}{3}}$	$\sqrt{\frac{2}{3}}$												
$w_{2,2}$		$\sqrt{\frac{2}{3}}$	$-\sqrt{\frac{1}{3}}$												
$w_{3,1}$				$\sqrt{\frac{1}{15}}$	$\sqrt{\frac{8}{15}}$	$\sqrt{\frac{6}{15}}$									
$w_{2,1}$				$\sqrt{\frac{1}{3}}$	$\sqrt{\frac{1}{6}}$	$-\sqrt{\frac{1}{2}}$									
$w_{1,1}$				$\sqrt{\frac{3}{5}}$	$-\sqrt{\frac{3}{10}}$	$\sqrt{\frac{1}{10}}$									
$w_{3,0}$							$\sqrt{\frac{1}{5}}$	$\sqrt{\frac{3}{5}}$	$\sqrt{\frac{1}{5}}$						
$w_{2,0}$							$\sqrt{\frac{1}{2}}$	0	$-\sqrt{\frac{1}{2}}$						
$w_{1,0}$							$\sqrt{\frac{3}{10}}$	$-\sqrt{\frac{2}{5}}$	$\sqrt{\frac{3}{10}}$						
$w_{3,-1}$										$\sqrt{\frac{6}{15}}$	$\sqrt{\frac{8}{15}}$	$\sqrt{\frac{1}{15}}$			
$w_{2,-1}$										$\sqrt{\frac{1}{2}}$	$-\sqrt{\frac{1}{6}}$	$-\sqrt{\frac{1}{3}}$			
$w_{1,-1}$										$\sqrt{\frac{1}{10}}$	$-\sqrt{\frac{3}{10}}$	$\sqrt{\frac{3}{5}}$			
$w_{3,-2}$													$\sqrt{\frac{2}{3}}$	$\sqrt{\frac{1}{3}}$	
$w_{2,-2}$													$\sqrt{\frac{1}{3}}$	$-\sqrt{\frac{2}{3}}$	
$w_{3,-3}$															1

F.2.3 Tafel für $D_1 \times D_3$

$D_1 \times D_3$ (*a*)	$u_{3,3}\,v_{1,1}$	$u_{3,3}\,v_{1,0}$	$u_{3,2}\,v_{1,1}$	$u_{3,3}\,v_{1,-1}$	$u_{3,2}\,v_{1,0}$	$u_{3,1}\,v_{1,1}$	$u_{3,2}\,v_{1,-1}$	$u_{3,1}\,v_{1,0}$	$u_{3,0}\,v_{1,1}$	$u_{3,1}\,v_{1,-1}$	$u_{3,0}\,v_{1,0}$	$u_{3,-1}\,v_{1,1}$
$w_{4,4}$	1											
$w_{4,3}$		$\sqrt{\frac{1}{4}}$	$\sqrt{\frac{3}{4}}$									
$w_{3,3}$		$\sqrt{\frac{3}{4}}$	$-\sqrt{\frac{1}{4}}$									
$w_{4,2}$				$\sqrt{\frac{1}{28}}$	$\sqrt{\frac{3}{7}}$	$\sqrt{\frac{15}{28}}$						
$w_{3,2}$				$\sqrt{\frac{1}{4}}$	$\sqrt{\frac{1}{3}}$	$-\sqrt{\frac{5}{12}}$						
$w_{2,2}$				$\sqrt{\frac{5}{7}}$	$-\sqrt{\frac{5}{21}}$	$\sqrt{\frac{1}{21}}$						
$w_{4,1}$							$\sqrt{\frac{3}{28}}$	$\sqrt{\frac{15}{28}}$	$\sqrt{\frac{10}{28}}$			
$w_{3,1}$							$\sqrt{\frac{5}{12}}$	$\sqrt{\frac{1}{12}}$	$-\sqrt{\frac{6}{12}}$			
$w_{2,1}$							$\sqrt{\frac{10}{21}}$	$-\sqrt{\frac{8}{21}}$	$\sqrt{\frac{3}{21}}$			
$w_{4,0}$										$\sqrt{\frac{3}{14}}$	$\sqrt{\frac{8}{14}}$	$\sqrt{\frac{3}{14}}$
$w_{3,0}$										$\sqrt{\frac{1}{2}}$	0	$-\sqrt{\frac{1}{2}}$
$w_{2,0}$										$\sqrt{\frac{2}{7}}$	$-\sqrt{\frac{3}{7}}$	$\sqrt{\frac{2}{7}}$

$D_1 \times D_3$ (*b*)	$u_{3,0}\, v_{1,-1}$	$u_{3,-1}\, v_{1,0}$	$u_{3,-2}\, v_{1,1}$	$u_{3,-1}\, v_{1,-1}$	$u_{3,-2}\, v_{1,0}$	$u_{3,-3}\, v_{1,1}$	$u_{3,-2}\, v_{1,-1}$	$u_{3,-2}\, v_{1,0}$	$u_{3,-2}\, v_{1,-1}$
$w_{4,-1}$	$\sqrt{\frac{10}{28}}$	$\sqrt{\frac{15}{28}}$	$\sqrt{\frac{3}{28}}$						
$w_{3,-1}$	$\sqrt{\frac{6}{12}}$	$-\sqrt{\frac{1}{12}}$	$-\sqrt{\frac{5}{12}}$						
$w_{2,-1}$	$\sqrt{\frac{3}{21}}$	$-\sqrt{\frac{8}{21}}$	$-\sqrt{\frac{10}{21}}$						
$w_{4,-2}$				$\sqrt{\frac{15}{28}}$	$\sqrt{\frac{3}{7}}$	$\sqrt{\frac{1}{28}}$			
$w_{3,-2}$				$\sqrt{\frac{5}{12}}$	$-\sqrt{\frac{1}{2}}$	$-\sqrt{\frac{1}{4}}$			
$w_{2,-2}$				$\sqrt{\frac{1}{21}}$	$-\sqrt{\frac{5}{21}}$	$\sqrt{\frac{5}{7}}$			
$w_{4,-3}$							$\sqrt{\frac{3}{4}}$	$\sqrt{\frac{1}{4}}$	
$w_{3,-3}$							$\sqrt{\frac{1}{4}}$	$-\sqrt{\frac{3}{4}}$	
$w_{4,-4}$									1

F.2.4 Tafel für $D_2 \times D_2$

$D_2 \times D_2$ (*a*)	$u_{2,2}\,v_{2,2}$	$u_{2,2}\,v_{2,1}$	$u_{2,1}\,v_{2,2}$	$u_{2,2}\,v_{2,0}$	$u_{2,1}\,v_{2,1}$	$u_{2,0}\,v_{2,2}$	$u_{2,2}\,v_{2,-1}$	$u_{2,1}\,v_{2,0}$	$u_{2,0}\,v_{2,1}$	$u_{2,-1}\,v_{2,2}$	$u_{2,2}\,v_{2,-2}$	$u_{2,1}\,v_{2,-1}$	$u_{2,0}\,v_{2,0}$	$u_{2,-1}\,v_{2,1}$	$u_{2,-2}\,v_{2,2}$
$w_{4,4}$	1														
$w_{4,3}$		$\sqrt{\frac{1}{2}}$	$\sqrt{\frac{1}{2}}$												
$w_{3,3}$		$\sqrt{\frac{1}{2}}$	$-\sqrt{\frac{1}{2}}$												
$w_{4,2}$				$\sqrt{\frac{3}{14}}$	$\sqrt{\frac{3}{14}}$	$\sqrt{\frac{3}{14}}$									
$w_{3,2}$				$\sqrt{\frac{1}{2}}$	0	$-\sqrt{\frac{1}{2}}$									
$w_{2,2}$				$\sqrt{\frac{2}{7}}$	$-\sqrt{\frac{3}{7}}$	$\sqrt{\frac{2}{7}}$									
$w_{4,1}$							$\sqrt{\frac{1}{14}}$	$\sqrt{\frac{6}{14}}$	$\sqrt{\frac{6}{14}}$	$\sqrt{\frac{1}{14}}$					
$w_{3,1}$							$\sqrt{\frac{3}{10}}$	$\sqrt{\frac{2}{10}}$	$-\sqrt{\frac{2}{10}}$	$-\sqrt{\frac{3}{10}}$					
$w_{2,1}$							$\sqrt{\frac{6}{14}}$	$-\sqrt{\frac{1}{14}}$	$-\sqrt{\frac{1}{14}}$	$\sqrt{\frac{6}{14}}$					
$w_{1,1}$							$\sqrt{\frac{2}{10}}$	$-\sqrt{\frac{3}{10}}$	$\sqrt{\frac{3}{10}}$	$-\sqrt{\frac{2}{10}}$					
$w_{4,0}$											$\sqrt{\frac{1}{70}}$	$\sqrt{\frac{16}{70}}$	$\sqrt{\frac{36}{70}}$	$\sqrt{\frac{16}{70}}$	$\sqrt{\frac{1}{70}}$
$w_{3,0}$											$\sqrt{\frac{1}{10}}$	$\sqrt{\frac{4}{10}}$	0	$-\sqrt{\frac{4}{10}}$	$-\sqrt{\frac{1}{10}}$
$w_{2,0}$											$\sqrt{\frac{4}{14}}$	$\sqrt{\frac{1}{14}}$	$-\sqrt{\frac{4}{14}}$	$\sqrt{\frac{1}{14}}$	$\sqrt{\frac{4}{14}}$
$w_{1,0}$											$\sqrt{\frac{4}{10}}$	$-\sqrt{\frac{1}{10}}$	0	$\sqrt{\frac{1}{10}}$	$-\sqrt{\frac{4}{10}}$
$w_{0,0}$											$\sqrt{\frac{1}{5}}$	$-\sqrt{\frac{1}{5}}$	$\sqrt{\frac{1}{5}}$	$-\sqrt{\frac{1}{5}}$	$\sqrt{\frac{1}{5}}$

$D_2 \times D_2\ (b)$	$u_{2,1}\ v_{2,-2}$	$u_{2,0}\ v_{2,-1}$	$u_{2,-1}\ v_{2,0}$	$u_{2,-2}\ v_{2,1}$	$u_{2,0}\ v_{2,-2}$	$u_{2,-1}\ v_{2,-1}$	$u_{2,-2}\ v_{2,0}$	$u_{2,-1}\ v_{2,-2}$	$u_{2,-2}\ v_{2,-1}$	$u_{2,-2}\ v_{2,-2}$
$w_{4,-1}$	$\sqrt{\frac{1}{14}}$	$\sqrt{\frac{6}{14}}$	$\sqrt{\frac{6}{14}}$	$\sqrt{\frac{1}{14}}$						
$w_{3,-1}$	$\sqrt{\frac{3}{10}}$	$\sqrt{\frac{2}{10}}$	$-\sqrt{\frac{2}{10}}$	$-\sqrt{\frac{3}{10}}$						
$w_{2,-1}$	$\sqrt{\frac{6}{14}}$	$-\sqrt{\frac{1}{14}}$	$-\sqrt{\frac{1}{14}}$	$\sqrt{\frac{6}{14}}$						
$w_{1,-1}$	$\sqrt{\frac{2}{10}}$	$-\sqrt{\frac{3}{10}}$	$\sqrt{\frac{3}{10}}$	$-\sqrt{\frac{2}{10}}$						
$w_{4,-2}$					$\sqrt{\frac{3}{14}}$	$\sqrt{\frac{8}{14}}$	$\sqrt{\frac{3}{14}}$			
$w_{3,-2}$					$\sqrt{\frac{1}{2}}$	0	$-\sqrt{\frac{1}{2}}$			
$w_{2,-2}$					$\sqrt{\frac{2}{7}}$	$-\sqrt{\frac{3}{7}}$	$\sqrt{\frac{2}{7}}$			
$w_{4,-3}$								$\sqrt{\frac{1}{2}}$	$\sqrt{\frac{1}{2}}$	
$w_{3,-3}$								$\sqrt{\frac{1}{2}}$	$-\sqrt{\frac{1}{2}}$	
$w_{4,-4}$										1

G Optische Aktivität, Piezoelektrizität und Pyroelektrizität

Die Möglichkeit des Auftretens des Effekts der Optischen Aktivität, der Piezoelektrizität und der Pyroelektrizität wird durch die Symmetrieeigenschaften der Punktgruppe des Systems bestimmt. Hierzu ist der Begriff der Enantiomorphie wichtig: Punktgruppen, die nur Drehachsen enthalten, nennt man dissymmetrisch oder chiral. Dies sind also C_n $(n = 2, \ldots)$, D_n sowie T und O. Bei der Punktgruppe C_1 spricht man von einer asymmetrischen Punktgruppe. Bei asymmetrischen und dissymetrischen Molekülen und Kristallen können diese nicht mit ihren Spiegelbildern durch Drehungen zur Deckung gebracht werden. Bild und Spiegelbild verhalten sich „enantiomorph“ [1].

- Optische Aktivität:
  Unter optischer Aktivität versteht man die Eigenschaft eines Stoffes, die Polarisationsebene von Licht zu drehen. Beim Festkörper bilden optisch aktive Kristalle enantiomorphe Kristalle und die Kristallstrukturen verhalten sich spiegelbildlich. Asymmetrische und dissymmetrische Moleküle in Lösungen und Moleküle in Kristallen können optisch aktiv sein. Optische Aktivität kann in den gleichen Punktgruppen vorkommen, in denen auch Enantiomorphie auftritt. Bei Inversionssymmetrie kann keine optische Aktivität auftreten.

- Piezoelektrizität:
  Das Auftreten von Ladungen an den Grenzflächen bestimmter Kristalle, wenn diese durch mechanische Kräfte deformiert werden, nennt man den piezoelektrischen Effekt. Der Piezoeffekt ist umkehrbar: Ein elektrisches Feld führt zur mechanischen Verformung (Elektrostriktion). Da die elasto-elektrische Kopplung eine lineare Funktion des elektrischen Feldes und eine quadratische Funktion des elastischen Auslenkungsfeldes ist, kann der Effekt nur bei Kristallen vorkommen, die keine Inversionssymmetrie haben. Näheres hierzu siehe Kapitel 8.7.

- Pyroelektrizität:
  Dieses Phänomen tritt auf, wenn der Kristall ein permanentes Dipolmoment zeigt. Dieses wird meist durch atomare oder molekulare Oberflächenanlagerungen maskiert, die jedoch durch die Temperatur verändert werden, so daß man im Experiment ein mit der Temperatur veränderliches Dipolmoment mißt. Viele pyroelektrischen Kristalle (aber nicht alle) zeigen das Phänomen der Ferroelektrizität. Damit im Kristall eine permanente Polarisation existieren kann, muß ihr (polarer) Richtungsvektor von den Gruppenoperationen unberührt bleiben. D.h. die kartesische Koordinate z in Richtung der Polarisationsachse muß zur Einsdarstellung der Gruppe gehören.

Die folgende Tabelle G.1 stellt die Punktgruppen und das Auftreten obiger Eigenschaften zusammen.

[1] Eine gute Veranschaulichung enantiomorpher Paare findet man bei L. TARASOW, *Symmetrie, Symmetrie!*, Spektrum Akad. Verlag, Heidelberg, 1993

Tabelle G.1
Punktgruppen und physikalische Eigenschaften (nach: [4], S. 123ff)

Kristallsystem	Punktgruppe	Enantiomorphie	optische Aktivität	Piezoelektrizität	Pyroelektrizität	Laue-Gruppe
triklin $a \neq b \neq c \neq a$ $\alpha \neq \beta \neq \gamma \neq \alpha$ $\alpha, \beta, \gamma \neq 90°$	C_1	+	+	+	+	$\bar{1}$
	C_i					
monoklin $a \neq b \neq c \neq a$ $\alpha = \gamma = 90°$ $\beta > \gamma = 90°$	C_2	+	+	+	+	$2/m$
	C_s		(+)	+	+	
	C_{2h}					
orthorhombisch $a \neq b \neq c \neq a$ $\alpha = \beta = \gamma = 90°$	D_2	+	+	+		mmm
	C_{2v}		(+)	+	+	
	D_{2h}					
tetragonal $a = b \neq c$ $\alpha = \beta = \gamma = 90°$	C_4	+	+	+	+	$4/m$
	S_4		(+)	+		
	C_{4h}					
	D_4	+	+	+		$4/mmm$
	C_{4v}			+	+	
	D_{2d}		(+)	+		
	D_{4h}					
trigonal $a = b \neq c$ $\alpha = \beta = 90°$ $\gamma = 120°$	C_3	+	+	+	+	$\bar{3}$
	C_{3i}					
	D_3	+	+	+		$\bar{3}m$
	C_{3v}			+	+	
	D_{3d}					
hexagonal $a = b \neq c$ $\alpha = \beta = 90°$ $\gamma = 120°$	C_6	+	+	+	+	$6/m$
	C_{3h}			+		
	C_{6h}					
	D_6	+	+	+		$6/mmm$
	C_{6v}			+	+	
	D_{3h}			+		
	D_{6h}					
kubisch $a = b = c$ $\alpha = \beta = \gamma = 90°$	T	+	+	+		$m\bar{3}$
	T_h					
	O	+	+			$m\bar{3}m$
	T_d			+		
	O_h					

H Bravais-Gitter und Kristallsysteme

H.1 Bravais-Gitter und Translationsgruppen

Die atomaren Bausteine (Atome, Ionen, Moleküle) eines Kristalls bilden eine reguläre periodische Struktur, die wir als unendlich betrachten. Insbesondere können wir mathematisch zunächst ein Punktgitter betrachten, daß durch periodische Fortsetzung eines beliebig herausgegriffenen atomaren Bausteins entsteht. Dieses *fundamentale Translationsgitter* nennt man das *primitive Gitter* oder *Bravais-Gitter*. Seine Symmetriegruppe ist die *Translationsgruppe* T (siehe Kapitel 10), deren Translationsoperationen den Gitterpunkten zugeordnet werden können, die sich ihrerseits als Überlagerung von Multiplen der drei Basisvektoren $\vec{a}$, $\vec{b}$, $\vec{c}$ darstellen. Das von den Basisvektoren generierte Parallelepiped ($\epsilon\pi\iota\pi\epsilon\delta o\nu$=griech. Fläche) ist die *Einheitszelle* des Bravais-Gitters. Periodisch fortgesetzt erfüllen diese Zellen den Raum vollständig. Das Translationsgitter wird damit durch das fundamentale Dreibein der drei Vektoren $\vec{a} - \vec{b} - \vec{c}$ fixiert, also durch die Größen $a_0 = |\vec{a}|$, $b_0 = |\vec{b}|$, $c_0 = |\vec{c}|$ und die drei Winkel α, β, γ zwischen den drei Basisrichtungen (siehe auch Figur 10.1). Jedem physikalisch vorkommenden Kristallgitter kann man ein solches Primitivgitter zuordnen. Jedoch erfaßt dieses Gitter nicht notwendig alle atomaren Bausteine. D.h. die Einheitszelle des Bravais-Gitters kann *mehrere*, und eventuell auch *verschiedenartige* atomare Konstituenten besitzen. Das physikalische Gitter, daß alle atomaren Punkte enthält, kann dann als eine Ineinanderschachtelung mehrerer Primitivgitter aufgefaßt werden. Eine nützliche Veranschaulichung dafür findet man z.B. in Abbildung H.1.

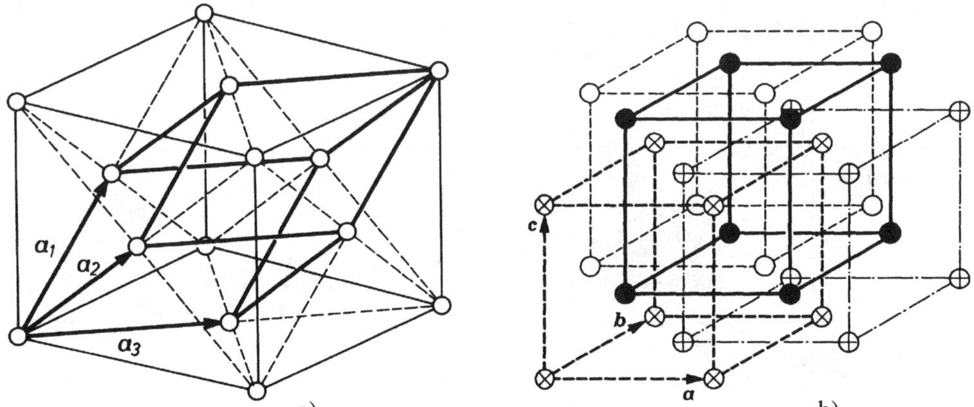

Bild H.1
Einatomiges kubisch-flächenzentriertes Gitter:

a) als kubisch-flächenzentriertes Primitivgitter mit rhomboedrischer Einheitszelle ($|\vec{a}_1| = |\vec{a}_2| = |\vec{a}_3|$).

b) mit kubischer Einheitszelle, Basislänge $|\vec{a}| = \sqrt{2}|\vec{a}_1|$ und je vier Atomen pro Zelle. Die Atome des Gitters können auch durch die Eckpunkte von vier ineinander gestellten kubisch-primitiven Bravais-Gittern erfaßt werden.

Die Basisvektoren $\vec{a}_1$, $\vec{a}_2$, $\vec{a}_3$ verbinden einen Eckpunkt des Würfels mit den drei Flächenmitten, oder, was dasselbe ist, den Fußpunkt des einen mit den Fußpunkten der drei anderen primitiv-kubischen Gittern (aus: [18], S. 11).

Kristallsystem	Primitive Einheitszelle	Achsenkreuz	Höchstsymm. Punktgruppe
I. Triklin	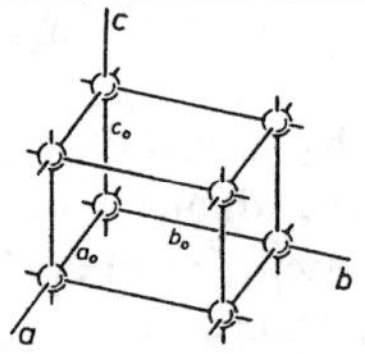	$a_0 \neq b_0 \neq c_0 \neq a_0$ $\alpha \neq \beta \neq \gamma \neq \alpha$ $\alpha,\beta,\gamma \neq 90^0$ 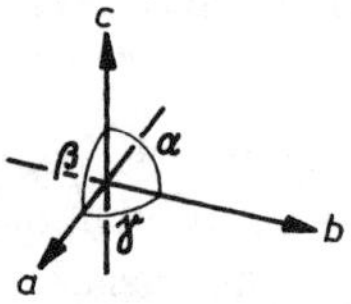	C_i
II. Monoklin	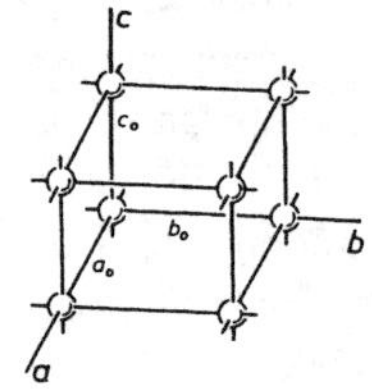	$a_0 \neq b_0 \neq c_0 \neq a_0$ $\alpha = \gamma = 90^0$, $\beta > 90^0$ 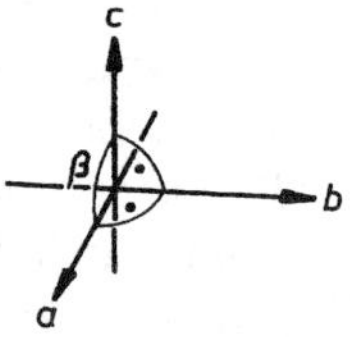	C_{2h}
III. Ortho-rhombisch	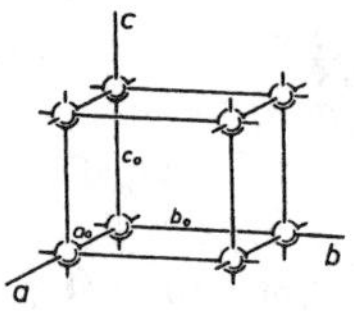	$a_0 \neq b_0 \neq c_0 \neq a_0$ $\alpha = \beta = \gamma = 90^0$ 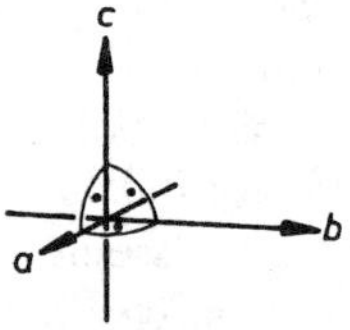	D_{2h}
IV. Tetragonal	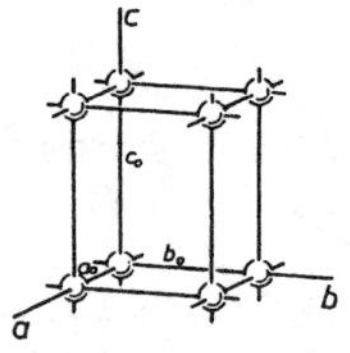	$a_0 = b_0 \neq c_0$ $\alpha = \beta = \gamma = 90^0$ 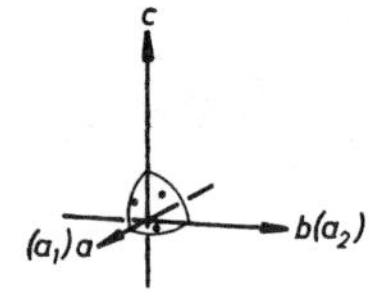	D_{4h}
V. Trigonal	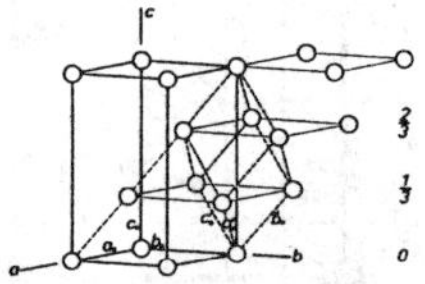	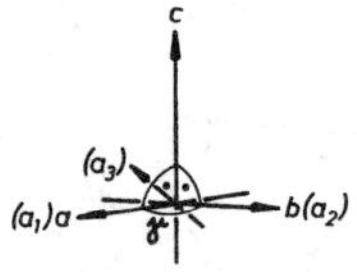 $a_0 = b_0 \neq c_0$ $(a_1 = a_2 = a_3 \neq c)$ $\alpha = \beta = 90^0$, $\gamma = 120^0$	D_{3d}
VI. Hexagonal	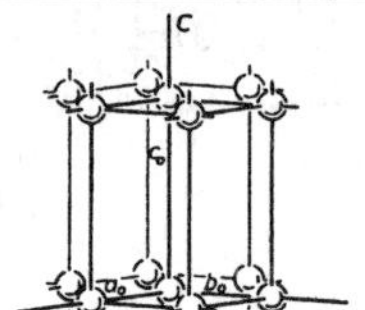		D_{6h}
VII. Kubisch	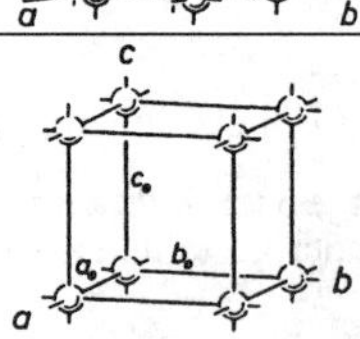	$a_0 = b_0 = c_0$ $\alpha = \beta = \gamma = 90^0$ 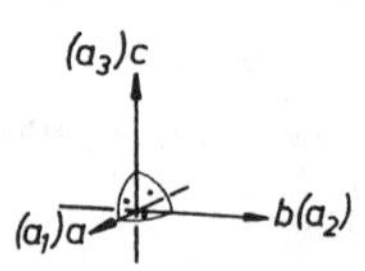	O_h

Tabelle H.1 Kristallsysteme und zugehöriges Achsenkreuz (nach: [4])

<table>
<tr><th></th><th>P</th><th>C</th><th>I</th><th>F</th></tr>
<tr><td>triklin</td><td>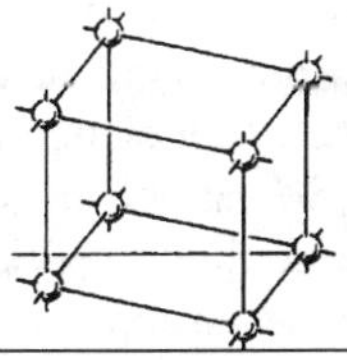</td><td></td><td></td><td></td></tr>
<tr><td>monoklin</td><td>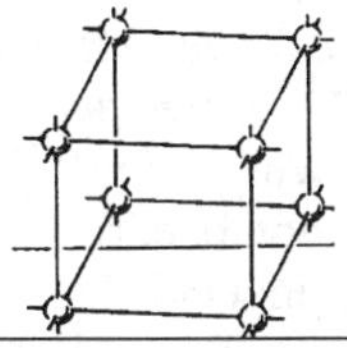</td><td>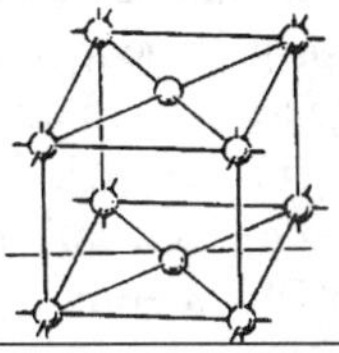</td><td></td><td></td></tr>
<tr><td>Ortho-
rhombisch</td><td>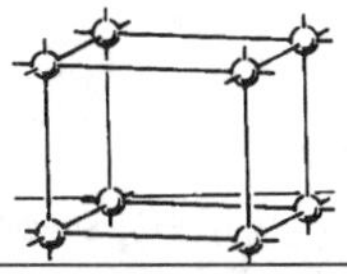</td><td>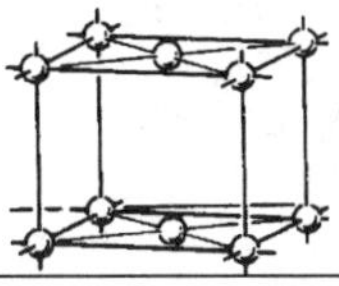</td><td>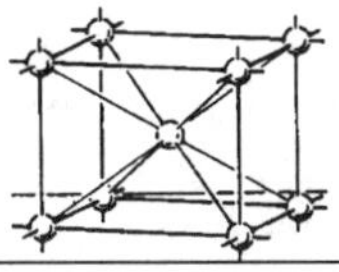</td><td>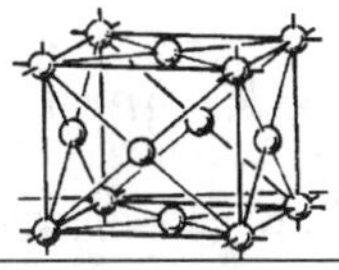</td></tr>
<tr><td>tetragonal</td><td>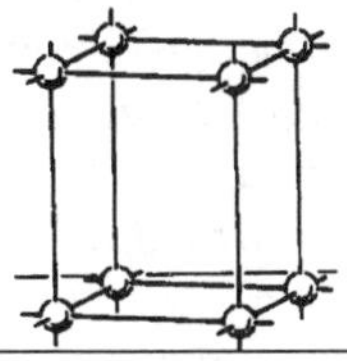</td><td></td><td>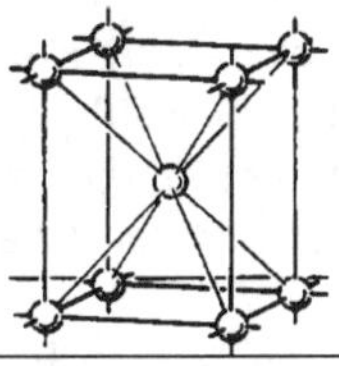</td><td></td></tr>
<tr><td>trigonal</td><td rowspan="2">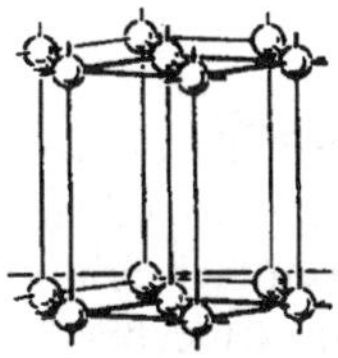</td><td colspan="3">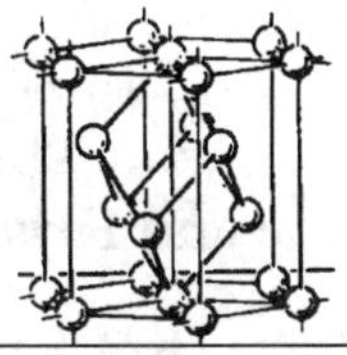</td></tr>
<tr><td>hexagonal</td><td colspan="3"></td></tr>
<tr><td>kubisch</td><td>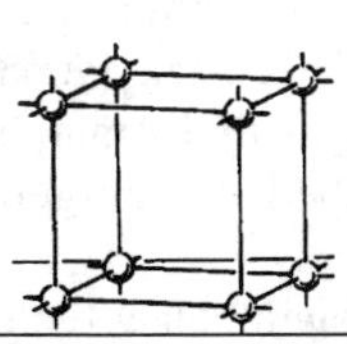</td><td></td><td>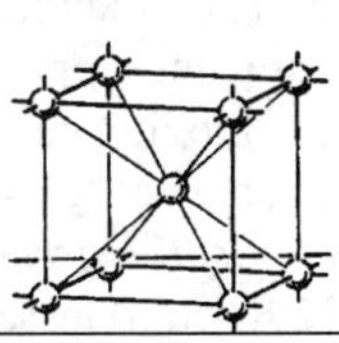</td><td>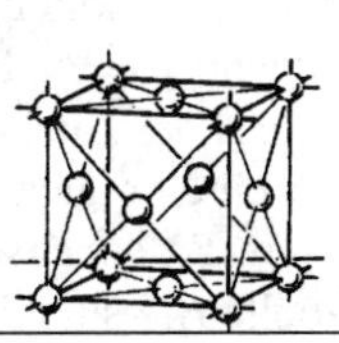</td></tr>
</table>

Tabelle H.2 Die 14 Bravais-Gitter (aus: [4], S. 82)

Betrachtet man nun eine einzige Atomart und ein Gitter mit einem einzigen Atom pro Elementarzelle, so existieren nach BRAVAIS 14 fundamentale verschiedenartige Primitivgitter, die in Tabelle H.2 zusammengestellt sind. Allerdings sind nur sieben dieser Gitter so geartet, daß die durch die Basisvektoren generierte Einheitszelle die volle Punktsymmetrie des Kristalls reproduziert. Die Elementarzellen dieser 7 „einfach-primitiven Gitter" sind in den ersten Spalten der Tabellen H.1 und H.2 gezeichnet. Die Bravais-Basisvektoren der sieben anderen Gitter liegen schief im Raum und erfassen nicht die volle Symmetrie. So hat beispielsweise die legitime Bravais-Einheitszelle des flächenzentriert-kubischen Gitters eine rhomboedrische Gestalt (siehe Abbildung H.1). In der Literatur ist es jedoch nicht üblich, diese Gruppe von Gittern durch ihre Bravais-Basisvektoren zu charakterisieren. Stattdessen wählt man vergrößerte Einheitszellen, welche die Symmetrie des Systems widerspiegeln, jedoch mehr als ein Atom in der Einheitszelle haben. So kommen die mit C, I und F gekennzeichneten Zellformen der Tabelle H.2 zustande (C: „basisflächenzentriert", I: „innenzentriert", F: „flächenzentriert"). Der NaCl-Kristall wäre demgemäß ein flächenzentriert-kubischer Kristall mit rhomboedrischer Einheitszelle im Primitivgitter, mit je einem Na- und einem Cl-Untergitter, die um einen halben Na-Na–Abstand gegeneinander verschoben sind[1], oder ein Primitivgitter mit kubischer Einheitszelle, in dem sich je vier Na- und vier Cl-Atome befinden.

H.2 Raumgitter und Raumgruppe

Sind die Fundamentalwinkel α, β, γ alle verschieden ($\alpha \neq \beta \neq \gamma \neq \alpha$), so erfaßt die Translationssymmetrie bereits die volle Symmetrie des Kristallgitters (triklines Kristallsystem). Darüber hinaus gibt es die Möglichkeit, die Fundamentalwinkel α, β, γ und die Fundamentallängen a_0, b_0, c_0 in spezieller Weise zu wählen, so daß durch *Punktsymmetrieoperationen* ebenfalls das Gitter in sich selbst übergeht. In diesem Fall ist die Raumsymmetrie eine höhere als die Translationssymmetrie. Immer aber bleibt die *Translationsgruppe* eine *Untergruppe* der *Raumgruppe*.

Durch genauere Diskussion (siehe z.B. bei HEINE [16]) kann man zeigen, daß die Translationsinvarianz die möglichen *Punktsymmetrieoperationen einschränkt*. So ergibt sich, daß in einem Kristallgitter nur 1-, 2-, 3-, 4- und 6-zählige Achsen zulässig sind.

H.3 Kristallsysteme und Kristallklassen

Die Raumgruppen werden zu 7 Kristallsystemen zusammengefaßt, deren lokale Symmetriemerkmale durch Punktgruppenelemente, wie in Tabelle H.3 angegeben, charakterisiert sind.
Die Einteilung der Kristallsysteme geschieht gemäß der sieben einfach-primitiven Bravais-Gitter (siehe Tabelle H.1): es gibt also sieben Kristallsysteme. Jedes dieser sieben Systeme ist durch eine höchstsymmetrische Punktgruppe charakterisiert, die durch das zugehörige Bravais-Gitter gegeben ist (siehe Tabelle H.1). Bei jedem dieser Systeme wird nun, wenn die Bravais-Einheitszelle mehr als ein Atom enthält („Ineinanderschachtelung"), die Punktsymmetrie erniedrigt, so daß die zugehörige Punktsymmetiegruppe eine Untergruppe der höchsten Punktsymmetriegruppe bleibt. Bei der Analyse der möglichen Symmetrieerniedrigungen findet man bei jedem Kristallsystem eine Folge zulässiger Punktgruppen. Diese sind in Tabelle 8.1 aufgelistet. So entstehen insgesamt 32 sogenannte *Kristallklassen*.
In Tabelle H.4 sind die 32 Kristallklassen in verschiedenen Notationen aufgelistet.

[1] Man beachte, daß die drei legitimen Bravais-Basisvektoren $\vec{a}_1$, $\vec{a}_2$, $\vec{a}_3$ (siehe Bild H.1) ein rhomboedrisches (nichtorthogonales!) Dreibein bilden und die Länge $|\vec{a}_1| = |\vec{a}_2| = |\vec{a}_3| = l$ haben (l: kürzester Na-Na–Abstand).

triklin:	außer T und C_i keine Symmetrielemente
monoklin:	C_2 parallel oder σ_h senkrecht zu einer ausgezeichneten Richtung, sonst – außer T und C_i – keine Symmetrielemente
orthorhombisch:	C_2 parallel oder σ_h senkrecht zu drei aufeinander senkrecht stehenden Richtungen, sonst – außer T und C_i – keine Symmetrielemente
tetragonal:	C_4 parallel zu nur einer Richtung
trigonal:	C_3 Achsen parallel zu nur einer Richtung
hexagonal:	C_6 parallel zu nur einer Richtung
kubisch:	C_4 oder C_2 parallel zu drei aufeinander senkrecht stehenden Richtungen, außerdem C_3 unter Winkeln von $54{,}7^0$ zu C_4 oder C_2

Tabelle H.3 Symmetrieelemente der Kristallsysteme

H.4 Höhere Raumgruppen

Bei den bisher besprochenen (einfachen) Raumgruppen waren nur Punktsymmetrieelemente und Translationen im Spiel. Neben diesen Symmetrieelementen kann man weiterhin Schraubenachsen (Kombination von Rotation und Translation entlang der Drehachse) und Gleitspiegelebenen (Kombination von Spiegelung und Translation längs der Drehachse) ins Auge fassen. Für die Schraubung sind nur Drehungen um $\frac{2\pi}{n}$ mit $n = 2{,}3{,}4{,}6$ um den Translationsvektor mit der Periode τ mit den Translationen im Gitter verträglich. Die Verschiebung erfolgt dabei um $\frac{p\tau}{n}$, $p = 1{,}2{,}l \ldots{,}n-1$. Die Schraubung wird in der Symbolik mit n_p abgekürzt. Dabei sind 4_1 und 4_3, 6_1 und 6_5 sowie 6_2 und 6_4 zueinander enantiomorph, d.h. sie zeigen einen entgegengesetzten Drehsinn. Die Gleitspiegelung ist stets mit einer Translation um die halbe Gitterkonstante (Notation: a,b,c) oder um die halbe (ebene) Gitterdiagonale verknüpft, im kubischen und tetragonalen System auch mit der halben Raumdiagonalen (Symbol: n). In flächen- und innenzentrierten Gittern kann die Gleitspiegelung eine Translation um ein Viertel der Diagonalen beinhalten (Notation: d). Insgesamt erhält man bei Einbezug dieser zusätzlichen Symmetrieoperationen eine Gesamtheit von 230 *Raumgruppen* (siehe z.B. [5, 8].
In der Schönflies-Symbolik werden die Raumgruppen durch einen hochgestellten Index am zugehörigen Punktgruppensymbol unterschieden. Die Numerierung erfolgt dabei fortlaufend. Die Raumgruppen zu einer Punktgruppe unterscheiden sich zudem in der Zugehörigkeit zu einem Bravais-Gitter. Dieses wiederum wird bei den Internationalen Symbolen berücksichtigt. Eine vollständige Auflistung der Raumgruppen und eine ausführliche Erläuterung der Notation findet man in [4] oder [15]. Wichtige Beispiele enthält Tabelle H.5. Im letzten Buch ([15]) ist auch erläutert, wie die Beschreibungen der Raumgruppen in den „International Tables for X-Ray Crystallography" zu lesen sind.
Betrachtet man noch weitere (physikalische) Merkmale, so findet man eine noch größere Anzahl von unterscheidbaren Gruppen. D.h. den externen geometrischen Freiheitsgraden werden weitere intrinsische hinzugefügt. Bei den Schwarz-Weiss–Gruppen wird ein duales physikalisches Merkmal herangezogen, z.B. das magnetische Moment $\uparrow$ und $\downarrow$, weswegen man auch von den magnetischen Gruppen spricht. Man findet hier dann 122 kristallographische Punktgruppen und 1651 Raumgruppen (Heesch-Shubnikov–Gruppen) (z.B. [4],[37]).
Tabelle H.6 gibt die Anzahl der Systeme und Gruppen für den ein-, zwei- und dreidimensionalen Raum an.

Nr.	Punkt-gruppe	Darstellung	
		dieses Buch	z.B. [29]
1	C_1	A	Γ_1
2	C_i		
4	C_s	A'	Γ_1
		A''	Γ_2
3	C_2	A	Γ_1
5	C_{2h}	B	Γ_2
6	D_2	A	Γ_1
8	D_{2h}	B_1	Γ_3
		B_2	Γ_2
		B_3	Γ_4
7	C_{2v}	A	Γ_1
		A_2	Γ_3
		B_1	Γ_2
		B_2	Γ_4
9	C_4	A	Γ_1
10	S_4	B	Γ_2
		E_{x+iy}	Γ_3
		E_{x-iy}	Γ_4
11	D_4	A_1	Γ_1
12	C_{4v}	A_2	Γ_2
13	D_{2d}	B_1	Γ_3
14	D_{4h}	B_2	Γ_4
		E	Γ_5
15	C_3	A	Γ_1
16	S_6	E_{x+iy}	Γ_2
		E_{x-iy}	Γ_3

Nr.	Punkt-gruppe	Darstellung	
		dieses Buch	z.B. [29]
17	D_3	A_1	Γ_1
18	C_{3v}	A_2	Γ_2
19	D_{3d}	E	Γ_3
20	C_6	A	Γ_1
21	C_{3h}	B	Γ_4
22	C_{6h}	$E_1,1$	Γ_5
		$E_1,2$	Γ_6
		$E_2,1$	Γ_3
		$E_2,2$	Γ_2
24	D_6	A_1	Γ_1
25	C_{6v}	A_2	Γ_2
26	D_{3h}	B_1	Γ_3
27	D_{6h}	B_2	Γ_4
		E_1	Γ_5
		E_2	Γ_6
28	T	A	Γ_1
29	T_h	$E,1$	Γ_2
		$E,2$	Γ_3
		T	Γ_4
30	O	A_1	Γ_1
31	T_d	A_2	Γ_2
32	O_h	E	Γ_3
		T_1	Γ_4
		T_2	Γ_5

Tabelle H.4
Die 32 Kristallklassen und Gegenüberstellung der Notation in diesem und anderen Büchern und bei KOSTER et al.[29].

Schönflies Symbolik	Internationales Symbol	(abgekürzt)	Kristallstrukur
O_h^1	$P\frac{4}{m}\bar{3}\frac{2}{m}$	$Pm3m$	kubisch primitiv CsCl-Struktur Perovskit-Struktur
O_h^5	$F\frac{4}{m}\bar{3}\frac{2}{m}$	$Fm3m$	kubisch flächenzentriert Fluorit-Struktur NaCl-Struktur
O_h^7	$F\frac{4_1}{d}\bar{3}\frac{2}{m}$	$Fd3m$	Diamant-Struktur
O_h^9	$I\frac{4}{m}\bar{3}\frac{2}{m}$	$Fm3m$	kubisch raumzentriert
T_d^2	$F\bar{4}3m$		Zinkblende-Struktur
C_{6v}^4	$P6_3mc$		Wurtzit-Struktur
D_{6h}^4	$P\frac{6_3}{m}\frac{2}{m}\frac{2}{c}$	$P6_3/mmc$	hexagonal dichtest

Tabelle H.5 Beispiele für die Notation von wichtigen Raumgruppen in der Schönflies-Symbolik und der Internationalen Symbolik.

Tabelle H.6
Anzahl der Systeme und Gruppen im 1-, 2- und 3-dimensionalen Raum

	$\mathbb{R}^1$	$\mathbb{R}^2$	$\mathbb{R}^3$
Kristallsysteme	1	4	7
Bravais-Gitter	1	5	14
Kristallklassen (Punktgruppen)	2	10	32
Raumgruppen	2	17	230
Magnetische Raumgruppen	7	80	1651

H.5 Zusammenfassung

Die Zusammenhänge zwischen den diversen kristallographischen Begriffen sind in Abbildung H.2 bildlich dargestellt.

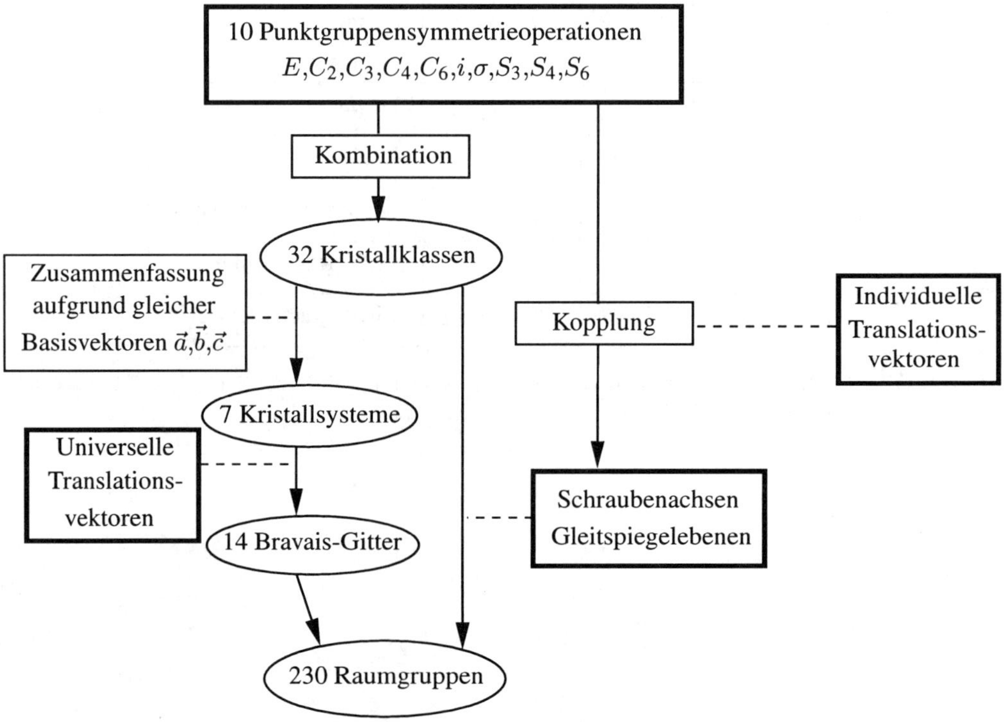

Bild H.2 Diagramm der kristallographischen Begriffe

I Brillouin-Zonen, Fermikörper und Fermiflächen

I.1 Die 1. Brillouin-Zone und ihre speziellen Punkte

Zur Erläuterung des Begriffs „1. Brillouin-Zone (1. BZ)“ und zu ihrer Konstruktion als Wigner-Seitz–Zelle im reziproken Gitter verweisen wir auf Kapitel 10. Die Einführung von Punkten spezieller Symmetrie in der 1. Brillouin-Zone ist in Kapitel 11 beschrieben. Insgesamt gibt es für die Bravais-Gitter 24 verschiedene Typen von 1. Brillouin-Zonen ([6]). Neben den hier präsentierten Beispielen findet man weitere Darstellungen und Bezeichnungen der Punkte der Brillouin-Zonen anderer Kristallsysteme in dem Buch von Koster [30], dem auch die Abbildungen I.2 und I.3 entstammen.

I.1.1 Quadratgitter

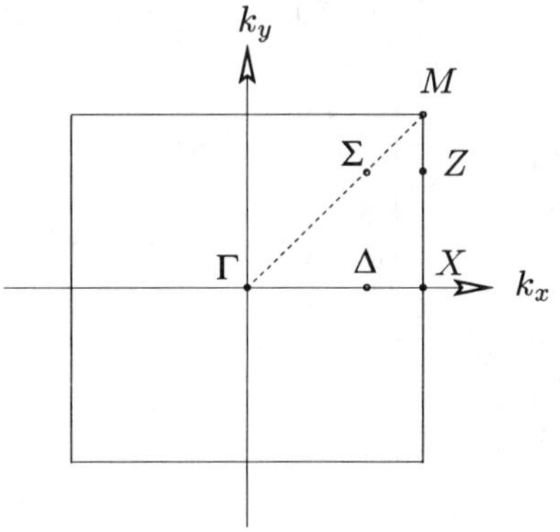

Position	Symmetrie	s	Koordinaten des $\vec{k}$-Vektors
Γ	C_{4v}	1	(0,0)
Z	C_{4v}	1	(1,ξ)
X	C_{2v}	2	(1,0)
Δ	C_s	4	(ξ,0)
Σ	C_s	4	(ξ,ξ)
M	C_s	4	(1,1)

Einheiten von k_x, k_y: $\frac{\pi}{a}$, $\xi \in [0, 1]$

Bild I.1 1. Brillouin-Zone des Quadratgitters mit speziellen Punkten. In der Tabelle sind die Symmetrien der speziellen Punkte angegeben.

I.1.2 Kubisch primitives, kubisch flächenzentriertes und kubisch raumzentriertes Gitter

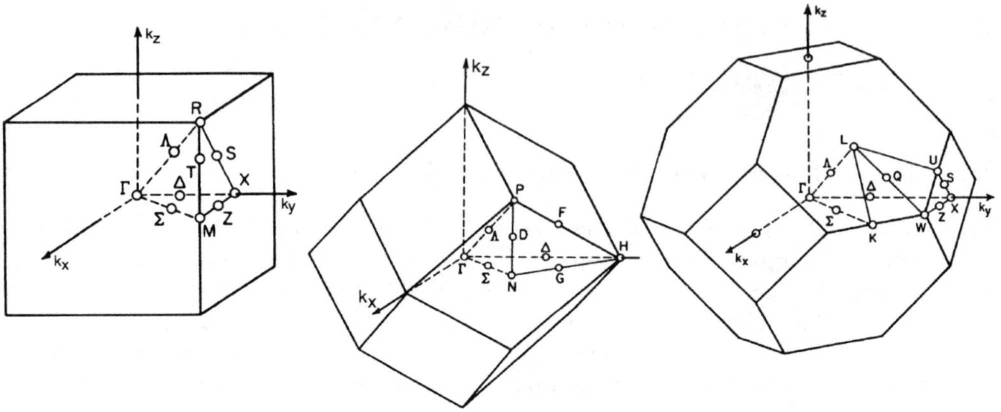

Position	Symmetrie	s	Koordinaten des $\vec{k}$-Vektors kubisch primitiv	kubisch flächenzentriert	kubisch raumzentriert
Γ	O_h	1	(0,0,0)	(0,0,0)	(0,0,0)
H	O_h	1	—	—	(2,0,0)
R	O_h	1	(1,1,1)	—	—
P	T_d	2	—	—	(1,1,1)
X	D_{4h}	3	(1,0,0)	(2,0,0)	—
M	D_{4h}	3	(1,1,0)	—	—
L	D_{3d}	4	—	(1,1,1)	—
Δ	C_{4v}	6	(ξ,0,0)	(ξ,0,0)	(ξ,0,0)
T	C_{4v}	6	(1,1,ξ)	—	—
N	D_{2h}	6	—	—	(1,1,0)
W	D_{2d}	6	—	(2,1,0)	—
Λ	C_{3v}	8	(ξ,ξ,ξ)	(ξ,ξ,ξ)	(ξ,ξ,ξ)
F	C_{3v}	8	—	—	($2-\xi$,ξ,ξ)
Σ	C_{2v}	12	(ξ,ξ,0)	(ξ,ξ,0)	(ξ,ξ,0)
K	C_{2v}	12	—	(3/2,3/2,0)	—
S	C_{2v}	12	(1,ξ,ξ)	(2,ξ,ξ)	—
U	C_{2v}	12	—	(2,1/2,1/2)	—
Z	C_{2v}	12	(1,ξ,0)	(2,ξ,0)	—
D	C_{2v}	12	—	—	(1,1,ξ)
G	C_{2v}	12	—	—	($2-\xi$,ξ,0)
Q	C_2	24	—	($2-\xi$,1,ξ)	—

Einheit von k_1, k_2, k_3: $\frac{\pi}{a}$ $\xi \in [0, \frac{1}{2}]$ bzw. $\xi \in [0, 1]$

Bild I.2 1. Brillouin-Zone des kubisch primitiven, des kubisch flächenzentrierten (kfz) und des kubisch raumzentrierten (krz) Gitters mit speziellen Punkten. In der Tabelle sind die Symmetrien der speziellen Punkte und die Ordnung s des „Sterns von $\vec{k}$" (siehe Kapitel 11.4.2) angegeben (nach: [30], S. 24ff. und [37], S. 421).

I.1.3 Hexagonales Gitter

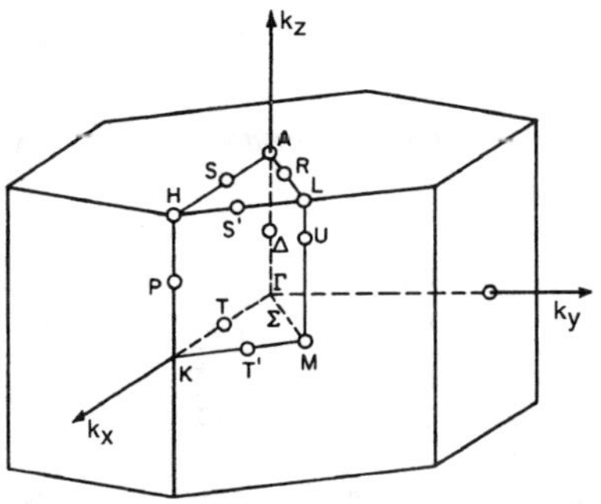

Position	Symmetrie	s	Koordinaten des $\vec{k}$-Vektors
Γ	D_{6h}	1	(0,0,0)
A	D_{6h}	1	(0,0,1)
K	D_{3h}	2	(4/3,0,0)
H	D_{3h}	2	(4/3,0,1)
Δ	C_{6v}	2	$(0,0,\zeta)$
M	D_{2h}	3	$(1,1/\sqrt{3},0)$
L	D_{2h}	3	$(1,1/\sqrt{3},1)$
P	C_{3v}	4	$(4/3,0,\zeta)$
Σ	C_{2v}	6	$(\xi,\xi/\sqrt{3},0)$
R	C_{2v}	6	$(\xi,\xi/\sqrt{3},1)$
U	C_{2v}	6	$(1,1/\sqrt{3},\zeta)$
T	C_{2v}	6	$(\xi,0,0)$
T'	C_{2v}	6	$(4/3-\xi,\sqrt{3}\xi,0)$
S	C_{2v}	6	$(\xi,0,1)$
S'	C_{2v}	6	$(4/3-\xi,\sqrt{3}\xi,1)$

Einheiten von k_1, k_2: $\frac{\pi}{a}$, von k_3: $\frac{\pi}{c}$

$\xi,\zeta \in [0,\frac{4}{3}]$ bzw. $\xi,\zeta \in [0,1]$ bzw. $\xi,\zeta \in [0,\frac{1}{3}]$

Bild I.3 1. Brillouin-Zone des hexagonalen Gitters mit speziellen Punkten. In der Tabelle sind die Symmetrien der speziellen Punkte und die Ordnung s des „Sterns von $\vec{k}$" (siehe Kapitel 11.4.2) angegeben. (nach: [30], S. 38 und [37], S. 422).

I.1.4 Bemerkung

Bei der Darstellung von Bandstrukturuntersuchungen findet man für kubisch raumzentrierte Kristalle meistens die Auftragung entlang der Linie X-Γ-K-X. Anhand von Abbildung I.4 kann man sich klarmachen, daß hier eine Auftragung entlang zweier zueinander senkrechten Richtungen erfolgt, wenn man die Äquivalenz der verschiedenen X-Punkte beachtet und den Weg in die Nachbarzelle des reziproken Gitters fortsetzt (siehe Abbildung I.4).

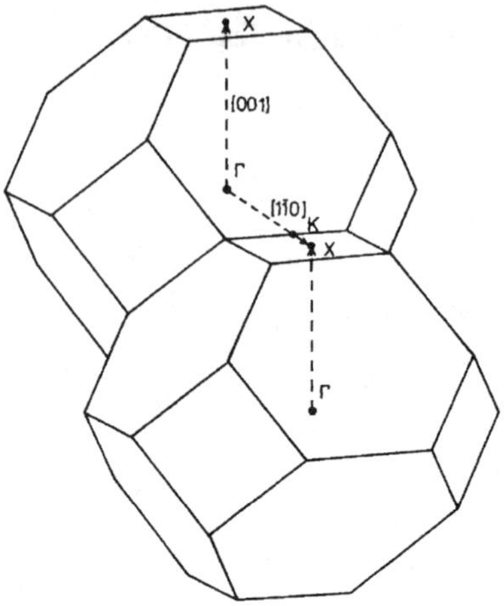

Bild I.4
Anhand des Bildes wird deutlich, daß der Weg Γ - K - X, wenn man Fortsetzungen in benachbarte Einheitszellen des reziproken Raumes betrachtet, ein gerader Weg ist.

I.2 Fermikörper und Fermiflächen

Wie in Abschnitt 10.2 ausgeführt, sind zur eindeutigen Fixierung der irreduziblen Darstellungen der Translationsgruppe (Blochsches Theorem) die $\vec{k}$-Vektoren einzuschränken auf eine Elementarzelle das reziproken Gitters (siehe (10.24), (10.25)), die man als Wigner-Seitz–Zellen konstruiert (1. Brillouin-Zone; näheres siehe Abschnitt 10.2). Die benachbarten Brillouin-Zonen werden nach einem erweiterten Wigner-Seitz–Schema konstruiert (siehe Abbildung 10.3 und Abbildung I.5). Die Energiezustände des freien Elektrons $E(\vec{k})$ müssen im Kristall nach den irreduziblen Darstellungen der diskreten Translationsgruppe geordnet werden, das heißt, für einen $\vec{k}$–Vektor außerhalb der 1. Brillouin-Zone muß der zugehörige $E(\vec{k})$–Wert dem äquivalenten $\vec{k}$-Vektor innerhalb der 1. Brillouin-Zone zugeordnet werden. Dies bedeutet, daß die $E(\vec{k})$–Werte in den höheren Brillouin-Zonen in Wirklichkeit höheren Energiebändern (der 1. Brillouin-Zone) zugehören. Oder: die Energieflächen der höheren Brillouin-Zonen müssen in die 1. Brillouin-Zone „hineingeklappt" bzw. „hineingeschoben" werden. Dies ist in den untersten Figuren der Abbildung I.5 demonstriert.
Betrachtet man nun insbesondere in einem zweidimensionalen k-Raum alle Energiewerte $E(\vec{k})$ bis zu einem gegebenem Maximalwert („Fermienergie"), so wird in der k_x-k_y–Ebene eine Kreisfläche überdeckt („Fermikreis") (siehe die schwarze Fläche in der oberen Figur der Abbildung I.5) und ist der gewählte Energiewert genügend groß, so werden k-Bereiche der benachbarten Brillouin-Zonen involviert, die in die 1. Brillouin-Zone hineingeschoben werden müssen. Dies ist in den rechten oberen Figuren der Abbildung I.5 gezeigt. In einem dreidimensionalen $\vec{k}$-Raum wird aus der obersten Äquivalenzlinie eine Äquienergiefläche („Fermifläche") und der überdeckte Energiebereich wird zu einer Kugel („Fermikugel"). Das „Hineinschieben" überdeckter Bereiche höherer Brillouin-Zonen in die 1. Brillouin-Zone geschieht analog zum zweidimensionalen Fall. Die Gestalt der Fermifläche für das einfach kubische Gitter bzw. die Fermilinien für das Quadratgitter sind in Abbildung I.6 dargestellt.

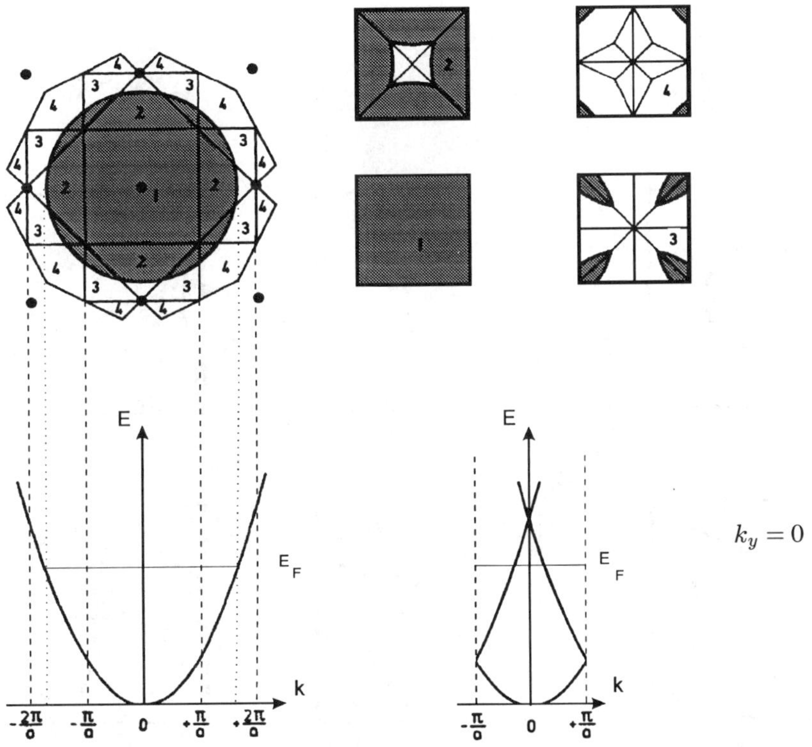

a) b)

Bild I.5 Rückführung auf die 1. Brillouin-Zone (nach: [28], S. 103, 117):

a) 1. Brillouin-Zone und Nachbarzonen
Untere Figur: Energielinie $E(k_x; k_y = 0)$ des freien Elektrons im unbegrenzten k-Raum.
Obere Figur: 1. bis 4. Brillouin-Zone.
Schwarze Fläche: Bereich der Energiezustände(„Fermikreis“) unterhalb der Fermienergie.

b) reduziertes Zonenschema
Untere Figur: Energielinien $E(k_x; k_y = 0)$, in der 1. Brillouin-Zone unter Einbezug der von den Nachbarzonen „hereingeklappten„ Linien.
Obere Figur: Schwarze Flächen: Beiträge der 1. bis 4. Brillouin-Zone der „besetzten Zustände“ unterhalb der Fermieenergie in den erlaubten (i.e. reduzierten) k-Bereichen (1. Brillouin-Zone).

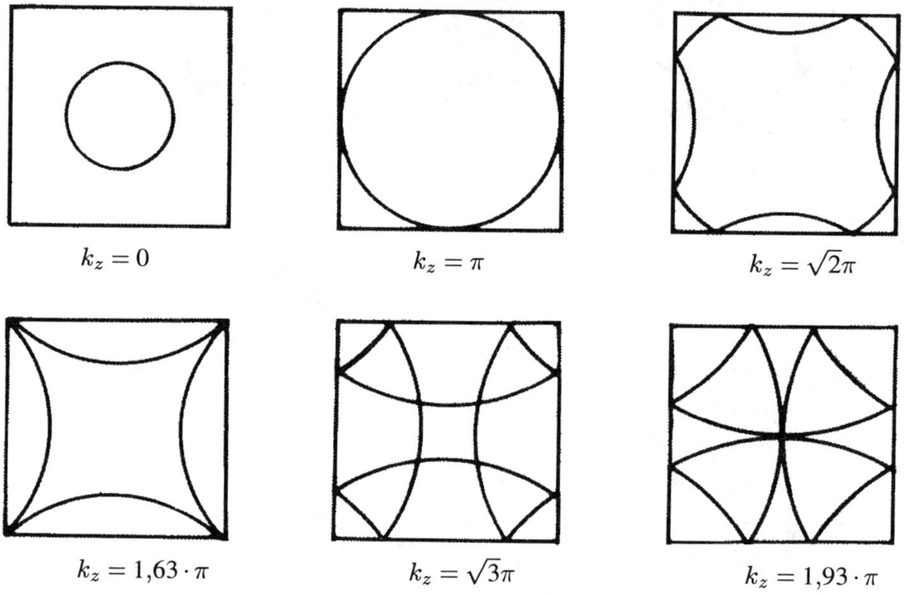

Bild I.6 Fermifläche des einfach kubischen Gitters für $E_F = \frac{4\pi^2\hbar^2}{2m}$, dargestellt durch Schnitte parallel zur k_x-k_y–Ebene bei $k_z = 0$, π, $\sqrt{2}\pi$, $1{,}63\pi$, $\sqrt{3}\pi$ und $1{,}93\pi$. Die Linien der Figuren können gleichzeitig aufgefaßt werden als die „Fermilinien" eines Quadratgitters mit den respektiven Fermienergien $E_F = 4E_0, 3E_0, 2E_0, 1{,}35E_0, E_0, E_0/4$ ($E_0 = \frac{\pi^2\hbar^2}{2m}$).

J Elementarteilchen

J.1 Bezeichnungen der Elementarteilchen

Tabelle J.1 zeigt die Familien der Elementarteilchen (ohne Resonanzen).

		Teilchen		Anti-teilchen	Masse [e^--Massen]	Spin	elektrische Ladung
		Photon	γ	–	0	1	0
Leptonen		Elektron	e^-	e^+	1	1/2	-1
		Elektron-Neutrino	ν_e	$\overline{\nu}_e$	0	1/2	0
		Myon	μ^-	μ^+	0	1/2	-1
		Myon-Neutrino	ν_μ	$\overline{\nu}_\mu$	0	1/2	0
		Tauon	τ^-	τ^+	3500	1/2	-1
Hadronen	Mesonen	Pionen	π^0	—	264	0	0
			π^+	π^-	273	0	+1
		Kaonen	K^+	K^-	966	0	+1
			K^0	$\overline{K}^0$	974	0	0
		Eta-Meson	η^0	—	1074	0	0
	Baryonen	Proton	p	$\overline{p}$	1836	1/2	+1
		Neutron	n	$\overline{n}$	1838	1/2	0
		Lambda-Hyperon	Λ^0	$\overline{\Lambda}^0$	2183	1/2	0
		Sigma-Hyperonen	Σ^+	$\overline{\Sigma}^+$	2328	1/2	+1
			Σ^0	$\overline{\Sigma}^0$	2334	1/2	0
			Σ^-	$\overline{\Sigma}^-$	2343	1/2	-1
		Xi-Hyperonen	Ξ^0	$\overline{\Xi}^0$	2573	1/2	0
			Ξ^-	$\overline{\Xi}^-$	2573	1/2	-1
		Omega-Hyperon	Ω^+	$\overline{\Omega}^+$	3273	3/2	-1

Tabelle J.1 Elementarteilchen

J.2 Quarks und Quarkstruktur der Elementarteilchen

Von GELL-MANN wurden die in Tabelle J.2 aufgeführten Quark-Antiquark-Paare eingeführt. Heute kennt man noch drei weitere Quarks: c, b, t.
Tabelle J.3 gibt die Quarkstruktur der Mesonen und Baryonen wieder.

		elektrische Ladung Q	baryonische Ladung B	Isospin T_3	Strangeness S
Quarks	u	$+2/3$	$+1/3$	$+1/2$	0
	d	$-1/3$	$+1/3$	$-1/2$	0
	s	$-1/3$	$+1/3$	0	-1
Antiquarks	$\overline{u}$	$-2/3$	$-1/3$	$-1/2$	0
	$\overline{d}$	$+1/3$	$-1/3$	$+1/2$	0
	$\overline{s}$	$+1/3$	$-1/3$	0	$+1$

Tabelle J.2 Quarks nach GELL-MANN

π^+	π^0		π^-	K^+	K^0	$\overline{K}^0$	K^-	η
$u\overline{d}$	$u\overline{u}$	$d\overline{d}$	$d\overline{u}$	$u\overline{s}$	$d\overline{s}$	$\overline{d}s$	$\overline{u}s$	$s\overline{s}$

p	n	Λ^0	Σ^+	Σ^0	S^-	X^0	X^-	W^-
uud	udd	uds	uus	uds	dds	uss	dss	sss

Tabelle J.3 Quarkstruktur der Mesonen und Baryonen

K Lösungen der Übungsaufgaben

K.1 Zu Kapitel 2

Lösung zu Aufgabe 1: Die Gruppen C_{2v} und C_{2h}

a) $G = C_{2h} = \{E, C_2, \sigma_h, i = C_2 \cdot \sigma_h\}$ (siehe auch Anhang A)

b)

C_{2h}	E	C_2	σ_h	i
E	E	C_2	σ_h	i
C_2	C_2	E	i	σ_h
σ_h	σ_h	i	E	C_2
i	i	σ_h	C_2	E

(K.1)

Abelsche Gruppe der Ordnung $g = 4$, isomorph zur zyklischen Gruppe.

c) $G = C_{2v} = \{E, \sigma_v^{(1)}, \sigma_v^{(2)}, C_2 = \sigma_v^{(1)} \cdot \sigma_v^{(2)}\}$ (siehe auch Anhang A)

d)

C_{2v}	E	$\sigma_v^{(1)}$	$\sigma_v^{(2)}$	C_2
E	E	$\sigma_v^{(1)}$	$\sigma_v^{(2)}$	C_2
$\sigma_v^{(1)}$	$\sigma_v^{(1)}$	E	C_2	$\sigma_v^{(2)}$
$\sigma_v^{(2)}$	$\sigma_v^{(2)}$	C_2	E	$\sigma_v^{(1)}$
C_2	C_2	$\sigma_v^{(2)}$	$\sigma_v^{(1)}$	E

(K.2)

Abelsche Gruppe der Ordnung $g = 4$ (da Gruppentafel symmetrisch), jedoch keine zyklische Gruppe (siehe auch Aufgabe 4).

Lösung zu Aufgabe 2: Beweis zur Gruppentafel

1. Die erste Reihe der Gruppentafel enthält wegen

$$E \cdot R_j \quad = R_j = \quad R_j \cdot E \tag{K.3}$$

alle Gruppenelemente genau einmal (Gruppenpostulat III).

2. Nun multipliziert man die erste Reihe mit einem Gruppenelement R_s. Wären dann zwei Elemente aus der Folge $R_s \cdot R_j$ (nach 1. sind alle R_j verschieden) gleich:

$$R_s \cdot R_a \stackrel{?}{=} R_s \cdot R_b \qquad (R_a \neq R_b) \tag{K.4}$$

dann wäre wegen Gruppenpostulat IV:

$$R_j \cdot R_j^{-1} \quad = E = \quad R_j^{-1} \cdot R_j \tag{K.5}$$

zusammen mit Gruppenpostulat III:

$$R_s^{-1} : (R_s \cdot R_a \quad = \quad R_s \cdot R_b) \tag{K.6}$$

$$\underbrace{R_s^{-1} \cdot R_s}_{E} \cdot R_a = \underbrace{R_s^{-1} \cdot R_s}_{E} R_b \tag{K.7}$$

$$R_a = R_b \tag{K.8}$$

was im Widerspruch zur Annahme $R_a \neq R_b$ steht.

Der Beweis für die Spalten verläuft analog.

Lösung zu Aufgabe 3: Realisierung einer Gruppe der Ordnung $g = 3$

a) (i) 1. Zeile und 1. Spalte wegen Gruppenpostulat III (je E, A, B), also lautet die Multiplikationstafel:

G	E	A	B
E	E	A	B
A	A	A^2	AB
B	B	BA	B^2

(K.9)

(ii) 2. Zeile:
In jeder Zeile/Spalte tritt jedes Gruppenelement nur einmal auf.
In der 2. Zeile müssen daher neben A ($\neq E{,}B$) noch die Gruppenelemente $\{E{,}B\}$ auftreten.
2 Möglichkeiten (siehe (K.9)):

$$A^2 \to E \quad , \quad AB \to B$$
$$\text{oder} \quad A^2 \to B \quad , \quad AB \to E$$

Da $A \neq E$ ist, kann $A^2 = E$ nicht gelten ($\to$ in der 3. Zeile/Spalte fände man sonst zweimal „B “).
$\Rightarrow$ Einzige Realisierung: $A^2 = B$, $AB = E$ und $B^2 = A$

b) Die Gruppentafel lautet demgemäß:

G	E	A	B
E	E	A	B
A	A	B	E
B	B	E	A

(K.10)

c) Nach a) ist: $A^2 = B$. Multipliziert man diese Beziehung einmal von links und einmal von rechts mit A, dann folgt:

$$A^3 = AB \text{ bzw.} A^3 = BA \quad \to AB = BA \quad \Rightarrow \text{Abelsche Gruppe}$$

Lösung zu Aufgabe 4: Realisierung einer Gruppe der Ordnung $g = 4$

a) $G = \{E,A,B,C\}$, Ordnung: $g = 4$
Untergruppen H müssen als Ordnung h einen Teiler von g haben. $\Rightarrow$ $h = 1,2,4$

1. Fall: $H_A = \{E,A\}$, d.h. die Periode von A ist $p = 2$.
Dann gilt auch: $H_B = \{E,B\}$, $H_C = \{E,C\}$
$\Rightarrow \quad A^2 = E \quad \wedge \quad B^2 = E \quad \wedge \quad C^2 = E$
da man sonst bei Quadrierung aus der Untergruppe herausläuft.

$\Rightarrow$

G_1	E	A	B	C
E	E	A	B	C
A	A	E	(a)	(b)
B	B	(c)	E	(d)
C	C	(e)	(f)	E

Aus dem Satz Seite 8 folgt, daß pro Zeile und Spalte jedes Element genau einmal auftreten muß; folglich ergibt sich $(a) - (f)$ eindeutig zu:
$(a) = C = (c)$, $(b) = B = (e)$, $(d) = A = (f)$

$\Rightarrow$

G_1	E	A	B	C
E	E	A	B	C
A	A	E	C	B
B	B	C	E	A
C	C	B	A	E

Dies ist die „Vierergruppe“.

2. Fall: $A^2 \neq E$, also z.B. $A^2 = B$
In diesem Fall gibt es keine nichttriviale Untergruppe (nur $H = E$ und $H = G$). $A^3 = E$ ist nicht möglich, da sonst die Untergruppe $\{E, A, A^2\}$ mit $h = 3$ existierte. Also muß $A^3 = C$ sein. Daraus folgt die Gruppentafel:

$\Rightarrow$

G_2	E	A	A^2	A^3
E	E	A	A^2	A^3
A	A	A^2	A^3	E
A^2	A^2	A^3	E	A
A^3	A^3	E	A	A^2

Dies ist eine „zyklische Gruppe“.

b) Gruppentafeln siehe a)

c) Die Gruppen sind abelsch, da die Gruppentafeln symmetrisch sind.

d) Anschauliche Realisierungen:

Zyklische Gruppe:

C_4–Symmetrie (keine Spiegelebene σ_h!)

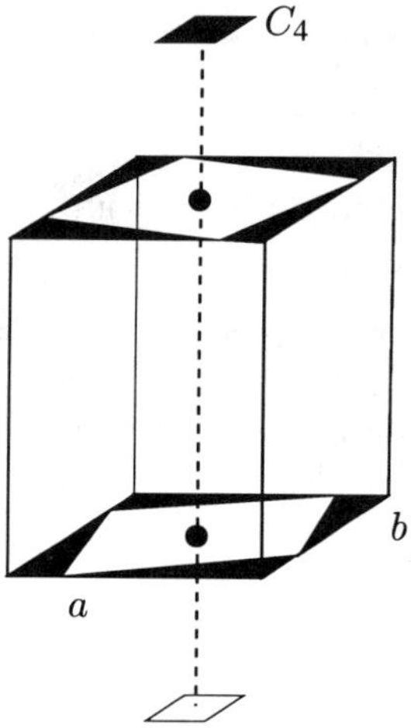

Vierergruppe: :

C_2–Symmetrie und Spiegelebene σ_h

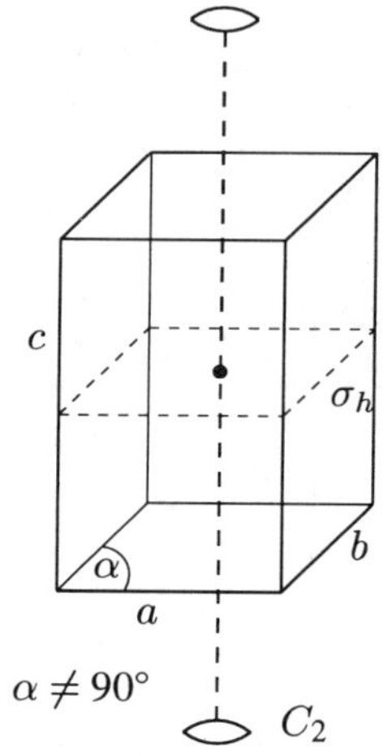

Lösung zu Aufgabe 5: Permutationsgruppe der Ordnung 6

a)

P_3	E	A	B	C	D	F
E	E	A	B	C	D	F
A	A	E	D	F	B	C
B	B	F	E	D	C	A
C	C	D	F	E	A	B
D	D	C	A	B	F	E
F	F	B	C	A	E	D

(K.11)

b) Mit

$$\begin{array}{ccc} P_3 & & C_{3v} \\ E & \leftrightarrow & E \\ A & \leftrightarrow & \sigma_v^{(3)} \\ B & \leftrightarrow & \sigma_v^{(1)} \\ C & \leftrightarrow & \sigma_v^{(2)} \\ D & \leftrightarrow & C_3 \\ F & \leftrightarrow & C_3^2 \end{array} \qquad \text{(K.12)}$$

besteht ein eindeutiger Zusammenhang zwischen P_3 und C_{3v}, zum Beispiel bei folgender Beziehung:

$$\begin{array}{lccc} \text{Gruppe } P_3: & AB & \stackrel{P_3}{=} & D \\ & \updownarrow & & \updownarrow \\ \text{Gruppe } C_{3v}: & \sigma_v^{(3)}\sigma_v^{(1)} & \stackrel{C_{3v}}{=} & C_3 \end{array}$$

Lösung zu Aufgabe 6: Die Klassen der Symmetriegruppe C_{3v}

Die Klasse ist die Sequenz aller zueinander konjugierter Elemente R, $S \in G$, für die gilt:

$$X^{-1}RX = S \quad , \quad \forall X \in G \tag{K.13}$$

Man ermittelt die Elemente einer Klasse dadurch, daß man alle Gruppenelemente $X \subset G$ auf die Elemente $R \in G$ anwendet, wobei man die Sätze aus Kapitel 2.6 und 2.7 zur Vereinfachung berücksichtigt.

1. E bildet stets eine Klasse für sich, da $X^{-1}EX = X^{-1}XE = E$

$$\Rightarrow \quad \text{Klasse } K_1 = \{E\} \tag{K.14}$$

2. Ausgangspunkt C_3:

   (a) C_3 vertauscht mit E und $C_3^2 \to E^{-1}C_3E = C_3$ bzw. $(C_3^2)^{-1}C_3C_3^2 = C_3$.

   (b) Ausgangspunkt: C_3

$$(\sigma_v^{(1)})^{-1}\,C_3\,\sigma_v^{(1)} = \sigma_v^{(1)}\,C_3\,\sigma_v^{(1)} = \sigma_v^{(1)}\,\sigma_v^{(3)} = C_3^2 \tag{K.15}$$
$$(\sigma_v^{(2)})^{-1}\,C_3\,\sigma_v^{(2)} = \sigma_v^{(2)}\,\sigma_v^{(1)} = C_3^2 \tag{K.16}$$
$$(\sigma_v^{(3)})^{-1}\,C_3\,\sigma_v^{(3)} = \sigma_v^{(3)}\,\sigma_v^{(2)} = C_3^2 \tag{K.17}$$

$$\Rightarrow \quad \text{Klasse } K_2 = \{C_3,C_3^2\} \tag{K.18}$$

   (c) Ausgangspunkt: $\sigma_v^{(1)}$

$$E^{-1}\,\sigma_v^{(1)}\,E = E\,\sigma_v^{(1)} = \sigma_v^{(1)} \tag{K.19}$$
$$(C_3^2)^{-1}\,\sigma_v^{(1)}\,C_3^2 = C_3\,\sigma_v^{(1)}\,C_3^2 = C_3\,\sigma_v^{(3)} = \sigma_v^{(2)} \tag{K.20}$$
$$(C_3)^{-1}\,\sigma_v^{(1)}\,C_3 = C_3^2\,\sigma_v^{(1)}\,C_3 = C_3^2\,\sigma_v^{(2)} = \sigma_v^{(3)} \tag{K.21}$$
$$(\sigma_v^{(2)})^{-1}\,\sigma_v^{(1)}\,\sigma_v^{(2)} = \sigma_v^{(2)}\,\sigma_v^{(1)}\,\sigma_v^{(2)} = \sigma_v^{(2)}\,C_3 = \sigma_v^{(3)} \tag{K.22}$$
$$(\sigma_v^{(3)})^{-1}\,\sigma_v^{(1)}\,\sigma_v^{(3)} = \sigma_v^{(3)}\,\sigma_v^{(1)}\,\sigma_v^{(3)} = \sigma_v^{(3)}\,C_3^2 = \sigma_v^{(2)} \tag{K.23}$$

$$\Rightarrow \quad \text{Klasse } K_3 = \{\sigma_v^{(1)},\sigma_v^{(2)},\sigma_v^{(3)}\} \tag{K.24}$$

K.2 Zu Kapitel 3

Lösung zu Aufgabe 7: Vektorobjekte am gleichseitigen Dreieck I

a) Betrachtet man das Transformationsverhalten anschaulich und beachtet dabei, daß nur Diagonalelemente der Transformation wesentlich sind („Mit welchem Anteil wird ein Objekt auf sich selber abgebildet?"),

$$C_3 : \eta_1 = \eta_2 \tag{K.25}$$
$$C_3 : \eta_2 = \eta_3 \tag{K.26}$$
$$C_3 : \eta_3 = \eta_1 \tag{K.27}$$

dann erkennt man, daß hier kein Objekt auf sich abgebildet wird und daher die Diagonalelemente alle Null sind. Wegen Gleichung (3.15) folgt $\chi(C_3) = 0$.

Dasselbe gilt für C_3^2: $\chi(C_3^2) = 0$ (siehe Satz (3.16)).

Unter den Spiegelungen $\sigma_v^{(i)}$ bleibt immer das i-te Objekt erhalten:
$\sigma_v^{(i)} : \eta_j = \eta_j \delta_{ij} +$ Rest. Daher ergibt sich $\chi(\sigma_v^{(i)}) = 1 \quad , i = 1,2,3.$

$\chi(E) = 3$ ist trivial (Gleichung (3.19)).

b) Mit dem 1. Satz von Burnside (3.27) (3 Klassen $\Rightarrow$ 3 irreduzible Darstellungen) und den Charakteren $\chi^{(\mu)}(K)$ aus der Charaktertafel für C_{3v}:

$\mathbf{C_{3v}}$	(3m)		$K=1$: E	$K=2$: $2C_3$	$K=3$: $3\sigma_v$	
x^2+y^2, z^2	z	A_1	1	1	1	$\mu = 1$
	R_z	A_2	1	1	-1	$\mu = 2$
$\left.\begin{matrix}(x^2-y^2, xy)\\(zx, yz)\end{matrix}\right\}$	$\left.\begin{matrix}(x,y)\\(R_x,R_y)\end{matrix}\right\}$	E	2	-1	0	$\mu = 3$

sowie der Ordnung der Gruppe ($g = 6$) bestimmt man aufgrund der Gleichung (3.40) die Multiplizitäten:

$$a_{A_1} = \frac{1}{6}[1\cdot 1\cdot 3 + 2\cdot 1\cdot 0 + 3\cdot 1\cdot 1] = 1 \qquad \text{(K.28)}$$

$$a_{A_2} = \frac{1}{6}[1\cdot 1\cdot 3 + 2\cdot 1\cdot 0 + 3\cdot(-1)\cdot 1] = 0 \qquad \text{(K.29)}$$

$$a_E = \frac{1}{6}[1\cdot 2\cdot 3 + 2\cdot(-1)\cdot 0 + 3\cdot 0\cdot 1] = 1 \qquad \text{(K.30)}$$

also

$$\Gamma = A_1 + E \qquad \text{(K.31)}$$

Anmerkung:
Bei Wahl der Basis:

$$\eta_1 = (1,0,0), \quad \eta_2 = (0,1,0), \quad \eta_3 = (0,0,1) \qquad \text{(K.32)}$$

ergeben sich folgende Transformationsmatrizen:

$$\Gamma(E) = \begin{pmatrix} 1 & 0 & 0 \\ 0 & 1 & 0 \\ 0 & 0 & 1 \end{pmatrix}, \; \Gamma(C_3) = \begin{pmatrix} 0 & 1 & 0 \\ 0 & 0 & 1 \\ 1 & 0 & 0 \end{pmatrix}, \; \Gamma(C_3^2) = \begin{pmatrix} 0 & 0 & 1 \\ 1 & 0 & 0 \\ 0 & 1 & 0 \end{pmatrix}$$

$$\Gamma(\sigma_v^{(1)}) = \begin{pmatrix} 1 & 0 & 0 \\ 0 & 0 & 1 \\ 0 & 1 & 0 \end{pmatrix}, \; \Gamma(\sigma_v^{(2)}) = \begin{pmatrix} 0 & 0 & 1 \\ 0 & 1 & 0 \\ 1 & 0 & 0 \end{pmatrix}, \; \Gamma(\sigma_v^{(3)}) = \begin{pmatrix} 0 & 1 & 0 \\ 1 & 0 & 0 \\ 0 & 0 & 1 \end{pmatrix} \qquad \text{(K.33)}$$

mit denen man ebenfalls über (3.15) die Charaktere bestimmen kann.

Lösung zu Aufgabe 8: Vektorobjekte am gleichseitigen Dreieck II

a) Wie in Aufgabe 7 leitet man ab:

$$\chi(E) = 3, \quad \chi(C_3) = 0, \quad \chi(\sigma_v) = -1 \tag{K.34}$$

Der einzige Unterschied besteht bei den $\sigma_v^{(i)}$, unter denen das i-te Objekt nicht erhalten bleibt, sondern in sein Negatives übergeht.

b) Mit Hilfe der Charaktere aus der Charaktertafel von C_{3v} und mit $g = 6$ berechnet man die Multiplizitäten nach (3.40):

$$a_{A_1} = 0, \qquad a_{A_2} = 1, \qquad a_E = 1 \tag{K.35}$$

$$\Rightarrow \quad \Gamma' = A_2 + E \tag{K.36}$$

c) Aus dem „Celebrated theorem“ (3.48) für reguläre Darstellungen folgt für C_{3v}:

$$\Gamma^{(reg)} \quad \equiv \quad A_1 + A_2 + 2E \tag{K.37}$$

Wie man sieht, gilt mit dem Ergebnis der Aufgabe 7:

$$\Gamma^{(reg)} \quad = \quad \Gamma + \Gamma' \tag{K.38}$$

d.h. für alle $R \in G$:

$$\Gamma^{(reg)}(R) \quad = \quad \left(\begin{array}{c|c} \Gamma(R) & 0 \\ \hline 0 & \Gamma'(R) \end{array}\right) \tag{K.39}$$

Anmerkung:
Bei Wahl der Basis:

$$\eta_1 = (1{,}0{,}0), \quad \eta_2 = (0{,}1{,}0), \quad \eta_3 = (0{,}0{,}1) \tag{K.40}$$

ergeben sich folgende Transformationsmatrizen:

$$\Gamma(E) = \begin{pmatrix} 1 & 0 & 0 \\ 0 & 1 & 0 \\ 0 & 0 & 1 \end{pmatrix}, \; \Gamma(C_3) = \begin{pmatrix} 0 & 1 & 0 \\ 0 & 0 & 1 \\ 1 & 0 & 0 \end{pmatrix}, \; \Gamma(C_3^2) = \begin{pmatrix} 0 & 0 & 1 \\ 1 & 0 & 0 \\ 0 & 1 & 0 \end{pmatrix}$$

$$\Gamma(\sigma_v^{(1)}) = \begin{pmatrix} -1 & 0 & 0 \\ 0 & 0 & -1 \\ 0 & -1 & 0 \end{pmatrix}, \; \Gamma(\sigma_v^{(2)}) = \begin{pmatrix} 0 & 0 & -1 \\ 0 & -1 & 0 \\ -1 & 0 & 0 \end{pmatrix} \tag{K.41}$$

$$\Gamma(\sigma_v^{(3)}) = \begin{pmatrix} 0 & -1 & 0 \\ -1 & 0 & 0 \\ 0 & 0 & -1 \end{pmatrix}$$

und ebenfalls die Charaktere (K.34) nach (3.15).

Lösung zu Aufgabe 9: C_{3v}-Transformationen im zweidimensionalen kartesischen Koordinatensystem

Die Transformationsformeln für beliebige Drehung und Spiegelung können für die zweidimensionale Darstellung leicht abgeleitet werden:

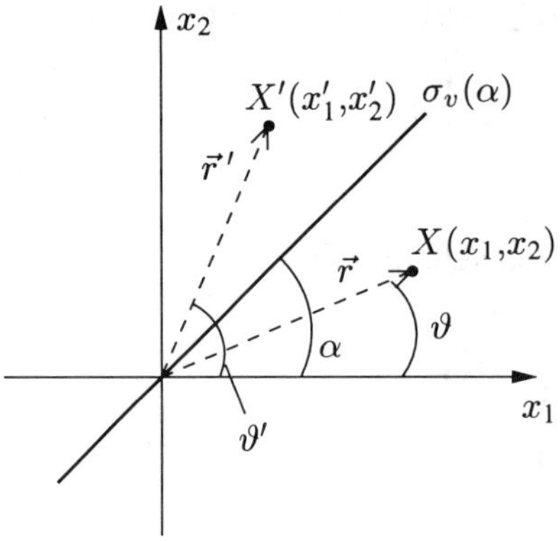

- Zu einem Punkt X bzw. X' gehört die Polardarstellung:

$$x_1 = r\cos\vartheta \quad , \quad x_2 = r\sin\vartheta \qquad (K.42)$$
$$x'_1 = r\cos\vartheta' \quad , \quad x'_2 = r\sin\vartheta' \qquad (K.43)$$

- Identität:
Für die Identität gilt trivialerweise

$$\Gamma(E) = \begin{pmatrix} 1 & 0 \\ 0 & 1 \end{pmatrix} \qquad (K.44)$$

und die Spur ergibt den Charakter

$$\chi(E) \;=\; 2 \qquad (K.45)$$

- Spiegelung:
Durch die Spiegelung an einer Ebene $\sigma_v(\alpha)$, die den Winkel α mit der x_1-Achse einschließt, geht der Punkt X (Winkel ϑ) in den Punkt X' mit dem Winkel

$$\vartheta' = \alpha + (\alpha - \vartheta) = 2\alpha - \vartheta \qquad (K.46)$$

über. Damit ergibt sich als Transformation des Ortsvektors $\vec{r} = (x_1,x_2)$:

$$\begin{aligned} \Rightarrow \sigma_v^{(\alpha)} : x_1 \;&\equiv\; x'_1 = r\cos(2\alpha - \vartheta) = r[\cos 2\alpha \cos\vartheta' + \sin 2\alpha \sin\vartheta] \\ &=\; x_1 \cos 2\alpha + x_2 \sin 2\alpha && (K.47) \\ \sigma_v^{(\alpha)} : x_2 \;&\equiv\; x'_2 = r\sin(2\alpha - \vartheta) = r[\sin 2\alpha \cos\vartheta - \cos 2\alpha \sin\vartheta] \\ &=\; x_1 \sin 2\alpha - x_2 \cos 2\alpha && (K.48) \\ \Rightarrow \sigma_v^{(\alpha)} : \vec{r} \;&\equiv\; \begin{pmatrix} \cos 2\alpha & \sin 2\alpha \\ \sin 2\alpha & -\cos 2\alpha \end{pmatrix} \vec{r} && (K.49) \end{aligned}$$

und damit die Transformationsmatrix:

$$\Gamma(\sigma_v^{(\alpha)}) \;=\; \begin{pmatrix} \cos 2\alpha & \sin 2\alpha \\ \sin 2\alpha & -\cos 2\alpha \end{pmatrix} \qquad (K.50)$$

mit dem zugehörigen Charakter

$$\chi(\sigma_v^{(\alpha)}) \;=\; 0 \qquad (K.51)$$

- Rotation:
Bei der Drehung um den Winkel β geht der Winkel ϑ in

$$\vartheta' \;=\; \vartheta + \beta \qquad (K.52)$$

über. Man hat daher die Transformationsvorschriften für die Koordinaten des Ortsvektors:

$$
\begin{aligned}
C_\beta : x_1 &\equiv x'_1 = r\cos(\vartheta+\beta) \\
&= x_1\cos\beta - x_2\sin\beta && \text{(K.53)} \\
C_\beta : x_2 &= x'_2 = r\sin(\vartheta+\beta) \\
&= x_1\sin\beta + x_2\cos\beta && \text{(K.54)}
\end{aligned}
$$

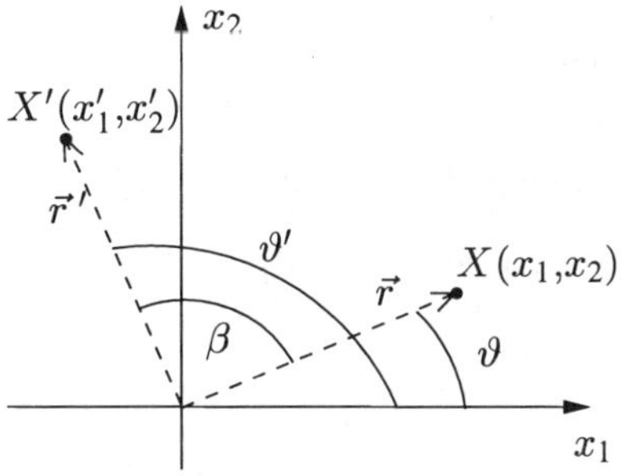

und die Transformationsmatrix

$$
\Rightarrow \Gamma(C_\beta) = \begin{pmatrix} \cos\beta & \sin\beta \\ -\sin\beta & \cos\beta \end{pmatrix} \quad \text{(K.55)}
$$

mit dem zugehörigen Charakter

$$
\chi(C_\beta) = 2\cos\beta \quad \text{(K.56)}
$$

In der vorliegenden Aufgabe wird die C_{3v}-Symmetrie (in der Ebene) untersucht.

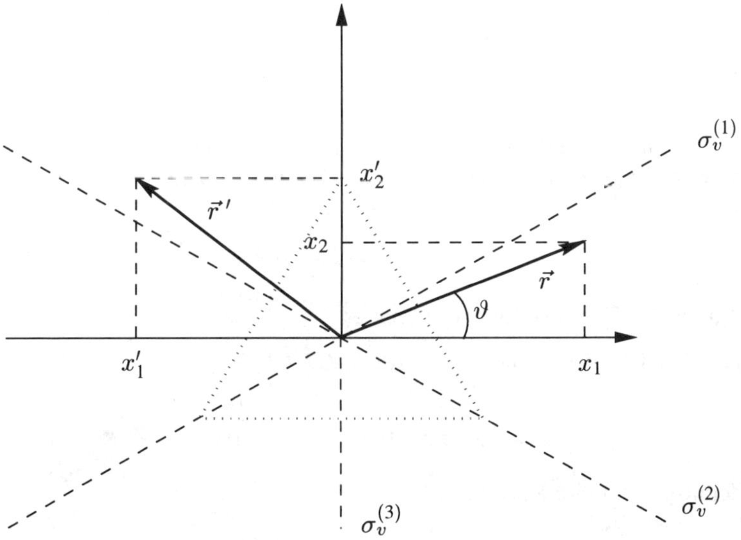

a) Mit $\alpha = \frac{\pi}{6}, \frac{5\pi}{6}$ und $\frac{3\pi}{2}$ für die Spiegelebenen und $\beta = \frac{2\pi}{3}$ und $\frac{4\pi}{3}$ für die Rotation folgt aus den allgemeinen Formeln:

$$
\begin{aligned}
\Gamma(E) &= \begin{pmatrix} 1 & 0 \\ 0 & 1 \end{pmatrix} \\
\Gamma(C_3) &= \begin{pmatrix} \cos\frac{2\pi}{3} & \sin\frac{2\pi}{3} \\ -\sin\frac{2\pi}{3} & \cos\frac{2\pi}{3} \end{pmatrix}, \quad \Gamma(C_3^2) = \begin{pmatrix} \cos\frac{4\pi}{3} & \sin\frac{4\pi}{3} \\ -\sin\frac{4\pi}{3} & \cos\frac{4\pi}{3} \end{pmatrix} \\
\Gamma(\sigma_v^{(1)}) &= \frac{1}{2}\begin{pmatrix} 1 & \sqrt{3} \\ \sqrt{3} & -1 \end{pmatrix}, \quad \Gamma(\sigma_v^{(2)}) = \frac{1}{2}\begin{pmatrix} 1 & -\sqrt{3} \\ -\sqrt{3} & -1 \end{pmatrix}, \qquad \text{(K.57)} \\
\Gamma(\sigma_v^{(3)}) &= \begin{pmatrix} -1 & 0 \\ 0 & 1 \end{pmatrix}
\end{aligned}
$$

b) Es gilt:

$$\Gamma \text{ unitär} \quad \Leftrightarrow \quad \Gamma^\dagger \equiv (\Gamma^T)^* = \Gamma^{-1} \tag{K.58}$$

Aus Teil a) sieht man sofort, daß:

$$(\Gamma(C_3))^\dagger \quad = \quad \Gamma(C_3^2) = \Gamma^\dagger((C_3)^{-1}) = (\Gamma(C_3))^{-1} \tag{K.59}$$

und

$$\Gamma(\sigma_v^{(1)})^\dagger \quad = \quad \Gamma(\sigma_v^{(1)}) = \Gamma((\sigma_v^{(1)})^{-1}) = (\Gamma(\sigma_v^{(1)}))^{-1} \tag{K.60}$$

somit ist $\Gamma(R)$ unitär.

c) Die Charaktere von Γ

$$\begin{aligned} K_1 = \{E\}: &\quad \chi(K_1) = 2 \\ K_2 = \{C_3, C_3^2\}: &\quad \chi(K_2) = 2\cos(\frac{2\pi}{3}) = -1 \\ K_3 = \{\sigma_v^{(1)}, \sigma_v^{(2)}, \sigma_v^{(3)}\}: &\quad \chi(K_3) = 0 \end{aligned} \tag{K.61}$$

ergeben (eingesetzt in die Multiplizitätsformel (3.40)):

$$a_{A_1} = 0, \quad a_{A_2} = 0, \quad a_E = 1 \tag{K.62}$$

Somit ist

$$\Gamma = E \tag{K.63}$$

Dies hätte man auch ohne Benützung der Formel (3.40) durch Verifizierung der Charaktere (K.61) in der E-Zeile der C_{3v}-Charaktertafel erkennen können.

Lösung zu Aufgabe 10: Gleichseitiges Fünfeck

a) Es existieren die Gruppenelemente: $E, C_5, C_5^2, C_5^3, C_5^4,$
$\sigma_v^{(1)}, \sigma_v^{(2)}, \sigma_v^{(3)}, \sigma_v^{(4)}, \sigma_v^{(5)}$
$\Rightarrow$ Zahl der Elemente $g = 10$

b) Man findet insgesamt vier Klassen:

1. Klasse $K_1 = \{E\}$, $g_1 = 1$
2. Ausgangspunkt C_5:
   i. C_5 vertauscht mit $R = E, C_5^2, C_5^3, C_5^4$: $R^{-1} C_5 R = C_5$
   ii. $(\sigma_v^{(i)})^{-1} C_5 \sigma_v^{(i)} = \sigma_v^{(i)} C_5 \sigma_v^{(i)} = C_5^4$, $i = 1,2,3,4,5$
   $\rightarrow$ Klasse $K_2 = \{C_5, C_5^4\}$, $g_2 = 2$
3. Ausgangspunkt C_5^2: analog $\rightarrow$ Klasse $K_3 = \{C_5^2, C_5^3\}$, $g_3 = 2$
4. Ausgangspunkt $\sigma_v^{(1)}$:
   $\underbrace{(C_5^i)^{-1}}_{C_5^{5-i}} \sigma_v^{(1)} C_5^i = \sigma_v^{(1+i)}$ $, i = 1,\ldots,4$
   $\rightarrow$ Klasse $K_4 = (\sigma_v^{(1)}, \sigma_v^{(2)}, \sigma_v^{(3)}, \sigma_v^{(4)}, \sigma_v^{(5)})$, $g_4 = 5$

c) Nach dem 1. Satz von Burnside (3.27) ist $n_{ID} = n_{Kl} = 4 (= n)$.

Nach dem 2. Satz von Burnside (3.37) haben wir damit

$$d_1^2 + d_2^2 + d_3^3 + d_4^2 \quad = \quad g = 10 \tag{K.64}$$

mit der eindeutigen Lösung

$$d_1 = d_2 = 1 \quad \text{und} \quad d_3 = d_4 = 2 \tag{K.65}$$

Es gibt also zwei eindimensionale irreduzible Darstellungen

$$\Gamma^{(1)}(\equiv A_1) \text{ und } \Gamma^{(2)}(\equiv A_2) \quad , \quad d_1 = d_2 = 1 \tag{K.66}$$

und zwei zweidimensionale

$$\Gamma^{(3)}(\equiv E_1) \text{ und } \Gamma^{(4)}(\equiv E_2) \quad , \quad d_3 = d_4 = 2 \tag{K.67}$$

d) Für diese Teilaufgabe existiert eine Vielzahl von verschiedenen Lösungsmöglichkeiten. Alternativ zum im Beispiel auf Seite 30 beschriebenen Weg wird hier eine intuitive Lösung, die ohne Gruppentafel und (fast) ohne Formeln auskommt, vorgestellt.

- Jede Untergruppe H von G muß durch die irreduziblen Darstellungen von G darstellbar sein, die natürlich eventuell reduzibel bezüglich der Untergruppe sind.

- nichttriviale Untergruppen von C_{5v} sind

  $$H_0 = \{E, C_5, C_5^2, C_5^3, C_5^4\} \quad \text{und} \tag{K.68}$$
  $$H_1 = \{E, \sigma_v^{(1)}\}, H_2 = \{E, \sigma_v^{(2)}\}, H_3 = \{E, \sigma_v^{(3)}\}, H_4 = \{E, \sigma_v^{(4)}\}, H_5 = \{E, \sigma_v^{(5)}\}$$

- Zuerst wird die Charaktertafel der Untergruppe $H_0 = C_5$ (zyklische, abelsche Gruppe mit Periode $h_0 = 5$) bestimmt:
  Für abelsche Gruppen gilt:
  $\widehat{n}_{Kl} = \widehat{n}_{ID} = h_0$ (hier: $h_0 = 5$)
  und jede irreduzible Darstellung ist eindimensional.
  (hier: $\widehat{d}_1 = \widehat{d}_2 = \widehat{d}_3 = \widehat{d}_4 = \widehat{d}_5 = 1$)
  Für die irreduziblen Darstellungen wählt man den Ansatz („Bloch-Ansatz"):

  $$\chi^{(\widehat{\mu})}(R_r) = e^{i\alpha_\mu r} \quad \text{mit} \quad R_0 = E, R_1 = C_5, \ldots, R_r = C_5^r, \ldots, \quad \widehat{\mu} = 1, \ldots, 5 \tag{K.69}$$

  Es muß gelten:

  $$\chi((C_5)^5) \quad = \quad \chi(E) = 1 = (\chi(C_5))^5 = (e^{i\alpha_\mu})^5 \tag{K.70}$$
  $$\rightarrow \quad \alpha_1 = 0 \tag{K.71}$$
  $$\alpha_2 = \frac{2\pi}{5}, \alpha_3 = \frac{4\pi}{5}, \alpha_4 = \frac{6\pi}{5}, \alpha_5 = \frac{8\pi}{5}$$

  Also erhält man die Charaktertafel von C_5 ($\omega = e^{\frac{2\pi i}{5}}$):

C_5 (5)	E	C_5	C_5^2	C_5^3	C_5^4
$\widehat{\Gamma}^{(1)} \to A$	1	1	1	1	1
$\widehat{\Gamma}^{(2)}, \widehat{\Gamma}^{(3)} \to E'$	1	ω	ω^2	ω^3	ω^4
	1	ω^4	ω^3	ω^2	ω
$\widehat{\Gamma}^{(4)}, \widehat{\Gamma}^{(5)} \to E''$	1	ω^2	ω^4	ω	ω^3
	1	ω^3	ω	ω^4	ω^2

wobei wir die irreduziblen Darstellungen von H_0 durch $\widehat{\Gamma}^{(1)}, \ldots, \widehat{\Gamma}^{(5)}$ bezeichnet haben.

- Nun zerfällt jede irreduzible Darstellung einer Muttergruppe (hier C_{5v}) in ein oder mehrere irreduzible Bestandteile der Untergruppe

$$\Gamma^{(\mu)} = \sum_{\widehat{\mu}} a_{\widehat{\mu}} \widehat{\Gamma}^{(\widehat{\mu})} \tag{K.72}$$

so daß

$$\chi^{(\mu)} = \sum_{\widehat{\mu}} a_{\widehat{\mu}} \widehat{\chi}^{(\widehat{\mu})} \tag{K.73}$$

Bei den eindimensionalen Darstellungen ist dies eindeutig:

$$\Gamma^{(1)} = \widehat{\Gamma}^{(1)} \text{ und } \Gamma^{(2)} = \widehat{\Gamma}^{(2)} \tag{K.74}$$

Dagegen sind bei $\Gamma^{(3)}$ und $\Gamma^{(4)}$ die Multiplizitäten $a_{\widehat{\mu}}$ in (K.72) zunächst nicht bekannt. Bedenkt man jedoch, daß in der Muttergruppe G die Elemente (C_5, C_5^4) und (C_5^2, C_5^3) jeweils zur selben Klasse gehören, so gibt es zwei Möglichkeiten. Entweder:

$$\left.\begin{array}{l}\Gamma^{(3)}\\ \Gamma^{(4)}\end{array}\right\} \Rightarrow 2\widehat{\Gamma}^{(1)} \tag{K.75}$$

oder

$$\left.\begin{array}{l}\Gamma^{(3)}\\ \Gamma^{(4)}\end{array}\right\} \Rightarrow \widehat{\Gamma}^{(2)} + \widehat{\Gamma}^{(3)} \text{ bzw. } \widehat{\Gamma}^{(4)} + \widehat{\Gamma}^{(5)} \tag{K.76}$$

Fall (K.75) entfällt, da bei der Reduktion der irreduziblen Darstellungen der Muttergruppe jede der Darstellungen der Untergruppe auftreten muß. Bleibt Fall (K.76). Mit der Wahl

$$\Gamma^{(3)} = \widehat{\Gamma}^{(2)} + \widehat{\Gamma}^{(3)} \tag{K.77}$$

$$\Gamma^{(4)} = \widehat{\Gamma}^{(4)} + \widehat{\Gamma}^{(5)} \tag{K.78}$$

treten in $\{\Gamma^{(1)}, \ldots, \Gamma^{(5)}\}$ alle irreduziblen Darstellungen $\{\widehat{\Gamma}^{(1)}, \ldots, \widehat{\Gamma}^{(5)}\}$ von H_0 auf (siehe (K.72) bis (K.78)). Dann gilt nach (K.73):

$$\chi^{(3)}(C_5) = \omega + \omega^4 = 2\cos\frac{2\pi}{5} \tag{K.79}$$

$$\chi^{(3)}(C_5^2) = \omega^2 + \omega^3 = 2\cos\frac{4\pi}{5} \tag{K.80}$$

und

$$\chi^{(4)}(C_5) = \omega^3 + \omega^2 = 2\cos\frac{4\pi}{5} \qquad \text{(K.81)}$$

$$\chi^{(4)}(C_5^2) = \omega^4 + \omega = 2\cos\frac{2\pi}{5} \qquad \text{(K.82)}$$

Damit ist die Charaktertafel für drei der vier Klassen bekannt:

C_{5v}	E	$\{C_5, C_5^4\}$	$\{C_5^2, C_5^3\}$	$5\sigma_v$
$\Gamma^{(1)} = A_1$	1	1	1	...
$\Gamma^{(2)} = A_2$	1	1	1	...
$\Gamma^{(3)} = E_1$	2	$2\cos\frac{2\pi}{5}$	$2\cos\frac{4\pi}{5}$	...
$\Gamma^{(4)} = E_2$	2	$2\cos\frac{4\pi}{5}$	$2\cos\frac{2\pi}{5}$	...

- Die letzte Spalte der Charaktertafel findet man leicht mittels der Normalitätsrelation der Charaktere (3.29):

$$\left(\chi^{(\mu)}(\sigma_v)\right)^2 = \frac{1}{5}\left(10 - 1\cdot\left(\chi^{(\mu)}(E)\right)^2 - 2\cdot\left(\chi^{(\mu)}(C_5)\right)^2 - 2\cdot\left(\chi^{(\mu)}(C_5^2)\right)^2\right) \qquad \text{(K.83)}$$

also

$$\left.\begin{array}{l}\chi^{(1)}(\sigma_v)\\ \chi^{(2)}(\sigma_v)\end{array}\right\} = \pm 1 \qquad \text{(K.84)}$$

$$\chi^{(3)}(\sigma_v) = \frac{1}{5}\left(10 - 4 - 4\left(\cos^2\left(\frac{2\pi}{5}\right) + \cos^2\left(\frac{4\pi}{5}\right)\right)\right) = 0 = \chi^{(4)}(\sigma_v) \qquad \text{(K.85)}$$

und wegen der Zeilenorthogonalität (gemäß (3.29))

$$\chi^{(1)}(\sigma_v) = 1 \quad , \quad \chi^{(2)}(\sigma_v) = -1 \qquad \text{(K.86)}$$

Damit sind alle Charaktere für die Charaktertafel[1] von C_{5v} bestimmt.

Lösung zu Aufgabe 11: C_{5v}-Transformationen im zweidimensionalen kartesischen Koordinatensystem

a) Mit den allgemeinen Formeln aus Aufgabe 9 ergibt sich

$$\Gamma(E) = \begin{pmatrix} 1 & 0 \\ 0 & 1 \end{pmatrix}$$

$$\Gamma(C_5^n) = \begin{pmatrix} \cos\frac{2\pi n}{5} & -\sin\frac{2\pi n}{5} \\ \sin\frac{2\pi n}{5} & \cos\frac{2\pi n}{5} \end{pmatrix} \qquad n = 1,2,3,4 \qquad \text{(K.87)}$$

$$\Gamma(\sigma_v^{(m)}) = \begin{pmatrix} \cos\frac{4m\pi}{5} & \sin\frac{4m\pi}{5} \\ \sin\frac{4m\pi}{5} & -\cos\frac{4m\pi}{5} \end{pmatrix} \qquad m = 1,\ldots,4$$

[1] siehe Anhang B

und die Charaktere

$$K_1 = \{E\}; \qquad \chi(K_1) = 2 \tag{K.88}$$

$$K_2 = \{C_5, C_5^4\}; \qquad \chi(K_2) = 2\cos\frac{2\pi}{5} = \frac{-1+\sqrt{5}}{2} \tag{K.89}$$

$$K_3 = \{C_5^2, C_5^3\}; \qquad \chi(K_3) = 2\cos\frac{4\pi}{5} = \frac{-1-\sqrt{5}}{2} \tag{K.90}$$

$$K_4 = \{\sigma_v^{(1)}, \sigma_v^{(2)}, \sigma_v^{(3)}, \sigma_v^{(4)}, \sigma_v^{(5)}\}; \qquad \chi(K_4) = 0 \tag{K.91}$$

C_{5v}	E	$2C_5$	$2C_5^2$	$5\sigma_v$
Γ	2	$2\cos\frac{2\pi}{5}$	$2\cos\frac{4\pi}{5}$	0

b) Die Charaktere sind genau die von E_1 (siehe Charaktertafel von C_{5v} im Anhang B) und somit ist $\Gamma = E_1$ eine der irreduziblen Darstellungen der Dimension 2 von C_{5v}.

K.3 Zu Kapitel 4

Lösung zu Aufgabe 12: Gruppe O

a) Man kann sich z.B. an folgenden Körpern die Gruppe O veranschaulichen:

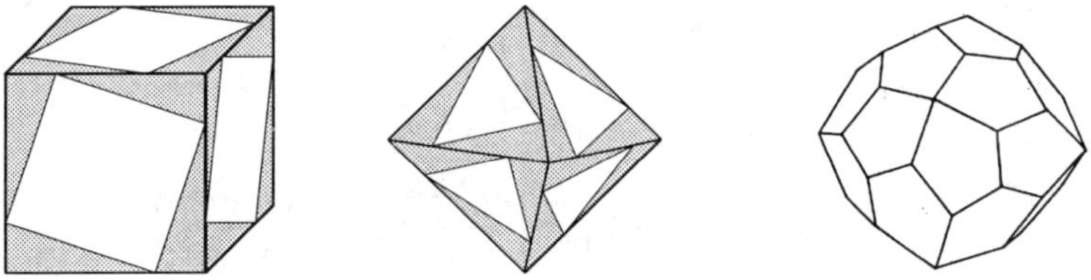

wobei der letzte der allgemeinste Vielflächner („Gyroid", „Pentagonikositetraeder", aus: [41]) mit dieser Symmetrie ist. Als Kristalle findet man Vertreter von O in der Natur relativ selten (nur Exoten wie Ag_3AuTe_2, $(NH_4)_2SrCl_4$, $Fe(CN)_2$, Zr_2S_3, $K_3P_{12}(NO_3)_9$, ...).

b) Der Funktionenraum spaltet in zwei unabhängige Räume auf: $\{x,y,z\}$ und $\{x^2,y^2,z^2\}$. Ausreduktion über Multiplizitätsformel (3.40) mit $g = 24$:

$$\{x,y,z\}: \qquad a_{T_1} = 1, \text{ sonst } 0 \tag{K.92}$$

$$\{x^2,y^2,z^2\}: \qquad a_{A_1} = 1 = a_E, \text{ sonst } 0 \tag{K.93}$$

Irreduzible Basisfunktionen:

- Da die Darstellung von $\{x,y,z\}$ irreduzibel ist, sind dies schon die zugehörigen irreduziblen Basisfunktionen: $\{x,y,z\}$

- Zum Basissatz $\{x^2,y^2,z^2\}$ verwendet man die Wignerformel (4.75) und findet:
  A_1: $\{x^2+y^2+z^2 = r^2\}$
  oder man erinnert sich, daß unter O die Radialkoordinate r invariant ist.
  E: $\{x^2-y^2, 3r^2-x^2-y^2\}$

		$\{x,y,z\}$		$\{x^2,y^2,z^2\}$	
$K_1=\{E\}$		$x\to x$ $y\to y$ $z\to z$	$\chi(K_1)=3$	$x^2\to x^2$ $y^2\to y^2$ $z^2\to z^2$	$\chi(K_1)=3$
$K_2=\{8C_3\}$	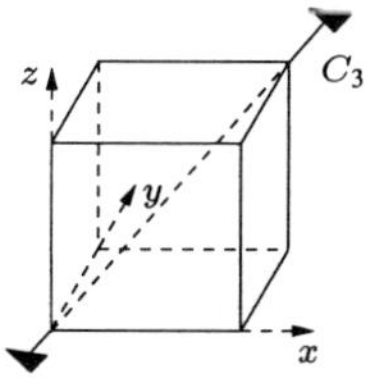	$x\to y$ $y\to z$ $z\to x$	$\chi(K_2)=0$	$x^2\to y^2$ $y^2\to z^2$ $z^2\to x^2$	$\chi(K_2)=0$
$K_3=$ $\{3C_2=3C_4^2\}$	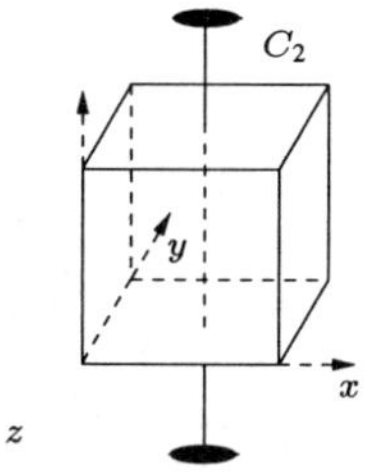	$x\to -x$ $y\to -y$ $z\to\ \ z$	$\chi(K_3)=-1$	$x^2\to x^2$ $y^2\to y^2$ $z^2\to z^2$	$\chi(K_3)=3$
$K_4=\{6C_2\}$	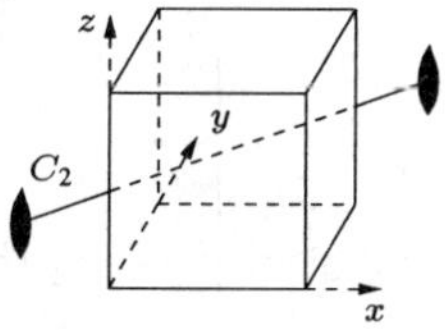	$x\to\ \ y$ $y\to\ \ x$ $z\to -z$	$\chi(K_4)=-1$	$x^2\to y^2$ $y^2\to x^2$ $z^2\to z^2$	$\chi(K_4)=1$
$K_5=\{6C_4\}$	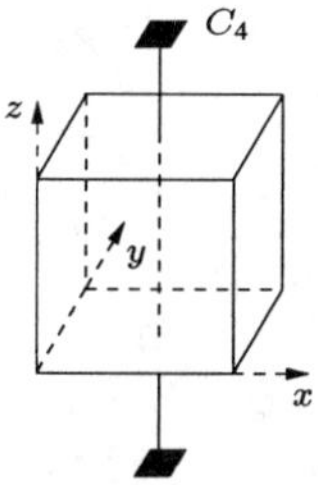	$x\to\ \ y$ $y\to -x$ $z\to\ \ z$	$\chi(K_5)=1$	$x^2\to y^2$ $y^2\to x^2$ $z^2\to z^2$	$\chi(K_5)=1$

Tabelle K.1 Zu Aufgabe 12

Alternative: Blick in die (vollständige) Charaktertafel

c) Orthogonalitätsrelation:

$$\frac{1}{g}\sum_K g_k\chi^{(\mu)}(k)[\chi^{(\lambda)}(k)]^* = \delta_{\lambda\mu}$$

$$\Rightarrow \mu=\lambda=1: \qquad \frac{1}{24}[1\cdot 1\cdot 1+8\cdot 1\cdot 1+3\cdot 1\cdot 1+6\cdot 1\cdot 1+6\cdot 1\cdot 1]=1$$

$$\mu = 1, \lambda = 2: \qquad \frac{1}{24}[1\cdot 1\cdot 1 + 8\cdot 1\cdot 1 + 3\cdot 1\cdot 1 + 6\cdot 1\cdot(-1) + 6\cdot 1\cdot(-1)] = 0$$

usw.

Vollständigkeitsrelation:

$$\sum_{\mu=1}^{n} \chi^{(\mu)}(k')[\chi^{(\mu)}(k)]^* = \frac{g}{g_k}\delta_{kk'}$$

$$k = k' = 1: \qquad [1\cdot 1 + 1\cdot 1 + 2\cdot 2 + 3\cdot 3 + 3\cdot 3] = \frac{24}{1}$$

$$k = 1, k' = 2: \qquad [1\cdot 1 + 1\cdot 1 + 2\cdot(-1) + 3\cdot 0 + 3\cdot 0] = 0$$

usw.

Lösung zu Aufgabe 13: Gruppe C_{4v}

a) Gruppe C_{4v}:

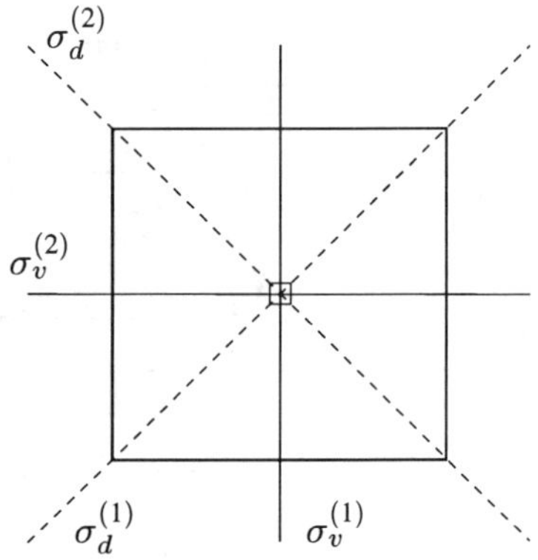

Elemente:
$\{E, \sigma_v^{(1)}, \sigma_v^{(2)}, \sigma_d^{(1)}, \sigma_d^{(2)}, C_4, C_4^2 = C_2, C_4^3\}$
$\Rightarrow g = 8$

(i) Bestimmung der Klassen:

- Einselement

$$K_1 = \{E\}, g_1 = 1. \tag{K.94}$$

- Ausgangspunkt C_4:
  C_4 vertauscht mit E und C_4^i $(i = 1,2,3)$

$$\left.\begin{array}{l}\left(\sigma_v^{(j)}\right)^{-1} C_4 \sigma_v^{(j)} = C_4^3 \\ \left(\sigma_d^{(j)}\right)^{-1} C_4 \sigma_d^{(j)} = C_4^3\end{array}\right. \quad j = 1,2 \quad \to \quad K_2 = \{C_4, C_4^3\}, g_2 = 2 \tag{K.95}$$

- Ausgangspunkt C_4^2:
  C_4^2 vertauscht mit E und C_4^i $(i = 1,2,3)$

$$\left.\begin{array}{l}\left(\sigma_v^{(j)}\right)^{-1} C_4^2 \sigma_v^{(j)} = C_4^2 \\ \left(\sigma_d^{(j)}\right)^{-1} C_4^2 \sigma_d^{(j)} = C_4^2\end{array}\right. \quad j = 1,2 \quad \to \quad 3 = \{C_4^2\}, g_3 = 1 \tag{K.96}$$

* Ausgangspunkt $\sigma_v^{(1)}$:

$$\left.\begin{array}{rcll} \left(\sigma_v^{(2)}\right)^{-1}\sigma_v^{(1)}\sigma_v^{(2)} &=& \sigma_v^{(1)} & \\ \left(\sigma_d^{(1)}\right)^{-1}\sigma_v^{(1)}\sigma_d^{(1)} &=& \sigma_v^{(2)} & \\ \left(\sigma_d^{(2)}\right)^{-1}\sigma_v^{(1)}\sigma_d^{(2)} &=& \sigma_v^{(2)} & \\ (C_4^i)^{-1}\sigma_v^{(1)}C_4^i &=& \sigma_v^{(1)} & ,i=1,2,3 \end{array}\right\} \Rightarrow \quad K_4=\{\sigma_v^{(1)},\sigma_v^{(2)}\}, g_4=2$$

* Ausgangspunkt $\sigma_d^{(1)}$:

$$\left.\begin{array}{rcll} \left(\sigma_v^{(1)}\right)^{-1}\sigma_d^{(1)}\sigma_v^{(1)} &=& \sigma_d^{(2)} & \\ \left(\sigma_v^{(2)}\right)^{-1}\sigma_d^{(1)}\sigma_v^{(2)} &=& \sigma_d^{(2)} & \\ \left(\sigma_d^{(2)}\right)^{-1}\sigma_d^{(1)}\sigma_d^{(2)} &=& \sigma_d^{(1)} & \\ (C_4^i)^{-1}\sigma_d^{(1)}C_4^i &=& \sigma_d^{(1)} & ,i=1,2,3 \end{array}\right\} \Rightarrow \quad K_5=\{\sigma_d^{(1)},\sigma_d^{(2)}\}, g_5=2$$

(ii) 1. Satz von Burnside: 5 Klassen $\Rightarrow$ 5 irreduzible Darstellungen:

$$\begin{array}{rcl} n &=& 5 \\ g &=& 8 \\ g_1 &=& 1, \quad g_2=2, \quad g_3=2, \quad g_4=2, \quad g_5=1 \end{array} \tag{K.97}$$

2. Satz von Burnside:

$$d_1^2+d_2^2+d_3^2+d_4^2+d_5^2 = 8 \tag{K.98}$$

Einzige Realisierung:

$$d_1=d_2=d_3=d_4=1, \qquad d_5=2 \tag{K.99}$$

b) Bestimmung der Charaktere:
Man erhält die Charaktere durch Anwendung eines Elements einer jeden Klasse auf die angegebene Basisfunktion.

- A_1: z steht senkrecht zur Bildebene, alle Gruppenoperationen erhalten im kartesischen Raum die z-Komponente.
  $\rightarrow \chi^{A_1}(K_i)=1, i=1,\dots,5$
  $\rightarrow$ „Einsdarstellung“ $\rightarrow d_{A_1}=1$.
- Die Transformationseigenschaften der anderen in (4.131) angegebenen Funktionen folgen aus denen der Funktionen x und y. Diese transformieren sich wie folgt unter den Operationen der Klassen (beispielhaft für einen Vertreter der jeweiligen Klasse angegeben):

$$\begin{array}{ll} K_1: & x\rightarrow x, \quad y\rightarrow y \\ K_2: & x\rightarrow y, \quad y\rightarrow -x \\ K_3: & x\rightarrow -x, \quad y\rightarrow -y \\ K_4: & x\rightarrow -x, \quad y\rightarrow y \\ K_5: & x\rightarrow y, \quad y\rightarrow x \end{array} \tag{K.100}$$

- A_2:

$$\begin{aligned}
\chi^{A_2}(K_1): &\quad E: xy(x^2-y^2) = xy(x^2-y^2) \rightarrow \chi^{A_2}(K_1) = 1 = d_{A_2} \\
\chi^{A_2}(K_2): &\quad C_4: xy(x^2-y^2) = xy(x^2-y^2) \rightarrow \chi^{A_2}(K_2) = 1 \\
\chi^{A_2}(K_3): &\quad C_4^2: xy(x^2-y^2) = xy(x^2-y^2) \rightarrow \chi^{A_2}(K_3) = 1 \\
\chi^{A_2}(K_4): &\quad \sigma_v^{(1)}: xy(x^2-y^2) = -xy(x^2-y^2) \rightarrow \chi^{A_2}(K_4) = -1 \\
\chi^{A_2}(K_5): &\quad \sigma_d^{(1)}: xy(x^2-y^2) = -xy(x^2-y^2) \rightarrow \chi^{A_2}(K_5) = -1
\end{aligned} \tag{K.101}$$

- B_1: Analog

$$\begin{aligned}
\chi^{B_1}(K_1) &= 1 = d_{B_1} \\
\chi^{B_1}(K_2) &= -1 \\
\chi^{B_1}(K_3) &= 1 \\
\chi^{B_1}(K_4) &= 1 \\
\chi^{B_1}(K_5) &= -1
\end{aligned} \tag{K.102}$$

- B_2: Analog

$$\begin{aligned}
\chi^{B_2}(K_1) &= 1 = d_{B_2} \\
\chi^{B_2}(K_2) &= -1 \\
\chi^{B_2}(K_3) &= 1 \\
\chi^{B_2}(K_4) &= -1 \\
\chi^{B_2}(K_5) &= 1
\end{aligned} \tag{K.103}$$

- E: $(x,y) \rightarrow 2$ Komponenten $\Rightarrow \chi^E(K_1) = 2 = d_E$.

$$\begin{aligned}
\chi^{E}(K_2): &\quad C_4: (x,y) = (y,-x) \rightarrow \chi^E(K_2) = 0 \\
\chi^{E}(K_3): &\quad C_4^2: (x,y) = (-x,-y) \rightarrow \chi^E(K_3) = -2 \\
\chi^{E}(K_4): &\quad \sigma_v^{(1)}: (x,y) = (-x,y) \rightarrow \chi^E(K_4) = 0 \\
\chi^{E}(K_5): &\quad \sigma_d^{(1)}: (x,y) = (y,x) \rightarrow \chi^E(K_5) = 0
\end{aligned} \tag{K.104}$$

Somit lautet die Charaktertafel:

C_{4v} (4mm)	E	C_2	$2C_4$	$2\sigma_v$	$2\sigma_d$
A_1	1	1	1	1	1
A_2	1	1	1	−1	−1
B_1	1	1	−1	1	−1
B_2	1	1	−1	−1	1
E	2	−2	0	0	0

c) Basis: x^3, y^3, x^2y, y^2x

(i) Charaktere:

* K_1: $\chi(K_1) = 4$ (4 Basisfunktionen)

* K_2:

$$\left.\begin{aligned} C_4 : x^3 &= y^3 \\ C_4 : y^3 &= -x^3 \\ C_4 : x^2y &= y^2(-x) \\ C_4 : y^2x &= (-x^2)y \end{aligned}\right\} \Rightarrow \chi(K_2) = 0+0+0+0 = 0$$

* K_3:

$$\left.\begin{aligned} C_4^2 : x^3 &= -x^3 \\ C_4^2 : y^3 &= -y^3 \\ C_4^2 : x^2y &= (-x)^2(-y) \\ C_4^2 : y^2x &= (-y^2)(-x) \end{aligned}\right\} \Rightarrow \chi(K_3) = -1-1-1-1 = -4$$

* K_4:

$$\left.\begin{aligned} \sigma_v^{(1)} : x^3 &= -x^3 \\ \sigma_v^{(1)} : y^3 &= y^3 \\ \sigma_v^{(1)} : x^2y &= x^2y \\ \sigma_v^{(1)} : y^2x &= -y^2x \end{aligned}\right\} \Rightarrow \chi(K_4) = -1+1+1-1 = 0$$

* K_5:

$$\left.\begin{aligned} \sigma_d^{(1)} : x^3 &= y^3 \\ \sigma_d^{(1)} : y^3 &= x^3 \\ \sigma_d^{(1)} : x^2y &= y^2x \\ \sigma_d^{(1)} : y^2x &= x^2y \end{aligned}\right\} \Rightarrow \chi(K_5) = 0+0+0+0 = 0$$

(ii) Damit sind die Multiplizitäten nach Formel (3.40):

$$\begin{aligned} a_{A_1} &= 0 \qquad a_{A_2} = 0 \\ a_{B_1} &= 0 \qquad a_{B_2} = 0 \\ a_E &= 2 \end{aligned} \tag{K.105}$$

$$\text{Also:} \quad \Rightarrow \quad \Gamma = 2E \tag{K.106}$$

(iii) Basisfunktionen der irreduziblen Darstellungen:

* Erster Weg: Wigner-Formel (4.75)
* Zweiter Weg:
  Betrachtet man die Berechnung der Charaktere, dann sieht man, daß alle Gruppenoperationen $\{x^3,y^3\}$ auf $\{x^3,y^3\}$ und $\{x^2y,y^2x\}$ auf $\{x^2y,y^2x\}$ abbilden. Es gibt also zwei invariante Unterräume bezüglich C_{4v}, nämlich $\{x^3,y^3\}$ und $\{x^2y,y^2x\}$.

Lösung zu Aufgabe 14: Vektorobjekte III

I. Das Objekt $\eta_1 =$ 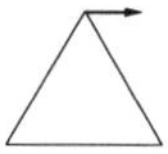 soll zur Gruppe C_{3v} gehören:

$$\{E, C_3, C_3^2, \sigma_v^{(1)}, \sigma_v^{(2)}, \sigma_v^{(3)}\} \text{ mit } g = 6.$$

Es existieren drei Klassen:

$$K_1 = \{E\},\, g_1 = 1 \qquad K_2 = \{C_3, C_3^2\},\, g_2 = 2 \qquad K_3 = \{\sigma_v^{(1)}, \sigma_v^{(2)}, \sigma_v^{(3)}\}\,,\, g_3 = 3$$

Die anderen Basisvektoren erhält man durch Anwendung der Gruppenoperationen:

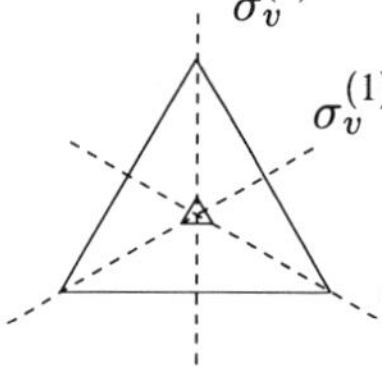

$C_3 : \eta_1 =$ 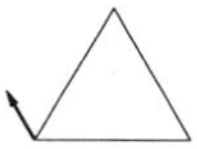 $= \eta_2$

$C_3^2 : \eta_1 =$ 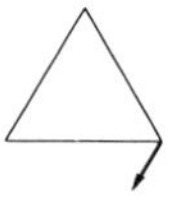 $= \eta_3$

Andere Gruppenoperationen liefern keine neuen Basisvektoren.

II. Das Objekt $\eta_1 =$ 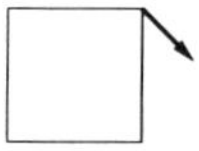 soll zur Gruppe C_{4v} gehören:

$$\{E, C_4, C_4^2 = C_2, C_4^3, \sigma_v^{(1)}, \sigma_v^{(2)}, \sigma_v^{(3)}\}, \sigma_v^{(4)}\} \text{ mit } g = 8.$$

Die Gruppe zerfällt in fünf Klassen:

$$K_1 = \{E\},\, g_1 = 1 \qquad K_2 = \{C_4\},\, g_2 = 1 \qquad K_3 = \{C_4, C_4^2\},\, g_3 = 2$$
$$K_4 = \{\sigma_v^{(1)}, \sigma_v^{(2)}\},\, g_4 = 2 \qquad K_5 = \{\sigma_v^{(3)}, \sigma_v^{(4)}\},\, g_5 = 2$$

Dazu gehören die anderen Basisvektoren:

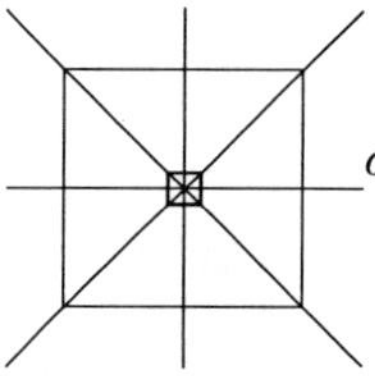

$C_4 : \eta_1 =$ 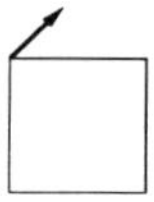 $= \eta_2$

$C_4^2 : \eta_1 =$ 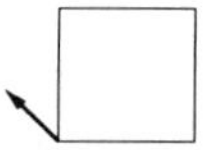 $= \eta_3$

$C_4^3 : \eta_1 =$ 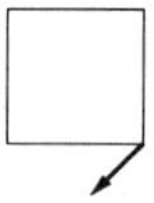 $= \eta_4$

Andere Gruppenoperationen liefern keine neuen Basisvektoren.

III. Auch das Objekt $\eta_1 =$ 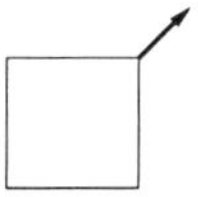 soll zur Gruppe C_{4v} gehören.

Die anderen Basisobjekte lauten:

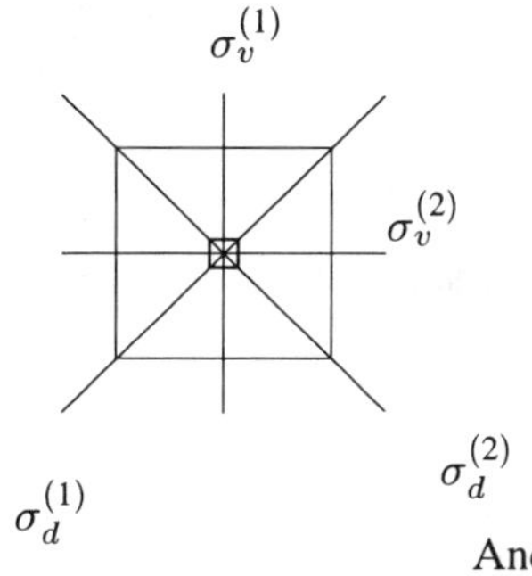

$C_4 : \eta_1 =$ 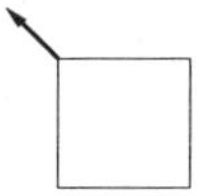 $= \eta_2$

$C_4^2 : \eta_1 =$ 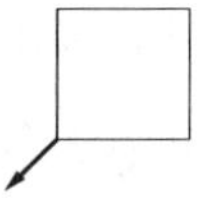 $= \eta_3$

$C_4^3 : \eta_1 =$  $= \eta_4$

Andere Gruppenoperationen liefern keine neuen Basisvektoren.

a) I. Die Charaktere berechnet man analog Aufgabe 7:

$$\chi(K_1) = 3 \qquad \chi(K_2) = 0 \qquad \chi(K_3) = -1 \tag{K.107}$$

und ermittelt die Multiplizitäten mit (3.40):

$$\begin{aligned} \Rightarrow \quad a_{A_1} &= \frac{1}{6}[1 \cdot 1 \cdot 3 + 0 + 3 \cdot 1 \cdot (-1)] = 0 \\ a_{A_2} &= \frac{1}{6}[1 \cdot 1 \cdot 3 + 0 + 3 \cdot (-1) \cdot (-1)] = 1 \qquad \rightarrow \Gamma = A_2 + E \\ a_E &= \frac{1}{6}[1 \cdot 2 \cdot 3 + 0 + 0] = 1 \end{aligned} \tag{K.108}$$

II. Durch anschauliche Betrachtung erhält man die Charaktere:

$$\begin{aligned} &\chi(K_1) = 4 \qquad \chi(K_2) = 0 \\ &\chi(K_3) = 0 \qquad \chi(K_4) = 0 \\ &\chi(K_5) = -2 \qquad (\sigma_v^{(3)} : \eta_1 = -\eta_1 \text{ , ebenso } \eta_3 \text{ , sonst nichtdiagonal}) \end{aligned} \tag{K.109}$$

und damit die Multiplizitäten nach (3.40):

$$\begin{aligned} a_{A_1} &= 0 \\ a_{A_2} &= 1 \\ a_{B_1} &= 1 \qquad \rightarrow \Gamma = A_2 + B_1 + E \\ a_{B_2} &= 0 \\ a_E &= 1 \end{aligned} \tag{K.110}$$

III. Mit den Charakteren:

$$\begin{aligned} &\chi(K_1) = 4 \qquad \chi(K_2) = 0 \\ &\chi(K_3) = 0 \qquad \chi(K_4) = 0 \\ &\chi(K_5) = 2 \qquad (\sigma_v^{(3)} : \eta_1 = \eta_1 \text{ , ebenso } \eta_3 \text{ , sonst nichtdiagonal}) \end{aligned} \tag{K.111}$$

folgen aus (3.40) die Multiplizitäten:

$$\begin{aligned} a_{A_1} &= 1 \\ a_{A_2} &= 0 \\ a_{B_1} &= 0 \\ a_{B_2} &= 1 \\ a_E &= 1 \end{aligned} \qquad \to \Gamma = A_1 + B_2 + E \tag{K.112}$$

Hinweis: II. und III. zusammen ergeben die reguläre Darstellung von C_{4v}.

b) Durch Anwendung von (4.75) ermittelt man die irreduziblen Basisobjekte für die einzelnen Darstellungen.

I. Ausgangsobjekt: η_1

$\phi^{(A_2)} = \Big(1 \cdot$ 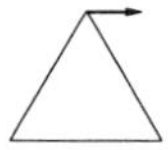 $+ 1 \cdot$ 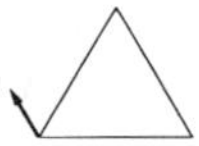 $+ 1 \cdot$ 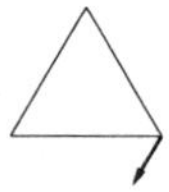

$+(-1) \cdot$ 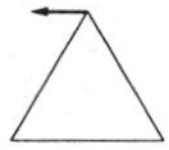 $+(-1) \cdot$ 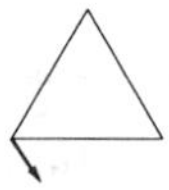 $+(-1) \cdot$ 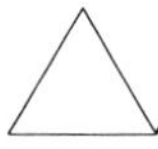 $\Big)$

$= 2 \cdot$  $= 2 \cdot (\eta_1 + \eta_2 + \eta_3)$

$\phi_1^{(E)} = \Big(2 \cdot$ 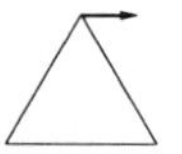 $+(-1) \cdot$ 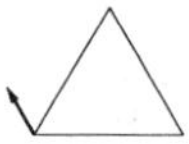 $+(-1) \cdot$ 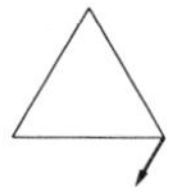

$+0 \cdot$ 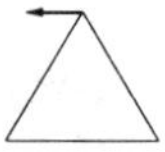 $+0 \cdot$ 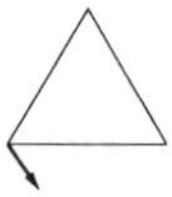 $+0 \cdot$ 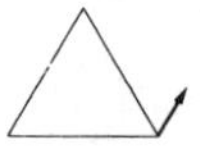 $\Big)$

$=$ 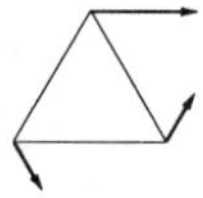 $= 2 \cdot \eta_1 - \eta_2 - \eta_3$

Da E zweidimensional ist, muß man einen zweiten irreduziblen Basisvektor $\phi_2^{(E)}$ konstruieren:

* 1. Schritt: Wigner-Formel (4.75) mit η_2 oder η_3 oder Gruppenoperation (z.B. C_4) auf $\phi_1^{(E)}$ anwenden:

  $\phi_2^{\prime(E)} = C_4 : \phi_1^{(E)} =$ 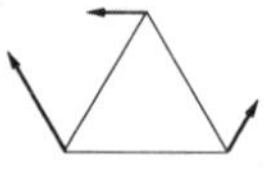

* 2. Schritt: Orthonormalisieren
  $\phi^{(A_2)}$ und $\phi_1^{(E)}$ sind orthogonal:

$$\phi^{(A_2)} \cdot \phi_1^{(E)} = 1 \cdot 2 + 1 \cdot (-1) + 1 \cdot (-1) = 0$$

$\phi_2^{'(E)}$ ist zu $\phi^{(A_2)}$, nicht jedoch zu $\phi_1^{(E)}$ orthogonal:

$$\begin{aligned}\phi^{(A_2)}\cdot\phi_2^{'(E)} &= 1\cdot(-1)+1\cdot 2+1\cdot(-1)=0\\ \phi_1^{(E)}\cdot\phi_2^{'(E)} &= 2\cdot(-1)+(-1)\cdot 2+(-1)\cdot(-1)\neq 0\end{aligned}$$

Schmidtsches Orthogonalisierungsverfahren:

$$\phi_2^{(E)} = \phi_2^{'(E)} - \frac{\phi_2^{'(E)}\cdot\phi_1^{(E)}}{\phi_1^{(E)}\cdot\phi_1^{(E)}}\cdot\phi_1^{(E)} =$$

$=$ 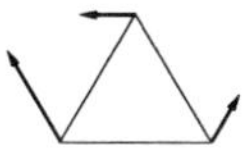 $-\dfrac{-3}{2\cdot 2+(-1)\cdot(-1)+(-1)\cdot(-1)}$ 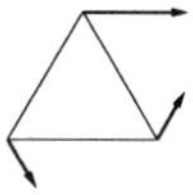 $=$

$=$ 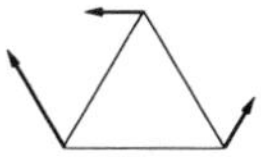 $+\dfrac{1}{2}$ 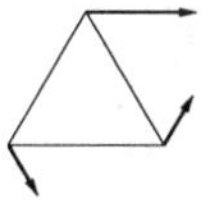 $=\dfrac{3}{2}$ 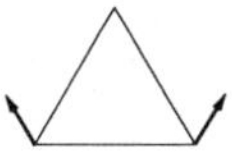

$\Rightarrow$ irreduzible orthonormierte Basisvektoren:

$\left\{\dfrac{1}{\sqrt{3}}\right.$ 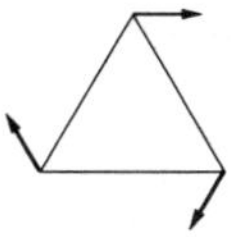 $,\dfrac{1}{\sqrt{6}}$ 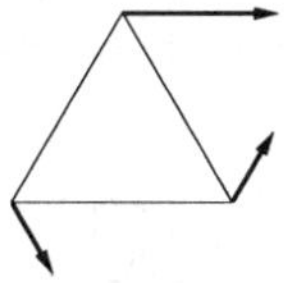 $,\dfrac{1}{\sqrt{2}}$ 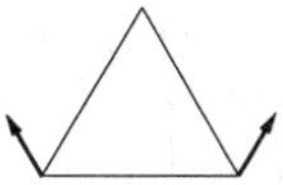 $\left.\right\}$ (K.113)

Die ermittelten E-Basisvektoren sind isomorph zu den in Kapitel 4 berechneten E-Basisvektoren.

II. Ausgangsobjekt: η_1

$\phi^{(A_2)} = 1\cdot$ 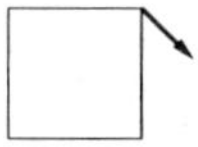 $+1\cdot$ 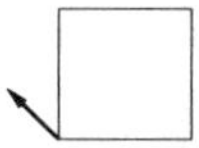 $+1\cdot$ 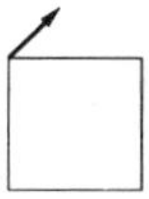 $+1\cdot$ 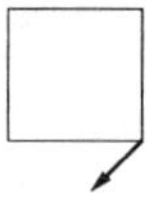

$+(-1)\cdot$ 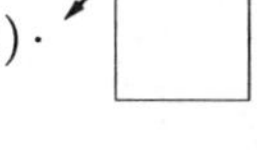 $+(-1)\cdot$ 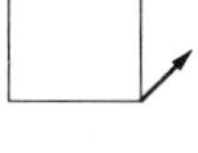 $+(-1)\cdot$  $+(-1)\cdot$ 

$= 2\cdot$ 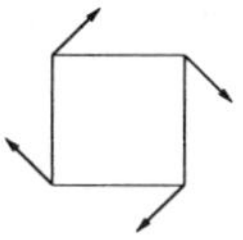 $= 2\cdot(\eta_1+\eta_2+\eta_3+\eta_4)$

$\phi^{(B_1)} = 1\cdot$ 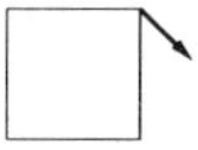 $+1\cdot$ 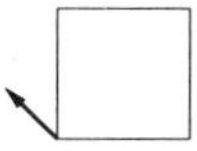 $+1\cdot$ 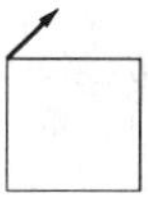 $+(-1)\cdot$ 

$+1\cdot$  $+1\cdot$ 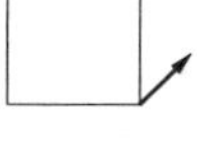 $+(-1)\cdot$  $+(-1)\cdot$ 

$= 2\cdot$  $= 2\cdot(\eta_1-\eta_2+\eta_3-\eta_4)$

$\phi_1^{(E)} =$ 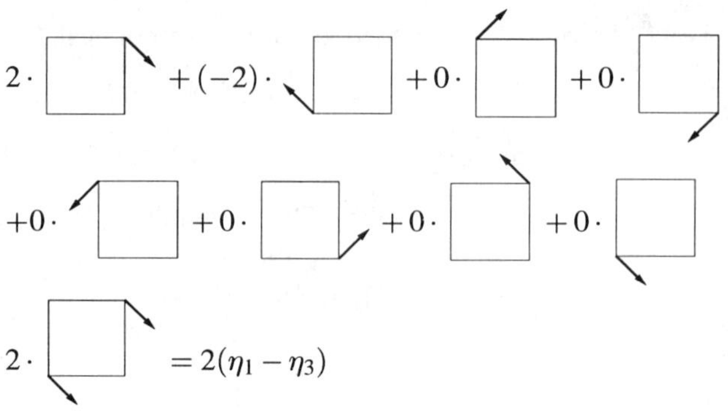 $= 2(\eta_1 - \eta_3)$

E ist zweidimensional $\rightarrow$ Konstruktion von $\phi_2^{(E)}$ wie unter I. :

$C_4 : \phi_1^{'(E)} = 2 \cdot$ 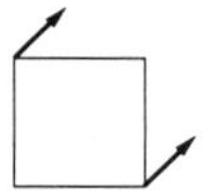 $= \phi_2^{'(E)}$

ist schon orthogonal auf $\phi^{(A_2)}, \phi^{(B_1)}, \phi_1^{(E)}$.
$\Rightarrow$ irreduzible orthonormierte Basisvektoren:

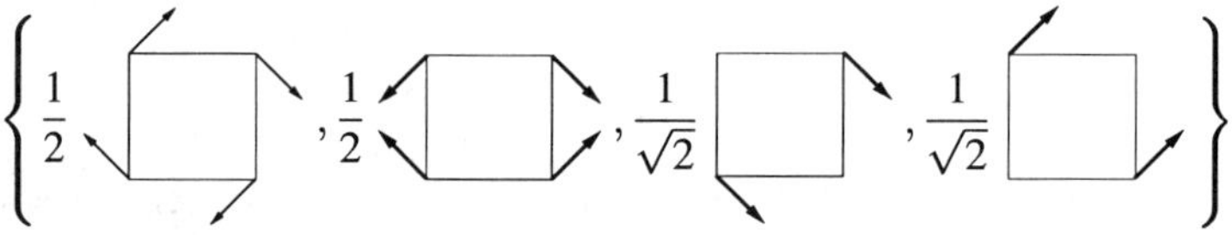 (K.114)

III. Ausgangsobjekt η_1:

$\phi^{(A_1)} = 2 \cdot$ 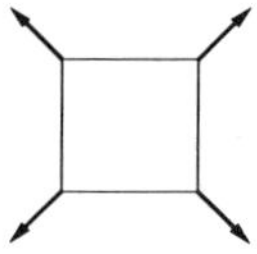

$\phi^{(B_2)} = 2 \cdot$ 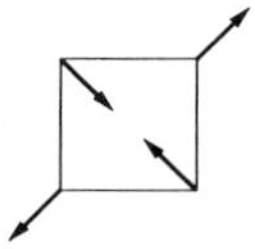

$\phi^{(E)} = 2 \cdot$ 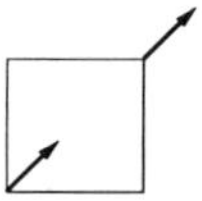

Wahl von $\phi_2^{(E)}$ durch $C_4 : \phi_1^{(E)}$:

$\phi_2^{(E)} = 2 \cdot$ 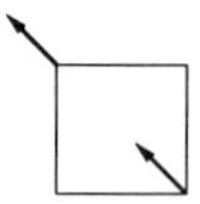 $= 2 \cdot (\eta_2 - \eta_4)$

$\phi^{(A_1)}, \phi^{(B_2)}, \phi_1^{(E)}, \phi_2^{(E)}$ sind schon paarweise orthogonal.
Damit hat man die irreduziblen orthonormierten Basisvektoren:

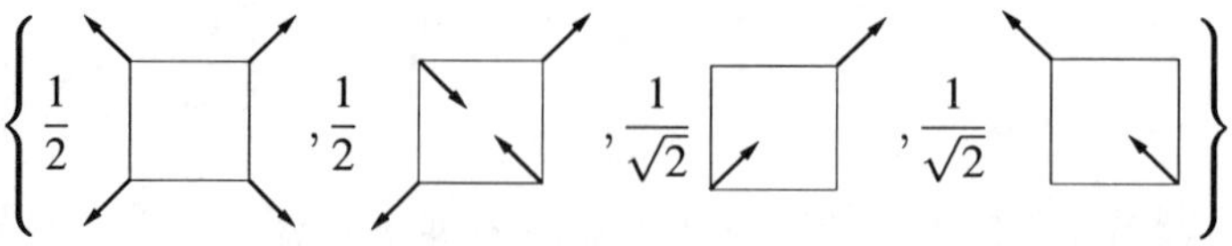 (K.115)

Lösung zu Aufgabe 15: Pentagon I

Basis:

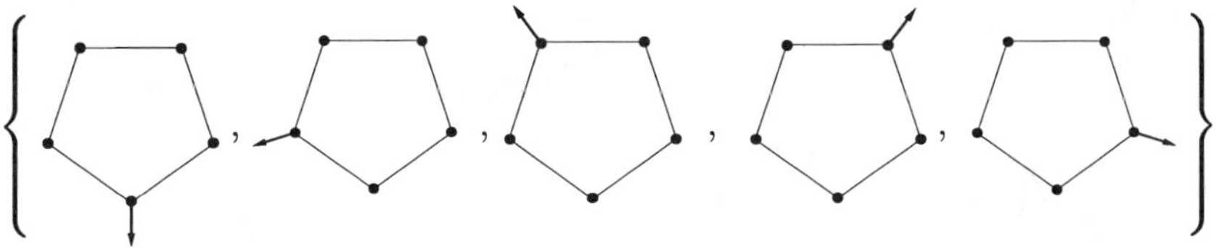

(K.116)

a) Die Identität bildet η_i auf η_i ab, die Drehungen sind nichtdiagonal.
Bei den Spiegelungen gilt:

$$\sigma_v^{(j)} : \eta_i \quad = \quad \eta_i \delta_{ij} + \text{Nichtdiagonalanteile} \qquad \text{(K.117)}$$

Zu den Klassen siehe Aufgabe 10.

$$\Rightarrow \chi(K_1) = 5, \quad \chi(K_2) = 0 = \chi(K_3), \quad \chi(K_4) = 1 \qquad \text{(K.118)}$$

b) Die Zahl der Gruppenelemente beträgt $g = 10$. Damit ergeben sich nach (3.40) die Multiplizitäten:

$$a_{A_1} = 1 \qquad a_{A_2} = 0 \qquad a_{E_1} = 1 \qquad a_{E_2} = 1 \qquad \text{(K.119)}$$

und man erhält

$$\Gamma \quad = \quad A_1 + E_1 + E_2 \qquad \text{(K.120)}$$

c) Mit dem Ausgangsobjekt $\eta_0 (= \eta_1)$ folgen aus der Wigner-Formel (4.75) die irreduziblen Basisvektoren:

$\phi^{(A_1)} \quad = \quad 2 \cdot$

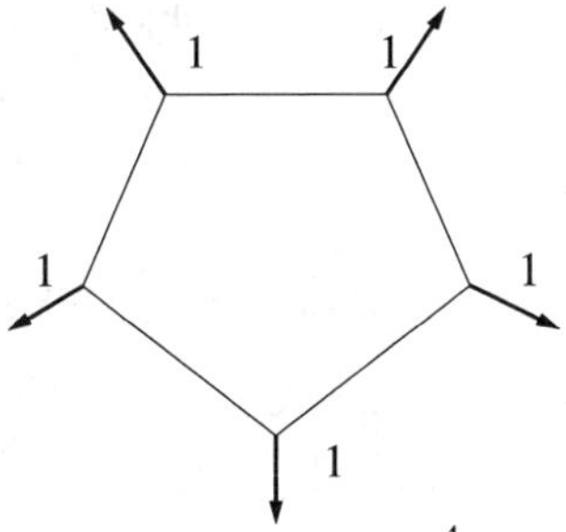

$= 2(\eta_1 + \eta_2 + \eta_3 + \eta_4 + \eta_5)$ (K.121)

$\phi_1^{(E_1)} \quad = \quad 2 \cdot$

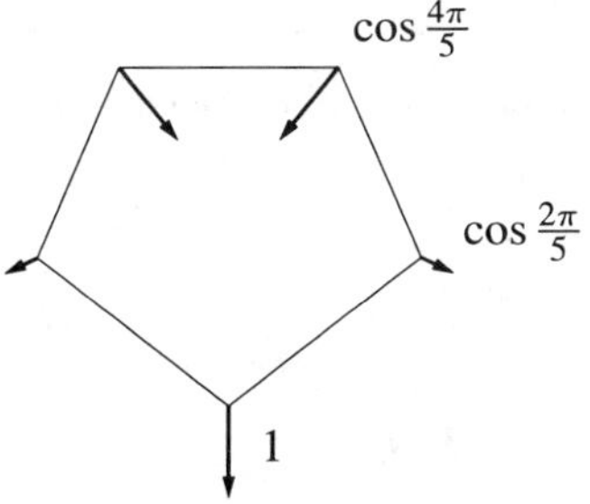

$$= \quad 2\left(\eta_1 + \cos\left(\frac{2\pi}{5}\right)(\eta_2 + \eta_5) + \cos\left(\frac{4\pi}{5}\right)(\eta_3 + \eta_4)\right) \qquad \text{(K.122)}$$

$\phi_1^{(E_2)} \;=\; 2\cdot$ 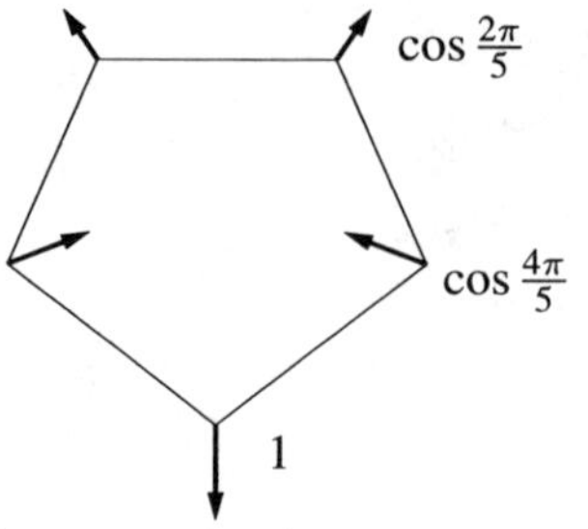

$$= 2\left(\eta_1 + \cos\left(\frac{4\pi}{5}\right)(\eta_2+\eta_5) + \cos\left(\frac{2\pi}{5}\right)(\eta_3+\eta_4)\right) \qquad \text{(K.123)}$$

Die (nichtorthogonalen, aber orthogonalisierbaren) Entartungspartner zu $\phi_1^{(E_1)}$ bzw. $\phi_1^{(E_2)}$ werden durch Anwendung einer Gruppenoperation (z. B. C_5) konstruiert:

$\phi_2^{(E_1)} =$ 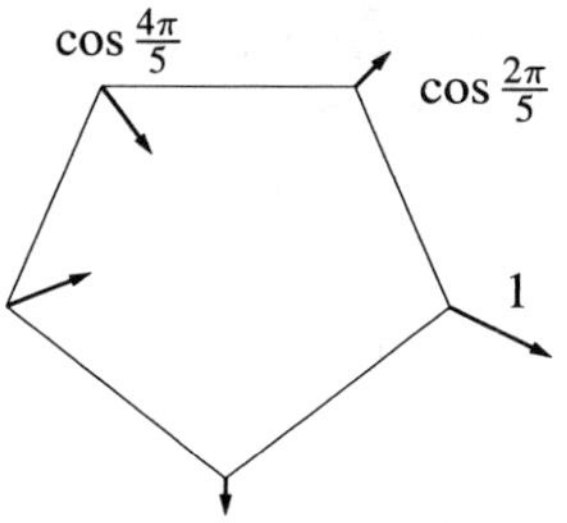

$\phi_2^{(E_2)} =$ 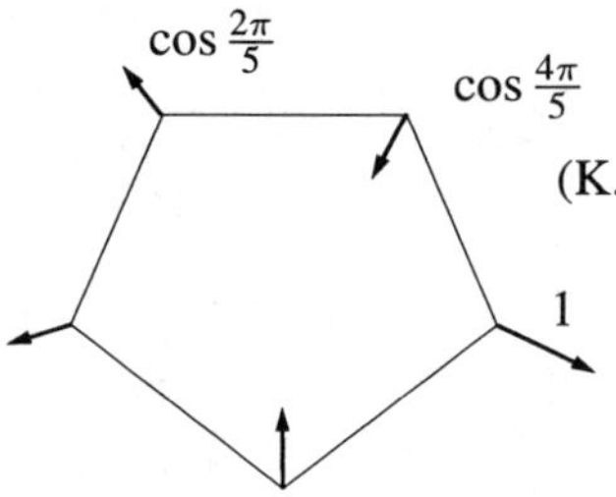

(K.124)

Lösung zu Aufgabe 16: Pentagon II

a) 1. „Atmungsbewegung“:

alle Symmetrieoperationen bilden das Objekt auf sich ab
$\Rightarrow \chi(R) = 1,\, R \in G$
$\Rightarrow A_1$

2. „Rotation“:

E und C_5^i bilden das Objekt auf sich ab, $\sigma_v^{(j)}$ bilden das Objekt auf sein Spiegelbild ab.
$\Rightarrow \chi(E) = 1\,,\ \chi(C_5^i) = 1\,,\ \chi(\sigma_v^{(j)}) = -1$
$i = 1,\dots,4\,,\ j = 1,\dots,5$
$\Rightarrow A_2$

b) Der Partner der Translation ist ebenfalls eine Translation, aber in die Richtung senkrecht dazu:

$\phi_1 =$ 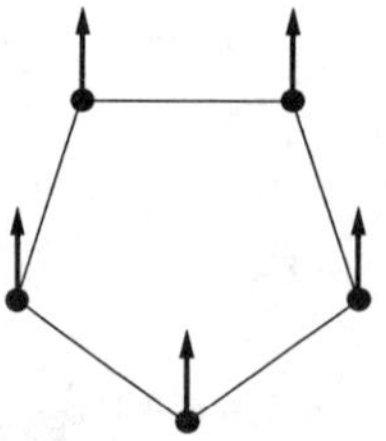 , $\phi_2 =$ 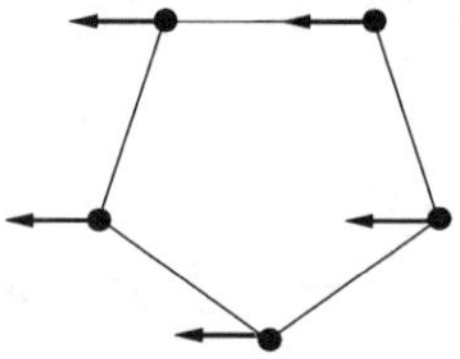 (K.125)

Anschaulich erkennt man, daß sich ϕ_1 und ϕ_2 in $G = C_{5v}$ identisch transformieren wie die beiden Zentralpunkt-Vektoren:

$\widehat{\phi}_1 =$ 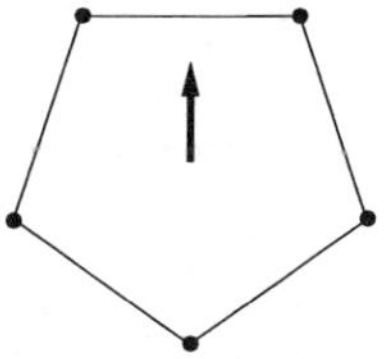 , $\widehat{\phi}_2 =$ 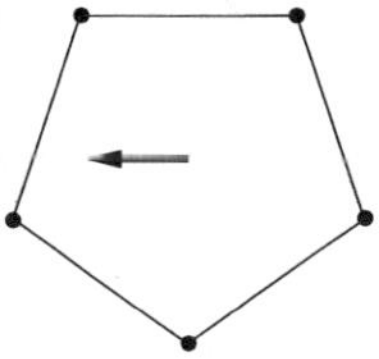 (K.126)

Da es keine Linearkombination $\widehat{\phi} = a \cdot \widehat{\phi}_1 + \widehat{\phi}_2 \neq 0$ gibt, die eine eindimensionale Darstellung von C_{5v} generiert, muß $\{\widehat{\phi}_1, \widehat{\phi}_2\}$ die Basis zu einer zweidimensionalen irreduziblen Darstellung von C_{5v} sein, also entweder zu E_1 oder E_2 gehören. Nun transformieren sich aber die Vektorobjekte $\{\widehat{\phi}_1, \widehat{\phi}_2\}$ und damit auch $\{\phi_1, \phi_2\}$ selbst wie $\{x, y\}$, bilden also nach Charaktertafel B.3.4 die Basis zu E_1.

Lösung zu Aufgabe 17: Irreduzible Basisvektoren („Großes Reduktionstheorem“)

a) Ausgehend von

$G = C_{3v} \quad : \quad \Phi =$ 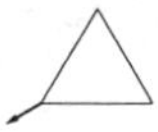 (K.127)

und den Darstellungsmatrizen in Tabelle 3.1 für die E-Darstellung ermittelt man mit Formel (4.70) für $i = 2$ und $j = 2$:

$$\hat{\eta}_2^{(2)}(E) = \sum_R \left[\Gamma_{22}^{(\mu)}(R)\right]^* R : \Phi =$$

$= 1 \cdot$ 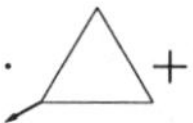 $+ \frac{1}{2}(-1) \cdot$ 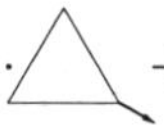 $+ \frac{1}{2}(-1) \cdot$  (K.128)

$+ \frac{1}{2}(-1) \cdot$ 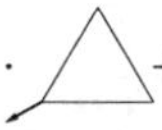 $+ \frac{1}{2}(-1) \cdot$  $+ 1 \cdot$ 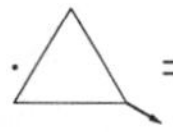 $=$

$= \frac{1}{2}$ 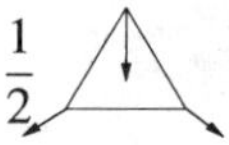

b) Analog für $i = 1$ und $j = 1$:

$\hat{\eta}_1^{(1)}(E) = 1 \cdot$ 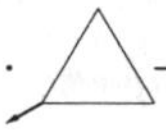 $+ \frac{1}{2}(-1) \cdot$ 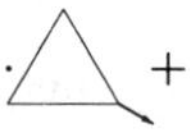 $+ \frac{1}{2}(-1) \cdot$  (K.129)

$+ \frac{1}{2} \cdot$  $+ \frac{1}{2} \cdot$  $+ (-1) \cdot$ 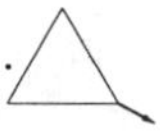 (K.130)

$= \frac{3}{2} \cdot$ 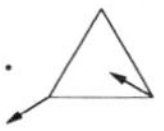

c) Analog für $i = 2$ und $j = 1$:

$$\hat{\eta}_2^{(1)}(E) = 0 \cdot$$  $$+ \frac{1}{2}\sqrt{3} \cdot$$  $$+ \frac{1}{2}(-\sqrt{3}) \cdot$$  (K.131)

$$+ \frac{1}{2}\sqrt{3} \cdot$$ 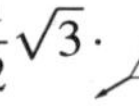 $$+ \frac{1}{2}(-\sqrt{3}) \cdot$$ 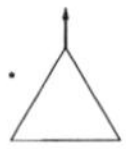 $$+ 0 \cdot$$ 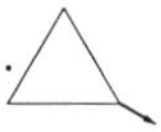 (K.132)

$$= \frac{\sqrt{3}}{2} \cdot$$ 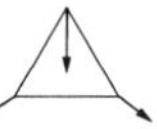

d) Analog für $i = 1$ und $j = 2$:

$$\hat{\eta}_1^{(2)}(E) = 0 \cdot$$ 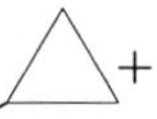 $$+ \frac{1}{2}(-\sqrt{3}) \cdot$$ 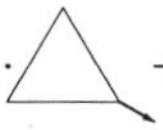 $$+ \frac{1}{2}\sqrt{3} \cdot$$  (K.133)

$$+ \frac{1}{2}\sqrt{3} \cdot$$ 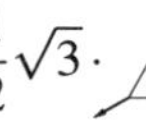 $$+ \frac{1}{2}(-\sqrt{3}) \cdot$$  $$+ 0 \cdot$$ 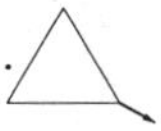

$$= \frac{\sqrt{3}}{2} \cdot$$ 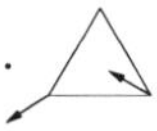

orthogonal zu $\hat{\eta}_2^{(2)}(E)$!

Lösung zu Aufgabe 18: Molekülorbitale I

Trigonale Moleküle mit gleichwertigen Atomen A, B und C sind z.B. 1,3,5 – Trifluorbenzol, Borazol, Bortrifluorid:

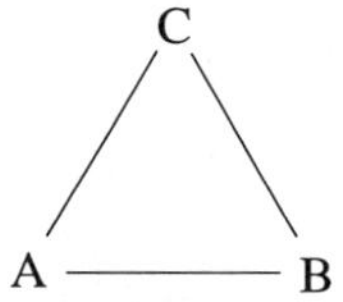

Die originale Symmetrie ist $G = D_{3h}$ mit den Klassen:

$$\begin{aligned} K_1 &= \{E\} & K_4 &= \{\sigma_h\} \\ K_2 &= \{2C_3\} & K_5 &= \{2S_3\} \\ K_3 &= \{3C_2\} & K_6 &= \{3\sigma_v\} \end{aligned} \tag{K.134}$$

Für die s-, p_x- und p_y-Orbitale kann man von einem ebenen Problem ausgehen, das zur Symmetrie C_{3v} gehört:

$$\begin{aligned} K_1 &= \{E\} \\ K_2 &= \{2C_3\} \\ K_3 &= \{3\sigma_v\} \end{aligned}$$

a) Als Basisfunktionen werden s-Orbitale am Ort A, B bzw. C angenommen:

$$\Big\{ s^{(A)} =$$ 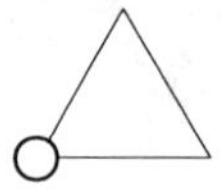 $$, \quad s^{(B)} =$$ 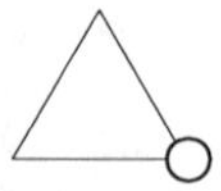 $$, \quad s^{(C)} =$$ 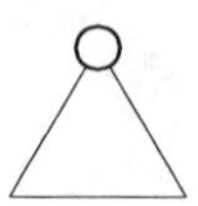 $$\Big\}$$

1. Weg:
Untersuchung der Symmetrieelemente liefert die Charaktere ($g = 6$):

C_{3v}	E	$2C_3$	$3\sigma_v$
Γ	3	0	1

Somit (z.B. über Multiplizitätsformel): $\Gamma = A_1 + E$.

Weiter mit $\phi = s^{(A)}$ über Wigner-Formel.

2. Weg:
Die Problemstellung entspricht dem Vektorobjekt 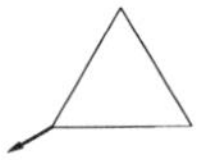 in Aufgabe 7.

Mit der Wigner-Formel (4.75) (Ausgangspunkt $s^{(A)}$) und nach Orthonormalisieren folgt:

$A_1: \rightarrow \quad \phi_1(A_1) = \frac{1}{\sqrt{3}}$ 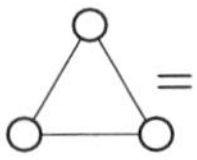 $= \frac{1}{\sqrt{3}}\left\{s^{(A)} + s^{(B)} + s^{(C)}\right\}$

$E: \rightarrow \quad \phi_1(E) = \frac{1}{\sqrt{6}}$ 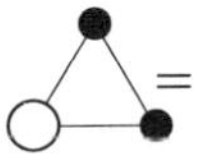 $= \frac{1}{\sqrt{6}}\left\{2s^{(A)} - s^{(B)} - s^{(C)}\right\}$

Partner:

- Erraten: 
- Formaler Weg:

  z.B. $C_3 : \phi_1^{(E)} =$ 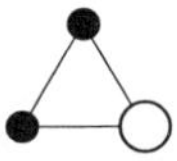 (bzgl. $\phi_1(A_1)$ schon orthogonal)

  und nach Orthonormalisierung: $\phi_2^{(E)} = \frac{1}{\sqrt{2}}$ 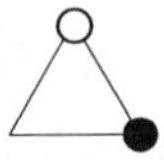

  $= \frac{1}{\sqrt{2}}\{-s^{(B)} + s^{(C)}\}$

b) Für die Basis

$\Big\{ p_z^{(A)} =$ 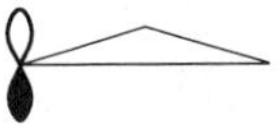 , $p_z^{(B)} =$ 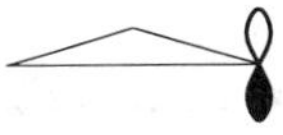 , $p_z^{(C)} =$  $\Big\}$

folgen die Charaktere:

D_{3h}	E	$2C_3$	$3C_2$	σ_h	$2S_3$	$3\sigma_v$
Γ	3	0	-1	-3	0	1

Somit Ausreduktion: $\Gamma = A_2'' + E''$

Anwendung der Wigner-Formel (4.75): Ausgangsobjekt $p_z^{(A)}$

$$A'': \quad \rightarrow \phi^{(A_2'')} = \frac{1}{\sqrt{3}}$$  $$= \frac{1}{\sqrt{3}}(p_z^{(A)} + p_z^{(B)} + p_z^{(C)})$$

$$E'': \quad \rightarrow \phi_1^{(E'')} = \frac{1}{\sqrt{6}}$$ 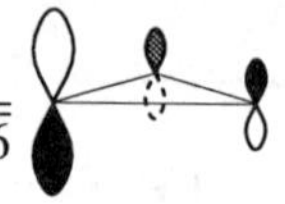 $$= \frac{1}{\sqrt{6}}(2p_z^{(A)} - p_z^{(B)} - p_z^{(C)})$$

Partner dazu: (Vorgehen wie bei a))

$$\phi_2^{(E'')} = \frac{1}{\sqrt{2}}$$  $$= \frac{1}{\sqrt{2}}(-p_z^{(B)} + p_z^{(C)})$$

c) Basis:

$\Big\{ p_x^{(A)} =$  , $p_x^{(B)} =$  , $p_x^{(C)} =$  ,

$p_y^{(A)} =$  , $p_y^{(B)} =$  , $p_y^{(C)} =$  $\Big\}$

1. Weg: Man arbeitet mit der vollen Basis. Durch Untersuchung der Symmetrieelemente folgen die Charaktere:

C_{3v}	E	$2C_3$	$3\sigma_v$
Γ	6	0	0

$\rightarrow$ reguläre Darstellung $\rightarrow$ $\Gamma = A_1 + A_2 + 2E$

2. Weg: Die Basis zerfällt in zwei orthogonale Systeme:

$$\left\{p_x^{(A)}, p_x^{(B)}, p_x^{(C)}\right\} \quad , \quad \left\{p_y^{(A)}, p_y^{(B)}, p_y^{(C)}\right\}$$

mit den Charaktertafeln:

C_{3v}	E	$2C_3$	$3\sigma_v$
Γ_x	3	0	-1
Γ_y	3	0	1

Mit der Mulitiplizitätsformel ($g = 6$):

$$\Gamma_x = A_2 + E$$
$$\Gamma_y = A_1 + E$$

3. Weg:

$p_x^{(A)}$ transformiert sich wie $\eta_1 =$ 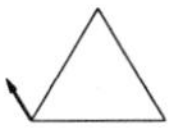 (Aufgabe 8)

$p_y^{(A)}$ transformiert sich wie $\eta_1 =$ 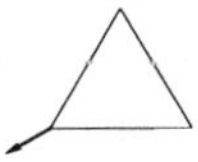 (Aufgabe 7)

usw.

Somit

$$\Gamma_x = A_2 + E$$
$$\Gamma_y = A_1 + E$$

Anwendung der Wigner-Formel (4.75): Ausgangspunkt $p_x^{(A)}$ bzw. $p_y^{(A)}$

$A_1: \quad \phi^{(A_1)} = \frac{1}{\sqrt{3}}$  $= \frac{1}{\sqrt{3}}(p_x^{(A)} + p_x^{(B)} + p_x^{(C)})$

$A_2: \quad \phi^{(A_2)} = \frac{1}{\sqrt{3}}$  $= \frac{1}{\sqrt{3}}(p_y^{(A)} + p_y^{(B)} + p_y^{(C)})$

In Analogie zum Aufgabenteil a):

$\phi_{1,1}^{(E)} = \frac{1}{\sqrt{6}}$  $= \frac{1}{\sqrt{6}}(2p_x^{(A)} - p_x^{(B)} - p_x^{(C)})$

$\phi_{1,2}^{(E)} = \frac{1}{\sqrt{2}}$  $= \frac{1}{\sqrt{2}}(p_x^{(B)} - p_x^{(C)})$

$\phi_{2,1}^{(E)} = \frac{1}{\sqrt{6}}$  $= \frac{1}{\sqrt{6}}(2p_y^{(A)} - p_y^{(B)} - p_y^{(C)})$

$\phi_{2,2}^{(E)} = \frac{1}{\sqrt{2}}$  $= \frac{1}{\sqrt{2}}(p_y^{(B)} - p_y^{(C)})$

d) Methan CH_4 besitzt die Symmetrie T_d:

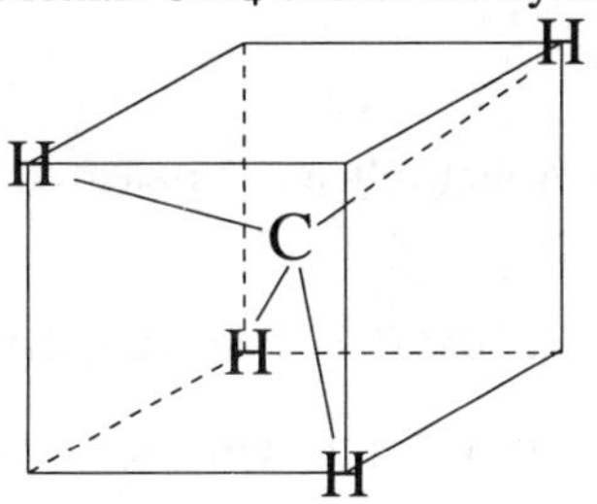

$$K_1 = \{E\}$$
$$K_2 = \{8C_3\}$$
$$K_3 = \{2C_2\}$$
$$K_4 = \{6S_4\}$$
$$K_5 = \{6\sigma_d\}$$

Zur Basis

$\Big\{ s^{(A)} =$ 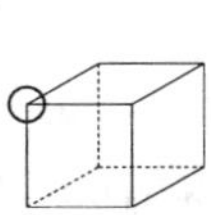 $, s^{(B)} =$ 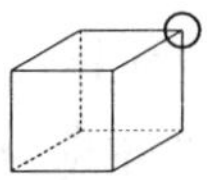 $, s^{(C)} =$ 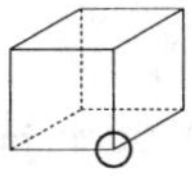 $, s^{(D)} =$ 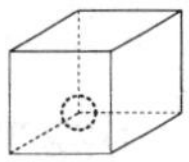 $\Big\}$

gehören die Charaktere:

T_d	E	$8C_3$	$3C_2$	$6S_4$	$6\sigma_d$
Γ	4	1	0	2	0

$$\Rightarrow \quad \Gamma = A_1 + T_2$$

Die Wigner-Formel (4.75) liefert:

$\phi^{(A)} =$ 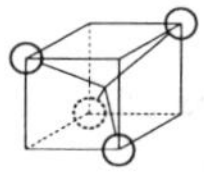 $= \frac{1}{2}\left(s^{(A)} + s^{(B)} + s^{(C)} + s^{(D)}\right)$

$\phi_1^{(T_2)} =$ 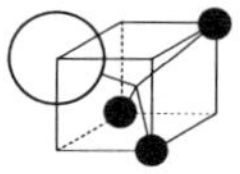 $= \frac{1}{12}\left(3s^{(A)} - s^{(B)} - s^{(C)} - s^{(D)}\right)$

(orthogonal zu A_1)

Weitere irreduzible Basisvektoren zu T_1 erhält man durch Anwenden einer Gruppenoperation auf $\phi_1^{(T_2)}$ und anschließender Orthonormalisierung:

$\phi_2^{(T_2)} = \frac{1}{\sqrt{6}}$ 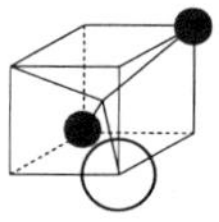 $= \frac{1}{\sqrt{6}}(-s^{(B)} + 2s^{(C)} - s^{(D)})$

$\phi_3^{(T_2)} = \frac{1}{\sqrt{2}}$ 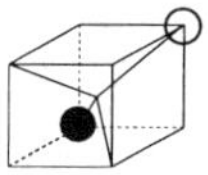 $= \frac{1}{\sqrt{2}}(-s^{(B)} + s^{(D)})$

Lösung zu Aufgabe 19: Molekülorbitale II

Wir betrachten ein Molekül  mit gleichwertigen Atomen A und B, z.B. N_2 oder C_2H_2.

Die Symmetriegruppe ist $D_{\infty h} = C_{\infty v} \times C_i$.Da ein Inversionszentrum i auftritt, sind die irreduziblen Basen paritätsgeordnet.

Vorgehen:

(i) Multiplizitäten: Ausreduktion der durch das Orbital am Amtom A generierten irreduziblen Darstellungen von $C_{\infty v}$.

(ii) Irreduzible Basisfunktionen: Wigner-Formel bzgl. $C_{\infty v}$ auf das Orbital am Atom A.

(iii) Erweiterung auf das Molekül durch Anwendung der Inversion auf das Orbital am Atom A.

$\hat{=}\ C_{\infty v} \times C_i = D_{\infty h}$, d.h.

$$\phi_j^{(\mu,p)} = \phi_j^{(\mu)} + p\left(i : \phi_j^{(\mu)}\right) \qquad \text{(K.135)}$$

(Ergänzung in der Wigner–Formel durch die Erweiterung um das Symmetrieelement i).

a) (i) Basis: s-Funktion am Atom A

$$\left\{ s^{(A)} = \right.$$  $$\left. \right\} \tag{K.136}$$

Durch Anwendung der Symmetrieelemente folgen die Charaktere bzgl. $C_{\infty v}$:

$C_{\infty v}$	E	$2C_\varphi$	$\infty\sigma_v$
Γ_A	1	1	1

$$\Rightarrow \qquad \Gamma_A = A_1 \tag{K.137}$$

(ii) Somit:

$$\phi_A^{(A_1)} \quad = $$  $$= s^{(A)} \tag{K.138}$$

(iii) Übergang zum Molekül:

$$i : \phi_A^{(A_1)} \quad = \quad \phi_B^{(A_1)} = s^{(B)} \tag{K.139}$$

$$\psi^{(A_1,p)} \quad = \quad \frac{1}{\sqrt{N}}\left(\phi_A^{(A_1)} + p \cdot \phi_B^{(A_1)}\right) = \frac{1}{\sqrt{N}}\left(s^{(A)} + p \cdot s^{(B)}\right)$$

$$= \quad \frac{1}{\sqrt{N}}\Bigg($$  $$+p\cdot$$  $$\Bigg) \tag{K.140}$$

Wegen der Überlappung der Orbitale $s^{(A)}$ und $s^{(B)}$ ist der Normierungsfaktor $N \neq 2$.

b) (i) Basis am Atom A:

$$\left\{ p_x^{(A)} = \right.$$ 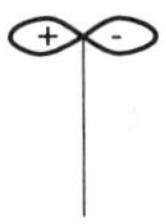

$$, p_y^{(A)} =$$ 

$$, p_z^{(A)} =$$ 

$$\left. \right\} \tag{K.141}$$

Charaktere bzgl. $C_{\infty v}$:

$C_{\infty v}$	E	$2C_\varphi$	$\infty\sigma_v$
Γ_A	3	$1+2\cos\varphi$	1

$$\Rightarrow \Gamma_A = A_1 + E_1 \tag{K.142}$$

(ii) Je eine ein- und eine zweidimensionale Darstellung:
Aufspaltung der Basis in $\left\{p_x^{(A)}, p_y^{(A)}\right\}$ und $\left\{p_z^{(A)}\right\}$
(Begründung: $p_z^{(A)}$ invariant in $C_{\infty v}$). Dann:

$C_{\infty v}$	E	$2C_\varphi$	$\infty\sigma_v$
A_1	1	1	1
E_1	2	$2\cos\varphi$	0

$$\begin{aligned} \Rightarrow \Phi_A^{(A_1)} &= p_z^{(A)} \\ \Phi_{A,1}^{(E_1)} &= p_x^{(A)} \\ \Phi_{A,2}^{(E_1)} &= p_y^{(A)} \end{aligned} \tag{K.143}$$

(iii) Übergang zum Molekül: Wegen $i : p_x^{(A)} = -p_x^{(B)}$, $i : p_y^{(A)} = -p_y^{(B)}$, $i : p_z^{(A)} = -p_z^{(B)}$:

$$\Psi^{(A_1,p)} \quad = \quad \frac{1}{\sqrt{N_{A_1,p}}}\left(p_z^{(A)} - p \cdot p_z^{(B)}\right) \tag{K.144}$$

$$\Psi_1^{(E_1,p)} = \frac{1}{\sqrt{N_{E_1,p}}}\left(p_x^{(A)} - p \cdot p_x^{(B)}\right) \qquad \text{(K.145)}$$

$$\Psi_2^{(E_1,p)} = \frac{1}{\sqrt{N_{E_1,p}}}\left(p_y^{(A)} - p \cdot p_y^{(B)}\right) \qquad \text{(K.146)}$$

Wegen der Überlappung der Orbitale $p_i^{(A)}$ und $p_i^{(B)}$ etc. sind wiederum die Normierungsfaktoren $N_{A_1,p}$ und $N_{E_1,p}$ ungleich 2.

c) Zuordnung der irreduziblen Basisfunktionen zu den Darstellungen bzgl. $D_{\infty h}$ aufgrund der Charaktere der Wellenfunktionen in Bezug auf die Symmetrieoperationen in $D_{\infty h}$:

$$\begin{aligned}
\psi_{p=+1}^{(A_1)} &= \frac{1}{\sqrt{N_{A_{1g}}}}\left(s^{(A)} + s^{(B)}\right) && \to A_{1g} \\
\psi_{p=-1}^{(A_1)} &= \frac{1}{\sqrt{N_{A_{2u}}}}\left(s^{(A)} - s^{(B)}\right) && \to A_{2u} \\
\psi_{p=+1}^{(A_1)} &= \frac{1}{\sqrt{N'_{A_{1g}}}}\left(p_z^{(A)} - p_z^{(B)}\right) && \to A_{1g} \\
\psi_{p=-1}^{(A_1)} &= \frac{1}{\sqrt{N'_{A_{2u}}}}\left(p_z^{(A)} + p_z^{(B)}\right) && \to A_{2u} \\
\psi_{p=+1,1}^{(E)} &= \frac{1}{\sqrt{N_{E_{1g}}}}\left(p_x^{(A)} - p_x^{(B)}\right) && \to E_{1g} \\
\psi_{p=+1,2}^{(E)} &= \frac{1}{\sqrt{N_{E_{1g}}}}\left(p_y^{(A)} - p_y^{(B)}\right) && \to E_{1g} \\
\psi_{p=-1,1}^{(E)} &= \frac{1}{\sqrt{N_{E_{1u}}}}\left(p_x^{(A)} + p_x^{(B)}\right) && \to E_{1u} \\
\psi_{p=-1,2}^{(E)} &= \frac{1}{\sqrt{N_{E_{1u}}}}\left(p_y^{(A)} + p_y^{(B)}\right) && \to E_{1u}
\end{aligned} \qquad \text{(K.147)}$$

Alternative Behandlung: Direkte Ausreduktion in $D_{\infty h}$ (siehe Abbildung K.1):

1. 2-atomiges Molekül: s-Orbitale

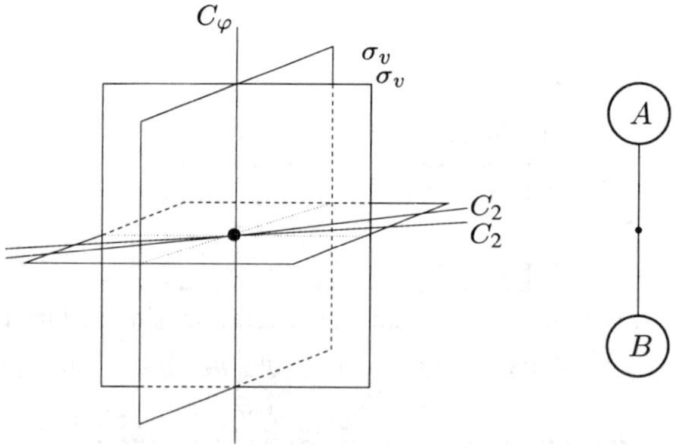

Bild K.1
Symmetrieelemente von $D_{\infty h}$: Im Bild sind jeweils nur zwei der unendlich vielen Spiegelebenen σ_v und Drehachsen C_2 gezeichnet.

Am Ort der Atome A und B existiere jeweils ein s-Orbital, somit ist die auszureduzierende Basis von der Dimension $d = 2$.

Nur die Symmetrieoperationen E, C_φ und σ_v bilden die Einzelorbitale wieder auf sich selber ab, alle anderen nicht.Daher folgen die Charaktere:

$D_{\infty h}$	E	$2C_\varphi$	$\infty C_2'$	i	$2S_\varphi$	$\infty\sigma_v$
Γ_s	2	2	0	0	0	2

Da die Charaktere unabhängig von φ sind, kann Γ_s nur aus 1-dimensionalen Darstellungen aufgebaut sein. Betrachtung der Charaktertafeln von $D_{\infty h}$ (siehe Anhang B): da in Γ_s keine φ-abhängigen Charaktere auftreten, kann man die Charaktere von σ_v und i nur durch folgende Zerlegung verifizieren:

$$\rightarrow \qquad \Gamma_s - A_{1g} + A_{2u} \qquad \text{(K.148)}$$

2. 2-atomiges Molekül: p-Orbitale
Am Ort der Atome A und B sitzen jeweils drei p-Orbitale $\{p_x, p_y, p_z\}$

   - E bildet die Orbitale auf sich ab.
   - C_φ bildet $p_z^{(A)}$ bzw. $p_z^{(B)}$ auf sich selbst ab, $p_x^{(A)}$ bzw. $p_x^{(B)}$ und $p_y^{(A)}$ bzw. $p_y^{(B)}$ sind um den Winkel $\cos\varphi$ verdreht,
   - σ_v bildet $p_z^{(A)}$ bzw. $p_z^{(B)}$ auf sich selbst ab und
   - alle anderen Symmetrieoperationen produzieren einen Zustand, der den Ausgangszustand nicht mehr enthält.

Charaktere somit:

$\boldsymbol{D_{\infty h}}$	E	$2C_\varphi$	$\infty C_2'$	i	$2S_\varphi$	$\infty\sigma_v$
Γ_p	6	$2+4\cos\varphi$	0	0	0	2

Da in $(2+4\cos n\varphi)$ die $\cos(n\varphi)$-Anteile nur mit $n = 0$ und $n = 1$ auftreten, erkennt man aus der Charaktertafel, daß nur A- und E_{1g}-Darstellungen involviert sein können, und zwar müßen es genau je zwei A- und zwei E-Darstellungen sein wegen der linearen Unabhängigkeit der Funktionen $\cos(n\varphi)$. Weiter kann man schließen: der Charakter $\chi(\infty\sigma_v) = 2$ kann nur verifiziert werden durch je eine A_{1g}- und eine A_{2u}-Darstellung, und dies vorausgesetzt, der Charakter $\chi(i) = 0$ und $\chi(S_\varphi) = 0$ nur durch je eine E_{1g}- und eine E_{1u}-Darstellung. Also erhält man, ohne jegliche Rechnung, die Zerlegung:

$$\Gamma_p \;=\; A_{1g} + A_{1u} + E_{1g} + E_{1u} \qquad \text{(K.149)}$$

Nicht-intuitiver Weg:
Da g nicht abzählbar unendlich ist, kann man die Multiplizitäten a_μ nicht mittels der Formel (3.40) berechnen. Es geht jedoch mit der Formel (3.38):

$$\chi(R) \;=\; \sum_{\mu=1}^{n} a_\mu \cdot \chi^{(\mu)}(R) \qquad \text{(K.150)}$$

bzw. mit

$$\chi(K) \;=\; \sum_{\mu} a_\mu \chi^{(\mu)}(K) \qquad \text{(K.151)}$$

Somit:

$$\begin{aligned}
\chi(E) &= 6 = a_{A_{1g}} + a_{A_{1u}} + a_{A_{2g}} + a_{A_{2u}} + 2a_{E_{1g}} + 2a_{E_{1u}} \\
\chi(C_\varphi) &= 2 + 4\cos\varphi = a_{A_{1g}} + a_{A_{1u}} + a_{A_{2g}} + a_{A_{2u}} + 2\cos\varphi a_{E_{1g}} + 2\cos\varphi a_{E_{1u}} \\
\chi(C_2') &= 0 = a_{A_{1g}} + a_{A_{1u}} - a_{A_{2g}} - a_{A_{2u}} \\
\chi(i) &= 0 = a_{A_{1g}} - a_{A_{1u}} + a_{A_{2g}} - a_{A_{2u}} + 2a_{E_{1g}} - 2a_{E_{1u}} \\
\chi(S_\varphi) &= 0 = a_{A_{1g}} - a_{A_{1u}} + a_{A_{2g}} - a_{A_{2u}} - 2\cos\varphi a_{E_{1g}} + 2\cos\varphi a_{E_{1u}} \\
\chi(\sigma_v) &= 2 = a_{A_{1g}} - a_{A_{1u}} - a_{A_{2g}} + a_{A_{2u}}
\end{aligned} \tag{K.152}$$

mit der Lösung:

$$\begin{array}{ll}
a_{A_{1g}} = 1 & a_{A_{1u}} = 0 \\
a_{A_{2g}} = 0 & a_{A_{2u}} = 1 \\
a_{E_{1g}} = 1 & a_{E_{1u}} = 0 \\
a_{E_{2g}} = 0 & a_{E_{2u}} = 1
\end{array} \quad \Rightarrow \Gamma_p = A_{1g} + A_{2u} + E_{1g} + E_{1u} \tag{K.153}$$

K.4 Zu Kapitel 5

Lösung zu Aufgabe 20: Aufspaltung unter Druck

Die grundlegende Fragestellung ist die, ob durch die Deformation die ursprüngliche Symmetrie O_h (siehe Kapitel A) verändert wird. Um den Einfluß auf die p-Wellenfunktionen in 1.Näherung angeben zu können, muß man weiterhin wissen, daß für die p-Funktionen $\varphi_{p_x} \sim x$, $\varphi_{p_y} \sim y$, $\varphi_{p_z} \sim z$ gilt.

a) Hydrostatischer Druck
Bei hydrostatischem Druck wird der Würfel nicht deformiert, sondern nur isotrop komprimiert, d.h. die Symmetrie wird nicht verändert, und daher resultiert *keine Aufspaltung*.

b) Uniaxialer Druck in Richtung einer 4-zähligen Achse
Der Druck wird senkrecht zu einer Würfelfläche ausgeübt. Der dabei entstehende Quader hat eine niedrigere Symmetrie (siehe Figur K.2) mit den Elementen:

$$\{E, 2C_4, C_4^2 = C_2, 2C_2', 2C_2''\} \quad | \times C_i$$

C_2': durch die vertikalen Kanten

C_2'': durch die vertikalen Flächenmitten

Dies führt zur Gruppe D_{4h}.
Aus der Charaktertafel (siehe Anhang B) sieht man, daß x,y irreduzible Basisfunktionen zu E_u sind, und z irreduzible Basisfunktion zu A_{2u} ist. Deshalb zerfällt die durch die Basis $\{p_x, p_y, p_z\}$ generierte Darstellung in

$$\Rightarrow \Gamma = A_{2u} + E_u \tag{K.154}$$

Die der Symmetrie des Problems angemessenen Eigenfunktionen nullter Ordnung sind also:

$$\Rightarrow \phi^{(A_{2u})} = \varphi_{p_z} \quad \phi_1^{(E_u)} = \varphi_{p_x} \quad \phi_2^{(E_u)} = \varphi_{p_y} \tag{K.155}$$

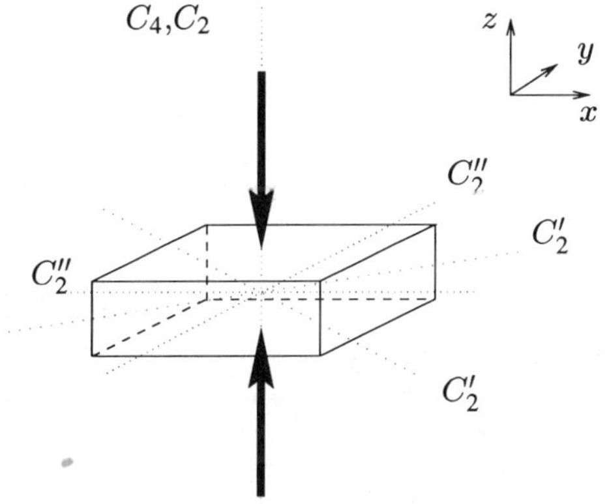

Bild K.2
Uniaxialer Druck längs einer C_4-Achse eines Würfels (Deformation übertrieben gezeichnet)

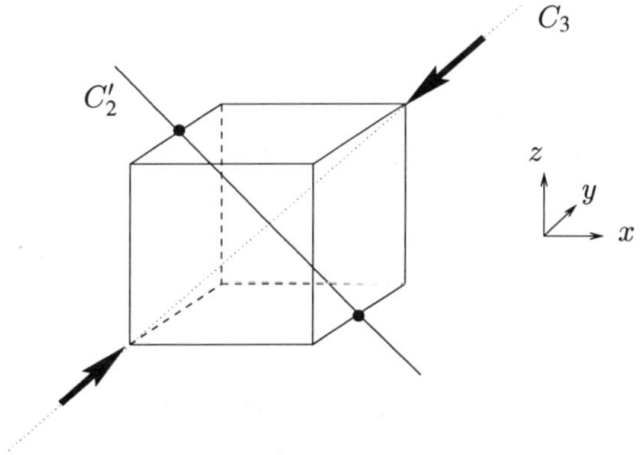

Bild K.3
Uniaxialer Druck längs einer C_3-Achse eines Würfels

c) Uniaxialer Druck in Richtung einer 3-zähligen Achse

Der Druck wird längs einer Hauptdiagonalen ausgeübt. Die Symmetrieelemente des deformierten Würfels sind:

$$\{E, 2C_3, 3C_2'\} \quad | \times C_i,$$

wobei die zu C_3 und C_3^2 gehörende Drehachse die Hauptdiagonale ist und die zu $3C_2'$ gehörenden Achsen durch gegenüberliegende Kantenmitten sind, von denen eine exemplarisch in Figur K.3 eingezeichnet ist. Dies ist die Gruppe D_{3d}.

Aus der Charaktertafel (siehe Anhang B) liest man ab, in welche irreduzible Bestandteile die durch ϕ_{p_x}, ϕ_{p_y}, ϕ_{p_z} bzw. x, y, z generierte Darstellung zerfällt:

$$\Rightarrow \Gamma = A_{2u} + E_u \tag{K.156}$$

Diesmal muß man die irreduziblen Basisfunktionen wirklich gemäß der Wigner-Formel (4.75) berechnen, wobei man die mit i multiplizierten Elemente weglassen kann, da sie nochmals denselben Beitrag liefern. Wir nehmen als Anfangsobjekt jeweils $\phi = z$ (p_z-Orbital). Dann ist nach (4.75)

$$\rightarrow \widetilde{\phi}^{(A_{2u})} = 2 \cdot (z + y - x) \tag{K.157}$$

$$\Rightarrow \phi^{(A_{2u})} = \frac{1}{\sqrt{3}} \left(\varphi_{p_z} + \varphi_{p_y} - \varphi_{p_x} \right) \quad \text{(normiert)} \tag{K.158}$$

$$\rightarrow \widetilde{\phi}^{(E_u)} = 2 \cdot z + x - y \tag{K.159}$$

$$\Rightarrow \phi_1^{(E_u)} = \frac{1}{\sqrt{6}}(2\varphi_{p_z} - \varphi_{p_x} - \varphi_{p_y}) \quad \text{(normiert)} \tag{K.160}$$

Einen weiteren E_u-Vektor erhält man durch zyklische Permutation von $\{p_x,p_y,p_z\}$ in (K.160) (entspricht Anwendung von C_3):

$$\tilde{\tilde{\phi}}_2^{(E_u)} = \frac{1}{\sqrt{6}}(2\varphi_{p_x} - \varphi_{p_y} - \varphi_{p_z}) \tag{K.161}$$

Orthonormalisierung:

$$\Rightarrow \phi_2^{(E_u)} = \frac{1}{\sqrt{2}}(\varphi_{p_x} + \varphi_{p_y}) \tag{K.162}$$

d) Schubspannung σ_{xy}:

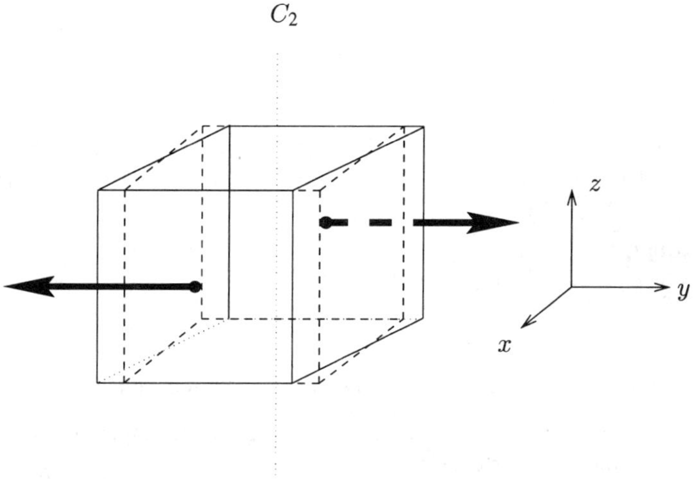

Bild K.4
Schubspannung σ_{xy}

An den Flächen mit der Flächennormalen in $\pm x$-Richtung greift eine Kraft in $\pm y$-Richtung an (Figur K.4). Die Elemente der Symmetrie des verzerrten Würfels sind:

$$\{E,C_2\} = C_2 \quad | \times C_i\,,$$

wobei die zu C_2 gehörende Achse in z-Richtung zeigt. Es handelt sich also um die Gruppe C_{2h}. Reduktion von $\{x,y,z\}$ gemäß Charaktertafel:

$$\Gamma = A_u + 2B_u \tag{K.163}$$

also eine Aufspaltung in ein A_u– und zwei B_u–Niveaus. Aus einem Blick in die Charaktertafel findet man die symmetriekonformen Basisfunktionen:

$$\phi^{(A_u)} = \varphi_{p_z} \qquad \hat{\phi}_1^{(B_u)} = \varphi_{p_x} \qquad \hat{\phi}_2^{(B_u)} = \varphi_{p_y} \tag{K.164}$$

wobei ϕ_{p_z} schon die richtige A_u–Eigenfunktion nullter Ordnung ist, während die richtigen B_u–Eigenwerte und Eigenfunktionen aus der Lösung des Säkularproblems (5.44) und dem dazugehörigen homogenen Gleichungssystems folgen. Die B_u–Eigenfunktionen sind dann zwei orthogonale Linearkombinationen von φ_{p_x} und φ_{p_y}.

Lösung zu Aufgabe 21: Wignersches Postulat beim Wasserstoffproblem

Zu den Wasserstoff–Eigenfunktionen

$$\psi^{(0)}_{(n,l,m)} = R_{nl}(r)\cdot Y_{lm}(\theta,\varphi) \tag{K.165}$$

gehören die (ungestörten) Energieeigenwerte:

$$E_n^{(0)} = -E_1\cdot\frac{1}{n^2},\quad n = 1,2,\ldots \qquad E_1 = 1\,\text{Ryd.} = -13{,}6\,\text{eV} \tag{K.166}$$

a) Zur Berechnung der Korrektur $\left\langle E^{(1)}\right\rangle = \langle\psi|\,H_S\,|\psi\rangle$ in erster Ordnung Störungstheorie ist die Betrachtung von

$$\begin{aligned}\left\langle E^{(1)}_{nl}\right\rangle &= \iiint d^3r\,[R_{nl}(r)]^2\,[Y_{lm}(\theta,\varphi)]^2\,\frac{A}{\rho}e^{-b\rho}\\ &= \int_0^\infty(\rho a)^2\,d(\rho a)\,[R_{nl}(a\rho)]^2\,\frac{A}{\rho}e^{-b\rho}\\ &= Aa^3\int_0^\infty d\rho\,\rho\,[R_{nl}(a\rho)]^2\,e^{-b\rho}\end{aligned} \tag{K.167}$$

notwendig. Für $b=0$ ist das Integral unabhängig von l (reines Coulomb-Potential beim Wasserstoffproblem: l-Entartung), während für $b\neq 0$ das Integral von l abhängt (Aufhebung der l-Entartung bei Alkaliatomen).

b) Im Detail erhält man die Aufhebung der l-Entartung durch Einsetzen der Radialfunktionen $R_{nl}(a\rho)$ (siehe Standardlehrbücher der Quantenmechanik). Speziell gilt:

$$R_{20}(a\rho) = \left(\frac{1}{2a}\right)^{\frac{3}{2}}(2-\rho)e^{-\frac{\rho}{2}},\quad \rho=\frac{r}{a} \tag{K.168}$$

$$R_{21}(a\rho) = \frac{1}{\sqrt{3}}\left(\frac{1}{2a}\right)^{\frac{3}{2}}\rho e^{-\frac{\rho}{2}} \tag{K.169}$$

Hieraus folgt

$$\begin{aligned}\left\langle E^{(1)}_{20}\right\rangle &= Aa^3\int_0^\infty d\rho\,\rho\left(\frac{1}{2a}\right)^3\left[(2-\rho)e^{-\frac{\rho}{2}}\right]^2e^{-b\rho} = \frac{A}{8}\int_0^\infty d\rho\,\left[4\rho-4\rho^2+\rho^3\right]e^{-\rho(1+b)}\\ &= \frac{A}{4(1+b)^4}\left[2b^2+1\right]\end{aligned} \tag{K.170}$$

$$\begin{aligned}\left\langle E^{(1)}_{21}\right\rangle &= Aa^3\int_0^\infty d\rho\,\rho\frac{1}{3}\left(\frac{1}{2a}\right)^3\rho^2e^{-\rho}e^{-b\rho} = \frac{A}{24}\int_0^\infty d\rho\,\rho^3e^{-\rho(1+b)}\\ &= \frac{A}{4}\frac{1}{(1+b)^4}\end{aligned} \tag{K.171}$$

Wie man sieht, gilt

$$\left\langle E^{(1)}_{20}\right\rangle \neq \left\langle E^{(1)}_{21}\right\rangle, \tag{K.172}$$

d.h. die l-Entartung wurde für $b \neq 0$ aufgehoben.

c) Für den Grenzübergang $b \to 0$ besteht die l-Entartung, da wieder das reine Coulomb-Potential eingestellt ist (Check):

$$\lim_{b\to 0}\left\langle E_{20}^{(1)}\right\rangle = \frac{A}{4} = \lim_{b\to 0}\left\langle E_{21}^{(1)}\right\rangle \tag{K.173}$$

Lösung zu Aufgabe 22: *G*-Zustand in trigonaler Symmetrie

a) Die Gruppenoperationen wirken nur auf φ:

$$\begin{aligned} E:\varphi &= \varphi \\ C_3^r:\varphi &= \varphi+\frac{2\pi}{3}r \quad ,r=1,2 \\ \sigma_v^{(s)}:\varphi &= 2\left(\frac{\pi}{2}+(s-1)\frac{2\pi}{3}\right)-\varphi \quad ,s=1,2,3 \end{aligned} \tag{K.174}$$

Somit erhält man für die A_1-Darstellung aus der Wigner-Formel (4.75) für $\phi = e^{im\varphi}$

$$\begin{aligned} \sum_R [\chi^{(A_1)}(R)]^* \, (R:e^{im\varphi}) &= e^{im\varphi}+e^{im\left(\varphi+\frac{2\pi}{3}\right)}+e^{im\left(\varphi+\frac{4\pi}{3}\right)} \\ &\quad +e^{im(\pi-\varphi)}+e^{im(\pi+\frac{4\pi}{3}-\varphi)}+e^{im(\pi+\frac{8\pi}{3}-\varphi)} \\ &= e^{im\varphi}\left[1+e^{im\frac{2\pi}{3}}+e^{im\frac{4\pi}{3}}\right] \\ &\quad +e^{-im\varphi}\left[e^{im\pi}+e^{im\frac{7\pi}{3}}+e^{im\frac{11\pi}{3}}\right] \\ &\sim \begin{cases} \pm\left(e^{3i\varphi}-e^{-3i\varphi}\right) & \text{für} \quad m=\pm 3 \\ 1 & \text{für} \quad m=0 \\ 0 & \text{für} \quad m=\pm 1,\pm 2 \end{cases} \end{aligned} \tag{K.175}$$

nur einen Beitrag für $m = 0, \pm 3$. Da für $m = 3$ und $m = -3$ (siehe (K.175)) dieselbe funktionale Form entsteht, kann man $m = +3$ wählen (also vom „Wigner-Objekt“ $\psi^{(0)}_{(n,4,+3)}$ ausgehen). Unter Berücksichtigung von (5.129) erhält man dann die orthonormierten Basisfunktionen:

$$|A_1,1\rangle = \varphi_{A_1,1} = R_{n4}(r)\Theta^0_{l=4}(\vartheta)\frac{1}{\sqrt{2\pi}} = R_{n4}(r)\cdot Y_{40}(\vartheta,\varphi) \tag{K.176}$$

$$\begin{aligned} |A_1,2\rangle &= \varphi_{A_1,2} = \frac{1}{\sqrt{2}}\left(R_{n4}(r)\Theta^3_{l=4}(\vartheta)\frac{1}{\sqrt{2\pi}}\,e^{3i\varphi}+R_{n4}(r)\Theta^{-3}_{l=4}(\vartheta)\frac{1}{\sqrt{2\pi}}\,e^{-3i\varphi}\right) = \\ &= R_{n4}(r)\Theta^3_{l=4}(\vartheta)\frac{i}{\sqrt{\pi}}\sin 3\varphi = \frac{1}{\sqrt{2}}R_{n4}(r)\cdot(Y_{43}+Y_{4,-3}) \end{aligned} \tag{K.177}$$

Die Funktion $|A_1,2\rangle$ kann auch reell gewählt werden, da der Faktor i einer (hier unwichtigen) Phase entspricht.

Hilfsformel für die Normierung:

$$\int_0^{2\pi}\cos^2 n\varphi\, d\varphi = \int_0^{2\pi}\sin^2 n\varphi\, d\varphi = \frac{1}{n}\int_0^{n\cdot 2\pi}\cos^2\alpha\, d\alpha = \pi\,,\, n\neq 0 \tag{K.178}$$

$R_{nl}(r)$ und $\Theta_l^m(\vartheta)$ sind normiert.

b) Matrixelemente:
   - Die Berechnung des Diagonalmatrixelementes liefert

$$\langle A_1,1|W|A_1,1\rangle \quad = 0 = \quad \langle A_1,2|W|A_1,2\rangle\,, \tag{K.179}$$

   wegen

$$\int d\varphi\, e^{im\varphi} \sin 3\varphi\, e^{-im\varphi} \quad = \quad 0 \tag{K.180}$$

   - Das Nichtdiagonalmatrixelement lautet

$$\langle A_1,1|W|A_1,2\rangle = \tag{K.181}$$

$$= \int r^2 dr\, [R_{n4}(r)]^2 g(r)\cdot \tag{K.182}$$

$$\cdot \int_0^{\pi} \sin\vartheta d\vartheta\, \Theta_{l=4}^0(\vartheta)\Theta_{l=4}^{-3}(\vartheta)\Theta_{l=4}^3(\vartheta)\cdot\frac{i}{\sqrt{2\pi}}\underbrace{\int_0^{2\pi} d\varphi\, \sin^2 3\varphi}_{=\pi}$$

$$= \quad -i\cdot K$$

Die Säkulargleichung lautet daher:

$$\det\begin{bmatrix} -\Delta E & -i\cdot K \\ -(-i)\cdot K & -\Delta E \end{bmatrix} \quad = \quad 0 \tag{K.183}$$

mit der Lösung

$$\Delta E_{A_1,\pm} \quad = \quad \mp K \tag{K.184}$$

c) Der Ansatz

$$\psi_{A_1} \quad = \quad c_1\varphi_{A_1,1} + c_2\varphi_{A_1,2} = c_1\cdot|A_1,1\rangle + c_2\cdot|A_1,2\rangle \tag{K.185}$$

liefert das Säkulargleichungssystem

$$\begin{aligned} -\Delta E\cdot c_1 + (-i\cdot K)\cdot c_2 &= 0 \\ (-(-i)\cdot K)\cdot c_1 + (-\Delta E)\cdot c_2 &= 0 \end{aligned} \tag{K.186}$$

mit der normierten Lösung (→ „Eigenfunktionen“ in 0. Näherung in physikalisch richtiger Ausrichtung)

$$\psi_{A_1,\pm} \quad = \quad \frac{1}{\sqrt{2}}(|A_1,1\rangle \pm i\cdot|A_1,2\rangle) \tag{K.187}$$

und der Energiekorrektur erster Ordnung

$$\left(\Delta E_{A_1,\pm}^{(n,l=4)}\right)_{1.\,\text{Ord.}} \quad = \quad \langle\psi_{A_1,\pm}|W|\psi_{A_1,\pm}\rangle = \pm K \tag{K.188}$$

d) Wir haben hier den instruktiven Fall vorliegen, daß die ungestörte Eigenbasis (hier: (5.126) - (5.130)) bei der Reduktion nach der Störsymmetrie (hier: C_{3v}) bezüglich A_1 und E eine höhere Multiplizität als Eins aufweist: $a_{A_1} = 2$, $a_E = 3$. Wir müssen deshalb die in Abschnitt 5.3.3 geschilderte Komplikation berücksichtigen, d.h. die „richtig ausgerichteten“ Ausgangsfunktionen in der Formel (5.87) verwenden, damit die auftretenden Nenner nicht Null werden. Im Falle der A_1-A_1–Aufspaltung lautet dann die Korrektur 2. Ordnung

$$\left(\Delta E_{A_1,\pm}^{(n,l=4)}\right)_{2.\text{ Ord.}} = \sum_{\substack{n',l',m' \\ (n',l'\neq n,l)}} \frac{\left|\left\langle \psi^{(0)}_{(n',m',l')} \right| W \left| \psi_{A_1,\pm} \right\rangle\right|^2}{E^{(0)}_{n,l=4} - E^{(0)}_{n',l',m'}} \tag{K.189}$$

wobei $\psi_{A_1,\pm}$ durch (K.187) gegeben wird. Wir beachten, daß in $\psi_{A_1,\pm}$ und W die respektiven Kugelfunktionen $Y_{l=4,m=0}$ und $Y_{l=4,m=\pm 3}$ und gemäß (5.131) $Y_{l''=4,m''=\pm 3}$ auftreten. Dann erscheinen in (K.189) Integrale der Form

$$\int r^2\, dr\, R^*_{n'l'}(r)\, \widehat{g}(r)\, R_{nl}(r) \cdot \int \sin\vartheta\, d\theta\, d\varphi\, Y^*_{l'm'}(\vartheta,\varphi)\, Y_{lm}(\vartheta,\varphi)\, Y_{l''m''}(\vartheta,\varphi) \tag{K.190}$$

mit $l = 4$, $l'' = 4$, $m = 0, \pm 3$ und $m'' = \pm 3$. Mittels des in Kapitel 9.4.5 präsentierten Matrixelementensatzes (Wigner-Eckart–Theorem) findet man für (K.189) die Auswahlregeln $l' = l + l'', l + l'' - 1, \ldots, |l - l''|$ und $m' = m + m''$, so daß die Zahl der Summenglieder in (K.189) sehr reduziert wird.

e) Folgende Basisvektoren sind orthonormiert und transformieren sich identisch:

$$\begin{aligned}
\eta_1^{(1)} &= |E,1,1\rangle = R_{n4}(r)\Theta^1_{l=4}(\vartheta)\frac{1}{\sqrt{2\pi}}e^{+i\varphi} \\
\eta_1^{(2)} &= |E,2,1\rangle = R_{n4}(r)\Theta^{-2}_{l=4}(\vartheta)\frac{1}{\sqrt{2\pi}}e^{-2i\varphi} \\
\eta_1^{(3)} &= |E,3,1\rangle = R_{n4}(r)\Theta^{4}_{l=4}(\vartheta)\frac{1}{\sqrt{2\pi}}e^{+4i\varphi}
\end{aligned} \tag{K.191}$$

Test:

Es ist z.B.

$$C_3 : e^{im\varphi} = e^{im\frac{2\pi}{3}} \cdot e^{im\varphi}$$

Für $m = 1, -2$ und 4 ergibt sich die gleiche Transformation wegen

$$e^{im\frac{2\pi}{3}} = e^{-im\frac{4\pi}{3}} = e^{im\frac{8\pi}{3}}\,.$$

Weiterhin:

$$\sigma_v^{(\frac{\pi}{2})} : e^{im\varphi} = e^{im\pi} \cdot e^{-im\varphi}$$

Für $m = 1, -2$ und 4 ergibt sich wieder die gleiche Transformation wegen

$$e^{i\pi} = -1 = -e^{-2i\pi} = -e^{-4i\pi}\,.$$

Die jeweiligen Entartungspartner lauten

$$\begin{aligned}
\eta_2^{(1)} &= -R_{n4}(r)\Theta^{-1}_{l=4}(\vartheta)\frac{1}{\sqrt{2\pi}}e^{-i\varphi} \\
\eta_2^{(2)} &= R_{n4}(r)\Theta^{-2}_{l=4}(\vartheta)\frac{1}{\sqrt{2\pi}}e^{2i\varphi} \\
\eta_2^{(3)} &= R_{n4}(r)\Theta^{-4}_{l=4}(\vartheta)\frac{1}{\sqrt{2\pi}}e^{-4i\varphi}
\end{aligned} \tag{K.192}$$

Die Berechnung der Matrixelemente (Integrand muß unabhängig von φ sein) liefert:

$$\begin{aligned}
\left\langle \eta_1^{(1)} | W | \eta_1^{(1)} \right\rangle &= 0 = \left\langle \eta_1^{(2)} | W | \eta_1^{(2)} \right\rangle = \left\langle \eta_1^{(3)} | W | \eta_1^{(3)} \right\rangle \\
\left\langle \eta_1^{(1)} | W | \eta_1^{(2)} \right\rangle &= K_1 \neq 0
\end{aligned}$$

$$\left\langle \eta_1^{(1)} | W | \eta_1^{(3)} \right\rangle = K_2 \neq 0$$
$$\left\langle \eta_1^{(2)} | W | \eta_1^{(3)} \right\rangle = 0 \tag{K.193}$$

Die explizite Rechnung führen wir nicht durch.

Säkulardeterminante:

$$\det \begin{bmatrix} -\Delta E & K_1 & K_2 \\ K_1 & -\Delta E & 0 \\ K_2 & 0 & -\Delta E \end{bmatrix} = -(\Delta E)^3 + \Delta E(K_1^2 + K_2^2) = 0$$

mit den Lösungen

$$\Delta E_a = 0 \tag{K.194}$$
$$\Delta E_{b,c} = \pm\sqrt{K_1^2 + K_2^2} \tag{K.195}$$

Eigenfunktionen:

$$\psi_a = \frac{1}{\sqrt{2}}(\eta_1^{(2)} - \eta_1^{(3)})$$
$$\psi_b = \frac{1}{\sqrt{2}}\left(\eta_1^{(1)} + \frac{\sqrt{K_1^2 + K_2^2}}{K_1}\eta_1^{(2)} + \frac{\sqrt{K_1^2 + K_2^2}}{K_2}\eta_1^{(3)}\right) \tag{K.196}$$
$$\psi_b = \frac{1}{\sqrt{2}}\left(\eta_1^{(1)} - \frac{\sqrt{K_1^2 + K_2^2}}{K_1}\eta_1^{(2)} - \frac{\sqrt{K_1^2 + K_2^2}}{K_2}\eta_1^{(3)}\right)$$

f) Einzige orthogonale Wahl, die mit dem Basissatz noch möglich ist:

$$|A_2\rangle = R_{n4}(r)\Theta_{l=4}^{3}(\vartheta)\frac{1}{2\sqrt{\pi}}\underbrace{\left(e^{3i\varphi} + e^{-3i\varphi}\right)}_{2\cos 3\varphi} \tag{K.197}$$

Damit ergibt sich (siehe (K.180)):

$$\langle A_2|W|A_2\rangle = 0 \tag{K.198}$$

g) Zusammengefaßt ergibt sich das Aufspaltungsbild in Abbildung K.5.

K.5 Zu Kapitel 6

Lösung zu Aufgabe 23: Kristallfeldtheorie

a) Man geht aus von der Muttergruppe $SO(3)$ und entnimmt den Korrelationstafeln die Aufspaltung bzgl. D_{4h}.

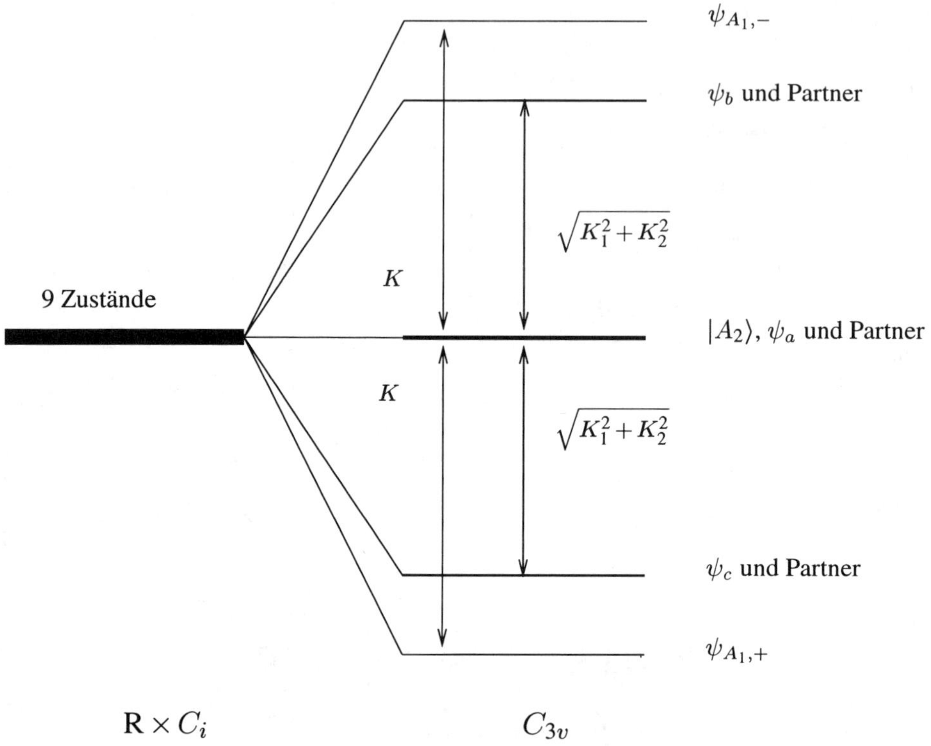

Bild K.5 Aufspaltungsbild für einen G-Zustand in trigonaler Symmetrie

$SO(3)$		D_{4h}
$D_0^{(+)}$	$\longrightarrow$	$\boldsymbol{A_{1g}}$
$D_1^{(-)}$	$\longrightarrow$	$A_{2u}+E_u$
$D_2^{(+)}$	$\longrightarrow$	$\boldsymbol{A_{1g}}+B_{1g}+B_{2u}+E_g$
$D_3^{(-)}$	$\longrightarrow$	$A_{2u}+B_{1u}+B_{2u}+2E_u$
$D_4^{(+)}$	$\longrightarrow$	$\boldsymbol{2A_{1g}}+A_{2g}+B_{1g}+B_{2g}+2E_g$

(K.199)

$\Rightarrow$ 4 erlaubte Parameter, da $SO(3)$ bis 4. Ordnung incl. (d.h. bis $D_4^{(4)}$) insgesamt 4 A_{1g}-Darstellungen in D_{4h} enthält .

b) Ordnung r^0:
Nach Gleichung (6.33) und (6.34) ist

$$V_c^{(0)} = w_0^{(C)}(\vartheta,\varphi) \tag{K.200}$$

$$w_0^{(C)}(\vartheta,\varphi) = K_{00}^{(C)} Y_{00}(\vartheta,\varphi) = \sqrt{\frac{1}{4\pi}}\, K_{00}^{(C)} \tag{K.201}$$

Ordnung r^2:
Nach Gleichung (6.33) und (6.34) ist

$$V_c^{(2)}(\vec{r}) = r^2 w_2^{(C)}(\vartheta,\varphi) \quad \text{(K.202)}$$

$$w_2^{(C)}(\vartheta,\varphi) = \sum_{m=-2}^{2} K_{2m}^{(C)} Y_{2m}(\vartheta,\varphi) \quad \text{(K.203)}$$

$D_2^{(+)}$ enthält nur eine A_{1g}-Darstellung in D_{4h}.

$\Rightarrow$ Y_{20} ist einzige Lösung aus $\{Y_{2m}\}$, da nur sie sich als Einsdarstellung transformiert (z.B. $C_4 : Y_{20} = Y_{20}$).

Somit:

$$V_c^{(2)}(\vec{r}) = r^2 K_{20}^{(C)} Y_{20}(\vartheta,\varphi) = K_{20}^{(C)} \sqrt{\frac{5}{4\pi}} \sqrt{\frac{1}{4}} (3z^2 - r^2) \quad \text{(K.204)}$$

c) Ordnung r^4:

$D_4^{(4)}$ enthält zwei A_{1g}-Darstellungen.

$\Rightarrow$ demgemäß sind aus $\{Y_{4m}\}$ zwei linear unabhängige A_{1g}-Basisfunktionen zu deduzieren.

Nach Gleichungen (6.33) und (6.34) lautet die 4. Ordnung:

$$V_c^{(4)} = r^4 w_4^{(C)}(\vartheta,\varphi) \quad \text{mit} \quad w_4^{(C)}(\vartheta,\varphi) = \sum_{m=-4}^{4} K_{4m}^{(C)} Y_{4m}(\vartheta,\varphi) \quad \text{(K.205)}$$

Intuitiv findet man $Y_{40}(\vartheta,\varphi)$ und die Linearkombination $Y_{4,4}(\vartheta,\varphi) + Y_{4,-4}(\vartheta,\varphi)$ als Funktionen, die sich wie A_{1g}-Funktionen verhalten, da $C_4 : Y_{4,\pm4} = Y_{4,\pm4}$, $\sigma_v : Y_{4,\pm4} = Y_{4,\mp4}$, etc.

$$\Rightarrow \quad w_4(\vartheta,\varphi) = K_{40}^{(C)} Y_{40}(\vartheta,\varphi) + K_{44}^{(C)} (Y_{4,4}(\vartheta,\varphi) + Y_{4,-4}(\vartheta,\varphi)) \quad \text{(K.206)}$$

Somit:

$$\begin{aligned} \Rightarrow \quad V_c^{(4)}(\vec{r}) &= K_{40}^{(C)} \sqrt{\frac{9}{4\pi}} \sqrt{\frac{1}{64}} (35z^4 - 30z^2r^2 + 3r^4) + \\ &\quad + K_{44}^{(C)} \sqrt{\frac{9}{4\pi}} \sqrt{\frac{35}{128}} \left[(x+iy)^4 + (x-iy)^4\right] \\ &= \frac{1}{8} \sqrt{\frac{9}{4\pi}} \left[K_{40}^{(C)} (35z^4 - 30z^2r^2 + 3r^4) + \sqrt{70} K_{44}^{(C)} (x^4 - 6x^2y^2 + y^4)\right] \end{aligned} \quad \text{(K.207)}$$

Also ist das Kristallfeld bis in 4. Ordnung:

$$V_C(\vec{r}) = V_C^{(0)}(\vec{r}) + V_C^{(2)}(\vec{r}) + V_C^{(4)}(\vec{r}) \quad \text{(K.208)}$$

d) In D_{2h}-Symmetrie entspricht die Einsdarstellung der Darstellung A_g. Als Aufspaltung von D_{4h} in D_{2h}-Symmetrie erhält man:

Ordnung	D_{4h}		D_{2h}
0.	$\boldsymbol{A_{1g}}$	$\longrightarrow$	$\boldsymbol{A_g}$
1.	$A_{2u} + E_u$	$\longrightarrow$	$B_{1u} + B_{2u} + B_{3u}$
2.	$\boldsymbol{A_{1g}} + B_{1g} + B_{2u} + E_g$	$\longrightarrow$	$\boldsymbol{2A_g} + B_{1u} + B_{2g} + B_{3g}$
3.	$A_{2u} + B_{1u} + B_{2u} + 2E_u$	$\longrightarrow$	$2B_{1u} + A_u + 2B_{2u} + 2B_{3u}$
4.	$\boldsymbol{2A_{1g}} + A_{2g} + B_{1g} + B_{2g} + 2E_g$	$\longrightarrow$	$\boldsymbol{3A_g} + 2B_{1g} + 2B_{2g} + 2B_{3g}$

(K.209)

In 2. und 4. Ordnung tritt die Einsdarstellung in D_{2h} einmal mehr auf als in D_{4h}; es kommt somit ein Parameter in diesen Ordnungen dazu. In 2. Ordnung findet man, daß die niedrigere D_{2h}-Symmetrie auch noch $(Y_{2,2} + Y_{2,-2})$ als Basisfunktion für eine A_g-Darstellung hat.
Das Kristallfeldpotential in 2. Ordnung lautet insgesamt in D_{2h}:

$$V_c^{(2)}(\vec{r}) = r^2 K_{20}^{(C)} Y_{20}(\vartheta,\varphi) + r^2 K_{22}\,(Y_{2,2}(\vartheta,\varphi) + Y_{2,-2}(\vartheta,\varphi)) \tag{K.210}$$

$$= \sqrt{\frac{5}{4\pi}}\,\frac{1}{2}\left[K_{20}^{(C)}(3z^2 - r^2) + \sqrt{\frac{3}{2}}K_{22}^{(C)}\,((x+iy)^2 + (x-iy)^2)\right]$$

$$= \frac{1}{2}\sqrt{\frac{5}{4\pi}}\left[K_{20}^{(C)}(3z^2 - r^2) + \sqrt{6}K_{22}^{(C)}(x^2 - y^2)\right] \tag{K.211}$$

e) Beim Quadrupolfeld (2. Ordnung der Multipolentwicklung) muß man nur formal r^2 durch $\frac{4\pi}{5}\cdot\frac{1}{r^3}$ und $K^{(C)}$ durch $K^{(MP)}$ ersetzen:

$$V_{MP}^{(2)}(\vec{r}) = V_{QP} = \frac{1}{2}\sqrt{\frac{4\pi}{5}}\cdot K_{20}^{MP}\cdot\frac{3z^2 - r^2}{r^5} \qquad \text{in } D_{4h} \tag{K.212}$$

$$V_{MP}^{(2)}(\vec{r}) = V_{QP} = \frac{1}{2}\sqrt{\frac{4\pi}{5}}\cdot\left[K_{20}^{MP}\cdot(3z^2 - r^2) + \sqrt{6}\cdot K_{22}^{MP}\cdot(x^2 - y^2)\right]\frac{1}{r^5} \qquad \text{in } D_{2h} \tag{K.213}$$

K.6 Zu Kapitel 7

Lösung zu Aufgabe 24: Eigenschwingungen des Quadrats

a) Die Wahl von A ist symmetrieangepaßt und damit ökonomischer. Insbesondere bilden damit die x_i- und y_i–Koordinaten bezüglich der Symmetrieoperationen getrennte Unterräume.

b) Charaktere der bezüglich C_{4v} reduziblen Darstellung Γ:

C_{4v}	E	$2C_4$	$C_4^2 = C_2$	$2\sigma_v$	$2\sigma_d$
$\chi^{(\Gamma)}$	8	0	0	0	0

$\Rightarrow$ reguläre Darstellung wegen (3.45)

c) Die reguläre Darstellung zerfällt nach dem „celebrated theorem“ (3.48) in:

$$\Gamma = A_1 + A_2 + B_1 + B_2 + 2E \tag{K.214}$$

d) Man findet intuitiv die Symmetrievektoren:

$$\vec{\sigma}(A_1) = \frac{1}{2}(\vec{e}_y^{(1)} + \vec{e}_y^{(2)} + \vec{e}_y^{(3)} + \vec{e}_y^{(4)}) = \tag{K.215}$$

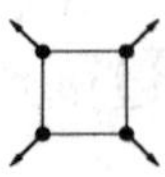

$$\vec{\sigma}(A_2) = \frac{1}{2}(\vec{e}_x^{(1)} + \vec{e}_x^{(2)} + \vec{e}_x^{(3)} + \vec{e}_x^{(4)}) = \tag{K.216}$$

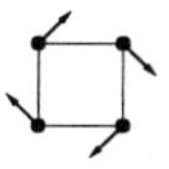

$$\vec{\sigma}(B_1) = \frac{1}{2}(\vec{e}_x^{(1)} + \vec{e}_x^{(3)} - \vec{e}_x^{(2)} - \vec{e}_x^{(4)}) = \tag{K.217}$$

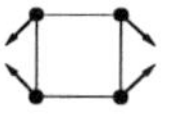

$$\vec{\sigma}(B_2) = \frac{1}{2}(\vec{e}_y^{(1)} + \vec{e}_y^{(3)} - \vec{e}_y^{(2)} - \vec{e}_y^{(4)}) = \tag{K.218}$$

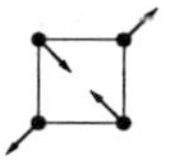

Argument: Aufgabe 14 oder einfach Charaktere des Gesamtobjekts $\vec{\sigma}$ mit Charaktertafel prüfen.

e) Verifizierung mit der Charaktertafel

f) Operation: $\sigma_d^{(\pi/4)}$
Transformation:

$$\sigma_d^{(\pi/4)} : \begin{pmatrix} \vec{\sigma}(E,1,1) \\ \vec{\sigma}(E,1,2) \end{pmatrix} = \begin{pmatrix} \vec{\sigma}(E,1,1) \\ -\vec{\sigma}(E,1,2) \end{pmatrix} = \begin{pmatrix} 1 & 0 \\ 0 & -1 \end{pmatrix} \begin{pmatrix} \vec{\sigma}(E,1,1) \\ \vec{\sigma}(E,1,2) \end{pmatrix} \tag{K.219}$$

$$\sigma_d^{(\pi/4)} : \begin{pmatrix} \hat{\vec{\sigma}}(E,2,1) \\ \hat{\vec{\sigma}}(E,2,2) \end{pmatrix} = \begin{pmatrix} -\hat{\vec{\sigma}}(E,2,1) \\ \hat{\vec{\sigma}}(E,2,2) \end{pmatrix} = \begin{pmatrix} -1 & 0 \\ 0 & 1 \end{pmatrix} \begin{pmatrix} \hat{\vec{\sigma}}(E,2,1) \\ \hat{\vec{\sigma}}(E,2,2) \end{pmatrix}$$

$\Rightarrow$ Man sieht sofort, daß bei der Wahl

$$\vec{\sigma}(E,2,1) = \hat{\vec{\sigma}}(E,2,2) \quad \text{und} \quad \vec{\sigma}(E,2,2) = \hat{\vec{\sigma}}(E,2,1) \tag{K.220}$$

sich die beiden Sätze identisch transformieren bezüglich $\sigma_d^{(\pi/4)}$, aber nicht bezüglich σ_v. Daher folgt die Wahl

$$\vec{\sigma}(E,2,1) = \hat{\vec{\sigma}}(E,2,2) \quad \text{und} \quad \vec{\sigma}(E,2,2) = -\hat{\vec{\sigma}}(E,2,1) \tag{K.221}$$

g)
- Potentialanteil durch Kopplung an die Umgebung (Feder f'):

$$V_{f'} = \frac{1}{2}\frac{f'}{M}(x_1^2 + y_1^2) + \text{ zykl.} \tag{K.222}$$

- Potentialanteil in der Feder f zwischen den Punkten 1 und 2:
  Sei $\vec{a}$ der Verbindungsvektor von Punkt 2 nach Punkt 1 (Länge $|\vec{a}| = a$) und seien $\vec{r}_1$, $\vec{r}_2$ die Auslenkungen der beiden Punkte. Dann ist:

$$\begin{aligned}
V_{f,1} &= \frac{1}{2}\frac{f}{M}\left(\sqrt{(\vec{a}+\vec{r}_1-\vec{r}_2)^2} - a\right)^2 \\
&= \frac{1}{2}\frac{f}{M}\left(\sqrt{(\vec{a})^2 + 2\vec{a}\cdot(\vec{r}_1-\vec{r}_2) + (\vec{r}_1-\vec{r}_2)^2} - a\right)^2 \\
&\approx \frac{1}{2}\frac{f}{M}\left(a\sqrt{1+\frac{2\vec{a}\cdot(\vec{r}_1-\vec{r}_2)}{a^2}} - a\right)^2, \quad \text{da} \quad |\vec{r}_1|, |\vec{r}_2| \ll |\vec{a}| = a \\
&\approx \frac{1}{2}\frac{f}{M}\left(a\left(1+\frac{1}{a^2}\vec{a}\cdot(\vec{r}_1-\vec{r}_2)\right) - a\right)^2 \\
&= \frac{1}{2}\frac{f}{M}\left(\frac{1}{a}\vec{a}\cdot(\vec{r}_1-\vec{r}_2)\right)^2
\end{aligned} \tag{K.223}$$

Mit $\vec{a}$ schließen die Vektoren $\vec{e}_x^{(1)}$,$\vec{e}_x^{(2)}$,$\vec{e}_y^{(1)}$,$\vec{e}_y^{(2)}$ jeweils den Winkel $\frac{\pi}{4}$ ein. Daher ergibt sich:

$$\frac{\vec{a}}{a}(\vec{r}_1 - \vec{r}_2) = \frac{1}{\sqrt{2}}(x_1 + y_1 - x_2 + y_2) \qquad \text{(K.224)}$$

Dann folgt aus (K.223)

$$\Rightarrow V_{f,1} = \frac{1}{4}\frac{f}{M}(x_1 + y_1 - x_2 + y_2)^2 \qquad \text{(K.225)}$$

- Für die anderen Federn ergeben sich analoge Ausdrücke. Daher lautet das Gesamtpotential:

$$\Rightarrow \quad V(\{x_m\}) = \frac{1}{4}\frac{f}{M}(x_1 - x_2 + y_1 + y_2)^2 + \frac{1}{2}\frac{f'}{M}(x_1^2 + y_1^2) + \text{zyklisch} \qquad \text{(K.226)}$$

h) Für

$$\Omega_\mu^2 = \vec{\sigma}(\mu) v \vec{\sigma}(\mu) \qquad \text{(K.227)}$$

mit v aus

$$V = \frac{1}{2}\sum_{m,n} x_m v_{mn} x_n \qquad \text{(K.228)}$$

und der speziellen Auslenkung

$$\vec{\sigma}(\mu) = \left\{x_m^{(\mu)}\right\} \qquad \text{(K.229)}$$

gilt

$$\Omega_\mu^2 = 2V\left(\left\{x_m^{(\mu)}\right\}\right) \qquad \text{(K.230)}$$

für die je einmal auftretenden Darstellungen A_1,A_2,B_1 und B_2.

Also für die einzelnen Darstellungen:

- A_1:

$$y_1 = y_2 = y_3 = y_4 = \frac{1}{2}, \qquad x_1 = x_2 = x_3 = x_4 = 0 \qquad \text{(K.231)}$$

$$\Rightarrow \Omega_{A_1}^2 = 2\left[\frac{1}{4}\frac{f}{M}\left(\frac{1}{2} + \frac{1}{2}\right)^2 + \frac{1}{2}\frac{f'}{M}\cdot\frac{1}{4}\right]\cdot 4 = 2\frac{f}{M} + \frac{f'}{M} \qquad \text{(K.232)}$$

(Faktor 4 am Schluß, da zyklisch).

- A_2:

$$y_1 = y_2 = y_3 = y_4 = 0, \qquad x_1 = x_2 = x_3 = x_4 = \frac{1}{2} \qquad \text{(K.233)}$$

$$\Rightarrow \Omega_{A_2}^2 = 2\left[\frac{1}{4}\frac{f}{M}\left(\frac{1}{2} - \frac{1}{2}\right)^2 + \frac{1}{2}\frac{f'}{M}\cdot\left(\frac{1}{2}\right)^2\right]\cdot 4 = \frac{f'}{M} \qquad \text{(K.234)}$$

- B_1:

$$y_1 = y_2 = y_3 = y_4 = 0, \quad x_1 = x_3 = -x_2 = -x_4 = \frac{1}{2} \qquad \text{(K.235)}$$

$$\Rightarrow \Omega_{B_1}^2 = 2\left[\frac{1}{4}\frac{f}{M}\left(\frac{1}{2} - \left(-\frac{1}{2}\right)\right)^2 + \frac{1}{2}\frac{f'}{M}\cdot\left(\frac{1}{2}\right)^2\right]\cdot 4 = 2\frac{f}{M} + \frac{f'}{M} \qquad \text{(K.236)}$$

- B_2:

$$y_1 = y_3 = -y_2 = -y_4 = \frac{1}{2}, \qquad x_1 = x_2 = x_3 = x_4 = 0 \qquad \text{(K.237)}$$

$$\Rightarrow \Omega_{B_2}^2 = 2\left[\frac{1}{4}\frac{f}{M}\left(\frac{1}{2} - \frac{1}{2}\right)^2 + \frac{1}{2}\frac{f'}{M}\cdot\left(\frac{1}{2}\right)^2\right]\cdot 4 = \frac{f'}{M} \qquad \text{(K.238)}$$

i) Zur E-Darstellung gehören die Symmetrievektoren:

$$\vec{\sigma}(E,1,1): \qquad y_1 = -y_3 = \frac{1}{\sqrt{2}} \tag{K.239}$$

$$\vec{\sigma}(E,1,2): \qquad y_2 = -y_4 = \frac{1}{\sqrt{2}} \tag{K.240}$$

$$\vec{\sigma}(E,2,1): \qquad x_2 = -x_4 = \frac{1}{\sqrt{2}} \tag{K.241}$$

$$\vec{\sigma}(E,2,2): \qquad x_3 = -x_1 = \frac{1}{\sqrt{2}} \tag{K.242}$$

Für die Säkulargleichung

$$\det\begin{pmatrix} v_{11}^{(E)} - \Omega^2 & v_{12}^{(E)} \\ v_{21}^{(E)} & v_{22}^{(E)} - \Omega^2 \end{pmatrix} = 0 \tag{K.243}$$

benötigt man die Diagonalmatrixelemente

$$\begin{aligned} v_{11}^{(E)} &= \vec{\sigma}(E,1,1) v \vec{\sigma}(E,1,1) \\ &= 2\left(\left[\frac{1}{4}\frac{f}{M}\left(\frac{1}{\sqrt{2}}\right)^2\right]\cdot 4 + \left[\frac{1}{2}\frac{f'}{M}\left(\frac{1}{\sqrt{2}}\right)^2\right]\cdot 2\right) = \frac{f}{M} + \frac{f'}{M} \qquad \text{(K.244)} \\ v_{22}^{(E)} &= \vec{\sigma}(E,2,1) v \vec{\sigma}(E,2,1) \\ &= 2\left(\left[\frac{1}{4}\frac{f}{M}\left(-\frac{1}{\sqrt{2}}\right)^2\right]\cdot 4 + \left[\frac{1}{2}\frac{f'}{M}\left(\frac{1}{\sqrt{2}}\right)^2\right]\cdot 2\right) = \frac{f}{M} + \frac{f'}{M} \qquad \text{(K.245)} \end{aligned}$$

Die Nichtdiagonalmatrixelemente $v_{12}^{(E)} (= v_{21}^{(E)})$ bekommt man aus

$$2V\left(\left\{x_m^{(E)}\right\}\right) = v_{11}^{(E)} + v_{22}^{(E)} + 2v_{12}^{(E)}, \tag{K.246}$$

wenn man als spezielle Auslenkung ansetzt:

$$\left\{x_m^{(E)}\right\} = \vec{\sigma}(E,1,1) + \vec{\sigma}(E,2,1), \tag{K.247}$$

das heißt hier

$$y_1 = x_2 = -y_3 = -x_4 = \frac{1}{\sqrt{2}} \tag{K.248}$$

$$\begin{aligned} \Rightarrow 2\left(\left[\frac{1}{4}\frac{f}{M}\cdot(0)^2\right]\cdot 4 + \left[\frac{1}{2}\frac{f'}{M}\left(\frac{1}{\sqrt{2}}\right)^2\right]\cdot 4\right) &= 2\cdot\frac{(f+f')}{M} + 2v_{12}^{(E)} \\ \Rightarrow \frac{f'}{M} &= \frac{f+f'}{M} + v_{12}^{(E)} \\ \Rightarrow v_{12}^{(E)} &= -\frac{f}{M} = v_{21}^{(E)} \qquad \text{(K.249)} \end{aligned}$$

Die Säkulargleichung und ihre Lösungen lauten also:

$$\begin{aligned} (v_{11}^{(E)} - (\Omega_E^{\pm})^2)^2 - (v_{12}^{(E)})^2 &= 0 \qquad \text{(K.250)} \\ \Rightarrow v_{11}^{(E)} - (\Omega_E^{\pm})^2 &= \pm v_{12}^{(E)} \end{aligned}$$

$$\Rightarrow (\Omega_E^{\pm})^2 = v_{11}^{(E)} \mp v_{12}^{(E)}$$

$$\Rightarrow \left(\Omega_E^{\pm}\right)^2 = \frac{f+f'}{M} \pm \frac{f}{M}$$

$$\Rightarrow \quad \left(\Omega_E^{+}\right)^2 = 2\frac{f}{M} + \frac{f'}{M} \tag{K.251}$$

$$\text{und} \quad \left(\Omega_E^{-}\right)^2 = \frac{f'}{M} \tag{K.252}$$

j) Mit der „Vorsäkulargleichung“:

$$(v_{11}^{(E)} - (\Omega_E^{\pm})^2)A_1^{\pm} + v_{12}^{(E)} A_2^{\pm} = 0\,, \qquad (A_1^{\pm})^2 + (A_2^{(\pm)})^2 = 1 \tag{K.253}$$

bestimmt man die Eigenvektoren:

* $\vec{\eta}(E,+,j)$:

$$\left(\frac{f+f'}{M} - \frac{2f}{M} - \frac{f'}{M}\right) A_1^+ - \frac{f}{M} A_2^+ = 0$$

$$\Rightarrow -\frac{f}{M} A_1^+ - \frac{f}{M} A_2^+ = 0$$

$$\Rightarrow A_1^+ = \frac{1}{\sqrt{2}}, A_2^+ = -\frac{1}{\sqrt{2}} \tag{K.254}$$

* $\vec{\eta}(E,-,j)$:

$$\left(\frac{f+f'}{M} - \frac{f'}{M}\right) A_1^- - \frac{f}{M} A_2^- = 0$$

$$\Rightarrow \frac{f}{M} A_1^- - \frac{f}{M} A_2^- = 0$$

$$\Rightarrow A_1^- = \frac{1}{\sqrt{2}}, A_2^- = \frac{1}{\sqrt{2}} \tag{K.255}$$

Also:

$$\vec{\eta}(E,+,1) = \frac{1}{\sqrt{2}}(\vec{\sigma}(E,1,1) - \vec{\sigma}(E,2,1)) = \tag{K.256}$$
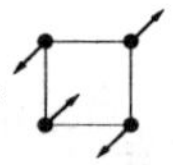

$$\vec{\eta}(E,+,2) = \frac{1}{\sqrt{2}}(\vec{\sigma}(E,1,2) - \vec{\sigma}(E,2,2)) = \tag{K.257}$$
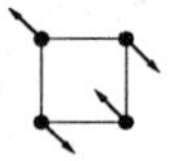

$$\vec{\eta}(E,-,1) = \frac{1}{\sqrt{2}}(\vec{\sigma}(E,1,1) + \vec{\sigma}(E,2,1)) = \tag{K.258}$$
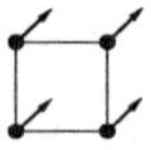

$$\vec{\eta}(E,-,2) = \frac{1}{\sqrt{2}}(\vec{\sigma}(E,1,2) + \vec{\sigma}(E,2,2)) = \tag{K.259}$$
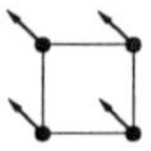

Lösung zu Aufgabe 25: Gruppentheoretische und physikalische Charakteristika des Hexagons

Wir betrachten, gemäß Aufgabenstellung, zunächst die Gruppe D_6 als die Symmetriegruppe des Systems. Sie hat die Symmetrieelemente (siehe Charaktertafel)

$$E, 2C_6, 2C_6^2 = 2C_3, C_3^3 = C_2, 3C_2', 3C_2'' \qquad (g = 12) \tag{K.260}$$

wobei C_2' und C_2'' Drehungen um Achsen in der molekularen Ebene bedeuten.

a) Potentialfeld in der Nähe der Achse:
Das Ziel ist, gemäß der Entwicklung (6.33) und (6.34) die in der $(2l+1)$-dimensionalen reduziblen Basis $\{Y_{lm}(\vartheta,\varphi)\}$ enthaltenen irreduziblen Bestandteile der Spezies A_1 herauszufiltern. Dazu kann man die Korrelationstafeln heranziehen. Man findet jedoch in der Korrelationstafel $SO(3) \longrightarrow D_{6h}$ das Aufspaltungsverhalten nicht für genügend große l-Werte tabelliert. Deshalb muß man für $l = 6$ (und für eventuell höhere l-Werte) auf die Betrachtung der Charaktere zurückgehen.

Hierzu betrachten wir das Transformationsverhalten der Kugelflächenfunktionen $Y_{lm}(\vartheta,\varphi)$.

1. $C_\alpha^{(z)}$: Drehung um die z-Achse um den Winkel α

$$\varphi \rightarrow \varphi + \alpha \tag{K.261}$$
$$\vartheta \rightarrow \vartheta \tag{K.262}$$

Demgemäß

$$C_\alpha^{(z)} : Y_{lm}(\vartheta,\varphi) = e^{im\alpha} Y_{lm}(\vartheta,\varphi) \tag{K.263}$$

2. $C_2^{(x,\gamma)}$: Drehung um eine Achse in der $x-y$-Ebene, die mit der x-Achse den Winkel γ bildet, um den Winkel π:

$$\varphi \rightarrow 2\gamma - \varphi \tag{K.264}$$
$$\vartheta \rightarrow \pi - \vartheta \tag{K.265}$$

Daraus folgt bei Berücksichtigung der Formel (7.203) der Aufgabenstellung:

$$C_2^{(x,\gamma)} : Y_{lm}(\vartheta,\varphi) = e^{2im\gamma} f(\pi - \vartheta) e^{-im\varphi} \tag{K.266}$$
$$= e^{2im\gamma} (-1)^{|m|+l} (Y_{lm}(\vartheta,\varphi))^* \tag{K.267}$$
$$= (-1)^l e^{2im\gamma} Y_{l,-m}(\vartheta,\varphi) \tag{K.268}$$

Daraus ersehen wir sofort, daß bei den Klassen $3C_2'$ und $3C_2''$ der Gruppenoperationen die Charaktere gegeben sind durch

$$\chi(C_2') = \chi(C_2'') = (-1)^l \tag{K.269}$$

Für die verbleibenden Charaktere der durch $\{Y_{lm}\}$ etablierten Darstellung D_l finden wir nach (K.263):

$$\chi(E) = 2l + 1 \tag{K.270}$$

$$\chi(C_6) = \frac{\sin\left((2l+1)\frac{\pi}{6}\right)}{\sin\left(\frac{\pi}{6}\right)} = \begin{cases} (-1)^k & \text{für} \quad l = 3k \\ 2(-1)^k & \text{für} \quad l = 3k+1 \\ (-1)^k & \text{für} \quad l = 3k+2 \end{cases} \tag{K.271}$$

$$\chi(C_3) = \frac{\sin\left((2l+1)\frac{\pi}{3}\right)}{\sin\left(\frac{\pi}{3}\right)} = \begin{cases} 1 & \text{für} \quad l = 3k \\ 0 & \text{für} \quad l = 3k+1 \\ -1 & \text{für} \quad l = 3k+2 \end{cases} \tag{K.272}$$

$$\chi(C_2) = (-1)^l \tag{K.273}$$

Mit Hilfe der Multiplizitätsformel (3.40) ergibt sich mit

$$g = 12; \quad \chi^{(A_1)}(K) = 1; \quad g_E = g_{C_2} = 1; \quad g_{C_6} = g_{C_3} = 2; \quad g_{C_2'} = g_{C_2''} = 3 \quad \text{(K.274)}$$

unter Benützung der Charaktertafel von D_6

- für $D_{l=3k}$:

$$a_{A_1} = \frac{1}{4}\left[2k+1+3(-1)^k\right] \quad \text{(K.275)}$$

- für $D_{l=3k+1}$:

$$a_{A_1} = \frac{1}{4}\left[2k+1-(-1)^k\right] \quad \text{(K.276)}$$

- für $D_{l=3k+2}$:

$$a_{A_1} = \frac{1}{4}\left[2k+1+3(-1)^k\right] \quad \text{(K.277)}$$

und somit

$$\begin{array}{lll} \text{für} & l=0 & : \; a_{A_1}=1 \\ & l=1 & : \; a_{A_1}=0 \\ & l=2 & : \; a_{A_1}=1 \\ & l=3 & : \; a_{A_1}=0 \\ & l=4 & : \; a_{A_1}=1 \\ & l=5 & : \; a_{A_1}=0 \\ & l=6 & : \; a_{A_1}=2 \end{array} \quad \text{(K.278)}$$

Um noch die richtigen Basisfunktionen herauszufinden, betrachtet man das Verhalten der Kugelflächenfunktionen unter den Transformationen der Gruppe.
Zunächst stellen wir fest, daß für alle ungeradzahligen l-Werte die Basisfunktionen ungerade sind, also niemals eine A_{1g}-Darstellung in D_{6h} aufbauen können. Wir brauchen also nur geradzahlige l-Werte zu betrachten. Aus (K.263) und (K.268) ersehen wir, daß die Basisfunktionen $Y_{l,m=0}$ für geradzahliges l für alle Gruppenoperationen in sich selber übergehen: sie sind also A_{1g}-Funktionen in D_{6h}:

$$Y_{0,0} = \sqrt{\frac{1}{2\pi}}\sqrt{\frac{1}{2}} \quad \text{(K.279)}$$

$$Y_{2,0} = \sqrt{\frac{1}{2\pi}}\sqrt{\frac{5}{8}}\left(2\cos^2\vartheta - \sin^2\vartheta\right) \quad \text{(K.280)}$$

$$Y_{4,0} = \sqrt{\frac{1}{2\pi}}\sqrt{\frac{9}{128}}\left(35\cos^4\vartheta - 30\cos^2\vartheta + 3\right) \quad \text{(K.281)}$$

$$Y_{6,0} = \sqrt{\frac{1}{2\pi}}\sqrt{\frac{13}{512}}\left(231\cos^6\vartheta - 315\cos^4\vartheta + 105\cos^2\vartheta - 5\right) \quad \text{(K.282)}$$

Für $l = 6$ ist gemäß (K.278) $a_{A_1} = 2$; es gibt also neben Y_{60} noch eine zweite A_{1g}-Funktion in der Basis $\{Y_{6m}\}$. Da aber gemäß (K.263) und (K.268) bei Anwendung der Wigner-Formel auf $Y_{lm}(\vartheta,\varphi)$ nur eine Linearkombination von Y_{lm} und $Y_{l,-m}$ entsteht, können wir die verbleibende A_{1g}-Funktion leicht herausfinden:

$$f_{A_{1g}}^{66}(\vartheta,\varphi) = \frac{1}{\sqrt{2}}(Y_{6,6}+Y_{6,-6}) = \frac{1}{\sqrt{2}}\sqrt{\frac{1}{2\pi}}\sqrt{\frac{231}{2048}}\sin^6\vartheta\left(e^{6i\varphi}+e^{-6i\varphi}\right) \quad \text{(K.283)}$$

Das Potential genügt also folgender Entwicklung:

$$\begin{aligned} V(\vec{r}) \approx\ & K_{00}^{(C)}Y_{0,0} + r^2K_{20}^{(C)}Y_{2,0} + r^4K_{40}^{(C)}Y_{4,0} + \\ & r^6(K_{60}^{(C)}Y_{6,0} + \frac{1}{\sqrt{2}}K_{66}^{(C)}(Y_{6,6}+Y_{6,-6})) \end{aligned} \quad \text{(K.284)}$$

Die Ladungsverteilung wird durch die fünf frei verfügbaren Parameter $K_{00}^{(C)}$, $K_{20}^{(C)}$, $K_{40}^{(C)}$, $K_{60}^{(C)}$ und $K_{66}^{(C)}$ vorgegeben. Dabei handelt es sich bei dem Anteil $K_{0,0}^{(C)}Y_{0,0}$ lediglich um eine Verschiebung des Nullniveaus.

b) Aufspaltung eines d-Zustandes

i) Analyse des Aufspaltungsverhaltens eines d-Zustandes ($l = 2$): Die Charaktere von $D_{l=2}$ in D_6 sind (siehe Aufgabenteil a)):

$$\chi(E) = 5; \quad \chi(C_6^3) = \chi(C_2') = \chi(C_2'') = 1; \quad \chi(C_6^1) = 1; \quad \chi(C_6^2) = -1 \quad \text{(K.285)}$$

Um herauszufinden, wie oft eine irreduzible Darstellung vertreten ist, wird wieder die Multipilizitätsformel (3.40) verwendet:

$$a_{A_1} = a_{E_1} = a_{E_2} = 1 \quad \text{(K.286)}$$

$$a_{A_2} = a_{B_1} = a_{B_2} = 0 \quad \text{(K.287)}$$

Die Darstellung zerfällt also gemäß $\Gamma^{(D_2)} = A_1 + E_1 + E_2$. Qualitativ erwartet man demzufolge in einer D_6 -Symmetrie folgende Aufspaltung:

ii) Berechnung der Aufspaltung mit dem in a) gefundenen Potentialfeld:

Die Korrektur 1. Ordnung erhält man (siehe Kapitel 5.3.1) für den hier vorliegenden Fall $a_\mu = 1$ aus Gl. (5.47) als die Diagonalmatrixelemente $\langle\varphi_{\mu,r=1,j}|\,V(r)\,|\varphi_{\mu,r=1,j}\rangle$, j beliebig.

Da man das Aufspaltungsverhalten qualitativ kennt, kann man die Basisfunktionen der in der Darstellung $\Gamma^{(D_2)}$ enthaltenen Bestandteile direkt zu finden.

Man könnte natürlich auch die Wigner-Formeln (4.75) oder (4.80) verwenden, doch sieht man den Kugelflächenfunktionen ihr Verhalten direkt an.

1. $Y_{2,0}$ ist invariant unter allen Gruppentransformationen aus D_{6h}, gehört also zur Einsdarstellung:

$$\rightarrow \quad \psi_{A_1} = Y_{2,0} \quad \text{(K.288)}$$

2. Das Verhalten der Kugelflächenfunktionen unter den Transformationen aus D_6 wurde in a) beschrieben. Damit ergibt sich:

$$C_2 : Y_{2,\pm 1} = e^{\pm i\pi} Y_{2,\pm 1} = -Y_{2,\pm 1} \quad \text{(K.289)}$$
$$C_2 : Y_{2,\pm 2} = e^{\pm 2i\pi} Y_{2,\pm 2} = Y_{2,\pm 2} \quad \text{(K.290)}$$
$$C_2' : Y_{2,\pm 1} = Y_{2,\mp 1} \quad \text{(K.291)}$$
$$C_2' : Y_{2,\pm 2} = Y_{2,\mp 2} \quad \text{(K.292)}$$

Man sieht, daß durch $Y_{2,\pm 1}$ und durch $Y_{2,\pm 2}$ jeweils invariante Räume aufgespannt werden. Da gemäß (K.286) nur noch die Basisfunktionen zu E_1 und E_2 zu finden sind, müssen wir noch die Zuordnung klären. Sie erfolgt z. B. mit der Charaktertafel, wenn man bedenkt, daß $\chi(C_2)$ für $Y_{2,\pm 1}$ und $Y_{2,\pm 2}$ verschieden ist.

Dann folgt:

$$\psi_{E_1,1} = Y_{2,1} \quad \text{(K.293)}$$
$$\psi_{E_1,2} = Y_{2,-1} \quad \text{(K.294)}$$
$$\psi_{E_2,1} = Y_{2,2} \quad \text{(K.295)}$$
$$\psi_{E_2,2} = Y_{2,-2} \quad \text{(K.296)}$$

Nun bleibt noch die Bestimmung der Matixelemente (Integration mittels Substitution $x = \cos\vartheta$):

- Mit $\psi_{A_1} = Y_{2,0} = \sqrt{\frac{1}{2\pi}}\sqrt{\frac{5}{8}}\left(2\cos^2\vartheta - \sin^2\vartheta\right)$:

$$\langle Y_{2,0}|\,Y_{0,0}\,|Y_{2,0}\rangle = \sqrt{\frac{1}{2\pi}}\sqrt{\frac{1}{2}} \quad \text{(K.297)}$$

$$\langle Y_{2,0}|\,Y_{2,0}\,|Y_{2,0}\rangle = \left(\frac{1}{2\pi}\right)^{\frac{3}{2}}\left(\frac{5}{8}\right)^{\frac{3}{2}} \int\limits_{\varphi=0}^{2\pi} d\varphi \int\limits_{\vartheta=0}^{\pi} d\vartheta\ \sin\vartheta\ \left(2\cos^2\vartheta - \sin^2\vartheta\right)^3$$
$$= 4\pi \left(\frac{1}{2\pi}\right)^{\frac{3}{2}}\left(\frac{5}{8}\right)^{\frac{3}{2}}\left(\frac{16}{35}\right) \quad \text{(K.298)}$$

$$\langle Y_{2,0}|\,Y_{4,0}\,|Y_{2,0}\rangle = 4\pi\left(\frac{1}{2\pi}\right)^{\frac{3}{2}} \frac{5}{8}\sqrt{\frac{9}{128}}\left(\frac{64}{35}\right) \quad \text{(K.299)}$$

$$\langle Y_{2,0}|\,Y_{6,0}\,|Y_{2,0}\rangle = 0 = \langle Y_{2,0}|\,\frac{1}{\sqrt{2}}(Y_{6,6} + Y_{6,-6})\,|Y_{2,0}\rangle \quad \text{(K.300)}$$

- Mit $\psi_{E_1}^{(1)} = Y_{2,1} = -\sqrt{\frac{1}{2\pi}}\sqrt{\frac{15}{4}}\sin\vartheta\cos\vartheta\, e^{i\varphi}$:

$$\langle Y_{2,1}|\,Y_{0,0}\,|Y_{2,1}\rangle = \sqrt{\frac{1}{2\pi}}\sqrt{\frac{1}{2}} \quad \text{(K.301)}$$

$$\langle Y_{2,1}|\,Y_{2,0}\,|Y_{2,1}\rangle = 4\pi\left(\frac{1}{2\pi}\right)^{\frac{3}{2}} \frac{15}{4}\sqrt{\frac{5}{8}}\left(\frac{4}{105}\right) \quad \text{(K.302)}$$

$$\langle Y_{2,1}|\,Y_{4,0}\,|Y_{2,1}\rangle = 4\pi\left(\frac{1}{2\pi}\right)^{\frac{3}{2}} \frac{15}{4}\sqrt{\frac{9}{128}}\left(-\frac{64}{315}\right) \quad \text{(K.303)}$$

$$\langle Y_{2,1}|\,Y_{6,0}\,|Y_{2,1}\rangle = 0 = \langle Y_{2,1}|\,\frac{1}{\sqrt{2}}(Y_{6,6} + Y_{6,-6})\,|Y_{2,1}\rangle \quad \text{(K.304)}$$

- Mit $\psi_{E_2}^{(1)} = Y_{2,2} = \sqrt{\frac{1}{2\pi}}\sqrt{\frac{15}{16}}\sin^2\vartheta\, e^{2i\varphi}$:

$$\langle Y_{2,2}|\, Y_{0,0}\, |Y_{2,2}\rangle = \sqrt{\frac{1}{2\pi}}\sqrt{\frac{1}{2}} \tag{K.305}$$

$$\langle Y_{2,2}|\, Y_{2,0}\, |Y_{2,2}\rangle = 4\pi\left(\frac{1}{2\pi}\right)^{\frac{3}{2}}\frac{15}{16}\sqrt{\frac{5}{8}}\left(-\frac{32}{105}\right) \tag{K.306}$$

$$\langle Y_{2,2}|\, Y_{4,0}\, |Y_{2,2}\rangle = 4\pi\left(\frac{1}{2\pi}\right)^{\frac{3}{2}}\frac{15}{16}\sqrt{\frac{9}{128}}\left(\frac{64}{315}\right) \tag{K.307}$$

$$\langle Y_{2,2}|\, Y_{6,0}\, |Y_{2,2}\rangle = 0 = \langle Y_{2,2}|\, \frac{1}{\sqrt{2}}(Y_{6,6} + Y_{6,-6})\, |Y_{2,2}\rangle \tag{K.308}$$

Insgesamt erhält man also folgende Energiekorrekturen ($R(r)$: radialer Anteil der Wellenfunktion):

$$\begin{aligned} E_{nA_1}^{(1)} &= \sqrt{\frac{1}{2\pi}}\int\Bigg(K_{00}^{(C)}\sqrt{\frac{1}{2}} + r^2K_{20}^{(C)}\cdot 2\cdot\frac{5}{8}\sqrt{\frac{5}{8}}\left(\frac{16}{35}\right) \\ &\quad + r^4K_{40}^{(C)}\cdot 2\cdot\frac{5}{8}\sqrt{\frac{9}{128}}\left(\frac{64}{35}\right)\Bigg)|R(r)|^2dr \\ &= \frac{1}{\sqrt{2\pi}}\int\left(K_{00}^{(C)}\frac{1}{\sqrt{2}} + r^2K_{20}^{(C)}\frac{\sqrt{10}}{7} + r^4K_{40}^{(C)}\frac{3\sqrt{2}}{7}\right)|R(r)|^2dr \end{aligned} \tag{K.309}$$

$$\begin{aligned} E_{nE_1}^{(1)} &= \sqrt{\frac{1}{2\pi}}\int\Bigg(K_{00}^{(C)}\sqrt{\frac{1}{2}} + r^2K_{20}^{(C)}\cdot 2\cdot\frac{15}{4}\sqrt{\frac{5}{8}}\left(\frac{4}{105}\right) \\ &\quad + r^4K_{40}^{(C)}\cdot 2\cdot\frac{15}{4}\sqrt{\frac{9}{128}}\left(-\frac{64}{315}\right)\Bigg)|R(r)|^2dr \\ &= \frac{1}{\sqrt{2\pi}}\int\left(K_{00}^{(C)}\frac{1}{\sqrt{2}} + r^2K_{20}^{(C)}\sqrt{\frac{5}{2}}\frac{1}{7} - r^4K_{40}^{(C)}\frac{2\sqrt{2}}{7}\right)|R(r)|^2dr \end{aligned} \tag{K.310}$$

$$\begin{aligned} E_{nE_2}^{(1)} &= \sqrt{\frac{1}{2\pi}}\int\Bigg(K_{00}^{(C)}\sqrt{\frac{1}{2}} + r^2K_{20}^{(C)}\cdot 2\cdot\frac{15}{16}\sqrt{\frac{5}{8}}\left(-\frac{32}{105}\right) \\ &\quad + r^4K_{40}^{(C)}\cdot 2\cdot\frac{15}{16}\sqrt{\frac{9}{128}}\left(\frac{64}{315}\right)\Bigg)|R(r)|^2dr \\ &= \frac{1}{\sqrt{2\pi}}\int\left(K_{00}^{(C)}\frac{1}{\sqrt{2}} - r^2K_{20}^{(C)}\frac{\sqrt{10}}{7} + r^4K_{40}^{(C)}\frac{15}{7\sqrt{2}}\right)|R(r)|^2dr \end{aligned} \tag{K.311}$$

c) Molekülschwingungen:

i) Wahl eines vernünftigen Koordinatensystems:

An jedes Atom wird ein orthogonales Koordinatensystem mit radialem ($\vec{e}_y^{(s)}$) und tangentialem ($\vec{e}_x^{(s)}$) Einheitsvektor gelegt. Zunächst zerfällt die Darstellung in zwei unabhängige Anteile, einen radialen und einen tangentialen:

$$\Gamma = \Gamma^{(rad)} + \Gamma^{(tan)} \tag{K.312}$$

Mit den Charakteren

$$\begin{array}{ll}
\chi^{(rad)}(K_1) = 6, & \chi^{(tan)}(K_1) = 6 \\
\chi^{(rad)}(K_2) = 0, & \chi^{(tan)}(K_2) = 0 \\
\chi^{(rad)}(K_3) = 0, & \chi^{(tan)}(K_3) = 0 \\
\chi^{(rad)}(K_4) = 0, & \chi^{(tan)}(K_4) = 0 \\
\chi^{(rad)}(K_5) = 2, & \chi^{(tan)}(K_5) = -2 \\
\chi^{(rad)}(K_6) = 0, & \chi^{(tan)}(K_6) = 0
\end{array} \tag{K.313}$$

ermittelt man über die Multiplizitätsformel (3.40):

$$\Gamma^{(rad)} = A_1 + B_1 + E_1 + E_2 \tag{K.314}$$

$$\Gamma^{(tan)} = A_2 + B_2 + E_1 + E_2 \tag{K.315}$$

Die gesamte Darstellung zerfällt in

$$\Gamma = A_1 + A_2 + B_1 + B_2 + 2E_1 + 2E_2 \tag{K.316}$$

also in die reguläre Darstellung.
Bemerkung: Dieses Resultat bekommt man natürlich einfacher mittels der Korrelationstafeln, jedoch sind diese bis zur benötigten (hier der 6.) Ordnung nicht immer vorliegend.

ii) Berechnung der Symmetrievektoren mit der Multiplizität $a_\mu = 1$:

Da alle Darstellungen mit $a_\mu = 1$ eindimensional sind, reicht die Verwendung der Wigner-Formel (4.75) aus. Als Ausgangsobjekte dafür wählen wir

$$\vec{\phi}^{(rad)} = \vec{e}_y^{(1)}, \text{ bzw. } \quad \vec{\phi}^{(tan)} = \vec{e}_x^{(1)} \tag{K.317}$$

und erhalten

$$\vec{\eta}(A_1) = \frac{1}{\sqrt{6}}[\vec{e}_y^{(1)} + \vec{e}_y^{(2)} + \vec{e}_y^{(3)} + \vec{e}_y^{(4)} + \vec{e}_y^{(5)} + \vec{e}_y^{(6)}] =$$

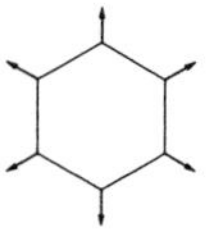

(K.318)

$$\vec{\eta}(A_2) = \frac{1}{\sqrt{6}}[\vec{e}_x^{(1)} + \vec{e}_x^{(2)} + \vec{e}_x^{(3)} + \vec{e}_x^{(4)} + \vec{e}_x^{(5)} + \vec{e}_x^{(6)}] =$$

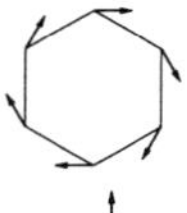

(K.319)

$$\vec{\eta}(B_1) = \frac{1}{\sqrt{6}}[\vec{e}_y^{(1)} - \vec{e}_y^{(2)} + \vec{e}_y^{(3)} - \vec{e}_y^{(4)} + \vec{e}_y^{(5)} - \vec{e}_y^{(6)}] =$$

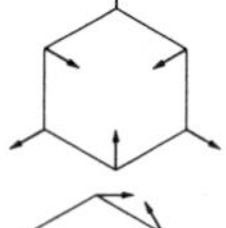

(K.320)

$$\vec{\eta}(B_2) = \frac{1}{\sqrt{6}}[\vec{e}_x^{(1)} - \vec{e}_x^{(2)} + \vec{e}_x^{(3)} - \vec{e}_x^{(4)} + \vec{e}_x^{(5)} - \vec{e}_x^{(6)}] =$$

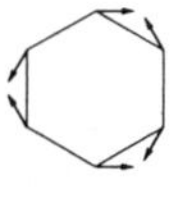

(K.321)

iii) Symmetrievektoren der E_1-Darstellungen ($a_{E_1} = 2$):

Gegeben ist für die E_1-Darstellung eine Mode des Systems (Translationsbewegung):

$$\vec{\eta}(E_1,1,1) = \frac{1}{\sqrt{6}}[\vec{e}_x^{(1)} - \vec{e}_x^{(4)} + \tfrac{1}{2}\sqrt{3}(-\vec{e}_y^{(2)} - \vec{e}_y^{(3)} + \vec{e}_y^{(5)} + \vec{e}_y^{(6)})$$

$$+\tfrac{1}{2}(\vec{e}_x^{(2)} - \vec{e}_x^{(3)} - \vec{e}_x^{(5)} + \vec{e}_x^{(6)})] = \quad \text{(K.322)}$$

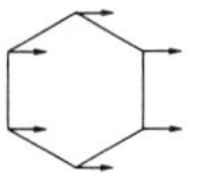

$$\vec{\eta}(E_1,1,2) = \frac{1}{\sqrt{6}}[\vec{e}_y^{(1)} - \vec{e}_y^{(4)} + \tfrac{1}{2}(\vec{e}_y^{(2)} - \vec{e}_y^{(3)} - \vec{e}_y^{(5)} + \vec{e}_y^{(6)})$$

$$+\tfrac{1}{2}\sqrt{3}(\vec{e}_x^{(2)} + \vec{e}_x^{(3)} - \vec{e}_x^{(5)} - \vec{e}_x^{(6)})] = \quad \text{(K.323)}$$

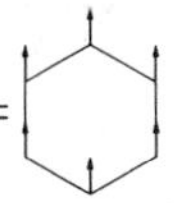

iv) Anwendung des Wignerschen Reduktionstheorems (4.80)

Gesucht ist ein weiterer, zu $\vec{\eta}(E_1,1,1)$ und $\vec{\eta}(E_1,1,2)$ orthogonaler Symmetrievektor. Hier hat man eine ausgezeichnete Gelegenheit, das Wignersche Reduktionstheorem anzuwenden. Ausgangspunkt ist die Erkenntnis, daß sich die beiden Vektoren $\vec{\eta}(E_1,1,1)$ und $\vec{\eta}(E_1,1,2)$ wie die beiden Einheitsvektoren $\vec{e}_x$ und $\vec{e}_y$ eines kartesischen Systems transformieren, dessen Ursprung sich im Zentrum des Hexagons befindet. Damit können wir aber leicht alle Transformationsmatrizen der durch $\{\vec{\eta}(E_1,1,1),\vec{\eta}(E_1,1,2)\}$ bzw. $\{\vec{e}_x,\vec{e}_y\}$ generierten E_1-Darstellung anschreiben. Wir wollen beispielsweise einen E_1-Vektor konstruieren, der sich wie $\vec{\eta}(E_1,1,1)$ bzw. wie $\vec{e}_x$ transformiert. Ein solcher Vektor ist automatisch orthogonal zu $\vec{\eta}(E_1,1,2)$ bzw. zu $\vec{e}_y$. Dazu benötigen wir dann die Diagonalelemente $\Gamma_{11}(R)$ aller Darstellungsmatrizen. Durch unmittelbare Anwendung der Gruppenoperationen R auf $\vec{e}_x$ finden wir:

$$E : \vec{e}_x = \vec{e}_x \qquad C_6^3 : \vec{e}_x \equiv C_2 : \vec{e}_x = -\vec{e}_x \quad \text{(K.324)}$$

$$C_6 : \vec{e}_x = \frac{1}{2}\vec{e}_x + \frac{\sqrt{3}}{2}\vec{e}_y \qquad C_6^2 : \vec{e}_x = -\frac{1}{2}\vec{e}_x + \frac{\sqrt{3}}{2}\vec{e}_y \quad \text{(K.325)}$$

$$C_6^{-1} : \vec{e}_x = \frac{1}{2}\vec{e}_x - \frac{\sqrt{3}}{2}\vec{e}_y \qquad C_6^{-2} : \vec{e}_x = -\frac{1}{2}\vec{e}_x - \frac{\sqrt{3}}{2}\vec{e}_y \quad \text{(K.326)}$$

$$C_2'(\gamma = \frac{\pi}{2}) : \vec{e}_x = -\vec{e}_x \qquad C_2''(\gamma = 0) : \vec{e}_x = \vec{e}_x \quad \text{(K.327)}$$

$$C_2'(\gamma = \frac{\pi}{6}) : \vec{e}_x = \frac{1}{2}\vec{e}_x + \frac{\sqrt{3}}{2}\vec{e}_y \qquad C_2''(\gamma = \frac{\pi}{3}) : \vec{e}_x = -\frac{1}{2}\vec{e}_x + \frac{\sqrt{3}}{2}\vec{e}_y \quad \text{(K.328)}$$

$$C_2'(\gamma = -\frac{\pi}{6}) : \vec{e}_x = \frac{1}{2}\vec{e}_x - \frac{\sqrt{3}}{2}\vec{e}_y \qquad C_2''(\gamma = -\frac{\pi}{3}) : \vec{e}_x = -\frac{1}{2}\vec{e}_x - \frac{\sqrt{3}}{2}\vec{e}_y \quad \text{(K.329)}$$

Damit

$$\Gamma_{11}(E) = 1 \quad \text{(K.330)}$$

$$\Gamma_{11}(C_6) = \Gamma_{11}(C_6^{-1}) = \frac{1}{2} \qquad \Gamma_{11}(C_6^2) = \Gamma_{11}(C_6^{-2})368 = -\frac{1}{2} \quad \text{(K.331)}$$

$$\Gamma_{11}(C_2'(\frac{\pi}{2})) = -1 \qquad \Gamma_{11}(C_2'(\frac{\pi}{6})) = \Gamma_{11}(C_2'(-\frac{\pi}{6})) = \frac{1}{2} \quad \text{(K.332)}$$

$$\Gamma_{11}(C_2'(0)) = 1 \qquad \Gamma_{11}(C_2'(\frac{\pi}{3})) = \Gamma_{11}(C_2'(-\frac{\pi}{3})) = -\frac{1}{2} \quad \text{(K.333)}$$

Anwendung des Reduktionstheorems (4.80) mit dem Ausgangsvektor $\vec{\phi} = \vec{e}_x^{(1)}$:

$$\vec{\phi}_1^{(E_1)} = \sum_R \left(\Gamma_{11}^{(E_1)}(R)\right)^* (R : \vec{e}_x^{(1)})$$

$$= \vec{e}_x^{(1)} + \frac{1}{2}(\vec{e}_x^{(2)} + \vec{e}_x^{(6)}) + (-\frac{1}{2})(\vec{e}_x^{(3)} + \vec{e}_x^{(5)}) + (-1)\vec{e}_x^{(4)}$$

$$+(-1)(-\vec{e}_x^{(1)}) + \frac{1}{2}(-\vec{e}_x^{(3)} - \vec{e}_x^{(5)}) + (-\vec{e}_x^{(4)}) + (-\frac{1}{2})(-\vec{e}_x^{(2)} - \vec{e}_x^{(6)})$$
$$= 2(\vec{e}_x^{(1)} - \vec{e}_x^{(4)}) + \vec{e}_x^{(2)} + \vec{e}_x^{(6)} - (\vec{e}_x^{(3)} + \vec{e}_x^{(5)}) \qquad \text{(K.334)}$$

also bildlich

$$\vec{\phi}_1^{(E_1)} = \qquad \text{(K.335)}$$
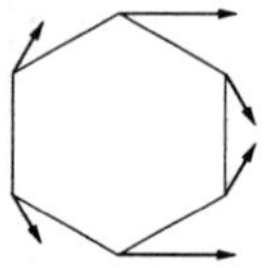

Man erkennt sofort, daß dieser Vektor auf $\vec{\eta}(E_1,1,2)$ (siehe (K.323)) orthogonal ist. Er ist jedoch nicht orthogonal auf $\eta(E_1,1,1)$, transformiert sich aber identisch wie dieser im Sinne von (4.81).

v) Eigenvektor $\eta(E_1,2,1)$:

Um zu diesem zu gelangen, muß man $\vec{\phi}_1^{(E_1)}$ auf $\vec{\eta}(E_1,1,1)$ orthogonalisieren:

$$\vec{\eta}(E_1,2,1) = \frac{1}{\sqrt{N}}\left(\vec{\phi}_1^{(E_1)} - \left(\vec{\eta}(E_1,1,1)\cdot\vec{\phi}_1^{(E_1)}\right)\vec{\eta}(E_1,1,1)\right) \qquad \text{(K.336)}$$

Mit (K.322) und (K.334) findet man

$$\vec{\eta}(E_1,1,1)\cdot\vec{\phi}_1^{(E_1)} = \sqrt{6} \qquad \text{(K.337)}$$

Also:

$$\vec{\eta}(E_1,2,1) = \frac{1}{\sqrt{N}}\left[\vec{e}_x^{(1)} - \vec{e}_x^{(4)} + \frac{1}{2}(\vec{e}_x^{(2)} + \vec{e}_x^{(6)} - \vec{e}_x^{(3)} - \vec{e}_x^{(5)}) + \frac{\sqrt{3}}{2}(-\vec{e}_y^{(2)}) - \vec{e}_y^{(3)} - \vec{e}_y^{(5)} - \vec{e}_y^{(6)})\right] \qquad \text{(K.338)}$$

mit der Normierungskonstanten

$$N = 6 \qquad \text{(K.339)}$$

Bildlich:

$$\vec{\eta}(E_1,2,1) = \frac{1}{\sqrt{6}} = \qquad \text{(K.340)}$$
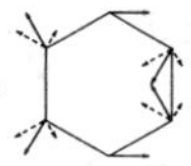

Man beachte, daß die Auslenkungsamplituden der so gefundenen Eigenmoden alle den gleichen Betrag $\frac{1}{\sqrt{6}}$ haben.

vi) Man findet die Symmetrievektoren (welche sich gemäß Aufgabenstellung gleich transformieren), indem man in die Wigner-Formel die Ansätze $\vec{\phi}_1 = \vec{e}_y^{(1)}$ und $\vec{\phi}_2 = \vec{e}_x^{(2)} - \vec{e}_x^{(6)}$ einsetzt. Es ergeben sich folgende Vektoren:

$$\vec{\sigma}(E_2, r=1, j=1) = \frac{1}{2\sqrt{3}}[2\vec{e}_y^{(1)} + 2\vec{e}_y^{(4)} - \vec{e}_y^{(3)} - \vec{e}_y^{(5)} - \vec{e}_y^{(2)} - \vec{e}_y^{(6)}] =$$
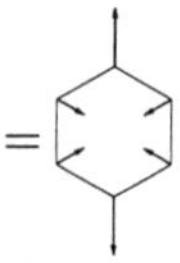

$$\vec{\sigma}(E_2, r=2, j=1) = \frac{1}{2}[\vec{e}_x^{(2)} - \vec{e}_x^{(3)} + \vec{e}_x^{(5)} - \vec{e}_x^{(6)}] = \qquad \text{(K.341)}$$
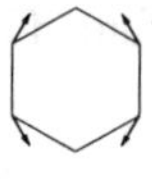

vii) Es ist zu zeigen: $\vec{\sigma}(E_2,1,1)$ und $\vec{\sigma}(E_2,2,1)$ transformieren sich identisch
$\longrightarrow \vec{\sigma}(R:\vec{\sigma})$ muß gleich sein

Beispielhafte Überprüfung mit $R = C_6$ und $R = C'_{2,2}$ zeigt, daß dies der Fall ist:

$$\begin{aligned}
&\vec{\sigma}(E_2,1,1)(C_6 : \vec{\sigma}(E_2,1,1)) \\
&= \frac{1}{12}[2(\vec{e}_y^{(1)} + \vec{e}_y^{(4)}) - (\vec{e}_y^{(2)} + \vec{e}_y^{(3)} + \vec{e}_y^{(5)} + \vec{e}_y^{(6)})] \\
&\qquad \times [2(\vec{e}_y^{(2)} + \vec{e}_y^{(5)}) - (\vec{e}_y^{(3)} + \vec{e}_y^{(4)} + \vec{e}_y^{(6)} + \vec{e}_y^{(1)})] \\
&= \frac{1}{12}[-2-2-2+1-2+1] = -\frac{1}{2} \qquad \text{(K.342)}
\end{aligned}$$

$$\vec{\sigma}(E_2,1,1)(C'_{2,2} : \vec{\sigma}(E_2,1,1)) = -\tfrac{1}{2} \qquad \text{(K.343)}$$

$$\vec{\sigma}(E_2,2,1)(C_6 : \vec{\sigma}(E_2,2,1)) = -\tfrac{1}{2} \qquad \text{(K.344)}$$

$$\vec{\sigma}(E_2,2,1)(C'_{2,2} : \vec{\sigma}(E_2,2,1)) = -\tfrac{1}{2} \qquad \text{(K.345)}$$

viii) Schwingungsdynamik:

Mit der potentiellen Energie ergibt sich für die Eigenfrequenzen zu den Eigenvektoren der Multiplizität $a_\mu = 1$ nach (7.98) und (7.100):

$$\Omega_{A_1}^2 = 2 \cdot \vec{\eta}(A_1) v \vec{\eta}(A_1) = \frac{1}{6}\left[\frac{f}{M} \cdot 6 + \frac{f'}{M} \cdot 12\right] = \frac{f}{M} + \frac{2f'}{M} \qquad \text{(K.346)}$$

$$\Omega_{A_2}^2 = 2 \cdot \vec{\eta}(A_2) v \vec{\eta}(A_2) = 0 \qquad \text{(K.347)}$$

$$\Omega_{B_1}^2 = 2 \cdot \vec{\eta}(B_1) v \vec{\eta}(B_1) = 0 \qquad \text{(K.348)}$$

$$\Omega_{B_2}^2 = 2 \cdot \vec{\eta}(B_2) v \vec{\eta}(B_2) = \frac{3f}{M} \qquad \text{(K.349)}$$

Die Frequenz der Translation ist $\Omega(E_1,1) = 0$. Die Eigenfrequenz der verbleibenden E_1-Mode findet man, indem man in die potentielle Energie (**??**) die Komponenten der Eigenvektoren als Koordinaten x_m, y_m einsetzt (siehe Gleichung (7.15)ff). Tut man dies, so findet man

$$\Omega(E_1,2)^2 = 2V(\vec{\eta}_m(E_1,2,1)) = \frac{3}{2}\frac{f}{M} \qquad \text{(K.350)}$$

ix) Säkulargleichung für die E_2-Moden:

- Diagonalelemente:

$$v_{11} = \vec{\sigma}_1 v \vec{\sigma}_1 = \frac{f}{4M} + \frac{2f'}{M} \qquad \text{(K.351)}$$

$$v_{22} = \vec{\sigma}_2 v \vec{\sigma}_2 = \frac{9f}{4M} \qquad \text{(K.352)}$$

- Berechnung von v_{12} und v_{21}:
  - es gilt: $v_{12} = v_{21}$
  - mit dem frei gewählten Ansatz $\vec{r}_{12} = \frac{1}{\sqrt{2}}(\vec{\sigma}_1 + \vec{\sigma}_2)$ erhält man:

$$\vec{r}_{12} v \vec{r}_{12} = \tfrac{1}{2}(v_{11} + v_{22} + v_{21} + v_{12}) \qquad \text{(K.353)}$$

und damit

$$v_{12} = v_{21} = -\tfrac{1}{2}(v_{11} + v_{22}) + \vec{r}_{12} v \vec{r}_{12} \qquad \text{(K.354)}$$

Mit

$$r_{12} v \vec{r}_{12} = \frac{f}{2M} + \frac{f'}{M} \qquad \text{(K.355)}$$

bekommt man schließlich:

$$v_{12} = v_{21} \quad = \quad \frac{3}{8}\frac{f}{M} \tag{K.356}$$

- Die noch zu lösende Säkulargleichung lautet nun:

$$0 \quad = \quad \begin{vmatrix} v_{11} - \Omega^2 & v_{12} \\ v_{21} & v_{22} - \Omega^2 \end{vmatrix} \tag{K.357}$$

mit den Lösungen

$$\Omega^2_{E_2,\pm} \quad = \quad \frac{1}{2}(v_{11} + v_{22}) \pm \frac{1}{2}\sqrt{(v_{11} - v_{22})^2 + 4v_{12}^2} \tag{K.358}$$

$$= \quad \frac{1}{M}\left(\frac{5}{4}f + f' \pm \frac{1}{2}\sqrt{(2f - 2f')^2 + (\frac{3}{4}f)^2}\right) \tag{K.359}$$

x) Eigenvektoren der E_2-Moden:

Wie durch vi) nahegelegt und wie bei der Aufstellung der Säkulargleichung vorausgesetzt, soll der Eigenvektor $\vec{\eta}(E_2,r,1)$ als Linearkombination der Symmetrievektoren $\vec{\sigma}(E_2,1,1)$ und $\vec{\sigma}(E_2,2,1)$ gefunden werden:

$$\eta(E_2,\pm,1) = A_1^{(\pm)}\vec{\sigma}(E_2,1,1) + A_2^{(\pm)}\vec{\sigma}(E_2,2,1) \tag{K.360}$$

Dies geschieht durch Lösung des Säkularproblems (7.106):

$$(v_{11} - \Omega^2_{E_2,\pm})A_1^{(\pm)} + v_{12}A_2^{(\pm)} \quad = \quad 0 \tag{K.361}$$

oder

$$A_2^{(\pm)} \quad = \quad \frac{v_{12}}{v_{11} - \Omega^2_{E_2,\pm}} A_1^{(\pm)} \tag{K.362}$$

mit der Normierungsbedingung

$$(A_1^{(\pm)})^2 + (A_2^{(\pm)})^2 \quad = \quad 1 \tag{K.363}$$

Setzt man (K.359) in (K.362) mit (K.363) ein, so folgt:

$$A_1^{(\pm)} \quad = \quad \frac{v_{11} - \Omega^2_{E_2,\pm}}{\sqrt{(v_{11} - \Omega^2_{E_2,\pm})^2 + v_{12}^2}} \tag{K.364}$$

$$A_2^{(\pm)} \quad = \quad \frac{v_{12}}{\sqrt{(v_{11} - \Omega^2_{E_2,\pm})^2 + v_{12}^2}} \tag{K.365}$$

Die Faktoren A_1 und A_2 sind von der Relation der Federkonstanten f und f' abhängig.

K.7 Zu Kapitel 8

Lösung zu Aufgabe 26: Dielektizitätstensor für die verschiedenen Kristallsysteme

Beispiel: Triklin

Die höchste Symmetrie des triklinen Kristallsystems ist $G = C_i$. Der zugehörigen Charaktertafel entnimmt man die Zuordnung von $\{x,y,z\}$ zu den irreduzible Basisfunktionen:

$$x \quad \leftrightarrows \quad s(A_u, r = 1, j = 1) = E_x = \xi_x \tag{K.366}$$

$$y \quad \leftrightarrows \quad s(A_u, r = 2, j = 1) = E_y = \xi_y \tag{K.367}$$

$$z \quad \leftrightarrows \quad s(A_u, r=3, j=1) = E_z = \xi_z \tag{K.368}$$

Somit zerfällt die Darstellung in

$$\Gamma = 3A_u, \qquad a_{A_u} = 3 \tag{K.369}$$

Die Zahl der unabhängigen Komponenten des Dielektrizitätstensors (wegen $\{\xi_m\} = \{\zeta_m\}$) ist nach (8.28) hier somit $Z = 6$. Der Energieausdruck (8.21) mit $T_{rr'}^{(\mu)} \triangleq \epsilon_{rr'}^{(\mu)}$ lautet demgemäß

$$\begin{aligned}\Omega \quad = \quad \frac{1}{2}\Big[\quad & \epsilon_{11}^{(A_u)} \cdot \big(s(A_u, r=1, j=1)\big)^2 \\ & + \epsilon_{22}^{(A_u)} \cdot \big(s(A_u, r=2, j=1)\big)^2 \\ & + \epsilon_{33}^{(A_u)} \cdot \big(s(A_u, r=3, j=1)\big)^2 \\ & + 2\epsilon_{12}^{(A_u)} \cdot s(A_u, r=1, j=1) s(A_u, r=2, j=1) \\ & + 2\epsilon_{23}^{(A_u)} \cdot s(A_u, r=2, j=1) s(A_u, r=3, j=1) \\ & + 2\epsilon_{31}^{(A_u)} \cdot s(A_u, r=3, j=1) s(A_u, r=1, j=1)\Big]\end{aligned} \tag{K.370}$$

Durch Substitution nach (K.366)–(K.368) folgt

$$\begin{aligned}\Omega \quad = \quad & \frac{1}{2}\left[\epsilon_{xx}E_x^2 + \epsilon_{yy}E_y^2 + \epsilon_{zz}E_z^2\right. \\ & \left. + 2\epsilon_{xy}E_xE_y + 2\epsilon_{yz}E_yE_z + 2\epsilon_{zx}E_xE_z\right]\end{aligned} \tag{K.371}$$

<u>Beispiel:</u> Monoklin

Die höchste Symmetrie des monoklinen Kristallsystems ist $G = C_{2h}$. Die Zuordnung von $\{x,y,z\}$ zu den irreduziblen Basisfunktionen entnimmt man der zugehörigen Charaktertafel

$$x \quad \leftrightarrows \quad s(B_u, r=1, j=1) = E_x = \xi_x \tag{K.372}$$
$$y \quad \leftrightarrows \quad s(B_u, r=2, j=1) = E_y = \xi_y \tag{K.373}$$
$$z \quad \leftrightarrows \quad s(A_u, r=3, j=1) = E_z = \xi_z \tag{K.374}$$

Die Darstellung zerfällt in

$$\Gamma = A_u + 2B_u, \qquad a_{A_u} = 1, a_{B_u} = 2 \tag{K.375}$$

Mit (8.28) folgt, daß die Zahl der unabhängigen Komponenten des Dielektrizitätstensors $Z = 4$ ist.

Der Energieausdruck nach (8.21)

$$\begin{aligned}\Omega \quad = \quad \frac{1}{2}\Big[\quad & \epsilon_{11}^{(A_u)} \cdot \big(s(A_u, r=1, j=1)\big)^2 \\ & + \epsilon_{11}^{(B_u)} \cdot \big(s(B_u, r=1, j=1)\big)^2 \\ & + \epsilon_{22}^{(B_u)} \cdot \big(s(B_u, r=2, j=1)\big)^2 \\ & + 2\epsilon_{12}^{(B_u)} \cdot s(B_u, r=1, j=1) s(B_u, r=2, j=1)\Big]\end{aligned} \tag{K.376}$$

mit $\epsilon_{12}^{(B_u)} = \epsilon_{21}^{(B_u)}$ liefert nach Substitution

$$\Omega \quad = \quad \frac{1}{2}\left[\epsilon_{xx}E_x^2 + \epsilon_{yy}E_y^2 + \epsilon_{zz}E_z^2 + 2\epsilon_{xy}E_xE_y\right] \tag{K.377}$$

mit

Kristall-symmetrie	höchste Symmetrie	aus Charaktertafel	Darstellung Γ	Z	Ω
Triklin	C_i	$x \leftrightharpoons s(A_u, r=1, j=1) = E_x$ $y \leftrightharpoons s(A_u, r=2, j=1) = E_y$ $z \leftrightharpoons s(A_u, r=3, j=1) = E_z$	$3A_u$	6	$\frac{1}{2}\left[\epsilon_{xx}E_x^2 + \epsilon_{yy}E_y^2 + \epsilon_{zz}E_z^2 + 2\epsilon_{xy}E_xE_y + 2\epsilon_{yz}E_yE_z + 2\epsilon_{zx}E_xE_z\right]$
Monoklin	C_{2h}	$x \leftrightharpoons s(B_u, r=1, j=1) = E_x$ $y \leftrightharpoons s(B_u, r=2, j=1) = E_y$ $z \leftrightharpoons s(A_u, r=1, j=1) = E_z$	$A_u + 2B_u$	4	$\frac{1}{2}\left[\epsilon_{xx}E_x^2 + \epsilon_{yy}E_y^2 + \epsilon_{zz}E_z^2 + 2\epsilon_{xy}E_xE_y\right]$
Orthorhombisch	D_{2h}	$x \leftrightharpoons s(B_{1u}, r=1, j=1) = E_x$ $y \leftrightharpoons s(B_{2u}, r=1, j=1) = E_y$ $z \leftrightharpoons s(B_{3u}, r=1, j=1) = E_z$	$B_{1u} + B_{2u} + B_{3u}$	3	$\frac{1}{2}\left[\epsilon_{xx}E_x^2 + \epsilon_{yy}E_y^2 + \epsilon_{zz}E_z^2\right]$
Tetragonal	D_{4h}	$x \leftrightharpoons s(E_u, r=1, j=1) = E_x$ $y \leftrightharpoons s(E_u, r=1, j=2) = E_y$ $z \leftrightharpoons s(A_{2u}, r=1, j=1) = E_z$	$A_{2u} + E_u$	2	$\frac{1}{2}\left[\epsilon_{xx}(E_x^2 + E_y^2) + \epsilon_{zz}E_z^2\right]$
Trigonal	D_{3d}	$x \leftrightharpoons s(E_u, r=1, j=1) = E_x$ $y \leftrightharpoons s(E_u, r=1, j=2) = E_y$ $z \leftrightharpoons s(A_{2u}, r=1, j=1) = E_z$	$A_{2u} + E_u$	2	$\frac{1}{2}\left[\epsilon_{xx}(E_x^2 + E_y^2) + \epsilon_{zz}E_z^2\right]$
Hexagonal	D_{6h}	$x \leftrightharpoons s(E_u, r=1, j=1) = E_x$ $y \leftrightharpoons s(E_u, r=1, j=2) = E_y$ $z \leftrightharpoons s(A_{2u}, r=1, j=1) = E_z$	$A_{2u} + E_u$	2	$\frac{1}{2}\left[\epsilon_{xx}(E_x^2 + E_y^2) + \epsilon_{zz}E_z^2\right]$
Kubisch	O_h	$x \leftrightharpoons s(T_{1u}, r=1, j=1) = E_x$ $y \leftrightharpoons s(T_{1u}, r=1, j=2) = E_y$ $z \leftrightharpoons s(T_{1u}, r=1, j=2) = E_z$	T_{1u}	1	$\frac{1}{2}\left[\epsilon_{xx}(E_x^2 + E_y^2 + E_z^2)\right]$

Tabelle K.2 Dielektrische Energieausdrücke für alle Kristallsysteme (zu Aufgabe 26)

$$\begin{aligned}\epsilon_{xx} &= \epsilon_{11}^{(B_u)} \\ \epsilon_{yy} &= \epsilon_{22}^{(B_u)} \\ \epsilon_{zz} &= \epsilon_{11}^{(A_u)} \\ \epsilon_{xy} &= \epsilon_{12}^{(B_u)}\end{aligned} \tag{K.378}$$

Die restlichen Komponenten von $\underline{\underline{\epsilon}}$ sind Null.

In Tabelle K.2 sind die dielektrischen Energieausdrücke für alle Kristallsysteme zusammengestellt.

Lösung zu Aufgabe 27: Elastische Konstanten des trigonalen Kristallsystems der höchstsymmetrischen Punktgruppe D_{3d}

a) Die elastischen Variablen transformieren sich gemäß

$$\{\xi_m\} \equiv \left\{\frac{1}{\sqrt{3}}\epsilon_{xx}, \frac{1}{\sqrt{3}}\epsilon_{yy}, \frac{1}{\sqrt{3}}\epsilon_{zz}, \epsilon_{xy}, \epsilon_{yz}, \epsilon_{zx}\right\} \tag{K.379}$$

$$\rightleftharpoons \left\{\frac{1}{\sqrt{3}}x^2, \frac{1}{\sqrt{3}}y^2, \frac{1}{\sqrt{3}}z^2, xy, yz, zx\right\} \tag{K.380}$$

Aus der Charaktertafel ersieht man, daß sie irreduzible Basisfunktionen zu folgenden Darstellungen sind:

$$x^2+y^2,\ z^2 \ : \ A_{1g} \tag{K.381}$$

$$(x^2-y^2, xy),\ (zx, yz) \ : \ E_g \tag{K.382}$$

also die Darstellung in

$$\Gamma = 2A_{1g} + 2E_g \quad \rightarrow \quad a_{A_{1g}} = 2,\ a_{E_g} = 2 \tag{K.383}$$

zerfällt. Die Zahl unabhängiger Tensorkomponenten ist nach (8.28) $Z = 6$ (da $\{\xi_m\} \equiv \{\zeta_n\}$). Die elastische Energie in den reellen Symmetrievariablen $s(\mu,r,j)$ hat nach (8.21) die formale Gestalt

$$\begin{aligned}\Omega_{elast} = \frac{1}{2}\Big[&T_{11}^{(A_{1g})}\big(s(A_{1g}, r=1, j=1)\big)^2 \\ &+ (T_{12}^{(A_{1g})} + T_{21}^{(A_{1g})}) s(A_{1g}, r=1, j=1) s(A_{1g}, r=2, j=1) \\ &+ T_{22}^{(A_{1g})}\big(s(A_{1g}, r=2, j=1)\big)^2 \\ &+ T_{11}^{(E_g)}\Big[\big(s(E_g, r=1, j=1)\big)^2 + s(E_g, r=1, j=2)\big)^2\Big] \\ &+ (T_{12}^{(E_g)} + T_{21}^{(E_g)})[s(E_g, r=1, j=1) s(E_g, r=2, j=1) \\ &\qquad + s(E_g, r=1, j=2) s(E_g, r=2, j=2)] \\ &+ T_{22}^{(E_g)}\Big[\big(s(E_g, r=2, j=1)\big)^2 + \big(s(E_g, r=2, j=2)\big)^2\Big]\Big]\end{aligned} \tag{K.384}$$

mit $T_{ij}^{(\mu)} = T_{ji}^{(\mu)}$.

b) Die Zuordnung der Symmetrievariablen erfolgt via Charaktertafel. Die normierten symmetriekonformen Variablen lauten

- für A_{1g}:

$$\frac{1}{2\sqrt{2}}(x^2+y^2) \leftrightarrows s(A_{1g},r=1,j=1)=\sqrt{\frac{3}{8}}(\xi_1+\xi_2)=\sqrt{\frac{1}{8}}(\epsilon_{xx}+\epsilon_{yy}) \quad \text{(K.385)}$$

$$\frac{1}{\sqrt{3}}z^2 \leftrightarrows s(A_{1g},r=1,j=1)=\xi_3=\frac{1}{\sqrt{3}}\epsilon_{zz} \quad \text{(K.386)}$$

- für E_g:

$$\frac{1}{2}(x^2-y^2) \leftrightarrows s(E_g,r=1,j=1)=\frac{\sqrt{3}}{2}(\xi_1-\xi_2)=\frac{1}{2}(\epsilon_{xx}-\epsilon_{yy}) \quad \text{(K.387)}$$

$$xy \leftrightarrows s(E_g,r=1,j=2)=\xi_4=\epsilon_{xy} \quad \text{(K.388)}$$

$$yz \leftrightarrows s(E_g,r=2,j=1)=\xi_5=\epsilon_{yz} \quad \text{(K.389)}$$

$$zx \leftrightarrows s(E_g,r=2,j=2)=\xi_6=\epsilon_{zx} \quad \text{(K.390)}$$

c) Die elastische Energie in den originalen Variablen $\{\xi_m\}$ erhält man durch Einsetzen der Formeln (K.385) - (K.390) in (K.384):

$$\begin{aligned}
\Omega_{elast} = \; & \frac{1}{8}[T_{11}^{(A_{1g})}+2T_{11}^{(E_g)}][\underbrace{(\epsilon_{xx})^2}_{\xi_1^2}+\underbrace{(\epsilon_{yy})^2}_{\xi_2^2}] \\
& +T_{22}^{(A_{1g})}\underbrace{(\epsilon_{zz})^2}_{\xi_3^2} \\
& +\frac{3}{4}[T_{11}^{(A_{1g})}-T_{11}^{(E_g)}]\underbrace{\epsilon_{xx}\epsilon_{yy}}_{\xi_1\xi_2} \\
& +\sqrt{\frac{3}{2}}T_{12}^{(A_{1g})}(\underbrace{\epsilon_{xx}\epsilon_{zz}}_{\xi_1\xi_3}+\underbrace{\epsilon_{yy}\epsilon_{zz}}_{\xi_2\xi_3}) \\
& +\sqrt{3}T_{12}^{(E_g)}(\underbrace{\epsilon_{xx}\epsilon_{yz}}_{\xi_1\xi_5}+\underbrace{\epsilon_{yy}\epsilon_{yz}}_{\xi_2\xi_5}) \\
& +T_{11}^{(E_g)}\underbrace{(\epsilon_{xy})^2}_{\xi_4^2}+T_{22}^{(E_g)}[\underbrace{(\epsilon_{yz})^2}_{\xi_5^2}+\underbrace{(\epsilon_{zx})^2}_{\xi_6^2}] \\
& +2T_{12}^{(E_g)}\underbrace{\epsilon_{xy}\epsilon_{zx}}_{\xi_4\xi_6}
\end{aligned} \quad \text{(K.391)}$$

Der Koeffizientenvergleich bzgl. $\xi_i\xi_j$ mit

$$\Omega = \frac{1}{2}\left[\sum_{i=1}^{6}T_{ii}^2\xi_i^2+2\sum_{\substack{i,j=1\\(i<j)}}^{6}T_{ij}\xi_i\xi_j\right] \quad \text{(K.392)}$$

liefert:

$$\begin{aligned}
T_{11} &= \frac{3}{8}[T_{11}^{(A_{1g})}+2T_{11}^{(E_g)}]=T_{22} \\
T_{33} &= T_{22}^{(A_{1g})}, \qquad T_{44}=T_{11}^{(E_g)}, \qquad T_{55}=T_{22}^{(E_g)}=T_{66} \\
T_{12} &= \frac{3}{8}[T_{11}^{(A_{1g})}-2T_{11}^{(E_g)}]=T_{11}-\frac{3}{2}T_{44}
\end{aligned} \quad \text{(K.393)}$$

$$T_{13} = \sqrt{\frac{3}{8}} T_{12}^{(A_{1g})} = T_{23}$$
$$T_{15} = \frac{\sqrt{3}}{2} T_{12}^{(E_g)} = -T_{25}$$
$$T_{46} = T_{12}^{(E_g)} = \frac{2}{\sqrt{3}} T_{15}$$

Alle anderen Komponenten sind gleich Null.

Lösung zu Aufgabe 28: Elastische Konstanten des hexagonalen Kristallsystems der höchstsymmetrischen Punktgruppe D_{6h}

a) In einer Betrachtung wie in Aufgabe 27 findet man, daß die Darstellung in

$$\begin{aligned} \Gamma &= 2A_{1g} + E_{1g} + E_{2g} \\ &\rightarrow a_{A_{1g}} = 2,\; a_{E_{1g}} = 1,\; a_{E_{2g}} = 1 \end{aligned} \qquad \text{(K.394)}$$

zerfällt ($Z = 5$).

b) Die Zuordnung der Symmetrievariablen erfolgt via Charaktertafel. Die normierten symmetriekonformen Variablen lauten

- für A_{1g}:

$$\frac{1}{2\sqrt{2}}(x^2+y^2) \leftrightharpoons s(A_{1g}, r=1, j=1) = \sqrt{\frac{3}{8}}(\xi_1+\xi_2) = \sqrt{\frac{1}{8}}(\epsilon_{xx}+\epsilon_{yy}) \qquad \text{(K.395)}$$
$$\frac{1}{\sqrt{3}}z^2 \leftrightharpoons s(A_{1g}, r=1, j=1) = \xi_3 = \frac{1}{\sqrt{3}}\epsilon_{zz} \qquad \text{(K.396)}$$

- für E_{1g}:

$$\frac{1}{2}(x^2-y^2) \leftrightharpoons s(E_{1g}, r=1, j=1) = \frac{1}{2}(\xi_1-\xi_2) = \frac{\sqrt{3}}{2}(\epsilon_{xx}-\epsilon_{yy}) \qquad \text{(K.397)}$$
$$xy \leftrightharpoons s(E_{1g}, r=1, j=2) = \xi_4 = \epsilon_{xy} \qquad \text{(K.398)}$$

- für E_{2g}:

$$yz \leftrightharpoons s(E_{2g}, r=1, j=1) = \xi_5 = \epsilon_{yz} \qquad \text{(K.399)}$$
$$zx \leftrightharpoons s(E_{2g}, r=1, j=2) = \xi_6 = \epsilon_{zx} \qquad \text{(K.400)}$$

was zur formalen Gestalt der elastischen Energie führt:

$$\begin{aligned} \Omega_{elast} = \frac{1}{2}\Big[& T_{11}^{(A_{1g})}\big(s(A_{1g}, r=1, j=1)\big)^2 \\ & + (T_{12}^{(A_{1g})} + T_{21}^{(A_{1g})}) s(A_{1g}, r=1, j=1) s(A_{1g}, r=2, j=1) \\ & + T_{22}^{(A_{1g})}\big(s(A_{1g}, r=2, j=1)\big)^2 \\ & + T_{11}^{(E_{1g})}\big[\big(s(E_{1g}, r=1, j=1)\big)^2 + s(E_{1g}, r=1, j=2)\big)^2\big] \\ & + T_{11}^{(E_{2g})}\big[\big(s(E_{2g}, r=1, j=1)\big)^2 + s(E_{2g}, r=1, j=2)\big)^2\big]\Big] \end{aligned} \qquad \text{(K.401)}$$

mit $T_{ij}^{(\mu)} = T_{ji}^{(\mu)}$.

c) Durch Einsetzen der Formeln (K.395) - (K.400) in (K.401)

$$\begin{aligned}
\Omega_{elast} \;=\;& \frac{1}{8}[T_{11}^{(A_{1g})}+2T_{11}^{(E_{1g})}][\underbrace{(\epsilon_{xx})^2}_{\xi_1^2}+\underbrace{(\epsilon_{yy})^2}_{\xi_2^2}] \\
&+T_{22}^{(A_{1g})}\underbrace{(\epsilon_{zz})^2}_{\xi_3^2} \\
&+\frac{3}{4}[T_{11}^{(A_{1g})}-T_{11}^{(E_{1g})}]\underbrace{\epsilon_{xx}\epsilon_{yy}}_{\xi_1\xi_2} \\
&+\sqrt{\frac{3}{2}}T_{12}^{(A_{1g})}(\underbrace{\epsilon_{xx}\epsilon_{zz}}_{\xi_1\xi_3}+\underbrace{\epsilon_{yy}\epsilon_{zz}}_{\xi_2\xi_3}) \\
&+T_{11}^{(E_{1g})}\underbrace{(\epsilon_{xy})^2}_{\xi_4^2}+T_{11}^{(E_{2g})}[\underbrace{(\epsilon_{yz})^2}_{\xi_5^2}+\underbrace{(\epsilon_{zx})^2}_{\xi_6^2}] \qquad \text{(K.402)}
\end{aligned}$$

erhält man die elastische Energie in den originalen Variablen $\{\xi_m\}$. Aus Gleichung (K.402) liest man ab:

$$\begin{aligned}
T_{11} &= \frac{3}{8}[T_{11}^{(A_{1g})}+2T_{11}^{(E_{1g})}] = T_{22} \\
T_{33} &= T_{22}^{(A_{1g})}, \qquad T_{44}=T_{11}^{(E_{1g})}, \qquad T_{55}=T_{11}^{(E_{2g})}=T_{66} \\
T_{12} &= \frac{3}{8}[T_{11}^{(A_{1g})}-2T_{11}^{(E_{1g})}] = T_{11}-\frac{3}{2}T_{44} \qquad \text{(K.403)} \\
T_{13} &= \sqrt{\frac{3}{8}}T_{12}^{(A_{1g})} = T_{23}
\end{aligned}$$

Alle anderen Komponenten sind gleich Null.

Lösung zu Aufgabe 29: Piezoelektrizität

Die trigonalen Kristallklassen ohne Inversionssymmetrie sind C_3, C_{3v} und D_3. Für die piezoelektrische Energiedichte (Gleichung (8.93)) mit

$$\{\xi_m\} = \{E_x,E_y,E_z\} \;\leftrightharpoons\; \{x,y,z\} \qquad \text{(K.404)}$$

$$\{\zeta_{m'}\} = \left\{\frac{1}{\sqrt{3}}\epsilon_{xx},\frac{1}{\sqrt{3}}\epsilon_{yy},\frac{1}{\sqrt{3}}\epsilon_{zz},\epsilon_{xy},\epsilon_{yz},\epsilon_{zx}\right\} \;\leftrightharpoons\; \left\{\frac{1}{\sqrt{3}}x^2,\frac{1}{\sqrt{3}}y^2,\frac{1}{\sqrt{3}}z^2,xy,yz,zx\right\} \qquad \text{(K.405)}$$

folgen aus den entsprechenden Charaktertafeln die Zerlegungen von $\Gamma^{(\xi)}$ und $\Gamma^{(\zeta)}$ (anhand der Zuordnung der irreduziblen Basisfunktionen) in irreduzible Bestandteile:

- C_3:

$$\left.\begin{aligned}
&\left.\begin{aligned} &z:A \\ &(x,y):E \end{aligned}\right\}\; \Gamma^{(\xi)}=A+E \\
&\left.\begin{aligned} &x^2+y^2,z^2:A \\ &(zx,yz),(x^2-y^2,xy):E \end{aligned}\right\}\; \Gamma^{(\zeta)}=2A+2E
\end{aligned}\right\}\text{ gemeinsam: } A,E \qquad \text{(K.406)}$$

- C_{3v}:

$$\left.\begin{array}{l} z : A_1 \\ (x,y) : E \end{array}\right\} \Gamma^{(\xi)} = A_1 + E \qquad \left.\begin{array}{l} x^2+y^2,z^2 : A_1 \\ (zx,yz),(x^2-y^2,xy) : E \end{array}\right\} \Gamma^{(\zeta)} = 2A_1 + 2E \qquad \Big\} \text{ gemeinsam: } A_1, E \tag{K.407}$$

- D_3:

$$\left.\begin{array}{l} z : A_2 \\ (x,y) : E \end{array}\right\} \Gamma^{(\xi)} = A_2 + E \qquad \left.\begin{array}{l} x^2+y^2,z^2 : A_1 \\ (zx,yz),(x^2-y^2,xy) : E \end{array}\right\} \Gamma^{(\zeta)} = 2A_1 + 2E \qquad \Big\} \text{ gemeinsam: } E \tag{K.408}$$

Beide Basissätze $\{\xi_m\}$ und $\{\zeta_{m'}\}$ haben bei allen drei Gruppen je gemeinsame irreduzible Darstellungen; es tritt also Piezoelektrizität auf.

K.8 Zu Kapitel 9

Lösung zu Aufgabe 30: Ramaneffekt

a) Wir betrachten die zeitabhängige Schrödingergleichung

$$i\hbar\frac{\partial}{\partial t}\Psi(t) = H_0\Psi(t) + W(t)\Psi(t) \tag{K.409}$$

mit

$$W(t) = -\vec{e}\cdot\vec{D}\cdot E_0\cos\omega t \tag{K.410}$$

und setzen den Ansatz (9.157) ein:

$$\begin{aligned} & i\hbar(-i\omega_n)\varphi_n^{(0)}e^{-i\omega_n t} + i\hbar\big(-i(\omega_n-\omega)\big)u_n^{(-)}e^{-i(\omega_n-\omega)t} \\ & \quad + i\hbar\big(-i(\omega_n+\omega)\big)u_n^{(+)}e^{-i(\omega_n+\omega)t} \\ = \; & \underbrace{\hbar\omega_n}_{E_n^{(0)}}\varphi_n^{(0)}e^{-i\omega_n t} + H_0u_n^{(-)}e^{-i(\omega_n-\omega)t} + H_0u_n^{(+)}e^{-i(\omega_n+\omega)t} \\ & - \vec{e}\cdot\vec{D}E_0\cdot\frac{1}{2}e^{-i\omega_n t}(e^{i\omega t}+e^{-i\omega t})\varphi_n^{(0)} \\ & - \vec{e}\cdot\vec{D}E_0\cdot\frac{1}{2}e^{-i(\omega_n-\omega)t}(e^{i\omega t}+e^{-i\omega t})u_n^{(-)} \\ & - \vec{e}\cdot\vec{D}E_0\cdot\frac{1}{2}e^{-i(\omega_n+\omega)t}(e^{i\omega t}+e^{-i\omega t})u_n^{(+)} \\ & + O(W^2) \end{aligned} \tag{K.411}$$

Wir machen den weiteren Ansatz:

$$u_n^{(\pm)} = \sum_m \alpha_m^{(\pm)}\varphi_m^{(0)} \tag{K.412}$$

und – wegen Gültigkeit für alle t – einen Vergleich der Vorfaktoren der e-Funktionen:

- Für $e^{-i(\omega_n-\omega)t}$:

$$\hbar(\omega_n-\omega)\sum_m \alpha_m^{(-)}\varphi_m^{(0)} = \sum_m \underbrace{E_m^{(0)}}_{\hbar\omega_m}\alpha_m^{(-)}\varphi_m^{(0)} - \frac{1}{2}\vec{e}\cdot\vec{D}\cdot E_0\cdot\varphi_n^{(0)} \tag{K.413}$$

Mit $\left\langle \varphi_k^{(0)} \right|$:

$$\hbar(\underbrace{\omega_n - \omega_k}_{=:\omega_{nk}} - \omega)\cdot \alpha_k^{(-)} = -\frac{1}{2}E_0\vec{e}\cdot\vec{D}_{kn} \tag{K.414}$$

$$\Longrightarrow \quad \alpha_k^{(-)} = -\frac{E_0\vec{e}\cdot\vec{D}_{kn}}{2\hbar(\omega_{nk}-\omega)} \tag{K.415}$$

- Ebenso für $e^{-i(\omega_n+\omega)t}$:

$$\alpha_k^{(+)} = -\frac{E_0\vec{e}\cdot\vec{D}_{kn}}{2\hbar(\omega_{nk}+\omega)} \tag{K.416}$$

b) Unter Ausnutzung der Orthonormalität der Basis $\{|\varphi_m^{(0)}\rangle\}$ erhält man bis zur 3. Ordnung

$$\begin{aligned}\vec{d}_{mn}(t) &= \left\langle \varphi_m^{(0)} e^{-i\omega_m t} - \sum_{p=+,-}\sum_k \frac{E_0\vec{e}\cdot\vec{D}_{km}}{2\hbar(\omega_{mk}+p\omega)}\varphi_k^{(0)} e^{-i(\omega_m+p\omega)t} \right| \\ &\quad \cdot\vec{D}\cdot \left| \varphi_n^{(0)} e^{-i\omega_n t} - \sum_{p'=+,-}\sum_{k'} \frac{E_0\vec{e}\cdot\vec{D}_{k'n}}{2\hbar(\omega_{nk'}+p'\omega)}\varphi_{k'}^{(0)} e^{-i(\omega_n+p'\omega)t} \right\rangle \\ &= \vec{D}_{mn}e^{i\omega_{mn}t} + \vec{D}_{mn}^{(+)}e^{i(\omega_{mn}+\omega)t} + \vec{D}_{mn}^{(-)}e^{i(\omega_{mn}-\omega)t} + O(D^3)\end{aligned} \tag{K.417}$$

mit

$$\vec{D}_{mn}^{(\pm)} = -\frac{E_0}{2\hbar}\sum_k\left[\frac{(\vec{e}\cdot\vec{D}_{km}^*)\overbrace{\vec{D}_{kn}}^{=\vec{D}_{mk}}}{\omega_{mk}\pm\omega} + \frac{(\vec{e}\cdot\overbrace{\vec{D}_{kn}}^{=\vec{D}_{nk}^*})\overbrace{\vec{D}_{mk}}^{=\vec{D}_{km}^*}}{\omega_{nk}\mp\omega}\right] \tag{K.418}$$

Lösung zu Aufgabe 31: Dipol- und Raman-Übergänge in C_{3v}

a) Die durch die Basis $\{D_x,D_y,D_z\} \leftrightharpoons \{x,y,z\}$ definierte Darstellung des Dipolperators zerfällt in C_{3v} nach Charaktertafel in

$$\Gamma^{(D)} = \Gamma^{(x,y,z)} = A_1 + E \tag{K.419}$$

Dipolübergänge sind dann möglich, wenn $\Gamma^{(D)}\times\Gamma^{(F)}$ die irreduzible Darstellung $\Gamma^{(I)} = A_1$ enthält. Betrachtet man die Darstellungen von C_{3v}, d. h. A_1, A_2 und E, so sieht man:

$$\Gamma^{(F)} = A_1 \longrightarrow \Gamma^{(D)}\times A_1 \text{ enthält } A_1 \tag{K.420}$$

$$\Gamma^{(F)} = A_2 \longrightarrow \Gamma^{(D)}\times A_2 \text{ enthält } A_1 \text{ nicht} \tag{K.421}$$

$$\Gamma^{(F)} = E \longrightarrow \Gamma^{(D)}\times E \text{ enthält } A_1 \tag{K.422}$$

Es existieren also nur Dipolübergänge $A_1 \leftrightarrow A_1$ und $A_1 \leftrightarrow E$.

b) Die Basis $\Gamma^{(D)}$ zerlegen wir in standardisierte irreduzible Bestandteile:

$$\Gamma^{(D)}: \{x,y,z\} \leftrightharpoons \left\{\frac{1}{\sqrt{2}}(x+iy), \frac{1}{\sqrt{2}}(x-iy), z\right\}$$

$$\leftrightharpoons \left\{ \underbrace{D_z}_{u(A_1)}, \underbrace{\frac{1}{\sqrt{2}}(D_x + iD_y)}_{u_{x+iy}(E)}, \underbrace{\frac{1}{\sqrt{2}}(D_x - iD_y)}_{u_{x-iy}(E)} \right\} \tag{K.423}$$

Gemäß (K.420) und (K.422) betrachten wir

$$\Gamma^{(F)} = A_1 : \varphi_F(A_1) \quad \leftrightharpoons \quad v(A_1) \tag{K.424}$$

$$\Gamma^{(F)} = E : \varphi_F(E, x \pm iy) \quad \leftrightharpoons \quad v_{x\pm iy}(E) \tag{K.425}$$

Dann erhält man aus den Tafeln für die Kopplungskoeffizienten bei C_{3v}:

$$w^{(A_1 \times A_1)}(A_1) = 1 \cdot u(A_1)v(A_1) \tag{K.426}$$

$$w^{(E \times E)}(A_1) = \frac{1}{\sqrt{2}}[u_{x-iy}(E)v_{x+iy}(E) + u_{x+iy}(E)v_{x-iy}(E)] \tag{K.427}$$

Man muß also nur zwei Matrixelemente berechnen:

$$K^{(A_1 \times A_1)} = \langle \varphi_I(A_1) \mid w^{(A_1 \times A_1)}(A_1) \rangle \tag{K.428}$$

$$K^{(E \times E)} = \langle \varphi_I(A_1) \mid w^{(E \times E)}(A_1) \rangle \tag{K.429}$$

Auf diese Matrixelemente können alle anderen zurückgeführt werden.

Den Tafeln für die Kopplungskoeffizienten entnimmt man:

$$u(A_1)v(A_1) = w^{(A_1 \times A_1)}(A_1) \tag{K.430}$$

$$u_{x-iy}(E)v_{x+iy}(E) = \frac{1}{\sqrt{2}} w^{(E \times E)}(A_1) + \sum_{\mu(\neq A_1)} \cdots \tag{K.431}$$

$$u_{x+iy}(E)v_{x-iy}(E) = \frac{1}{\sqrt{2}} w^{(E \times E)}(A_1) + \sum_{\mu(\neq A_1)} \cdots \tag{K.432}$$

$$u_{x\pm iy}(E)v_{x\pm iy}(E) = \sum_{\mu(\neq A_1)} \cdots \tag{K.433}$$

also bleiben als Matrixelemente ungleich Null:

$$\langle \varphi_I(A_1) \mid D_z \mid \varphi_F(A_1) \rangle = K^{(A_1 \times A_1)} \tag{K.434}$$

$$\begin{aligned} \langle \varphi_I(A_1) \mid u_{x\mp iy}(E)v_{x\pm iy}(E) \rangle &\equiv \langle \varphi_I(A_1) \mid \frac{1}{\sqrt{2}}(D_x \pm iD_y) \mid \varphi_F(E, x \mp iy) \rangle \\ &= \frac{1}{\sqrt{2}} K^{(E \times E)} \end{aligned} \tag{K.435}$$

jedoch

$$\begin{aligned} \langle \varphi_I(A_1) \mid u_{x\pm iy}(E)v_{x\pm iy}(E) \rangle &\equiv \langle \varphi_I(A_1) \mid \frac{1}{\sqrt{2}}(D_x \pm iD_y) \mid \varphi_F(E, x \pm iy) \rangle \\ &= 0 \end{aligned} \tag{K.436}$$

bzw. daraus durch Addition/Subtraktion von (K.435) und (K.436)

$$\begin{aligned} &\langle \varphi_I(A_1) \mid D_x \mid \varphi_F(E, x - iy) \rangle \\ &= \frac{1}{2} [\underbrace{\langle \varphi_I(A_1) \mid D_x + iD_y | \varphi_F(E, x - iy) \rangle}_{K^{(E \times E)}} + \underbrace{\langle \varphi_I(A_1) \mid D_x - iD_y | \varphi_F(E, x - iy) \rangle}_{0}] \end{aligned}$$

$$= \frac{1}{2}K^{(E\times E)} \tag{K.437}$$

und

$$\langle\varphi_I(A_1)\mid D_y\mid\varphi_F(E,x-iy)\rangle = -\frac{i}{2}K^{(E\times E)} \tag{K.438}$$

Ebenso:

$$\langle\varphi_I(A_1)\mid D_x\mid\varphi_F(E,x+iy)\rangle = \frac{1}{2}K^{(E\times E)} \tag{K.439}$$

$$\langle\varphi_I(A_1)\mid D_y\mid\varphi_F(E,x+iy)\rangle = \frac{i}{2}K^{(E\times E)} \tag{K.440}$$

c) Die Übergangsrate ist durch

$$w_{I\leftrightarrow F} = \frac{4\pi^2}{\hbar^2}\left|\vec{e}\cdot\vec{D}_{mn}\right|^2\cdot\left|E(\omega_{mn})\right|^2 \tag{K.441}$$

gegeben (siehe (9.6):

$$w_{A_1\leftrightarrow A_1} = \frac{4\pi^2}{\hbar^2}\left|E_z(\omega_{mn})\cdot\langle\varphi_I(A_1)|D_z|\varphi_F(A_1)\rangle\right|^2 \tag{K.442}$$

$$= \frac{4\pi^2}{\hbar^2}\left|E_z(\omega_{mn})\cdot K^{(A_1\times A_1)}\right|^2 \tag{K.443}$$

$$w_{A_1\leftrightarrow E} = \frac{4\pi^2}{\hbar^2}\sum_{p=\pm}\Big\{\left|E_x(\omega_{mn})\cdot\langle\varphi_I(A_1)\mid D_x\mid\varphi_F(E,x+p\cdot iy)\rangle\right|^2 + \left|E_y(\omega_{mn})\cdot\langle\varphi_I(A_1)\mid D_y\mid\varphi_F(E,x+p\cdot iy)\rangle\right|^2\Big\}$$

$$= \frac{4\pi^2}{\hbar^2}\cdot 2\left\{\left|E_x(\omega_{mn})\cdot K^{(E\times E)}\right|^2+\left|E_y(\omega_{mn})\cdot K^{(E\times E)}\right|^2\right\} \tag{K.444}$$

Physikalische Bedeutung:
Für den Dipol-Übergang $A_1 \leftrightarrow A_1$ ist in z-Richtung linear polarisiertes Licht nötig, für den Übergang $A_1 \leftrightarrow E$ linear oder zirkular polarisiertes Licht in der x-y-Ebene.

d) Nach der Charaktertafel reduziert sich die Basis der Darstellung $\Gamma^{(DD)}$ in folgender Weise:

$$\Gamma^{(DD)}:\left\{\frac{1}{\sqrt{3}}x^2,\frac{1}{\sqrt{3}}y^2,\frac{1}{\sqrt{3}}z^2,xy,yz,zx\right\}$$
$$\leftrightharpoons \left\{\frac{1}{\sqrt{3}}D_x^2,\frac{1}{\sqrt{3}}D_y^2,\frac{1}{\sqrt{3}}D_z^2,D_xD_y,D_yD_z,D_zD_x\right\}$$
$$\leftrightharpoons \left\{\underbrace{\frac{1}{2\sqrt{2}}(D_x^2+D_y^2)}_{u_1(A_1)},\underbrace{\frac{1}{\sqrt{3}}D_z^2}_{u_2(A_1)},\underbrace{\frac{1}{2}(D_x^2-D_y^2)}_{u_x^{(1)}(E)},\underbrace{D_xD_y}_{u_x^{(1)}(E)},\underbrace{D_yD_z}_{u_y^{(2)}(E)},\underbrace{D_zD_x}_{u_x^{(2)}(E)}\right\} \tag{K.445}$$

und $\Gamma^{(DD)}$ zerfällt in $\Gamma^{(DD)} = 2A_1+2E$. Raman-Übergänge sind daher nur möglich, wenn $\Gamma^{(DD)}\times\Gamma^{(F)}$ die irreduzible Darstellung $\Gamma^{(I)}\equiv A_1$ enthält. Anhand der Multiplikationstafeln findet man $\Gamma^{(F)} = A_1$ bzw. E als erlaubte Finalzustände für Raman-Übergänge.

e) Die Zahl unabhängiger Matrixelemente ist somit vier, was man aus den Tafeln der Kopplungskoeffizienten sieht:

$$w_1(A_1) = u_1(A_1)v(A_1) \longrightarrow K_1^{(A_1\times A_1)} \quad \text{(K.446)}$$
$$w_2(A_1) = u_2(A_1)v(A_1) \longrightarrow K_2^{(A_1\times A_1)} \quad \text{(K.447)}$$
$$w_3(A_1) = u_1(E,x\pm iy)v(E,x\mp iy) \longrightarrow K_1^{(E\times E)} \quad \text{(K.448)}$$
$$w_4(A_1) = u_2(E,x\pm iy)v(E,x\mp iy) \longrightarrow K_2^{(E\times E)} \quad \text{(K.449)}$$

Lösung zu Aufgabe 32: Analyse eines Raman-Übergangs

Die Basis für den Raman-Übergang ist

$$\left\{\frac{1}{\sqrt{3}}x^2,\frac{1}{\sqrt{3}}y^2,\frac{1}{\sqrt{3}}z^2,xy,yz,zx\right\} \leftrightharpoons$$
$$\{\xi_m\} \equiv \left\{\frac{1}{\sqrt{3}}D_xD_x,\frac{1}{\sqrt{3}}D_yD_y,\frac{1}{\sqrt{3}}D_zD_z,D_xD_y,D_yD_z,D_zD_x\right\} \quad \text{(K.450)}$$

Nach der Charaktertafel von D_{4h} lautet dann die Ausreduktion (siehe die Zuordnung der irreduziblen Basisfunktionen):

$$\Gamma^{(DD)} = 2A_{1g}+B_{1g}+B_{2g}+E_g \quad , \quad p_{DD}=g \quad \text{(K.451)}$$

Da bei Ramanübergängen die Parität erhalten bleiben muß, muß der Endzustand beim Übergang von $|I\rangle \equiv |\varphi(A_{1g})\rangle$ aus gerade Parität besitzen. Daher genügt die Betrachtung der Gruppe D_4. Zuerst ist mit der Multiplikationstafel $\Gamma^{(DD)} \times \Gamma^{(B_2)}$, d.h.

$$\left\{\underbrace{u_1(A_1)}_{\frac{1}{2\sqrt{2}}(D_xD_x+D_yD_y)},\underbrace{u_2(A_1)}_{\frac{1}{\sqrt{3}}D_zD_z},\underbrace{u(B_1)}_{\frac{1}{2}(D_xD_x-D_yD_y)},\underbrace{u(B_2)}_{D_xD_y},\underbrace{u_x(E)}_{D_zD_y},\underbrace{u_y(E)}_{D_zD_y}\right\} \times \left\{\underbrace{v(B_2,x)}_{\varphi(B_2)}\right\} \quad \text{(K.452)}$$

auf A_1-Anteile hin zu untersuchen. Nur im Produkt $B_2 \times B_2$ $(=A_1)$ findet man die A_1-Darstellung. Die zugehörige Basisfunktion ermittelt man mit Hilfe der Tafel für die Kopplungskoeffizienten:

$$u^{(B_2)} \cdot v^{(B_2)} = D_xD_y \cdot \varphi_F(B_2) = w(A_1) \quad \text{(K.453)}$$

Als einziges Matrixelement ungleich Null tritt somit

$$M_{xy} = \langle\varphi_I(A_1)|\,D_xD_y\,|\varphi_F(B_2)\rangle = \langle\varphi_I(A_1)|w(A_1)\rangle \quad \text{(K.454)}$$

auf, bzw. in D_{4h}

$$M_{xy} = \langle\varphi_I(A_{1g})|\,D_xD_y\,|\varphi_F(B_{2g})\rangle = \langle\varphi_I(A_{1g})|w(A_{1g})\rangle \quad \text{(K.455)}$$

Man gewinnt also die Ergebnisse:

1. Von den sechs beim Raman-Übergang $A_{1g} \leftrightarrow B_{2g}$ in D_{4h} auftretenden Matrixelementen $\langle\varphi(A_{1g})\mid D_rD_s \mid \varphi(B_{2g})\rangle$ mit $r,s=x,y,z$ ist nur eines ungleich Null:

$$M_{xy} = \langle\varphi(A_{1g})\mid D_xD_y\mid\varphi(B_{2g})\rangle \quad \text{(K.456)}$$

2. Physikalisch: Der Raman-Übergang $A_{1g} \leftrightarrow B_{2g}$ kann in D_{4h} nur induziert und dann detektiert werden, wenn
   - das einfallende Licht ($\vec{E}$-Komponente) in x-Richtung polarisiert ist: Die Ramanlinie ist dabei in y-Richtung polarisiert.

- das einfallende Licht ($\vec{E}$-Komponente) in y-Richtung polarisiert ist: Die Ramanlinie ist dabei in x-Richtung polarisiert.

Lösung zu Aufgabe 33: Infrarot- und Raman-Schwingungsspektren bei Molekülen

a) Die Eigenmoden wurden bereits in Aufgabe 25 berechnet; zu klären bleibt nur die Paritätsfrage, was leicht durch die Betrachtung der Inversion geschieht:

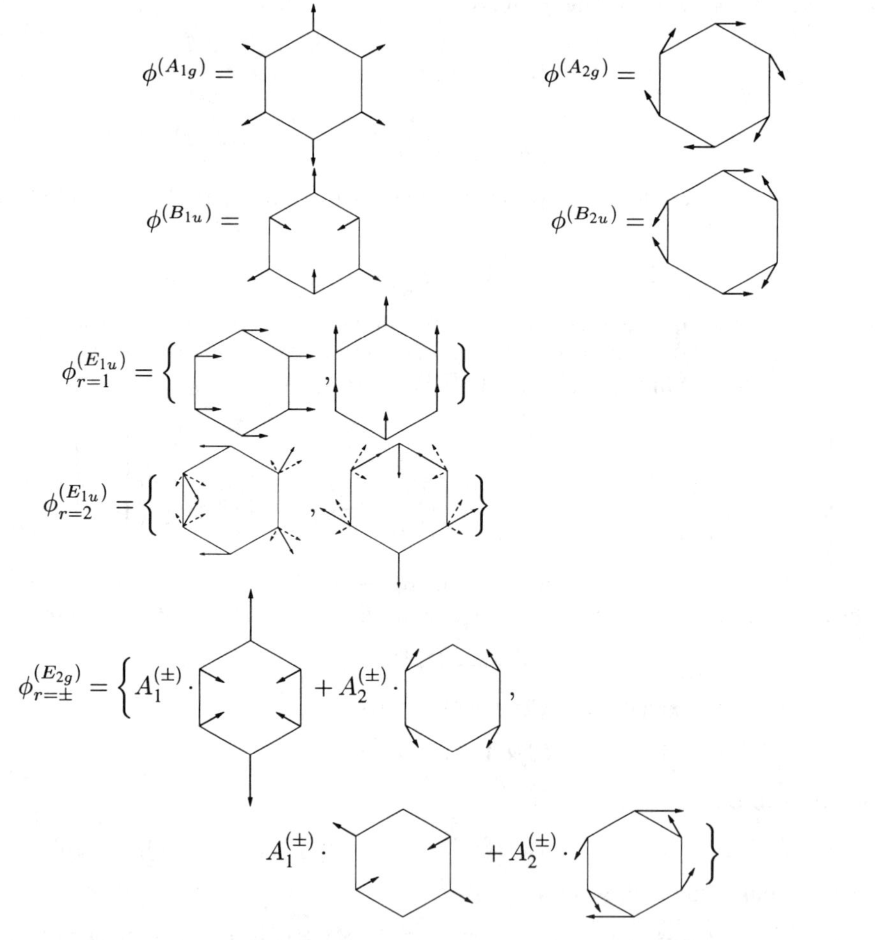

b) Der Charaktertafel für C_{6v} entnimmt man:

$$A_{2u}: \quad z \leftrightharpoons D_z \qquad \text{Moden} \perp x\text{-}y\text{-Ebene} \rightarrow \text{hier nicht betrachtet}$$
$$E_{1u}: (x,y) \leftrightharpoons (D_x, D_y) \rightarrow \Gamma^{(D)} = E_{1u}$$

Somit liefert die Entwicklung nach Normalkoordinaten in 1. Ordnung:

$$\begin{aligned}\{D_x, D_y\} &= d_{E_{1u},r=1}\{Q(E_{1u}, r=1, x), Q(E_{1u}, r=1, y)\} \\ &\quad + d_{E_{1u},r=2}\{Q(E_{1u}, r=2, x), Q(E_{1u}, r=2, y)\} \qquad \text{(K.457)}\end{aligned}$$

c) Die Charaktertafel liefert

$$\Gamma^{(DD)} = 2A_{1g} + E_{1g} + E_{2g} \tag{K.458}$$

und die Basiszuordnung

$$A_{1g}: \quad \begin{cases} \frac{1}{2\sqrt{2}}(x^2+y^2) \leftrightharpoons \frac{1}{2\sqrt{2}}(D_x D_x + D_y D_y) \\ \frac{1}{\sqrt{3}} z^2 \leftrightharpoons \frac{1}{\sqrt{3}} D_z D_z \end{cases} \tag{K.459}$$

$$E_{1g}: \quad \{yz, zx\} \leftrightharpoons \{D_y D_z, D_z D_x\} \tag{K.460}$$

$$E_{2g}: \quad \left\{\frac{1}{2}(x^2-y^2), xy\right\} \leftrightharpoons \left\{\frac{1}{2}(D_x D_x - D_y D_y), D_x D_y\right\} \tag{K.461}$$

Da nur Bewegungen in der Ebene betrachtet werden, entfallen die Terme mit D_z-Anteilen, also die E_{1g}-Moden in $\Gamma^{(DD)}$. Es verbleibt dann für den Ausdruck (9.135):

$$\frac{1}{2\sqrt{2}}(D_x D_x + D_y D_y) = q_{A_{1g}}^{(x^2+y^2)} Q(A_{1g}, x^2+y^2) \tag{K.462}$$

$$\begin{aligned} \left\{\frac{1}{2}(D_x D_x - D_y D_y), D_x D_y\right\} &= q_{E_{2g}, r=+} \{Q(E_{2g}, r=+, j=1), \\ &\qquad Q(E_{2g}, r=+, j=2)\} \\ &+ q_{E_{2g}, r=-} \{Q(E_{2g}, r=-, j=1), \\ &\qquad Q(E_{2g}, r=-, j=2)\} \end{aligned} \tag{K.463}$$

d) Dipol- und Ramanlinien:

$A_{1g} \leftrightarrow (E_{1u}, r=1)$, $A_{1g} \leftrightarrow (E_{1u}, r=2)$ im Infrarotspektrum

$A_{1g} \leftrightarrow A_{1g}$, $A_{1g} \leftrightarrow (E_{2g}, r=1)$, $A_{1g} \leftrightarrow (E_{2g}, r=2)$ im Ramanspektrum

e) Infrarotspektrum:
Für die Intensitäten gilt (siehe (9.6)):

$$I_{I\to F} \sim \sum_{i=1}^{3} \langle I|D_i|F\rangle^2 \cdot \left|E_i(\omega)\right|^2_{\omega=\omega_F-\omega_I} \tag{K.464}$$

somit

$$\begin{aligned} I_{I\to F}^{(r)} \sim\ & |d_{E_{1u},r}|^2 \\ & \cdot \left[\left|E_x\left(\omega=\Omega(E_{1u},r)\right)\right|^2 \cdot \left|\langle\varphi_0|Q(E_{1u},r,x)|Q(E_{1u},r,x)\varphi_0\rangle\right|^2 \right. \\ + & \left. \left|E_y\left(\omega=\Omega(E_{1u},r)\right)\right|^2 \cdot \left|\langle\varphi_0|Q(E_{1u},r,y)|Q(E_{1u},r,y)\varphi_0\rangle\right|^2\right] \end{aligned} \tag{K.465}$$

Ramanspektrum:
Für die Intensitäten gilt (siehe (9.32), (9.33) und (9.35)):

$$I_{I\to F} \sim \sum_{i,j=1}^{3} \left|\langle I|D_i D_j|F\rangle\right|^2 \cdot \left|E_j(\omega)\right|^2 \tag{K.466}$$

wobei ω die angelegte Stimulusfrequenz bedeutet. Wir wählen den Übergang $A_{1g} \leftrightarrow A_{1g}$, in dem die Mode $Q(A_{1g}, x^2+y^2)$ angeregt wird:

$$I_{I\to F} \sim \left[\left|\langle\varphi_0|D_x D_x|Q(A_{1g}, x^2+y^2)\varphi_0\rangle\right|^2 \cdot \left|E_x(\omega)\right|^2\right.$$

$$+\left|\langle\varphi_0|D_yD_y|Q(A_{1g},x^2+y^2)\varphi_0\rangle\right|^2\cdot\left|E_y(\omega)\right|^2\Big] \quad \text{(K.467)}$$

für die Stokes-Komponente (d. h. $|I\rangle = |\varphi_0\rangle$ und $|F\rangle = |Q(A_{1g},x^2+y^2)\varphi_0\rangle$).
Aus den Tafeln mit den Kopplungskoeffizienten folgt:

$$D_xD_x = \frac{1}{2}q_{A_{1g}}^{(x^2+y^2)}Q(A_{1g},x^2+y^2) + \sum_{\mu(\neq A_{1g})}\cdots \quad \text{(K.468)}$$

$$D_yD_y = \frac{1}{2}q_{A_{1g}}^{(x^2+y^2)}Q(A_{1g},x^2+y^2) + \sum_{\mu(\neq A_{1g})}\cdots \quad \text{(K.469)}$$

also nach (9.32) – (9.35)):

$$I_{I\to F} \sim C(\omega,\Omega(A_{1g}),E_F,E_I)\cdot\frac{1}{4}\left|q_{A_{1g}}^{(x^2+y^2)}\right|^2\left[\left|E_x(\omega)\right|^2+\left|E_y(\omega)\right|^2\right]$$
$$\cdot\left|\langle\varphi_0|Q(A_{1g},x^2+y^2)|Q(A_{1g},x^2+y^2)\varphi_0\rangle\right|^2 \quad \text{(K.470)}$$

wobei $C(\omega,\Omega(A_{1g}),E_F,E_I)$ vorgegeben ist in den angegebenen Größen und nicht von $q_{A_{1g}}^{(x^2+y^2)}$ abhängt.

Ausführliche Diskussionen zu denSchwingungsspektren von Benzol findet man in [9, 20, 46, 51] u.a..

Lösung zu Aufgabe 34: „Obertöne“ und „Kombinationstöne“ in Molekülspektren

Für D_{6h} gilt: $\Gamma^{(D)} = A_{2u} + E_{1u}$
$\Gamma^{(DD)} = 2A_{1g} + E_{1g} + E_{2g}$

a) Dipolübergänge:
Wie im Beispiel für $G = D_{4h}$ (siehe Kapitel 9.6.2) folgt, daß nur Kombinationstöne mit $\mu \neq \nu$ möglich sind. Explizit muß $\Gamma^{(\mu\times\nu)}$ ungerade und darin A_{2u} oder E_{1u} enthalten sein. Daher treten auf (siehe Multiplikationstafeln im Anhang D):

$A_{1g}\times A_{2u}$	$A_{1g}\times E_{1u}$	$B_{1g}\times E_{2u}$	$E_{1g}\times E_{2u}$
$A_{1u}\times A_{2g}$	$A_{1u}\times E_{1g}$	$B_{1u}\times E_{2g}$	$E_{1u}\times E_{2g}$
$B_{1g}\times B_{2u}$	$A_{2g}\times E_{1u}$	$B_{2g}\times E_{2u}$	
$B_{1u}\times B_{2g}$	$A_{2u}\times E_{1g}$	$B_{2u}\times E_{2g}$	

b) Raman-Übergänge: μ und ν müssen gleiche Parität haben, da $\Gamma^{(DD)}$ gerade.
1. Alle Obertöne sind für $\mu = \nu$, $r = s$ wegen $\Gamma^{(\mu\times\mu)} = A_{1g} + \ldots$ möglich.
2. Ebenso alle Kombinationstöne mit $\mu = \nu$, $r \neq s$ mit derselben Begründung.
3. Von den Kombinationstönen mit $\mu \neq \nu$ findet man als erlaubte Linien ($\Gamma^{(\mu\times\nu)}$ muß A_{1g}, E_{1g} oder E_{2g} enthalten):

$A_{1g}\times E_{1g}$	$A_{1g}\times E_{2g}$	$E_{1g}\times E_{1g}$	$A_{1u}\times E_{1u}$	$A_{1u}\times E_{2u}$
$E_{1u}\times E_{1u}$	$A_{2g}\times E_{1g}$	$A_{2g}\times E_{2g}$	$E_{1g}\times E_{2g}$	$A_{2u}\times E_{1u}$
$A_{2u}\times E_{2u}$	$E_{1u}\times E_{2u}$	$B_{1g}\times E_{2g}$	$B_{1g}\times E_{1g}$	$E_{2g}\times E_{2g}$
$B_{1u}\times E_{2u}$	$B_{1u}\times E_{1u}$	$E_{2u}\times E_{2u}$	$B_{2g}\times E_{2g}$	$B_{2g}\times E_{1g}$
$B_{2u}\times E_{2u}$	$B_{2u}\times E_{1u}$			

Das Oberton- und Kombinations-Raman-Spektrum ist viel linienreicher als das reine Raman-Spektrum.

K.9 Zu Kapitel 10

Lösung zu Aufgabe 35: Hexagonales Gitter

a) Siehe Abbildung K.6.

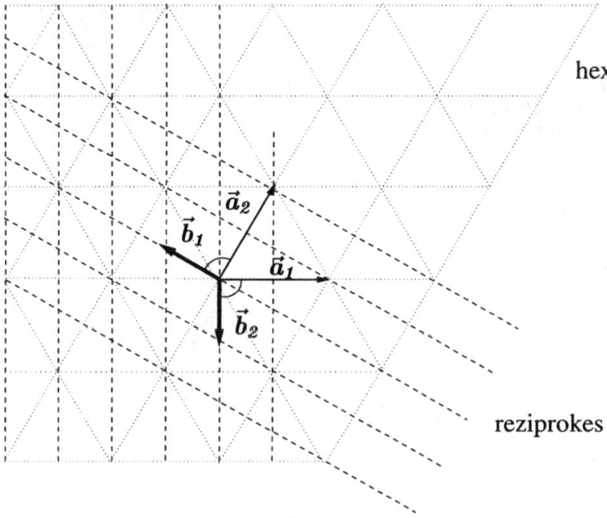

Bild K.6 Hexagonales Gitter und das dazugehörige reziproke Gitter (ebenfalls hexagonal)

b) Siehe Abbildung K.7.

c) Siehe dazu Abbildung K.8.

Betrachtung des Zentrums:
Verschiebt man die Punkte 1–12 in Richtung Zentrum, so muß, da die Punkte den Stern von Punkt 1 bilden und somit energetisch entartet sind, im Zentrum ein Extremum vorliegen.

Betrachtung des Zonenrandes:
Nähert sich z. B. Punkt 1 dem Zonenrand und ebenso aus der benachbarten 1. Brillouin-Zone Punkt $10'$ (= Punkt $10 + \vec{G}$), dann muß wegen der Äquivalenz (Punkt 1 und $10'$ bzw. 10 sind durch Gruppenoperation ineinander überführbar und daher energetisch entartet) im Grenzfall am Zonenrand wegen der Stetigkeit der Energie ein Extremwert auf der Verbindungslinie $1 \leftrightarrow 10'$ vorliegen.

Betrachtung der Spiegelebenen:
Die gleiche Argumentation für die Punkte 1 und 7 zeigt, daß auch hier ein Extremwert auf der Linie $1 \leftrightarrow 7$ vorliegen muß.

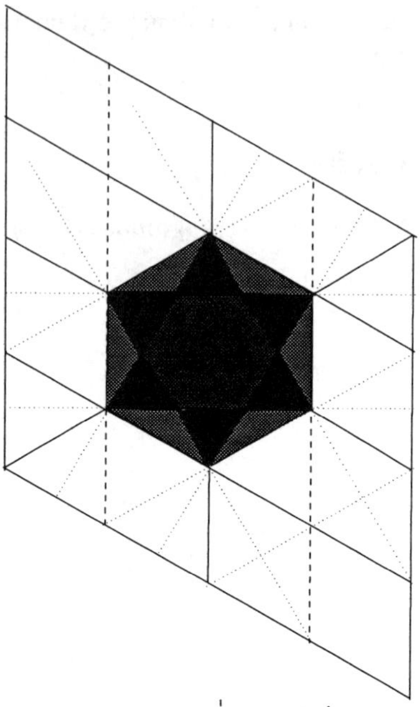

Bild K.7
Die ersten drei Brillouin-Zonen des hexagonalen Gitters sind getönt eingezeichnet.

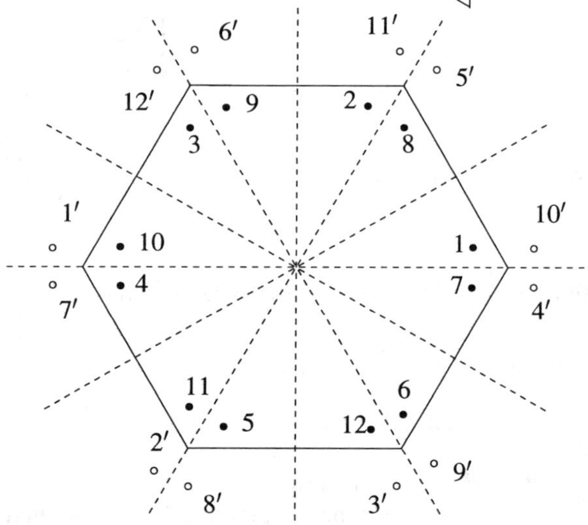

Bild K.8
Hexagonales Gitter: Zur Symmetrie der Energiepunkte in der Nähe des Zonenrandes

K.10 Zu Kapitel 11 und 12

Lösung zu Aufgabe 36: Bandstrukturbetrachtungen für das Quadratgitter

a) Für die Energie nullter Ordnung gilt:

$$E^{(0)}(\vec{k}) = \frac{\hbar^2}{2m}(\vec{k}+\vec{G})^2 \tag{K.471}$$

bzw. normiert

$$\widetilde{E}(\vec{k}) = \frac{E^{(0)}(\vec{k})}{\frac{\hbar^2}{2m}\left(\frac{\pi}{a}\right)^2} = \frac{(\vec{k}+\vec{G})^2}{\left(\frac{\pi}{a}\right)^2} \tag{K.472}$$

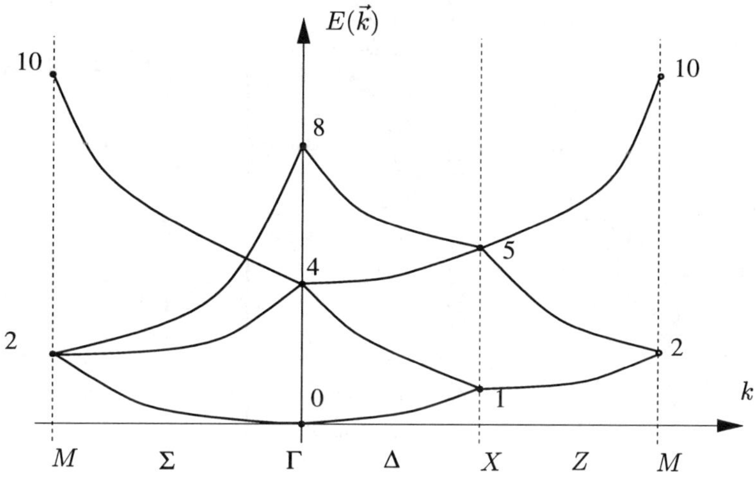

Bild K.9
Zur Bandstruktur beim Quadratgitter

Man betrachtet nun die speziellen Punkte Γ, X und M:

Γ-Punkt: $\vec{k} = (0{,}0)$

$$\begin{array}{lll} \vec{G} = 0 & \widetilde{E} = 0 & \\ \left.\begin{array}{l}\vec{G} = (\pm\frac{2\pi}{a},0) \\ \vec{G} = (0,\pm\frac{2\pi}{a})\end{array}\right\} & \widetilde{E} = 4 & \text{4fach entartet} \\ \vec{G} = (\pm\frac{2\pi}{a},\pm\frac{2\pi}{a}) & \widetilde{E} = 8 & \text{4fach entartet} \\ \left.\begin{array}{l}\vec{G} = (\pm\frac{4\pi}{a},0) \\ \vec{G} = (0,\pm\frac{4\pi}{a})\end{array}\right\} & \widetilde{E} = 16 & \text{4fach entartet} \end{array} \tag{K.473}$$

X-Punkt: $\vec{k} = (\frac{\pi}{a},0)$

$$\begin{array}{lll} \left.\begin{array}{l}\vec{G} = (0,0) \\ \vec{G} = (-\frac{2\pi}{a},0)\end{array}\right\} & \widetilde{E} = 1 & \text{2fach entartet} \\ \left.\begin{array}{l}\vec{G} = (0,\pm\frac{2\pi}{a}) \\ \vec{G} = (-\frac{2\pi}{a},\mp\frac{2\pi}{a})\end{array}\right\} & \widetilde{E} = 5 & \text{4fach entartet} \\ \left.\begin{array}{l}\vec{G} = (\frac{2\pi}{a},0) \\ \vec{G} = (-\frac{4\pi}{a},0)\end{array}\right\} & \widetilde{E} = 9 & \text{2fach entartet} \end{array} \tag{K.474}$$

M-Punkt: $\vec{k} = (\frac{\pi}{a},\frac{\pi}{a})$

$$\left.\begin{aligned}\vec{G}&=(0,0)\\ \vec{G}&=(-\tfrac{2\pi}{a},0)\\ \vec{G}&=(0,-\tfrac{2\pi}{a})\\ \vec{G}&=(-\tfrac{2\pi}{a},-\tfrac{2\pi}{a})\end{aligned}\right\}\quad \widetilde{E}=2 \quad \text{4fach entartet}$$
$$\left.\begin{aligned}\vec{G}&=(\tfrac{2\pi}{a},0)\\ \vec{G}&=(\tfrac{2\pi}{a},-\tfrac{2\pi}{a})\\ \vec{G}&=(0,\tfrac{2\pi}{a})\\ \vec{G}&=(-\tfrac{2\pi}{a},\tfrac{2\pi}{a})\\ \vec{G}&=(-\tfrac{4\pi}{a},0)\\ \vec{G}&=(-\tfrac{4\pi}{a},-\tfrac{2\pi}{a})\\ \vec{G}&=(0,-\tfrac{4\pi}{a})\\ \vec{G}&=(-\tfrac{2\pi}{a},-\tfrac{4\pi}{a})\end{aligned}\right\}\quad \widetilde{E}=10 \quad \text{8fach entartet} \qquad \text{(K.475)}$$

b) Für den 1. angeregter Zustand des Γ-Punktes ($\vec{k}=(0,0)$) findet man dann:

$$\vec{G}=(\pm\tfrac{2\pi}{a},0), \qquad \vec{G}=(0,\pm\tfrac{2\pi}{a})$$

Folglich sind die Eigenfunktionen nullter Näherung:

$$\psi^{(0)}(\vec{k},\vec{G};\vec{r}) = L^{-1/2}\exp[i\vec{k}\cdot\vec{r}]\exp[i\vec{G}\vec{r}] \qquad \text{(K.476)}$$
$$\Longrightarrow \psi^{(0)}_{1/2} = \psi^{(0)}\big((0,0),(\pm\tfrac{2\pi}{a},0);\vec{r}\big) = L^{-1/2}\exp[\pm i\tfrac{2\pi}{a}x] \qquad \text{(K.477)}$$
$$\psi^{(0)}_{3/4} = \psi^{(0)}\big((0,0),(0,\pm\tfrac{2\pi}{a});\vec{r}\big) = L^{-1/2}\exp[\pm i\tfrac{2\pi}{a}y] \qquad \text{(K.478)}$$

Die kleine Gruppe von Γ ist $G(\Gamma)=C_{4v}$

$G(\Gamma)=C_{4v}$	E	$2C_4$	$C_4^2=C_2$	$2\sigma_v$	$2\sigma_d$
$\Gamma_1(A_1)$	1	1	1	1	1
$\Gamma_2(A_2)$	1	1	1	−1	−1
$\Gamma_3(B_1)$	1	−1	1	1	−1
$\Gamma_4(B_2)$	1	−1	1	−1	1
$\Gamma_5(E)$	2	0	−2	0	0
$\Gamma^{(\Gamma)}$	4	0	0	2	2

Mit $a_\nu = \frac{1}{g}\sum_R [\chi^\nu(R)]^*\,\chi^{(\Gamma)}(R)$ folgt die Ausreduktion

$$\Gamma^{(\Gamma)} = A_1 + B_1 + E \qquad \text{(K.479)}$$

c) Mit der Wigner-Formel (4.75) findet man

$$\psi^{(\Gamma_1)}=\psi^{(A_1)} = L^{-1/2}\big[\cos\big(\tfrac{2\pi}{a}x\big)+\cos\big(\tfrac{2\pi}{a}y\big)\big] \qquad \text{(K.480)}$$
$$\psi^{(\Gamma_3)}=\psi^{(B_1)} = L^{-1/2}\big[\cos\big(\tfrac{2\pi}{a}x\big)-\cos\big(\tfrac{2\pi}{a}y\big)\big] \qquad \text{(K.481)}$$
$$\psi^{(\Gamma_5)}_1=\psi^{(E)}_1 = \sqrt{2}\,L^{(-1/2)}\sin\big(\tfrac{2\pi}{a}x\big) \qquad \text{(K.482)}$$

$$\psi_2^{(\Gamma_5)} = \psi_2^{(E)} \quad = \quad \sqrt{2}\,L^{(-1/2)}\sin\left(\tfrac{2\pi}{a}y\right) \tag{K.483}$$

d) Der niederste Zustand im X-Punkt

$$\vec{k} = (\tfrac{\pi}{a},0), \qquad \vec{G} = (0,0), \qquad \vec{G} = (-\tfrac{2\pi}{a},0)$$

besitzt die Eigenlösungen (mit (K.476))

$$\psi_1^{(0)} \quad = \quad \psi^{(0)}\left((\tfrac{\pi}{a},0),(0,0);\vec{r}\right) = L^{-1/2}\exp[i\tfrac{\pi}{a}x] \tag{K.484}$$

$$\psi_2^{(0)} \quad = \quad \psi^{(0)}\left((\tfrac{\pi}{a},0),(-\tfrac{2\pi}{a},0);\vec{r}\right) = L^{-1/2}\exp[-i\tfrac{\pi}{a}x] \tag{K.485}$$

Die kleine Gruppe von X ist $G(X) = C_{2v}$

$\boldsymbol{G(X) = C_{2v}}$	E	$= C_2$	$2\sigma_v^{(x)}$	$2\sigma_v^{(y)}$
$X_1(A_1)$	1	1	1	1
$X_2(A_2)$	1	1	-1	-1
$X_3(B_1)$	1	-1	1	-1
$X_4(B_2)$	1	-1	-1	1
$\Gamma^{(X)}$	2	0	2	2

$$\Longrightarrow \qquad \Gamma^{(X)} = A_1 + B_1 \tag{K.486}$$

Folglich ist nach der Wigner-Formel (4.75):

$$\psi^{(X_1)} = \psi^{(A_1)} \quad = \quad \sqrt{2}\,L^{-1/2}\cos\left(\tfrac{\pi}{a}x\right) = \frac{1}{\sqrt{2}}(\psi_1^{(0)} + \psi_2^{(0)}) \tag{K.487}$$

$$\psi^{(X_3)} = \psi^{(B_1)} \quad = \quad \sqrt{2}\,L^{-1/2}\sin\left(\tfrac{\pi}{a}x\right) = \frac{1}{i\sqrt{2}}(\psi_1^{(0)} - \psi_2^{(0)}) \tag{K.488}$$

e) Für das Aufspaltungsverhalten des niedersten X-Zustand:

$$\begin{aligned} E(X_1) &= E^{(0)}(X) + \langle\psi^{(X_1)}|V|\psi^{(X_1)}\rangle \\ &= E^{(0)}(X) + A + B \end{aligned} \tag{K.489}$$

$$\begin{aligned} E(X_3) &= E^{(0)}(X) + \langle\psi^{(X_3)}|V|\psi^{(X_3)}\rangle \\ &= E^{(0)}(X) - A + B \end{aligned} \tag{K.490}$$

mit

$$A \quad = \quad \langle\psi_1^{(0)}|V|\psi_1^{(0)}\rangle = \langle\psi_2^{(0)}|V|\psi_2^{(0)}\rangle \tag{K.491}$$

$$B \quad = \quad \frac{1}{2}\left[\langle\psi_1^{(0)}|V|\psi_2^{(0)}\rangle + \langle\psi_2^{(0)}|V|\psi_1^{(0)}\rangle\right] \tag{K.492}$$

bestehen daher zwei Möglichkeiten:

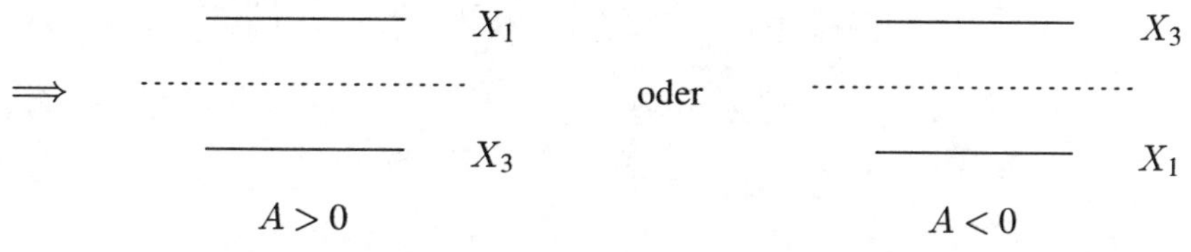

Untersucht man die Aufspaltung für den 1. angeregten Γ-Zustand, so folgt analog:

$$E(\Gamma_1) = E^{(0)}(\Gamma) + A + B \tag{K.493}$$
$$E(\Gamma_3) = E^{(0)}(\Gamma) + A - B \tag{K.494}$$
$$E(\Gamma_5) = E^{(0)}(\Gamma) + A \tag{K.495}$$

mit

$$A = \frac{2}{L}\langle\cos(\tfrac{2\pi}{a}x)|V|\cos(\tfrac{2\pi}{a}x)\rangle \tag{K.496}$$
$$B = \frac{2}{L}\langle\cos(\tfrac{2\pi}{a}x)|V|\cos(\tfrac{2\pi}{a}y)\rangle \tag{K.497}$$

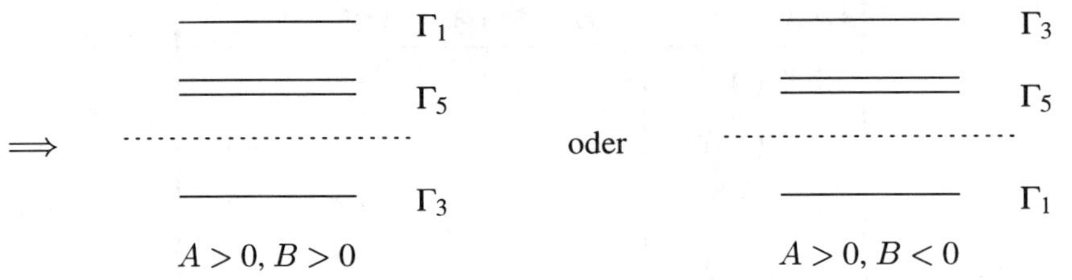

f) Für das niederste Band ist

$$\Gamma \to X \quad : \quad \Gamma_1 \xrightarrow{\Delta_1} X_1 \tag{K.498}$$
$$\text{oder} \quad \Gamma_1 \xrightarrow{\Delta_1} X_3 \tag{K.499}$$

je nachdem, ob X_1 oder X_3 tiefer liegt. Laut Kompatibilitätstabelle ist jedoch beides zugelassen. Daher gibt es keine Überschneidung in diesem Abschnitt.

g) Auf den verschiedenen Wegen haben die jeweiligen kleinen Gruppen teils gleiche, teils verschiedene Spiegelebenen (mit gleichen Charaktereinträgen in der betrachteten Spalte). So hat z.B. für P—Δ—X stets die $\sigma_v^{(x)}$-Spalte dieselben Einträge, jedoch für X—Z—M die $\sigma_v^{(y)}$- und σ_d-Spalte verschiedene Einträge. Daher kommt hier die Verschiebung der Indizes.

L Johannes Kepler: „Über den hexagonalen Schnee“

IOANNIS KE-
PLERI S. C. MAIEST.
MATHEMATICI
STRENA

Seu

De Niue Sexangula.

Cum Priuilegio S. Cæſ. Maieſt. ad annos XV

FRANCOFVRTI AD MOENVM,
apud Godefridum Tampach.

Anno M. DC. XI.

Bild L.1 Titelblatt zu Keplers Abhandlung über den hexagonalen Schnee (aus: [24], S. 261)

L.1 Textauszug (aus [24], Seite 261 ff)

Über den hexagonalen Schnee
Von Johannes Kepler,
Seiner Kaiserlichen Majestät Mathematiker.
Ein Neujahrsgeschenk
an den berühmten Hofrat Seiner Kaiserlichen Majestät, Herrn Johannes Matthaeus Wackher von Wackenfels, goldenen Ritter etc., Förderer der Wissenschaften und der Philosophie, meinem Herrn und Wohltäter.

Frankfurt am Main anno 1611
bei Gottfried Tampach.

Da ich weiß, wie sehr Du das Nichts liebst, nicht wegen seines geringen Wertes, sondern ganz wie das witzige und zugleich anmutige Spiel der frechen Spatzen, so ist es mir leicht zu errraten, um wieviel lieber und willkommener Dir ein Geschenk sein wird, je mehr es dem Nichts nahekommt.
Was es auch sei, was Dich zu irgendeiner Überlegung reizen könnte, das Geringfügige, das allzu Wertlose oder keineswegs Haltbare, es muß tatsächlich geradezu Nichts sein. Du denkst vielleicht an eines der Atome EPIKURs: gewiß, das ist Nichts! - Wir versuchen mit einem Nichts zu beginnen, indem wir die Elemente durchgehen und nach dem Kleinsten suchen, das in jedem Gegenstand enthalten ist.
...
Während ich derartiges ängstlich erwäge, gehe ich über eine Brücke, verwirrt über meine Unhöflichkeit, der ich Dich ohne Neujahrsgeschenk gelassen hätte, weil ich immer ein Nichts anbiete, indem ich stets dieselbe Leier drehe, aber nicht finde, was dem Nichts am nächsten kommt, und was die Schärfe des Geistes zuließe. Da passierte durch Zufall folgendes, daß durch die Wasserdämpfe, die durch die Kraft der Kälte zu Schnee gefrieren, weiße Flocken auf meine Kleidung fallen, alle sechseckförmig und mit gefiederten Strahlen. Ei ja, beim Herkules, ich habe ein Ding, das kleiner ist als irgendein Tropfen, und das doch eine Form besitzt, ei, welch höchst erwünschtes Neujahrsgeschenk für einen, der das Nichts liebt, und das wert ist, daß es gerade ein Mathematiker schenkt, der ja nichts hat und nichts bekommt, und das dennoch vom Himmel herab fällt und die Ähnlichkeit der Sterne an sich trägt.
...
Aber Scherz bei Seite, kommen wir zu Sache; da es immer so ist, sooft es zu schneien beginnt, daß jene ersten Schneeteilchen die Form von sechseckigen Sternchen an sich haben, muß da ein bestimmter Grund vorliegen. Denn wenn es durch Zufall geschähe, warum fallen dann nicht in gleicher Weise Fünfecke oder Siebenecke, warum denn immer Sechsecke, sofern sie noch nicht ineinander verfilzt sind und aus gleich welchem Grunde zu einer Häufung zusammengeklebt sind, sondern spärlich und getrennt?
...
Bisher kann aber freilich nichts über die Entstehung der Form unseres Schneeflöckchens gesagt werden. Denn welches Hinein- und Hinaustreten gibt es denn in den sehr weiten, luftigen Gefilden, welche Engpässe, und welchen Widerstreit? Ich will gern eingestehen, daß beim Fallen aus der Höhe durch die dunstige Luft eine Ablagerung von umgebendem Dunst an die Strahlen vor sich geht. Aber warum an sechs Stellen, warum denn das Prinzip der Sechszahl? Wer hat das kleine Mittelstück, bevor es zu fallen begann, in sechs gefrorene Hörner ausgebildet? Welcher Grund legt an der Oberfläche, die sich erst noch kondensieren soll, sechs Punkte an, an die rundherum sechs Strahlen angefügt werden können?
Da also die Kälte, die äußere Ursache, das nicht bewirken kann, muß da noch eine innere liegen, eine, die eine Begleiterscheinung des Dunstes ist, oder eine ihm auf irgendeine andere Weise eigentümliche.
Aber den, der das erwägt, kommt ein Wundern an, warum die Strahlen nicht besser kreisrundherum angeordnet waren? Warum wirkt sie nur in so dünner ebener Schicht, wenn die Kälte der Urheber dessen ist? Die sich doch in jeder Schicht gleich verhält, und gewiß nicht nur auf der ebenen Oberfläche des Dampfes?
...
Ich kann zwar eine Art angeben, wie dies aus materieller Notwendigkeit erfolgt. Das aber schließt etwas ein, was wiederum mehr Bewunderung einflößt, als das, was zu beweisen ist. Ich will es doch sagen, damit vielleicht aus der Vergleichsmöglichkeit der vielen falschen Schlüsse die Wahrheit geboren wird. ...
Zum zweiten sei es, daß diese Dunstkügelchen sich gegenseitig in einer bestimmten Anordnung berühren. Nimm an, auf der Ebene in quadratischer und im Raum kubischer, wie oben beschrieben. So wird nämlich

jedes Kügelchen von sechs anderen berührt, von denen nur vier hier auf der Ebene gezeichnet werden können, deren fünfte und sechste aber darüber- und daruntergelagert zu denken ist. Nachdem das so festgesetzt und angenommen ist, und wenn nun aber die Kälte durch die Zwischenräume eindringt, dann werden die Kügelchen von einer Berührungsstelle bis zur anderen vor der Kälte geschützt sein. So wird zwar zur Mitte der Kügelchen hin eine Kondensation eintreten, aber doch so, daß sie auch in Richtung auf die Diameter der Berührpunkte wirkt, wo sie allerdings vor der Kälte geschützt sind.

...

Wenn es vom Material her nicht anders geschehen könnte, wäre die Aufgabe erledigt. ...
Nachdem daher alles geprüft ist, was vor die Augen kam, so glaube ich, daß der Grund der sechseckigen Figur im Schnee kein anderer ist als der, der für die regelmäßigen Figuren der Pflanzen und der konstanten Zahlen gilt. Da aber in ihnen nichts ohne höchste Überlegung geschieht, zumindest nicht eine solche, die durch Ausschweifung von Tüfteleien gefunden werden kann, sondern eine, die von vornherein im Entschluß des Schöpfers stand und welche von Anbeginn bis zum heutigen Tag durch die wunderbare Natur der Möglichkeiten der Tiere bewahrt bleibt. Ich glaube, daß zumindest im Schnee diese geordnete Form nicht so ohne weiteres besteht.

...

Warum gerade Sechsecke? Etwa weil unter den regelmäßigen Figuren dies die erste tatsächliche Fläche ist, die zu keinem Körper zusammengesetzt werden kann? Denn das Dreieck, Viereck und Fünfeck bilden Körper. Oder weil sich das Sechseck über die Ebene erstreckt, ohne eine Lücke zu lassen? Dasselbe tut aber auch das Dreieck und Viereck. Oder weil dies dem Kreis am nächsten kommt unter allen, die die Fläche bedecken, ohne eine Lücke zu lassen? Oder ist folgender Unterschied zwischen der formbildenden Kraft, daß es sowohl eine gibt, die Unfruchtbares schafft, wie auch jene andere, die Fruchtbares schafft, so daß jene das Dreieck oder das Sechseck entstehen läßt, diese aber das Fünfeck? Oder ist schließlich die Natur selbst dieser formbildenden Macht im innersten Gewölbe ihres Wesens Teilhaberin des Sechsecks?

...

Daher sollen die Chemiker sagen, ob im Schnee ein Salz ist, welcher Art dieses Salz ist und wie es die Figur hervorbringen könnte. Denn ich, nachdem ich an die Tore der Chemie geklopft habe und sehe, wie viel noch zu sagen übrig bleibt, damit das Ding eine Ursache habe, will lieber von Dir, Du fähigster Mann, hören, was Du denkst, als Dich durch weitere gründliche Erörterungen zu ermüden.
Nichts folgt.

L.2 Kommentare

- [24]

  STRENA SEV DE NIVE SEXANGVLA

  ... nimmt er [Kepler] hier eine einzelne Naturerscheinung vor, um sie zum Gegenstand einer eindringlichen Untersuchung zu machen, die Sechseckform der Schneekristalle. Was er hierüber vorlegt, ist eine äußerst reizvolle Studie, die nicht nur den Scharfsinn, die reiche Phantasie und geistvolle Darstellungsgabe ihres Verfassers erkennen läßt, sondern auch seine Stellung zwischen der alten aristotelischen Naturbetrachtung und der neuen physikalischen Beschreibung und Erklärung der Erscheinungen ins Licht rückt. Wie Kepler in seiner großen Astronomia Nova sich fragt, wieweit die einzelnen Erscheinungen in den Bewegungen der Planeten sich „natürlich" erklären lassen oder wieweit zu einer solchen Erklärung ein seelisches Prinzip angenommen werden müsse, so stehen sich auch hier die necessitas materiae und die facultas formatrix, die materielle Notwendigkeit und das formierende Vermögen als Prinzipien zur Lösung seiner Frage gegenüber.

  Da ihm von vornherein feststeht, daß die Ursache für die Sechseckform der Schneekristalle nicht in der Materie, sondern in einem Agens zu suchen sei, stellt er die Fragen auf: Was ist dieses Agens? Handelt es als eingepflanzte Form oder als etwas von außen her Wirkendes? Bewirkt es die Sechseckform aus einer materiellen Notwendigkeit heraus oder aus seiner eigenen Natur heraus, insofern ihm entweder das Urbild der Schönheit, die dem

Sechseck zukommt, oder die Kenntnis des Zwecks, zu dem diese Form hinführt, eingeboren ist? Das sind die Einzelfragen, die sich in seiner Darstellung in mannigfaltigster Weise verschlingen und verknoten. Der Leser wird freilich eine bestimmte, klare Antwort auf diese Fragen vergeblich suchen. Kepler gefällt sich darin, ihn auf verschlungenen Wegen hin und her zu führen. Er zeigt ihm eine Aussicht und rühmt ihm beredt deren Vorteile, um in wenigen Schritten wieder mit dem entgegengesetzten Aspekt zu überraschen. So ist das Ganze in seinem Sinn mehr ein witziges Gedankenspiel als wissenschaftliche Abhandlung. Und doch blitzen bedeutende Überlegungen darin auf, so wenn er bei der Betrachtung der Bienenzellen und der Granatäpfelkerne, die er zum Vergleich heranzieht, die Bildung und Eigenschaften der Rhomboeder darlegt und die möglichen Kugelpackungen mit ausgezeichnetem mathematischem Spürsinn behandelt. So nahe er aber mit diesen letzteren Untersuchungen den Vorstellungen kommt, die sich die spätere Wissenschaft vom Aufbau der Kristalle gebildet hat, so kommt er doch mit diesen Kugelpackungen bei der Lösung seiner Hauptfrage nicht weiter und kann nicht weiter kommen, da ihm der Gedanke einer atomaren Struktur der Materie durchaus fern liegt. Es stimmt mit seinem ganzen Gedankenkreis, wie er in anderen Schriften, zumal auch in der Harmonice Mundi, dargelegt ist, ganz überein, wenn er schließlich sagt, daß die Ursache für den geometrisch regelmäßigen Bau der Schneekristalle dieselbe sei wie für die regelmäßigen Figuren, die in der Pflanzenwelt auftreten, nämlich eine „facultas formatrix“, ein formierendes Vermögen, das der Erde innewohnt und von ihr auf alles übergeht, was von ihr seinen Ausgang nimmt. Auf die Frage freilich, warum dieses Vermögen, das doch in der ganzen Geometrie erfahren und geübt sei, beim Schnee gerade die Sechseckform anwende - schließlich die Hauptfrage der ganzen Schrift -, weiß er keine Antwort mehr. Lächelnd bricht der gewandte Dialektiker seine gelehrte Plauderei ab, als er sich an den Anfang seiner Schrift zurückversetzt sieht.

Die Schrift ist als launige Epistel an den kaiserlichen Rat Matthäus Wackher von Wackenfels, Keplers großen Gönner in Prag, stilisiert und diesem als Neujahrsgabe zu Anfang des Jahres 1611 gewidmet. Beide Männer pflogen eifrigen Verkehr miteinander. Bei seinen vielseitigen wissenschaftlichen Interessen und seiner großen Beschlagenheit auf allen möglichen Gebieten war Wackher, der wie Kepler der schwäbischen Erde entstammte, der richtige Partner für dessen gelehrte Unterhaltungen.

(...)

Die Schrift gehört zu den wenigen Werken Keplers, die zu seinen Lebzeiten nachgedruckt worden sind. (...)

- [43], S. 25ff

Kepler spricht die Chemiker an, daß nur sie in der Lage seien, die Antwort auf das von ihm aufgeworfene Problem zu finden. Diese Antwort, wie der Schnee „die Figur hervorbringen könnte“ wird durch die Ergebnisse der modernen Kristallographie und Kristallchemie gegeben. Schnee (Eis) kristallisiert hexagonal, wohl in der dihexagonal-pyramidalen Klasse, C_{6v} - $6mm$ mit einer polaren hexagonalen Hauptachse und 6 vertikalen Spiegelebenen (keine horizontale Spiegelebene!).

Die Struktur ist aufgebaut aus H_2O-Molekülen, die - wie auf Grund des geringen spezifischen Gewichtes anzunehmen war und durch die röntgenographische Strukturbestimmung bestätigt wurde - nicht eine dichteste Kugelpackung bilden, sondern relativ locker in gegenseitiger tetraedrischer Umgebung angeordnet sind (vergleichbar der Lage der Si im Tridymitgitter oder den Zn und S im Wurtzit). Die Symmetrie des Sauerstoffgerüstes (W.

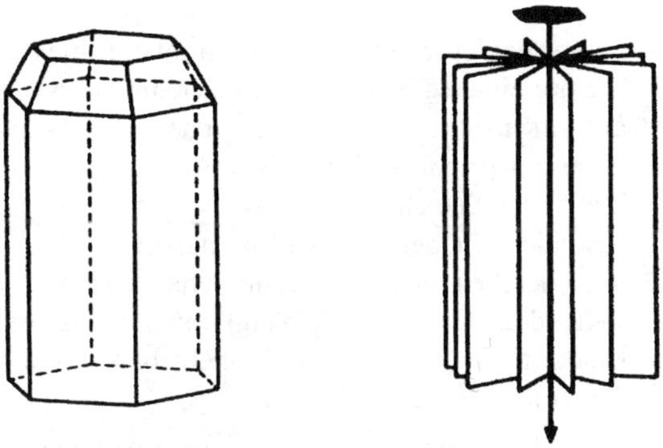

Bild L.2
Morphologie und Symmetrieelemente eines Eiskristalls (aus: [43] S. 25)

H. Bragg 1922, Barnes 1929) wird durch die Anordnung der Wasserstoffprotonen verringert, deren Lage Fowler und Bernal (1936) nach eingehender Diskussion der Konstitution des Wassermoleküles abgeleitet haben.

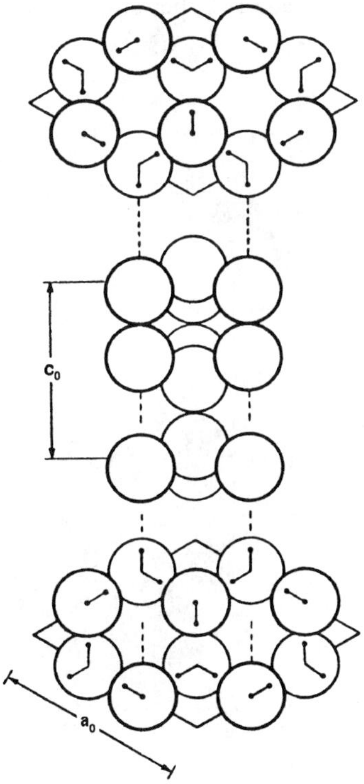

Die Symmetrie der Elementarzelle entspricht der Raumgruppe

$$C_{6v}^3 \quad - \quad P6_3cm$$

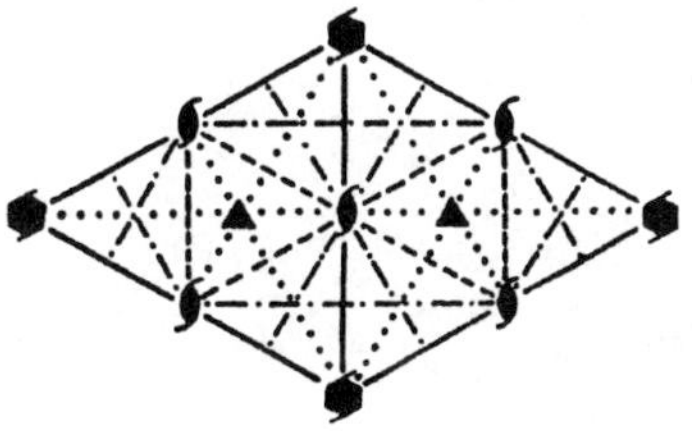

$a_0 = 7{,}84\mathring{A} \qquad c_0 = 7{,}38\mathring{A} \qquad Z = 12$

Bild L.3
Struktur und Symmetrie von Schnee (aus: [43] S. 26)

Johannes Kepler stellt in vorliegender Schrift erstmalig die hexagonale Symmetrie der Schneekristalle fest; er bemüht sich in geistreicher Weise unter Heranziehung aller damals bekannten Vergleichsmöglichkeiten (Bienenwaben, Granatapfelkerne, Kugelpackungen) eine Erklärung für die immer wiederkehrende Symmetrie des Schnees zu finden. Er unterscheidet zwischen beseelten Naturobjekten (Pflanzen und Tiere), deren Formbestreben auf eigenen Willen zurückgeht, und unbeseelten Naturobjekten (Kristalle, Mineralien) mit Formbestreben auf Grund materieller Notwendigkeit (geometrische Raumerfüllung), diese entspricht nach heutiger Auffassung dem Koordinationsbestreben der chemischen Bausteine. Die chemischen Bausteine der Kristalle - die Atome, Ionen und Moleküle, insbesondere die beiden ersteren - haben das Bestreben, sich möglichst hochsymmetrisch mit ihresgleichen zu umgeben und charakteristische Baugruppen zu bilden. Die Art der entstehenden Baukomplexe hängt von der relativen Zahl und Größe, von der Wertigkeit und Bindungsart der Atome und Ionen ab, während in Molekülgittern mehr die spezielle Form der Moleküle maßgebend ist.

Das Koordinations- und Symmetriebestreben der chemischen Bausteine wird unter gleichbleibenden Temperatur- und Druckverhältnissen konsequent beibehalten und führt beim Wachsen der Kristalle zu dreidimensional periodischen Strukturen, den Raumgitterstrukturen. Die Wahrscheinlichkeit dieser Anordnung wurde im Prinzip erstmalig von Johannes Kepler in der hier vorliegenden Schrift in Erwägung gezogen, von L. A. Seeber 1822 in seinem „Versuch einer Erklärung des Baues der festen Körper“ als Hypothese aufgestellt und schließlich durch das berühmte Experiment von Max von Laue 1912 bestätigt.

Abbildungsverzeichnis

Tabellenverzeichnis

Symbolverzeichnis

$\vec{a}$	Runge-Lenz-Vektor	(14.21)
a	Bohrscher Radius	(5.8)
$\vec{a}_i$	Einheitsvektor des Gitters	(10.1)
α	Drehwinkel	(4.98)
α	Multiplizität; $\alpha = 1,\ldots,n$	(5.33)
$\alpha_{ij}^{(m)}(\omega)$	atomare (oder molekulare) Polarisierbarkeit	(9.29)
$\mid \alpha,r_\alpha,j_\alpha\rangle$	irreduzible Basisfunktionen zu $\Gamma^{(\mu)}$	(5.32)
a_μ	Multiplizität der Darstellung $\Gamma^{(\mu)}$	(3.10)
$\vec{b}_i$	Einheitsvektor im reziproken Gitter	(10.13)
C	Casimir-Operator	(13.26)
$\chi(R)$	Charakter von R	(3.15)
c_{ijk}	Klassenmultiplikatoren	(2.16)
$C(\kappa r k \mid \mu i,\nu j)$	Kopplungskoeffizienten/Wigner–Clebsch-Gordan–Koeffizienten	(9.60)
$\vec{D}$	Dipoloperator	(9.4)
$\vec{D}_{mn}$	Dipolmatrixelement	(9.5)
d_μ	Dimension (Entartungsgrad) einer Darstellung $\Gamma^{(\mu)}$	(3.4)
$d_\mu^{(0)}$	Entartungsgrad des ungestörten Eigenzustandes $E_{n\mu}^{(0)}$ von H_0	(5.33)
$\vec{e}$	Einheitsvektor (allgemein)	(9.4)
$\vec{E}$	elektrisches Feld	(9.4)
e	Elementarladung	(5.10)
E	Einselement	(2.4)
E	elektrische Feldstärke	(5.89)
$E_\alpha^{(n\mu)}$	Energiewert zu $\mid \alpha,r_\alpha,j_\alpha\rangle$	(5.47)
E_i	Komponente des elektrischen Feldes	(8.43)
$\vec{e}_j$	Einheitsvektor (kartesisch)	(4.5)
$E_{n\mu}$	Energieeigenwert zu $\psi_{(n,\mu,j)}$	(5.1)
$E_{n\mu}^{(0)}$	Energieeigenwert zu $\psi_{(n,\mu,j)}^{(0)}$	(5.25)
ϵ	Deformationstensor	(8.70)
ϵ_{ik}	Dielektrizitätstensor	(8.43)
T_{mn}	Elastizitätstensor	(8.69)
η_j	Vektorobjekt	(4.1)

$\{\eta_{j_\mu}^{(\mu,r_\mu)}\}$	Irreduzibler Basissatz	(4.62)
$\eta_n(\kappa)$	Eigenvektor	(7.8)
$\vert F\rangle$	Endzustand	(9.98)
f	Federstärke	(1.2)
$\vec{F}(\vec{r})$	konservatives Kraftfeld	(6.1)
$V(\vec{r})$	skalares Potential	(6.1)
$\vec{G}$	reziproker Gittervektor	(10.15)
g	Anzahl der Gruppenelemente	(2.1)
G	Gruppe	(2.1)
Γ	Darstellung einer Gruppe	(3.1)
$\Gamma^{(\mu)}$	irreduzible Darstellung	(3.10)
$\Gamma^{(\mathrm{reg})}(R)$	reguläre Darstellung	(3.41)
g_i	Anzahl der Elemente einer Klasse K_i	(2.12)
H	Hamiltonoperator	(5.1)
H_0	ungestörter Hamiltonoperator	(5.24)
$\vert I\rangle$	Ausgangszustand	(9.98)
i	Paritätsoperator, Inversion	(4.111)
$I_{mn}^{(\pm)}$	Intensität der (Anti-)Stokes-Komponente einer Ramanlinie	(9.32)
j_μ	Entartungsindex von $\Gamma^{(\mu)}$; $j_\mu = 1,\ldots,d_\mu$	(4.62)
$\vec{k}$	$\vec{k}$-Vektor	(10.17)
$\vec{k}$	reduzierter $\vec{k}$-Vektor	(10.25)
K_i	Klasse	(2.11)
$\mathcal{L}$	Operator	(4.93)
L	Drehimpulsoperator	(4.98)
Λ	Eigenwert	(4.93)
L_z	z-Komponente des Drehimpulsoperators	(5.103)
M	Masse	(1.2)
M	Matrix	(3.1)
M	Transformationsmatrix	(4.51)
M_m	Masse des m–ten Massenpunktes	(7.1)
n	Zahl der irreduziblen Darstellungen und Klassen	(3.27)
N	Zahl der Freiheitsgrade	(7.7)

n_{ID}	Zahl der irreduziblen Darstellungen	(3.27)
n_{Kl}	Zahl der Klassen	(3.27)
Ω	Schwingungsfrequenz	(7.6)
Ω	fundamentales Periodizitätsvolumen	(12.12)
Ω_{el}	elektrische Energiedichte	(8.43)
Ω_{elast}	elektrische Energiedichte	(8.69)
Ω_{piezo}	Enegiedichte der Piezoelektrizität	(8.93)
$\Omega(\vec{r})$	Energiedichte des Kontinuums	(8.1)
$\vec{p}$	Dipolmoment	(6.19)
p	Parität	(4.110)
p	Periode einer Gruppe	(2.7)
φ	Drehwinkel φ	(4.10)
$P_l(z)$	Legendre-Polynome	(4.103)
$P_l^{\|m\|}(z)$	assoziierte Legendre-Polynome	(4.103)
P_m	Komponente der Polarisation	(8.91)
$\psi^{(0)}_{(n,\mu,j)}$	ungestörte Wellenfunktionen von H_0 zu $\Gamma_0^{(\mu)}$	(5.25)
$\{\psi_{(n,\mu,j)}\}$	Eigenfunktionen als Basis zu $\Gamma^{(\mu)}$	(5.1)
$\psi^{(t)}$	Versuchswellenfunktion	(5.1)
Q_{ij}	Quadrupoltensor	(6.23)
$\{Q(\mu,r,j)\}$	Normalkoordinaten	(9.130)
$\vec{r}$	Ortsvektor	(4.6)
R	allgemeines Gruppenelement	(2.4)
r_α	Laufindex der Multiplizität; $r_\alpha = 1,\ldots,a_\alpha$	(5.33)
$R(\vec{e}_\xi,\alpha)$	Operator der Rotation	(13.16)
$R_j^{(\vec{k})}$	Gruppenoperation der Gruppe des $\vec{k}$-Vektors	(11.24)
$R_{\{m\}}$	Gruppenelement der Translationsgruppe	(10.1)
r_μ	Multiplizitätsindex; $r_\mu = 1,\ldots,a_\mu$	(4.62)
R_φ	Drehung um Winkel φ	(4.10)
$\vec{\sigma}(\mu,r_\mu,k_\mu)$	Symmetrievektor	(7.62)
$S_l^{(\vec{k})}$	Sternoperation von $\vec{k}$	(11.32)
$s(\mu,r_\mu,j_\mu)$	Symmetriekoordinate	(7.69)
t	Zeit	(1.3)
$T_{mm'}$	Tensor	(8.1)

τ	Isospin	(15.8)
$\Theta_l^m(\vartheta)$	Legendre-Funktionen	(4.99)
$\vec{t}_{\{m\}}$	Gitterpunkte	(10.1)
$T_{rr'}^{(\mu j,\mu' j')}$	Tensor bezüglich symmetriekonformer Koordinaten	(8.16)
U	unitäre Matrix	(16.21)
V	Potential, potentielle Energie	(5.10)
$\varphi_{\alpha,r_\alpha,j_\alpha}^{(n\mu)}$	$\equiv\mid \alpha,r_\alpha,j_\alpha\rangle$	(5.32)
$V_C(\vec{r})$	Kristallfeld	(6.9)
v_{mn}	dynamische Matrix	(7.2)
$V_{MP}(\vec{r})$	Multipolentwicklung	(6.9)
$V(\vec{r})$	skalares Potential	(6.1)
W	Störungshamiltonoperator	(5.24)
$w_l^{(C)}(\vartheta,\varphi)$	Entwicklungsfunktionen der Kristallfeldes	(6.10)
$w_l^{(MP)}(\vartheta,\varphi)$	Entwicklungsfunktionen der Multipolfeldes	(6.10)
w_{mn}	Übergangswahrscheinlichkeit pro Zeiteinheit	(9.6)
x_1,x_2	Auslenkungskoordinate	(1.2)
x_i	Ortskoordinate	(4.6)
$\{\xi_m(\vec{r})\}$	Variablensatz für die Energiedichte	(8.1)
x_m	massenreduzierte Koordinate des m–ten Massenpunktes	(7.2)
X_m	Auslenkungskoordinate des m–ten Massenpunktes	(7.1)
Y	Hyperladung	(15.16)
$Y_{l,m}(\vartheta,\varphi)$	Kugelflächenfunktionen	(4.99)
Z	Kernladungszahl	(14.5)
Z	Zahl natürlicher Tensorkomponenten	(8.26)
$\{\zeta_{j_\mu}^{(\mu,r_\mu)}\}$	Irreduzibler Basissatz	(4.62)
$\{\zeta_{m'}(\vec{r})\}$	Variablensatz für die Energiedichte	(8.1)
$\{\vec{\zeta}(\mu,r_\mu,i_\mu)\}$	Irreduzibler Basissatz	(7.87)

Literaturverzeichnis

[1] P.W. ATKINS, M.S. CHILD, C.S.G. PHILLIPS, *Tables for Group Theory*, Oxford University Press 1978

[2] L. BERGMANN, C. SCHÄFER, *Lehrbuch der Experimentalphysik, Band 6 Festkörper*, deGruyter Berlin 1992

[3] D. I. BLOCHINZEW, *Grundlagen der Quantenmechanik*, Verlag H. Deutsch Thun 1988 9. Auflage

[4] W. BORCHARDT-OTT, *Kristallographie*, Springer Berlin 1990 3. Auflage

[5] G. BURNS, *Introduction to Group Theory with Applications*, Academic Press Boston 1989

[6] G. BURNS, A. GLAZER, *Space Groups for Solid State Scientists*, Academic Press Boston 1990 2. Auflage

[7] H. BURZLAFF, H. ZIMMERMANN, *Kristallographie: Band I Symmetrielehre*, Thieme Verlag Stuttgart 1977

[8] J. DECIUS, R. HEXTER, *Molecular Vibrations in Crystals*, McGraw-Hill New York 1977

[9] F. ENGELKE, *Aufbau der Moleküle*, Teubner Stuttgart 1992

[10] L. M. FALICOV, *Group Theory and its Physical Applications*, University of Chicago Press Chicago 1966

Dieses Büchlein ist leider schwer erhältlich. Es ist exzellent als mathematische Einführung und diskutiert Anwendungen in Molekül- und Festkörperphysik.

[11] P. FEYERABEND, *Wider den Methodenzwang*, Suhrkamp Frankfurt a. M. 1991

[12] P. W. FOWLER and A. CEULEMANS *Molecular Physics*, **54**, Seite 767 ff, 1985

[13] W. GREINER, B. MÜLLER, *Quantenmechanik, Teil 2, Symmetrien, Seite 198 ff*, Verlag H. Deutsch Frankfurt a. M. 1990

Bietet eine für den Physiker sehr gut geeignete Einführung in die Lie–Gruppen. Überdies werden erfreulich viele Beispiele ausführlich diskutiert.

[14] M. HAMERMESH, *Group Theory and its Application to Physical Problems*, Dover New York 1989

Didaktisch sehr gut. Für den Physiker bezüglich des mathematischen Hintergrunds besonders durchsichtig. Nicht sehr viele Anwendungen.

[15] S. HAUSSÜHL, *Kristallgeometrie*, Taschentext Band 64, Verlag-Chemie Physik-Verlag Weinheim 1977

[16] V. HEINE, *Group Theory in Quantum Mechanics*, Dover New York 1993

Nachdruck eines älteren Werkes. Nicht sehr systematisch aufgebaut. Viele Anwendungsbeispiele. Ausgezeichnetes Arbeitsbuch. Beliebt bei den Physikern. Viele physikalisch und mathematisch erhellende Bemerkungen. Insgesamt empfehlenswert wegen der klaren, kompakten Argumentation und dem großen Spektrum der Anwendungen in Atom-, Molekül-, Festkörperphysik und in der relativistischen Quantenmechanik. Lie-Gruppen und Anwendungen auf die Elementarteilchen nicht enthalten.

[17] W. HEITLER, *The Quantum Theory of Radiation*, Cover Publications New York 1984 3. Auflage

[18] K.-H. HELLWEGE, *Einführung in die Festkörperphysik*, Springer Berlin 1988 3. Auflage

[19] J. HEMLEBEN, *Kepler*, rororo bildmonographien Band 183, Rowohlt Verlag Reinbek bei Hamburg 1982

[20] G. HERZBERG, *Infrared and Raman Spectra*, Nostrand Company New Jersey 1964

[21] J.M. HOLLAS, *Die Symmetrie von Molekülen*, deGruyter Berlin 1975

[22] T.INUI, Y. TANABE, Y. ONODERA, *Group Theory and its Applications in Physics*, Springer Berlin 1996 2. Auflage

Durchsichtige, auf den Physiker ausgerichtete Darlegung des mathematischen Hintergrunds (1. Hälfte des Buches). Anwendung in Atom-, Molekül- und Festkörperphysik, auch Landau-Theorie der Phasenübergänge. Lie-Gruppen nur kurz gestreift.

[23] J. D. JACKSON, *Klassische Elektrodynamik*, deGruyter Berlin 1983 2. Auflage

[24] J. KEPLER, *Gesammelte Werke Band IV, S. 440f.*, (Hrsg. M. Caspar, F. Hammer), C.H. Beck'sche Verlagsbuchhandlung München 1941

[25] S. KETTLE, *Symmetrie und Struktur*, Teubner Stuttgart 1994

[26] W. KLEBER, *Einführung in die Kristallographie*, Verlag Technik GmbH Berlin 1990 17. Auflage

[27] R. KNOX, A. GOLD, *Symmetry in the Solid State*, Benjamin New York 1964

In der ersten Hälfte des Buches werden in sehr praktisch-pragmatischer Weise, ohne mathematische Herleitungen, die Standardtheoreme für die meisten Anwendungen in der Atom- und Festkörperphysik erläutert und ihre Anwendung illustriert. Im zweiten Teil sind die wichtigsten Originalartikel nachgedruckt (VON NEUMANN–WIGNER, SEITZ, VON DER LAGE, BETHE etc.). Ein sehr brauchbares Buch.

[28] K. KOPITZKI, *Einführung in die Festkörperphysik*, Teubner Stuttgart 1989 2. Auflage

[29] G. KOSTER, J. DIMMOCK, R. WHEELER, H. STATZ, *Properties of the Thirty-two Point Groups*, M.I.T. Press Cambridge(Mass.) 1969

Dies ist die vollständigste mir bekannte Tabellensammlung (Charaktertafeln, Multiplikationstafeln, Kopplungskoeffizienten, Untergruppen-Kompatibilitätstafeln). Leider fehlt die gegenwärtig aktuell gewordene Ikosaedergruppe (Quasikristalle, Fullerene).

[30] G. KOSTER, *Space Groups and Their Representations*, Academic Press New York 1957

[31] A. KRAMERS, W. HEISENBERG, Zeitschrift für Physik 31, 681 (1925)

[32] L.D. LANDAU UND E.M. LIFSHITZ, *Lehrbuch der Theoretischen Physik, Band 3 Quantenmechanik, Kapitel XII,* Akademie-Verlag Berlin 1988 8.Auflage

Gruppentheorie in der Nußschale. Didaktische Meisterleistung.

[33] H. J. LIPKIN, *Anwendung von Lieschen Gruppen in der Physik*, B.I.-Hochschultaschenbücher Band 163/163a, B.I. Wissenschaftsverlag Mannheim 1967

[34] J. LOMONT, *Applications of finite groups*, Dover New York 1993

[35] W. H. LOUISELL, *Quantum statistical properties of radiation*, Wiley New York 1990, 2. unveränderte Auflage

[36] W. LUCHA, F. SCHÖBERL, *Gruppentheorie*, B.I. Hochschultaschenbuch Band 697, B.I. Wissenschaftsverlag Mannheim 1993

[37] W. LUDWIG, C. FALTER, *Symmetries in Physics: Group Theory Applied to Physical Problems*, Springer Series in Solid State Sciences 64, Springer 1996 2. Auflage

Bringt im ersten Drittel den hauptsächlichen mathematischen Hintergrund in systematischer Weise, aber mit Beispielen gut durhcsetzt. Dann folgen Anwendungen in Atom-, Molekül-, Festkörperphysik. Das letzte Drittel ist den Lie-Gruppen und Anwendungen in der Elementarteilchenphysik bis hin zu aktuell diskutierten Modellen gewidmet. Sehr empfehlenswertes Buch.

[38] A. MESSIAH, *Quantenmechanik*, Anhang zu Band 2, deGruyter Berlin 1990 3. Auflage

[39] A. NUSSBAUM, *Applied Group Theory* Prentice-Hall, Englewood Cliffs, New York, 1971

[40] J. PRATHER, *Atomic Energy Levels in Crystals*, National Bureau of Standards Monograph 19, Washington 1961

[41] H. SCHRÖCKE , K.-L. WEINER, *Mineralogie*, deGruyter Berlin 1981

[42] F. SEITZ, Annals of Mathematics, 37, 17 (1936)

[43] H. STRUNZ/H. BORM, *J. Kepler: Über den hexagonalen Schnee*, Bosse Verlag Regensburg 1958

[44] M. TINKHAM, *Group Theory in Quantum Mechanics*, McGraw-Hill New Delhi 1974

Kompakte mathematische Einführung. Viele ausführlich diskutierte Anwendungen, aber sehr auf die Quantenmechanik beschränkt. Viel benutztes Buch.

[45] B. L. VAN DER WAERDEN, *Group Theory and Quantum Mechanics*, Springer Berlin 1974

Mathematisch sehr kompakt und elegant. Für den Physiker nicht durchweg leicht zu lesen.

[46] J. WEIDLEIN, U. MÜLLER, K. DEHNICKE, *Schwingungsspektroskopie*, G. Thieme Verlag Stuttgart 1988 2. Auflage

[47] H. WEYL, *The Classical Groups: Their Invariants and Representations*, Princeton University Press Princeton 1946

[48] H. WEYL, *The Theory of Groups and Quantum Mechanics*, Dover Publications New York 1950 2. Auflage

Klassisches Standardwerk. Für den Physiker nicht ganz leicht zu lesen. Tiefgründige Entwicklung der Struktur der Quantenmechanik aus der Gruppentheorie.

[49] H. WEYL, *Symmetrie*, Birkhäuser Stuttgart 1955 (S. 13)

[50] E. WIGNER, *Gruppentheorie und ihre Anwendung auf die Quantenmechanik der Atomspektren*, Die Wissenschaft Band 85 (Hrsg. W. Westphal), Vieweg Berlin 1931
Englische Ausgabe mit einigen Zusatzkapiteln: E. P. WIGNER, *Group Theory and its Application to the Quantum Mechanics of Atomic Spectra*, Academic Press, New York 1959

Dieses Werk kann man als das bahnbrechende Werk für die Anwendungen der Gruppentheorie in der Physik ansehen. Da der Autor selber klassische wissenschaftliche Arbeiten über physikalische Problemlösungen mittels gruppentheoretischer Argumentation geliefert hat, sind ihm, wie keinem anderen die Bedürfnisse des Physikers präsent, so daß er den mathematischen Apparat in einer besonders effizienten Weise nutzbar machen kann. Viele von den im Buch hergeleiteten Formeln sind in der Lehrbuchliteratur noch gar nicht aufgegriffen, obwohl sie für die Rechnung sehr brauchbar sind.

[51] E. WILSON, J. DECIUS, P. CROSS, *Molecular Vibrations*, Dover, New York 1980

Das erste systematische Lehrbuch über Molekülschwingungen, aufbauend auf Wigners bahnbrechenden Arbeiten. Für die praktische Anwendung sehr nützlich wegen der vielen Tabellen im Anhang, mit schnell greifbaren Informationen, die sonst nur mühsam zu finden sind.

[52] B.G. WYBOURNE, *The Classical Groups, Their Invariants and Representations*, Princenton Mathematical Series Princeton 1938

[53] B.G. WYBOURNE, *The Classical Groups for Physicists*, John Wiley & Sons New York 1974

In diesem Buch befindet sich eine ausgezeichnete, sehr ausführliche Behandlung des Wasserstoffproblems mit Hilfe der Lie-Algebra. Darüber bietet es für den Physiker eine gute Einführung in die Terminologie und die Benutzung Liescher Gruppen, insbesondere bei der Behandlung atomarer und molekularer Probleme. Nicht enthalten ist eine Anwendung auf Elementarteilchen.

Sachwortverzeichnis

H

I

J

K

S

T

U

Physik

von Taissija I. Trofimowa
Aus dem Russ. übers. von Routschek, Thomas/ Popielas, Frank/ Reberg, Steffen

1997. XII, 428. S. mit zahlreichen Verständnisfragen und Übungsaufgaben mit ausführlicher Lösung sowie einer Formelsammlung. Kart. DM 98,–
ISBN 3-528-06679-2

Aus dem Inhalt: Mechanik - Statistische Physik und Thermodynamik - Elektrizität und Magnetismus - Schwingungen und Wellen - Optik - Quantennatur der Strahlung - Quantenphysik der Atome - Moleküle und Festkörper - Kern- und Teilchenphysik

Mit der "Physik" von Taissija Trofimowa liegt eine kompakte und dabei abgerundete Darstellung der modernen Physik vor, wie sie alle Studenten mit technischer Fachrichtung und Naturwissenschaftler an Fachhochschulen und Universitäten gut zur Vorlesungsbegleitung und zum Selbststudium gebrauchen können. Neben den in den meisten Lehrbüchern zu findenden Gebieten werden auch neuere Ergebnisse der Physik eingeführt.
Zahlreiche Verständnisfragen und Übungsaufgaben mit ausführlichen Lösungen helfen mit, das Gelernte auch aktiv anzuwenden.
Von der russischen Originalausgabe wurden seit 1985 schon über 200.000 Exemplare verkauft.

Abraham-Lincoln-Str. 46, Postfach 1547, 65005 Wiesbaden
Fax: (06 11) 78 78-4 00, http://www.vieweg.de